わかるをつくる

中学

数学

GAKKEN PERFECT COURSE

MATHEMATICS

Gakken

はじめに

　「わかる」経験は，今の世の中，勉強しなくても簡単に手に入ります。たいていのことは，スマホで検索すればわかります。計算もできるし，翻訳機能を使えば，英語を話せなくても海外旅行だってできます。こんなに簡単に「わかる」が手に入る社会に，人は今まで暮らしたことがありません。

　こんなにすぐに答えが「わかる」世の中で，わざわざ何かを覚えたり，勉強したりする必要なんて，あるのでしょうか？

　実はこんな便利な時代でも，知識が自分の頭の「中」にあることの大切さは，昔と何も変わっていないのです。運転のやり方を検索しながら自動車を運転するのは大変です。スポーツのルールを検索しながらプレーしても，勝てないでしょう。相手の発言を検索ばかりしながら深い議論ができるでしょうか。

　知識が頭の「中」にあるからこそ，より効率よく課題を解決できます。それは昔も今も，これからもずっと変わりません。そしてみなさんは，自分の「中」の知識と「外」の知識を上手に組み合わせて，新しいものを，より自由に生み出していくことができるすばらしい時代を生きているのです。

　この『パーフェクトコース わかるをつくる』参考書は，意欲さえあればだれでも，学校の授業をも上回る知識を身につけられる道具です。検索サイトをさがし回る必要はありません。ただページを開くだけで，わかりやすい解説にアクセスできます。知識のカタログとして，自分の好きな分野や苦手な分野を見つけるのにも役立ちます。

　そしてこの本でみなさんに経験してほしい「わかる」は，教科の知識だけではありません。ほんとうの「わかる」は，新しいことを学ぶ楽しさが「わかる」ということ。自分が何に興味があるのかが「わかる」ということ。学んだことが役に立つよろこびが「わかる」ということ。検索しても手に入らない，そんなほんとうの「わかる」をつくる一冊に，この本がなることを願っています。

学研プラス

本書の特長

本書は, 中学生の数学の学習に必要な内容を広く網羅した参考書です。テスト対策や高校入試対策だけでなく, 中学生の毎日の学びの支えとなり, どんどん力を伸ばしていけるように構成されています。本書をいつも手元に置くことで, わからないことが自分で解決できるので, 自ら学びに向かう力をつけていくことができます。

「わかる」をつくる, ていねいな解説

基礎的なことを一から学びたい人も, 難しいことを調べたい人も, どちらの人にも「わかる」と思ってもらえる解説を心がけました。計算や証明の過程をできるだけ省略せず, 丁寧に説明しているので, 学習にとても役立ちます。また, 例題の「考え方」が簡潔に示されていて, 問題を解く上でどこに注目するべきかがひと目でわかるようになっています。関連事項の説明やさくいんも充実しているので, 断片的な知識で終わることなく, 興味・関心に応じて次々に新しい学びを得ることができます。

充実の問題数で知りたい「解法」が見つかる

中学数学の基礎問題から難関校の入試問題まで, 幅広いレベルの問題を掲載しています。問題ごとに難易度が表示されているため, 学習の進度にあった問題を見つけやすい構成です。また, 例題と同じ考え方で解ける「練習問題」や, より応用的な問題を集めた「総合問題・入試問題編」など, 豊富な問題数で実践力を磨くことができます。

高校の先取りも含む, 幅広い内容

本書は学習指導要領をベースにしつつも, その枠にとらわれず, 高校で学習する内容の一部や, 教科書では習わないような豆知識も紹介しています。高校入試対策や将来の学習に役立つだけでなく, 新たな問題や学ぶべきことを自ら発見・解決し, 自立して学び続ける姿勢を身につけることができます。

監修者紹介

柴山達治
[しばやま・たつじ]
開成中学校・高等学校教諭

専門分野
…大学では, 代数的整数論の先生のゼミで勉強していました。自身は現代数学の深みに到達することはできなかったけれども, 真理を追究する人たちに接したことは大きな財産になっています。

中学生の時の夢
…考えたり調べたりすることが好きだったので, 何かを研究する人になれればよいなと思っていました。また, 絵を描くのも好きだったので, 何かを作る人になるのもよいなと思っていました。

中学生へのメッセージ
…自分が中学生の頃はたくさん本を読んでいました。なので, 現在, 本を作る仕事に関われていることはうれしいです。中学生の皆様は, いろいろな分野に興味をもって人生の可能性を広げてほしいです。一方で, 情報があふれている現代で, 自分で理解, 納得したことだけを信じる強さも身につけてほしいです。数学に関しては, 一つの大きな流れの中に面白いエピソードがちりばめられているストーリーとして学ぶとよいと思います。

PERFECT COURSE

構成と使い方
ここでは, この本の全体の流れと各ページの構成, 使い方について解説しました。

●本書の構成

目次 → **数と式編** → **方程式編** → **関数編** → **図形編** → **データの活用編** → 総合問題・ → さくいん
　　　[全6章]　　[全3章]　　[全3章]　　[全7章]　　[全3章]　　入試問題編

数と式編	方程式編	関数編	図形編	データの活用編	総合問題・入試問題編
◉編の導入	◉編の導入	◉編の導入	◉編の導入	◉編の導入	◉編の導入
◉章の要点	◉章の要点	◉章の要点	◉章の要点	◉章の要点	◉総合問題
◉例題&練習	◉例題&練習	◉例題&練習	◉例題&練習	◉例題&練習	◉重要入試問題
◉章末問題	◉章末問題	◉章末問題	◉章末問題	◉章末問題	
◉コラム	◉コラム	◉コラム	◉コラム	◉コラム	

●本文ページ

❶ 例題
見出しを大きくして, 例題を調べやすくしてあります。

❷ 考え方
問題を解くためのポイントを, 簡潔に説明しています。

❸ 解き方, 答
模範になる解き方を解説しています。
必要に応じて補足説明や図解を取り入れています。

❹ 練習
例題とよく似た問題です。
問題練習をすることで, 解き方をしっかり理解できます。

❺ サイドコーナーについて
サイドには以下のような
コーナーがあります。

参考
本文に関連して, 参考となるような事項を解説。

用語解説
重要用語について, 詳しく解説。

ミス注意
間違えやすい内容について取り上げ, 解説。

くわしく
本文の内容をさらに詳しく補足。

発展
発展的な内容について取り上げ, 解説。

確認
小学内容や既習事項を確認。

別解
知っておくと有用な別の解き方を解説。

定義
数学のことばの意味の記述。

定理
証明されていて, 他の証明の根拠に用いられる事柄。

公式
数式で表される定理。

6

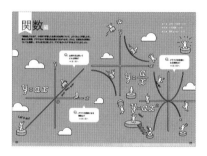

編の導入 [トップページ]
各編の内容を, 目を引くイラストで表現しました。取り扱う内容に関する問いをつけ, 学習のイメージが持てるようにしています。

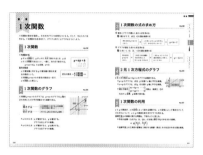

章の要点
基本となる用語や公式, 性質を見やすくまとめてあります。各SECTIONの目次もあり, 必要な基礎知識がひと目でわかります。

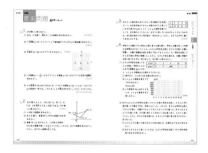

章末問題
章の例題や練習問題に関連して, より応用的な問題を厳選しています。実際の入試問題ではどのように出題されているのかを体験できます。

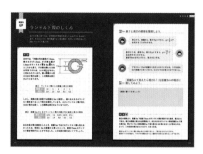

思考力アップ [コラム]
数学を使った思考力問題に挑戦するコラムです。知識だけでなく, 資料や生徒たちの会話をヒントに答えを導き出すので, 自ら考える力が鍛えられます。

研究 [コラム]
編の学習内容に関連し, 高校数学へつながるような内容を掲載しています。

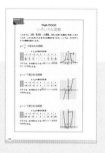

Math STOCK! [コラム]
知的好奇心をくすぐるような, 数学に関する豆知識を紹介しています。

目次
学研パーフェクトコース
わかるをつくる 中学数学

はじめに ………………………………… 3
本書の特長 ……………………………… 4
監修者紹介 ……………………………… 5
構成と使い方 …………………………… 6

第3章 整数の性質　　50

1 整数の性質 ……………………………… 52
2 公約数と公倍数 ………………………… 56
✓章末問題 ………………………………… 62

第4章 式の計算　　64

1 単項式と多項式 ………………………… 66
2 多項式の計算 …………………………… 67
3 単項式の乗法と除法 …………………… 71
4 文字式の利用 …………………………… 74
5 整数の性質の説明 ……………………… 77
✓章末問題 ………………………………… 80

第5章 多項式　　82

1 単項式と多項式の乗除 ………………… 84
2 乗法公式 ………………………………… 85
3 因数分解 ………………………………… 91
4 多項式の計算の利用 …………………… 97
✓章末問題 ……………………………… 100

第6章 平方根　　102

1 平方根 ………………………………… 104
2 根号をふくむ式の乗除 ……………… 113
3 根号をふくむ式の計算 ……………… 119
✓章末問題 ……………………………… 123

■ **思考力UP** 数字マジックの裏側 ……… 126

数と式編

第1章 正の数・負の数　　16

1 正の数・負の数 ………………………… 18
2 加法と減法 ……………………………… 20
3 乗法と除法 ……………………………… 22
4 四則の混じった計算 …………………… 26
5 正の数・負の数の利用 ………………… 27
✓章末問題 ………………………………… 28

第2章 文字と式　　30

1 文字を使った式 ………………………… 32
2 数量の表し方 …………………………… 34
3 1次式の計算 …………………………… 38
4 1次式の計算の利用 …………………… 44
5 関係を表す式 …………………………… 46
✓章末問題 ………………………………… 48

方程式編

関数編

■図形編

数学の面白さにふれるコラム
Math STOCK!

高校数学を先取りするコラム

数と式編

数と式編

小学校では，最初に整数，次に小数，そして分数を学習し，数の世界が広がっていきました。小学校1年生で，もう「かずのせん」，つまり「数直線」を勉強していたんですね。数直線の始まりはいつも「0」でした。

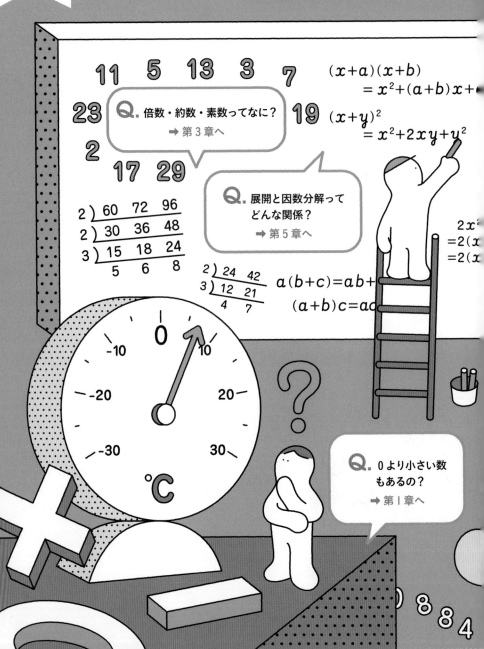

11 5 13 3 7

$$(x+a)(x+b)$$
$$= x^2+(a+b)x+$$

23

Q. 倍数・約数・素数ってなに？
➡ 第3章へ

19 $(x+y)^2$

2

$$= x^2+2xy+y^2$$

17 29

Q. 展開と因数分解ってどんな関係？
➡ 第5章へ

$$2\begin{array}{r}60\quad72\quad96\end{array}$$
$$2\begin{array}{r}30\quad36\quad48\end{array}$$
$$3\begin{array}{r}15\quad18\quad24\end{array}$$
$$5\quad\ \ 6\quad\ \ 8$$

$$2\begin{array}{r}24\quad42\end{array}$$
$$3\begin{array}{r}12\quad21\end{array}$$
$$4\quad\ \ 7$$

$$a(b+c)=ab+$$
$$(a+b)c=ac$$

$2x^2$
$=2(x$
$=2(x$

-10 0 10
-20 20
-30 30
℃

Q. 0より小さい数もあるの？
➡ 第1章へ

8 8 4

14

Mona Lisa

$$1 : \frac{1+\sqrt{5}}{2}$$

The golden ratio

美しい…

Q. 文字式の
解き方は？
➡ 第 2 章・第 4 章へ

Q. 平方根って
どういう意味？
➡ 第 6 章へ

数学

正の数・負の数

小学校では 0 と正の数だけを学習した。中学校では，数の範囲が負の数まで広がる。
負の数の意味をしっかり理解し，負の数をふくむ数の計算に慣れよう。

SECTION 1 正の数・負の数
➡p.18

正の数・負の数，自然数

0 より大きい数を正の数，0 より小さい数を負の数という。
正の数は正の符号 ＋(プラス)，負の数は負の符号 －(マイ
ナス)をつけて表す。正の整数を自然数という。

原点

```
 ─┼──┼──┼──┼──┼──┼──┼─
 -3 -2 -1  0 +1 +2 +3
◄──── 負の数 │ 正の数 ────►
```

絶対値

数直線上で，ある数に対応する点と原点(0 に対応する点)
との距離を，その数の絶対値という。

```
 ─┼──────┼──────┼─
 -3 距離3  0 距離2 +2
 -3の絶対値は3  +2の絶対値は2
```

正の数・負の数の大小

- (負の数)<0<(正の数)
- 負の数どうしでは，絶対値が大きいほど小さい。

例 5>3 だから，－5<－3

SECTION 2 加法と減法
➡p.20

加法

- 同符号の 2 数の和…絶対値の和に，共通の符号
をつける。
- 異符号の 2 数の和…絶対値の差に，絶対値の大
きいほうの符号をつける。

例
$$(-2)+(-3)=-(2+3)$$
$$=-5$$
$$(-3)+(+5)=+(5-3)$$
$$=+2$$

減法，3 つ以上の数の加減

正の数・負の数をひくことは，その数の符号を変え
て加えることと同じである。

3 つ以上の数の加減は，加法だけの式になおして，
正の項どうし，負の項どうしをまとめる。または，
かっこのない式になおして，正の項どうし，負の項
どうしをまとめる。

例
$$(-6)-(-3)$$
$$=(-6)+(+3)=-3$$

例 かっこのない式になおす計算
$$(-5)-(-6)+(-2)+(+3)$$
$$=-5+6-2+3$$
$$=+9-7$$
$$=+2$$

SECTION 3 乗法と除法

→p.22

乗法

- 同符号の 2 数の積…絶対値の積に ＋ をつける。
- 異符号の 2 数の積…絶対値の積に － をつける。

3 つ以上の数の乗法

- 負の数が偶数（ぐうすう）個…絶対値の積に ＋ をつける。
- 負の数が奇数（きすう）個…絶対値の積に － をつける。

累乗

同じ数をいくつかかけ合わせたものを，その数の累乗（るいじょう）という。

累乗のかけ合わせた個数を示す右肩の小さい数を指数（すう），または，累乗の指数という。

除法

正の数・負の数でわることは，その数の逆数（ぎゃくすう）をかけることと同じである。

乗除の混じった計算

除法の部分を乗法になおし，乗法だけの式にして計算する。

例
$$(-2)\times(-3)=+(2\times3)$$
$$=+6$$
$$(-3)\times(+5)=-(3\times5)$$
$$=-15$$

例 $(-2)\times(+1)\times(-3)\times(-4)$
は負の数が 3 個だから，
$$(-2)\times(+1)\times(-3)\times(-4)$$
$$=-(2\times1\times3\times4)=-24$$

累乗の指数

$$\overbrace{2\times2\times2}^{3個}=2^{\underset{\downarrow}{3}}\ \text{指数}$$

例 $(+6)\div(-3)$
$$=(+6)\times\left(-\frac{1}{3}\right)$$
$$=-\left(6\times\frac{1}{3}\right)=-2$$

SECTION 4 四則の混じった計算

→p.26

累乗・かっこの中➡乗法・除法➡加法・減法
の順に計算する。
かっこのある計算では，分配法則（ぶんぱいほうそく）が利用できる。

分配法則

$$(a+b)\times c=a\times c+b\times c$$
$$a\times(b+c)=a\times b+a\times c$$

SECTION 5 正の数・負の数の利用

→p.27

平均

基準の量との差を正の数・負の数を用いて表し，平均を求めることに利用できる。

（平均）＝（基準の量）＋（差の平均）

基準の量を仮の平均という。

一般に，平均は次の式で求める。
　（平均）＝（合計）÷（個数）

第一章 SECTION **1**

正の数・負の数

 符号のついた数と絶対値 　**基 礎**

(1) 下の数直線で，点 A，B，C，D に対応する数を答えなさい。

(2) 下の数直線で，点 A, B, C, D に対応する数の絶対値を答えなさい。

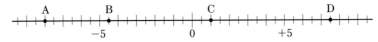

考え方 原点 0 より左側にあれば負の数，
原点 0 より右側にあれば正の数。

◉ **解き方**

(1) 下の図のように考える。

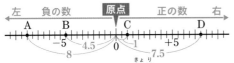

点 A は，原点から左へ 8 の距離にあるから，−8

点 B は，原点から左へ 4.5 の距離にあるから，−4.5

点 C は，原点から右へ 1 の距離にあるから，＋1

点 D は，原点から右へ 7.5 の距離にあるから，＋7.5

(2) **絶対値は，数直線上で，ある数に対応する点と原点 0 との距離**だから，点 A の −8 の絶対値は 8

同じように，点 B は 4.5，点 C は 1，点 D は 7.5

◉ **答**

(1) **A** ⋯ −8, **B** ⋯ −4.5, **C** ⋯ ＋1, **D** ⋯ ＋7.5

(2) **A** ⋯ 8, **B** ⋯ 4.5, **C** ⋯ 1, **D** ⋯ 7.5

用語解説

正の数と正の符号

0 より大きい数を正の数という。正の数は，正の符号 ＋ をつけて表す。

負の数と負の符号

0 より小さい数を負の数という。負の数は，負の符号 − をつけて表す。

絶対値

数直線上で，ある数に対応する点と原点 0 との距離をその数の絶対値という。

練習 1

解答は別冊 p.1

右の各数を，下の数直線上に表しなさい。

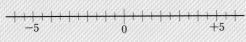

$+4,\ -3.5,\ +\dfrac{5}{2},\ -\dfrac{11}{2},$
絶対値が 0.5 である数

2 正の数・負の数の大小

第1章 正の数・負の数

第2章 文字と式

第3章 整数の性質

第4章 式の計算

第5章 多項式

第6章 平方根

(1) 下の数直線上にある数の大小を不等号を使って表しなさい。

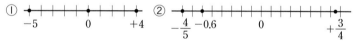

(2) 次の数を，小さい順に左から並べなさい。

$$+0.5, \quad -\frac{4}{5}, \quad 0, \quad +\frac{4}{7}, \quad -0.7, \quad -\frac{5}{6}$$

考え方
(1) 数直線上で右にある数ほど大きい。
(2) （負の数）$<0<$（正の数）である。

● 解き方

(1) ① 数直線上で，右にある数ほど大きいので，その
まま数を抜き出して「$<$」を入れると考えると，
$$-5<0<+4$$

②①と同じように考えると，$-\frac{4}{5}<-0.6<+\frac{3}{4}$

(2) 正の数，負の数に分け，それぞれの大小を比べる。
負の数どうしでは，絶対値が大きいほど小さい。

$+0.5$ と $+\frac{4}{7}=0.57\cdots$ を比べると，$+0.5<+\frac{4}{7}$

$-\frac{4}{5}=-0.8$ と -0.7 と $-\frac{5}{6}=-0.83\cdots$ を比べると，

$$-\frac{5}{6}<-\frac{4}{5}<-0.7$$

よって，$-\frac{5}{6}<-\frac{4}{5}<-0.7<0<+0.5<+\frac{4}{7}$

● 答

(1) ① $-5<0<+4$　② $-\frac{4}{5}<-0.6<+\frac{3}{4}$

(2) $-\frac{5}{6}, \quad -\frac{4}{5}, \quad -0.7, \quad 0, \quad +0.5, \quad +\frac{4}{7}$

用語解説

不等号

数の大小を表す記号$<$，$>$を
不等号という。

ミス注意

3つ以上の数の大小を不等号
を使って表すとき，不等号の
向きをそろえる。(1)①は，
　$+4 > 5 < 0$
などとしてはいけない。
不等号の向きをそろえて
　$-5<0<+4$
または，$+4>0>-5$ とする。

くわしく

小数と分数の数の大小を比べ
るときは，分数を小数になお
すほうが簡単である。
分数を小数になおすには，分
子を分母でわればよい。

練習 2

解答は別冊 p.1

次の数を，小さい順に左から並べなさい。
$$-\frac{3}{5}, \quad +0.8, \quad +\frac{5}{6}, \quad -1.1, \quad 0, \quad -\frac{6}{5}$$

第1章
SECTION

2 加法と減法

3 2数の加法

次の計算をしなさい。

(1) $(+5)+(+7)$

(2) $(-8)+(-6)$

(3) $(+12)+(-4)$

(4) $(+13)+(-19)$

考え方

同符号の2数の和 ➡ 絶対値の和に，共通の符号
異符号の2数の和 ➡ 絶対値の差に，絶対値の大きいほうの符号

● 解き方

(1) 同符号の2数の和で，絶対値の和は，$5+7=12$

　　共通な符号 $+$ をつけて，答えは $+12$

　　　　　　　絶対値の和

$$(+5)+(+7)=\underset{\text{共通の符号}}{+}(5+7)=+12$$

(2) $(-8)+(-6)=-(8+6)=-14$

(3) 異符号の2数の和で，絶対値の差は，$12-4=8$

　　絶対値の大きい $+12$ の符号 $+$ をつけて，答えは $+8$

　　　　　　　絶対値の差

$$(+12)+(-4)=\underset{\text{絶対値の大きいほうの符号}}{+}(12-4)=+8$$

(4) $(+13)+(-19)=-(19-13)=-6$

● 答

(1) **+12**　(2) **−14**　(3) **+8**　(4) **−6**

用語解説

加法と減法

たし算のことを加法という。
加法の結果が和である。
ひき算のことを減法という。
減法の結果が差である。

同符号と異符号

同符号とは ＋ と ＋，または，
－ と － のこと。
異符号とは ＋ と －，または，
－ と ＋ のこと。

くわしく

$(+12)+(-4)$ の計算を数直線を用いて図に表すと，次のようになる。

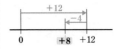

解答は別冊 p.1

次の計算をしなさい。

(1) $(-9)+(-5)$

(2) $(+3.5)+(-4.2)$

(3) $\left(-\dfrac{3}{5}\right)+\left(-\dfrac{4}{5}\right)$

(4) $\left(+\dfrac{3}{4}\right)+\left(-\dfrac{2}{3}\right)$

4 減法，3つ以上の数の加減

次の計算をしなさい。

(1) $(-8)-(-13)$ (2) $(-10)-(+4)$

(3) $(+6)-(+7)+(-8)-(-5)$ (4) $3-9+11-4-3$

考え方 ある数をひくには，その数の符号を変えて加える（加法になおす）。

● 解き方

(1) -13 をひくには，符号を変えて $+13$ とし，加える。

減法を加法になおす

$$(-8)-(-13)=(-8)+(+13)=+(13-8)=+5$$

ひく数の符号を変える

(2) $+4$ をひくには，符号を変えて -4 とし，加える。

$$(-10)-(+4)=(-10)+(-4)=-(10+4)=-14$$

(3) まず，**加法だけの式になおす**。

$$(+6)-(+7)+(-8)-(-5)$$ ┄┄ 加法だけの式になおす

$$=(+6)+(-7)+(-8)+(+5)$$ ◂┄ 交換法則

$$=(+6)+(+5)+(-7)+(-8)$$ ┄┄ まとめる（結合法則）

   正の項どうし   負の項どうし

$$= \quad (+11) \quad + \quad (-15)$$

$$=-4$$

(4) $3-9+11-4-3$

$$=3+11-9-4-3$$

$$=14-16=-2$$

● 答

(1) $+5$ (2) -14 (3) -4 (4) -2

練習 4

解答は別冊 p.1

次の計算をしなさい。

(1) $(+1.4)+(-0.6)-(-1.8)-(+1.5)$

(2) $4+\dfrac{1}{3}-5+\dfrac{3}{2}-3$

用語解説

項

加法だけの式になおしたとき，加法の記号 + で結ばれた各数を項という。

くわしく

かっこのはずしかた

$+(+\square)=+\square$
$+(-\square)=-\square$
$-(+\square)=-\square$
$-(-\square)=+\square$

別解

(3)では，かっこのない式にしてから計算してもよい。

$(+6)-(+7)+(-8)-(-5)$
$=6-7-8+5$
$=6+5-7-8$
$=11-15=-4$

確認

加法の交換法則

$a+b=b+a$

たす数とたされる数を入れかえても，和は同じ。

加法の結合法則

$(a+b)+c=a+(b+c)$

前の2数を先に計算しても，うしろの2数を先に計算しても，和は同じ。

第1章 正の数・負の数

第2章 文字と式

第3章 整数の性質

第4章 式の計算

第5章 多項式

第6章 平方根

第Ⅰ章

SECTION

3 乗法と除法

5 乗 法

基 礎

次の計算をしなさい。

(1) $(+7) \times (+3)$

(2) $(-5) \times (-6)$

(3) $(+2) \times (-9)$

(4) $(-8) \times (+11)$

考え方 同符号の 2 数の積➡絶対値の積に正の符号＋をつける。

異符号の 2 数の積➡絶対値の積に負の符号−をつける。

● 解き方

(1) ＋と＋で，**同符号**だから答えの符号は＋

絶対値の積は，$7 \times 3 = 21$　　答えは＋21

同符号

$(+7) \times (+3) = +(7 \times 3) = +21$

絶対値の積

(2) $(-5) \times (-6) = +(5 \times 6) = +30$

(3) ＋と−で，**異符号**だから答えの符号は−

絶対値の積は，$2 \times 9 = 18$　　答えは -18

異符号

$(+2) \times (-9) = -(2 \times 9) = -18$

絶対値の積

(4) $(-8) \times (+11) = -(8 \times 11) = -88$

● 答

(1) **＋21**　(2) **＋30**　(3) **−18**　(4) **−88**

用語解説

乗法と積

かけ算のことを**乗法**という。
乗法の結果が**積**である。

ミス注意

(2)では，負の数どうし(同符号)の積だから，答えの符号は−ではなく＋になる。

答えの符号

$(+) \times (+) = (+)$

$(-) \times (-) = (+)$

$(+) \times (-) = (-)$

$(-) \times (+) = (-)$

確認

0 との積

どんな数に 0 をかけても，0 にどんな数をかけても，積は 0 である。

例 $a \times 0 = 0$, $0 \times a = 0$

練習 5

解答は別冊 p.1

次の計算をしなさい。

(1) $(-8) \times (-15)$

(2) $(+12) \times (-7)$

(3) $(-3.5) \times (-0.2)$

(4) $\left(-\dfrac{2}{3}\right) \times \left(+\dfrac{1}{2}\right)$

6 累乗，3つ以上の数の乗法 基礎

次の計算をしなさい。

(1) $(-8)\times(+2)\times(-6)$

(2) $(+12)\times(-3)\times(+4)$

(3) $(-3)^3$

(4) $(-2^2)\times(-5)^2$

 負の数が偶数個➡絶対値の積に，正の符号 ＋ をつける。
負の数が奇数個➡絶対値の積に，負の符号 － をつける。

◉ 解き方

(1) 負の数は -8 と -6 の2個だから，
　　答えの符号は ＋
　　　　　　　　偶数個
　　絶対値の積は，$8\times2\times6=96$　答えは $+96$
　　　　　　　　負の数は2個(偶数個)
　　$(-8)\times(+2)\times(-6)=+(8\times2\times6)=+96$
　　　　　　　　　　　　絶対値の積

(2) 負の数は -3 の1個だから，答えの符号は－
　　　　　　　　　奇数個
　　絶対値の積は，$12\times3\times4=144$　答えは -144
　　$(+12)\times(-3)\times(+4)=-(12\times3\times4)=-144$

(3) $(-3)^3=(-3)\times(-3)\times(-3)=-(3\times3\times3)=-27$

(4) 累乗の部分を先に計算する。
　　$-2^2=-(2\times2)$，$(-5)^2=(-5)\times(-5)$だから，
　　$(-2^2)\times(-5)^2=-(2\times2)\times\{(-5)\times(-5)\}$
　　　　　　　　$=(-4)\times(+25)$
　　　　　　　　$=-(4\times25)=-100$

◉ 答

(1) $+96$　(2) -144　(3) -27　(4) -100

練習 6

次の計算をしなさい。　　　　　解答は別冊 p.1

(1) $(-4)\times(+2)\times(-5)\times(-7)\times(+3)$

(2) $(+3)\times(-2)^2\times(-4)\times(-3^2)$

 用語解説

累乗
同じ数をいくつかかけたものを，その数の累乗という。

指数
累乗の，かけ合わせた個数を示す右肩の小さい数を指数，または，累乗の指数という。
　　　　　　　　　指数
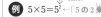例 $5\times5=5^2$←「5の2乗」

 ミス注意

指数の位置に注意
(4)では，(-2^2) を $(-2)^2$ とかんちがいして，
$(-2^2)\times(-5)^2$
$=\{(-2)\times(-2)\}$
　　　$\times\{(-5)\times(-5)\}$
とするミスが多い。

 確認

乗法の交換法則
$a\times b=b\times a$
かけられる数とかける数を入れかえても，積は同じ。

乗法の結合法則
$(a\times b)\times c=a\times(b\times c)$
前の2数を先に計算しても，うしろの2数を先に計算しても，積は同じ。

7　除　法

基礎

次の計算をしなさい。

(1) $(-6) \div (-2)$

(2) $(-5) \div \left(+\dfrac{1}{3}\right)$

(3) $\left(-\dfrac{2}{5}\right) \div \left(-\dfrac{4}{3}\right)$

(4) $12 \div (-0.2)$

考え方　除法は乗法になおして計算する。

◉ 解き方

(1) -2 の逆数 $-\dfrac{1}{2}$ をかける**乗法になおして計算する**。

$$(-6) \div (-2) = (-6) \times \left(-\dfrac{1}{2}\right) = +\left(6 \times \dfrac{1}{2}\right) = +3$$

逆数をかける

(2) $(-5) \div \left(+\dfrac{1}{3}\right) = (-5) \times (+3) = -(5 \times 3) = -15$

(3) $\left(-\dfrac{2}{5}\right) \div \left(-\dfrac{4}{3}\right) = \left(-\dfrac{2}{5}\right) \times \left(-\dfrac{3}{4}\right) = +\left(\overset{1}{\dfrac{2}{5}} \times \dfrac{3}{\underset{2}{4}}\right)$

$= +\dfrac{3}{10}$

(4) **小数は分数になおして計算する**。

$$12 \div (-0.2) = 12 \div \left(-\dfrac{1}{5}\right) = 12 \times (-5) = -(12 \times 5)$$

小数は分数になおす

$= -60$

◉ 答

(1) $+3$　(2) -15　(3) $+\dfrac{3}{10}$　(4) -60

 練習　7

解答は別冊 p.1

次の計算をしなさい。

(1) $(-8) \div 2$

(2) $\dfrac{2}{3} \div \left(-\dfrac{1}{2}\right)$

(3) $\left(-\dfrac{6}{5}\right) \div \left(-\dfrac{3}{10}\right)$

(4) $(-0.4) \div (-0.25)$

用語解説

除法と商
わり算のことを除法という。除法の結果が商である。

逆数
2つの数の積が1になるとき，一方の数を他方の数の逆数という。

例 $3 \times \dfrac{1}{3} = 1$ だから，3 の逆数は $\dfrac{1}{3}$，$\dfrac{1}{3}$ の逆数は 3

別解

2数の除法は，絶対値の商を求めて，同符号ならば $+$，異符号ならば $-$ をつける。

(1) $(-6) \div (-2)$
$= +(6 \div 2)$
$= +3$

くわしく

逆数の作り方
分数の形にして分母と分子を入れかえる。整数や小数は，まず，真分数や仮分数になおしてから分母と分子を入れかえる。

8 乗除の混じった計算

次の計算をしなさい。

(1) $(-24) \div 8 \times (-2)$

(2) $\left(-\dfrac{2}{5}\right) \div 1.2 \div \left(-\dfrac{3}{2}\right) \times (-0.5)$

(3) $(-6) \times 2 \div (-3)^2$

考え方 除法の部分を乗法になおし，乗法だけの式になおして計算する。

◉ 解き方

(1) $\div 8$ の部分を $\times \dfrac{1}{8}$ として，**乗法だけの式になおす。**
次に積の符号を決め，絶対値の計算をする。

$$(-24) \div 8 \times (-2) = (-24) \times \frac{1}{8} \times (-2)$$

逆数をかける

$$= +\left(24 \times \frac{1}{8} \times 2\right) = +\frac{24 \times 1 \times 2}{8_1}\overset{3}{} = +6$$

符号を決める　　絶対値を計算する

(2) $\left(-\dfrac{2}{5}\right) \div 1.2 \div \left(-\dfrac{3}{2}\right) \times (-0.5)$

小数を分数になおす

$$= \left(-\frac{2}{5}\right) \div \frac{6}{5} \div \left(-\frac{3}{2}\right) \times \left(-\frac{1}{2}\right)$$

乗法だけの式になおす

$$= \left(-\frac{2}{5}\right) \times \frac{5}{6} \times \left(-\frac{2}{3}\right) \times \left(-\frac{1}{2}\right)$$

$$= -\left(\frac{2}{5} \times \frac{5}{6} \times \frac{2}{3} \times \frac{1}{2}\right) = -\frac{2 \times 5 \times 2 \times 1}{5 \times 6 \times 3 \times 2} = -\frac{1}{9}$$

(3) $(-6) \times 2 \div (-3)^2 = (-6) \times 2 \div 9$

$$= -\left(6 \times 2 \times \frac{1}{9}\right) = -\frac{6 \times 2 \times 1}{9_3}\overset{2}{} = -\frac{4}{3}$$

◉ 答

(1) $+6$　(2) $-\dfrac{1}{9}$　(3) $-\dfrac{4}{3}$

確認

3つ以上の数の積の符号
負の数が偶数個
→ 絶対値の積に ＋ の符号をつける。
負の数が奇数個
→ 絶対値の積に － の符号をつける。

確認

0との商
0をどんな数でわっても，商は0である。
例 $0 \div a = 0$

確認

どんな数も，0でわることはできないので，0でわる除法は考えない。

練習 8

解答は別冊 p.2

次の計算をしなさい。

(1) $(-12) \div (-2^2) \times (-3)$

(2) $\dfrac{4}{3} \div (-0.3) \div \left(-\dfrac{5}{6}\right) \times (-1.5)$

第1章 正の数・負の数

第2章 文字と式

第3章 整数の性質

第4章 式の計算

第5章 多項式

第6章 平方根

4 四則の混じった計算

9 四則の混じった計算　応用

次の計算をしなさい。

(1) $(-6) \times 2 - 18 \div (-3)$

(2) $-1.2 - \{(-2)^2 - 2 \times (0.5 - 1.4)\}$

(3) $26 - \left(\dfrac{1}{7} - \dfrac{1}{3}\right) \times 42$

 考え方 かっこの中・累乗➡乗除➡加減の順に計算する。

● 解き方

(1) まず，乗法と除法，次に減法を計算する。

$$(-6) \times 2 - 18 \div (-3) = (-12) - (-6) = -6$$

(2) かっこの中・累乗を先に計算する。

$$-1.2 - \{(-2)^2 - 2 \times (0.5 - 1.4)\}$$

$$= -1.2 - \{4 - 2 \times (-0.9)\}$$ ⟵ かっこの中・累乗から計算

⟵ かっこの中も　乗除➡加減の順

$$= -1.2 - \{4 - (-1.8)\}$$

$$= -1.2 - 5.8 = -7$$

(3) $26 - \left(\dfrac{1}{7} - \dfrac{1}{3}\right) \times 42 = 26 - \left(-\dfrac{4}{21}\right) \times 42$

$$= 26 - \left(-\dfrac{4 \times 42}{21}\right) = 26 - (-8) = 34$$

● 答

(1) **-6**　(2) **-7**　(3) **34** または，**+34**

(注：これよりあとは，答えの正の符号＋は省略する)

用語解説

四則

加法，減法，乗法，除法をまとめて四則という。

別解

(3)では，分配法則を利用して次のように計算してもよい。

分配法則

$$(a+b) \times c = a \times c + b \times c$$

$$a \times (b+c) = a \times b + a \times c$$

$$26 - \left(\dfrac{1}{7} - \dfrac{1}{3}\right) \times 42$$

$$= 26 - \left(\dfrac{1}{7} \times 42 - \dfrac{1}{3} \times 42\right)$$

$$= 26 - (6 - 14)$$

$$= 26 - (-8)$$

$$= 34$$

練習 9

解答は別冊 p.2

次の計算をしなさい。

(1) $(-18) \div (-3^2) - (-2) \times 5$

(2) $-4 \times 2 - 3 \times \{1 - (2 - 16) \div 7\}$

(3) $24 \times \left(\dfrac{1}{3} - \dfrac{3}{4}\right) + 12 \div (-3)$

5 正の数・負の数の利用

第1章 正の数・負の数

第2章 文字と式

第3章 整数の性質

第4章 式の計算

第5章 多項式

第6章 平方根

10 基準の量との差の利用（仮の平均） 応用

A，B，C，D，E の 5 人の生徒がハンドボール投げを行った。下の表は，それぞれの記録と 25m を比べて，そのちがいを 25m より長い場合を正の数，短い場合を負の数で表したものである。

この 5 人の記録の平均（へいきん）を求めなさい。

生徒	A	B	C	D	E
基準の量 25m との差(m)	-3	$+9$	-2	0	$+1$

考え方 差の平均を求めて，基準の量にたす。

◉ 解き方

基準の量 25m との差の合計を求めると，

$(-3)+(+9)+(-2)+0+(+1)=5(m)$

差の合計を，生徒の人数 5 でわって，**差の平均**を求めると，$5÷5=1(m)$

基準の量 25m に，差の平均をたして，$25+1=26(m)$

> **仮の平均**
> 例題のような方法で平均を求めるとき，基準にした量を**仮の平均**という。

 用語解説

平均
いくつかの数量を，等しい大きさになるようにならしたものを平均という。
（平均）＝（合計）÷（個数）

別解

A，B，C，D，E の記録を出してから平均を求めてもよい。
$(22+34+23+25+26)÷5$
$=130÷5=26(m)$

◉ 答 **26m**

練習 10

解答は別冊 p.2

下の表は，A さんの数学のテストの 1 〜 4 回の点数と 80 点を比べて，そのちがいを 80 点より高い場合を正の数，低い場合を負の数で表したものである。

4 回のテストの点数の平均を求めなさい。

回	1	2	3	4
基準の量 80 点との差(点)	-17	$+6$	-2	$+5$

章末問題　　解答 別冊 p.2

1 次の問いに答えなさい。

(1) 次のア〜エの中で，もっとも小さい数を選び，記号を書きなさい。
ア　-0.05　　イ　-2　　ウ　$\dfrac{1}{1000}$　　エ　3　　【長野県】

(2) 絶対値が $\dfrac{7}{3}$ より小さい整数をすべて書きなさい。　【鹿児島県】

(3) -4，$+5$，-3 の大小を，不等号を使って次のように表しました。
$$-4<+5>-3$$
それぞれの数の大小がわかるように，上の表し方をなおしなさい。

【岩手県】

2 次の計算をしなさい。

(1) $-6-1$　【大分県】　(2) $2-9-(-4)$　【高知県】

(3) $\left(-\dfrac{3}{4}\right)+\dfrac{2}{5}$　【福島県】　(4) $1.5-0.38$　【沖縄県】

（小数で答えなさい。）

(5) $\dfrac{7}{6}-\left(+\dfrac{4}{3}\right)+0.75$　(6) $18-45+30-63+12$

3 次の計算をしなさい。

(1) $-9\times\dfrac{4}{3}$　【大阪府】　(2) $(-56)\div(-8)$　【広島県】

(3) $2\times(-5^2)$　【奈良県】　(4) $\left(-\dfrac{2}{9}\right)\div\dfrac{4}{3}$　【鳥取県】

(5) $\dfrac{5}{6}\times(-0.4)$　【秋田県】　(6) $\left(-\dfrac{4}{3}\right)^2\div(-2)^2$　【愛知県】

(7) $9\div(-6)\times(-2)$　【島根県】　(8) $3\div\left(-\dfrac{3}{4}\right)\times(-2)$　【宮城県】

(9) $\dfrac{5}{12}\div\left(-\dfrac{32}{3}\right)\times(-4)^2$　(10) $(-2)^3\div(-6)\div18\times(-3)^2$

4 次の計算をしなさい。

(1) $5 \times (6-2)$ 【鹿児島県】

(2) $-12 + 9 \div 3$ 【静岡県】

(3) $(-3)^2 + 12 \div (-2)$ 【千葉県】

(4) $6 \div \left(-\dfrac{2}{3}\right) + (-5)^2$ 【京都府】

(5) $\left(-2 + \dfrac{5}{3}\right)^2 - \dfrac{1}{7}$ 【都立産業技術高専】

(6) $\dfrac{1}{2} + \left(-\dfrac{2}{3}\right)^2 \div \left(-\dfrac{8}{15}\right)$ 【土浦日本大学高(茨城)】

(7) $\left(\dfrac{2}{3} + \dfrac{1}{5}\right) \div \left(\dfrac{3}{4} - \dfrac{1}{8}\right) - \left(-\dfrac{4}{5}\right)^2$ 【函館ラ・サール高(北海道)】

(8) $3^9 \times \left(\dfrac{1}{3}\right)^6 \times (3^2)^3 \div 3^6 - 33$ 【和洋国府台女子高(千葉)】

(9) $\{(-2)^3 - 3 \times (-4)\} \div \left(\dfrac{1}{2} - 1\right)^2$ 【青雲高(長崎)】

5 次の表は,ある地点での4月1日から4月5日における,それぞれの日の最高気温についてまとめたものです。「前日との差(℃)」には,当日と前日の最高気温を比べ,その差を,当日のほうが高い場合は正の数,低い場合は負の数で表しています。 ア にあてはまる数を求めなさい。 【山口県】

月日	4月1日	4月2日	4月3日	4月4日	4月5日
最高気温(℃)	ア			20	21
前日との差(℃)		+2	−3	+2	+1

6 右の表は,美咲さんのお父さんが,ある週の月曜日から金曜日までの5日間に,20分間のウォーキングで歩いた歩数を曜日ごとに表したものです。 【熊本県】

曜日	月	火	水	木	金
歩数(歩)	2424	2400	2391	2420	2415

(1) お父さんがウォーキングで歩いた歩数の1日当たりの平均値を求めなさい。

(2) お父さんの1歩の歩幅が60cmのとき,お父さんが5日間のウォーキングで歩いた距離の合計は何kmか,求めなさい。

第2章

文字と式

文字式の表し方を確実に理解する必要がある。そのうえで，1次式の計算が正確にできるようになろう。とくに，かっこをはずすときの符号のミスに注意しよう。

SECTION 1 文字を使った式

→p.32

文字式の表し方

- 文字の混じった乗法では，記号 × をはぶく。
  - 例 $a×b=ab$
- 文字と数の積では，数を文字の前に書く。
  - 例 $x×3=3x$
- 同じ文字の積は累乗の指数を使って表す。
  - 例 $a×a=a^2$
- 除法では記号 ÷ を使わずに，分数の形で書く。
  - 例 $x÷5=\dfrac{x}{5}$

- 2つ以上の文字の積は，ふつう，アルファベット順に書く。
  - 例 $y×2×x=2xy$
- 1，−1 と文字との積では，1を省略する。
  - 例 $a×1=a$
    $(-1)×x=-x$
- 分子の式にはかっこをつけない。
  - 例 $(a+2)÷3=\dfrac{a+2}{3}$

代入と式の値

式の中の文字を数におきかえることを，文字に数を代入するという。また，代入して計算した結果を，そのときの式の値という。

代入するときの注意

式の値を求めるとき，与えられた式をできるだけ簡単にしてから文字に数を代入する。

SECTION 2 数量の表し方

→p.34

よく使われる数量の関係

- (代金)＝(単価)×(個数)

- (道のり)＝(速さ)×(時間)

- 偶数…$2n$，奇数…$2n+1$ または $2n-1$（n は整数）

- 十の位の数が a，一の位の数が b の2けたの自然数…$10a+b$

- (比べられる量)＝(もとにする量)×(割合)

- $a\%$ ➡ $\dfrac{a}{100}$ b 割 ➡ $\dfrac{b}{10}$

- (速さ)＝$\dfrac{(道のり)}{(時間)}$

- (時間)＝$\dfrac{(道のり)}{(速さ)}$

第1章 正の数・負の数

第2章 文字と式

第3章 整数の性質

第4章 式の計算

第5章 多項式

第6章 平方根

SECTION 3 1次式の計算

→p.38

項と係数

加法だけの式で，加法の記号 ＋ で結ばれたそれぞれを項という。

また，文字をふくむ項の数の部分をその項の係数という。

文字の部分が同じ項（同類項）は，まとめることができる。

1次の項，1次式

文字が1つだけの項を1次の項という。1次の項だけか1次の項と数だけの項からできている式を1次式という。**例** $3x-4$ で，$3x$ は1次の項。したがって，$3x-4$ は1次式。

1次式の計算

● 式の加減…かっこをはずして，文字の項どうし，数の項どうしをまとめる。

例 $2x+(3x+1)=2x+3x+1=5x+1$
$(3a+2)-(a-4)=3a+2-a+4=2a+6$

● 項が1つの式と数の乗除…数どうしの積・商を求め，それに文字をかける。

例 $3x\times(-2)=3\times(-2)\times x=-6x$　$-4a\div2=\dfrac{-4a}{2}=-2a$

● 項が2つの式と数の乗法…分配法則を利用する。

例 $2(3x-4)=2\times3x+2\times(-4)=6x-8$

● （分数の式）＋（分数の式）…通分して計算をする。

例 $\dfrac{x-2}{2}+\dfrac{2x-1}{3}=\dfrac{3(x-2)+2(2x-1)}{6}$ として分子を計算。

項と係数

$$2x-3y+5$$
$$=\boxed{2x}+\boxed{(-3y)}+\boxed{5}$$
項　　係数

上の式の5のように数だけの項を定数項という。

かっこのはずしかた

・＋（　）➡そのままはずす。

・−（　）➡各項の符号を変えてはずす。

除法は乗法になおしてもよい

除法は，わる数の逆数をかける乗法になおして計算してもよい。

（項が2つの式）÷（数）

・（　）の中の各項を数でわる。

・わる数の逆数をかける乗法になおし，分配法則を利用する。

SECTION 4 1次式の計算の利用

→p.44

規則性の問題では，番号が1つ増えるごとに，碁石やマッチ棒などがどのような決まりで増えていくかを見つけることがポイントになる。

SECTION 5 関係を表す式

→p.46

● 等式…等号（＝）を使って数量の間の関係を表した式

● 不等式…不等号（≧，≦，＞，＜）を使って数量の間の大小関係を表した式

第2章

SECTION

1

文字を使った式

11 文字式の表し方　　　　　　　　　　　　基礎

次の式を，文字式の表し方にしたがって表しなさい。

(1) $b \times 2 \times a$　　　　　　　　(2) $(x+y) \div 3$

(3) $(p-q) \div 5 \times m$　　　　　(4) $a \times (-2) \times a + a \times 4$

 考え方　記号 $\times$ をはぶいて書く。
　　　　　記号 $\div$ を使わずに分数の形で書く。

◉ **解き方**

(1) 数を文字の前に，文字はアルファベット順にして，
　　$\times$ の記号をはぶく。

　　$b \times 2 \times a = 2 \times a \times b = 2ab$

(2) $\div$ の記号を使わず，分数の形で書く。

　　$(x+y) \div 3 = \dfrac{x+y}{3}$

(3) 乗法だけの式になおして$\times$をはぶく。

　　$(p-q) \div 5 \times m = (p-q) \times \dfrac{1}{5} \times m = \dfrac{(p-q) \times m}{5}$

　　$= \dfrac{m(p-q)}{5}$

(4) 同じ文字の積は累乗の指数を使って表す。

　　$a \times (-2) \times a + a \times 4 = (-2) \times a \times a + 4 \times a$

　　　　　　　　　　　　　　　$= -2a^2 + 4a$

◉ **答**

(1) $2ab$　(2) $\dfrac{x+y}{3}$　(3) $\dfrac{m(p-q)}{5}$　(4) $-2a^2+4a$

確認　

文字式の表し方

● 積では記号 $\times$ をはぶく。
● 文字と数の積は，数を文字
　の前に書く。
● 同じ文字の積は累乗の指数
　を使って表す。
● 商では記号 $\div$ を使わずに，
　分数の形で書く。

くわしく　

1，-1 と文字の積

1，-1 と文字の積では，1 を
省略する。

例 $a \times 1 = a,\ x \times (-1) = -x$

商の符号

符号は分数の前に書く。

例 $x \div (-4) = -\dfrac{x}{4}$

$\left(\dfrac{x}{-4} \text{としないこと}\right)$

 練習 **11**

解答は別冊 p.4

次の式を，$\times$，$\div$ の記号を使って表しなさい。

(1) $3xy^2$　　　　(2) $\dfrac{ab}{4}$　　　　(3) $\dfrac{a+5}{3b}$　　　　(4) $\dfrac{x}{y+1}$

12 代入と式の値 応用

(1) $x=-3$ のとき，式① $2x+4$　② $x-x^2$ の値を求めなさい。

(2) $x=\dfrac{3}{2}$ のとき，式① $-4x+3$　② $8x^2-2x$ の値を求めなさい。

考え方 ×，÷ の記号を使って式を表してから，文字を数でおきかえる。

● 解き方

(1) 負の数にはかっこをつけて代入する。

① $2x+4=2\times x+4$ に $x=-3$ を代入すると，
 └ ×の記号を補う

$2\times(-3)+4=-6+4=-2$
 └ （　）をつけて代入

② $x-x^2$ に $x=-3$ を代入して，

$-3-(-3)^2=-3-(+9)=-3-9=-12$
 └ （　）をつけて代入

(2) ① $-4x+3=-4\times x+3$ に $x=\dfrac{3}{2}$ を代入すると，

$-4\times\dfrac{3}{2}+3=-6+3=-3$

② 指数のついた式に分数を代入するときは，かっこをつけて代入する。

$8x^2-2x=8\times x^2-2\times x$ に $x=\dfrac{3}{2}$ を代入すると，

$8\times\left(\dfrac{3}{2}\right)^2-2\times\dfrac{3}{2}=8\times\dfrac{9}{4}-2\times\dfrac{3}{2}=18-3=15$

● 答

(1) ① -2　② -12　(2) ① -3　② 15

練習 12

解答は別冊 p.4

$m=-\dfrac{2}{3}$ のとき，次の式の値を求めなさい。

(1) $\dfrac{5}{3}-\dfrac{m}{2}$　(2) $-m^2+\dfrac{m}{3}$

用語解説 📖

代入，式の値

式の中の文字を数におきかえることを，文字に数を代入するという。

代入して計算した結果を，そのときの式の値という。

ミス注意

代入するときの注意

● 負の数を代入するときは，かっこをつけて代入する。

● 指数のついた式に分数を代入するときは，かっこをつけて代入する。

● 分数の形の式に分数を代入するときは，÷を使った式になおしてから代入する。

例 $x=-\dfrac{1}{4}$ のときの $\dfrac{2}{x}$ の値

$\dfrac{2}{x}=2\div x=2\div\left(-\dfrac{1}{4}\right)$

$\qquad=2\times(-4)$

$\qquad=-8$

ミス注意

(2)②では，かっこをつけないと，次のようなミスをしやすい。

$8\times\dfrac{3}{2}^2-2\times\dfrac{3}{2}$

$=8\times\dfrac{9}{2}-2\times\dfrac{3}{2}=\cancel{36}-3=\cancel{33}$

第1章 正の数・負の数

第2章 文字と式

第3章 整数の性質

第4章 式の計算

第5章 多項式

第6章 平方根

2 数量の表し方

13 代金, 整数 　　　　　　　基礎

次の数量を, 文字を使った式で表しなさい。

(1) 1冊 120円のノートを a 冊, 1本 60円の鉛筆を b 本, 1個 50円の消しゴムを2個買ったときの代金の合計

(2) 98から十の位の数が x, 一の位の数が y の2けたの自然数をひいた差

考え方 ことばの式に文字や数をあてはめる。

◉ 解き方

(1) (代金) ＝ (単価) × (個数) より,

　1冊 120円のノート a 冊の代金は, $120 \times a = 120a$ (円)

　1本 60円の鉛筆 b 本の代金は, $60 \times b = 60b$ (円)

　1個 50円の消しゴム2個の代金は, $50 \times 2 = 100$ (円)

　よって, 代金の合計は, $120a + 60b + 100$ (円)

(2) 十の位の数が x, 一の位の数が y の2けたの自然数は, $10x + y$ と表せる。

　98から $10x + y$ をひいた差は, $98 - (10x + y)$

◉ 答

(1) $120a + 60b + 100$ (円)　(2) $98 - (10x + y)$

確認

2けたの整数の表し方

たとえば, 2けたの整数 23 は十の位の数が2, 一の位の数が3だから, $10 \times 2 + 3$ と表せる。

ミス注意

(2)で, 十の位の数が x, 一の位の数が y の2けたの自然数は xy ではない。

練習 13

　　　　　　　　　　　　　　　　　　　解答は別冊 p.4

次の数量を, 文字を使った式で表しなさい。

(1) 5人で a 円ずつ出して, 100円の品物を b 個買ったときに残った金額

(2) 百の位の数が x, 十の位の数が5, 一の位の数が y である3けたの自然数

14 速さ・時間・道のり

次の数量を，文字を使った式で表しなさい。

(1) 時速 a km で t 分間歩いたときに進んだ道のり

(2) x km の道のりを時速 5 km で進み，y km の道のり を時速 4 km で進んだときにかかった時間の合計

考え方 （道のり）＝（速さ）×（時間）

● 解き方

(1) （道のり）＝（速さ）×（時間）にあてはめる。

t 分 $=\dfrac{t}{60}$ 時間だから，時速 a km で t 分間歩いたと

きに進んだ道のりは，$a \times \dfrac{t}{60} = \dfrac{at}{60}$ (km)

(2) （時間）＝$\dfrac{（道のり）}{（速さ）}$ にあてはめる。

x km の道のりを時速 5 km で進んだときにかかっ

た時間は，$\dfrac{x}{5}$ 時間。

y km の道のりを時速 4 km で進んだときにかかっ

た時間は，$\dfrac{y}{4}$ 時間。

よって，かかった時間の合計は，$\dfrac{x}{5} + \dfrac{y}{4}$ (時間)

● 答

(1) $\dfrac{at}{60}$ km　(2) $\dfrac{x}{5} + \dfrac{y}{4}$ (時間)

確認

速さ・時間・道のりの関係

（道のり）＝（速さ）×（時間）

（速さ）＝$\dfrac{（道のり）}{（時間）}$

（時間）＝$\dfrac{（道のり）}{（速さ）}$

速さに関する式のおぼえ方

たとえば，速さを求めるとき は，上の図で「速さ」をかくす と，（道のり）÷（時間）となる。

別解

(1)では，時速 a km は，分速 $\dfrac{a}{60}$ km のことだから，t 分間 で進んだ道のりは，$\dfrac{a}{60} \times t = \dfrac{at}{60}$ (km)

練習 14

解答は別冊 p.4

x km 離れた 2 地点の間を，はじめは時速 a km で 2 時間走り，残りは時速 40km で走ったと き，時速 40km で走ったときにかかった時間を， 文字を使った式で表しなさい。

15 割 合

次の数量を，文字を使った式で表しなさい。

(1) 濃度 a %の食塩水 bg の中にふくまれる食塩の重さ

(2) 定価 x 円の商品を，定価の p 割引きで買ったときの代金

 考え方 **（比べられる量）＝（もとにする量）×（割合）**

◉ 解き方

(1) 比べられる量は食塩の重さ，もとにする量は食塩
水の重さだから，

（食塩の重さ）＝（食塩水の重さ）×（濃度）
　　　　　　　　　　　　　　　　　└┄ 割合
にあてはめる。

a %を割合で表すと $\dfrac{a}{100}$

ふくまれる食塩の重さは，bg の a %だから，

$$b \times \frac{a}{100} = \frac{ab}{100} \text{(g)}$$

(2) p 割は全体の $\dfrac{p}{10}$ だから，p 割引きにあたる割合は $1 - \dfrac{p}{10}$

商品の代金は，$x \times \left(1 - \dfrac{p}{10}\right) = x\left(1 - \dfrac{p}{10}\right)$ (円)

別解

x 円の p 割は $x \times \dfrac{p}{10} = \dfrac{px}{10}$ (円)だから，商品の代金は，

x 円から割引きの金額をひいて，$x - \dfrac{px}{10}$ (円)

◉ 答

(1) $\dfrac{ab}{100}$g　(2) $x\left(1-\dfrac{p}{10}\right)$円または，$x - \dfrac{px}{10}$ (円)

 確認

百分率

割合を表す $\dfrac{1}{100}$（または，0.01）を 1 **パーセント**といい，1 % と書く。

$$a\% \rightarrow \frac{a}{100}$$

%で表した割合を**百分率**という。

例 15% $\rightarrow \dfrac{15}{100}$（または，0.15）

歩合

割合を表す $\dfrac{1}{10}$（または，0.1）を 1 **割**，$\dfrac{1}{100}$（または，0.01）を 1 **分**，$\dfrac{1}{1000}$（または，0.001）を 1 **厘**ということがある。

$$b \text{ 割} \rightarrow \frac{b}{10}$$

このように表した割合を，**歩合**という。

練習 15

解答は別冊 p.4

ある中学校の昨年の入学者数は a 人で，今年の入学者数は昨年より b 割増
えたとき，今年の入学者数を，文字を使った式で表しなさい。

⑯ 図形と公式

次の数量を，文字を使った式で表しなさい。

(1) 底辺の長さ $a$cm，高さ $h$cm の三角形の面積

(2) 半径 $r$cm の円の面積(円周率を π とする)。

考え方 ことばで表された公式に，文字をあてはめる。

◉ 解き方

(1) （三角形の面積）＝（底辺）×（高さ）÷2

にあてはめると，$a \times h \div 2 = \dfrac{ah}{2}$ (cm²)

一般に，底辺の長さ a，高さ h の三角形の面積 S は，次のように表される。

$S = \dfrac{1}{2}ah$

(2) （円の面積）＝（半径）×（半径）×（円周率）

にあてはめると，$r \times r \times \pi = \pi r^2$ (cm²)

一般に，半径 r の円の，円周の長さ ℓ，面積 S は，それぞれ次のように表される。

$\ell = 2\pi r \qquad S = \pi r^2$

◉ 答 (1) $\dfrac{ah}{2}$cm² または，$\dfrac{1}{2}ah$cm² (2) πr^2cm²

用語解説

円周率

円周の長さの円の直径に対する割合を円周率という。

（円周率）＝ $\dfrac{（円周の長さ）}{（直径）}$

円周率は，3.141592…と，どこまでも続く小数である。

π（パイ）

π は円周率を表す文字。

π は決まった値を表す文字である。したがって，文字式の表し方で積に π がふくまれる場合は，π は数のあと，他の文字の前に書く。

例 $x \times 3 \times \pi = 3\pi x$

確認

(2)では，同じ文字の積は累乗の指数を使って表す。

練習 16

解答は別冊 p.4

右の図のように，半径 $r$cm の円と1辺の長さ $a$cm の正方形が重なっているとき，斜線の部分の面積(円周率は π とする)を，文字を使った式で表しなさい。

第1章 正の数・負の数

第2章 文字と式

第3章 整数の性質

第4章 式の計算

第5章 多項式

第6章 平方根

第2章
SECTION
3 # 1次式の計算

 式を簡単にすること 基礎

次の計算をしなさい。

(1) $2x-5x$　　(2) $a-\dfrac{a}{3}$　　(3) $3x-4-x+6$

 考え方 **文字の項どうし，数の項どうしをまとめる。**

● 解き方

(1) 文字の部分が同じ項は，係数どうしを計算して，文字の前に書く。

$2x-5x=(2-5)x$ ← 計算法則 $mx+nx=(m+n)x$

$\qquad\quad=-3x$

(2) a の係数は 1，$-\dfrac{a}{3}$ の係数は $-\dfrac{1}{3}$ だから，

$a-\dfrac{a}{3}=\left(1-\dfrac{1}{3}\right)a$

$\qquad\ =\dfrac{2}{3}a$

(3) 文字の項どうし，数の項どうしをそれぞれまとめる。

$3x-4-x+6=3x-x-4+6$

$\qquad\qquad\quad=(3-1)x-4+6$

$\qquad\qquad\quad=2x+2$

● 答

(1) $-3x$　(2) $\dfrac{2}{3}a$　(3) $2x+2$

用語解説 📖

項と係数
加法だけの式で，加法の記号＋で結ばれたそれぞれを項という。また，文字をふくむ項の数の部分をその項の係数という。なお，数だけの項を定数項ということがある。

1次の項，1次式
$3x$ や $-4y$ のように，文字が1つだけの項を1次の項という。1次の項だけか1次の項と数だけの項からできている式を1次式という。
 例 $3x$ や $2a+3$ は1次式

参考

同類項
(1)の $2x$ と $-5x$，(2)の a と $-\dfrac{a}{3}$ のように，文字の部分が同じ項を同類項という。(→ p.67)

練習 17 解答は別冊 p.4

次の計算をしなさい。

(1) $6x+(-9x)$　(2) $\dfrac{1}{4}a-\dfrac{2}{3}a$　(3) $\dfrac{2}{3}a+4-\dfrac{1}{2}a-6$

18 式の加減

基礎

次の計算をしなさい。

(1) $3x+(2x+7)$

(2) $(5a-3)+(-7a+8)$

(3) $2y-(4y+3)$

(4) $(x-5)-(2x-1)$

考え方 $+(\quad)$ ➡ そのままかっこをはずす。

$-(\quad)$ ➡ 各項の符号を変えてかっこをはずす。

◉ 解き方

(1) かっこの前が＋のとき，そのままかっこをはずす。

$$3x+(2x+7)=3x+2x+7$$
$$=5x+7$$

(2) $(5a-3)+(-7a+8)=5a-3-7a+8$

（ ）の前は＋

$$=5a-7a-3+8$$
$$=-2a+5$$

(3) かっこの前が－のとき，かっこの中の各項の符号を変えて，かっこをはずす。

$$2y-(4y+3)=2y-4y-3$$
$$=-2y-3$$

(4) $(x-5)-(2x-1)=x-5-2x+1$

（ ）の前は＋　（ ）の前は－

$$=x-2x-5+1$$
$$=-x-4$$

◉ 答

(1) $5x+7$　(2) $-2a+5$　(3) $-2y-3$　(4) $-x-4$

ミス注意

符号の変え忘れ

$-(\quad)$ をはずすとき，うしろの項の符号を変えるのを忘れやすい。

例 $2y-(4y+3)$
$=2y-4y\cancel{+}3$

別解

縦書きの計算

(1)，(2)では，下のように文字の項と数の項を縦にそろえて計算してもよい。

(1)
$$\begin{array}{r}3x\\+)\,2x+7\\\hline 5x+7\end{array}$$

(2)
$$\begin{array}{r}5a-3\\+)\,-7a+8\\\hline -2a+5\end{array}$$

また，(3)，(4)では，ひく式の符号を変えて縦書きで計算することができる。

(3)
$$\begin{array}{r}2y\\+)\,-4y-3\\\hline -2y-3\end{array}$$

(4)
$$\begin{array}{r}x-5\\+)\,-2x+1\\\hline -x-4\end{array}$$

 練習 18

解答は別冊 p.5

次の2式をたしなさい。また，左の式から右の式をひきなさい。

(1) $4a+5,\ 2a-5$

(2) $3x-9,\ -2x-11$

19 項が1つの式と数の乗除 基礎

次の計算をしなさい。

(1) $5x \times (-3)$　(2) $\left(-\dfrac{3}{2}a\right) \times 4$　(3) $-12x \div 4$　(4) $10t \div \left(-\dfrac{5}{6}\right)$

考え方 数どうしの積・商を求め，それに文字をかける。

● 解き方

(1) $\begin{aligned}5x \times (-3) &= 5 \times (-3) \times x \\ &= -15 \times x \\ &= -15x\end{aligned}$

(2) $\begin{aligned}\left(-\dfrac{3}{2}a\right) \times 4 &= -\dfrac{3}{\underset{1}{2}} \times \overset{2}{4} \times a \\ &= -6 \times a \\ &= -6a\end{aligned}$

(3) 分数の形にして，数どうしで約分する。

$\begin{aligned}-12x \div 4 &= -\dfrac{\overset{3}{12x}}{\underset{1}{4}} \\ &= -3x\end{aligned}$

(4) わる数が分数のとき，逆数をかける乗法になおす。

$\begin{aligned}10t \div \left(-\dfrac{5}{6}\right) &= 10t \times \left(-\dfrac{6}{5}\right) \\ &= \overset{2}{10} \times \left(-\dfrac{6}{\underset{1}{5}}\right) \times t \\ &= -12t\end{aligned}$

● 答

(1) $-15x$　(2) $-6a$　(3) $-3x$　(4) $-12t$

確認

乗法の交換法則

$a \times b = b \times a$

かける数とかけられる数を入れかえても，積は同じ。

乗法の結合法則

$(a \times b) \times c = a \times (b \times c)$

前の2数を先に計算しても，うしろの2数を先に計算しても，積は同じ。

別解 ⊕

(3)では，乗法になおして計算してもよい。

$\begin{aligned}&-12x \div 4 \\ =&-12x \times \dfrac{1}{4} \\ =&\overset{3}{12} \times \dfrac{1}{\underset{1}{4}} \times x \\ =&-3x\end{aligned}$

 練習 19

解答は別冊 p.5

次の計算をしなさい。

(1) $6x \times \left(-\dfrac{2}{3}\right)$　(2) $-\dfrac{3}{5}a \times \left(-\dfrac{10}{9}\right)$　(3) $-12m \div \dfrac{3}{4}$　(4) $\dfrac{5}{6}x \div \left(-\dfrac{7}{12}\right)$

第1章 正の数・負の数

第2章 文字と式

第3章 整数の性質

第4章 式の計算

第5章 多項式

第6章 平方根

20 項が2つの式と数の乗除

基礎

次の計算をしなさい。

(1) $2(5x+3)$

(2) $3\left(4x-\dfrac{2}{3}\right)$

(3) $(16x-20)\div(-4)$

(4) $(-9x+15)\div\left(-\dfrac{3}{5}\right)$

考え方 分配法則 $a(b+c)=ab+ac$ を利用する。

● 解き方

(1) $2(5x+3)=2\times5x+2\times3=10x+6$

(2) $3\left(4x-\dfrac{2}{3}\right)=3\times4x+3\times\left(-\dfrac{2}{3}\right)=12x-2$

(3) 除法は,わる数の逆数をかける乗法になおす。

$$(16x-20)\div(-4)=(16x-20)\times\left(-\dfrac{1}{4}\right)$$

$$=16x\times\left(-\dfrac{1}{4}\right)+(-20)\times\left(-\dfrac{1}{4}\right)=-4x+5$$

別解

かっこの中の各項を,-4 でわってもよい。

$$(16x-20)\div(-4)=\dfrac{16x-20}{-4}=\dfrac{16x}{-4}-\dfrac{20}{-4}=-4x+5$$

(4) $(-9x+15)\div\left(-\dfrac{3}{5}\right)=(-9x+15)\times\left(-\dfrac{5}{3}\right)$

$$=-9x\times\left(-\dfrac{5}{3}\right)+15\times\left(-\dfrac{5}{3}\right)$$

$$=15x-25$$

● 答

(1) $\mathbf{10x+6}$　(2) $\mathbf{12x-2}$　(3) $\mathbf{-4x+5}$　(4) $\mathbf{15x-25}$

確認

分配法則

$a(b+c)$
$=ab+ac$

$(a+b)\times c$
$=ac+bc$

かっこの外の数を,かっこの中のすべての項にかける。

くわしく

(4)のように,わる数が分数のとき,(3)の別解の方法で計算すると,

$$(-9x+15)\div\left(-\dfrac{3}{5}\right)$$

$$=\dfrac{-9x+15}{-\dfrac{3}{5}}=\dfrac{-9x}{-\dfrac{3}{5}}+\dfrac{15}{-\dfrac{3}{5}}$$

のように式が複雑になり,適さない。

練習 20

解答は別冊 p.5

次の計算をしなさい。

(1) $-5(2x-6)$

(2) $\dfrac{3}{4}(8a-3)$

(3) $\left(\dfrac{3}{2}a-\dfrac{6}{5}\right)\div\left(-\dfrac{3}{10}\right)$

いろいろな1次式の計算　　　　　応用

次の計算をしなさい。

(1) $2(x+3)+3(2x-1)$

(2) $3(6a-1)-4(3a-2)$

(3) $-2(5+3x)-(4x-7)$

(4) $\dfrac{1}{3}(6m-9)+8\left(\dfrac{1}{2}m-3\right)$

考え方　分配法則でかっこをはずし，文字の項，数の項をそれぞれまとめる。

● 解き方

(1) $2(x+3)+3(2x-1)$

$=2\times x+2\times 3+3\times 2x+3\times(-1)$

$=2x+6+6x-3=8x+3$

(2) $3(6a-1)-4(3a-2)$

$=3\times 6a+3\times(-1)+(-4)\times 3a+(-4)\times(-2)$

$=18a-3-12a+8=6a+5$

(3) $-2(5+3x)-(4x-7)$

$=-2\times 5+(-2)\times 3x\underline{-4x+7}$

$=-10-6x-4x+7$　——$-(\ \ )$は，$(\ \ )$の中の各項の符号を変えてかっこをはずす

$=-10x-3$

(4) $\dfrac{1}{3}(6m-9)+8\left(\dfrac{1}{2}m-3\right)$

$=\dfrac{1}{3}\times 6m+\dfrac{1}{3}\times(-9)+8\times\dfrac{1}{2}m+8\times(-3)$

$=2m-3+4m-24=6m-27$

● 答

(1) $8x+3$　　(2) $6a+5$　　(3) $-10x-3$　　(4) $6m-27$

ミス注意

うしろの項の符号

かっこの前が負の数の場合，分配法則でかっこをはずすとき，うしろの項の符号を変えるのを忘れやすい。

例 (2)では，

$3(6a-1)-4(3a-2)$

$=18a-3-12a\!\!\times\!\!8$

-4 をかっこの中のすべての項にかけるため，

$-4\times(-2)$ で $+8$ となる。

確認

$-(\ \ )$は $-1\times(\ \ )$と同じ意味

(3)では，かっこをはずすとき，下のように考えてもよい。

$-2(5+3x)-(4x-7)$

$=-2\times 5+(-2)\times 3x$

$\qquad +(-1)\times 4x+(-1)\times(-7)$

$=-10-6x-4x+7$

$=-10x-3$

練習 21

解答は別冊 p.5

次の計算をしなさい。

(1) $2(3x-1)+3(2x+3)$

(2) $4(2a-1)-2(5-a)$

(3) $-(7x+2)+5(x-1)$

(4) $\dfrac{3}{4}(t+2)-\dfrac{1}{2}(2t-1)$

第1章 正の数・負の数

第2章 文字と式

第3章 整数の性質

第4章 式の計算

第5章 多項式

第6章 平方根

(22) 分数の形の式の計算　応用

次の計算をしなさい。

(1) $\dfrac{2x+5}{3} \times 6$

(2) $\dfrac{2a+1}{3} - \dfrac{a-3}{2}$

考え方　（分数の式）× 数➡分母の数とかける数で約分する。
（分数の式）−（分数の式）➡通分し，分子の計算をする。

◉ 解き方

(1) 分子の式にかっこをつけて，分母の 3 とかける
数 6 で約分する。

$$\dfrac{2x+5}{3} \times 6 = \dfrac{(2x+5) \times \overset{2}{\cancel{6}}}{\cancel{3}_1}$$
$$= (2x+5) \times 2$$
$$= 4x+10$$

(2) 分母を 3 と 2 の**最小公倍数** 6 にして通分する。

$$\dfrac{2a+1}{3} - \dfrac{a-3}{2}$$
$$= \dfrac{2(2a+1) - 3(a-3)}{6} \quad \text{←通分}$$
$$= \dfrac{4a+2-3a+9}{6}$$
$$= \dfrac{a+11}{6} \quad \text{←分子を計算}$$

◉ 答

(1) $4x+10$　(2) $\dfrac{a+11}{6}$ または，$\dfrac{1}{6}a + \dfrac{11}{6}$

ミス注意

分子の式にはかっこ

分子の式はひとまとまりのものと考えて，計算するときは必ずかっこをつける。
分子にかっこをつけないと，(2)では，次のようなミスをしやすい。

$$\dfrac{2a+1}{3} - \dfrac{a-3}{2}$$
$$= \dfrac{2(2a+1) - 3a \cancel{\times} 3}{6}$$

別解

分配法則を使ってかっこをはずし，項をまとめて計算してもよい。たとえば，(2)では，

$$\dfrac{2a+1}{3} - \dfrac{a-3}{2}$$
$$= \dfrac{1}{3}(2a+1) - \dfrac{1}{2}(a-3)$$
$$= \dfrac{2}{3}a + \dfrac{1}{3} - \dfrac{1}{2}a + \dfrac{3}{2}$$
$$= \dfrac{1}{6}a + \dfrac{11}{6}$$

ミス注意

係数に分数をふくむ方程式（→ p.139）とは異なり，分母をはらうことはできないので注意する。

練習 22　　解答は別冊 p.5

次の計算をしなさい。

(1) $\dfrac{2x-3}{4} \times (-12)$

(2) $-8 \times \dfrac{3a+5}{4}$

(3) $\dfrac{x-3}{2} - \dfrac{x+3}{6}$

(4) $\dfrac{2x-1}{4} - \dfrac{3x+1}{6}$

4 1次式の計算の利用

23 複雑な式の値　　　　応用

(1) $x=-\dfrac{2}{3}$ のとき，$\dfrac{5x-4}{3}-\dfrac{x-2}{6}$ の値を求めなさい。

(2) $A=2x-3$，$B=5-x$ のとき，$2A-B$ を計算しなさい。

考え方 式をできるだけ簡単にしてから，数や式を代入する。

● 解き方

(1) $\dfrac{5x-4}{3}-\dfrac{x-2}{6}=\dfrac{2(5x-4)-(x-2)}{6}$

$=\dfrac{10x-8-x+2}{6}$

$=\dfrac{9x-6}{6}=\dfrac{3x-2}{2}$

$=(3x-2)\div 2$

この式に $x=-\dfrac{2}{3}$ を代入して，

$(3x-2)\div 2=\left\{3\times\left(-\dfrac{2}{3}\right)-2\right\}\div 2$

$=(-2-2)\div 2$

$=-4\div 2=-2$

(2) $2A-B$ に $A=2x-3$，$B=5-x$ を代入する。

$2A-B=2(2x-3)-(5-x)$

$=4x-6-5+x$

$=5x-11$

● 答

(1) -2　(2) $5x-11$

くわしく

式の値を求める問題では，直接，数を代入しても式の値は求められる。しかし，直接代入すると式が複雑になり，ミスしやすい。

ミス注意

式を代入するとき，式全体にかっこをつけて代入する。かっこをつけないと，(2)では，次のようなミスをしやすい。

$2A-B$

$=2(2x-3)-5\times x$

練習 23　　　　　　　　　　　　　解答は別冊 p.5

(1) $p=\dfrac{3}{5}$ のとき，$\dfrac{2}{3}(2p-1)-\dfrac{1}{2}(p+5)$ の値を求めなさい。

(2) $A=x-2$，$B=3x+1$ のとき，$3B-2A$ を計算しなさい。

24 規則性を利用した文字式の作成

碁石を使って，右の図のように，正方形を横につないだ図形を作っていく。できた図形を1番目，2番目，3番目，…とする。

(1) 4番目の図形で使う碁石の個数を求めなさい。

(2) n番目の図形で使う碁石の個数を，nを使った式で表しなさい。

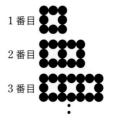

1番目
2番目
3番目

考え方 番号が1つ増えたときの碁石の増え方を考える。

● 解き方

(1) 碁石の個数は，1番目の図形では8個，2番目の図形では13個，3番目の図形では18個，……
のように，5個ずつ増えていくから，4番目の図形では，
$$18+5=23(個)$$

(2) 1番目…8個
2番目…$8+5×1$(個) ←……$8+5×(\underline{2}-1)$
3番目…$8+5×2$(個) ←……$8+5×(\underline{3}-1)$
4番目…$8+5×3$(個) ←……$8+5×(\underline{4}-1)$
のように考えると，n番目の図形では，
$$8+5×(n-1)=8+5n-5=5n+3(個)$$

● 答 (1) **23個** (2) $5n+3$**(個)**

くわしく

規則性の問題では，図形などが1つ増えるごとに，碁石やマッチ棒などがどのような決まりで増えていくかを見つけることがポイントになる。

別解

(2)では，1番目を，とみて，
1番目…$3+5×1$(個)
2番目…$3+5×2$(個)
3番目…$3+5×3$(個)
のように考えると，n番目は，
$$3+5n(個)$$

練習 24

解答は別冊 p.6

右の図のように，黒い碁石を並べて正方形の形を作り，その外側に白い碁石を並べていく。正方形の1辺に並んだ黒い碁石の個数を n 個とする。

(1) 黒い碁石の総数を，n を使った式で表しなさい。

(2) 白い碁石の総数を，n を使った式で表しなさい。

第2章
SECTION

5 関係を表す式

25 等しいことを表す式（等式）   基礎

次の数量の関係を等式で表しなさい。

(1) 1個 x 円のショートケーキを5個と1個 y 円のシュークリーム
を3個買うと，代金の合計が2000円になった。

(2) x 円のシャツを買って5000円札で支払ったら，おつりは y 円であった。

(3) 時速 x km で1時間30分歩いたときの道のりは y km である。

考え方 数量が等しい関係を等号で結ぶ。

● 解き方

(1) $\begin{pmatrix} \text{ショートケーキ} \\ \text{の代金} \end{pmatrix} + \begin{pmatrix} \text{シュークリーム} \\ \text{の代金} \end{pmatrix} = \begin{pmatrix} \text{代金} \\ \text{の合計} \end{pmatrix}$

だから，$5x+3y=2000$

(2) $(\text{おつり})=(\text{支払った金額})-(\text{代金})$

だから，$y=5000-x$

(3) $(\text{道のり})=(\text{速さ})\times(\text{時間})$ で，1時間30分は $\frac{3}{2}$ 時

間だから，$y=\frac{3}{2}x$

● 答

(1) $5x+3y=2000$ (2) $y=5000-x$ (3) $y=\frac{3}{2}x$

用語解説

等式

等号（＝）を使って数量の間の
関係を表した式を**等式**とい
う。
等式で，等号の左側の式を左
辺、右側の式を右辺，あわせ
て両辺という。

$$\underset{\text{左辺}}{2x+3} = \underset{\text{右辺}}{a}$$
両辺

別解

答えの書き方

等式を表す式の形は，いろい
ろ考えられる。
(2)の答えは，(代金)＋(おつり)
＝(支払った金額)から，
$x+y=5000$ または，(代金)
＝(支払った金額)−(おつり)
から，$x=5000-y$ としても
よい。

練習 25

解答は別冊 p.6

次の数量の関係を等式で表しなさい。

(1) 底面積が x cm²，高さが5 cm の四角柱の体
積は y cm³ である。

(2) 原価 x 円の品物に20％の利益を見込んで，
定価を y 円とした。

第1章 正の数・負の数

第2章 文字と式

第3章 整数の性質

第4章 式の計算

第5章 多項式

第6章 平方根

26 大小関係を表す式（不等式） 基礎

次の数量の関係を不等式で表しなさい。

(1) 1個 x 円のショートケーキを5個と1個 y 円のシュークリームを3個買うと，代金の合計が2000円をこえる。

(2) x 円のシャツを買って，5000円札で支払ったら，おつりは y 円以下であった。

(3) 時速 $x$km で1時間30分歩いたときの道のりは $y$km 未満である。

考え方 数量の大小関係を不等号で表す。

● 解き方

(1) 「a は b より大きい」という関係になる。

$$\left(\begin{array}{c}\text{ショートケーキ}\\ \text{の代金}\end{array}\right)+\left(\begin{array}{c}\text{シュークリーム}\\ \text{の代金}\end{array}\right)>2000$$

だから，$5x+3y>2000$

(2) 「a は b 以下である」という関係になる。

（支払った金額）−（代金）$\leqq y$ だから，$5000-x\leqq y$

(3) 「a は b 未満である」という関係になる。

（速さ）×（時間）$<y$ だから，$\dfrac{3}{2}x<y$

● 答

(1) $5x+3y>2000$　(2) $5000-x\leqq y$　(3) $\dfrac{3}{2}x<y$

 練習 26

解答は別冊 p.6

次の数量の関係を不等式で表しなさい。

(1) 100個のりんごを同じ数ずつ x 人に分けると，1人分は y 個より多い。

(2) A中学校の昨年の生徒数は x 人で，今年の生徒数は昨年より1割減り y 人未満である。

 用語解説

不等式

不等号（$\geqq$，$\leqq$，$>$，$<$）を使って数量の間の大小関係を表した式を**不等式**という。

不等式で，不等号の左側の式を左辺，右側の式を右辺，あわせて両辺という。

$$\underset{\text{左辺}}{2x+y}<\underset{\text{右辺}}{a}$$

両辺

 確認

不等号

- a は b 以上 ➡ $a\geqq b$
  （a は b と等しいか，b より大きい）
- a は b 以下 ➡ $a\leqq b$
  （a は b と等しいか，b より小さい）
- a は b より大きい ➡ $a>b$
- a は b より小さい
  a は b 未満 ➡ $a<b$

章末問題 解答 別冊 p.6

1 次の問いに答えなさい。

(1) 家から学校までの道のりは 1200m です。最初の x m を分速 60m で歩き，残りの道のりを分速 120m で走りました。家から学校までにかかった時間を，x を使った式で表しなさい。 【大分県】

(2) 1 年 A 組の男子生徒の人数は 20 人です。そのうちの 1 人が欠席したある日，保健体育の授業で 50m 走を行ったところ，出席した 19 人の記録の平均は a 秒でした。欠席した男子生徒は別の日に 50m 走を行い，記録は b 秒でした。このとき，1 年 A 組の男子生徒 20 人の記録の平均を，a，b を用いて表しなさい。 【静岡県】

(3) ある中学校では，毎年，多くの生徒が，夏に行われるボランティア活動に参加しています。昨年度の参加者は男子が a 人，女子が b 人でした。今年度の参加者は，昨年度の男女それぞれの参加者と比べて，男子は 9 % 増え，女子は 7 % 減りました。今年度の，男子と女子の参加者の合計を，a，b を用いて表しなさい。 【静岡県】

2 次の計算をしなさい。

(1) $-2a+5a$ 【19 埼玉県】

(2) $7x-11-(-7x-5)$ 【鳥取県】

(3) $\dfrac{1}{3}a-a+\dfrac{5}{2}a$ 【滋賀県】

(4) $3a+2-\left(\dfrac{1}{3}a+1\right)$ 【島根県】

3 次の計算をしなさい。

(1) $\dfrac{3x-2}{5}\times10$ 【栃木県】

(2) $7(a+2)-2(3a-1)$ 【富山県】

(3) $\dfrac{2}{3}(2x-1)-\dfrac{1}{9}(2-6x)$

(4) $\dfrac{3a+7}{5}-\dfrac{2a-1}{3}$

【東海大浦安高（千葉）】 【和洋国府台女子高（千葉）】

第1章 正の数・負の数

第2章 文字と式

第3章 整数の性質

第4章 式の計算

第5章 多項式

第6章 平方根

4 次の数量の関係を等式または不等式で表しなさい。

(1) 中学生 a 人に1人4枚ずつ，小学生 b 人に1人3枚ずつ折り紙を配ろうとすると，100枚ではたりない。　　　　　【福島県】

(2) あるお店にすいかとトマトを買いに行った。このお店では，すいか1個を a 円の2割引きで，トマト1個を b 円で売っていて，すいか1個とトマト3個をまとめて買ったところ，代金の合計は1000円より安かった。　　　【熊本県】

(3) サイクリングコースの地点 A から地点 B まで自転車で走った。地点 A を出発して，はじめは時速13km で a km 走り，途中から時速18km で b km 走ったところで，地点 B に到着し，かかった時間は1時間であった。　　　【秋田県】

5 次の問いに答えなさい。

(1) $x=\dfrac{2}{7}$ のとき，$\dfrac{3x+1}{2}-\dfrac{4x-2}{3}+\dfrac{x-5}{4}$ の値を求めなさい。

(2) $A=3-2x,\ B=-5-4x,\ C=-x$ のとき，$3A-(B-C)$ を計算しなさい。

6 右の図のように，自然数を規則的に書いていきます。各行の左端の数は，2から始まり上から下へ順に2ずつ大きくなるようにします。さらに，2行目以降は左から右へ順に1ずつ大きくなるように，2行目には2個の自然数，3行目には3個の自然数，…と行の数と同じ個数の自然数を書いていきます。このとき，次の問いに答えなさい。

【富山県】

(1) 7行目の左から4番目の数を求めなさい。

(2) n 行目の右端の数を n で表しなさい。

(3) 31 は何個あるか求めなさい。

整数の性質

数についての用語がたくさん出てくるので，まず，その意味を正しく理解しよう。そして，素因数分解のしかた，最大公約数や最小公倍数の求め方などを身につけよう。

1 整数の性質

→p.52

倍数と約数

整数 a，b について，$b = a \times (整数)$ の形で表されるとき b を a の倍数といい，a を b の約数という。

0 はすべての整数の倍数である。

1 はすべての整数の約数である。

倍数と約数の関係

$$b = a \times (整数)$$

（a の倍数 / b の約数）

素数

1 とその数自身のほかに約数がない整数を素数という。

1 は素数ではない。

 2, 3, 5, 7, 11, 13, 17, 19, 23, …

素因数

整数がいくつかの自然数の積で表されるとき，そのひとつひとつの数を因数といい，素数である因数を素因数という。

素因数分解

自然数を，素因数の積の形に表すことを素因数分解するという。

素因数分解の手順

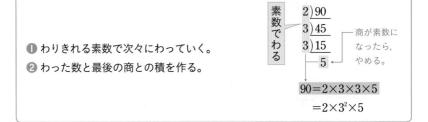

❶ わりきれる素数で次々にわっていく。

❷ わった数と最後の商との積を作る。

素数でわる

$$\begin{array}{r} 2\,)\underline{90} \\ 3\,)\underline{45} \\ 3\,)\underline{15} \\ 5 \end{array}$$

商が素数になったら，やめる。

$$90 = 2 \times 3 \times 3 \times 5$$
$$= 2 \times 3^2 \times 5$$

→p.56

2 公約数と公倍数

公約数と最大公約数

- 公約数…いくつかの整数に共通な約数。
- 最大公約数…公約数のうち，最大のもの。
- 公約数と最大公約数の関係
  …公約数は，最大公約数の約数である。

8 の約数　　12 の約数

8　1 2 4　3 6 12

8 と 12 の公約数　最大公約数

最大公約数の求め方

- 共通な素因数でわる求め方
  ① それぞれの数を，全部に共通な素因数でわる。
  ② これを共通な素因数がなくなるまでくり返す。
  ③ わった素因数の積を求める。
- 素因数分解を使う求め方
  ① それぞれの数を素因数分解する。
  ② 全部に共通な素因数をかけ合わせる。

例 12, 30, 84 の最大公約数を求める。

$$\begin{array}{r}2\,)\underline{12\quad 30\quad 84}\\ 3\,)\underline{\ 6\quad 15\quad 42}\\ 2\quad\ 5\quad 14\end{array}$$

最大公約数…2×3＝6

$$12=2\times 2\times 3$$
$$30=2\ \ \times 3\times 5$$
$$84=2\times 2\times 3\quad \times 7$$

最大公約数……2　×3＝6

公倍数と最小公倍数

- 公倍数…いくつかの整数に共通な倍数。
- 最小公倍数…公倍数のうち，0 をのぞいた最小のもの。
- 公倍数と最小公倍数の関係
  …公倍数は，最小公倍数の倍数である。

4 の倍数　　6 の倍数

4　8　　　　6　18
16 20　24 12　30
…　　　　…

4 と 6 の公倍数　最小公倍数

最小公倍数の求め方

- 共通な素因数でわる求め方
  ① どれか 2 つ以上の数に共通な素因数があれば，それでわり，わりきれない数はそのまま下に書く。
  ② わった素因数と最後に残った商の積を求める。
- 素因数分解を使う求め方
  ① それぞれの数を素因数分解する。
  ②「どれか 2 つ以上の数に共通な素因数」と「残りの素因数」をかけ合わせる。

例 12, 30, 84 の最小公倍数を求める。

$$\begin{array}{r}2\,)\underline{12\quad 30\quad 84}\\ 3\,)\underline{\ 6\quad 15\quad 42}\\ 2\,)\underline{\ 2\quad\ 5\ \rceil\ 14}\\ 1\quad\ 5\ \rfloor\ \ 7\end{array}$$

最小公倍数…2×3×2×1×5×7
　　　　　　＝420

$$12=2\times 2\times 3$$
$$30=2\ \ \times 3\times 5$$
$$84=2\times 2\times 3\quad \times 7$$

最小公倍数……2×2×3×5×7
　　　　　　＝420

第1章 正の数・負の数

第2章 文字と式

第3章 整数の性質

第4章 式の計算

第5章 多項式

第6章 平方根

整数の性質

27 倍数の個数

基礎

(1) 3けたの自然数のうち，7の倍数は何個あるか求めなさい。

(2) 100以下の自然数のうち，3の倍数であって，6の倍数でないものの個数を求めなさい。

考え方 1以上 a 以下の b の倍数の個数は，a を b でわったときの商を考える。

● 解き方

(1) 1以上999以下の7の倍数の個数から，1以上99以下の7の倍数の個数をひけばよい。

999÷7＝142余り5，99÷7＝14余り1より，

1以上999以下の7の倍数の個数は142個。

1以上99以下の7の倍数の個数は14個。

したがって，求める個数は，142－14＝128（個）

(2) 100以下の自然数について，3の倍数の個数から6の倍数の個数をひけばよい。

100÷3＝33余り1，

100÷6＝16余り4より，

1以上100以下の3の倍数の個数は33個。

1以上100以下の6の倍数の個数は16個。

したがって，求める個数は，33－16＝17（個）

● 答 (1) **128個**　(2) **17個**

用語解説

倍数と約数

整数 a，b について，$b＝a×$（整数）の形で表されるとき，b は a の倍数であるといい，a は b の約数であるという。

くわしく

0は 0＝a×0 と表されるから，0は a の倍数である。

確認

6の倍数は，

6×（整数）＝3×2×（整数）

と表すことができる。

2×（整数）も整数だから，6の倍数は3の倍数でもある。

練習 27

解答は別冊 p.7

(1) 3けたの自然数のうち，8の倍数は何個あるか求めなさい。

(2) 100以下の自然数のうち，2の倍数であって，6の倍数でないものの個数を求めなさい。

28 素因数分解

基礎

次の数を素因数分解しなさい。

(1) 30　　　　　　　　　　(2) 36

(3) 168　　　　　　　　　 (4) 3850

考え方 小さい素数から順にわっていき，商が素数になったら
わり算をやめて，わった数と最後の商を積の形で表す。

● 解き方

(1) 　2) 30 ┄┄ 30÷2＝15
　　 3) 15 ⇐ 15÷3＝5
　　　　 5

$30 = 2 \times 3 \times 5$

(2) 　2) 36 ┄┄ 36÷2＝18
　　 2) 18 ⇐ 18÷2＝9
　　 3) 9 ⇐ 9÷3＝3
　　　　 3

$36 = 2 \times 2 \times 3 \times 3$
$\quad\;\; = 2^2 \times 3^2$

(3) 　2) 168 ┄┄ 168÷2＝84
　　 2) 84 ⇐ 84÷2＝42
　　 2) 42 ⇐ 42÷2＝21
　　 3) 21 ⇐ 21÷3＝7
　　　　 7

$168 = 2 \times 2 \times 2 \times 3 \times 7$
$\qquad = 2^3 \times 3 \times 7$

(4) 　2) 3850 ┄┄ 3850÷2＝1925
　　 5) 1925 ⇐ 1925÷5＝385
　　 5) 385 ⇐ 385÷5＝77
　　 7) 77 ⇐ 77÷7＝11
　　　　 11

$3850 = 2 \times 5 \times 5 \times 7 \times 11$
$\qquad\;\; = 2 \times 5^2 \times 7 \times 11$

● 答

(1) $30 = 2 \times 3 \times 5$　　(2) $36 = 2^2 \times 3^2$

(3) $168 = 2^3 \times 3 \times 7$　(4) $3850 = 2 \times 5^2 \times 7 \times 11$

用語解説

素数
1とその数自身のほかに約数
がない数を**素数**という。ただ
し，1は素数ではない。

因数
整数がいくつかの自然数の積
の形で表されるとき，そのひ
とつひとつの数を**因数**という。
たとえば，
15＝3×5 と表されるから，3,
5 は 15 の因数である。

素因数
素数である因数を**素因数**とい
う。

素因数分解
自然数を素因数の積で表すこ
とを**素因数分解**するという。

練習 28

解答は別冊 p.8

次の数を素因数分解しなさい。

(1) 66　　　　　　　　　　(2) 135

(3) 147　　　　　　　　　 (4) 429

右端の見出し:
第1章 正の数・負の数
第2章 文字と式
第3章 整数の性質
第4章 式の計算
第5章 多項式
第6章 平方根

29 約数とその個数 応用

⑴ 素因数分解を利用して，72 の約数をすべて求めなさい。

⑵ 96 の約数の個数を求めなさい。

考え方 約数は「1」，「素因数」，「素因数のいくつかの積」である。それぞれについて調べる。

● 解き方

⑴ 72 を素因数分解すると，$72 = 2^3 \times 3^2$

これより，72 の約数は，

▶ 1

▶ 素因数…2, 3

▶ 素因数 2 つの積…$2^2 = 4$，$2 \times 3 = 6$，$3^2 = 9$

▶ 素因数 3 つの積…$2^3 = 8$，$2^2 \times 3 = 12$，$2 \times 3^2 = 18$

▶ 素因数 4 つの積…$2^3 \times 3 = 24$，$2^2 \times 3^2 = 36$

▶ 素因数 5 つの積…$2^3 \times 3^2 = 72$

```
2) 72
2) 36
2) 18
3)  9
    3
```

⑵ 96 を素因数分解すると，$96 = 2^5 \times 3$

だから，96 の約数の個数は 2^5 の約数，

3 の約数それぞれの個数の積で求められる。

2^5 の約数は 1, 2, 2^2, 2^3, 2^4, 2^5 の 6 個 ←…5+1

3 の約数は 1, 3 の 2 個 ←…1+1

だから，96 の約数の個数は，$6 \times 2 = 12$（個）

```
2) 96
2) 48
2) 24
2) 12
2)  6
    3
```

● 答

⑴ **1, 2, 3, 4, 6, 8, 9, 12, 18, 24, 36, 72**

⑵ **12 個**

くわしく

ある自然数が

$$a^x \times b^y \times c^z \times \cdots$$

のように素因数分解できるとき，a^x の約数は，

1, a, a^2, $\cdots$, a^x ➡ $x+1$（個）

b^y の約数は，

1, b, b^2, $\cdots$, b^y ➡ $y+1$（個）

c^z の約数は，

1, c, c^2, $\cdots$, c^z ➡ $z+1$（個）

$\cdots$

a^x の約数のおのおのに，b^y の約数，c^z の約数，$\cdots$のそれぞれをかけると，$a^x \times b^y \times c^z \times \cdots$の約数のすべてが得られる。したがって，$a^x \times b^y \times c^z \times \cdots$の約数の個数は，

$$(x+1) \times (y+1) \times (z+1) \times \cdots$$

で求められる。

練習 29

解答は別冊 p.8

⑴ 素因数分解を利用して，144 の約数をすべて求めなさい。

⑵ 次の数の約数の個数を求めなさい。

① 360 　　　　② 7560

30 整数の2乗の数のつくり方　応用

第1章 正の数・負の数

第2章 文字と式

第3章 整数の性質

第4章 式の計算

第5章 多項式

第6章 平方根

(1) 126 にできるだけ小さい自然数をかけて，ある整数の2乗になるようにします。どんな数をかければよいですか。

(2) 486 をできるだけ小さい自然数でわって，ある整数の2乗になるようにします。どんな数でわればよいですか。

考え方　まず，素因数分解して，素因数の累乗の指数がすべて偶数になるようにする。

● 解き方

(1) 126 を素因数分解すると，

$$126 = 2 \times 3^2 \times 7$$

<small>指数が奇数</small>

したがって，これに 2×7 をかけると，

$$(2 \times 3^2 \times 7) \times (2 \times 7) = 2^2 \times 3^2 \times 7^2$$
$$= (2 \times 3 \times 7)^2$$
$$= 42^2 \quad \text{←42 の2乗になる}$$

よって，かける数は，$2 \times 7 = 14$

```
2)126
3) 63
3) 21
    7
```

(2) 486 を素因数分解すると，

$$486 = 2 \times 3^5$$

<small>指数が奇数</small>

したがって，これを 2×3 でわると，

$$(2 \times 3^5) \div (2 \times 3) = 3^4 = (3^2)^2 = 9^2$$

<small>9 の2乗になる</small>

よって，わる数は，$2 \times 3 = 6$

```
2)486
3)243
3) 81
3) 27
3)  9
    3
```

● 答

(1) **14**　　(2) **6**

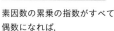

確認

素因数の累乗の指数がすべて偶数になれば，

（ある整数）^{2}

になる。

参考

指数法則

● $(a^m)^n = a^{mn}$

例 $(3^2)^3 = 9^3 = 729$

$3^{2 \times 3} = 3^6 = 729$

したがって，

$(3^2)^3 = 3^{2 \times 3}$

● $a^n b^n = (ab)^n$

例 $2^3 \times 3^3 = 8 \times 27 = 216$

$(2 \times 3)^3 = 6^3 = 216$

したがって，

$2^3 \times 3^3 = (2 \times 3)^3$

練習 30

解答は別冊 p.8

(1) 54 にできるだけ小さい自然数をかけて，ある整数の2乗になるようにします。どんな数をかければよいですか。

(2) 875 をできるだけ小さい自然数でわって，ある整数の2乗になるようにします。どんな数でわればよいですか。

公約数と公倍数

31 最大公約数

次の各組の数の最大公約数を求めなさい。

(1) 63, 84　　　(2) 60, 72, 96　　　(3) $3^2 \times 5^2$, 3×5^2

考え方 それぞれの数に共通な素因数でわっていき，商に共通な素因数がなくなったらわり算をやめ，わった素因数の積を求める。

◉ 解き方

(1) 2つの数に共通な素因数でわっていき，わった素因数をかけ合わせる。

```
3 )  63    84
7 )  21    28
     3     4
```

最大公約数は，$3 \times 7 = 21$

(2)
```
2 )  60    72    96
2 )  30    36    48
3 )  15    18    24
     5     6     8
```

最大公約数は，$2 \times 2 \times 3 = 12$

(3) 2つの数に共通な素因数をかけ合わせる。

$$
\begin{array}{l}
3 \times 3 \times 5 \times 5 \\
3 \times 5 \times 5 \\
\hline
\end{array}
$$

最大公約数…$3 \times 5 \times 5 = 75$

◉ 答

(1) **21**　　(2) **12**　　(3) **75**

用語解説

公約数
いくつかの整数に共通な約数を，それらの数の公約数という。

最大公約数
公約数のうちで最大のものを最大公約数という。

ミス注意

(2)では，残った数5, 6, 8のうちの6と8に共通な素因数2があるからといって，下のように，2でわってはいけない。

```
2)  60    72    96
2)  30    36    48
3)  15    18    24
2)   5     6     8
     5     3     4
```

練習 31

解答は別冊 p.8

次の各組の数の最大公約数を求めなさい。

(1) 30, 45　　　(2) 36, 54, 90　　　(3) $2^2 \times 7$, 2×7^2

32 公約数の利用

応用

(1) ある自然数 x で 120 をわっても，92 をわっても，8 余ります。この自然数 x をすべて求めなさい。

(2) ある自然数 x で 59 をわっても，77 をわっても，5 余ります。この自然数 x のうちでもっとも小さい数を求めなさい。

考え方　(1) 120 をわっても，92 をわっても 8 余る数は，120−8 と 92−8 の公約数である。

● 解き方

(1) 120−8=112, 92−8=84

右の計算より，112 と 84 の最大公約数は，$2×2×7=28$

28 の約数は，

　　1, 2, 4, 7, 14, 28

この中から，余りの 8 よりも大きい数を選ぶと，

　　14, 28

2)	112	84
2)	56	42
7)	28	21
	4	3

(2) 59−5=54, 77−5=72

右の計算より，54 と 72 の最大公約数は，$2×3×3=18$

18 の約数は，

　　1, 2, 3, 6, 9, 18

この中から，余りの 5 よりも大きく，もっとも小さい数を選ぶと，6

2)	54	72
3)	27	36
3)	9	12
	3	4

● 答

(1) **14, 28**　　(2) **6**

くわしく

(1)，(2)とも，「余り」の分だけひいておけば，2 つの数とも x でわりきれることに着目する。そして，2 つの数とも x でわりきれるのだから，x はその 2 つの数の公約数である。

確認

公約数は最大公約数の約数だから，公約数を求めるときは，まず，最大公約数を求めるとよい。

ミス注意

余りに注意

「余りはわる数より小さい」，すなわち，「わる数は余りより大きい」ことを忘れないように。

練習 32　　解答は別冊 p.8

ある自然数 x で 132 をわっても 114 をわっても，6 余ります。この自然数 x をすべて求めなさい。

33 最大公約数の利用

縦が 36m，横が 84m の長方形の土地の周囲に，等しい間隔でくいを打って，かきねを作ります。4 すみには必ずくいを打つものとし，本数がもっとも少なくなるようにするには，くいは全部で何本必要ですか。

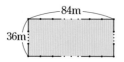

考え方 くいの間隔を何 m にするかによって本数が決まる。
くいの間隔は，縦 36（m），横 84（m）の最大公約数になる。

● 解き方

等しい間隔で，本数をもっとも少なくするのだから，くいの間隔は長方形の土地の縦 36（m）と横 84（m）の最大公約数になる。36 と 84 の最大公約数は，下の計算より，$2×2×3＝12$ で，くいの間隔は 12m。土地の周囲の長さは，

$$(36+84)×2＝240（m）$$

だから，くいの本数は，

$$240÷12＝20（本）$$

2)	36	84
2)	18	42
3)	9	21
	3	7

くわしく 🔍

長方形を 1 つの頂点で切りはなして考えると，周囲の長さが 240m だから，下の図のようになる。

$240÷12$ で間隔の個数が求められ，これとくいの本数が等しいから，

（周囲の長さ）÷（間隔）

で，くいの本数が求められる。

別解

4 すみのくいを，1 辺に 1 本ずつふくめて考えると，
縦に並ぶ本数は，
$$(36÷12)×2＝6（本）$$
横に並ぶ本数は，
$$(84÷12)×2＝14（本）$$
合わせて，$6+14＝20（本）$

● 答 **20 本**

 練習 33

解答は別冊 p.9

縦が 30m，横が 42m の長方形の土地の周囲に，等しい間隔で木を植えます。
4 すみには必ず木を植えるものとすると，木は最低何本必要ですか。

34 最小公倍数

基礎

次の各組の数の最小公倍数(さいしょうこうばいすう)を求めなさい。

(1) 24，42

(2) 70，84，126

(3) $2×3×5$，$2×3^2×5$，$2×3^3×7$

考え方 それぞれの数に共通な素因数でわっていき，わりきれない数は下に書く。わった素因数と最後に残った商の積を求める。

● 解き方

(1)
```
  2) 24   42
  3) 12   21
      4    7
```

最小公倍数は，$2×3×4×7=168$

(2)
```
  2) 70   84  126
  7) 35   42   63
  3)  5    6    9
      5    2    3
```
　　　　↳→わりきれないものは，
　　　　　そのまま下に書く

最小公倍数は，$2×7×3×5×2×3=1260$

(3) どれか2つ以上の数に共通な素因数と，残りの素因数をかけ合わせる。

```
2 × 3         × 5
2 × 3 × 3     × 5
2 × 3 × 3 × 3     × 7
```

最小公倍数… $2 × 3 × 3 × 3 × 5 × 7 =1890$

● 答

(1) **168**　　(2) **1260**　　(3) **1890**

用語解説

公倍数
いくつかの整数に共通な倍数を，それらの数の公倍数(こうばいすう)という。

最小公倍数
公倍数のうち正で最小のものを最小公倍数という。

ミス注意

(2)では，3数に共通な素因数がなくなっても，2数に共通な素因数が残っている場合は計算を続けることに注意する。

練習 34

解答は別冊 p.9

次の各組の数の最小公倍数を求めなさい。

(1) 40，96

(2) 12，18，54

(3) $2^3×3×5$，$2^2×5×11$

(4) $2^2×3^2$，$2×3^3$，$3^3×5$

35 公倍数の利用

応用

(1) 3つの整数 24, 30, 36 のどの数でわっても 5 余る 3 けたの自然数を, すべて求めなさい。

(2) 12 でわっても, 18 でわってもわりきれる整数のうち, 500 にもっとも近い数を求めなさい。

考え方 (1) 24, 30, 36 のどれでわっても 5 余る数は, (24, 30, 36 の公倍数)＋5 である。

● 解き方

(1) 右の計算より, 24, 30, 36 の最小公倍数は,

$2 \times 3 \times 2 \times 2 \times 5 \times 3 = 360$

2)	24	30	36
3)	12	15	18
2)	4	5	6
	2	5	3

したがって, 24, 30, 36 のどの数でわっても 5 余る 3 けたの自然数は,

$360 + 5 = 365$ $360 \times 2 + 5 = 725$

(2) 右の計算より, 12, 18 の最小公倍数は,

$2 \times 3 \times 2 \times 3 = 36$

$500 \div 36 = 13$ 余り 32 だから,

36 の倍数のうちで 500 に近い数を求めると,

2)	12	18
3)	6	9
	2	3

$36 \times 13 = 468$

$36 \times 14 = 504$

したがって, 12 でわっても, 18 でわってもわりきれる整数のうち, 500 にもっとも近い数は 504 である。

● 答

(1) **365, 725**   (2) **504**

くわしく

(1)で, 24, 30, 36 のどの数でわってもわりきれる数といえば, この 3 つの数の公倍数である。したがって, 「5 余る」ということは, 公倍数より 5 だけ大きい数ということである。

確認

「で」と「を」のちがい

「……でわる」とあれば倍数に関する問題,「……をわる」とあれば約数に関する問題であることが多い。

ミス注意

(1)で, $360 \times 3 + 5 = 1085$ は 4 けたの数であるから, この問題にはあてはまらない。

また, $365 \times 2 = 730$ を答えとしやすいので注意すること。

練習 35

解答は別冊 p.9

3 つの整数 28, 35, 42 のどの数でわっても 7 余る 3 けたの自然数を, すべて求めなさい。

36 最小公倍数の利用　応用

ある駅から，A町行きのバスは10分ごとに，B市行きのバスは12分ごとに，C駅行きのバスは18分ごとにそれぞれ発車します。午前7時ちょうどに，これらが同時に発車したとき，次にまたこの3系統のバスが同時に発車する時刻を求めなさい。

考え方　3系統のバスが同時に発車するのは，「10，12，18の公倍数」分後である。

● 解き方

　3系統のバスが同時に発車するのは，午前7時から「10，12，18の公倍数」分後である。

　したがって，次に同時に発車するのは，午前7時から「10，12，18の最小公倍数」分後である。

　10，12，18の最小公倍数は，右の計算より，
$2×3×5×2×3=180$

2)	10	12	18
3)	5	6	9
	5	2	3

　したがって，午前7時の次に，バスが同時に発車する時刻は，午前7時より180分後（3時間後）の午前10時。

● 答
午前10時

 確認

問題文を次の順序で読みとる。
①「3系統のバスが同時に発車する」→公倍数
②「次に同時に発車する」→最小公倍数
③「時刻を求める」→7時＋（最小公倍数）分後

 ミス注意

「3時間」と答えないように

求めるのは「時刻」だから，午前7時から3時間後の「午前10時」と答えること。

練習 36　　　解答は別冊 p.9

縦が12cm，横が18cm，高さが4cmの直方体の積み木が何個かある。これをどれも同じ向きに，すきまなく並べたり積んだりして，全体の形ができるだけ小さい立方体になるようにします。次の問いに答えなさい。

(1) 立方体の1辺を何cmにすればよいですか。

(2) 全部で何個の積み木が必要ですか。

章末問題

解答 別冊 p.9

1 次の ☐ の中をうめなさい。

(1) 2 けたの自然数で，3 でわりきれるものは全部で ☐ 個ある。

(2) 2 けたの自然数で，4 でわりきれるものは全部で ☐ 個ある。

(3) 2 けたの自然数で，3 でも 4 でもわりきれるものは全部で ☐ 個ある。

2 次の問いに答えなさい。

(1) 次の数を素因数分解しなさい。

① 342　　　　　　　　② 5096

(2) 2697 を素因数分解すると，$a \times b \times c$ となります。ただし，a, b, c は素数で，$a < b < c$ をみたします。このとき，a, b を求めなさい。

【久留米大付設高（福岡）】

3 次の問いに答えなさい。

(1) 次の整数の正の約数をすべて求めなさい。

① 729　　　　　　　　② 624

(2) 次の整数の正の約数の個数を求めなさい。

① 1500　　　　　　　② 7488

4 次の問いに答えなさい。

(1) $\dfrac{210}{n}$ が素数となる自然数 n の個数を求めなさい。　　【長崎県】

(2) 1 から 30 までの自然数の積 $1 \times 2 \times 3 \times \cdots\cdots \times 30$ を計算したとき，その末尾には 0 が連続して何個並びますか。

5 次の問いに答えなさい。

(1) 最大公約数が 28, 最小公倍数が 840 である 2 つの 3 けたの自然数 a, b を求めなさい。ただし, $a<b$ とします。

(2) 次の □ の中をうめなさい。
最大公約数が 31 である 2 つの自然数 m, n があり, $m<n$ とする。
① $mn=31713$ のとき, m, n の最小公倍数は □ である。
② $n=1116$ のとき, m のとりうる値の個数は □ 個である。

【愛光高(愛媛)】

(3) a, b を, それぞれ 1 ではない 1 けたの自然数とします。2019 が a でわりきれ, そのときの商に b を加えた値が, $(a+b)$ の倍数となるような a, b の値の組 (a, b) は全部で何通りありますか。

【都立青山高】

6 縦 18cm, 横 45cm, 高さ 60cm の直方体がたくさんあります。この直方体を同じ方向に並べたり, 積み重ねたりして立方体を作ります。

(1) もっとも小さい立方体の 1 辺の長さを求めなさい。

(2) (1)の立方体を作るために必要な直方体の個数を求めなさい。

7 自然数 x の正の約数の個数を $<x>$ で定めます。たとえば, $<6>=4$, $<13>=2$ です。$1 \leqq x \leqq 50$ とするとき,

【大阪星光学院高(大阪)】

(1) $<x>=2$ をみたす x の個数は □ 個である。

(2) $<x>=3$ をみたす x の個数は □ 個である。

(3) $<x>=4$ をみたす x の個数は □ 個である。

第 4 章

式の計算

文字が 1 種類の場合の式の計算は第 2 章ですでに学習している。ここでは，文字が 2 種類以上になるが，基本的には第 2 章と同様である。ここでもう一度，しっかり押さえよう。

SECTION 1 単項式と多項式

➡p.66

単項式と多項式

数や文字についての乗法だけで作られた式を単項式（たんこうしき）という。また，単項式の和の形で表された式を多項式（しき）という。

式の次数

● 単項式の次数（じすう）…かけ合わされている文字の個数を，その式の次数という。

● 多項式の次数…各項の次数のうちでもっとも大きいものを，その多項式の次数という。

例
単項式…$2x$，$-3a^2$，$3xy^2$
多項式…x^2+2y，$3a^2-2ab+3b^2$

単項式の次数
例 $-3a^2=-3\times a\times a$
文字が 2 個だから 2 次。

多項式の次数
例 x^2+2y で，もっとも次数の高い項は x^2 の 2 次だから，x^2+2y の次数は 2。

SECTION 2 多項式の計算

➡p.67

多項式の加減

● 多項式の加法…かっこをはずして，同類項（どうるいこう）をまとめる。

例 $(2x+y)+(3x-2y)=2x+y+3x-2y=5x-y$

● 多項式の減法…ひくほうの多項式の各項の符号（ふごう）を変えて加える。

例 $(2x+y)-(3x-2y)=2x+y-3x+2y=-x+3y$

数と多項式の乗除

● 数と多項式の乗法…分配法則（ぶんぱいほうそく）を利用する。

例 $5(2x-3y)=5\times2x+5\times(-3y)=10x-15y$

● (数)×(多項式)の加減…分配法則を使ってかっこをはずし，同類項をまとめる。

例 $3(x-2y)-2(x-y)=3x-6y-2x+2y=x-4y$

同類項のまとめ方
計算法則 $mx+nx=(m+n)x$
を使って，1 つの項にまとめる。
例 $2x+3x=(2+3)x$
$=5x$

(多項式)÷(数)の計算
わる数の逆数（ぎゃくすう）をかける乗法になおす。
例 $(4x-6y)\div2$
$=(4x-6y)\times\dfrac{1}{2}$
（別解） 2 でかっこの中の各項をわってもよい。

第1章 正の数・負の数

第2章 文字と式

第3章 整数の性質

第4章 式の計算

第5章 多項式

第6章 平方根

SECTION 3 単項式の乗法と除法

→p.71

単項式の乗除

● 単項式どうしの乗法…係数の積に文字の積をかける。

例 $2x \times (-3xy) = 2 \times (-3) \times x \times x \times y = -6x^2y$

● 単項式どうしの除法…わる式の逆数をかける乗法になおす。

例 $6ab \div (-2b) = 6ab \times \left(-\dfrac{1}{2b}\right) = -\dfrac{6ab}{2b} = -3a$

● 単項式の乗除の混じった計算…答えの符号を決め，乗法だけの式になおして約分する。

例 $3xy \times 4x \div (-6y) = -\left(3xy \times 4x \times \dfrac{1}{6y}\right) = -\dfrac{3xy \times 4x}{6y} = -2x^2$

単項式の逆数

単項式の逆数を求めるには，1つの分数の形になおし，分母と分子を入れかえる。

例 $\dfrac{3}{4}ab = \dfrac{3ab}{4} \xrightarrow{\text{逆数}} \dfrac{4}{3ab}$

答えの符号の決め方

累乗の計算をして，

負の係数が偶数個 → ＋

負の係数が奇数個 → －

累乗の計算法則 《発展》

累乗について，次の法則(指数法則)が成り立つ。

● $a^m \times a^n = a^{m+n}$　　● $(a^m)^n = a^{m \times n}$　　● $(ab)^n = a^n b^n$

● $m > n$ のとき，$a^m \div a^n = a^{m-n}$

● $m < n$ のとき，$a^m \div a^n = \dfrac{1}{a^{n-m}}$

例 $a^2 \times a^3 = a^{2+3} = a^5$

$(a^2)^3 = a^{2 \times 3} = a^6$

$(ab)^2 = a^2 b^2$

$a^5 \div a^3 = a^{5-3} = a^2$

$a^3 \div a^5 = \dfrac{1}{a^{5-3}} = \dfrac{1}{a^2}$

SECTION 4 文字式の利用

→p.74

式の値

式の値を求めるときは，式をできるだけ簡単にしてから数を代入する。

等式の変形

等式を，ある文字について解くとは，等式の性質を使って，(解く文字)＝～の形に変形することである。

SECTION 5 整数の性質の説明

→p.77

数量の関係などの説明に，次のような式を利用する。

● ある数 a の倍数…an(n は整数)

● 偶数…$2n$，奇数…$2n+1$ または，$2n-1$　　(n は整数)

● 連続する3つの整数…n, $n+1$, $n+2$

　　　　　　　　　または，$n-1$, n, $n+1$　　(n は整数)

● 2けたの整数 $10a+b$ の十の位の数と一の位の数を入れかえた数…$10b+a$

　　十の位の数が a，一の位の数が b

単項式と多項式

37 ## 単項式・多項式，式の次数   基礎

(1) 多項式 $2x^2y - xy + 2x - 5$ の項をすべて答えなさい。

(2) 次の式の次数を答えなさい。

　　① $-3x$　　② $2x^2$　　③ $x^2 + 2x - 3$　　④ $x - 2x^2y$

考え方　単項式の次数は，かけ合わされている文字の個数。
　　　　多項式の次数は，各項の次数のうちでもっとも大きいもの。

◉ 解き方

(1) $2x^2y - xy + 2x - 5$ を，**単項式の和の形で表すと，**

　$2x^2y - xy + 2x - 5 = 2x^2y + (-xy) + 2x + (-5)$

　したがって，項は，$2x^2y$，$-xy$，$2x$，-5

(2) ① $-3x$ は**単項式。単項式の次数は，かけ合わさ
　れている文字の個数。** $-3x = -3 \times \underline{x}$ で，かけ
　合わされている文字は 1 個だから，次数は 1。

　② $2x^2$ は単項式。$2x^2 = 2 \times \underline{x} \times \underline{x}$ で，かけ合わさ
　れている文字は 2 個だから，次数は 2。

　③ $x^2 + 2x - 3$ は**多項式。各項の次数のうちでもっ
　とも大きいものは** x^2 の 2 次だから，次数は 2。

　④ $x - 2x^2y$ は多項式。各項の次数のうちでもっと
　も大きいものは $-2x^2y$ の 3 次だから，次数は 3。

◉ 答

(1) $2x^2y$，$-xy$，$2x$，-5

(2) ① 1　　② 2　　③ 2　　④ 3

練習 37

解答は別冊 p.11

次の式は何次式か答えなさい。

(1) $-2xyz$　　　　　　　(2) $2a^2b^2$

(3) $x^2 + 4x + 5$　　　　(4) $a^2 - ab + b^2$

用語解説

単項式

数や文字についての乗法だけ
で作られた式を**単項式**という。

 $2x$，$\dfrac{1}{3}a^2$

多項式

単項式の和の形で表された式
を**多項式**という。多項式のひ
とつひとつの単項式を，多項
式の項という。

例 $2x + 3$，$3a + ab + 2$

1 次式，2 次式

次数が 1 の式を **1 次式**，次数
が 2 の式を **2 次式**という。

ミス注意

(2)③，④では，各項の次数の
和を求めて，それぞれ「次数3」，
「次数4」と答えてはいけない。
多項式の次数は，各項の次数
のうちでもっとも大きいもの
である。

多項式の計算

38 同類項

基礎

次の式の同類項をまとめて簡単にしなさい。

(1) $3x+2y-5x+3y$

(2) $2x^2-3x-x^2+4x$

(3) $2x-4xy-6x-2xy+3$

(4) $\dfrac{1}{3}a-\dfrac{1}{2}b-2b+\dfrac{1}{2}a$

考え方 計算法則 $mx+nx=(m+n)x$ を使って，1つの項にまとめる。

● 解き方

(1) $3x+2y-5x+3y$ …… 項を並べかえる

$=3x-5x+2y+3y$

$=(3-5)x+(2+3)y$ …… 同類項をまとめる

$=-2x+5y$

(2) $2x^2-3x-x^2+4x=2x^2-x^2-3x+4x$

$\qquad\qquad\qquad =(2-1)x^2+(-3+4)x=x^2+x$

(3) $2x-4xy-6x-2xy+3=-4xy-2xy+2x-6x+3$

$\qquad\qquad\qquad\qquad =(-4-2)xy+(2-6)x+3$

$\qquad\qquad\qquad\qquad =-6xy-4x+3$

(4) $\dfrac{1}{3}a-\dfrac{1}{2}b-2b+\dfrac{1}{2}a=\dfrac{1}{3}a+\dfrac{1}{2}a-\dfrac{1}{2}b-2b$

$\qquad\qquad\qquad\qquad =\left(\dfrac{1}{3}+\dfrac{1}{2}\right)a+\left(-\dfrac{1}{2}-2\right)b$

$\qquad\qquad\qquad\qquad =\dfrac{5}{6}a-\dfrac{5}{2}b$

● 答 (1) $-2x+5y$　　(2) x^2+x

(3) $-6xy-4x+3$　　(4) $\dfrac{5}{6}a-\dfrac{5}{2}b$

用語解説

同類項

多項式の項の中で，同じ文字が同じ個数だけかけ合わされている項を**同類項**という。

例 $3xy+5x-xy-2x$

同類項　　同類項

ミス注意

$2x^2$ と $-3x$ は同類項ではない

(2)で，$2x^2$ と $-3x$ は文字が同じであるが，次数が異なるので，同類項ではない。

したがって，まとめて簡単にすることはできない。

練習 38

解答は別冊 p.11

次の式の同類項をまとめて簡単にしなさい。

(1) $2xy-x-3xy$

(2) $a^2+3a-7+2a^2-5a$

(3) $\dfrac{2}{5}x-\dfrac{1}{4}y-\dfrac{3}{4}x-\dfrac{1}{3}y$

第1章 正の数・負の数
第2章 文字と式
第3章 整数の性質
第4章 式の計算
第5章 多項式
第6章 平方根

39 多項式の加減

次の計算をしなさい。

(1) $(3x+4y)+(x-6y)$ (2) $(2a^2-3a-1)+(-a^2-2a+3)$

(3) $(x^2-2x)-(3x^2-5x)$ (4) $(4xy-2x-y)-(2xy-5x+3y)$

考え方 減法は，ひくほうの多項式の各項の符号を変えて加える。

◉ 解き方

(1) かっこをはずして，同類項をまとめる。

$(3x+4y)+(x-6y)$ …… そのままかっこをはずす

$=3x+4y+x-6y$

$=3x+x+4y-6y$ …… 同類項をまとめる

$=4x-2y$

(2) $(2a^2-3a-1)+(-a^2-2a+3)$

$=2a^2-3a-1-a^2-2a+3$

$=2a^2-a^2-3a-2a-1+3=a^2-5a+2$

(3) ひくほうの多項式の各項の符号を変えて加える。

$(x^2-2x)-(3x^2-5x)$ …… ひくほうの式の各項の符号を変えてかっこをはずす

$=x^2-2x-3x^2+5x$

$=x^2-3x^2-2x+5x$ …… 同類項をまとめる

$=-2x^2+3x$

(4) $(4xy-2x-y)-(2xy-5x+3y)$

$=4xy-2x-y-2xy+5x-3y$

$=4xy-2xy-2x+5x-y-3y=2xy+3x-4y$

◉ **答** (1) $4x-2y$ (2) a^2-5a+2

(3) $-2x^2+3x$ (4) $2xy+3x-4y$

確認

かっこのはずし方

$+(\ )$ ➡ そのままはずす。

$-(\ )$ ➡ 各項の符号を変えてはずす。

ミス注意

符号の変え忘れ

$-(\ )$ をはずすとき，うしろの項の符号を変えるのを忘れやすい。

$-(3x^2-5x)$

$=-3x^2\!\!\!\times\!\!5x$

別解

縦書きの計算

同類項を縦に並べて計算すると，(1)，(3)は，次のようになる。

(1) $\quad 3x+4y$

$\underline{+)\quad x-6y}$

$\qquad 4x-2y$

(3) $\qquad x^2-2x$

$\underline{+)-3x^2+5x}$

$\qquad -2x^2+3x$

練習 39

解答は別冊 p.12

(1) x^2-3x+2 から $3x^2-4x+5$ をひきなさい。

(2) $4ab-2a-3b$ から，どんな式をひいたら $ab+b$ になりますか。

第1章 正の数・負の数

第2章 文字と式

第3章 整数の性質

第4章 式の計算

第5章 多項式

第6章 平方根

40 数と多項式の乗除

基礎

次の計算をしなさい。

(1) $-5(2x-3y)$

(2) $(a^2-2a-1)\times(-2)$

(3) $(6x^2-3x+9)\div 3$

考え方 分配法則 $a(b+c)=ab+ac$ を使って，かっこをはずす。

● 解き方

(1) $-5(2x-3y)$

　$=-5\times 2x+(-5)\times(-3y)$ ← 分配法則

　$=-10x+15y$

(2) $(a^2-2a-1)\times(-2)$

　$=a^2\times(-2)+(-2a)\times(-2)+(-1)\times(-2)$

　$=-2a^2+4a+2$

(3) 除法は，わる数の逆数をかける乗法になおす。

　$(6x^2-3x+9)\div 3$

　$=(6x^2-3x+9)\times\dfrac{1}{3}$

　$=6x^2\times\dfrac{1}{3}+(-3x)\times\dfrac{1}{3}+9\times\dfrac{1}{3}$

　$=2x^2-x+3$

● 答

(1) $-10x+15y$　　(2) $-2a^2+4a+2$

(3) $2x^2-x+3$

確認

分配法則

$a(b+c)$
①②
$=ab+ac$

$(a+b)\times c$
①②
$=ac+bc$

かっこの外の数を，かっこの中のすべての項にかける。

別解

(3)（　）の中の各項を3でわってもよい。

　$(6x^2-3x+9)\div 3$

　$=\dfrac{6x^2}{3}-\dfrac{3x}{3}+\dfrac{9}{3}$

　$=2x^2-x+3$

ミス注意

符号のミス

分配法則でかっこをはずすとき，うしろの項の符号の変え忘れのミスに注意する。

(1) $-5(2x-3y)$

　$=-10x \times 15y$

 練習 40

解答は別冊 p.12

次の計算をしなさい。

(1) $-2(8x-3y)$　　(2) $\left(-\dfrac{2}{3}a^2+\dfrac{3}{4}a\right)\times(-12)$

(3) $(15a-12b)\div(-3)$　(4) $\left(-\dfrac{4}{5}m+\dfrac{2}{9}n\right)\div\left(-\dfrac{2}{3}\right)$

いろいろな式の加減 　応用

次の計算をしなさい。

(1) $4(2x+y)+3(x-2y)$　　　　(2) $3(5a-b)-2(2a-5b)$

(3) $\dfrac{3x+y}{2}-\dfrac{5x-y}{6}$

考え方 (1), (2) 分配法則を使ってかっこをはずし, 同類項をまとめる。
(3) 通分して, 分子の同類項をまとめる。

● 解き方

(1) $4(2x+y)+3(x-2y)$ ……… 分配法則
$=8x+4y+3x-6y$ ← 同類項をまとめる
$=11x-2y$ ←

(2) $3(5a-b)-2(2a-5b)=15a-3b-4a+10b$
$=11a+7b$

(3) **分数の形の式は, まず, 通分する。**

$\dfrac{3x+y}{2}-\dfrac{5x-y}{6}$

$=\dfrac{3(3x+y)-(5x-y)}{6}$ ← 通分して1つの分数にまとめる

$=\dfrac{9x+3y-5x+y}{6}$ ← 分子を計算する

$=\dfrac{\overset{2}{4x}+4\overset{2}{y}}{\underset{3}{6}}=\dfrac{2x+2y}{3}$

● 答

(1) $11x-2y$　(2) $11a+7b$　(3) $\dfrac{2x+2y}{3}$

ミス注意

通分するとき分子にかっこをつける

通分するときは, 必ず, 分子にかっこをつける。下のようなミスをしやすい。

(3) $\dfrac{3x+y}{2}-\dfrac{5x-y}{6}$
$=\dfrac{3(3x+y)-5x\not{-}y}{6}$

約分のミス

(3) $\dfrac{\overset{2}{4x}+4y}{\underset{3}{6}}=\dfrac{2x+4y}{3}$

としないこと。

別解

(3) $\dfrac{3x+y}{2}-\dfrac{5x-y}{6}$

$=\dfrac{1}{2}(3x+y)-\dfrac{1}{6}(5x-y)$

$=\dfrac{3}{2}x+\dfrac{1}{2}y-\dfrac{5}{6}x+\dfrac{1}{6}y$

$=\dfrac{9}{6}x-\dfrac{5}{6}x+\dfrac{3}{6}y+\dfrac{1}{6}y$

$=\dfrac{2}{3}x+\dfrac{2}{3}y$

練習 41
解答は別冊 p.12

次の計算をしなさい。

(1) $2(3x-y)-(4x+y)$　　　(2) $3\left(\dfrac{5}{3}x+2y\right)+\dfrac{1}{3}(6x-21y)$

(3) $\dfrac{x+2y}{3}-\dfrac{2x+4y}{9}$　　　(4) $\dfrac{a+3b}{6}-\dfrac{a+5b}{10}$

第4章

SECTION

3

数 と 式

第1章 正の数・負の数

第2章 文字と式

第3章 整数の性質

第4章 式の計算

第5章 多項式

第6章 平方根

単項式の乗法と除法

 単項式の乗除 基礎

次の計算をしなさい。

(1) $-2x \times (-3xy)$　(2) $(-4a)^2$　(3) $8xy \div (-4x)$　(4) $-12ab^2 \div \dfrac{3}{4}ab$

考え方 単項式（たんこうしき）どうしの乗法（じょうほう）は，
係数（けいすう）の積に文字の積（せき）をかける。

◉ **解き方**

(1) $-2x \times (-3xy) = -2 \times (-3) \times x \times x \times y = 6x^2y$

(2) $(-4a)^2 = (-4a) \times (-4a)$
$= (-4) \times (-4) \times a \times a = 16a^2$

(3) 除法は，わる式の逆数をかける乗法になおす。

$8xy \div (-4x) = 8xy \times \left(-\dfrac{1}{4x}\right)$

$= -\dfrac{8xy}{4x} = -\dfrac{\overset{2}{8} \times \overset{1}{x} \times y}{\underset{1}{4} \times \underset{1}{x}} = -2y$

(4) $-12ab^2 \div \dfrac{3}{4}ab = -12ab^2 \div \dfrac{3ab}{4}$

$= -12ab^2 \times \dfrac{4}{3ab} = -\dfrac{12ab^2 \times 4}{3ab}$

$= -\dfrac{\overset{4}{12} \times 4 \times \overset{1}{a} \times \overset{1}{b} \times b}{\underset{1}{3} \times \underset{1}{a} \times \underset{1}{b}} = -16b$

◉ **答**

(1) $6x^2y$　(2) $16a^2$　(3) $-2y$　(4) $-16b$

 別解

(3) 分数の形にして約分してもよい。

$8xy \div (-4x)$

$= \dfrac{8xy}{-4x}$

$= -\dfrac{8 \times x \times y}{4 \times x}$

$= -2y$

 ミス注意

$\dfrac{3}{4}ab$ の逆数

(4)では，$\dfrac{3}{4}ab$ の逆数を $\dfrac{4}{3}ab$
とするミスに注意する。
単項式の逆数を求めるには，
1つの分数の形になおし，分
母と分子を入れかえる。

$\dfrac{3}{4}ab = \dfrac{3ab}{4} \xrightarrow{逆数} \dfrac{4}{3ab}$

なお，逆数ともとの数は同符（どうふ）
号（ごう）である。符号まで反対にし
ないように注意する。

 練習 42

次の計算をしなさい。

解答は別冊 p.12

(1) $5xy^2 \times (-2x)$　(2) $3a \times (-2a)^2$

(3) $6xy^3 \div 2xy^2$　(4) $\dfrac{9}{8}a^2b^2 \div \left(-\dfrac{3}{4}ab^2\right)$

43 単項式の乗除の混じった計算　　　基礎

次の計算をしなさい。

(1) $6xy^2 \times 3x^2 \div (-9x^2y)$　　　(2) $6a^3b \div (-2ab)^2 \times 2b$

考え方 かける式を分子，わる式を分母とする分数の形になおして計算する。

● 解き方

(1) かける式を分子，わる式を分母とする分数の形にする。

$$6xy^2 \times 3x^2 \div (-9x^2y)$$

答えの符号は −

$$= -\frac{6xy^2 \times 3x^2}{9x^2y}$$

$$= -\frac{6 \times x \times y \times y \times 3 \times x \times x}{9 \times x \times x \times y}$$

$$= -\frac{\overset{2}{6} \times 3 \times \overset{}{x} \times x \times x \times y \times y}{\underset{1}{9} \times x \times x \times y}$$

約分

$$= -2xy$$

(2) 累乗の部分は先に計算する。

$$6a^3b \div (-2ab)^2 \times 2b$$

答えの符号は ＋

$$= 6a^3b \div 4a^2b^2 \times 2b$$

$$= \frac{6a^3b \times 2b}{4a^2b^2}$$

$$= \frac{6 \times a \times a \times a \times b \times 2 \times b}{4 \times a \times a \times b \times b}$$

$$= \frac{\overset{3}{6} \times 2 \times a \times a \times a \times b \times b}{\underset{1}{4} \times a \times a \times b \times b}$$

約分

$$= 3a$$

● 答

(1) **$-2xy$**　　(2) **$3a$**

確認

答えの符号の決め方
累乗の計算をしたあと，係数だけを考えて，負の数の個数に目をつける。
負の係数が奇数個
　➡ 答えの符号は −
負の係数が偶数個
　➡ 答えの符号は ＋

別解

次のように，わる式の逆数をかけて乗法の式になおして計算してもよい。

(1) $6xy^2 \times 3x^2 \div (-9x^2y)$

$$= 6xy^2 \times 3x^2 \times \left(-\frac{1}{9x^2y}\right)$$

$$= -\frac{6xy^2 \times 3x^2}{9x^2y}$$

$$= -2xy$$

(2) $6a^3b \div (-2ab)^2 \times 2b$

$$= 6a^3b \div 4a^2b^2 \times 2b$$

$$= 6a^3b \times \frac{1}{4a^2b^2} \times 2b$$

$$= \frac{6a^3b \times 2b}{4a^2b^2}$$

$$= 3a$$

練習 43

解答は別冊 p.12

次の計算をしなさい。

(1) $18xy \times (-x^2y) \div (-3x)^2$　　　(2) $-16x^2y^3 \div (-2xy) \div 6y$

44 ## 累乗の計算法則

第1章 正の数・負の数

第2章 文字と式

第3章 整数の性質

第4章 式の計算

第5章 多項式

第6章 平方根

発展

累乗の計算法則を利用して，次の計算をしなさい。

(1) $x^2 y \times xy^3$　　　(2) $(2ab^2)^3$　　　(3) $6x^5 y^3 \div x^2 y$

 考え方 ## 累乗の計算法則（指数法則）を利用する。

◉ 解き方

指数法則

- $a^m \times a^n = a^{m+n}$　　・$(a^m)^n = a^{m \times n}$　　・$(ab)^n = a^n b^n$
- $m > n$ のとき，$a^m \div a^n = a^{m-n}$
- $m < n$ のとき，$a^m \div a^n = \dfrac{1}{a^{n-m}}$

(1) $x^2 y \times xy^3 = x^2 \times x \times y \times y^3$
$= x^{2+1} \times y^{1+3}$
$= x^3 \times y^4 = x^3 y^4$

(2) $(2ab^2)^3 = 2^3 \times a^3 \times (b^2)^3$
$= 2^3 \times a^3 \times b^{2 \times 3}$
$= 8a^3 b^6$

(3) $6x^5 y^3 \div x^2 y = 6 \times (x^5 \div x^2) \times (y^3 \div y)$
$= 6 \times x^{5-2} \times y^{3-1}$
$= 6 \times x^3 \times y^2$
$= 6x^3 y^2$

◉ 答

(1) $x^3 y^4$　　(2) $8a^3 b^6$　　(3) $6x^3 y^2$

 くわしく

$a^m \div a^n$ で $m < n$ の場合

$m=2$，$n=4$ とすると，
$$a^2 \div a^4 = \frac{a^2}{a^4} = \frac{1}{a^2}$$
したがって，
$m < n$ のとき，$a^m \div a^n = \dfrac{1}{a^{n-m}}$

 発展

$a^m \div a^n$ で $m=n$ の場合

$m=n=3$ とすると，
$$a^3 \div a^3 = \frac{a^3}{a^3} = 1$$
したがって，$m=n$ のとき，
$$a^m \div a^n = a^{m-n} = a^0$$
上の結果より，ある数の0乗は1と考えることができる。

 別解

(3)では，分数の形にしてから，指数法則を用いると，
$$6x^5 y^3 \div x^2 y = \frac{6x^5 y^3}{x^2 y}$$
x の指数は $5-2=3$，y の指数は $3-1=2$ だから，
$$6x^5 y^3 \div x^2 y = 6x^3 y^2$$

 練習 **44**

解答は別冊 p.12

次の計算をしなさい。

(1) $x^2 \times (xy^2)^3 \div (-x^2 y)^2$　　　(2) $\left(\dfrac{1}{2}a^3 b\right)^3 \div \left(\dfrac{1}{4}a^2 b^3\right)^2 \times (-b)^4$

4 文字式の利用

45 式の値

(1) $x=-2, y=-3$ のとき, $2(3x+2y)-5(x+y)$ の値を求めなさい。

(2) $x=5, y=-\dfrac{1}{5}$ のとき, $\dfrac{5x-y}{3}-\dfrac{3x+y}{2}$ の値を求めなさい。

(3) $a=-8, b=\dfrac{1}{2}$ のとき, $3a^2 \times 8b^2 \div (-6a)$ の値を求めなさい。

考え方 式を簡単にしてから数を代入する。

◉ 解き方

(1) $2(3x+2y)-5(x+y)=6x+4y-5x-5y=x-y$

この式に $x=-2, y=-3$ を代入して,

$x-y=-2-(-3)=-2+3=1$

(2) $\dfrac{5x-y}{3}-\dfrac{3x+y}{2}=\dfrac{2(5x-y)-3(3x+y)}{6}$

$=\dfrac{10x-2y-9x-3y}{6}=\dfrac{x-5y}{6}=(x-5y)\div 6$

この式に $x=5, y=-\dfrac{1}{5}$ を代入して,

$(x-5y)\div 6=\left\{5-5\times\left(-\dfrac{1}{5}\right)\right\}\div 6=(5+1)\div 6=1$

(3) $3a^2 \times 8b^2 \div (-6a)=-\dfrac{3a^2 \times 8b^2}{6a}=-4ab^2$

この式に $a=-8, b=\dfrac{1}{2}$ を代入して,

$-4ab^2=-4\times(-8)\times\left(\dfrac{1}{2}\right)^2=4\times 8\times\dfrac{1}{4}=8$

◉ 答

(1) **1** (2) **1** (3) **8**

確認

代入, 式の値
式の中の文字を数におきかえることを, 文字に数を代入するといい, 代入して計算した結果を, そのときの式の値という。

ミス注意

代入するときの注意
● 文字に負の数を代入するときや, 指数のついた文字に分数を代入するときは, かっこをつける。
● 分数の形の式に分数を代入するときは, いったん ÷ を使った式になおす。

  練習 45

解答は別冊 p.12

(1) $x=-4, y=3$ のとき, $4\left(\dfrac{3}{2}x-2y\right)-\dfrac{1}{3}(6x-21y)$ の値を求めなさい。

(2) $a=2, b=-\dfrac{1}{3}$ のとき, $-2ab\div\dfrac{4}{3}ab^2 \times 6a^2b^2$ の値を求めなさい。

46 図形問題への応用

(1) 縦の長さが $a$cm，横の長さが $2b$cm の長方形 A と，長方形 A の縦の長さを 3 倍，横の長さを半分にした長方形 B があります。B の面積は A の面積の何倍になりますか。

(2) 底面の半径が $r$cm，高さが $h$cm の円柱 A と，円柱 A の底面の半径を 2 倍，高さを半分にした円柱 B があります。B の体積は A の体積の何倍になりますか。

考え方

(1) 長方形 A，B の面積を a，b の式で表す。

(2) 円柱 A，B の体積を r，h の式で表す。

● 解き方

(1) 長方形 A の面積は，$a \times 2b = 2ab \, (\mathrm{cm}^2)$

長方形 B の面積は，$3a \times b = 3ab \, (\mathrm{cm}^2)$

B の縦…$a \times 3$　　B の横…$2b \times \dfrac{1}{2}$

長方形 B の面積を長方形 A の面積でわると，

$$3ab \div 2ab = \frac{3ab}{2ab} = \frac{3}{2}(倍)$$

(2) 円柱 A の体積は，$\pi \times r^2 \times h = \pi r^2 h \, (\mathrm{cm}^3)$

円柱 B の体積は，

$$\pi \times (2r)^2 \times \frac{1}{2}h = \pi \times 4r^2 \times \frac{1}{2}h = 2\pi r^2 h$$

B の半径　　B の高さ

円柱 B の体積を円柱 A の体積でわると，

$$2\pi r^2 h \div \pi r^2 h = \frac{2\pi r^2 h}{\pi r^2 h} = 2(倍)$$

● 答

(1) $\dfrac{3}{2}$倍　(2) **2 倍**

公式

- （長方形の面積）
  ＝（縦）×（横）
- （角柱・円柱の体積）
  ＝（底面積）×（高さ）

くわしく

(2)の円柱 A，B を図に表すと下のようになる。

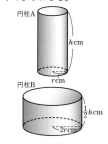

円柱A

$h$cm

$r$cm

円柱B

$\dfrac{1}{2}h$cm

$2r$cm

 46

解答は別冊 p.13

(1) 円の半径を 2 倍にすると，面積は何倍になりますか。

(2) 底面が 1 辺 $a$cm，高さが $h$cm の正四角柱があります。この正四角柱の底面の 1 辺の長さを半分にし，高さを 2 倍にすると，体積は何倍になりますか。

第 1 章 正の数・負の数
第 2 章 文字と式
第 3 章 整数の性質
第 4 章 式の計算
第 5 章 多項式
第 6 章 平方根

47 等式の変形

次の式を，〔　〕の中の文字について解きなさい。

(1) $2x-3y=6$　〔y〕　　(2) $S=\dfrac{1}{2}ah$　〔h〕　　(3) $\ell=2(a+b)$　〔a〕

考え方　等式の性質を使って，
（解く文字）＝〜の形に変形する。

● 解き方

(1)　$2x-3y=6$　　　┈┈ 解く文字 y 以外の項を
　　　　$-3y=6-2x$ ←┈┈ 右辺に移項する
　　　　　　　　　　　　　　　y の係数 -3 で両辺をわる
　　　　　$y=-2+\dfrac{2}{3}x$ ←┈┈

(2)　　$S=\dfrac{1}{2}ah$　┈┈ 解く文字 h をふくむ項
　　　　　　　　　　　　　　　が左辺になるように左辺
　　　$\dfrac{1}{2}ah=S$ ←┈┈ と右辺を入れかえる
　　　　　　　　　　　　　　　両辺に 2 をかける
　　　　$ah=2S$ ←┈┈
　　　　　　　　　　　　　　　両辺を a でわる
　　　　　$h=\dfrac{2S}{a}$ ←┈┈

(3)　　　$\ell=2(a+b)$　┈┈ 左辺と右辺を入れかえる
　　　$2(a+b)=\ell$ ←┈┈
　　　　　　　　　　　　　　　両辺を 2 でわる
　　　　$a+b=\dfrac{\ell}{2}$ ←┈┈
　　　　　　　　　　　　　　　b を右辺に移項する
　　　　　$a=\dfrac{\ell}{2}-b$ ←┈┈

● 答

(1) $y=-2+\dfrac{2}{3}x$　(2) $h=\dfrac{2S}{a}$　(3) $a=\dfrac{\ell}{2}-b$

用語解説

等式の性質
$A=B$ ならば，
* $A+C=B+C$
* $A-C=B-C$
* $A\times C=B\times C$
* $\dfrac{A}{C}=\dfrac{B}{C}$ （$C\neq0$ のとき）
* $B=A$

移項
等式では，一方の辺にある項
を，符号を変えて他方の辺に
移すことができる。これを**移
項する**という。

ある文字について解く
たとえば(1)の等式
$2x-3y=6$ を，答えの
$y=-2+\dfrac{2}{3}x$ のように変形する
ことを，y **について解く**という。

くわしく

答えの別の表し方
(1)では，項を入れかえて，
$y=\dfrac{2}{3}x-2$ と答えてもよい。
また，分数の形のままで
$y=\dfrac{-6+2x}{3}$ または $y=\dfrac{2x-6}{3}$
と答えてもよい。

練習 47
解答は別冊 p.13
次の式を，〔　〕の中の文字について解きなさい。

(1) $m=an+b$　〔n〕　　(2) $\ell=2\pi r$　〔r〕
(3) $S=\dfrac{1}{2}(a+b)h$　〔b〕

第4章

SECTION

数と式

第1章 正の数・負の数

第2章 文字と式

第3章 整数の性質

第4章 式の計算

第5章 多項式

第6章 平方根

5 整数の性質の説明

48 倍数であることの説明 応用

3，4，5のように，連続する3つの整数の和は3の倍数になります。
そのわけを説明しなさい。

考え方 3の倍数であることを示すには
3×（整数）の形で表せることを導けばよい。

● 説明

まん中の整数を n とすると，連続する3つの整数は，

$n-1,\ n,\ n+1$

したがって，連続する3つの整数の和は，

$(n-1)+n+(n+1)=n-1+n+n+1=3n$

n は整数だから，$3n$ は3の倍数である。

よって，連続する3つの整数の和は3の倍数である。

> **別解**
> もっとも小さい整数を n とすると，連続する3つの整数は，
> $n,\ n+1,\ n+2$
> したがって，連続する3つの整数の和は，
> $n+(n+1)+(n+2)=3n+3=3(n+1)$
> $n+1$ は整数だから，$3(n+1)$ は3の倍数である。
> したがって，連続する3つの整数の和は3の倍数である。

くわしく

いろいろな数の表し方
n を整数とすると，
偶数…$2n$
奇数…$2n+1$ または $2n-1$
3の倍数…$3n$
4の倍数…$4n$

確認

整数どうしの和は整数
$n,\ 1$ はともに整数なので，
$n+1$ も整数である。

練習 **48**

解答は別冊 p.13

右の図は，ある月のカレンダーです。ある数をまん中にして，×印に重なる5つの数を考えます。たとえば，右の図でまん中の数は19，×印に重なる5つの数のうち，19以外の数は11，13，25，27です。×印に重なる5つの数の和は，5の倍数であることを説明しなさい。

日	月	火	水	木	金	土
					1	2
3	4	5	6	7	8	9
10	11	12	13	14	15	16
17	18	19	20	21	22	23
24	25	26	27	28	29	30
31						

49 倍数の見分け方 応 用

> 3けたの自然数について，各位の数の和が3の倍数ならば，その自然数は3の倍数になります。そのわけを説明しなさい。

考え方 3けたの自然数 $100a+10b+c$ が $3 \times ($整数$)$ の形で表せることを導けばよい。

◉ **説明**

　3けたの自然数の百の位の数を a，十の位の数を b，一の位の数を c とすると，3けたの自然数は，

　　$100a+10b+c$

と表される。

　各位の数の和が3の倍数ならば，

　　$a+b+c=3n$ （n は整数）

と表される。

　ここで，

$$100a+10b+c=99a+a+9b+b+c$$
$$=99a+9b+a+b+c$$
$$=99a+9b+3n$$
$$=3(33a+3b+n)$$

　$33a+3b+n$ は整数だから，$3(33a+3b+n)$ は3の倍数である。

　したがって，3けたの自然数について，各位の数の和が3の倍数ならば，その自然数は3の倍数になる。

 くわしく

自然数が何けたであっても，各位の数の和が3の倍数ならば，その自然数は3の倍数である。

 発展

その他の数の倍数の見分け方
2の倍数（偶数）
…一の位が2の倍数
5の倍数
…一の位が0または5
8の倍数
…下3けたが8の倍数

練習 49

解答は別冊 p.13

3けたの自然数について，次のことがらが正しいわけを説明しなさい。

(1) 各位の数の和が9の倍数ならば，その自然数は9の倍数である。

(2) 下2けたが4の倍数ならば，その自然数は4の倍数である。

第1章 正の数・負の数

第2章 文字と式

第3章 整数の性質

第4章 式の計算

第5章 多項式

第6章 平方根

50 余りの利用 　応用

(1) 3でわると1余る整数と，3でわると2余る整数の和は3の倍数になります。そのわけを説明しなさい。

(2) 2つの整数 a，b があり，a，b を5でわったときの余りがそれぞれ3，1となるとき，$a-3b$ は5の倍数になります。そのわけを説明しなさい。

考え方 整数 a を整数 b でわったときの商を q，余りを r とすると，$a=bq+r$（ただし，$0\leqq r<b$）

◉ 説明

(1) m，n を整数とすると，3でわると1余る整数は $3m+1$，3でわると2余る整数は $3n+2$ と表される。

$$(3m+1)+(3n+2)=3m+1+3n+2$$
$$=3m+3n+3=3(m+n+1)$$

$m+n+1$ は整数だから，$3(m+n+1)$ は3の倍数である。したがって，3でわると1余る整数と，3でわると2余る整数の和は3の倍数になる。

(2) m，n を整数とすると，

$$a=5m+3，\quad b=5n+1$$

と表される。

$$a-3b=(5m+3)-3(5n+1)$$
$$=5m+3-15n-3=5m-15n=5(m-3n)$$

$m-3n$ は整数だから，$5(m-3n)$ は5の倍数である。したがって，$a-3b$ は5の倍数になる。

ミス注意

(1)では，$3m+1$ と $3m+2$ とおいて説明してはいけない。$3m+1$ と $3m+2$ では，1と2，4と5などの連続する2数となり，一般的ではないので，この問題の説明としては不十分である。

発展

(2)では，5でわった余りは，0, 1, 2, 3, 4 のいずれかであるから，整数全体は，$5n$，$5n+1$，$5n+2$，$5n+3$，$5n+4$ に分けることができる。このような考え方を，余りによる分類という。

練習 50

解答は別冊 p.13

2つの整数 a，b があり，それぞれを9でわったときの余りが等しいとき，$a-b$ は9の倍数となります。そのわけを説明しなさい。

章末問題

解答 別冊 p.13

1 次の計算をしなさい。

(1) $3x-9y+5x+4y$ 【大阪府】

(2) $(2x^2-5x)-(3x^2-2x)$ 【青森県】

(3) $(24a-20b)\div4$ 【福島県】

(4) $4(x+2y)-(-x+y)$ 【宮城県】

(5) $4(2x-3y)+3(-x+4y)$ 【茨城県】

(6) $2(x-2y+1)+3(x+4y-2)$ 【香川県】

(7) $\dfrac{x+y}{2}+\dfrac{x-y}{4}$ 【群馬県】

(8) $2x+3y-\dfrac{x+5y}{2}$ 【千葉県】

(9) $\dfrac{3x-2y}{7}-\dfrac{x+y}{3}$ 【静岡県】

(10) $\dfrac{1}{2}(46a-3b)-\dfrac{2}{5}(35a-2b)$ 【京都府】

(11) $\dfrac{5x-2y}{3}-\dfrac{2x-3y}{2}-\dfrac{3x+2y}{5}$

【法政大高(東京)】

(12) $\dfrac{a+b}{4}-\left(\dfrac{3a}{2}-\dfrac{4a-2b}{3}\right)$

【ラ・サール高(鹿児島)】

2 次の計算をしなさい。

(1) $8xy^2\times\dfrac{3}{4}x$ 【山梨県】

(2) $(-2)^3\times(ab)^2\times6b$ 【熊本県】

(3) $\dfrac{2}{5}a\times\left(-\dfrac{15}{7}b\right)$ 【山口県】

(4) $10x^2y\div(-12xy)$ 【三重県】

(5) $\dfrac{8}{3}a^3b^2\div\dfrac{2}{9}ab^2$ 【石川県】

(6) $(-8xy)^2\div\dfrac{4}{3}x^2y$ 【愛知県】

(7) $6ab^2\div(-3ab)\times(-2a)$ 【高知県】

(8) $6x^4\div(-3x^2)\div3x$ 【福島県】

(9) $4xy^3\div\left(\dfrac{y}{3x}\right)^2\times\dfrac{1}{2}x^2$

【日本大第二高(東京)】

(10) $48a^2b^2\div(-4a)\div(-2b)^2$

【熊本県】

3 次の計算をしなさい。

(1) $(-2x^2y)^3\times(-3xy^2)^2$

(2) $-2^4\div\left(-\dfrac{2b^2}{a^3}\right)^3\times(-3ab^4)^2$ 【愛光高(愛媛)】

(3) $\dfrac{a^3b^2}{b^3c^5}\times\dfrac{b^5c^3}{c^2a^4}\div\dfrac{a^5b^3}{c^2a^7}$ 【函館ラ・サール高(北海道)】

4 次の式の値を求めなさい。

(1) $a=-2$, $b=-1$ のとき，$6ab^2 \times (-a)^2$ の値 【青森県】

(2) $x=-\dfrac{1}{3}$, $y=\dfrac{3}{5}$ のとき，$5x-y-2(x-3y)$ の値 【長野県】

(3) $a=-3$, $b=\dfrac{1}{4}$ のとき，$\dfrac{1}{6}a^2b \times a^3b^2 \div \left(-\dfrac{1}{2}ab\right)^2$ の値 【大阪府】

5 次の等式を〔　〕の中の文字について解きなさい。

(1) $9a+3b=2$ 〔b〕　【千葉県】　(2) $V=\pi r^2 h$ 〔h〕 【鳥取県】

(3) $a=\dfrac{2b+c}{3}$ 〔c〕 【宮城県】　(4) $3\left(1-\dfrac{a}{x}\right)=b$ 〔x〕

【関西学院高等部(兵庫)】

6 下の図のように，半径が r の半球の形をした容器 A と半径が r で高さが $2r$ の円柱の形をした容器 B があります。容器 A に水をいっぱいに入れて，容器 B に移すとき，容器 A の何杯分の水が容器 B に入りますか。求めなさい。ただし，容器の厚みは考えないものとします。 【滋賀県】

図

容器 A　　　　　容器 B

7 1，3，5 の和は 9 で 3 の倍数です。このように，連続する 3 つの奇数の和は 3 の倍数になります。そのわけを説明しなさい。

8 770，396，484 のような，百の位の数と一の位の数の和が十の位の数に等しい 3 けたの自然数は 11 の倍数になります。そのわけを説明しなさい。

9 2 つの自然数 a，b があり，a は 7 でわると余りが 3，b は 7 でわると余りが 4 となります。このとき，$a+2b$ を 7 でわった余りは 4 となります。そのわけを説明しなさい。

第1章 正の数・負の数
第2章 文字と式
第3章 整数の性質
第4章 式の計算
第5章 多項式
第6章 平方根

多項式

『多項式の積の形 ⟷ 1つの多項式』の変形のしかた，つまり，展開と因数分解を学習していく。数や式の計算でそれらが自在に活用できるようにしておこう。

SECTION 1 単項式と多項式の乗除 → p.84

単項式と多項式の乗法

分配法則を使って，かっこをはずす。

$$a(b+c)=ab+ac \qquad (a+b)c=ac+bc$$

> 例 $3x(x+2y)$
> $=3x\times x+3x\times 2y$ ← 分配法則でかっこをはずす
> $=3x^2+6xy$

多項式と単項式の除法

❶ わる式の逆数をかける。 $(a+b)\div c=(a+b)\times\dfrac{1}{c}=a\times\dfrac{1}{c}+b\times\dfrac{1}{c}=\dfrac{a}{c}+\dfrac{b}{c}$

❷ 多項式のすべての項を単項式でわる。 $(a+b)\div c=\dfrac{a+b}{c}=\dfrac{a}{c}+\dfrac{b}{c}$

SECTION 2 乗法公式 → p.85

多項式と多項式の積

単項式と多項式，あるいは多項式と多項式の積の形の式を，単項式の和の形に表すことを，はじめの式を展開するという。

$$(a+b)(c+d)=ac+ad+bc+bd$$
① ② ③ ④

> 例 $(x+3y)(2x-y)$
> $=2x^2-xy+6xy-3y^2$ — 展開する
> $=2x^2+5xy-3y^2$ — 同類項をまとめる

大きい長方形の面積は，
$(a+b)(c+d)$ …⑦
4つの長方形の面積の和は，
$ac+ad+bc+bd$ …⑦
⑦と⑦は等しいから，
$(a+b)(c+d)$
$=ac+ad+bc+bd$

$x+a$ と $x+b$ の積

$$(x+a)(x+b)=x^2+(a+b)x+ab$$

> 例 $(x+2)(x+5)=x^2+(2+5)x+2\times 5$
> $=x^2+7x+10$

和の平方と差の平方

$$(x+a)^2=x^2+2ax+a^2$$
$$(x-a)^2=x^2-2ax+a^2$$

例 $(x+3)^2=x^2+2\times3\times x+3^2=x^2+6x+9$
$(x-3)^2=x^2-2\times3\times x+3^2=x^2-6x+9$

和と差の積

$$(x+a)(x-a)=x^2-a^2$$

例 $(x+6)(x-6)=x^2-6^2=x^2-36$

SECTION 3 因数分解

➡p.91

因数分解

多項式をいくつかの因数の積として表すことを，その多項式を因数分解するという。

共通因数をくくり出す

多項式の各項に共通因数があるときは，それをかっこの外にくくり出す。

例 $3x^2+6xy-18x$
$=3x(x+2y-6)$

因数分解の公式

- $x^2+(a+b)x+ab=(x+a)(x+b)$
- $x^2+2ax+a^2=(x+a)^2$
- $x^2-2ax+a^2=(x-a)^2$
- $x^2-a^2=(x+a)(x-a)$

例 $x^2+6x+8=x^2+(2+4)x+2\times4=(x+2)(x+4)$
$x^2+6x+9=x^2+2\times3\times x+3^2=(x+3)^2$
$x^2-6x+9=x^2-2\times3\times x+3^2=(x-3)^2$
$x^2-16=x^2-4^2=(x+4)(x-4)$

因数分解の手順

❶ 共通因数があるときは，まず，それをくくり出す。
❷ さらに因数分解できないかを考えて，公式を利用する。
　★式に共通部分があれば，1つの文字におきかえる。

例 $2x^2-2x-24$
$=2(x^2-x-12)$
$=2(x+3)(x-4)$

SECTION 4 多項式の計算の利用

➡p.97

数の計算の工夫

展開や因数分解を使って，数の計算が能率的にできる場合がある。

例 $101^2=(100+1)^2$
$=100^2+2\times1\times100+1^2=10201$
$75^2-25^2=(75+25)(75-25)$
$=100\times50=5000$

説明(証明)問題への利用

問題文中の数量を文字式で表し，乗法公式や因数分解を使って結論を導く。

第1章 正の数・負の数

第2章 文字と式

第3章 整数の性質

第4章 式の計算

第5章 多項式

第6章 平方根

第5章

SECTION
1

単項式と多項式の乗除

51 単項式と多項式の乗除　　　基礎

次の計算をしなさい。

(1) $-2a(a-3b+4)$

(2) $12p\left(\dfrac{p}{3}-\dfrac{5}{6}q+\dfrac{1}{2}\right)$

(3) $(6a^2b-9ab^2)\div(-3ab)$

考え方
　乗法 ➡ 分配法則を使ってかっこをはずす。
　除法 ➡ わる式の逆数をかける形になおす。

◉ **解き方**

(1) **分配法則を使ってかっこをはずす。**

$-2a(a-3b+4)$
$=(-2a)\times a+(-2a)\times(-3b)+(-2a)\times 4$
$=-2a^2+6ab-8a$

(2) $12p\left(\dfrac{p}{3}-\dfrac{5}{6}q+\dfrac{1}{2}\right)=12p\times\dfrac{p}{3}-12p\times\dfrac{5}{6}q+12p\times\dfrac{1}{2}$
$\qquad\qquad\qquad\qquad =4p^2-10pq+6p$

(3) **わる式の逆数をかける形になおす。**

$(6a^2b-9ab^2)\div(-3ab)=(6a^2b-9ab^2)\times\left(-\dfrac{1}{3ab}\right)$
$=6a^2b\times\left(-\dfrac{1}{3ab}\right)-9ab^2\times\left(-\dfrac{1}{3ab}\right)=-2a+3b$

◉ **答**

(1) $-2a^2+6ab-8a$　(2) $4p^2-10pq+6p$

(3) $-2a+3b$

くわしく

(2)では，次のように，かけ算
をする前に約分するとよい。

$12p\left(\dfrac{p}{3}-\dfrac{5}{6}q+\dfrac{1}{2}\right)$
$=12p\times\dfrac{p}{3}-12p\times\dfrac{5}{6}q$
$\qquad\qquad +12p\times\dfrac{1}{2}$
$=\overset{4}{12}p\times\dfrac{p}{3_1}-\overset{2}{12}p\times\dfrac{5}{6_1}q$
$\qquad\qquad +\overset{6}{12}p\times\dfrac{1}{2_1}$
$=4p^2-10pq+6p$

別解

(3)では，多項式の各項を単項
式でわってもよい。

$(6a^2b-9ab^2)\div(-3ab)$
$=-\dfrac{6a^2b}{3ab}+\dfrac{9ab^2}{3ab}$
$=-2a+3b$

練習 **51**

解答は別冊 p.16

次の計算をしなさい。

(1) $-3x(x-4y+2)$

(2) $\left(\dfrac{2}{3}x-\dfrac{5}{6}y-\dfrac{3}{4}\right)\times 12x$

(3) $(-8ab^2+12ab)\div(-4b)$

(4) $(6x^2y-24xy^2)\div\left(-\dfrac{3}{5}xy\right)$

第1章 正の数・負の数

第2章 文字と式

第3章 整数の性質

第4章 式の計算

第5章 多項式

第6章 平方根

第5章 SECTION 2 乗法公式

52 多項式と多項式の積　　基礎

次の式を展開しなさい。

(1) $(2x+5)(3x-1)$　　　　(2) $(4x-3y)(5x+2y)$

(3) $(2x-y-3)(x+3)$

考え方　展開の公式 $(a+b)(c+d)=ac+ad+bc+bd$
を利用する。

● 解き方

(1) それぞれの多項式のすべての項どうしをかけて，同類項をまとめる。

$(2x+5)(3x-1)$
$=2x\times3x-2x\times1+5\times3x-5\times1$
$=6x^2-2x+15x-5=6x^2+13x-5$

(2) $(4x-3y)(5x+2y)$
$=4x\times5x+4x\times2y-3y\times5x-3y\times2y$
$=20x^2+8xy-15xy-6y^2=20x^2-7xy-6y^2$

(3) $(2x-y-3)(x+3)$
$=2x\times x+2x\times3-y\times x-y\times3-3\times x-3\times3$
$=2x^2+6x-xy-3y-3x-9$
$=2x^2+3x-xy-3y-9$

● 答

(1) $6x^2+13x-5$　　(2) $20x^2-7xy-6y^2$

(3) $2x^2+3x-xy-3y-9$

くわしく

（多項式）×（多項式）では，一方の多項式を1つの文字と考えれば，（多項式）×Nの形になり，分配法則が使える。

(1) $(2x+5)\underline{(3x-1)}$
$=2x\underline{(3x-1)}+5\underline{(3x-1)}$ N
$=6x^2-2x+15x-5$
$=6x^2+13x-5$

参考

縦書き計算

（多項式）×（多項式）は，縦書き計算することもできる。

(2)
$$\begin{array}{r} 4x-3y \\ \times)\ 5x+2y \\ \hline 8xy-6y^2 \\ 20x^2-15xy \\ \hline 20x^2-\ 7xy-6y^2 \end{array}$$

練習 52　　　　　　　　　　　　　　　　解答は別冊 p.16

次の式を展開しなさい。

(1) $(x-3)(4x+7)$　　　　(2) $(2a+5b)(3a-2b)$

(3) $(x-y)(x^2-3xy+y^2)$　　(4) $(m+4n-9)(3m-2n)$

53 $x+a$ と $x+b$ の積

次の式を展開しなさい。

(1) $(x+2)(x+3)$

(2) $(x-3)(x+5)$

(3) $(2x+1)(2x+4)$

(4) $(-x+2)(-x-6)$

考え方 公式 $(x+a)(x+b)=x^2+(a+b)x+ab$
を利用する。

◉ **解き方**

(1) $(x+2)(x+3)$

$$=x^2+(2+3)x+2\times3$$

$$=x^2+5x+6$$

(2) $(x-3)(x+5)$

$$=\{x+(-3)\}(x+5)$$

$$=x^2+\{(-3)+5\}x+(-3)\times5$$

$$=x^2+2x-15$$

(3) $2x$ を 1 つの文字と考える。

$$(2x+1)(2x+4)$$

$$=(2x)^2+(1+4)\times2x+1\times4=4x^2+10x+4$$

(4) $(-x+2)(-x-6)$

$$=(-x)^2+(2-6)\times(-x)+2\times(-6)$$

$$=x^2+4x-12$$

◉ **答**

(1) x^2+5x+6 (2) $x^2+2x-15$

(3) $4x^2+10x+4$ (4) $x^2+4x-12$

くわしく

**係数と文字にまとめてかっこ
をつけて, 2 乗する**

(3)では, $2x$ を 1 つの文字と
みているので, 必ずかっこを
つけて, $(2x)^2=4x^2$ とする
こと。

ミス注意

(3)では, 次のような係数のか
け忘れにも注意する。

$(2x)^2+(1+4)\times\bigcirc x+1\times4$
       2 のかけ忘れ

別解

(4)では, 先に $-$ をかっこの
外に出して計算してもよい。

$(-x+2)(-x-6)$

$=\{-(x-2)\}\{-(x+6)\}$

$=(x-2)(x+6)$

$=x^2+\{(-2)+6\}x+(-2)\times6$

$=x^2+4x-12$

練習 53

解答は別冊 p.16

次の式を展開しなさい。

(1) $(x+6)(x-7)$

(2) $\left(x-\dfrac{1}{2}\right)\left(\dfrac{3}{4}+x\right)$

(3) $(a+2b)(a-5b)$

(4) $(mn-3)(mn+8)$

54 和の平方，差の平方

基礎

次の式を展開しなさい。

(1) $(x+2)^2$　　(2) $(a-3)^2$

(3) $(3x+4y)^2$　　(4) $(5-pq)^2$

考え方　公式 $(x+a)^2=x^2+2ax+a^2$，$(x-a)^2=x^2-2ax+a^2$ を利用する。

◉ 解き方

(1) $(x+2)^2$

$=x^2+2\times2\times x+2^2=x^2+4x+4$

(2) $(a-3)^2$

$=a^2-2\times3\times a+3^2=a^2-6a+9$

(3) $3x$，$4y$ を1つの文字と考えて，和(わ)の平方(へいほう)の公式にあてはめる。

$(x+a)^2=x^2+2ax+a^2$

$(3x+4y)^2$

$=(3x)^2+2\times4y\times3x+(4y)^2$

$=9x^2+24xy+16y^2$

(4) pq を1つの文字と考えて，差(さ)の平方の公式にあてはめる。

$(x-a)^2=x^2-2ax+a^2$

$(5-pq)^2$

$=5^2-2\times pq\times5+(pq)^2=25-10pq+p^2q^2$

◉ 答

(1) $\boldsymbol{x^2+4x+4}$　　(2) $\boldsymbol{a^2-6a+9}$

(3) $\boldsymbol{9x^2+24xy+16y^2}$　　(4) $\boldsymbol{25-10pq+p^2q^2}$

くわしく

(3)，(4)では，単項式を1つの文字におきかえる。

(3) $3x=X$，$4y=Y$ とおくと，

$(3x+4y)^2$

$=(X+Y)^2$

$=X^2+2YX+Y^2$

$=(3x)^2+2\times4y\times3x+(4y)^2$

$=9x^2+24xy+16y^2$

(4) $pq=X$ とおくと，

$(5-pq)^2$

$=(5-X)^2$

$=25-10X+X^2$

$=25-10pq+(pq)^2$

$=25-10pq+p^2q^2$

練習 54

解答は別冊 p.16

次の式を展開しなさい。

(1) $(x+5)^2$　　(2) $\left(x-\dfrac{5}{6}\right)^2$

(3) $(2a+3b)^2$　　(4) $\left(4x-\dfrac{1}{2}y\right)^2$

55 和と差の積　　　　　　　　　　基礎

次の式を展開しなさい。

(1) $(x+3)(x-3)$　　　(2) $(4-y)(y+4)$

(3) $(2x+5y)(2x-5y)$　　　(4) $(-mn+7)(mn+7)$

考え方 公式 $(x+a)(x-a)=x^2-a^2$ を利用する。

◉ **解き方**

(1) $(x+3)(x-3)$
  $=x^2-3^2=x^2-9$

(2) $(4-y)(y+4)$
  $=(4-y)(4+y)$
  $=4^2-y^2=16-y^2$

(3) $2x$, $5y$ を 1 つの文字と考えて，和と差の積の公式
  にあてはめる。
  $$(x+a)(x-a)=x^2-a^2$$
  $(2x+5y)(2x-5y)$
  $=(2x)^2-(5y)^2=4x^2-25y^2$

(4) $(-mn+7)(mn+7)$
  $=(7-mn)(7+mn)$
  $=7^2-(mn)^2$
  $=49-m^2n^2$

◉ **答**

(1) x^2-9　　(2) $16-y^2$　　(3) $4x^2-25y^2$

(4) $49-m^2n^2$

くわしく

$(a-x)(x+a)$ は交換法則を
使うと，$(a+x)(a-x)$ と変
形できる。すなわち，和と差
の積の公式が利用できる。
これより，(2)では，
  $(4-y)(4+y)=4^2-y^2$
と計算できる。

くわしく

(3)では，$2x=X, 5y=Y$ とおくと，
  $(2x+5y)(2x-5y)$
  $=(X+Y)(X-Y)$
  これより，和と差の積の公
式が利用できる。

別解

(4) $(-mn+7)(mn+7)$
  $=-(mn-7)(mn+7)$
  $=-\{(mn)^2-7^2\}$
  $=-(m^2n^2-49)$
  $=-m^2n^2+49$

練習 55

解答は別冊 p.16

次の式を展開しなさい。

(1) $(x+6)(x-6)$　　　(2) $\left(y+\dfrac{1}{2}\right)\left(y-\dfrac{1}{2}\right)$

(3) $(-5b+a)(a+5b)$　　　(4) $\left(2x-\dfrac{3}{4}y\right)\left(2x+\dfrac{3}{4}y\right)$

第1章 正の数・負の数

第2章 文字と式

第3章 整数の性質

第4章 式の計算

第5章 多項式

第6章 平方根

56 式のおきかえの利用 応用

次の式を展開しなさい。

(1) $(x-3y+5)(x-3y-3)$　　　(2) $(a+2b-4)(a+2b+4)$

(3) $(a-b+c)^2$

考え方 式の共通部分を 1 つの文字におきかえると
乗法公式が利用できる。

◉ 解き方

(1) 共通部分 $x-3y$ を M とおく。

$\quad (x-3y+5)(x-3y-3)=(M+5)(M-3)$

$=M^2+2M-15$

$=(x-3y)^2+2(x-3y)-15$ ← M を $x-3y$ にもどす

$=x^2-6xy+9y^2+2x-6y-15$

(2) $(a+2b-4)(a+2b+4)$ ⋯⋯ 共通部分 $a+2b$
を M とおく

$=(M-4)(M+4)$

$=M^2-16$

$=(a+2b)^2-16$ ⋯⋯ M を $a+2b$ にもどす

$=a^2+4ab+4b^2-16$

(3) $(a-b+c)^2$ ⋯⋯

$=(M+c)^2$ ← $a-b$ を M とおく

$=M^2+2cM+c^2$

$=(a-b)^2+2c(a-b)+c^2$ ⋯⋯ M を $a-b$ にもどす

$=a^2-2ab+b^2+2ac-2bc+c^2$

◉ 答 (1) $\boldsymbol{x^2-6xy+9y^2+2x-6y-15}$

(2) $\boldsymbol{a^2+4ab+4b^2-16}$ (3) $\boldsymbol{a^2-2ab+b^2+2ac-2bc+c^2}$

くわしく

(1) $x-3y=M$ とおくと,
公式 $(x+a)(x+b)$ が利用
できる。

$\quad (x+a)(x+b)$

$\quad =x^2+(a+b)x+ab$

(2) $a+2b=M$ とおくと,
公式 $(x+a)(x-a)$ が利用
できる。

$\quad (x+a)(x-a)$

$\quad =x^2-a^2$

(3) $a-b=M$ とおくと,
公式 $(x+a)^2$ が利用できる。

$\quad (x+a)^2$

$\quad =x^2+2ax+a^2$

練習 56

解答は別冊 p.17

次の式を展開しなさい。

(1) $(x+y+3)(x+y-4)$　　　(2) $(a-b+9)(a+b+9)$

(3) $(2x+y+6)(2x-y-6)$　　(4) $(3m-2n-1)^2$

57 乗法公式の利用

応用

次の計算をしなさい。

(1) $(x+3)(x+4)-x(x-6)$　　　(2) $(x-5)^2+(x-2)(x+3)$

(3) $2(x+1)(x-6)-(x+3)(x-3)$　(4) $2(a+2b)^2-(3a-5b)^2$

考え方 乗法公式を使って展開してから同類項をまとめる。

● 解き方

(1) まず，乗法の部分を計算する。

$$\underset{\text{公式}(x+a)(x+b)}{\underline{(x+3)(x+4)}}-x(x-6)$$

$$=x^2+7x+12-x^2+6x=13x+12$$

(2) $\underset{\text{公式}(x-a)^2}{\underline{(x-5)^2}}+\underset{\text{公式}(x+a)(x+b)}{\underline{(x-2)(x+3)}}$

$$=x^2-10x+25+x^2+x-6=2x^2-9x+19$$

(3) $\underset{\text{公式}(x+a)(x+b)}{\underline{2(x+1)(x-6)}}-\underset{\text{公式}(x+a)(x-a)}{\underline{(x+3)(x-3)}}$

$$=2(x^2-5x-6)-(x^2-9)$$

$$=2x^2-10x-12-x^2+9=x^2-10x-3$$

(4) $\underset{\text{公式}(x+a)^2}{\underline{2(a+2b)^2}}-\underset{\text{公式}(x-a)^2}{\underline{(3a-5b)^2}}$

$$=2(a^2+4ab+4b^2)-(9a^2-30ab+25b^2)$$

$$=2a^2+8ab+8b^2-9a^2+30ab-25b^2$$

$$=-7a^2+38ab-17b^2$$

● 答

(1) $13x+12$　(2) $2x^2-9x+19$　(3) $x^2-10x-3$

(4) $-7a^2+38ab-17b^2$

ミス注意

展開したあと，ひく式全体を（　）でくくっておく

展開する式の前にマイナスの符号があるときは，展開したあと，かっこをつけること。かっこをつけないと，(3)では，

$-(x+3)(x-3)$

$=-x^2 \cancel{-9}$

のようなミスをしやすい。

かっこをはずすときは符号に注意

かっこの前にマイナスがあるときは，かっこの中の各項の符号を変えることを忘れないようにする。

練習 57

解答は別冊 p.17

次の計算をしなさい。

(1) $(x-2)(x+2)-(x+3)(x+6)$　(2) $(a-4)^2+(a+5)(a-2)$

(3) $2(x+1)^2+(x+4)(x-4)$　(4) $3(a-3b)^2-(5a-2b)^2$

第5章

SECTION
3 因数分解

58 共通因数をくくり出す因数分解 基礎

次の式を因数分解しなさい。

(1) $xy - xz$

(2) $a^4 + 4a^2$

(3) $8a^2b + 2ab^2 - 6ab$

(4) $5x^2y - 10xy + 25y$

考え方 分配法則を使って共通因数をすべてくくり出す。

◉ **解き方**

(1) 共通因数 x をくくり出す。

$xy - xz$

$= x(y - z)$

(2) $a^4 + 4a^2$

$= a^2 \times a^2 + 4 \times a^2$ ┄┄ 共通因数 a^2 をくくり出す

$= a^2(a^2 + 4)$ ←

(3) $8a^2b + 2ab^2 - 6ab$

$= 2ab \times 4a + 2ab \times b - 2ab \times 3$ ┄┄ 共通因数 $2ab$ を

$= 2ab(4a + b - 3)$ ← くくり出す

(4) $5x^2y - 10xy + 25y$

$= 5y \times x^2 - 5y \times 2x + 5y \times 5$ ┄┄ 共通因数 $5y$ を

$= 5y(x^2 - 2x + 5)$ ← くくり出す

◉ **答**

(1) $x(y-z)$

(2) $a^2(a^2+4)$

(3) $2ab(4a+b-3)$

(4) $5y(x^2-2x+5)$

用語解説

多項式の因数

多項式がいくつかの式の積で表せるとき，そのかけ合わされているひとつひとつの式をもとの式の**因数**という。

共通因数

多項式で，すべての項に共通な因数を**共通因数**という。

因数分解

多項式をいくつかの因数の積として表すことを，その多項式を**因数分解する**という。

ミス注意

共通因数をすべてくくり出す

(3)では，

$2(4a^2b + ab^2 - 3ab)$

$ab(8a + 2b - 6)$

などでは不十分である。

練習 58

解答は別冊 p.17

次の式を因数分解しなさい。

(1) $abc + abd$

(2) $x^3 - x^2 + 2x$

(3) $3ab - 6a^3b + 21ab^2$

(4) $4x^2y^2 - 6xy^2 + 10y^2$

因数分解の公式の利用 基 礎

次の式を因数分解しなさい。

(1) $x^2+7x+12$

(2) $x^2+24x+144$

(3) $x^2-14x+49$

(4) x^2-25

考え方 乗法公式を逆にみると因数分解の公式になる。
式の形から，どの因数分解の公式を使うか考える。

● **解き方**

(1) **公式** $x^2+(a+b)x+ab=(x+a)(x+b)$ を利用する。

和が 7，積が 12 になる 2 つの数は 3 と 4 だから，
$$x^2+7x+12=x^2+\underset{a\ \ b}{(3+4)}x+\underset{a\ \ b}{3\times4}=(x+3)(x+4)$$

(2) **公式** $x^2+2ax+a^2=(x+a)^2$ を利用する。
$$x^2+24x+144=x^2+2\times\underset{a}{12}\times x+\underset{a}{12^2}=(x+12)^2$$

(3) **公式** $x^2-2ax+a^2=(x-a)^2$ を利用する。
$$x^2-14x+49=x^2-2\times\underset{a}{7}\times x+\underset{a}{7^2}=(x-7)^2$$

(4) **公式** $x^2-a^2=(x+a)(x-a)$ を利用する。
$$x^2-25=x^2-\underset{a}{5^2}=(x+5)(x-5)$$

● **答**

(1) $(x+3)(x+4)$　　(2) $(x+12)^2$　　(3) $(x-7)^2$

(4) $(x+5)(x-5)$

くわしく

和が 7，積が 12 になる 2 つの数の見つけ方

積が 12 になる 2 つの数をさがし，その中で，和が 7 になる組を調べる。

積が 12	和が 7
1 と 12	×
−1 と −12	×
2 と 6	×
−2 と −6	×
3 と 4	○
−3 と −4	×

上の表より，和が 7，積が 12 になる 2 つの数は 3 と 4

練習 59

解答は別冊 p.17

次の式を因数分解しなさい。

(1) $x^2+9x+14$

(2) $x^2-3x-18$

(3) $x^2+3x-10$

(4) $a^2+12a+36$

(5) $y^2-16y+64$

(6) x^2-81

第1章 正の数・負の数

第2章 文字と式

第3章 整数の性質

第4章 式の計算

第5章 多項式

第6章 平方根

60 共通因数と因数分解 応用

次の式を因数分解しなさい。

(1) $x^3 + 3x^2y - 18xy^2$ (2) $2ax^2 - 32a$

(3) $(a+b)p - (a+b)q$ (4) $x(2a-3) - y(3-2a)$

考え方 共通因数をくくり出してから公式を使う。

◉ 解き方

(1) まず，**共通因数** x をくくり出す。

$x^3 + 3x^2y - 18xy^2$

$= x(x^2 + 3xy - 18y^2)$ …… 公式 $x^2 + (a+b)x + ab$
$= x(x-3y)(x+6y)$ ← $= (x+a)(x+b)$ を利用

(2) $2ax^2 - 32a$

$= 2a(x^2 - 16)$ ← 共通因数 $2a$ をくくり出す
$= 2a(x+4)(x-4)$ ← 公式 $x^2 - a^2$ $= (x+a)(x-a)$ を利用

(3) $(a+b)p - (a+b)q$

$= (a+b)(p-q)$ ← 共通因数 $a+b$ を くくり出す

(4) $x(2a-3) - y(3-2a)$

$= x(2a-3) + y(2a-3)$ …… 共通因数 $2a-3$ を
$= (2a-3)(x+y)$ ← くくり出す

◉ 答

(1) $\boldsymbol{x(x-3y)(x+6y)}$ (2) $\boldsymbol{2a(x+4)(x-4)}$

(3) $\boldsymbol{(a+b)(p-q)}$ (4) $\boldsymbol{(2a-3)(x+y)}$

確認

因数分解の基本は，共通因数をくくり出すこと

因数分解では，まず与えられた式の中に共通因数があるかどうかを調べることが基本である。

共通因数をくくり出すことによって，公式が使える形になる場合が多い。

また，共通因数は数や単項式ばかりとは限らない。(3)，(4)のように多項式が共通因数となる場合もある。

くわしく

(4)では，式を変形することによって共通因数をくくり出すことができる。

$-y(3-2a)$
$= -y\{-(2a-3)\}$
$= +y(2a-3)$

練習 60

解答は別冊 p.17

次の式を因数分解しなさい。

(1) $18a^2b + 12ab + 2b$ (2) $-2x^3 - 8x^2y + 24xy^2$

(3) $x^3 - x$ (4) $(a-b)p - q(b-a)^2$

61 式のおきかえの利用

応用

次の式を因数分解しなさい。

(1) $(x-2)^2+5(x-2)+6$　　(2) $(x-y+3)(x-y-4)+6$

考え方 式の共通部分を 1 つの文字でおきかえる。
式の形からどの因数分解の公式を使うか考える。

◉ **解き方**

(1) **共通部分 $x-2$ を M とおく。**

$(x-2)^2+5(x-2)+6$

$=M^2+5M+6$

$=(M+2)(M+3)$ ┄┄┄┄┄┄┄ M を $x-2$ にもどす

$=(x-2+2)(x-2+3)$ ←┄┘

$=x(x+1)$

(2) $(x-y+3)(x-y-4)+6$ ┄┄┄ 共通部分 $x-y$ を M とおく

$=(M+3)(M-4)+6$ ←┄┄┘

$=M^2-M-12+6$

$=M^2-M-6$

$=(M+2)(M-3)$ ┄┄┄┄ M を $x-y$ にもどす

$=(x-y+2)(x-y-3)$ ←┄┘

◉ **答**

(1) $x(x+1)$　　(2) $(x-y+2)(x-y-3)$

確認

(1)の場合は，$x-2$ を M とおきかえなくても下のようにできるが，(2)の場合は，やや複雑なので，$x-y$ のままで計算するより，おきかえて計算したほうがわかりやすい。

(1) $(x-2)^2+5(x-2)+6$

$=\{(x-2)+2\}\{(x-2)+3\}$

$=x(x+1)$

ミス注意

式を 1 つの文字でおきかえたら必ずもとの式にもどす

共通部分を 1 つの文字 M でおきかえて計算し，M の式で表したまま答えとしてしまうミスがある。

M をもとの式にもどして答えることを忘れずに。

練習 61

解答は別冊 p.18

次の式を因数分解しなさい。

(1) $(x-4)^2-2(x-4)+1$　　(2) $(a+b)^2+6(a+b)+8$

62 いろいろな因数分解① 　　　発展

次の式を因数分解しなさい。

(1) $x^2-4x+4-y^2$

(2) x^2-y^2+6y-9

(3) x^4-16y^4

考え方 (1), (2) 3つの項と1つの項に分け，x^2-a^2 の形に変形する。

(3) $x^4=(x^2)^2$，$16y^4=(4y^2)^2$ とみて，x^2-a^2 の形に変形する。

● 解き方

(1) $x^2-4x+4-y^2$

$=(x^2-4x+4)-y^2$ ← 3つの項と1つの項 に分ける

$=(x-2)^2-y^2$

$=\{(x-2)+y\}\{(x-2)-y\}$ ← 公式 x^2-a^2 $=(x+a)(x-a)$ を利用

$=(x-2+y)(x-2-y)$

(2) x^2-y^2+6y-9

$=x^2-(y^2-6y+9)$ ← 3つの項と1つの項 に分ける

$=x^2-(y-3)^2$

$=\{x+(y-3)\}\{x-(y-3)\}$ ← 公式 x^2-a^2 $=(x+a)(x-a)$ を利用

$=(x+y-3)(x-y+3)$

(3) x^4-16y^4

$=(x^2)^2-(4y^2)^2$

$=(x^2+4y^2)(x^2-4y^2)$ ← 公式 x^2-a^2 $=(x+a)(x-a)$ を利用

$=(x^2+4y^2)(x+2y)(x-2y)$ ← もう一度公式を利用

● 答

(1) $(x-2+y)(x-2-y)$　　(2) $(x+y-3)(x-y+3)$

(3) $(x^2+4y^2)(x+2y)(x-2y)$

くわしく

(1)では，$x^2-4x+4-y^2$ を $(x^2-y^2)+(-4x+4)$ のように 項を2つに分けて $(x+y)(x-y)-4(x-1)$ のように変形しても共通因数が見つからない。このような場合は，項を3つと1つに分けて，まず，3つの項の部分 x^2-4x+4 を因数分解して，全体を平方の差の形にする。

ミス注意

(3)では，$(x^2+4y^2)(x^2-4y^2)$ の形のままでは，完全に因数分解されたとはいえない。x^2-4y^2 をさらに因数分解する。

練習 62 　　　　　　　　　　　　　解答は別冊 p.18

次の式を因数分解しなさい。

(1) $9x^2-y^2-6x+1$

(2) $x^2+2xy+y^2-z^2$

(3) $(x+y)^4-(x-y)^4$

第1章 正の数・負の数
第2章 文字と式
第3章 整数の性質
第4章 式の計算
第5章 多項式
第6章 平方根

63 いろいろな因数分解②

発展

次の式を因数分解しなさい。

(1) $x^2-yz-xy+xz$　　　　　(2) $x^2+xz+y^2+yz+2xy$

(3) $1+3xy-x-3y$

考え方 文字が多い因数分解では，次数のもっとも低い文字について整理する。次数が同じときは，どれか1文字について整理する。

◉ 解き方

(1) x について2次，y について1次，z について1次だから，y について整理する。

$$x^2-yz-xy+xz$$
$$=(x^2+xz)-(yz+xy) \quad \text{……} \quad y \text{ について整理}$$
$$=x(x+z)-y(x+z) \quad \text{……} \quad x+z \text{ が共通因数}$$
$$=(x+z)(x-y) \quad \text{……} \quad \text{だから，因数分解できる}$$

(2) $x^2+xz+y^2+yz+2xy$
$$=(x^2+2xy+y^2)+(xz+yz) \quad \text{……} \quad \text{次数のもっとも低いのは}$$
$$=(x+y)^2+z(x+y) \quad \text{……} \quad z \text{ だから，} z \text{ について整理}$$
$$=(x+y)(x+y+z) \quad \text{……} \quad x+y \text{ が共通因数} \\ \text{だから，因数分解できる}$$

(3) $1+3xy-x-3y$
$$=3xy-x-3y+1 \quad \text{……} \quad x, y \text{ どちらについても1次}$$
$$=x(3y-1)-(3y-1) \quad \text{……} \quad \text{だから，} x \text{ について整理}$$
$$=(3y-1)(x-1) \quad \text{……} \quad 3y-1 \text{ が共通因数} \\ \text{だから，因数分解できる}$$

◉ 答

(1) $(x+z)(x-y)$　　　(2) $(x+y)(x+y+z)$

(3) $(3y-1)(x-1)$

くわしく

ある文字について整理する

(1)の式 $x^2-yz-xy+xz$ は3種類の文字 x, y, z をふくんでいる。たとえば，文字 x に着目すると，$x^2-x(y-z)-yz$ と変形できる。このことを x について整理するという。同じように，y について整理すると，$x^2+xz-y(x+z)$
z について整理すると，
$x^2-xy+z(x-y)$

別解

次数が同じなら，どの文字について整理してもよい。
(3) y について整理すると，
$$1+3xy-x-3y$$
$$=3xy-3y-x+1$$
$$=3y(x-1)-(x-1)$$
$$=(x-1)(3y-1)$$

練習 63

解答は別冊 p.18

次の式を因数分解しなさい。

(1) $3x^2-3x+xy-y$　　　　　(2) $x^2y+y^2z+x^2z+y^3$

(3) $xz-8y+2yz-4x$

第1章 正の数・負の数

第2章 文字と式

第3章 整数の性質

第4章 式の計算

第5章 多項式

第6章 平方根

第5章
SECTION
4 多項式の計算の利用

64 数の計算の工夫　　　　　　　応用

次の式を，くふうして計算しなさい。

(1) 993^2 　　　　　　　(2) 58×62

(3) $83^2 - 17^2$ 　　　　　(4) $2.35 \times 5.5^2 - 2.35 \times 4.5^2$

考え方 式の形を見て，乗法公式や因数分解の公式を利用する。

● **解き方**

(1) 公式 $(x-a)^2 = x^2 - 2ax + a^2$ を利用する。

$993^2 = (1000-7)^2 = 1000^2 - 2 \times 7 \times 1000 + 7^2$

$\quad = 1000000 - 14000 + 49 = 986049$

(2) 公式 $(x+a)(x-a) = x^2 - a^2$ を利用する。

$58 \times 62 = (60-2)(60+2) = 3600 - 4 = 3596$

(3) 公式 $x^2 - a^2 = (x+a)(x-a)$ を利用する。

$83^2 - 17^2 = (83+17)(83-17) = 100 \times 66 = 6600$

(4) まず，共通因数 2.35 をくくり出してから，公式 $x^2 - a^2 = (x+a)(x-a)$ を利用する。

$2.35 \times 5.5^2 - 2.35 \times 4.5^2 = 2.35(5.5^2 - 4.5^2)$

$\quad = 2.35(5.5+4.5)(5.5-4.5)$

$\quad = 2.35 \times 10 \times 1 = 23.5$

● **答** (1) **986049**　(2) **3596**　(3) **6600**　(4) **23.5**

確認

(1)では，$993^2 = (990+3)^2$ と分けて計算しても，あまり簡単にならない。

$\left(\begin{array}{c}10 \text{ や } 100 \\ \text{の倍数}\end{array}\right) \pm \left(\begin{array}{c}1 \text{ けた} \\ \text{の数}\end{array}\right)$

に分けて，乗法公式を使うようにするとよい。

参考

たとえば，$63^2 - 39^2$ などは，

$\quad (63+39)(63-39)$

$\quad = 102 \times 24 = 2448$

となるが，これでは，63^2, 39^2 を別々に計算してひくのと，それほど変わりがない。因数分解が効果的なのは，**和または差が** 10, 100, 1000, $\cdots$ **な**どの場合である。

練習 64　　　　　　　　　　　解答は別冊 p.18

次の式を，くふうして計算しなさい。

(1) 104^2 　　　　　　　(2) 47×53

(3) $1.75^2 - 1.25^2$ 　　　(4) $3.14 \times 35^2 - 3.14 \times 25^2$

65 整数の性質の証明 　　　　　　　応用

(1) 連続する2つの整数の大きいほうの数の2乗から小さいほうの数の2乗をひいた差は, 奇数になることを証明しなさい。

(2) 連続する2つの偶数の大きいほうの数の2乗から小さいほうの数の2乗をひいた差は, 4の倍数になることを証明しなさい。

考え方 整数を文字式で表し, 数量の関係を式に表す。

◉ 証明

(1) n を整数とすると, 連続する2つの整数は, n, $n+1$ と表される。大きいほうの数の2乗から小さいほうの数の2乗をひいた差は,

$$(n+1)^2 - n^2 = (n^2 + 2n + 1) - n^2 = 2n+1$$

n は整数だから, $2n+1$ は奇数である。したがって, 連続する2つの整数の大きいほうの数の2乗から小さいほうの数の2乗をひいた差は, 奇数になる。

(2) n を整数とすると, 連続する2つの偶数は, $2n$, $2n+2$ と表される。大きいほうの数の2乗から小さいほうの数の2乗をひいた差は,

$$(2n+2)^2 - (2n)^2 = (4n^2 + 8n + 4) - 4n^2 = 4(2n+1)$$

$2n+1$ は整数だから, $4(2n+1)$ は4の倍数である。したがって, 連続する2つの偶数の大きいほうの数の2乗から小さいほうの数の2乗をひいた差は, 4の倍数になる。

参考

いろいろな整数の表し方

n を整数とすると,

● 連続する2つの整数
　…n, $n+1$
　（または, $n-1$, n）

● 連続する3つの整数
　…n, $n+1$, $n+2$
　（または, $n-1$, n, $n+1$）

● 偶数…$2n$

● 奇数…$2n+1$
　（または, $2n-1$）

● a の倍数…an

別解

(2)では, 因数分解を利用して,
$$(2n+2)^2 - (2n)^2$$
$$= (2n+2+2n)(2n+2-2n)$$
$$= (4n+2) \times 2 = 4(2n+1)$$
と計算してもよい。

練習 65

解答は別冊 p.18

3, 7や5, 9のように1つおきに続いた2つの奇数では, 大きいほうの数の2乗から小さいほうの数の2乗をひいた差は, 8の倍数になることを証明しなさい。

66 **図形の性質の証明**　　　応用

右の図のように，1辺の長さが a m の正方形の
池の周りに，幅 b m の道があります。この道の
面積を S m²，道のまん中を通る線の長さを ℓ m
とするとき，$S=b\ell$ となることを証明しなさい。

考え方 S, ℓ をそれぞれ a, b を使った式で表す。

● **証明**

道の部分もふくめた全体の正方形
の1辺の長さは $a+2b$（m）である。

$$\binom{道の}{面積}=\binom{全体の正方形}{の面積}-\binom{池の}{面積}$$

となるから，

$$S=(a+2b)^2-a^2$$
$$=(a^2+4ab+4b^2)-a^2$$
$$=4b(a+b) \qquad \cdots\cdots①$$

また，道のまん中を通る線のつくる正方形の1辺の
長さは，

$$\frac{b}{2}+a+\frac{b}{2}=a+b（m）$$

と表せるから，$\ell=4(a+b)$

よって，$b\ell=4b(a+b)$ $\cdots\cdots②$

①，②より，$S=b\ell$

確認 💡

証明の進め方

① S, ℓ を共通の文字 a, b を使って表す。

② それぞれの式を変形して，S と $b\ell$ が等しくなること を導く。

③ すなわち，$S=b\ell$ が成り立 つとする。

別解

因数分解を利用して，式を整理してもよい

$$S=(a+2b)^2-a^2$$
$$=(a+2b+a)(a+2b-a)$$
$$=(2a+2b)\times 2b$$
$$=4b(a+b)$$

と計算してもよい。

練習 66

解答は別冊 p.18

半径 r m の半円形の土地の周囲にそって，幅 a m の
道があります。この道の面積を S m²，道のまん中を
通る半円の弧の長さを ℓ m とするとき，$S=a\ell$ とな
ることを証明しなさい。

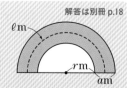

章末問題 解答 別冊 p.18

1 次の計算をしなさい。

(1) $5x(y-6)$ 【山口県】   (2) $(9a^2+6ab)\div(-3a)$ 【愛媛県】

(3) $(9a^2b-15a^3b)\div3ab$ 【滋賀県】   (4) $(12x^2y-8xy^2)\div\left(-\dfrac{4}{3}xy\right)$

2 次の式を展開しなさい。

(1) $(2x+5)(x-1)$ 【沖縄県】   (2) $(3x-1)(4x+3)$ 【鳥取県】

(3) $(x-3y)(3x+2y)$ 【大阪府】   (4) $(a-1)(a^2+a+1)$

3 次の式を展開しなさい。

(1) $(x+5)(x-4)$ 【徳島県】   (2) $(2x-7)(2x+5)$

(3) $(3x+1)^2$ 【群馬県】   (4) $(x-2)(x+2)$ 【沖縄県】

(5) $(x+2y+1)(x-2y-1)$ (6) $(-3a+2b)(-3a-2b)(-9a^2-4b^2)$

【日本大第三高(東京)】   【立命館高(京都)】

4 次の計算をしなさい。

(1) $(x+4)(x-4)-(x+2)(x-8)$ (2) $(x-2)^2-(x-1)(x+4)$ 【青森県】

【熊本県】

(3) $3(ab+1)+(a+2)(b-2)$ (4) $(2x+y)^2-(x+2y)^2$ 【和歌山県】

(5) $(2x+1)^2-(x-5)(2x+1)$ 【東海大浦安高(千葉)】

(6) $\dfrac{(x+2y)(x-y)}{2}+\dfrac{(x+y)(x+2y)}{3}-\dfrac{(x+3y)(5x-y)}{6}$ 【城北高(東京)】

5 次の式を因数分解しなさい。

(1) $x^2y - xy$ 【徳島県】 (2) $x^2 + 8x + 16$ 【茨城県】

(3) $x^2 - 8x - 20$ 【福島県】 (4) $x^2 + 12x + 35$

(5) $x^2 + x - 12$ 【18 埼玉県】 (6) $x^2 - 4y^2$ 【福井県】

6 次の式を因数分解しなさい。

(1) $2x^2 - 20x + 50$ 【香川県】 (2) $ax^2 - 12ax + 27a$ 【京都府】

(3) $4x^3 - 9xy^2$ 【日本大第三高(東京)】 (4) $a^2 - 37ab + 340b^2$

【近畿大付高(大阪)】

(5) $(a-4)^2 + 4(a-4) - 12$ 【群馬県】 (6) $(x+3)(x-5) + 2(x+3)$ 【千葉県】

(7) $4(x-y)^2 - x^2 - 2xy - y^2$ 【福岡大附大濠高(福岡)】 (8) $a^3 + b^3 - a^2b - ab^2 - bc^2 - c^2a$ 【灘高(兵庫)】

7 次の計算をしなさい。

(1) $2019^2 - 1981^2$ 【広島大附高(広島)】 (2) $2025^2 + 2019 \times 2020 - 4039 \times 2025$

【大阪教育大附高(池田校舎)(大阪)】

8 右の図は，あるクラスの座席を出席番号で表したものです。

この図中の

13	8
14	9

のような4つの整数の組

c	a
d	b

について考えます。このとき，$bc - ad$ の値はつねに 5 になることを，a を用いて証明しなさい。 【栃木県】

教卓

26	21	16	11	6	1
27	22	17	12	7	2
28	23	18	13	8	3
29	24	19	14	9	4
30	25	20	15	10	5

9 右の図のように，中心角が $90°$ で，半径が $a\,\text{cm}$ のおうぎ形 AOB と，中心角が $90°$ で，半径が $b\,\text{cm}$ のおうぎ形 COD があります。図で斜線部分の図形の面積を $S\,\text{cm}^2$，斜線部分の図形のまん中を通る弧の長さを $\ell\,\text{cm}$ とするとき，$S = (a-b)\ell$ となることを証明しなさい。

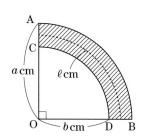

平方根

まず，平方根の意味，求め方を十分に理解しておくことが大切。次に，根号をふくむ式の乗除や加減，さらに乗法公式を利用する計算や四則の混じった計算にも慣れておこう。

SECTION 1 平方根

→p.104

平方根

2乗（平方）すると a になる数を，a の平方根（へいほうこん）という。

正の数 a の平方根は2つあり，正のほうを $\sqrt{a}$
負のほうを $-\sqrt{a}$ と表す。

記号 $\sqrt{}$ を根号（こんごう）といい，$\sqrt{a}$ を「ルート a」と読む。

例 2，-2 を2乗すると4
4の平方根は2と -2

例 2の平方根は $\sqrt{2}$ と $-\sqrt{2}$
9の平方根は $\sqrt{9}=3$ と
$-\sqrt{9}=-3$

$\sqrt{a}$ と $-\sqrt{a}$ をまとめて $\pm\sqrt{a}$
と書くことがある。

平方と平方根

正の数 a について，$(\sqrt{a})^2=a$ $\qquad$ $(-\sqrt{a})^2=a$

平方根の大小

a，b が正の数のとき，

$a<b$ ならば，$\sqrt{a}<\sqrt{b}$ $\quad$ また，$-\sqrt{a}>-\sqrt{b}$

例 5<6 だから，$\sqrt{5}<\sqrt{6}$
$-\sqrt{5}>-\sqrt{6}$

平方根のおよその値

$\sqrt{1}$ → 1 $\qquad$ $\sqrt{2}$ → 1.414 $\qquad$ $\sqrt{3}$ → 1.732

$\sqrt{4}$ → 2 $\qquad$ $\sqrt{5}$ → 2.236 $\qquad$ $\sqrt{6}$ → 2.449

$\sqrt{7}$ → 2.646 $\qquad$ $\sqrt{8}$ → 2.828 $\qquad$ $\sqrt{9}$ → 3

平方根のおよその値を表すとき，「ほぼ等しい」という記号≒を使って，$\sqrt{2}≒1.414$ と書くことがある。

有理数と無理数

● 有理数（ゆうりすう）…整数 a，$b(b\neq0)$ を用いて分数 $\dfrac{a}{b}$ の形で表すことができる数。
● 無理数（むりすう）…有理数でない数。

数の分類

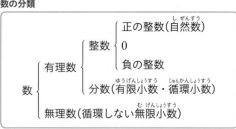

$$\text{数} \begin{cases} \text{有理数} \begin{cases} \text{整数} \begin{cases} \text{正の整数（自然数）} \\ 0 \\ \text{負の整数} \end{cases} \\ \text{分数（有限小数・循環小数）} \end{cases} \\ \text{無理数（循環しない無限小数）} \end{cases}$$

近似値と誤差，有効数字

- 近似値…真の値ではないが，それに近い値のこと。
- 誤差…近似値から真の値をひいた差。
- 有効数字…近似値を表す数のうち，信頼できる数。

例 近似値 $5.3\times10^2\,\mathrm{kg}$ の有効数字は 5，3 で，$5.3\times10^2=530\,(\mathrm{kg})$ の上から 2 けためまでの位，すなわち 10kg の位までを測定している。

→p.113

SECTION 2 根号をふくむ式の乗除

乗法・除法

a，b を正の数とするとき，

- 乗法　$\sqrt{a}\times\sqrt{b}=\sqrt{a\times b}$
- 除法　$\sqrt{a}\div\sqrt{b}=\dfrac{\sqrt{a}}{\sqrt{b}}=\sqrt{\dfrac{a}{b}}$

例
$$\sqrt{3}\times\sqrt{5}=\sqrt{3\times5}$$
$$=\sqrt{15}$$
$$\sqrt{12}\div\sqrt{6}=\sqrt{\dfrac{12}{6}}$$
$$=\sqrt{2}$$

根号がついた数の変形

a，b を正の数とするとき，

- 根号の外の数を中へ　$a\sqrt{b}=\sqrt{a^2 b}$
- 根号の中の数を外へ　$\sqrt{a^2 b}=a\sqrt{b}$

例
$$3\sqrt{5}=\sqrt{3^2}\times\sqrt{5}$$
$$=\sqrt{3^2\times5}=\sqrt{45}$$
$$\sqrt{72}=\sqrt{6^2\times2}$$
$$=\sqrt{6^2}\times\sqrt{2}=6\sqrt{2}$$

分母の有理化

分母に $\sqrt{}$ をふくむ数は，分母と分子に同じ数をかけて，分母に $\sqrt{}$ をふくまない形に変形できる。

$$\dfrac{a}{\sqrt{b}}=\dfrac{a\times\sqrt{b}}{\sqrt{b}\times\sqrt{b}}=\dfrac{a\sqrt{b}}{b}$$

例 $\dfrac{3}{\sqrt{2}}=\dfrac{3\times\sqrt{2}}{\sqrt{2}\times\sqrt{2}}=\dfrac{3\sqrt{2}}{2}$

SECTION 3 根号をふくむ式の計算

→p.119

加法・減法

$\sqrt{}$ の部分が同じ数は，文字式の同類項と同じように，まとめることができる。

- 加法　$m\sqrt{a}+n\sqrt{a}=(m+n)\sqrt{a}$
- 減法　$m\sqrt{a}-n\sqrt{a}=(m-n)\sqrt{a}$

例
$$6\sqrt{2}+3\sqrt{2}=(6+3)\sqrt{2}$$
$$=9\sqrt{2}$$
$$6\sqrt{2}-3\sqrt{2}=(6-3)\sqrt{2}$$
$$=3\sqrt{2}$$

根号をふくむ式の展開

多項式の展開と同じように，分配法則や乗法公式を利用して展開する。

例
$$(\sqrt{7}-\sqrt{2})^2$$
$$=(\sqrt{7})^2-2\times\sqrt{2}\times\sqrt{7}+(\sqrt{2})^2$$
$$=7-2\sqrt{14}+2=9-2\sqrt{14}$$

四則の混じった計算

数や文字と同じように，次の順に計算する。
累乗・かっこの中 ➡ 乗法・除法 ➡ 加法・減法

例
$$\dfrac{6}{\sqrt{3}}-\sqrt{2}\times3\sqrt{6}$$
$$=\dfrac{6\sqrt{3}}{3}-\sqrt{2}\times3\times\sqrt{2}\times\sqrt{3}$$
$$=2\sqrt{3}-6\sqrt{3}=-4\sqrt{3}$$

第1章 正の数・負の数
第2章 文字と式
第3章 整数の性質
第4章 式の計算
第5章 多項式
第6章 平方根

第6章
SECTION
1

平方根

67 平方根と根号

(1) 次の数の平方根を求めなさい。

　① 49 　　　② 0.0064 　　　③ $\dfrac{25}{144}$

(2) 次の数を，根号を使わずに表しなさい。

　① $\sqrt{36}$ 　　　② $-\sqrt{0.04}$

考え方 正の数 a の平方根は 2 乗すると a になる数で，正と負の 2 つある。

● **解き方**

(1) ① $7^2=49$，$(-7)^2=49$ だから，

　　49 の平方根は，7 と -7

　② $0.08^2=0.0064$，$(-0.08)^2=0.0064$ だから，

　　0.0064 の平方根は，0.08 と -0.08

　③ $\left(\dfrac{5}{12}\right)^2=\dfrac{25}{144}$，$\left(-\dfrac{5}{12}\right)^2=\dfrac{25}{144}$ だから，

　　$\dfrac{25}{144}$ の平方根は，$\dfrac{5}{12}$ と $-\dfrac{5}{12}$

(2) ① $\sqrt{36}$ は，36 の平方根のうち正のほうを表す。

　　36 の平方根は 6 と -6 だから，$\sqrt{36}=6$

　② $-\sqrt{0.04}$ は，0.04 の平方根のうち負のほうを表す。

　　0.04 の平方根は 0.2 と -0.2 だから，$-\sqrt{0.04}=-0.2$

● **答**

(1) ① 7，-7 　② 0.08，-0.08 　③ $\dfrac{5}{12}$，$-\dfrac{5}{12}$

(2) ① 6 　② -0.2

用語解説

平方根
2 乗(平方)すると a になる数を，a の**平方根**という。
正の数 a の平方根は 2 つあり，正のほうを $\sqrt{a}$，負のほうを $-\sqrt{a}$ と表す。

根号
記号 $\sqrt{\ }$ を根号といい，
$\sqrt{a}$ を「ルート a」と読む。

確認

平方根の表し方
たとえば，(1)① では，7 と -7 を 1 つにまとめて，± 7 と答えてもよい。

練習 67

解答は別冊 p.20

次の数を，根号を使わずに表しなさい。

(1) $-\sqrt{16}$ 　　　(2) $\sqrt{0.09}$ 　　　(3) $-\sqrt{\dfrac{81}{169}}$

68 平方根の大小 基礎

次の各組の数の大小を，不等号（ふ とうごう）を使って表しなさい。

(1) $\sqrt{15}$, $\sqrt{17}$

(2) 5, $\sqrt{23}$

(3) -3, $-\sqrt{10}$

(4) $\dfrac{1}{2}$, $\sqrt{\dfrac{1}{2}}$, $\sqrt{\dfrac{1}{3}}$

考え方 $a>0$, $b>0$ で，$a<b$ ならば，$\sqrt{a}<\sqrt{b}$

● 解き方

(1) $15<17$ だから，$\sqrt{15}<\sqrt{17}$

(2) 5 を根号を使って表すと，$5=\sqrt{25}$

$25>23$ だから，$\sqrt{25}>\sqrt{23}$

すなわち，$5>\sqrt{23}$

(3) 3 を根号を使って表すと，$3=\sqrt{9}$

$9<10$ だから，$\sqrt{9}<\sqrt{10}$

すなわち，$3<\sqrt{10}$

したがって，$-3>-\sqrt{10}$

(4) $\dfrac{1}{2}$ を根号を使って表すと，$\dfrac{1}{2}=\sqrt{\dfrac{1}{4}}$

ここで，$\dfrac{1}{4}<\dfrac{1}{3}<\dfrac{1}{2}$ だから，$\sqrt{\dfrac{1}{4}}<\sqrt{\dfrac{1}{3}}<\sqrt{\dfrac{1}{2}}$

すなわち，$\dfrac{1}{2}<\sqrt{\dfrac{1}{3}}<\sqrt{\dfrac{1}{2}}$

● 答

(1) $\sqrt{15}<\sqrt{17}$ 　(2) $5>\sqrt{23}$ 　(3) $-3>-\sqrt{10}$

(4) $\dfrac{1}{2}<\sqrt{\dfrac{1}{3}}<\sqrt{\dfrac{1}{2}}$

参考

$a>0$, $b>0$ のとき

$a<b$ ならば，$\sqrt{a}<\sqrt{b}$

$a<b$ ならば，$-\sqrt{a}>-\sqrt{b}$

$a<b^2$ ならば，$\sqrt{a}<b$

別解

それぞれの数を 2 乗して，根号をとった数で大小を比べてもよい。

(1) $(\sqrt{15})^2=15$, $(\sqrt{17})^2=17$

$15<17$ だから，

$\sqrt{15}<\sqrt{17}$

練習 68 　　　　　　解答は別冊 p.21

次の各組の数の大小を，不等号を使って表しなさい。

(1) $\sqrt{21}$, $\sqrt{29}$

(2) -6, $-\sqrt{30}$

(3) $\sqrt{50}$, 7, $\sqrt{48}$

(4) $-\sqrt{8}$, $-\sqrt{9.5}$, -3

第1章 正の数・負の数
第2章 文字と式
第3章 整数の性質
第4章 式の計算
第5章 多項式
第6章 平方根

69 平方根と数の大小

(1) $4<\sqrt{x}<5$ をみたす自然数 x をすべて求めなさい。

(2) $3.1<\sqrt{x}<3.3$ をみたす自然数 x をすべて求めなさい。

(3) $a<\sqrt{73}<a+1$ をみたす整数 a の値を求めなさい。

考え方 **各辺を 2 乗して根号をなくし，大小を比べる。**
$0<a<b$ ならば，$a^2<b^2$ を利用する。

● 解き方

(1) $4<\sqrt{x}<5$ の各辺を 2 乗すると，

$$4^2<(\sqrt{x})^2<5^2 \qquad 16<x<25$$

これをみたす自然数 x は，17，18，19，20，21，22，23，24

(2) $3.1<\sqrt{x}<3.3$ の各辺を 2 乗すると，

$$3.1^2<(\sqrt{x})^2<3.3^2 \qquad 9.61<x<10.89$$

これをみたす自然数 x は 10

(3) $a<\sqrt{73}<a+1$ の各辺を 2 乗すると，

$$a^2<73<(a+1)^2$$

ここで，$8^2=64$，$9^2=81$ であるから，

$$64<73<81$$

すなわち，$8<\sqrt{73}<9$

したがって，$a<\sqrt{73}<a+1$ をみたす整数 a は 8

● 答

(1) $x=17$，18，19，20，21，22，23，24

(2) $x=10$ 　 (3) $a=8$

別解

√ のついた数で考える

(1) $4<\sqrt{x}<5$ から，

$$\sqrt{4^2}<\sqrt{x}<\sqrt{5^2}$$
$$4^2 < x < 5^2$$

として，$16<x<25$ から
x の値を求めてもよい。

参考

$0<a<b$ ならば，
$a^2<b^2$ の理由

$0<a<b$ より，$a<b$ の両辺
に a をかけても不等号の向
きは変わらず，

$\quad a^2<ab$

$a<b$ の両辺に b をかけても
不等号の向きは変わらず，

$\quad ab<b^2$

よって，$a^2<ab<b^2$
したがって，$a^2<b^2$

練習 69

解答は別冊 p.21

(1) $5<\sqrt{x}<6$ をみたす自然数 x をすべて求めなさい。

(2) $7.2<\sqrt{x}<7.3$ をみたす自然数 x をすべて求めなさい。

(3) $a<\sqrt{157}<a+1$ をみたす整数 a の値を求めなさい。

第1章 正の数・負の数

第2章 文字と式

第3章 整数の性質

第4章 式の計算

第5章 多項式

第6章 平方根

70 平方根の整数部分と小数部分　応用

$\sqrt{7}$ の整数部分を x，小数部分を y とするとき，次の問いに答えなさい。

(1) x と y の値を求めなさい。

(2) $y(y+4)$ の値を求めなさい。

(3) $x^2-3xy-4y^2$ の値を求めなさい。

考え方　$2<\sqrt{7}<3$ より，$\sqrt{7}$ の整数部分 x を求める。
$\sqrt{7}$ の小数部分 y は，$\sqrt{7}-x$ より求められる。

● 解き方

(1) $2<\sqrt{7}<3$ より，$\sqrt{7}=2.\cdots$ だから，

　　$\sqrt{7}$ の整数部分 x は，$x=2$

　　また，$y=\sqrt{7}-x=\sqrt{7}-2$

(2) $y(y+4)$ に(1)で求めた y の値を代入する。

$$y(y+4)=(\sqrt{7}-2)(\sqrt{7}-2+4)$$
$$=(\sqrt{7}-2)(\sqrt{7}+2)$$
$$=(\sqrt{7})^2-2^2$$
$$=7-4=3$$

(3) まず，$x^2-3xy-4y^2$ を因数分解してから，(1)で求めた x，y の値を代入する。

$$x^2-3xy-4y^2=(x+y)(x-4y)$$
$$=\sqrt{7}\{2-4(\sqrt{7}-2)\}$$
$$=\sqrt{7}(2-4\sqrt{7}+8)$$
$$=\sqrt{7}(10-4\sqrt{7})=10\sqrt{7}-28$$

● 答

(1) $x=2$，$y=\sqrt{7}-2$　　(2) 3　　(3) $10\sqrt{7}-28$

くわしく

正の数 A について，
　　$n\leqq A<n+1$
となる整数 n を A の**整数部分**，
$A-n$ を A の**小数部分**という。
たとえば，$\sqrt{2}$ について，
$1<\sqrt{2}<2$ だから，
$\sqrt{2}$ の整数部分は 1，
小数部分は $\sqrt{2}-1$ である。

参考

式の値の求め方
式の値を求めるときには，因数分解などを利用して与えられた式を変形し，なるべく計算が簡単になるようにくふうするとよい。
(3)では，x，y の値をそのまま代入して求めることもできるが，計算がややめんどうである。

練習 **70**

解答は別冊 p.21

$\sqrt{10}$ の整数部分を x，小数部分を y とするとき，次の問いに答えなさい。

(1) x と y の値を求めなさい。

(2) $x^2+2xy+2y^2$ の値を求めなさい。

71 平方根を整数にする数 応用

(1) $\sqrt{45n}$ が整数となるようなもっとも小さい自然数 n の値を求めなさい。

(2) $\sqrt{102-3n}$ が整数となるような自然数 n の値をすべて求めなさい。

考え方 根号の中の数が 0 またはある自然数の 2 乗になる場合を考える。

● 解き方

(1) 45 を素因数分解すると，$45=3^2\times5$

$\sqrt{45n}=\sqrt{3^2\times5\times n}$ だから，$n=5$ のとき，

$\sqrt{45n}=\sqrt{3^2\times5\times5}=\sqrt{3^2\times5^2}=\sqrt{(3\times5)^2}=\sqrt{15^2}=15$

より，整数となる。したがって，$n=5$

(2) $\sqrt{102-3n}=\sqrt{3(34-n)}$

$\sqrt{3(34-n)}$ が整数となるのは，

$34-n=0$ または，$34-n=3\times(自然数)^2$

のときである。

$34-n=0$ のとき，$n=34$

$34-n=3\times1^2$ のとき，$n=31$

$34-n=3\times2^2$ のとき，$n=22$

$34-n=3\times3^2$ のとき，$n=7$

● 答

(1) $n=5$ (2) $n=7,\ 22,\ 31,\ 34$

くわしく

根号がついた数が整数になるとき

根号がついた数が整数になるのは，根号の中の数が 0 またはある自然数を 2 乗した数になるときである。一般に，偶数乗は 2 乗の形に表せる。

ミス注意

(1) n をもっとも小さい自然数にするには，累乗の指数が奇数のところにのみ数をかける。

$\sqrt{3^2\times5\times n}$

n をかけて 5^2 になる n は，$n=5$

(2) 自然数が 3 より大きくなると，n が負の数となるため適さない。

例 $34-n=3\times4^2$ のとき $n=-14$

練習 71 解答は別冊 p.21

(1) $\sqrt{84n}$ が整数となるようなもっとも小さい自然数 n の値を求めなさい。

(2) $\sqrt{300-5n}$ が整数となるような自然数 n の値をすべて求めなさい。

72 有理数と無理数　基礎

次の数を有理数と無理数に分けなさい。

$$\frac{1}{3} \quad 0 \quad 1.9 \quad \sqrt{9} \quad \sqrt{5} \quad -\sqrt{3} \quad \pi \quad -\frac{\sqrt{4}}{2}$$

考え方 有理数は分数で表すことができる数，
無理数は分数で表すことができない数。

● 解き方

$\frac{1}{3}$→有理数である。

$0=\frac{0}{1}$→有理数である。

$1.9=\frac{19}{10}$→有理数である。

$\sqrt{9}=3=\frac{3}{1}$→有理数である。

$\sqrt{5}=2.236\cdots$→分数の形で表すことができないから，無理数である。

$-\sqrt{3}=-1.732\cdots$→分数の形で表すことができないから，無理数である。

円周率 $\pi=3.141\cdots$→無理数である。

$-\frac{\sqrt{4}}{2}=-\frac{2}{2}=-\frac{1}{1}$→有理数である。

● 答

有理数…$\frac{1}{3}$，0，1.9，$\sqrt{9}$，$-\frac{\sqrt{4}}{2}$

無理数…$\sqrt{5}$，$-\sqrt{3}$，π

用語解説

有理数と無理数

整数 a と 0 でない整数 b を用いて，$\frac{a}{b}$ の形で表すことができる数を有理数といい，有理数でない数を無理数という。

例 $0.3=\frac{3}{10}$，$-5=-\frac{5}{1}$，$\sqrt{4}=2$ などは有理数，$\sqrt{2}=1.414\cdots$，$\pi=3.141\cdots$ などは無理数である。

確認

整数 a は $\frac{a}{1}$ と表すことができるから有理数である。
2 つの有理数の和，差，積，商はそれぞれ有理数である。

発展

既約分数

それ以上約分できない分数を既約分数といい，有理数を分数で表すときは，ふつう，既約分数を用いる。

練習 72　解答は別冊 p.21

次の数を有理数と無理数に分けなさい。

$$\sqrt{(-6)^2} \quad -\sqrt{25} \quad \sqrt{\frac{16}{9}} \quad \frac{\pi}{2} \quad -\sqrt{1} \quad -\sqrt{7} \quad \sqrt{0.49}$$

73 有限小数と無限小数

(1) 次の数を小数で表しなさい。循環小数になるものは，・をつけて
表しなさい。

① $\dfrac{7}{5}$ ② $\dfrac{5}{6}$ ③ $\dfrac{34}{27}$

(2) 次の循環小数を分数で表しなさい。

① $0.\dot{7}$ ② $0.\dot{1}\dot{2}$

考え方
(1) わり算をし，同じ順序でくり返し現れる部分をさがす。
(2) 循環小数を x とおき，両辺を 10 倍，100 倍して考える。

● 解き方

(1) ① $\dfrac{7}{5}=1.4$ ② $\dfrac{5}{6}=0.8333\cdots=0.8\dot{3}$

③ $\dfrac{34}{27}=1.259259\cdots=1.\dot{2}5\dot{9}$

(2) ① $x=0.\dot{7}$ とおくと，

$10x=7.777\cdots$ ……(ⅰ)

$x=0.777\cdots$ ……(ⅱ)

(ⅰ)−(ⅱ)より，$9x=7$ よって，$x=\dfrac{7}{9}$

② $x=0.\dot{1}\dot{2}$ とおくと，

$100x=12.1212\cdots$ ……(ⅰ)

$x=0.1212\cdots$ ……(ⅱ)

(ⅰ)−(ⅱ)より，$99x=12$ よって，$x=\dfrac{12}{99}=\dfrac{4}{33}$

● 答

(1) ① 1.4 ② $0.8\dot{3}$ ③ $1.\dot{2}5\dot{9}$

(2) ① $\dfrac{7}{9}$ ② $\dfrac{4}{33}$

用語解説

有限小数，無限小数，循環小数

0.2 のように終わりのある小数を**有限小数**，終わりがなくどこまでも限りなく続く小数を**無限小数**という。また，$0.212121\cdots$ のように，いくつかの数字が同じ順序でくり返し現れる無限小数を**循環小数**といい，循環小数は，くり返される数字のはじめと終わりの部分に・をつけて表す。

例 $0.212121=0.\dot{2}\dot{1}$
$2.163163\cdots=2.\dot{1}6\dot{3}$

参考

有理数は有限小数か循環小数で表せる。無理数は循環しない無限小数で表せる。

練習 73

解答は別冊 p.22

$\dfrac{9}{22}$ を循環小数の記号・を用いて小数で表しなさい。また，$0.\dot{4}\dot{3}$ を分数で，
表しなさい。

第1章 正の数・負の数

第2章 文字と式

第3章 整数の性質

第4章 式の計算

第5章 多項式

第6章 平方根

Study

研究

$\sqrt{2}$ は無理数であることの証明

たとえば，$\sqrt{2}$ を小数で表すと，$\sqrt{2}=1.41421356\cdots\cdots$ のように，終わりがなくどこまでも限りなく続く無限小数となる。このような数は，分数で表すことができないから，$\sqrt{2}$ は無理数である。ここでは，$\sqrt{2}$ は無理数であることを，証明によって確かめてみよう。

≡証明≡

$\sqrt{2}$ が有理数であると仮定すると，**1 以外に共通な約数をもたない整数 a, b** を用いて，次のように分数の形で表すことができる。

$$\sqrt{2}=\frac{a}{b} \quad \left(\frac{a}{b} は既約分数\right)$$

両辺を 2 乗して，$2=\dfrac{a^2}{b^2}$

$$2b^2=a^2 \quad \cdots\cdots①$$

これより，左辺 $2b^2$ は偶数であることを表しているから，右辺 a^2 も偶数となる。a^2 が偶数だから，a も偶数となる。 $\cdots\cdots②$

a が偶数だから，別な整数 c を用いて，

$$a=2c$$

と表すことができる。

両辺を 2 乗して，$a^2=4c^2$

①より，$\qquad 2b^2=4c^2$

$$b^2=2c^2$$

ここで，左辺 b^2 は偶数となるから，b も偶数となる。 $\cdots\cdots③$

②，③より，a, b がともに偶数となるから，2 を共通な約数としてもつことになり，1 以外に共通な約数をもたないことに矛盾する。

この矛盾は，はじめに「$\sqrt{2}$ が有理数である」と仮定したことが誤りであることが原因である。

したがって，$\sqrt{2}$ は有理数ではなく，**無理数**である。

一般に，整数 n が平方数でないときは，$\sqrt{n}$ は無理数であることが知られている。

用語解説

背理法

左のように，「あることがらが成り立たない」と仮定すると矛盾が起きることを根拠として，「あることがらが成り立つ」ことを証明する方法を背理法という。

くわしく

a^2 が偶数ならば a も偶数

a が奇数であると仮定すると，n を整数として，$a=2n+1$ と表せる。

両辺を 2 乗して，

$$a^2=(2n+1)^2$$
$$=4n^2+4n+1$$
$$=2(2n^2+2n)+1$$

$2n^2+2n$ は整数だから，$2(2n^2+2n)$ は偶数を表していて，a^2 は奇数となる。

a が奇数ならば a^2 も奇数になるということは，a^2 が偶数ならば a も偶数になることと同じである。

これは，「対偶を利用する証明」で，高校数学で学ぶ。

74 近似値と誤差，有効数字　　基礎

地球の赤道半径はおよそ 6378km で，この値は小数第 1 位を四捨五入して得られた近似値です。次の問いに答えなさい。

(1) 真の値を a とするとき，a の範囲を不等式で表しなさい。

(2) この近似値の有効数字は何けたで，誤差の限界は何 km ですか。

(3) 有効数字が 2 けたの場合の近似値を，整数部分が 1 けたの小数と 10 の累乗の積の形で表しなさい。

考え方
(1) ある位までの近似値は，その 1 つ下の位の数字に着目する。
(2) 有効数字から，どの位で四捨五入すればよいか考える。

◉ 解き方

(1) 小数第 1 位を四捨五入した値だから，真の値 a がもっとも小さいときは，$a = 6377.5$

$a = 6378.5$ のとき，四捨五入すると 6379 となるから，a は 6378.5 より小さい。

したがって，$6377.5 \leq a < 6378.5$

(2) 有効数字は 6，3，7，8 の 4 けたで，誤差の限界は，
$6378 - 6377.5 = 0.5 \text{(km)}$

(3) 有効数字は 2 けただから，3 けた目を四捨五入すると，6400km で，有効数字は，6，4

したがって，$6.4 \times 10^3 \text{km}$

◉ 答

(1) $6377.5 \leq a < 6378.5$

(2) 有効数字 4 けた，誤差の限界 0.5km

(3) $6.4 \times 10^3 \text{km}$

用語解説

近似値
真の値ではないが，それに近い値を**近似値**という。

誤差
近似値から真の値をひいた差を**誤差**という。
誤差の絶対値がある数 a 以下のとき，この a を誤差の限界という。

有効数字
近似値を表す数値のうち，信頼できる数字のことを，**有効数字**という。有効数字をはっきりさせるために，
（整数部分が 1 けたの小数）
　　　　　　×（10 の累乗）
の形で表すことがある。

練習 74

解答は別冊 p.22

$\sqrt{2}$ を小数第 4 位で四捨五入した値は 1.414 です。この値を $\sqrt{2}$ の近似値としたとき，有効数字を答えなさい。また，$\sqrt{2}$ の真の値を a としたとき，a の範囲を不等式で表しなさい。

第1章 正の数・負の数

第2章 文字と式

第3章 整数の性質

第4章 式の計算

第5章 多項式

第6章 平方根

第6章
SECTION 2 根号をふくむ式の乗除

75 根号のついた数の乗除 〈基礎〉

次の計算をしなさい。

(1) $\sqrt{5} \times \sqrt{7}$

(2) $-\sqrt{3} \times \sqrt{27}$

(3) $\sqrt{6} \times \sqrt{15} \times \sqrt{\dfrac{1}{3}}$

(4) $\sqrt{30} \div \sqrt{6}$

(5) $\dfrac{\sqrt{75}}{\sqrt{3}}$

(6) $\sqrt{\dfrac{3}{5}} \div \sqrt{\dfrac{3}{20}}$

考え方 $a>0,\ b>0$ のとき，
$$\sqrt{a} \times \sqrt{b} = \sqrt{a \times b}, \quad \sqrt{a} \div \sqrt{b} = \sqrt{\dfrac{a}{b}}$$

● 解き方

$\sqrt{}$ の中の数どうしの積や商を求め，それに $\sqrt{}$ をつければよい。

(1) $\sqrt{5} \times \sqrt{7} = \sqrt{5 \times 7} = \sqrt{35}$

(2) $-\sqrt{3} \times \sqrt{27} = -\sqrt{3 \times 27} = -\sqrt{81} = -9$

(3) $\sqrt{6} \times \sqrt{15} \times \sqrt{\dfrac{1}{3}} = \sqrt{6 \times 15 \times \dfrac{1}{3}} = \sqrt{30}$

(4) $\sqrt{30} \div \sqrt{6} = \sqrt{\dfrac{30}{6}} = \sqrt{5}$

(5) $\dfrac{\sqrt{75}}{\sqrt{3}} = \sqrt{\dfrac{75}{3}} = \sqrt{25} = 5$

(6) $\sqrt{\dfrac{3}{5}} \div \sqrt{\dfrac{3}{20}} = \sqrt{\dfrac{3}{5} \div \dfrac{3}{20}} = \sqrt{\dfrac{3}{5} \times \dfrac{20}{3}} = \sqrt{4} = 2$

● 答

(1) $\sqrt{35}$　(2) -9　(3) $\sqrt{30}$　(4) $\sqrt{5}$　(5) 5　(6) 2

くわしく

3つ以上の平方根の積

すべての根号の中の数の積に $\sqrt{}$ をつける。
$$\sqrt{a} \times \sqrt{b} \times \sqrt{c} \times \cdots = \sqrt{a \times b \times c \times \cdots}$$

ミス注意

分数の約分を忘れずに

(4)では，$\sqrt{\dfrac{30}{6}}$ をそのまま答えにしてはいけない。

$\sqrt{}$ の中の分数が約分できるときは，必ず約分して答えること。

練習 75

解答は別冊 p.22

次の計算をしなさい。

(1) $-\sqrt{5} \times \sqrt{13}$

(2) $\sqrt{2} \times \sqrt{\dfrac{1}{7}} \times \sqrt{21}$

(3) $\sqrt{18} \div \sqrt{\dfrac{3}{5}}$

(4) $\sqrt{\dfrac{39}{10}} \div \sqrt{\dfrac{13}{30}}$

76 根号のついた数の変形　基 礎

(1) 次の数を $\sqrt{a}$ の形に表しなさい。

① $2\sqrt{3}$ ② $\dfrac{\sqrt{48}}{4}$ ③ $\dfrac{5\sqrt{6}}{3}$

(2) 次の数を $a\sqrt{b}$ の形に表しなさい。

① $\sqrt{18}$ ② $\sqrt{175}$ ③ $\sqrt{180}$

考え方 ⑴ $a>0$，$b>0$ のとき，$a\sqrt{b}=\sqrt{a^2 b}$ と変形する。
⑵ 2乗の形の因数を見つけ，$\sqrt{a^2 b}=a\sqrt{b}$ と変形する。

● 解き方

(1) 根号の外にある数を2乗して，根号の中の数にかける。

① $2\sqrt{3}=\sqrt{2^2\times3}=\sqrt{12}$

② $\dfrac{\sqrt{48}}{4}=\dfrac{\sqrt{48}}{\sqrt{4^2}}=\dfrac{\sqrt{48}}{\sqrt{16}}=\sqrt{\dfrac{48}{16}}=\sqrt{3}$

③ $\dfrac{5\sqrt{6}}{3}=\dfrac{\sqrt{5^2\times6}}{\sqrt{3^2}}=\dfrac{\sqrt{150}}{\sqrt{9}}=\sqrt{\dfrac{150}{9}}=\sqrt{\dfrac{50}{3}}$

(2) 自然数の2乗の形の因数を見つけて，根号の外に出す。

① $\sqrt{18}=\sqrt{3^2\times2}=\sqrt{3^2}\times\sqrt{2}=3\sqrt{2}$

② $\sqrt{175}=\sqrt{5^2\times7}=\sqrt{5^2}\times\sqrt{7}=5\sqrt{7}$

③ $\sqrt{180}=\sqrt{2^2\times3^2\times5}$
$=\sqrt{2^2}\times\sqrt{3^2}\times\sqrt{5}$
$=2\times3\times\sqrt{5}=6\sqrt{5}$

● 答

(1) ① $\sqrt{12}$ ② $\sqrt{3}$ ③ $\sqrt{\dfrac{50}{3}}$

(2) ① $3\sqrt{2}$ ② $5\sqrt{7}$ ③ $6\sqrt{5}$

ミス注意

根号の外の数は必ず2乗して
から $\sqrt{}$ の中へ入れること

(1)の②では，

と分母の4をそのまま $\sqrt{}$ の
中に入れないこと。必ず2乗
した数を入れるように。

くわしく

根号の中の数の2乗の形の因
数を見つけるには，素因数分
解を使うとよい。

(2) ①
```
2) 18
3)  9
    3
```
これより，$18=2\times3^2$

練習 76
解答は別冊 p.22

(1) 次の数を $\sqrt{a}$ の形に表しなさい。

① $4\sqrt{5}$ ② $\dfrac{\sqrt{63}}{3}$ ③ $\dfrac{3\sqrt{10}}{5}$

(2) 次の数を $a\sqrt{b}$ の形に表しなさい。

① $\sqrt{24}$ ② $\sqrt{275}$ ③ $\sqrt{448}$

77 共通の約数をもつ平方根の積　　基礎

次の計算をしなさい。ただし，根号の中をできるだけ簡単な数にしなさい。

(1) $\sqrt{3} \times \sqrt{15}$　　　　　(2) $\sqrt{8} \times \sqrt{10}$

(3) $\sqrt{18} \times \sqrt{42}$　　　　　(4) $\sqrt{6} \times \sqrt{10} \times \sqrt{30}$

考え方 $\sqrt{a}$ を $\sqrt{b} \times \sqrt{c}$ の形に分解して計算する。

◉ 解き方

(1) まず，根号の中の数を分解する。

$\sqrt{3} \times \sqrt{15}$

$= \sqrt{3} \times \sqrt{3} \times \sqrt{5}$

$= 3\sqrt{5}$

(2) $\sqrt{8} \times \sqrt{10}$

$= \sqrt{2} \times \sqrt{4} \times \sqrt{2} \times \sqrt{5}$

$= 2 \times 2 \times \sqrt{5}$

$= 4\sqrt{5}$

(3) $\sqrt{18} \times \sqrt{42}$

$= \sqrt{3} \times \sqrt{6} \times \sqrt{6} \times \sqrt{7}$

$= 6 \times \sqrt{3} \times \sqrt{7}$

$= 6\sqrt{21}$

(4) $\sqrt{6} \times \sqrt{10} \times \sqrt{30}$

$= \sqrt{2} \times \sqrt{3} \times \sqrt{10} \times \sqrt{3} \times \sqrt{10}$

$= 3 \times 10 \times \sqrt{2}$

$= 30\sqrt{2}$

◉ 答

(1) $3\sqrt{5}$　　(2) $4\sqrt{5}$　　(3) $6\sqrt{21}$　　(4) $30\sqrt{2}$

くわしく

(3)では，$\sqrt{18}$ は $\sqrt{2} \times \sqrt{9}$ とも変形できるが，根号の中の数 18 と 42 の最大公約数 6 に注目したほうが計算が簡単になる。

参考

$\sqrt{}$ の中の数をすべてかけて最後に $a\sqrt{b}$ の形に変形してもよい。

(4) $\sqrt{6} \times \sqrt{10} \times \sqrt{30}$

$= \sqrt{6 \times 10 \times 30}$

$= \sqrt{1800}$

$= \sqrt{2^3 \times 3^2 \times 5^2}$

$= 30\sqrt{2}$

練習 77

解答は別冊 p.22

次の計算をしなさい。ただし，根号の中をできるだけ簡単な数にしなさい。

(1) $\sqrt{5} \times \sqrt{10}$　　　　　(2) $\sqrt{6} \times \sqrt{33}$

(3) $\sqrt{14} \times \sqrt{21}$　　　　　(4) $\sqrt{15} \times \sqrt{18} \times \sqrt{24}$

78 乗除の混じった計算

次の計算をしなさい。

(1) $\sqrt{6} \div \sqrt{2} \times \sqrt{5}$

(2) $\sqrt{48} \times \sqrt{2} \div \sqrt{3}$

(3) $3\sqrt{10} \times 2\sqrt{2} \div 3\sqrt{5}$

考え方 $\sqrt{}$ のついた数を分解して約分する。

◉ **解き方**

(1) まず，かける数を分子，わる数を分母とする分数
の形にする。

$$\sqrt{6} \div \sqrt{2} \times \sqrt{5} = \frac{\sqrt{6} \times \sqrt{5}}{\sqrt{2}}$$
$$= \frac{\sqrt{2} \times \sqrt{3} \times \sqrt{5}}{\sqrt{2}}$$
$$= \sqrt{3} \times \sqrt{5} = \sqrt{15}$$

$\sqrt{6} = \sqrt{2} \times \sqrt{3}$ に分解

(2) $\sqrt{48} \times \sqrt{2} \div \sqrt{3} = \dfrac{\sqrt{48} \times \sqrt{2}}{\sqrt{3}}$
$$= \frac{4\sqrt{3} \times \sqrt{2}}{\sqrt{3}}$$
$$= 4 \times \sqrt{2} = 4\sqrt{2}$$

$\sqrt{48} = \sqrt{16} \times \sqrt{3}$
$= 4\sqrt{3}$

(3) $3\sqrt{10} \times 2\sqrt{2} \div 3\sqrt{5}$
$$= \frac{3\sqrt{10} \times 2\sqrt{2}}{3\sqrt{5}}$$
$$= \frac{\sqrt{2} \times \sqrt{5} \times 2\sqrt{2}}{\sqrt{5}}$$
$$= \sqrt{2} \times 2\sqrt{2} = 4$$

まず，3 で約分して，
$\sqrt{10} = \sqrt{2} \times \sqrt{5}$ に分解

◉ **答** (1) $\sqrt{15}$ (2) $4\sqrt{2}$ (3) 4

別解

$\sqrt{}$ のついている数とついて
いない数を分けて計算する

(3) $3\sqrt{10} \times 2\sqrt{2} \div 3\sqrt{5}$
$$= \frac{3 \times 2}{3} \times \frac{\sqrt{10} \times \sqrt{2}}{\sqrt{5}}$$
$$= \frac{3 \times 2}{3} \times \sqrt{\frac{10 \times 2}{5}}$$
$$= 2 \times \sqrt{4} = 4$$

参考

$a\sqrt{b} = \sqrt{c}$ の形になおし，
1 つの $\sqrt{}$ にまとめる方法

(3)で，$3\sqrt{10}$，$2\sqrt{2}$，$3\sqrt{5}$ を
$a\sqrt{b} = \sqrt{c}$ の形になおすと，
$$3\sqrt{10} \times 2\sqrt{2} \div 3\sqrt{5}$$
$$= \sqrt{90} \times \sqrt{8} \div \sqrt{45}$$
$$= \sqrt{\frac{90 \times 8}{45}}$$
$$= \sqrt{16} = 4$$
この方法は $\sqrt{}$ の中の数が大
きくなるほど，計算が複雑に
なるので注意する。

練習 78 解答は別冊 p.22

次の計算をしなさい。

(1) $\sqrt{10} \times \sqrt{3} \div \sqrt{5}$

(2) $\sqrt{18} \div (-\sqrt{2}) \times \sqrt{3}$

(3) $2\sqrt{6} \times 3\sqrt{2} \div 3\sqrt{3}$

(4) $6\sqrt{5} \div 3\sqrt{2} \times 8\sqrt{6}$

79 分母の有理化 基礎

次の数や式の分母を有理化（ゆうりか）しなさい。

(1) $\dfrac{3}{\sqrt{2}}$

(2) $\dfrac{\sqrt{7}}{\sqrt{5}}$

(3) $\dfrac{3}{4\sqrt{3}}$

(4) $\dfrac{1}{\sqrt{3}-\sqrt{2}}$ 発展

考え方 分母に根号をふくまない形にするために，
分母と分子に，分母と同じ数や式をかける。

● 解き方

(1) **分母と分子に $\sqrt{2}$ をかける。**

$$\dfrac{3}{\sqrt{2}}=\dfrac{3\times\sqrt{2}}{\sqrt{2}\times\sqrt{2}}=\dfrac{3\sqrt{2}}{2}$$

(2) $\dfrac{\sqrt{7}}{\sqrt{5}}=\dfrac{\sqrt{7}\times\sqrt{5}}{\sqrt{5}\times\sqrt{5}}=\dfrac{\sqrt{35}}{5}$

(3) $\dfrac{3}{4\sqrt{3}}=\dfrac{3\times\sqrt{3}}{4\sqrt{3}\times\sqrt{3}}=\dfrac{3\sqrt{3}}{12}=\dfrac{\sqrt{3}}{4}$

(4) **公式 $(x+a)(x-a)=x^2-a^2$ を用いて，**
分母を**有理化**する。

$$\dfrac{1}{\sqrt{3}-\sqrt{2}}=\dfrac{\sqrt{3}+\sqrt{2}}{(\sqrt{3}-\sqrt{2})(\sqrt{3}+\sqrt{2})}$$

$$=\dfrac{\sqrt{3}+\sqrt{2}}{(\sqrt{3})^2-(\sqrt{2})^2}=\sqrt{3}+\sqrt{2}$$

● 答

(1) $\dfrac{3\sqrt{2}}{2}$　(2) $\dfrac{\sqrt{35}}{5}$　(3) $\dfrac{\sqrt{3}}{4}$　(4) $\sqrt{3}+\sqrt{2}$

用語解説

分母の有理化

分母に根号をふくむ数を，分母に根号をふくまない形に変形することを，**分母を有理化する**という。

ミス注意

分子への数のかけ忘れに注意

分母の有理化は，分数の分母と分子の両方に同じ数をかけても，もとの数と大きさが同じであることを利用している。したがって，分子へ数をかけ忘れると，もとの数と大きさがちがってしまうので十分注意する。

練習 79

解答は別冊 p.23

次の数や式の分母を有理化しなさい。

(1) $\dfrac{9}{\sqrt{3}}$

(2) $\dfrac{\sqrt{10}}{\sqrt{6}}$

(3) $\dfrac{14}{3\sqrt{7}}$

(4) $\dfrac{1}{\sqrt{5}+2}$

80 根号をふくむ数の近似値 〔基礎〕

(1) $\sqrt{5}=2.236$, $\sqrt{50}=7.071$ として，次の数の近似値を求めなさい。

① $\sqrt{500}$ 　　　② $\sqrt{500000}$ 　　　③ $\sqrt{0.5}$

(2) $\sqrt{3}=1.732$ として，$\dfrac{1}{\sqrt{3}}$ の近似値を四捨五入して小数第 3 位まで求めなさい。

考え方
(1) 根号の中の 100，$\dfrac{1}{100}$ などを根号の外に出す。
(2) 分母を有理化して，式を簡単にしてから $\sqrt{3}$ の値を代入する。

● **解き方**

(1) ① $\sqrt{500}=\sqrt{5\times100}=\sqrt{5}\times\sqrt{100}=\sqrt{5}\times10$
　　　　$=2.236\times10=22.36$

　② $\sqrt{500000}=\sqrt{50\times10000}=\sqrt{50}\times\sqrt{10000}$
　　　　$=\sqrt{50}\times100=7.071\times100$
　　　　$=707.1$

　③ $\sqrt{0.5}=\sqrt{\dfrac{50}{100}}=\dfrac{\sqrt{50}}{\sqrt{100}}=\dfrac{\sqrt{50}}{10}=\dfrac{7.071}{10}$
　　　$=0.7071$

(2) まず，分母を有理化する。
$$\frac{1}{\sqrt{3}}=\frac{1\times\sqrt{3}}{\sqrt{3}\times\sqrt{3}}=\frac{\sqrt{3}}{3}=\frac{1.732}{3}=0.5773\cdots$$
だから，0.577

● **答**

(1) ① **22.36** 　② **707.1** 　③ **0.7071**

(2) **0.577**

くわしく

電卓を使って，次のおよその値を求めてみると，
$\sqrt{5\,00\,00}=223.60679\cdots$
$\sqrt{5\,00}=22.360679\cdots$
$\sqrt{5}=2.2360679\cdots$
$\sqrt{0.05}=0.22360679\cdots$
$\sqrt{0.00\,05}=0.022360679\cdots$
このように，根号の中の数の小数点の位置が 2 けたずれるごとに，その数の平方根の小数点は，同じ方向に 1 けたずれることがわかる。

確認

(2)では，分母を有理化せずに，$\dfrac{1}{1.732}$ とすると計算が複雑になる。

練習 80

解答は別冊 p.23

$\sqrt{2}=1.414$, $\sqrt{20}=4.472$ として，次の数の近似値を求めなさい。

(1) $\sqrt{200}$ 　　　(2) $\sqrt{8000}$ 　　　(3) $\sqrt{0.002}$ 　　　(4) $\dfrac{3}{\sqrt{2}}$

SECTION 3 根号をふくむ式の計算

第1章 正の数・負の数

第2章 文字と式

第3章 整数の性質

第4章 式の計算

第5章 多項式

第6章 平方根

81 根号のついた数の加減 基礎

次の計算をしなさい。

(1) $3\sqrt{3}+5\sqrt{3}$

(2) $\sqrt{112}-3\sqrt{7}$

(3) $\sqrt{27}-2\sqrt{2}+\sqrt{32}+\sqrt{12}$

(4) $\dfrac{10}{\sqrt{5}}-\sqrt{80}$

 考え方 　根号の中が同じ数ならば，$m\sqrt{a}+n\sqrt{a}=(m+n)\sqrt{a}$，$m\sqrt{a}-n\sqrt{a}=(m-n)\sqrt{a}$ を使って計算する。

● 解き方

(1) 根号の中の数が同じだから，1つの $\sqrt{\ }$ にまとめる。

$$3\sqrt{3}+5\sqrt{3}=(3+5)\sqrt{3}=8\sqrt{3}$$

(2) 根号の中の数がちがう場合は，根号の中ができるだけ簡単な数になるように変形してみる。

$$\sqrt{112}-3\sqrt{7}=\sqrt{4^2\times7}-3\sqrt{7}=4\sqrt{7}-3\sqrt{7}=\sqrt{7}$$

(3) $\sqrt{27}-2\sqrt{2}+\sqrt{32}+\sqrt{12}$

$=\sqrt{3^2\times3}-2\sqrt{2}+\sqrt{4^2\times2}+\sqrt{2^2\times3}$

$=3\sqrt{3}-2\sqrt{2}+4\sqrt{2}+2\sqrt{3}=5\sqrt{3}+2\sqrt{2}$

(4) まず，$\dfrac{10}{\sqrt{5}}$ の分母を有理化する。

$$\dfrac{10}{\sqrt{5}}-\sqrt{80}=\dfrac{10\times\sqrt{5}}{\sqrt{5}\times\sqrt{5}}-\sqrt{4^2\times5}=\dfrac{10\sqrt{5}}{5}-4\sqrt{5}$$
$$=2\sqrt{5}-4\sqrt{5}=-2\sqrt{5}$$

● 答

(1) $8\sqrt{3}$　(2) $\sqrt{7}$　(3) $5\sqrt{3}+2\sqrt{2}$　(4) $-2\sqrt{5}$

参考

よく使われる $\sqrt{a^2 b}=a\sqrt{b}$ の関係

$\sqrt{8}=2\sqrt{2}$　$\sqrt{18}=3\sqrt{2}$
$\sqrt{32}=4\sqrt{2}$　$\sqrt{50}=5\sqrt{2}$

$\sqrt{12}=2\sqrt{3}$　$\sqrt{27}=3\sqrt{3}$
$\sqrt{48}=4\sqrt{3}$　$\sqrt{75}=5\sqrt{3}$

$\sqrt{20}=2\sqrt{5}$　$\sqrt{45}=3\sqrt{5}$
$\sqrt{80}=4\sqrt{5}$　$\sqrt{125}=5\sqrt{5}$

ミス注意

根号のついた数の加減では，次のようなまちがいをしないこと。

$4\sqrt{2}-\sqrt{2}=\cancel{4}$

$\sqrt{27}-\sqrt{12}=\cancel{\sqrt{27-12}}=\cancel{\sqrt{15}}$

練習 81

解答は別冊 p.23

次の計算をしなさい。

(1) $7\sqrt{2}-4\sqrt{2}$

(2) $\sqrt{108}+2\sqrt{3}$

(3) $\sqrt{20}+\sqrt{18}-\sqrt{32}+\sqrt{45}$

(4) $-\dfrac{15}{\sqrt{10}}+\sqrt{40}$

82 乗法公式を利用する計算 　応用

次の計算をしなさい。

(1) $(\sqrt{2}+4)(\sqrt{2}+5)$

(2) $(\sqrt{5}+3)^2$

(3) $(\sqrt{7}-\sqrt{6})^2$

(4) $(2\sqrt{3}+4)(2\sqrt{3}-4)$

考え方 **各項を1つの文字とみて, 乗法公式を利用する。**

◉ 解き方

(1) $(\sqrt{2}+4)(\sqrt{2}+5)$

$=(\sqrt{2})^2+(4+5)\sqrt{2}+4\times5$ ◁ $(x+a)(x+b)$ を利用する

$=2+9\sqrt{2}+20$

$=22+9\sqrt{2}$

(2) $(\sqrt{5}+3)^2$

$=(\sqrt{5})^2+2\times3\times\sqrt{5}+3^2$ ◁ $(x+a)^2$ を利用する

$=5+6\sqrt{5}+9$

$=14+6\sqrt{5}$

(3) $(\sqrt{7}-\sqrt{6})^2$

$=(\sqrt{7})^2-2\times\sqrt{6}\times\sqrt{7}+(\sqrt{6})^2$ ◁ $(x-a)^2$ を利用する

$=7-2\sqrt{42}+6$

$=13-2\sqrt{42}$

(4) $(2\sqrt{3}+4)(2\sqrt{3}-4)$

$=(2\sqrt{3})^2-4^2=12-16=-4$ ◁ $(x+a)(x-a)$ を利用する

◉ 答

(1) $22+9\sqrt{2}$ (2) $14+6\sqrt{5}$ (3) $13-2\sqrt{42}$ (4) -4

> **確認**
>
> **展開の公式**
> $(a+b)(c+d)$
> $=ac+ad+bc+bd$
>
> **乗法公式**
> ● $(x+a)(x+b)$
> 　　　$=x^2+(a+b)x+ab$
> ● $(x+a)^2=x^2+2ax+a^2$
> ● $(x-a)^2=x^2-2ax+a^2$
> ● $(x+a)(x-a)=x^2-a^2$

練習 82

解答は別冊 p.23

次の計算をしなさい。

(1) $(\sqrt{3}-3)(\sqrt{3}+7)$

(2) $(\sqrt{2}+\sqrt{6})^2$

(3) $(\sqrt{10}-\sqrt{5})^2$

(4) $(4\sqrt{7}+9)(4\sqrt{7}-9)$

第1章 正の数・負の数

第2章 文字と式

第3章 整数の性質

第4章 式の計算

第5章 多項式

第6章 平方根

 四則の混じった計算

次の計算をしなさい。

(1) $4\sqrt{2}\,(\sqrt{12}-\sqrt{18})$

(2) $\dfrac{9}{\sqrt{3}}-\sqrt{2}\times4\sqrt{6}$

(3) $(\sqrt{3}-2)^2-\sqrt{5}\,(\sqrt{15}-2\sqrt{5}\,)$

(4) $(2-\sqrt{10})^2-(\sqrt{2}+\sqrt{5}\,)(\sqrt{2}-\sqrt{5}\,)$

考え方 累乗・かっこの中➡乗法・除法➡加法・減法 の順に計算する。

● 解き方

(1) **分配法則**を利用してかっこをはずす。

$$4\sqrt{2}\,(\sqrt{12}-\sqrt{18})=4\sqrt{2}\,(2\sqrt{3}-3\sqrt{2}\,)$$
$$=4\sqrt{2}\times2\sqrt{3}-4\sqrt{2}\times3\sqrt{2}=8\sqrt{6}-24$$

(2) $\dfrac{9}{\sqrt{3}}-\sqrt{2}\times4\sqrt{6}=\dfrac{9\sqrt{3}}{3}-\sqrt{2}\times4\times\sqrt{2}\times\sqrt{3}$

分母を有理化 $=3\sqrt{3}-8\sqrt{3}=-5\sqrt{3}$

(3) **乗法公式と分配法則**を利用する。

$$(\sqrt{3}-2)^2-\sqrt{5}\,(\sqrt{15}-2\sqrt{5}\,)$$
$$=3-4\sqrt{3}+4-5\sqrt{3}+10=17-9\sqrt{3}$$

(4) **乗法公式**を利用する。

$$(2-\sqrt{10})^2-(\sqrt{2}+\sqrt{5}\,)(\sqrt{2}-\sqrt{5}\,)$$
$$=4-4\sqrt{10}+10-(2-5)$$
$$=14-4\sqrt{10}-(-3)=17-4\sqrt{10}$$

● 答

(1) $8\sqrt{6}-24$ (2) $-5\sqrt{3}$ (3) $17-9\sqrt{3}$

(4) $17-4\sqrt{10}$

ミス注意 ❗

展開したあと，ひく式全体にかっこをつけておくこと

展開する式の前にマイナスの符号があるときは，展開したあと，式全体にかっこをつける。

(4)では，かっこをつけないと
$$-(\sqrt{2}+\sqrt{5}\,)(\sqrt{2}-\sqrt{5}\,)$$
$$=-2\cancel{-5}$$
のようなミスをしやすい。

 83

解答は別冊 p.23

次の計算をしなさい。

(1) $(\sqrt{35}-\sqrt{20})\div\sqrt{5}$

(2) $\sqrt{48}-\sqrt{3}\,(3+\sqrt{2}\,)$

(3) $\dfrac{8}{\sqrt{2}}+\sqrt{6}\times(-3\sqrt{3}\,)$

(4) $(\sqrt{3}+\sqrt{2}\,)^2-(4-\sqrt{6}\,)(\sqrt{6}+4)$

84 式の値

応用

(1) $x=1-\sqrt{2}$ のとき，x^2-2x-1 の値を求めなさい。

(2) $x=\sqrt{7}+\sqrt{5}$，$y=\sqrt{7}-\sqrt{5}$ のとき，次の式の値を求めなさい。

① x^2-y^2　　　② x^2+xy+y^2　　　③ x^3y+xy^3

考え方 式を変形してから代入すると，計算が簡単になることが多い。

● 解き方

(1) $x^2-2x-1=(x^2-2x+1)-2$

$\qquad\qquad\quad=(x-1)^2-2$

これに $x=1-\sqrt{2}$ を代入すると，

$\{(1-\sqrt{2})-1\}^2-2=2-2=0$

(2) 先に，$x+y$，$x-y$，xy の値を求めておく。

$x+y=(\sqrt{7}+\sqrt{5})+(\sqrt{7}-\sqrt{5})=2\sqrt{7}$

$x-y=(\sqrt{7}+\sqrt{5})-(\sqrt{7}-\sqrt{5})=2\sqrt{5}$

$xy=(\sqrt{7}+\sqrt{5})(\sqrt{7}-\sqrt{5})=7-5=2$

① $x^2-y^2=(x+y)(x-y)$

$\qquad\qquad=2\sqrt{7}\times2\sqrt{5}=4\sqrt{35}$

② $x^2+xy+y^2=(x+y)^2-xy$

$\qquad\qquad\qquad=(2\sqrt{7})^2-2=28-2=26$

③ ②より，$x^2+y^2=26-xy=26-2=24$

$x^3y+xy^3=xy(x^2+y^2)$

$\qquad\qquad\quad=2\times24=48$

● 答

(1) **0**　　(2) ① $4\sqrt{35}$　　② **26**　　③ **48**

くわしく

平方の式のつくり方

$x^2+2ax+b$

$=x^2+2ax+b+a^2-a^2$

x の係数の半分の
2乗を加えてひく

$=x^2+2ax+a^2+b-a^2$

$=(x+a)^2+b-a^2$

くわしく

(2)②では，

$x^2+2xy+y^2=(x+y)^2$

を利用する。

x^2+xy+y^2

$=x^2+xy+y^2+2xy-2xy$

加えてひく

$=(x^2+2xy+y^2)+xy-2xy$

$=(x+y)^2-xy$

練習 84

解答は別冊 p.23

(1) $x=2+\sqrt{3}$ のとき，x^2-4x+2 の値を求めなさい。

(2) $x=3+\sqrt{6}$，$y=3-\sqrt{6}$ のとき，次の式の値を求めなさい。

① $(x-y)^2+xy$　　　② x^2-y^2　　　③ x^2y+xy^2

章末問題 解答▶別冊p.24

第1章 正の数・負の数

第2章 文字と式

第3章 整数の性質

第4章 式の計算

第5章 多項式

第6章 平方根

1 平方根について述べた次の文のうち，内容が正しいのはどれですか。次のア〜エからすべて選び，その記号を書きなさい。 【高知県】

ア　64の平方根は±8である。　　イ　$\sqrt{25}-\sqrt{16}$は3である。

ウ　$\sqrt{(-7)^2}$は7である。　　エ　$\sqrt{3}$を2倍したものは$\sqrt{6}$である。

2 次の問いに答えなさい。

(1) 3つの数3.3，$\dfrac{10}{3}$，$\sqrt{11}$のうち，もっとも大きい数はどれですか。 【奈良県】

(2) $2\sqrt{5}$，$3\sqrt{2}$，$\dfrac{14}{3}$を小さい順に左から並べなさい。 【都立産業技術高専】

(3) 4つの数$\dfrac{2}{3}$，$\sqrt{\dfrac{2}{3}}$，$\dfrac{2}{\sqrt{3}}$，$\dfrac{\sqrt{2}}{3}$を大きいほうから順に並べなさい。

3 次の問いに答えなさい。

(1) 次の文中の□□□に入れるのに適している自然数を書きなさい。 【大阪府】
$4.5^2=20.25$であり，$4.6^2=21.16$である。これらのことから，$\sqrt{21}$を小数で表したときの小数第1位の数は□□□であることがわかる。

(2) $\sqrt{93}$を小数で表したとき，その小数第1位の数を求めなさい。 【広島大附高(広島)】

4 次の問いに答えなさい。

(1) $\sqrt{3}+2$の整数部分をa，小数部分をbとするとき，$b^2+\dfrac{2}{3}ab$の値を求めなさい。 【法政大高(神奈川)】

(2) $\sqrt{119}$の小数部分をxとするとき，x^3+21x^2+x-19の値を求めなさい。 【渋谷教育学園幕張高(千葉)】

5 次の問いに答えなさい。

(1) $\sqrt{20} \leqq \sqrt{x^2} \leqq 11$ をみたす整数 x は何個ありますか。　　　【近畿大附高(大阪)】

(2) $\sqrt{252n}$ が整数となるような最小の正の整数 n の値を求めなさい。

【洛南高(京都)】

(3) $\sqrt{2018-2n}$ が整数となるような自然数 n の個数を求めなさい。　　【都立立川高】

(4) $\sqrt{\dfrac{504}{n}}$ が整数となるような正の整数 n は何個あるか求めなさい。

【明治大付中野高(東京)】

6 次の計算をしなさい。

(1) $\sqrt{28} \div \sqrt{7}$　　　【広島県】　　(2) $\sqrt{2} \times 2\sqrt{6}$　　　【沖縄県】

(3) $\sqrt{7} \times \sqrt{21} \div \sqrt{3}$　　【駿台甲府高(山梨)】　　(4) $\sqrt{48} \div \sqrt{2} \div (-\sqrt{3})$　　【福井県】

7 次の問いに答えなさい。

(1) ある数 a の小数第1位を四捨五入した近似値が130であるとき，a の値の範囲を，不等号を使って表しなさい。　　　【大分県】

(2) ある年の全国の米の収穫量は，約8439000t でした。有効数字を8，4，3，9として，この収穫量を(整数部分が1けたの数)×(10の累乗)の形で表しなさい。

【宮城県】

8 次の計算をしなさい。

(1) $\sqrt{75} - 4\sqrt{3}$　　　【佐賀県】　　(2) $\sqrt{18} - \sqrt{32} + 3\sqrt{8}$　　　【宮崎県】

(3) $\dfrac{18}{\sqrt{6}} + \sqrt{24}$　　　【福島県】　　(4) $\dfrac{6}{\sqrt{3}} - \sqrt{27}$　　　【石川県】

(5) $\sqrt{63} + \dfrac{2}{\sqrt{7}} - \sqrt{28}$　　　【京都府】　　(6) $\sqrt{\dfrac{50}{3}} - \dfrac{12}{\sqrt{6}} - \sqrt{\dfrac{8}{3}}$　　【近畿大附高(大阪)】

9 次の計算をしなさい。

(1) $\sqrt{27}+\sqrt{24}\times\sqrt{8}$ 【京都府】

(2) $\dfrac{14}{\sqrt{7}}+\sqrt{3}\times\sqrt{21}$ 【茨城県】

(3) $5\sqrt{2}+\sqrt{6}\div\sqrt{3}$ 【山梨県】

(4) $\dfrac{2}{\sqrt{54}}-\dfrac{3}{\sqrt{27}}\div\sqrt{18}$ 【大阪府】

(5) $5\sqrt{3}-2\sqrt{18}-(\sqrt{2}-2\sqrt{3})\times\sqrt{6}$ 【洛南高(京都)】

10 次の計算をしなさい。

(1) $(\sqrt{3}+4)(\sqrt{3}-1)$ 【長野県】

(2) $(\sqrt{8}+1)(\sqrt{2}-3)$ 【島根県】

(3) $(\sqrt{6}+\sqrt{3})^2$ 【大分県】

(4) $(\sqrt{3}-2\sqrt{5})^2$ 【三重県】

(5) $(\sqrt{13}+2)(\sqrt{13}-2)$ 【広島県】

(6) $(\sqrt{3}-2)^2-\dfrac{6}{\sqrt{12}}$ 【和洋国府台女子高(千葉)】

(7) $(3\sqrt{2}-1)(2\sqrt{2}+1)-\dfrac{4}{\sqrt{2}}$ 【愛媛県】

(8) $\dfrac{(\sqrt{6}-\sqrt{2})^2}{\sqrt{2}}+2\sqrt{6}$ 【立命館高(京都)】

(9) $(\sqrt{11}+\sqrt{6}+\sqrt{5})(\sqrt{11}-\sqrt{6}-\sqrt{5})$ 【城北高(東京)】

(10) $\dfrac{1}{\sqrt{15}}(5+\sqrt{5})-\dfrac{1}{2}\left(1+\dfrac{1}{\sqrt{3}}\right)^2$ 【都立国立高】

(11) $\dfrac{\sqrt{5}}{5\sqrt{2}-2\sqrt{5}}-\dfrac{\sqrt{2}}{5\sqrt{2}+2\sqrt{5}}$ 【お茶の水女子大附高(東京)】

11 次の式の値を求めなさい。

(1) $x=\sqrt{2}+3$ のときの，x^2-6x+9 の値 【岐阜県】

(2) $x=5-2\sqrt{3}$ のときの，$x^2-10x+2$ の値 【大阪府】

(3) $x=\sqrt{5}+\sqrt{2}$，$y=\sqrt{5}-\sqrt{2}$ のときの，x^2-y^2 の値 【大分県】

(4) $x=\sqrt{7}+\sqrt{3}$，$y=\sqrt{7}-\sqrt{3}$ のときの，$\dfrac{x}{y}-\dfrac{y}{x}$ の値 【日本大第二高(東京)】

(5) $x=\dfrac{1}{\sqrt{5}+2}$，$y=\dfrac{1}{\sqrt{5}-2}$ のときの，x^2+y^2 の値 【近畿大附高(大阪)】

数字マジックの裏側

電卓を使った数字のマジックには，計算を上手に使った「タネ」があります。
あなたは，見破ることができますか？

 問 題

あなたの誕生日を当ててみせましょう。
私に見えないように，電卓を使って計算してください。
 ① まず，電卓にあなたの「生まれた月」を入力してください。
 ② その数に，4 をかけて，7 をたしてください。
 ③ 「＝」を押してから，25 をかけて，「生まれた日」をたしてください。

それでは，答えの数だけ私に見せていただけますか？
ふむふむ，なるほど……。
そこから 175 を引いた答えが，あなたの誕生日を表す数ですね。

さて，このマジックのタネがわかりますか？

思考力
UP ▸▸▸ **なぜ答えが誕生日になるのか考えよう。**

「生まれた月」と「生まれた日」は自分で入力したけど……。
どうして最後の答えに出てくるんだろう？

最後にひいた「175」も，どこからきたのか
わからないなぁ。

「生まれた月」と「生まれた日」を文字式で表してみたら，
なにかわかるかな？

思考力 UP ▸▸▸ マジックでした計算を，文字式で表してみよう。

（実際に書いてみましょう）

解 答 例

生まれた月を $10a+b$，生まれた日を $10c+d$ とおく。
（数が 1 けたの場合はそれぞれ，$a=0$，$c=0$）
すると，マジックの内容は下の式で表すことができる。

$$\{(\text{生まれた月}) \times 4+7\} \times 25+(\text{生まれた日})-175$$
$$\{(10a+b) \times 4+7\} \times 25+(10c+d)-175$$
$$=(40a+4b+7) \times 25+(10c+d)-175$$
$$=1000a+100b+175+10c+d-175$$
$$=1000a+100b+10c+d$$

答えの $1000a+100b+10c+d$ は，千の位と百の位が生まれた月を，十の位と一の位が生まれた日を表す数になっている。
よって，このマジックの答えは必ずその人の「誕生日を表す数」となる。

数字や電卓を使った他のマジックも，文字式をつかって計算すればタネを見破ることができるかもしれませんね。

Math STOCK!
身の回りに潜むフシギな数

フィボナッチ数列

右の図は，次のような決まりで枝分かれしている木です。「新芽 ◦ は，ある程度成長すると親芽 ● になる。親芽は枝分かれして，新芽を生やすことができる。」したがって，図で ● は ● と ◦ に枝分かれし，◦ は枝分かれしません。枝分かれするところで枝の数は，

1, 1, 2, 3, 5, 8, 13, 21, 34, 55, …のようにふえていきます。このような数の並びを「フィボナッチ数列」といいます。ある数は，その前の2つの数の和になっています。たとえば，8＝3＋5, 13＝5＋8です。フィボナッチは12世紀のイタリアの数学者で，この数列についていろいろな研究をしました。

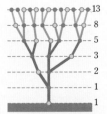

木の枝分かれの数，ヒマワリの種や松かさが作る螺旋模様の本数など，自然界にはフィボナッチ数列と関連のある数がよくあります。フィボナッチ数列のn番目の数F_nは，1＋1＝2, 1＋2＝3, …と順に求めることができますが，

$$F_n = \frac{1}{\sqrt{5}}\left\{\left(\frac{1+\sqrt{5}}{2}\right)^n - \left(\frac{1-\sqrt{5}}{2}\right)^n\right\}$$

という式で求めることができます。根号をふくむ式の計算を学習したので，がんばれば何番目の数でも求めることができますね。

ヒマワリの種がつくる螺旋模様

松かさを裏から見たところ
螺旋模様が見える

フィボナッチ数列のとなり合う2数の比の値を順に求めると，だんだんある数に近づいていきます。

$$\frac{1}{1}=1, \quad \frac{2}{1}=2, \quad \frac{3}{2}=1.5, \quad \frac{5}{3}=1.66\cdots, \quad \frac{8}{5}=1.6, \quad \frac{13}{8}=1.625, \quad \cdots\cdots$$

近づいていく数は，右の図のように，

$$\frac{1+\sqrt{5}}{2}=1.618\cdots$$となります。

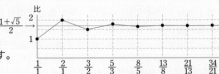

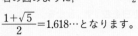

方程式編

方程式 編

「数と式編」では，数量を文字式で表すこと，その文字式に値を代入することなどを学びました。「方程式編」では，求めたい数量を文字でおき，数量の関係を見つけ，そこからつくった方程式を解くことなどを学習します。

ひとつずつ
おろすと…

Q. ＝(イコール)が
成り立つのは
どんなとき？
➡ 第1章へ

$a:b=m:n$
$an=bm$

＝1:3

Q. 比例式は
どう解くの？
➡ 第1章へ

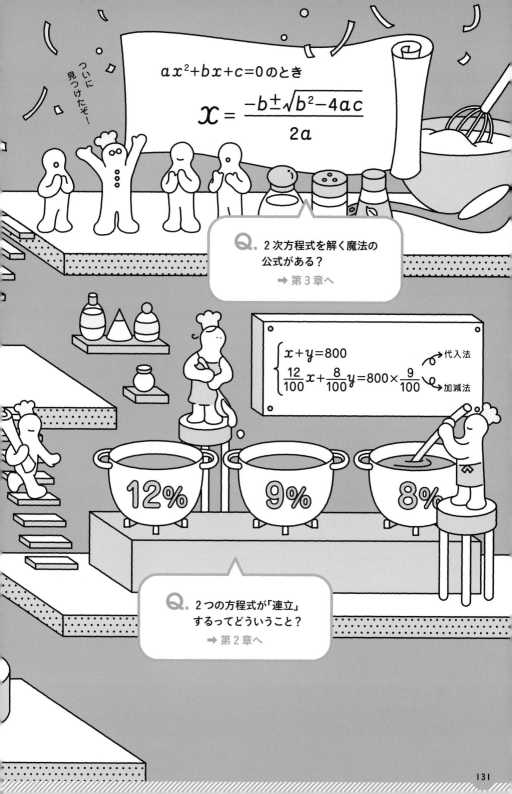

1次方程式

1次方程式を解く問題では，移項するときの符号の変化に注意しよう。
また，文章題では，解の検討も忘れないようにしよう。

SECTION 1 1次方程式の解き方

→p.134

方程式と解

式の中の文字に特別な値を代入すると成り立つ等式を，方程式という。

方程式を成り立たせる文字の値を方程式の解といい，方程式の解を求めることを方程式を解くという。

方程式 $2x+3=13$
↓ $x=5$ を代入
$2\times5+3=13$
↓ 等式が成り立つ
$x=5$ は解

等式の性質

● 等式の両辺に同じ数を加えても，等式は成り立つ。
$A=B$ ならば，$A+C=B+C$

● 等式の両辺から同じ数をひいても，等式は成り立つ。
$A=B$ ならば，$A-C=B-C$

例 $\underset{A}{x}-2=\underset{B}{1}$
$\underset{A}{x}-2+\underset{C}{2}=\underset{B}{1}+\underset{C}{2}$
$x=3$

● 等式の両辺に同じ数をかけても，等式は成り立つ。
$A=B$ ならば，$A\times C=B\times C$

● 等式の両辺を同じ数でわっても，等式は成り立つ。
$A=B$ ならば，$A\div C=B\div C$ （$C\neq0$）

● 等式の両辺を入れかえても，等式は成り立つ。
$A=B$ ならば，$B=A$

例 $\underset{A}{\dfrac{x}{2}}=\underset{B}{8}$
$\underset{A}{\dfrac{x}{2}}\times\underset{C}{2}=\underset{B}{8}\times\underset{C}{2}$
$x=16$

移項

等式では，一方の辺の項を，符号を変えて，他方の辺に移すことができる。これを移項という。

例 $x-2=3$
移項 ｜符号が変わる
$x=3+2$

基本的な方程式の解き方

❶ 文字の項を左辺に，数の項を右辺に移項する。
❷ 両辺を計算して $ax=b$ の形にする。
❸ 両辺を x の係数 a でわる。

例 $3x+5=x-3$ ┐移項
$3x-x=-3-5$
$2x=-8$
$x=-4$

いろいろな１次方程式

→p.137

かっこのある方程式

分配法則を利用して，かっこをはずす。

例
$3(x+4)=20-x$ 　　　分配法則でかっこをはずす
$3x+12=20-x$
$3x+x=20-12$
$4x=8,\ x=2$

係数に小数をふくむ方程式

両辺に 10，100 などをかけて，係数を整数にする。

例
$0.2x-2.1=0.3x-2$
$(0.2x-2.1)\times10=(0.3x-2)\times10$ 　両辺に 10 をかける
$2x-21=3x-20$ 　←係数が整数になる
$-x=1,\ x=-1$

係数に分数をふくむ方程式

両辺に分母の最小公倍数をかけて，分母をはらう。

例
$\frac{3}{2}x+\frac{1}{3}=\frac{2}{3}x+2$
$\left(\frac{3}{2}x+\frac{1}{3}\right)\times6=\left(\frac{2}{3}x+2\right)\times6$ 　両辺に分母の最小公倍数 6 をかける
$9x+2=4x+12$ 　←係数が整数になる
$5x=10,\ x=2$

比例式

比が等しいことを表す式を比例式という。

比例式は，比の性質

「$a:b=m:n$ ならば，$an=bm$」

より１次方程式になおして解くことができる。

例
$10:x=2:9$
$10\times9=x\times2$
$90=2x$
$x=45$

１次方程式の利用

→p.143

方程式を使って問題を解くには，次の手順で行う。

❶ 問題を分析する　…　何を求めるのか。何と何が等しいか。
❷ 文字を決定する　…　ふつうは，求める数量を文字 x で表す。
❸ 方程式をつくる　…　等しい関係を方程式で表す。
❹ 方程式を解く　…　移項してまとめる。
❺ 解を検討する　…　解が問題に適しているかどうか調べる。

第1章

SECTION

1

1次方程式の解き方

1 等式の性質の利用 基礎

等式の性質を使って，次の方程式を解きなさい。

(1) $x-2=1$　　(2) $x+1=3$　　(3) $\dfrac{x}{4}=8$　　(4) $3x=-9$

考え方 $A=B$ ならば，〔1〕$A+C=B+C$　　〔2〕$A-C=B-C$
〔3〕$A\times C=B\times C$　　〔4〕$A\div C=B\div C$（$C\neq0$）

◉ 解き方

(1)　　$x-2=1$ の両辺に 2 を加えると，

$x-2+2=1+2$

$x=3$

(2)　　$x+1=3$ の両辺から 1 をひくと，

$x+1-1=3-1$

$x=2$

(3)　　$\dfrac{x}{4}=8$ の両辺に 4 をかけると，

$\dfrac{x}{4}\times4=8\times4$

$x=32$

(4)　　$3x=-9$ の両辺を 3 でわると，

$3x\div3=-9\div3$

$x=-3$

◉ 答

(1) $x=3$　　(2) $x=2$　　(3) $x=32$　　(4) $x=-3$

用語解説 📖

等式

2つの数量の関係を等号「＝」を使って表した式を等式という。

等号の左側を左辺，右側を右辺，左辺と右辺を合わせて両辺という。

方程式の解

方程式を成り立たせる文字の値を方程式の解という。

くわしく 🔍

解の確かめ

(4) $x=-3$ を方程式に代入して確かめると，

（左辺）$=3\times(-3)=-9$

（右辺）$=-9$

（左辺）＝（右辺）

だから，-3 はこの方程式の解である。

練習 1 解答は別冊 p.27

等式の性質を使って，次の方程式を解きなさい。

(1) $x+3=-2$　　(2) $-\dfrac{x}{5}=3$　　(3) $-2x=10$

2 移項を用いる解き方① 基礎

次の方程式を解きなさい。

(1) $x+3=-1$　　　　　(2) $y-2=-3$

(3) $2x-5=9$　　　　　(4) $4=3x-5$

 考え方　文字の項を左辺に，数の項を右辺に移項して，
$ax=b$ の形にして，両辺を x の係数 a でわる。

● 解き方

(1) $x+3=-1$ の 3 を右辺に**移項**すると，
$$x=-1\underline{-3}$$
$$x=-4$$

(2) $y-2=-3$ の -2 を右辺に**移項**すると，
$$y=-3\underline{+2}$$
$$y=-1$$

(3) $2x-5=9$ の -5 を右辺に**移項**すると，
$$2x=9\underline{+5}$$
$$2x=14$$
$$x=7 \longleftarrow$$
両辺を 2 でわる

(4) $4=3x-5$ の 4 を右辺に，$3x$ を左辺に**移項**すると，
$$\underline{-3x}=-5\underline{-4}$$
$$-3x=-9$$
$$x=3 \longleftarrow$$
両辺を -3 でわる

● 答

(1) $x=-4$　　(2) $y=-1$　　(3) $x=7$　　(4) $x=3$

 用語解説

1 次方程式
整理すると $ax=b$ の形になる方程式を **1 次方程式**という。

移項
等式の一方の辺にある項を，符号を変えて，他方の辺に移すことを**移項**という。

 参考

文字は x とはかぎらない
方程式の文字にはふつうは x が使われるが，y や t などが使われることもある。

 別解

文字の項を右辺に，数の項を左辺に移項してもよい
(4)　$4=3x-5$
　$4+5=3x$
　　$9=3x$
　　$3=x$
　　$x=3$
のように解いてもよい。

練習 2

解答は別冊 p.27

次の方程式を解きなさい。

(1) $x+4=7$　　(2) $t-3=-2$　　(3) $2x+7=25$　　(4) $-7=6x-31$

3 **移項を用いる解き方②**

次の方程式を解きなさい。

(1) $x=2x+3$

(2) $y-4=5y$

(3) $x-7=4x+8$

(4) $4x+15=1-3x$

考え方 文字の項を左辺に，数の項を右辺に移項して，
$ax=b$ の形にして，両辺を x の係数 a でわる。

◎ **解き方**

(1) $x=2x+3$ の $2x$ を左辺に**移項**して，

$x-2x=3$

$-x=3$ ┈┈┈┈┈┈┐
　　　　　　　　　├ 両辺を -1 でわる
$x=-3$ ←┈┈┈┘

(2) $y-4=5y$

-4 を右辺に，$5y$ を左辺に**移項**して，

$y-5y=4$

$-4y=4$ ┈┈┈┐
　　　　　　　├ 両辺を -4 でわる
$y=-1$ ←┈┘

(3) $x-7=4x+8$ ┈┈┈┐
　　　　　　　　　　　　├ -7 を右辺に，$4x$ を左辺に移項する
$x-4x=8+7$ ←┈┘

$-3x=15,\quad x=-5$

(4) $4x+15=1-3x$ ┈┈┐
　　　　　　　　　　　　├ 15 を右辺に，$-3x$ を左辺に移項する
$4x+3x=1-15$ ←┈┘

$7x=-14,\quad x=-2$

◎ **答**

(1) $x=-3$　　(2) $y=-1$　　(3) $x=-5$　　(4) $x=-2$

ミス注意

移項と符号

移項するときは，符号を変えること。

参考

y についての方程式

文字が x である方程式は，「x についての方程式」といい，文字が y である方程式は「y についての方程式」という。

移項と左辺・右辺

数の項を左辺に，文字の項を右辺に移項して解いてもよい。
たとえば，(1)では，

$x=2x+3$

$-3=2x-x$

$-3=x$

$x=-3$

と解いてもよい。

解答は別冊 p.27

次の方程式を解きなさい。

(1) $x=12-3x$

(2) $8x-3=3x+17$

(3) $3x+2=-4x-5$

(4) $9x+2=3x-22$

第1章
SECTION
2 いろいろな1次方程式

4 かっこをふくむ方程式　　応用

次の方程式を解きなさい。

(1) $5x-(2x-1)=10$　　　　(2) $x-2=9(x+6)$

(3) $8(x+2)=3(x-8)$

 考え方 分配法則を使ってかっこをはずし，
移項して $ax=b$ の形にして，両辺を x の係数 a でわる。

● 解き方

(1) $5x-(2x-1)=10$

かっこをはずすと，

$5x-2x+1=10$

$5x-2x=10-1$

$3x=9,\ x=3$

(2) $x-2=9(x+6)$ ┄┄┄┄
　　　　　　　　　　かっこをはずす

$x-2=9x+54$ ◄┄┄

$x-9x=54+2$

$-8x=56,\ x=-7$

(3) $8(x+2)=3(x-8)$ ┄┄┄
　　　　　　　　　　かっこをはずす

$8x+16=3x-24$ ◄┄┄

$8x-3x=-24-16$

$5x=-40,\ x=-8$

● 答

(1) $x=3$　　(2) $x=-7$　　(3) $x=-8$

確認 💡

分配法則
$a(b+c)=ab+ac$
$(a+b)c=ac+bc$

−(　)のはずし方
−(　)は，かっこ内のすべての項の符号を変えてはずす。
$-(a+b)=-a-b$
かっこ内のすべての項に -1 をかけると考えてもよい。

ミス注意 ❗

うしろの項への数のかけ忘れ
(2)では，$x-2=9x+6$ などと，うしろの項へ 9 をかけるのを忘れないように。

 練習 4

解答は別冊 p.27

次の方程式を解きなさい。

(1) $-(x-2)=4-3x$　　　　(2) $2(4x-3)=3x+9$

(3) $7=x-5-3(x-2)$　　　　(4) $-3(2+3x)=2(4-x)$

⑤ 係数に小数をふくむ方程式　　　応用

次の方程式を解きなさい。

(1) $0.4x = 5 - 0.6x$　　　　　　(2) $4.4x + 2.5 = 2.8x - 3.9$

(3) $0.2x - 0.22 = 0.07x - 0.35$

考え方 **両辺に 10, 100 などをかけて, 係数を整数にする。**

◎ 解き方

(1)　　　　$0.4x = 5 - 0.6x$

両辺に 10 をかけると,

$0.4x \times 10 = (5 - 0.6x) \times 10$

$4x = 50 - 6x$

$4x + 6x = 50$

$10x = 50$ ┈┈┈┐
　　　　　　　　　　両辺を 10 でわる
$x = 5$ ←┈┈┘

(2) $4.4x + 2.5 = 2.8x - 3.9$ ┈┐
　　　　　　　　　　　　　　　両辺に 10 をかける
$44x + 25 = 28x - 39$ ←┈┘

$44x - 28x = -39 - 25$

$16x = -64, \quad x = -4$

(3) $0.2x - 0.22 = 0.07x - 0.35$

両辺に 100 をかけると,

$20x - 22 = 7x - 35$

$20x - 7x = -35 + 22, \quad 13x = -13, \quad x = -1$

◎ 答

(1) $x = 5$　　(2) $x = -4$　　(3) $x = -1$

ミス注意

数の項へのかけ忘れ

(1)では, $4x = 5 - 6x$ などと, 数の項へ 10 をかけるのを忘れないように。

別解

次のように, そのまま解いてもよいが, 小数の計算はミスしやすい。

(1)　　　　$0.4x = 5 - 0.6x$

$0.4x + 0.6x = 5$

$x = 5$

(2)　$4.4x + 2.5 = 2.8x - 3.9$

$4.4x - 2.8x = -3.9 - 2.5$

$1.6x = -6.4$

$x = -4$

(3) $0.2x - 0.22 = 0.07x - 0.35$

$0.2x - 0.07x = -0.35 + 0.22$

$0.13x = -0.13$

$x = -1$

練習 **5**

解答は別冊 p.27

次の方程式を解きなさい。

(1) $-1.3x = 0.3x + 2$　　　　　(2) $1.1x - 1 = 0.8x + 2$

(3) $0.3x + 0.75 = 0.05x$　　　　(4) $x + 1.8 = 0.6(2x - 1)$

6 係数に分数をふくむ方程式　　　応用

次の方程式を解きなさい。

(1) $3 - \dfrac{1}{2}x = \dfrac{1}{5}x - 4$　　　(2) $\dfrac{x-6}{2} - \dfrac{2x-1}{3} = -2$

考え方 両辺に分母の最小公倍数（さいしょうこうばいすう）をかけて分母をはらう。

● 解き方

(1) $3 - \dfrac{1}{2}x = \dfrac{1}{5}x - 4$

両辺に 2 と 5 の最小公倍数 10 をかけると，

$$\left(3 - \frac{1}{2}x\right) \times 10 = \left(\frac{1}{5}x - 4\right) \times 10$$

$$30 - 5x = 2x - 40$$
$$-5x - 2x = -40 - 30$$
$$-7x = -70, \quad x = 10$$

(2) $\dfrac{x-6}{2} - \dfrac{2x-1}{3} = -2$

両辺に 2 と 3 の最小公倍数 6 をかけると，

$$\frac{x-6}{2} \times 6 - \frac{2x-1}{3} \times 6 = -2 \times 6$$

$$3(x-6) - 2(2x-1) = -12$$
$$3x - 18 - 4x + 2 = -12$$
$$-x = 4, \quad x = -4$$

● 答

(1) $x = 10$　　　(2) $x = -4$

別解

次のように，そのまま解いてもよいが，分数の計算はミスしやすい。

(1)　　$3 - \dfrac{1}{2}x = \dfrac{1}{5}x - 4$

$$-\frac{1}{2}x - \frac{1}{5}x = -4 - 3$$
$$-\frac{5}{10}x - \frac{2}{10}x = -7$$
$$-\frac{7}{10}x = -7$$
$$x = -7 \times \left(-\frac{10}{7}\right)$$
$$= 10$$

(2)　$\dfrac{x-6}{2} - \dfrac{2x-1}{3} = -2$

$$\frac{x}{2} - 3 - \frac{2x}{3} + \frac{1}{3} = -2$$
$$\frac{x}{2} - \frac{2x}{3} = -2 + 3 - \frac{1}{3}$$
$$\frac{3x}{6} - \frac{4x}{6} = \frac{3}{3} - \frac{1}{3}$$
$$-\frac{x}{6} = \frac{2}{3}$$
$$x = \frac{2}{3} \times (-6)$$
$$= -4$$

練習 6　　　　解答は別冊 p.27

次の方程式を解きなさい。

(1) $\dfrac{1}{3}x - 2 = \dfrac{5}{6}x$　　　(2) $\dfrac{2x-1}{5} - 1 = \dfrac{x}{4}$

(3) $\dfrac{3}{8}x - 2 = \dfrac{1}{4} + \dfrac{3}{2}x$　　　(4) $\dfrac{x-4}{4} - \dfrac{x-5}{3} = \dfrac{x-1}{2}$

7 比例式

次の比例式を解きなさい。

(1) $15 : x = 5 : 8$

(2) $(x-2) : 9 = 3 : 4$

(3) $(x-1) : 5 = (x-4) : 2$

考え方 比の性質 $a : b = m : n$ ならば, $an = bm$ を利用する。

● 解き方

(1) $15 : x = 5 : 8$ ┄┄┄┄┄┐
 　　　　　　　　　　　　　　内側どうし，外側どうしをかける
$15 \times 8 = x \times 5$ ◀┄┄┘

$120 = 5x$

$5x = 120$

$x = 24$

(2) $(x-2) : 9 = 3 : 4$

$(x-2) \times 4 = 9 \times 3$

$4x - 8 = 27$

$4x = 35, \quad x = \dfrac{35}{4}$

(3) $(x-1) : 5 = (x-4) : 2$

$(x-1) \times 2 = 5 \times (x-4)$

$2x - 2 = 5x - 20$

$-3x = -18$

$x = 6$

● 答

(1) $x = 24$　　(2) $x = \dfrac{35}{4}$　　(3) $x = 6$

用語解説

比例式
比が等しいことを表す式を比例式という。

比の値
比 $a : b$ は，2つの数量 a と b の割合を表したもので，a を b でわった商 $\dfrac{a}{b}$ を $a : b$ の比の値という。

くわしく

$a : b$ の比の値 $\dfrac{a}{b}$ と $m : n$ の比の値 $\dfrac{m}{n}$ が等しいとき，2つの比 $a : b$ と $m : n$ は等しいといい，次のように表す。

　$a : b = m : n$　……①

このとき，$\dfrac{a}{b} = \dfrac{m}{n}$ の両辺に bn をかけると，

　$an = bm$　　……②

①，②より，次のことが成り立つ。

　$a : b = m : n$　ならば，
　$an = bm$

また，$an = bm$　ならば，
　$a : b = m : n$

練習 7

解答は別冊 p.28

次の比例式を解きなさい。

(1) $12 : x = 3 : 8$　　(2) $(x-1) : 2 = 3 : 7$

(3) $(x+2) : 4 = (x-1) : 3$　(4) $\dfrac{x}{4} : 5 = \dfrac{x+1}{2} : 9$

8 文字定数をふくむ1次方程式①

応用

(1) x の方程式 $ax-5=6x+1$ の解が 3 であるとき，a の値を求めなさい。

(2) x の方程式 $x+4a-3(a-x)=7$ の解が $-\dfrac{3}{4}$ であるとき，a の値を求めなさい。

(3) x の方程式 $\dfrac{x-6}{2}+\dfrac{x-k}{3}=2$ の解が 4 であるとき，k の値を求めなさい。

 考え方 解は方程式を成り立たせる文字の値だから，x に解を代入すると，文字定数についての方程式が得られる。

● 解き方

(1) $ax-5=6x+1$ に $x=3$ を代入すると，

$a\times3-5=6\times3+1$, $\ 3a-5=18+1$,

$3a=24$, $\ a=8$

(2) $x+4a-3(a-x)=7$, $\ x+4a-3a+3x=7$,

$4x+a=7$

$x=-\dfrac{3}{4}$ を代入すると，

$4\times\left(-\dfrac{3}{4}\right)+a=7$, $\ -3+a=7$, $\ a=10$

(3) $\dfrac{x-6}{2}+\dfrac{x-k}{3}=2$, $\ 3(x-6)+2(x-k)=12$,

$3x-18+2x-2k=12$, $\ 5x-30=2k$

$x=4$ を代入すると，$5\times4-30=2k$, $\ -10=2k$,

$2k=-10$, $\ k=-5$

● 答

(1) $a=8$ (2) $a=10$ (3) $k=-5$

用語解説

方程式の解

方程式を成り立たせる文字の値を方程式の解という。

解の確かめ

(1) $a=8$ のとき，方程式は，

$\quad 8x-5=6x+1$

これを解くと，

$\quad\quad 2x=6$

$\quad\quad\ x=3$

となり，解は 3 である。

(3) $k=-5$ のとき，方程式は，

$\quad \dfrac{x-6}{2}+\dfrac{x+5}{3}=2$

これを解くと，

$\quad 3(x-6)+2(x+5)=12$

$\quad\quad 3x-18+2x+10=12$

$\quad\quad\quad\quad\quad\quad 5x=20$

$\quad\quad\quad\quad\quad\quad\ x=4$

となり，解は 4 である。

練習 8

解答は別冊 p.28

(1) x の方程式 $2ax+5=x+a$ の解が 3 であるとき，a の値を求めなさい。

(2) x の方程式 $\dfrac{x-k}{4}-\dfrac{x-2k}{3}=2$ の解が -4 であるとき，k の値を求めなさい。

文字定数をふくむ1次方程式②

(1) x の方程式 $5x+a=-9$ の解が $0.2x-0.8=1.3x-3$ の解と等しいとき，a の値を求めなさい。

(2) x の方程式 $\dfrac{1}{4}x+m=\dfrac{1}{2}x$ の解が $0.3(x+1)=0.7x+1.9$ の解と等しいとき，m の値を求めなさい。

考え方 一方の方程式を解いて，その解を他方の方程式の x に代入し，ある文字について解く。

◉ **解き方**

(1) $0.2x-0.8=1.3x-3$ を解く。

両辺に 10 をかけると，$2x-8=13x-30$

$2x-13x=-30+8$, $-11x=-22$, $x=2$

$5x+a=-9$ に $x=2$ を代入すると，

$10+a=-9$, $a=-19$

(2) $0.3(x+1)=0.7x+1.9$ を解く。

両辺に 10 をかけると，$3(x+1)=7x+19$

$3x+3=7x+19$, $3x-7x=19-3$,

$-4x=16$, $x=-4$

$\dfrac{1}{4}x+m=\dfrac{1}{2}x$ に $x=-4$ を代入すると，

$-1+m=-2$, $m=-1$

◉ **答**

(1) $a=-19$　　(2) $m=-1$

確認

係数に小数をふくむ場合

係数に小数をふくむ方程式は，両辺に 10，100 などをかけて，係数を整数にしてから解く。

解の確かめ

(1) $a=-19$ のとき，

方程式 $5x+a=-9$ は，

$5x-19=-9$

これを解くと，$5x=10$，

$x=2$ となり，もう一方の方程式の解と等しい。

練習 9

解答は別冊 p.28

(1) x の方程式 $\dfrac{x}{3}-\dfrac{1}{6}=\dfrac{2}{3}x+a$ の解が $2.4x-1.7=4.4x+2.3$ の解と等しいとき，a の値を求めなさい。

(2) x の方程式 $2x-\dfrac{x-3}{4}=a$ の解が $3x=x-4b$ の解と等しいとき，a を b を用いて表しなさい。

1次方程式の利用

⑩ 代金に関する問題 〔応用〕

(1) 1個140円のカレーパンと1個160円のメロンパンを合わせて9個買って，1360円払<ruby>払<rt>はら</rt></ruby>いました。それぞれの個数を求めなさい。

(2) りんご6個とみかん4個を買って，1260円払いました。りんご1個の値段は，みかん1個の値段よりも60円高いです。りんご1個とみかん1個の値段を求めなさい。

考え方 求めたい数量を x とおき，
文章で述べられた数量の関係を x の方程式で表す。

◉ 解き方

(1) カレーパンの個数を x 個とすると，
メロンパンの個数は，$(9-x)$ 個と表される。
方程式は，$140x+160(9-x)=1360$，$x=4$
カレーパンの個数は4個
メロンパンの個数は，$9-4=5$(個) ← 問題に
合っている

(2) みかん1個の値段を x 円とすると，
りんご1個の値段は，$(x+60)$ 円と表される。
方程式は，$6(x+60)+4x=1260$，$x=90$
みかん1個の値段は90円
りんご1個の値段は，$90+60=150$(円) ← 問題に
合っている

◉ 答

(1) **カレーパン4個，メロンパン5個**

(2) **りんご1個150円，みかん1個90円**

くわしく

方程式の解き方

(1) $140x+160(9-x)=1360$
$140x+1440-160x=1360$
$-20x=-80$
$x=4$

(2) $6(x+60)+4x=1260$
$6x+360+4x=1260$
$10x=900$
$x=90$

答えの確かめ

パンの個数や果物の代金として，負<ruby>負<rt>ふ</rt></ruby>の数，分数，小数は不適当である。方程式の解が自<ruby>自<rt>し</rt></ruby>然数<ruby>然数<rt>ぜんすう</rt></ruby>であれば，問題に合っていると判断できる。

 練習 10

解答は別冊 p.28

1個120円のおにぎりと1個90円のいなりずしを合わせて12個買って，1230円払いました。おにぎりといなりずしの個数を求めなさい。

分配に関する問題 　　　　　　　　　　　　　　**応 用**

(1) 何人かの子どもにみかんを分けるのに，4個ずつ分けると20個余り，6個ずつ分けても2個余ります。子どもの人数を求めなさい。

(2) 長いすに何人かの生徒が座ります。1脚につき4人ずつ座るとすべて4人がけとなり，長いすはちょうど3脚余ります。また，3人ずつ座ると18人がかけられません。長いすの脚数と生徒の人数を求めなさい。

考え方 (1) x 人に分けるとして，みかんの個数を表す式を2通り考える。
　　　　　(2) x 脚に座るとして，生徒の人数を表す式を2通り考える。

● **解き方**

(1) 子どもの人数を x 人とすると，みかんの個数の関係から，$4x+20=6x+2$

　　　　 4個ずつ分けると　6個ずつ分けると
　　　　 20個余る　　　　 2個余る

　これを解くと，$4x-6x=2-20$，$-2x=-18$，$x=9$

　子どもの人数は9人。←…問題に合っている

(2) 長いすが x 脚あるとすると，生徒の人数の関係から，

　$4(x-3)=3x+18$

　使った長いすは　かけた生徒は $3x$ 人
　$(x-3)$脚

　これを解くと，$4x-12=3x+18$，$x=30$

　長いすの脚数は30脚。 ←… 問題に
合っている

　生徒の人数は，$4\times(30-3)=108$(人)

● **答**

(1) **9人**　　(2) **長いすの脚数30脚，生徒の数108人**

別解

(1) みかんの個数を x 個とすると，子どもの人数の関係から，

$$\frac{x-20}{4}=\frac{x-2}{6}$$

これを解くと，$x=56$

子どもの人数は，

$$\frac{56-20}{4}=9(人)$$

(2) 生徒の人数を x 人とすると，長いすの脚数の関係から，

$$\frac{x}{4}+3=\frac{x-18}{3}$$

これを解くと，$x=108$

長いすの脚数は，

$$\frac{108}{4}+3=30(脚)$$

練習 11

解答は別冊 p.29

修学旅行の部屋わりで，1部屋6人ずつにすると8人が入れずに，1部屋7人ずつにすると6人の部屋が2部屋できます。部屋の数と生徒の人数を求めなさい。

12 速さに関する問題

応用

(1) A地点から22km離れたB地点へ行くのに，はじめは時速16kmの自転車で走り，途中から時速4kmで歩き，2時間30分かかりました。歩いた道のりを求めなさい。

(2) 兄は9時に家を出て駅へ向かいました。忘れ物を届けるため，弟は9時12分に家を出て自転車で兄を追いかけました。兄の歩く速さを毎分60m，弟の速さを毎分240mとすると，弟は家を出てから何分後に兄に追いつきますか。

考え方 (1) （時間）＝（道のり）÷（速さ）の関係を用いる。
(2) 追いつくまでに兄と弟が進んだ道のりは等しい。

◉ 解き方

(1) 歩いた道のりを x km とすると，

走った道のりは $(22-x)$ km と表される。

時間の関係から，$\dfrac{22-x}{16}+\dfrac{x}{4}=\dfrac{5}{2}$ これを解くと，

$22-x+4x=40$, $3x=18$, $x=6$ …問題に合っている

(2) 弟は家を出てから x 分後に兄に追いつくとすると，

兄の歩いた道のりは，$60(x+12)$ (m)

弟が自転車で進んだ道のりは，$240x$ (m)

2人が進んだ道のりは等しいから，$60(x+12)=240x$

これを解くと，$60x+720=240x$, $x=4$ …
問題に合っている

◉ 答

(1) **6km** (2) **4分後**

参考

(1) AB間の道のり

(2) 2人が進んだ道のり

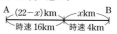

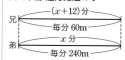

ミス注意

兄が歩いた道のり
(2)では，弟が家を出るとき，兄はすでに12分間歩いている。

練習 12

解答は別冊 p.29

Aさんは，毎朝決まった時刻に家を出て学校へ行きます。毎分60mの速さで歩くと，始業の時刻より5分遅れ，毎分80mの速さで歩くと，始業の時刻より2分早く着きます。家から学校までの道のりを求めなさい。

13 整数に関する問題

(1) 連続する3つの整数があり，それらの和が102であるとき，これら3つの整数を求めなさい。

(2) 一の位が4の2けたの自然数があり，その十の位の数と一の位の数を入れかえた自然数は，もとの自然数より27小さいとき，もとの自然数を求めなさい。

考え方 (1) まん中の整数を x とおき，3つの整数を x の式で表す。
(2) 十の位が a，一の位が b の2けたの自然数は，$10a+b$

● 解き方

(1) まん中の整数を x とすると，

連続する3つの整数は，$\underset{\substack{\text{まん中の数}\\\text{より1小さい}}}{x-1}$，$x$，$\underset{\substack{\text{まん中の数}\\\text{より1大きい}}}{x+1}$

これら3つの数の和が102だから，

$(x-1)+x+(x+1)=102$

これを解くと，$3x=102$，$x=34$

よって，求める3つの整数は，33，34，35 ←··· 問題に合っている

(2) もとの自然数の十の位の数を x とすると，

もとの数は，$\underset{\substack{\text{十の位}\quad\text{一の位}}}{10x+4}$

十の位の数と一の位の数を入れかえた数は，$\underset{\substack{\text{十の位}\quad\text{一の位}}}{10\times4+x}$

したがって，$10x+4-(40+x)=27$

これを解くと，$9x=63$，$x=7$

よって，求めるもとの自然数は，74 ←··· 問題に合っている

● 答

(1) **33，34，35**　　(2) **74**

別解

(1) 最小の数を x とすると，
連続する3つの整数は，
x，$x+1$，$x+2$
これら3つの数の和が102
だから，
$x+(x+1)+(x+2)=102$
これを解くと，$x=33$

ミス注意

答えは問題文に合わせる
方程式の解をそのまま答えにしてしまうミスが多い。
何を答えるのかをよく確かめること。

ミス注意

十の位の数が a，一の位の数が b の2けたの自然数を ab としないように注意する。

練習 13

解答は別冊 p.29

ある数の4倍に7を加えた数は，もとの数の6倍より13小さくなりました。ある数を求めなさい。

14 割合に関する問題 応用

(1) セーターを定価の 30% 引きで買ったところ，代金は 2240 円でした。セーターの定価を求めなさい。

(2) ある町の 10 年前の人口は，現在よりも 2 割少なく，20 年前は 10 年前よりも 5% 多く，現在よりも 1200 人少ないとき，この町の現在の人口を求めなさい。

考え方 基準になる量を x とおき，立式する。

◉ 解き方

(1) **セーターの定価を x 円として方程式をつくると，**

$x \times (1-0.3) = 2240$　これを解くと，
<small>30%引き</small>

$0.7x = 2240$, $x = 3200$ ←…問題に合っている

(2) **現在の人口を x 人とすると，**

現在よりも 2 割少ない人数が 10 年前の人口だから，

$x \times (1-0.2) = 0.8x$ (人)
<small>10 年前の人口</small>

10 年前よりも 5% 多い人数が 20 年前の人口だから，

$0.8x \times (1+0.05) = 0.84x$ (人)
<small>20 年前の人口</small>

したがって，方程式は，$0.84x = x - 1200$
<small>現在よりも 1200 人少ない</small>

これを解くと，$-0.16x = -1200$, $x = 7500$ ←…
<small>問題に合っている</small>

◉ 答

(1) **3200 円**　(2) **7500 人**

確認

1% は 0.01, 1 割は 0.1

(1) 1% は 0.01 だから，30% は 0.3 になる。

(2) 1 割は 0.1 だから，2 割は 0.2 になる。

$a\%$ ➡ $\dfrac{a}{100}$

b 割 ➡ $\dfrac{b}{10}$

ミス注意

2 割少ない，5% 多い

(2) a 人よりも 2 割少ない人数は，$a \times (1-0.2)$ (人)

a 人よりも 5% 多い人数は，$a \times (1+0.05)$ (人) である。

練習 14

解答は別冊 p.29

ある商品に原価の 30% の利益を見込んで定価をつけましたが，150 円値下げして売ったので，利益は原価の 15% になりました。この商品の原価は何円か求めなさい。

15 濃度に関する問題

応用

(1) 7%の食塩水 300g に食塩 xg を加えると，10%の食塩水ができました。x の値を求めなさい。

(2) 容器に濃度が x%の食塩水が 250g 入っています。ところが 50g こぼしたので，こぼした量だけ水を加えたら，12%の食塩水になりました。x の値を求めなさい。

考え方 （食塩の重さ）＝（食塩水の重さ）×（濃度）から立式する。

◎ 解き方

(1) 7%の食塩水 300g にふくまれる食塩の重さは，

$300 \times 0.07 = 21 (g)$

できた 10%の食塩水の重さは，$300 + x (g)$ で，その中にふくまれる食塩の重さは，

$(300 + x) \times 0.1 = 30 + 0.1x (g)$

したがって，**食塩の重さの関係**から，

$21 + x = 30 + 0.1x$

これを解くと，$x = 10$ ←…問題に合っている

(2) 食塩水をこぼした後と水を加えた後では，**食塩の重さは変わらない**ことから，

$(250 - 50) \times 0.01x = 250 \times 0.12$

これを解くと，$x = 15$ ←…問題に合っている

◎ 答

(1) $x = 10$　(2) $x = 15$

参考

(1) 濃度，食塩水の重さ，食塩の重さを図に表すと，下のようになる。

(2) 濃度，食塩水の重さ，食塩の重さを図に表すと，下のようになる。

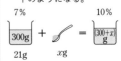

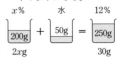

練習 15

解答は別冊 p.29

(1) 9%の食塩水 500g に 12%の食塩水を加えたら，10%の食塩水ができました。12%の食塩水を何 g 加えたか求めなさい。

(2) 8%の食塩水 400g に，水 100g と 20%の食塩水を何 g か加えて混ぜたら，12%の食塩水ができました。20%の食塩水を何 g 加えたか求めなさい。

16 図形に関する問題 　応用

(1) 横の長さが縦の長さより 5cm 長い長方形があり，その周の長さ
は 66cm です。この長方形の縦の長さを求めなさい。

(2) 右の図のおうぎ形の半径が 12cm，面積が $50\pi cm^2$
であるとき，中心角の大きさを求めなさい。

12cm

考え方
(1) 長方形の周の長さは，｛(縦の長さ)＋(横の長さ)｝×2
(2) 半径 r，中心角 $a°$ のおうぎ形の面積は，$\pi r^2 \times \dfrac{a}{360}$

● 解き方

(1) 縦の長さを $x$cm とすると，

横の長さは $(x+5)$cm と表せる。

周の長さが 66cm であるから，$x+(x+5)=66\div 2$

これを解くと，$2x=33-5$，$x=14$ ←……
　　　　　　　　　　　　　　　　　問題に合っている

(2) 中心角を $x°$ とすると，面積が $50\pi cm^2$ であるから，

$\pi \times 12^2 \times \dfrac{x}{360}=50\pi$

これを解くと，$144x=50\times 360$，$x=125$ ←……
　　　　　　　　　　　　　　　　　問題に合っている

● 答

(1) **14 cm**　　(2) **125°**

確認

長方形の周の長さ
長方形の周の長さは，縦の長さと横の長さの和の2倍である。

おうぎ形の面積
半径 r，中心角 $a°$ のおうぎ形の面積 S は，
$$S=\pi r^2 \times \dfrac{a}{360}$$

練習 16

(1) 右の図において，2点 A，C は OQ 上，点 B は
OP 上の点です。OA＝AB，AC＝BC，∠BCQ＝100°
であるとき，∠POQ の大きさを求めなさい。

(2) 1辺が 4cm の正方形の紙が x 枚あります。
これらを右の図のように，1辺が 2cm の正
方形をのりしろとして，はり合わせていき
ます。x 枚はり合わせてできた図形全体の
面積が 220cm² となるとき，x の値を求めなさい。

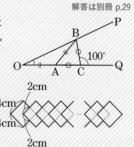

17 解の検討

(1) 33人のグループで，5人乗りと3人乗りのボートを合わせて8
そう借りて，全員が乗れて空席が出ないようにするには，それ
ぞれ何そうずつ借りればよいですか。

(2) 現在，弟の年齢は10歳，母の年齢は34歳です。母の年齢が弟
の年齢の4倍になるのはいつですか。

考え方 解が問題に合うかどうか検討する。
問題に合わない場合は，「解なし」と答える。

◉ 解き方

(1) 5人乗りのボートを x そう借りるとすると，3人
乗りのボートは $(8-x)$ そう借りることになる。
したがって，方程式は，$5x+3(8-x)=33$
これを解くと，$5x+24-3x=33$，$x=4.5$
x は**ボートの数**だから，4.5は問題の答えとしては
適当ではなく，問題に合わない。

(2) x 年後に母の年齢が弟の年齢の4倍になるとすると，
x 年後の弟の年齢は，$(10+x)$ 歳
x 年後の母の年齢は，$(34+x)$ 歳
したがって，方程式は，$4(10+x)=34+x$
これを解くと，$40+4x=34+x$，$x=-2$
−2年後とは，**2年前**のことであり，これは問題
に合っている。

◉ 答

(1) **解なし**　　(2) **2年前**

くわしく

**方程式の解が小数，分数の場
合の考え方**

個数，人数，代金などを求め
る問題では，答えは自然数に
なるので，小数や分数は答え
としては適当ではなく，問題
に合わない。

負の数の言いかえ

(2)のように，負の数の解は，
問題に合うように，正の数で
言いかえて答えとする場合も
ある。

例 −5分後 ➡ 5分前

練習 17

解答は別冊 p.30

和が50で，差が35となるような2つの自然数を求めなさい。

18 不等式

発展

次の不等式(ふとうしき)を解きなさい。

(1) $x+1>5$ (2) $33 \geqq 4x+5$ (3) $2x-8<5x+1$

考え方 方程式と同じように，移項して解く。両辺に負の数をかけたり，両辺を負の数でわったりすると，不等号(ふとうごう)の向きが変わる。

◉ 解き方

(1) $x+1>5$ の 1 を右辺に**移項**して，$x>5-1$，$x>4$

(2) $33 \geqq 4x+5$ の 33 を右辺に，$4x$ を左辺に**移項**して，

$$-4x \geqq 5-33$$
$$-4x \geqq -28$$
$$x \leqq 7 \quad \longleftarrow$$

両辺を負の数でわると，
不等号の向きが変わる

(3) $$2x-8<5x+1$$
$$2x-5x<1+8 \quad \longleftarrow \quad -8 \text{を右辺に，} 5x \text{を左辺に移項する}$$
$$-3x<9$$
$$x>-3 \longleftarrow$$

両辺を負の数でわると，
不等号の向きが変わる

＋ 不等式の性質

$6<9$ の両辺に -2 をかけると，

$$\underset{-12}{6 \times (-2)} > \underset{-18}{9 \times (-2)}$$

また，$6<9$ の両辺を -3 でわると，

$$\underset{-2}{6 \div (-3)} > \underset{-3}{9 \div (-3)}$$

このように，不等式の両辺に同じ負の数をかけたり，両辺を同じ負の数でわったりすると，不等号の向きは変わる。

◉ 答 (1) $x>4$ (2) $x \leqq 7$ (3) $x>-3$

用語解説

不等式
数や式の大小を不等号を用いて表した式。

不等式の解
不等式を成り立たせる文字の値。

不等式を解く
不等式の解を求めること。

不等式の性質
$A>B$ ならば，
$$\begin{cases} A+C>B+C \\ A-C>B-C \end{cases}$$
$A>B$，$C>0$ ならば，
$$AC>BC$$
$$\frac{A}{C}>\frac{B}{C}$$
$A>B$，$C<0$ ならば，
$$AC<BC \longleftarrow$$

不等号の向きが変わる

$$\frac{A}{C}<\frac{B}{C} \longleftarrow$$

 練習 18

解答は別冊 p.30

次の不等式を解きなさい。

(1) $2(x-3)<-x$ (2) $0.4x \leqq 1-0.1x$

(3) $x+3 \geqq \dfrac{1}{4}x$ (4) $\dfrac{x+1}{3}>\dfrac{x-1}{2}$

章末問題

解答 別冊 p.30

1 方程式 $3(2x-1)=-9$ を，右のように解きました。「等式の両辺に同じ数をたしても，等式は成り立つ」という等式の性質を使って，方程式を変形しているのはどこですか。ア～エの中から1つ選び，その記号を書きなさい。【18 埼玉県】

$$3(2x-1)=-9$$
$$6x-3=-9$$ ア
$$6x=-9+3$$ イ
$$6x=-6$$ ウ
$$x=-1$$ エ

2 次の方程式を解きなさい。

(1) $x=3x-10$ 【岩手県】

(2) $2x+8=5x-13$ 【福岡県】

(3) $5x=3(x+4)$ 【熊本県】

(4) $2(3x+2)=-8$ 【沖縄県】

(5) $1.3x-2=0.7x+1$ 【熊本県】

(6) $x+3.5=0.5(3x-1)$ 【千葉県】

(7) $\dfrac{3x+4}{2}=4x$ 【秋田県】

(8) $\dfrac{x-4}{3}+\dfrac{7-x}{2}=5$ 【和歌山県】

3 次の比例式で，x の値を求めなさい。

(1) $x:6=5:3$ 【大阪府】

(2) $6:8=x:20$ 【秋田県】

(3) $2:5=3:(x+4)$ 【香川県】

(4) $5:(9-x)=2:3$ 【栃木県】

(5) $(x-4):x=5:4$ 【駿台甲府高(山梨)】

(6) $(x-4):3=x:5$ 【青森県】

4 次の問いに答えなさい。

(1) x についての方程式 $3x-4=x-2a$ の解が5であるとき，a の値を求めなさい。

【茨城県】

(2) 方程式 $\dfrac{4-ax}{5}=\dfrac{5-a}{2}$ は $x=2$ のとき成り立ちます。このとき a の値を求めなさい。

【江戸川学園取手高(茨城)】

5 蘭子さんの妹は，今日が誕生日です。蘭子さんの家は，父，母，妹の4人家族で，4人の今日現在の年齢をすべてたすと126になります。妹が生まれたときの父の年齢は，当時の蘭子さんの年齢の5倍でした。昨年の妹の誕生日のときには，妹の年齢を2倍すると蘭子さんの年齢になりました。今日の母の年齢は，今日の父の年齢より2歳年上です。妹は今日で何歳になったのか，求めなさい。

【お茶の水女子大附高(東京)】

6 長いすに生徒が座るとき，1脚あたり6人ずつ座ると3人が座れなかったので，あらためて1脚あたり7人ずつ座ると，1脚だけ余り，他の長いすにはちょうど7人ずつ座りました。このとき，生徒の人数を求めなさい。

【中央大附高(東京)】

7 家からA高校前バス停留所までの道のりは12kmです。姉は，家からBバス停留所まで時速4kmの速さで歩いて行き，Bバス停留所からバスに乗って時速36kmの速さで，A高校に向かいました。弟は，姉より20分早く家を出発し，自転車に乗って時速15kmの速さで，姉と同じ道を通りA高校に向かいました。姉と弟が同時にA高校前バス停留所に着きました。家からBバス停留所までの道のりは何kmですか。ただし，バスの待ち時間は考えないものとします。

【15 都立新宿高】

8 原価600円の品物を50個仕入れ，a%の利益を見込んで定価をつけて販売しました。20個が売れ残ったため，定価の150円引きで販売したらすべて売り切れました。その結果，得られた利益は最初に見込んでいた利益の50%となりました。定数aの値を求めなさい。 【関西学院高等部(兵庫)】

9 Aの箱に赤玉が45個，Bの箱に白玉が27個入っています。Aの箱とBの箱から赤玉と白玉の個数の比が2:1となるように取り出したところ，Aの箱とBの箱に残った赤玉と白玉の個数の比が7:5になりました。Bの箱から取り出した白玉の個数を求めなさい。 【三重県】

連立方程式

連立方程式では，加減法・代入法のどちらでも解けるようにしておこう。
また，文章題は，解法の手順にしたがって解こう。

連立方程式の解き方

→p.156

連立方程式と解

2つ以上の文字をふくむ方程式(ほうていしき)を組にしたものを，連立方程式(れんりつほうていしき)という。

組になっているすべての方程式を同時に成り立たせる文字の値の組を連立方程式の解(あたい)といい，連立方程式の解を求めることを連立方程式を解く(と)という。

$$\begin{cases} x-y=1 \\ x+y=5 \end{cases} \xrightarrow{\quad x=3,\ y=2\ を代入 \quad} \begin{cases} 3-2=1 \\ 3+2=5 \end{cases} \xrightarrow{\quad 等式が成り立つ \quad} x=3,\ y=2\ は解$$

連立方程式の解き方

❶ 加減法(かげんほう)，または代入法(だいにゅうほう)を使い，1つの文字を消去する。

❷ ある文字についての1次方程式になったら，その解を求める。

❸ 求めた文字の値を代入し，残りの文字の値を求める。

x，yについての連立方程式を解くために，yをふくまない式(xについての1次方程式)を導くことを，yを消去するという。

連立方程式から1つの文字を消去する方法には，加減法と代入法がある。

$\begin{cases} x+y=1 & \cdots① \\ x-2y=-5 & \cdots② \end{cases}$

● 加減法で解くと

①−②より，
$$\begin{array}{r} x+\ y=1 \\ -)\ x-2y=-5 \\ \hline 3y=6 \end{array}$$
↑ x を消去   ↑ y についての1次方程式

$3y=6$より，$y=2$
$y=2$を①に代入して，
$x+2=1$，$x=-1$

● 代入法で解くと

①より，$\underline{x=1-y}$　…①′
↑ x について解く

これを②に代入して，
$\underline{(1-y)-2y=-5}$
↑ y についての1次方程式

$-3y=-6$より，$y=2$
$y=2$を①′に代入して，$x=-1$

2 いろいろな連立方程式

➡p.158

かっこのある連立方程式

分配法則を利用して，かっこをはずす。

例 $\begin{cases} 2(x+y)=x+5 \\ x-(1-y)=3 \end{cases}$ ── かっこをはずして整理 ── $\begin{cases} x+2y=5 \\ x+y=4 \end{cases}$

係数に小数をふくむ連立方程式

両辺に 10，100 などをかけて，係数を整数にする。

例 $\begin{cases} 0.2x-0.5y=1 \\ 0.01x+0.06y=0.22 \end{cases}$ 両辺に 10 をかける／両辺に 100 をかける $\begin{cases} 2x-5y=10 \\ x+6y=22 \end{cases}$

係数に分数をふくむ連立方程式

両辺に分母の最小公倍数をかけて，分母をはらう。

例 $\begin{cases} \dfrac{2}{5}x+\dfrac{6}{5}y=1 \\ \dfrac{x}{3}+\dfrac{y}{4}=\dfrac{5}{12} \end{cases}$ 両辺に 5 をかける／両辺に 12 をかける $\begin{cases} 2x+6y=5 \\ 4x+3y=5 \end{cases}$

文字定数をふくむ連立方程式

解を 2 つの方程式に代入して，係数の値を求める。

➡解は，方程式を成り立たせる文字の値である。

例 $\begin{cases} ax+by=10 & \cdots① \\ bx+ay=-8 & \cdots② \end{cases}$ の解が $x=2$, $y=-1$ のときの a, b の値

$x=2$, $y=-1$ を①，②に代入する。

$\begin{cases} 2a-b=10 & \cdots③ \\ 2b-a=-8 & \cdots④ \end{cases}$

③×2＋④より，$3a=12$, $a=4$

$a=4$ を③に代入して，$8-b=10$, $b=-2$

3 連立方程式の利用

➡p.167

連立方程式を使って問題を解くには，次の手順で行う。

❶ 問題を分析する 　…何を求めるのか。何と何が等しいか。

❷ 文字を決定する 　…ふつうは，求める数量を文字 x, y で表す。

❸ 連立方程式をつくる …2 つの等しい関係を方程式で表す。

❹ 連立方程式を解く …加減法または代入法で解く。

❺ 解を検討する 　…解が問題に適しているかどうか調べる。

第2章
SECTION
1

連立方程式の解き方

19 加減法　　　　　　　　　　　　　　　　　基礎

次の連立方程式を加減法で解きなさい。
（※ 入試問題では，解き方の指定はありません。）

(1) $\begin{cases} 3x+y=8 & \cdots\cdots① \\ x+y=2 & \cdots\cdots② \end{cases}$　　(2) $\begin{cases} 3x+2y=-5 & \cdots\cdots① \\ x-4y=17 & \cdots\cdots② \end{cases}$

(3) $\begin{cases} 4x-3y=11 & \cdots\cdots① \\ 3x-2y=9 & \cdots\cdots② \end{cases}$

考え方 x または y の係数の絶対値をそろえて，一方の文字を消去する。

◉ 解き方

(1) ①−②より，
$$\begin{array}{r} 3x+y=8 \\ -)\ \underline{x+y=2} \\ 2x\ \ \ \ =6,\ \ x=3 \end{array}$$
$x=3$ を②に代入して，$3+y=2,\ y=-1$

(2) ①×2+②より，
$$\begin{array}{r} 6x+4y=-10 \\ +)\ \underline{x-4y=17} \\ 7x\ \ \ \ =7,\ \ x=1 \end{array}$$
$x=1$ を②に代入して，$1-4y=17,\ y=-4$

(3) ①×2−②×3 より，
$$\begin{array}{r} 8x-6y=22 \\ -)\underline{9x-6y=27} \\ -x\ \ \ \ =-5,\ \ x=5 \end{array}$$
$x=5$ を②に代入して，$3\times5-2y=9,\ y=3$

◉ 答

(1) $x=3,\ y=-1$　(2) $x=1,\ y=-4$　(3) $x=5,\ y=3$

用語解説

連立方程式
2つ以上の方程式を組にしたもの。

加減法
2式の辺どうしを加えるかひくかして，1つの文字を消去して，1次方程式にして解く方法。

確認

係数の絶対値のそろえ方
係数の絶対値は最小公倍数にそろえる。また，できるだけ小さい数をかけてすむほうの文字を消去すると計算しやすい。

練習 19

解答は別冊 p.32

次の連立方程式を加減法で解きなさい。（※ 入試問題では,解き方の指定はありません。）

(1) $\begin{cases} 3x-5y=7 \\ x+4y=-9 \end{cases}$　　(2) $\begin{cases} 2x+3y=12 \\ 3x-2y=-21 \end{cases}$

20 代入法

基礎

次の連立方程式を代入法で解きなさい。（※ 入試問題では，解き方の指定はありません。）

(1) $\begin{cases} x+y=9 & \cdots\cdots① \\ y=2x-3 & \cdots\cdots② \end{cases}$

(2) $\begin{cases} 2x-3y=5 & \cdots\cdots① \\ x=-2y-1 & \cdots\cdots② \end{cases}$

(3) $\begin{cases} 3x=5y+9 & \cdots\cdots① \\ 6x+y=-15 & \cdots\cdots② \end{cases}$

(4) $\begin{cases} y=-x+10 & \cdots\cdots① \\ y=3x+2 & \cdots\cdots② \end{cases}$

考え方 一方の式を他方の式に代入して，一方の文字を消去する。

◉ 解き方

(1) ②を①に**代入**して，$x+(2x-3)=9$
$3x-3=9$, $3x=12$, $x=4$
$x=4$ を②に**代入**して，$y=2\times4-3=5$

(2) ②を①に**代入**して，$2(-2y-1)-3y=5$
$-4y-2-3y=5$, $-7y=7$, $y=-1$
$y=-1$ を②に**代入**して，$x=-2\times(-1)-1=1$

(3) ①を②に**代入**して，$2(5y+9)+y=-15$
$10y+18+y=-15$, $11y=-33$, $y=-3$
$y=-3$ を①に**代入**して，$3x=5\times(-3)+9$, $x=-2$

(4) ①を②に**代入**して，$-x+10=3x+2$, $x=2$
$x=2$ を①に**代入**して，$y=-2+10=8$

◉ 答

(1) $x=4$, $y=5$　　(2) $x=1$, $y=-1$

(3) $x=-2$, $y=-3$　　(4) $x=2$, $y=8$

用語解説

代入法
2式のうち，一方の式を他方の式に代入して1つの文字を消去して，1次方程式にして解く方法。

確認

式の形と代入法
式を見て，$x=\sim$や$y=\sim$の形の式があったら，代入法を利用するとよい。

ミス注意

代入する式にかっこをつける
代入する式には，かっこをつけて代入したほうがミスが少ない。

練習 20

解答は別冊 p.32

次の連立方程式を代入法で解きなさい。（※ 入試問題では，解き方の指定はありません。）

(1) $\begin{cases} 2y=-x-9 \\ 7x+2y=9 \end{cases}$

(2) $\begin{cases} x=-2y-6 \\ x=-5y+9 \end{cases}$

2 いろいろな連立方程式

21 かっこをふくむ連立方程式 応用

次の連立方程式を解きなさい。

(1) $\begin{cases} x-(5x-y)=-1 & \cdots\cdots① \\ 2x+3y=11 & \cdots\cdots② \end{cases}$

(2) $\begin{cases} 3x+1=2y-2 & \cdots\cdots① \\ 6(x-5)=y & \cdots\cdots② \end{cases}$

考え方 分配法則でかっこをはずして，式を整理して解く。

● 解き方

(1) ①のかっこをはずすと，

$x-5x+y=-1,\ -4x+y=-1\ \cdots\cdots①'$

①′＋②×2 より，

$\begin{array}{r} -4x+\ y=-1 \\ +)\ \ 4x+6y=22 \\ \hline 7y=21,\ y=3 \end{array}$

$y=3$ を①′に**代入**して，$-4x+3=-1, -4x=-4, x=1$

(2) ①を**整理**すると，$3x-2y=-3\ \cdots\cdots①'$

②のかっこをはずすと，

$6x-30=y,\ 6x-y=30\ \cdots\cdots②'$

①′－②′×2 より，

$\begin{array}{r} 3x-2y=-3 \\ -)\ 12x-2y=60 \\ \hline -9x\quad\ \ =-63,\ x=7 \end{array}$

$x=7$ を②′に**代入**して，$6×7-y=30,\ y=12$

● 答

(1) $x=1,\ y=3$　　(2) $x=7,\ y=12$

ミス注意

(1) ①の式のかっこをはずす とき，$x-5x×y=-1$ など と，符号(ふごう)のミスをしない ように。

確認

分配法則

$a(b+c)=ab+ac$

$(a+b)c=ac+bc$

別解

(2) ②を①に代入して，

$3x+1=2×6(x-5)-2$

として解いてもよい。

練習 21

解答は別冊 p.32

次の連立方程式を解きなさい。

(1) $\begin{cases} 2(x-6y)+9y=-13 \\ 3x+4y=6 \end{cases}$

(2) $\begin{cases} 2x-(y-5x)=18 \\ 5(x-y)-2y=16 \end{cases}$

22 係数に小数をふくむ連立方程式 （応用）

次の連立方程式を解きなさい。

(1) $\begin{cases} 0.3x - 0.1y = 0.8 & \cdots\cdots① \\ x + y = 4 & \cdots\cdots② \end{cases}$

(2) $\begin{cases} 1.3x - y = -0.7 & \cdots① \\ 0.03x - 0.1y = -0.17 & \cdots② \end{cases}$

(3) $\begin{cases} x + 0.75y = 2.5 & \cdots\cdots① \\ 1.8x + 3y = 1.2 & \cdots\cdots② \end{cases}$

考え方 両辺に 10, 100 などをかけて, 係数を整数にして解く。

● 解き方

(1) ①×10 より, $3x - y = 8$ ……①′
①′＋②より, $4x = 12$, $x = 3$
$x = 3$ を②に**代入**して, $3 + y = 4$, $y = 1$

(2) ①×10 より, $13x - 10y = -7$ ……①′
②×100 より, $3x - 10y = -17$ ……②′
①′－②′より, $10x = 10$, $x = 1$
$x = 1$ を①′に**代入**して, $13 \times 1 - 10y = -7$, $y = 2$

(3) ①×40 より, $40x + 30y = 100$ ……①′
②×10 より, $18x + 30y = 12$ ……②′
①′－②′より, $22x = 88$, $x = 4$
$x = 4$ を①′に**代入**して, $40 \times 4 + 30y = 100$, $y = -2$

● 答

(1) $x = 3, \ y = 1$　　(2) $x = 1, \ y = 2$　　(3) $x = 4, \ y = -2$

ミス注意

(2) ①の式の両辺に 10 をかけるとき, $13x - y = -7$ としやすい。

別解

(3) ①×100 より,
$100x + 75y = 250$
両辺を 25 でわると,
$4x + 3y = 10$ ……①″
①″－②から y を消去してもよい。

確認

係数が整数になる数をかける
(3) 10 や 100 をかけてもよいが, それ以外の数でも, 係数が整数になる数ならば, 必ずしも 10 や 100 である必要はない。

練習 22

解答は別冊 p.33

次の連立方程式を解きなさい。

(1) $\begin{cases} x - 0.3y = 2.5 \\ 6x + y = 1 \end{cases}$

(2) $\begin{cases} 0.4x - 0.3y = 1 \\ 0.16x - 0.27y = -2.3 \end{cases}$

係数に分数をふくむ連立方程式　　応用

次の連立方程式を解きなさい。

(1) $\begin{cases} \dfrac{x}{3} - \dfrac{y}{4} = 1 & \cdots\cdots① \\ x - 2y = 23 & \cdots\cdots② \end{cases}$

(2) $\begin{cases} \dfrac{x+2y}{6} = 7 & \cdots\cdots① \\ \dfrac{8x-y}{5} = 6 & \cdots\cdots② \end{cases}$

考え方　**両辺に分母の最小公倍数をかけて、分母をはらって整理してから解く。**

● 解き方

(1) ①×12 より，$4x - 3y = 12$　　……①′

①′−②×4 より，$\begin{array}{r} 4x-3y=12 \\ -)\ 4x-8y=92 \\ \hline 5y = -80, \quad y = -16 \end{array}$

$y = -16$ を②に**代入**して，$x - 2 \times (-16) = 23,\ x = -9$

(2) ①×6 より，$x + 2y = 42$　　……①′

②×5 より，$8x - y = 30$　　……②′

①′+②′×2 より，$\begin{array}{r} x+2y=42 \\ +)\ 16x-2y=60 \\ \hline 17x \quad\quad = 102, \quad x = 6 \end{array}$

$x = 6$ を①′に**代入**して，$6 + 2y = 42,\ y = 18$

● 答

(1) $x = -9,\ y = -16$　　(2) $x = 6,\ y = 18$

 ミス注意

分母のはらい方

分母をはらうときは，両辺に同じ数をかけること。右辺や整数の項へのかけ忘れに注意する。

 確認

分子が多項式のとき

下の練習の(3)のように，分子に2つ以上の項があるときは，かっこをつけてから分母の最小公倍数をかけること。また，

$$\dfrac{1}{8}(x-4) = \dfrac{1}{4}(2x+7y)$$

のようにして解いてもよい。

練習 23

解答は別冊 p.33

次の連立方程式を解きなさい。

(1) $\begin{cases} 4x - 5y = -3 \\ \dfrac{1}{3}x + \dfrac{1}{2}y = \dfrac{5}{2} \end{cases}$

(2) $\begin{cases} 13x + 12y = -32 \\ y = \dfrac{2x+3}{2} \end{cases}$

(3) $\begin{cases} \dfrac{x-4}{8} = \dfrac{2x+7y}{4} \\ x + 6y = 2 \end{cases}$

(4) $\begin{cases} 3(x-1) - 2y = 3 \\ 2x - \dfrac{y-3}{3} = -1 \end{cases}$

㉔ $A=B=C$ の形の連立方程式　応用

次の連立方程式を解きなさい。

(1) $4x+y=3x-y=7$

(2) $x-2y=3x-y=5$

(3) $x-y=-(2x+3y)=4x+2y+3$

考え方 $\begin{cases} A=B \\ A=C \end{cases}$ $\begin{cases} A=B \\ B=C \end{cases}$ $\begin{cases} A=C \\ B=C \end{cases}$ のいずれかの形で解く。

◉ **解き方**

(1) $\begin{cases} 4x+y=7 & \cdots\cdots① \\ 3x-y=7 & \cdots\cdots② \end{cases}$ とすると、

①＋②より，$7x=14$，$x=2$

$x=2$ を①に**代入**して，$4\times2+y=7$，$y=-1$

(2) $\begin{cases} x-2y=5 & \cdots\cdots① \\ 3x-y=5 & \cdots\cdots② \end{cases}$ とすると、

①－②×2 より，$-5x=-5$，$x=1$

$x=1$ を①に**代入**して，$1-2y=5$，$-2y=4$，$y=-2$

(3) $\begin{cases} x-y=-(2x+3y) & \cdots\cdots① \\ x-y=4x+2y+3 & \cdots\cdots② \end{cases}$ とすると、

①を**整理する**と，$3x=-2y$　　　$\cdots\cdots①'$

②を**整理する**と，$3x=-3y-3$　$\cdots\cdots②'$

①' を②' に**代入**して，$-2y=-3y-3$，$y=-3$

$y=-3$ を①' に**代入**して，$3x=-2\times(-3)$，$x=2$

◉ **答**

(1) $x=2$，$y=-1$　　(2) $x=1$，$y=-2$

(3) $x=2$，$y=-3$

くわしく

もっとも簡単な式を2度使って解く

$A=B=C$ の形の連立方程式を解く場合は，もっとも簡単な式を2度使った連立方程式をつくると，あとの計算が楽になる。

(1) 7 を2度使った式にする。

(2) 5 を2度使った式にする。

(3) $x-y$ を2度使った式にする。

別解

(1) $3x-y$ を2度使った式にすると，

$\begin{cases} 4x+y=3x-y & \cdots\cdots① \\ 3x-y=7 & \cdots\cdots② \end{cases}$

①より，$x+2y=0\cdots\cdots①'$

①'＋②×2 より，

$7x=14$，$x=2$

$x=2$ を①' に代入すると，

$2+2y=0$，$y=-1$

練習 ㉔

解答は別冊 p.33

次の連立方程式を解きなさい。

(1) $4x+3y=3x+y=5$

(2) $\dfrac{3x+2y}{5}=\dfrac{2x+y}{4}=x+2$

25 解が 1 つに決まらない連立方程式　発展

次の連立方程式を解きなさい。

(1) $\begin{cases} x-2y=3 & \cdots\cdots① \\ 2x-4y=6 & \cdots\cdots② \end{cases}$

(2) $\begin{cases} 2x+3y=1 & \cdots\cdots① \\ 4x+6y=3 & \cdots\cdots② \end{cases}$

考え方　解が無数にある場合や解がない場合がある。

◉ 解き方

(1) ①×2 より，$2x-4y=6$

これは②と同じである。

したがって，①の解はすべて②の方程式を成り立たせる。

また，②の2元1次方程式の解は無数にあるから，この連立方程式の解は無数にある。

(2) ①×2 より，$4x+6y=2$

この式の左辺は，②の左辺と同じである。

したがって，①を②に代入すると，$2=3$ という矛盾が起こるから，この連立方程式の解はない。

◉ 答

(1) 解は無数　　(2) 解なし

用語解説

2元1次方程式

2種類の文字をふくむ1次方程式を2元1次方程式といい，その解は無数にある。

参考

解は無数

(1)の解は，$x=1, y=-1$ や $x=5, y=1$ など，無数にある。

不定と不能

解が無数にある方程式は，その方程式は不定であるという。

また，解が1つもない方程式は，その方程式は不能であるという。

練習 **25**

解答は別冊 p.33

次の連立方程式を解きなさい。

(1) $\begin{cases} 3x-2y=-1 \\ 9x-6y=-2 \end{cases}$

(2) $\begin{cases} 4x+6y=2 \\ 2x+3y=1 \end{cases}$

(3) $\begin{cases} 4x=3y \\ x=y \end{cases}$

26 連立 3 元 1 次方程式 発展

次の連立方程式を解きなさい。

(1)
$$\begin{cases} x+y=1 & \cdots\cdots① \\ y+z=2 & \cdots\cdots② \\ z+x=5 & \cdots\cdots③ \end{cases}$$

(2)
$$\begin{cases} x+y-z=-7 & \cdots\cdots① \\ x-y+2z=9 & \cdots\cdots② \\ 2x-y-z=-4 & \cdots\cdots③ \end{cases}$$

考え方 まず，1 つの文字を消去して，連立 2 元 1 次方程式を導き，それを解く。

● 解き方

(1) ②－③より，$y-x=-3$ ……④

①－④より，
$$\begin{array}{r} x+y=1 \\ -)\ -x+y=-3 \\ \hline 2x\quad\ =4,\ \ x=2 \end{array}$$

$x=2$ を①に**代入**して，$2+y=1,\ y=-1$

$x=2$ を③に**代入**して，$z+2=5,\ z=3$

(2) ①+②より，$2x+z=2$ ……④

①+③より，$3x-2z=-11$ ……⑤

④×2+⑤より，$7x=-7,\ x=-1$

$x=-1$ を④に**代入**して，$2\times(-1)+z=2,\ z=4$

$x=-1,\ z=4$ を①に**代入**して，
$$-1+y-4=-7,\ y=-2$$

● 答

(1) $x=2,\ y=-1,\ z=3$　　(2) $x=-1,\ y=-2,\ z=4$

別解

(1) ①+②+③より，
$2(x+y+z)=8$
$x+y+z=4$ ……④
④－①より，$z=3$
④－②より，$x=2$
④－③より，$y=-1$

用語解説

連立〇元 1 次方程式
2 種類の文字をふくむ 1 次方程式を組にしたものを**連立 2 元 1 次方程式**という。
また，3 種類の文字をふくむ 1 次方程式を組にしたものを**連立 3 元 1 次方程式**という。

練習 26

解答は別冊 p.34

次の連立方程式を解きなさい。

(1)
$$\begin{cases} x+y=1 \\ y+z=2 \\ z+x=-3 \end{cases}$$

(2)
$$\begin{cases} 2x-y+z=3 \\ 3x+2y-4z=10 \\ x+3y-2z=4 \end{cases}$$

27 特別な形の連立方程式 発展

次の連立方程式を解きなさい。

(1) $\begin{cases} \dfrac{1}{x}+\dfrac{1}{y}=3 & \cdots\cdots① \\[2mm] \dfrac{1}{x}+\dfrac{3}{y}=8 & \cdots\cdots② \end{cases}$

(2) $\begin{cases} \dfrac{12}{x}-\dfrac{3}{y}=6 & \cdots\cdots① \\[2mm] \dfrac{2}{x}+\dfrac{2}{y}=-\dfrac{3}{2} & \cdots\cdots② \end{cases}$

考え方 $\dfrac{1}{x}=X,\ \dfrac{1}{y}=Y$ とおき，X，Y についての連立方程式を解く。

● 解き方

(1) $\dfrac{1}{x}=X,\ \dfrac{1}{y}=Y$ とおくと，$\begin{cases} X+Y=3 & \cdots\cdots①' \\ X+3Y=8 & \cdots\cdots②' \end{cases}$

②′$-$①′ より，$2Y=5,\ Y=\dfrac{5}{2}$

これを①′に**代入**して，$X+\dfrac{5}{2}=3,\ X=\dfrac{1}{2}$

よって，$\dfrac{1}{x}=\dfrac{1}{2},\ \dfrac{1}{y}=\dfrac{5}{2}$ より，$x=2,\ y=\dfrac{2}{5}$

(2) $\dfrac{1}{x}=X,\ \dfrac{1}{y}=Y$ とおくと，$\begin{cases} 12X-3Y=6 & \cdots①' \\ 2X+2Y=-\dfrac{3}{2} & \cdots②' \end{cases}$

①′$-$②′$\times6$ より，$-15Y=15,\ Y=-1$

これを①′に**代入**して，$12X+3=6,\ 12X=3,\ X=\dfrac{1}{4}$

よって，$\dfrac{1}{x}=\dfrac{1}{4},\ \dfrac{1}{y}=-1$ より，$x=4,\ y=-1$

● 答

(1) $x=2,\ y=\dfrac{2}{5}$ 　　(2) $x=4,\ y=-1$

別解

通分して解くと，

(1) $\begin{cases} \dfrac{x+y}{xy}=3 \\[2mm] \dfrac{3x+y}{xy}=8 \end{cases}$

$\begin{cases} x+y=3xy & \cdots\cdots③ \\ 3x+y=8xy & \cdots\cdots④ \end{cases}$

④$-$③より，$2x=5xy$

$x\neq0$ だから，$y=\dfrac{2}{5}$

これを③に代入して，

$x+\dfrac{2}{5}=\dfrac{6}{5}x,\ x=2$

くわしく

(1) $\dfrac{1}{x}=\dfrac{1}{2}$ の両辺に $2x$ をかけると，$2=x,\ x=2$

$\dfrac{1}{y}=\dfrac{5}{2}$ の両辺に $2y$ をかけると，$2=5y,\ y=\dfrac{2}{5}$

練習 27

解答は別冊 p.34

次の連立方程式を解きなさい。

(1) $\begin{cases} \dfrac{1}{x}-\dfrac{1}{y}=-\dfrac{1}{6} \\[2mm] \dfrac{1}{x}+\dfrac{1}{y}=-\dfrac{5}{6} \end{cases}$

(2) $\begin{cases} \dfrac{10}{y}=\dfrac{6}{x}-8 \\[2mm] \dfrac{1}{x}+\dfrac{3}{y}=\dfrac{2}{5} \end{cases}$

28 文字定数をふくむ連立方程式① 応用

(1) 連立方程式 $\begin{cases} ax-by=23 & \cdots\cdots① \\ ax+by=7 & \cdots\cdots② \end{cases}$ の解が $x=3$, $y=-4$ である

とき, a, b の値を求めなさい。

(2) 連立方程式 $\begin{cases} ax+y=2 & \cdots\cdots① \\ x-y=8 & \cdots\cdots② \end{cases}$ の解が $x=2$, $y=b$ である

とき, a, b の値を求めなさい。

考え方 方程式の解は，その方程式を成り立たせる値である。

◉ 解き方

(1) $x=3$, $y=-4$ を①，②にそれぞれ**代入**して，

$\begin{cases} 3a+4b=23 & \cdots①' \\ 3a-4b=7 & \cdots②' \end{cases}$ $①'+②'$ より，$6a=30$，$a=5$

$a=5$ を①'に**代入**して，$3\times5+4b=23$，$b=2$

(2) $x=2$, $y=b$ を①，②にそれぞれ**代入**して，

$\begin{cases} 2a+b=2 & \cdots\cdots①' \\ 2-b=8 & \cdots\cdots②' \end{cases}$ $②'$ より，$-b=6$，$b=-6$

$b=-6$ を①'に**代入**して，$2a-6=2$，$2a=8$，$a=4$

◉ 答

(1) $a=5$, $b=2$　　(2) $a=4$, $b=-6$

確認

検算をして答えを確かめる
求めた a, b の値をもとの式
に代入して，x, y の値を確
かめるとよい。

(1)の①，②に $a=5$, $b=2$
を代入すると，

$\begin{cases} 5x-2y=23 & \cdots\cdots③ \\ 5x+2y=7 & \cdots\cdots④ \end{cases}$

③+④より，$10x=30$，$x=3$
$x=3$ を④に代入して，
$15+2y=7$，$2y=-8$，$y=-4$
以上より，$a=5$, $b=2$ は正
しいことがわかる。

練習 28

解答は別冊 p.34

(1) 連立方程式 $\begin{cases} ax+by=-15 \\ bx+ay=20 \end{cases}$ の解が $x=3$, $y=-2$ であるとき，a, b の

値を求めなさい。

(2) 連立方程式 $\begin{cases} 2x+3y=-1 \\ ax+6y=a-3 \end{cases}$ の解が $5x-4y=32$ の解でもあるとき，a

の値を求めなさい。

29 文字定数をふくむ連立方程式② 応用

次の連立方程式 A, B が同じ解をもつとき, a, b の値を求めなさい。

(1) A $\begin{cases} 2x+5y=7 & \cdots\cdots① \\ ax-by=-9 & \cdots\cdots② \end{cases}$ B $\begin{cases} -3x+y=15 & \cdots\cdots③ \\ ay+bx=13 & \cdots\cdots④ \end{cases}$

(2) A $\begin{cases} ax-y=4 & \cdots\cdots① \\ x+4y=11 & \cdots\cdots② \end{cases}$ B $\begin{cases} 2x+y=8 & \cdots\cdots③ \\ x-by=7 & \cdots\cdots④ \end{cases}$

考え方 **同じ解は，どの方程式も成り立たせる値である。**

◉ 解き方

(1) ①−③×5 より, $\quad 2x+5y=7$

$\underline{\quad -)-15x+5y=75\quad}$

$\qquad 17x\qquad\ =-68,\ x=-4$

$x=-4$ を①に**代入**して, $2\times(-4)+5y=7,\ y=3$

$x=-4$, $y=3$ を②, ④に**代入**して,

$\begin{cases} -4a-3b=-9 & \cdots\cdots②' \\ 3a-4b=13 & \cdots\cdots④' \end{cases}$

②′×3+④′×4 より, $-25b=25,\ b=-1$

$b=-1$ を④′に**代入**して, $3a-4\times(-1)=13,\ a=3$

(2) ②×2−③ より, $7y=14,\ y=2$

$y=2$ を②に**代入**して, $x+4\times2=11,\ x=3$

$x=3$, $y=2$ を①, ④に**代入**して,

$\begin{cases} 3a-2=4 \\ 3-2b=7 \end{cases}$ より, $a=2,\ b=-2$

◉ 答

(1) $a=3,\ b=-1$ 　(2) $a=2,\ b=-2$

くわしく

解が同じ方程式

解が同じだから，解は4つの
1次方程式を成り立たせる。
そこで，(1)は，①と③を，(2)
は，②と③を連立方程式とし
て解いて，まず解を求める。

参考

解の書き方

連立方程式の解の書き方には，
$x=1$, $y=2$ のような書き方
のほかに，

$(x,\ y)=(1,\ 2)$

$\begin{cases} x=1 \\ y=2 \end{cases}$

のような書き方もある。

練習 **29**

解答は別冊 p.35

次の連立方程式 A, B が同じ解をもつとき, a, b の値を求めなさい。

A $\begin{cases} x+y-1=0 \\ ax-by-2=0 \end{cases}$ B $\begin{cases} 2ax-by-14=0 \\ 4x-y+21=0 \end{cases}$

第2章

SECTION

3 連立方程式の利用

30 整数に関する問題　　　　　　　応用

2つの自然数 x, y があり，その和を8でわると，商が9で余りが3になります。また，x を y でわると商が3で余りが11になります。このとき，x, y の値を求めなさい。

考え方　（わられる数）＝（わる数）×（商）＋（余り）の関係を用いて，方程式を2つつくる。

● **解き方**

$x+y$ を**8でわると，商が9で余りが3**だから，

$x+y=8×9+3$, $x+y=75$

x を y で**わると，商が3で余りが11**だから，

$x=y×3+11$, $x=3y+11$

連立方程式は，

$$\begin{cases} x+y=75 & \cdots\cdots① \\ x=3y+11 & \cdots\cdots② \end{cases}$$

②を①に代入して，

$(3y+11)+y=75$, $4y=64$, $y=16$　←　問題に合っている

$y=16$ を②に代入して，$x=3×16+11=59$　←

● **答**

$x=59$, $y=16$

確認

わる数は余りより大きい

わる数は必ず余りより大きいので，$y>11$ となることを確認しておくこと。

くわしく

解の確かめ

$x=59$, $y=16$ のとき，

$x+y=75$ で，

$75=8×9+3$

$59=16×3+11$

となり，確かに問題に合っていることがわかる。

練習 30

解答は別冊 p.35

2つの自然数 x, y があり，x を y でわると商が4で余りが7になります。また，x の3倍を y でわると商が13で余りが2になります。このとき，x, y の値を求めなさい。

31 整数の位の数に関する問題 応用

2 けたの正の整数があり，各位の数の和は 9 で，十の位の数と一の
位の数を入れかえてできる整数は，もとの整数よりも 45 大きいと
き，もとの整数を求めなさい。

考え方 十の位が x，一の位が y の 2 けたの正の整数は，$10x+y$

◉ 解き方

　十の位の数を x，一の位の数を y とすると，求める
整数は，$10x+y$ と表せる。

　各位の数の和が 9 だから，$x+y=9$

　十の位の数と一の位の数を入れかえた整数は，
$10y+x$ で，これがもとの整数より 45 大きいことから，

　　$10y+x=10x+y+45$

　これを整理すると，$x-y=-5$

　連立方程式は，

$$\begin{cases} x+y=9 & \cdots\cdots① \\ x-y=-5 & \cdots\cdots② \end{cases}$$

　①＋②より，$2x=4$，$x=2$

　①－②より，$2y=14$，$y=7$

　もとの整数は 27。←…問題に合っている

◉ 答

27

確認

2 けたの正の整数
十の位の数が x，一の位の数
が y の 2 けたの正の整数は，
$$10\times\binom{十の位}{の数}+\binom{一の位}{の数}$$
だから，$10x+y$ と表すこと
ができる。

他方の文字の値の求め方
一方の文字の値を求めたあ
と，他方の文字を求めると
き，必ずしも代入法を使う必
要はない。解き方のように，
加減法も利用できる。

練習 31

解答は別冊 p.35

　3 けたの正の整数があり，十の位の数と一の位の数は同じで，各位の数の和
は 18 で，百の位の数と一の位の数を入れかえた数は，もとの整数よりも
297 小さいとき，もとの整数を求めなさい。

32 代金に関する問題　応用

あるラーメン屋で 500 円のラーメンと 450 円のチャーハンを何人前か注文したら，代金の合計が 6700 円でした。ところが，ラーメンとチャーハンの数をとりちがえて持ってきたので，会計のときに 6700 円払_{はら}ったら，100 円返してくれました。はじめに注文したラーメンとチャーハンはそれぞれ何人前か求めなさい。

考え方　はじめに注文したときの代金と，とりちがえたときの代金についての方程式をそれぞれ 1 つずつつくる。

● 解き方

はじめに注文したラーメンを x 人前，チャーハンを y 人前とすると，

はじめに注文したとき，$500x + 450y = 6700$

注文をとりちがえたとき，$500y + 450x = 6700 - 100$

これらを整理すると，$\begin{cases} 10x + 9y = 134 & \cdots\cdots① \\ 9x + 10y = 132 & \cdots\cdots② \end{cases}$

①×10−②×9 より，$19x = 152$，$x = 8$

これを②に代入して，$9 \times 8 + 10y = 132$，$10y = 60$，$y = 6$

ラーメン 8 人前，チャーハン 6 人前。←…問題に合っている

● 答

ラーメン 8 人前，チャーハン 6 人前

別解

はじめに注文したラーメンを x 人前，チャーハンを y 人前とする。

はじめに注文したとき，

$500x + 450y = 6700$　……①′

とりちがえたことにより，代金の合計が 100 円安くなったことから，

$x - y = 100 \div (500 - 450)$

$x - y = 2$　……②′

①′，②′ を連立方程式として解いて求めてもよい。

練習 32

解答は別冊 p.35

ある美術館の入館料金には，通常料金と優待料金があり，大人と子どもの 1 人あたりの入館料金は右の表のようになっています。この美術館のある 1 日の入館者数は，大人と子どもを合わせて 150 人で，入館料金の合計は 52000 円でした。入館者のうち，大人 24 人と子ども 30 人が通常料金で入館し，その他の者は優待料金で入館しました。このとき，優待料金で入館した大人と子どもの人数をそれぞれ求めなさい。

入館料金（1 人あたり）

	通常料金	優待料金
大人	600 円	400 円
子ども	400 円	200 円

33 速さに関する問題① 応用

自動車で，A 地から峠を越えて B 地まで行くとき，A 地から峠までは時速 30km，峠から B 地までは時速 40km で進むと，全体で 4 時間半かかります。また，A 地から峠までを時速 40km，峠から B 地までを時速 50km で進むと，全体で 3 時間半かかります。このとき，A 地から峠までの道のりと，峠から B 地までの道のりを求めなさい。

考え方 A 地から峠までと，峠から B 地までのかかった時間についての方程式を 2 つつくる。

◉ 解き方

A 地から峠までの道のりを x km，峠から B 地までの道のりを y km とする。

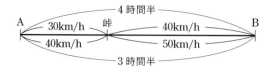

時間の関係より，

$$\begin{cases} \dfrac{x}{30} + \dfrac{y}{40} = \dfrac{9}{2} \\ \dfrac{x}{40} + \dfrac{y}{50} = \dfrac{7}{2} \end{cases} \Rightarrow \begin{cases} 4x + 3y = 540 & \cdots\cdots① \\ 5x + 4y = 700 & \cdots\cdots② \end{cases}$$

①，②を連立方程式として解くと，$x = 60$，$y = 100$

A 地から峠までの道のり 60km ←┐
峠から B 地までの道のり 100km ←┘ 問題に合っている

◉ 答

A 地から峠までは 60km，峠から B 地までは 100km

確認

速さに関する公式

$(時間) = \dfrac{(道のり)}{(速さ)}$

$(道のり) = (速さ) \times (時間)$

$(速さ) = \dfrac{(道のり)}{(時間)}$

左の連立方程式の解き方

上の式の両辺を 120 倍すると，
  $4x + 3y = 540$ …①
下の式の両辺を 200 倍すると，
  $5x + 4y = 700$ …②
①×4−②×3 より，
  $x = 60$
これを①に代入して整理すると，$y = 100$

練習 33

解答は別冊 p.35

A 市から 26km 離れた B 市まで，はじめは時速 36km のバスで進み，その後，時速 4km で歩いたら，全体で 1 時間 10 分かかりました。このとき，バスで進んだ道のりと歩いた道のりを求めなさい。

34 ## 速さに関する問題②   応用

(1) ある列車が 1800m の鉄橋を渡りはじめてから渡り終わるまでに 100 秒かかり，3000m のトンネルに入りはじめてから出てしまうまでに 160 秒かかりました。この列車の長さと秒速を求めなさい。

(2) あるボートが川の上流から下流までの 4km の区間を下るとき 30 分かかり，同じ区間を上るとき 1 時間かかりました。このボートが静水で進む速さと，この川の流れの速さはそれぞれ時速何 km か求めなさい。

考え方
(1) **列車が走った道のりには，列車の長さもふくまれる。**
(2) **ボートの速さは，川の流れの速さの影響を受ける。**

● 解き方
(1) 列車の長さを xm，速さを秒速 ym とすると，
鉄橋を渡るとき，$100y=x+1800$ …①
また，トンネルをくぐるとき，$160y=x+3000$ …②
①，②を連立方程式として解くと，$x=200$，$y=20$
問題に合っている

(2) ボートの静水での速さを時速 x km，川の流れの速さを時速 y km とすると，時間の関係より，
$$\begin{cases} \dfrac{4}{x+y}=\dfrac{1}{2} \\ \dfrac{4}{x-y}=1 \end{cases} \Rightarrow \begin{cases} x+y=8 & \cdots\cdots① \\ x-y=4 & \cdots\cdots② \end{cases}$$
①，②を連立方程式として解くと，$x=6$，$y=2$
問題に合っている

● 答 (1) **列車の長さ 200m，秒速 20m**
(2) **ボート…時速 6km，川の流れ…時速 2km**

くわしく

(1) **列車と鉄橋**
渡り終わり
の先頭
渡りはじめ
の先頭
xm 1800m
進む道のり

列車とトンネル
出てしまうときの
の先頭
入りはじめ
の先頭
xm 3000m
進む道のり

(2) **川の流れとボートの速さ**
下るときは，川の流れの速さがたされ，上るときは，川の流れの速さがひかれる。

練習 **34**
解答は別冊 p.36

ある列車が 850m のトンネルを通過するとき，列車の最後部が入ってから最前部が出るまでに 35 秒かかり，230m の鉄橋を通過するとき，列車が渡りはじめてから渡り終わるまでに 25 秒かかりました。この列車の長さと秒速を求めなさい。

35 割合に関する問題

A 中学校の昨年の生徒数は，男女合わせて 560 人でした。今年は，昨年と比べて，男子生徒は 18% 減少し，女子生徒は 10% 増加し，男子生徒と女子生徒を合わせると 5% 減少しました。今年の A 中学校の男子生徒と女子生徒の人数をそれぞれ求めなさい。

考え方 基準になる昨年の男子生徒と女子生徒の人数を文字で表す。

● 解き方

昨年の男子生徒の人数を x 人，女子生徒の人数を y 人とすると，

昨年の生徒数の関係より，$x+y=560$ ……①

今年の生徒数の関係より，

$$\frac{82}{100}x+\frac{110}{100}y=\frac{95}{100}(x+y)$$

これを整理すると，$-13x+15y=0$ ……②

①，②を連立方程式として解くと，$x=300$，$y=260$

今年の男子生徒の人数は，$\frac{82}{100}\times300=246$（人）

今年の女子生徒の人数は，$\frac{110}{100}\times260=286$（人）

問題に合っている

● 答

男子生徒 246 人，女子生徒 286 人

くわしく

増減の表し方

$a\%$ ➡ $\frac{a}{100}$，b 割 ➡ $\frac{b}{10}$

$a\%$ の増加 ➡ $1+\frac{a}{100}$

b 割の増加 ➡ $1+\frac{b}{10}$

$a\%$ の減少 ➡ $1-\frac{a}{100}$

b 割の減少 ➡ $1-\frac{b}{10}$

別解

減少した人数からの立式

②の式は，男子生徒が 18% 減少し，女子生徒が 10% 増加し，男子生徒と女子生徒合わせて 5% 減少したことを

$-\frac{18}{100}x+\frac{10}{100}y=-\frac{5}{100}(x+y)$

と立式してもよい。

練習 35

解答は別冊 p.36

ある中学校では，公園の清掃活動に参加したことがある生徒は，1 年生では 1 年生全体の 30%，2 年生では 2 年生全体の 18%，3 年生では 3 年生全体の 25% で，学校全体では 24% です。この中学校の生徒数は，3 年生は 2 年生より 50 人多く，1 年生は 200 人です。この中学校の 2 年生と 3 年生の生徒数をそれぞれ求めなさい。

㊱ 濃度に関する問題

応用

(1) 12 %の食塩水が入った容器 A と 8 %の食塩水が入った容器 B があり，容器 A から x g，容器 B から y g の食塩水を取り出して混ぜ合わせたら，9 %の食塩水が 800 g できました。x, y の値を求めなさい。

(2) a %の食塩水 A と，b %の食塩水 B があり，A 300 g と B 100 g を混ぜ合わせると 6 %の食塩水になり，A 200 g と B 200 g を混ぜ合わせると 8 %の食塩水になります。a, b の値を求めなさい。

考え方 （食塩の重さ）＝（食塩水の重さ）×（濃度）の関係を用いて方程式を 2 つつくる。

● 解き方

(1) 食塩水の重さの関係より，$x+y=800$ ……①

食塩の重さの関係より，

$$\frac{12}{100}x+\frac{8}{100}y=800\times\frac{9}{100} \quad\quad ……②$$

①，②を連立方程式として解くと，$x=200$，$y=600$
（問題に合っている）

(2) 6%の食塩水の食塩の重さの関係より，

$$300\times\frac{a}{100}+100\times\frac{b}{100}=(300+100)\times\frac{6}{100} \quad ……①$$

8%の食塩水の食塩の重さの関係より，

$$200\times\frac{a}{100}+200\times\frac{b}{100}=(200+200)\times\frac{8}{100} \quad ……②$$

$$\begin{cases} 3a+b=24 & \cdots① ' \\ a+b=16 & \cdots② ' \end{cases}$$ ① ',② 'を連立方程式として解くと，$a=4$，$b=12$
（問題に合っている）

● 答

(1) $x=200$，$y=600$　　(2) $a=4$，$b=12$

参考

(1) 濃度と食塩水の重さ

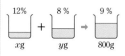

12%　+　8 %　→　9 %
x g　　y g　　800g

(2) 濃度と食塩水の重さ

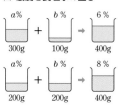

a%　+　b %　→　6 %
300g　　100g　　400g

a%　+　b %　→　8 %
200g　　200g　　400g

 練習 ㊱

解答は別冊 p.36

a %の食塩水 100g に同じ量の b %の食塩水を混ぜ合わせると 12%の食塩水ができました。また，6%の食塩水 200g に，a %の食塩水 150g と b %の食塩水 200g を混ぜ合わせると 10%の食塩水ができました。a, b の値を求めなさい。

章末問題 ▸解答 別冊 p.36

1 次の連立方程式を解きなさい。

(1) $\begin{cases} x+y=7 \\ 3x-y=-3 \end{cases}$ 【北海道】

(2) $\begin{cases} -x+2y=8 \\ 3x-y=6 \end{cases}$ 【19 東京都】

(3) $\begin{cases} 3x+8y=9 \\ x+4y=7 \end{cases}$ 【新潟県】

(4) $\begin{cases} 3x-5y=11 \\ 7x+2y=12 \end{cases}$ 【都立産業技術高専】

(5) $\begin{cases} y=5-3x \\ x-2y=4 \end{cases}$ 【19 埼玉県】

(6) $\begin{cases} 2x-5y=6 \\ x=3y+2 \end{cases}$ 【山梨県】

(7) $\begin{cases} 4x+5=3y-2 \\ 3x+2y=16 \end{cases}$ 【愛知県】

(8) $\begin{cases} \sqrt{3}\,x+\sqrt{2}\,y=5 \\ \sqrt{2}\,x-\sqrt{3}\,y=10 \end{cases}$ 【城北高(東京)】

2 次の連立方程式を解きなさい。

(1) $\begin{cases} x+2y=10 \\ x:(y+2)=3:2 \end{cases}$ 【和洋国府台女子高(千葉)】

(2) $\begin{cases} x-4y=8 \\ \dfrac{x}{2}-\dfrac{y}{5}=1 \end{cases}$ 【都立八王子東高】

(3) $\begin{cases} x+2y=-5 \\ 0.2x-0.15y=0.1 \end{cases}$ 【滋賀県】

(4) $\begin{cases} 0.34x+0.51y=1.02 \\ \dfrac{x}{5}+\dfrac{y}{7}=-\dfrac{1}{35} \end{cases}$ 【東京工業大附科学技術高】

(5) $\begin{cases} \dfrac{x+y}{xy}=10 \\ \dfrac{1}{x}-\dfrac{1}{y}=6 \end{cases}$ 【中央大附高(東京)】

(6) $5x+7y=\dfrac{2}{3}x+\dfrac{1}{2}y=3$ 【青雲高(長崎)】

3 次の2つの連立方程式が同じ解をもつとき，a，b の値を求めなさい。

$\begin{cases} x+2y=3 \\ ax-by=-7 \end{cases}$ $\begin{cases} x+3y=5 \\ ax+by=1 \end{cases}$ 【日本大第三高(東京)】

4 ある文房具店では，ノートと消しゴムを右の表のように販売しています。ただし，消費税は表の価格にふ

商品名	価格	内容
単品ノート	120 円	ノート 1 冊
単品消しゴム	60 円	消しゴム 1 個
セット A	160 円	ノート 1 冊, 消しゴム 1 個
セット B	370 円	ノート 3 冊, 消しゴム 1 個

くまれているものとします。ある日の集計によると，セット A として売れたノートの冊数は，単品ノートの売れた冊数の 3 倍より 1 冊少なく，セット B として売れた消しゴムの個数は，単品消しゴムの売れた個数の 2 倍でした。この日，ノートは全部で 41 冊売れ，売り上げの合計は 5640 円でした。このとき，単品ノートの売れた冊数と，単品消しゴムの売れた個数をそれぞれ求めなさい。求める過程も書きなさい。
【福島県】

5 ある中学校の図書委員会では，図書室の本の貸し出し状況を調査しました。6 月の調査では，本を借りた生徒の人数は，全校生徒の 60% であり，そのうち 1 冊借りた生徒は 33 人，2 冊借りた生徒は 50 人であり，3 冊以上借りた生徒もいました。4 か月後の 10 月の調査では，6 月の調査と比べて，本を借りた生徒は 36 人増え，1 冊借りた生徒は 2 倍になりました。また，2 冊借りた生徒は 8% 減りましたが，3 冊以上借りた生徒は 25% 増えました。このとき，10 月に本を 3 冊以上借りた生徒の人数は何人でしたか。方程式をつくり，計算の過程を書き，答えを求めなさい。
【静岡県】

6 ある中学校では，遠足のため，バスで，学校から休憩所を経て目的地まで行くことにしました。学校から目的地までの道のりは 98km です。バスは，午前 8 時に学校を出発し，休憩所まで時速 60km で走りました。休憩所で 20 分間休憩した後，再びバスで，目的地まで時速 40km で走ったところ，目的地には午前 10 時 15 分に到着しました。このとき，学校から休憩所までの道のりと休憩所から目的地までの道のりは，それぞれ何 km ですか。方程式をつくり，計算の過程を書き，答えを求めなさい。
【静岡県】

7 x%の食塩水 300g と y%の食塩水 200g を混ぜると，9%の食塩水になりました。また，$2x$%の食塩水 300g と 9%の食塩水 200g を混ぜると，y%の食塩水となりました。このとき，x, y の値を求めなさい。
【明治大附中野高(東京)】

2次方程式

2次方程式を解くときは，まず因数分解できるかどうかを考えよう。
また，文章題では，一方の解が答えとして適さない場合もあるから注意しよう。

1 因数分解を利用する解き方 →p.178

2次方程式と解

$ax^2+bx+c=0$ (a, b, c は定数，$a\neq0$)の形になる方程式を，2次方程式という。
2次方程式を成り立たせる文字の値を2次方程式の解といい，2次方程式の解を求めることを2次方程式を解くという。

$$x^2-x-2=0 \xrightarrow{x=-1,\ x=2\ を代入} \begin{cases}(-1)^2-(-1)-2=0\\2^2-2-2=0\end{cases} \xrightarrow{等式が成り立つ} x=-1,\ x=2\ は解$$

因数分解を利用した解き方

左辺が$(x+m)(x+n)=0$ の形に因数分解できる2次方程式は，
$AB=0$ ならば $A=0$ または $B=0$ の関係を利用して解く。

例
$$x^2-2x+6=3x$$
$$x^2-5x+6=0$$
$$(x-2)(x-3)=0$$
$$x-2=0\ または\ x-3=0$$
$$x=2,\ x=3$$

（左辺）$=0$ の形に変形
左辺を因数分解
$AB=0$ ならば $A=0$ または $B=0$

2 平方根の考えを使う解き方 →p.181

$ax^2=b$ の形

$x^2=p \Rightarrow x=\pm\sqrt{p}$ を利用する。

$(x+a)^2=b$ の形

$x+a=X$ とおきかえて考える。

$x^2+px+q=0$ の形

数の項を右辺に移項して，左辺を平方完成する。

例
$$2x^2=1,\ x^2=\frac{1}{2},\ x=\pm\sqrt{\frac{1}{2}},\ x=\pm\frac{\sqrt{2}}{2}$$

例
$(x-1)^2=3$ で，$x-1=X$ とおくと，
$$X^2=3,\ X=\pm\sqrt{3},\ x-1=\pm\sqrt{3},\ x=1\pm\sqrt{3}$$
$ax^2=b$ の形になる

例
$$x^2-6x-1=0,\ x^2-6x=1,\ x^2-6x+9=1+9$$
$$(x-3)^2=10,\ x-3=\pm\sqrt{10},\ x=3\pm\sqrt{10}$$
$(x+a)^2=b$ の形になる

SECTION 3 2次方程式の解の公式 →p.185

2次方程式 $ax^2+bx+c=0$ の解は,

$$x=\frac{-b\pm\sqrt{b^2-4ac}}{2a}$$

で求められる。

例 $x^2+2x-1=0$ の解は, $ax^2+bx+c=0$ で, $a=1$, $b=2$, $c=-1$ の場合だから,

$$x=\frac{-2\pm\sqrt{2^2-4\times1\times(-1)}}{2\times1}=\frac{-2\pm\sqrt{8}}{2}$$

$$x=\frac{-2\pm2\sqrt{2}}{2}=-1\pm\sqrt{2}$$

SECTION 4 いろいろな2次方程式 →p.188

複雑な式も, $ax^2+bx+c=0$ の形に整理し, 左辺を因数分解して解く。

小数をふくむ2次方程式

両辺に 10, 100 などをかけて, 係数を整数にする。

分数をふくむ2次方程式

両辺に分母の最小公倍数をかけて, 係数を整数にする。

おきかえを利用する2次方程式

式の共通部分を1つの文字におきかえる。

文字定数を含む2次方程式

解を代入して, 係数の値を求める。

例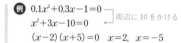
$0.1x^2+0.3x-1=0$
$x^2+3x-10=0$ ← 両辺に 10 をかける
$(x-2)(x+5)=0$ $x=2$, $x=-5$

例
$\frac{x^2+9}{2}=3x$ ← 両辺に2をかけて整理する
$x^2-6x+9=0$
$(x-3)^2=0$ $x=3$

SECTION 5 2次方程式の利用 →p.191

2次方程式を使って問題を解くには, 次の手順で行う。

❶ 問題を分析する   ・・・ 何を求めるのか。何と何が等しいか。

❷ 文字を決定する   ・・・ ふつうは, 求める数量を文字 x で表す。

❸ 2次方程式をつくる ・・・ 等しい関係を方程式で表す。

❹ 2次方程式を解く   ・・・ 因数分解の利用や平方根の考えを使った解き方など。

❺ 解を検討する   ・・・ 解が問題に適しているか調べる。

第3章

SECTION

1

因数分解を利用する解き方

37 因数分解を利用する解き方①

次の2次方程式（じ ほうていしき）を解（と）きなさい。

(1) $(x-1)(x+2)=0$

(2) $(x-5)^2=0$

(3) $x^2-9x=0$

(4) $x^2+5x-24=0$

考え方 $AB=0$ ならば，$A=0$ または $B=0$ を利用する。

◉ **解き方**

(1) $(x-1)(x+2)=0$

$x-1=0$ または $x+2=0$ より，$x=1$，$x=-2$

(2) $(x-5)^2=0$

$x-5=0$

$x=5$

(3) $x^2-9x=0$ ┄┄ 共通因数 x を
くくり出す

$x(x-9)=0$ ←┄┄

$x=0$，$x=9$

(4) $x^2+5x-24=0$

積が -24，和が 5 になる 2 数は -3 と 8 だから，

$(x-3)(x+8)=0$

$x-3=0$ または $x+8=0$ より，$x=3$，$x=-8$

◉ **答**

(1) $x=1$，$x=-2$　　(2) $x=5$　　(3) $x=0$，$x=9$

(4) $x=3$，$x=-8$

確認

どちらか一方は 0

$AB=0$ ならば，A，B のうち
どちらか一方は 0 である。

0 の平方根は 0 である

$X^2=0$ のとき，X は 0 の平方（へいほう）
根（こん）だから，$X=0$ である。

ミス注意

答えの符号

(1)では，$(x-1)(x+2)=0$ か
ら，$x=-1$，$x=2$ のような
符号（ふごう）のミスをしないように注
意する。

練習 37

解答は別冊 p.38

次の2次方程式を解きなさい。

(1) $x^2-5x+6=0$

(2) $x^2-x-12=0$

(3) $x^2+12x=0$

(4) $x^2-19x-42=0$

38 因数分解を利用する解き方②　応用

次の2次方程式を解きなさい。

(1) $x^2-4x-6=x+8$　　(2) $x(x+1)=2(x+15)$

(3) $x+6=x(2x-3)$

考え方　（左辺）＝0 の形に整理して，左辺を因数分解する。

◎ 解き方

(1) $x^2-4x-6=x+8$
$x^2-5x-14=0$　　← （左辺）＝0 の形に整理する
　　　　　　　　　　← 積が -14，和が -5 に
$(x+2)(x-7)=0$　　　なる2数は2と -7
$x=-2,\ x=7$

(2) $x(x+1)=2(x+15)$
　　　　　　　　　　← 両辺のかっこをはずす
$x^2+x=2x+30$
$x^2-x-30=0$　　　← （左辺）＝0 の形に整理する
　　　　　　　　　　← 積が -30，和が -1 と
$(x+5)(x-6)=0$　　　なる2数は5と -6
$x=-5,\ x=6$

(3) $x+6=x(2x-3)$
　　　　　　　　　　← 右辺のかっこをはずす
$x+6=2x^2-3x$
$-2x^2+4x+6=0$　← （左辺）＝0 の形に整理する
　　　　　　　　　　← 両辺を -2 でわる
$x^2-2x-3=0$
　　　　　　　　　　← 積が -3，和が -2 に
$(x+1)(x-3)=0$　　　なる2数は1と -3
$x=-1,\ x=3$

◎ 答

(1) $x=-2,\ x=7$　(2) $x=-5,\ x=6$　(3) $x=-1,\ x=3$

用語解説

2次方程式

（2次式）＝0 の形に変形できる方程式を **2次方程式** といい，x についての2次方程式は次の形で表すことができる。

$ax^2+bx+c=0$
（$a,\ b,\ c$ は定数，$a\neq0$）

2次方程式の解

2次方程式を成り立たせる文字の値を，その **方程式の解** という。

くわしく

x^2 の係数が1でない2次方程式は，両辺を x^2 の係数でわると，$x^2+px+q=0$ の形になるので，左辺を因数分解できないか考える。

(3)では，$-2x^2+4x+6=0$ の両辺を -2 でわったとき，各項の符号が変わることに注意する。

練習 38　　解答は別冊 p.39

次の2次方程式を解きなさい。

(1) $x(x+6)=27$　　(2) $x(x+2)=54-x$

(3) $x(x+5)=4(9-x)$　　(4) $x(x-6)=3(x^2-4)+4$

39 因数分解を利用する解き方③ 　[応用]

次の2次方程式を解きなさい。

(1) $(x+2)(x-6)=9$ 　　　(2) $(x-4)^2=6-x$

(3) $(x-2)(x+2)=7x+4$ 　　(4) $(x+3)(x+24)=2(9-x^2)$

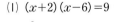 **考え方** (左辺)$=0$ の形に整理して，左辺を因数分解する。

◉ **解き方**

(1) $(x+2)(x-6)=9$ ┄┄ 左辺を展開する

$x^2-4x-12=9$ ← (左辺)$=0$ の形に整理する

$x^2-4x-21=0$ ← 左辺を因数分解する

$(x+3)(x-7)=0$ ←

$x=-3,\ x=7$

(2) $(x-4)^2=6-x$

$x^2-8x+16=6-x$ ← 左辺を展開する

$x^2-7x+10=0$ ← (左辺)$=0$ の形に整理する

$(x-2)(x-5)=0$ ← 左辺を因数分解する

$x=2,\ x=5$

(3) $(x-2)(x+2)=7x+4$

$x^2-4=7x+4$

$x^2-7x-8=0$

$(x+1)(x-8)=0$

$x=-1,\ x=8$

(4) $(x+3)(x+24)=2(9-x^2)$

$x^2+27x+72=18-2x^2$

$3x^2+27x+54=0$ ┄┄ 両辺を3でわる

$x^2+9x+18=0$ ←

$(x+3)(x+6)=0,\ x=-3,\ x=-6$

◉ **答** (1) $x=-3,\ x=7$ 　　(2) $x=2,\ x=5$

(3) $x=-1,\ x=8$ 　　(4) $x=-3,\ x=-6$

確認

因数分解の公式

●和の平方

$x^2+2ax+a^2=0$

➡ $(x+a)^2=0$

●差の平方

$x^2-2ax+a^2=0$

➡ $(x-a)^2=0$

●和と差の積

$x^2-a^2=0$

➡ $(x+a)(x-a)=0$

● $(x+a)(x+b)=0$ の形

$x^2+(a+b)x+ab=0$

➡ $(x+a)(x+b)=0$

練習 39 　　　　　　　　　　　　　　　　解答は別冊 p.39

次の2次方程式を解きなさい。

(1) $(x+3)^2=4x+12$ 　　　　(2) $2(x-1)^2=x^2+2$

(3) $(2x+3)(2x-3)=(3x+1)(x-1)$ 　　(4) $3(3-x)^2=(4x-1)(x-4)-7$

2 平方根の考えを使う解き方

40 $ax^2=b$ の形の2次方程式 基礎

次の2次方程式を解きなさい。

(1) $x^2=100$ (2) $x^2-8=0$

(3) $9x^2=16$ (4) $3x^2-5=0$

考え方 $x^2=$（数）の解は，$x=\pm\sqrt{\text{（数）}}$ である。

◉ **解き方**

(1) $x^2=100, \quad x=\pm\sqrt{100}=\pm10$
　　　　　　　　　　$\sqrt{100}=\sqrt{10^2}=10$

(2) $x^2-8=0, \quad x^2=8$
　　$x=\pm\sqrt{8}=\pm2\sqrt{2}$

(3) $9x^2=16$

　　$x^2=\dfrac{16}{9}, \quad x=\pm\sqrt{\dfrac{16}{9}}=\pm\dfrac{4}{3}$
　　　　　　$\sqrt{\dfrac{16}{9}}=\sqrt{\dfrac{4^2}{3^2}}=\dfrac{4}{3}$

(4) $3x^2-5=0, \quad x^2=\dfrac{5}{3}$

　　$x=\pm\sqrt{\dfrac{5}{3}}=\pm\dfrac{\sqrt{5}}{\sqrt{3}}=\pm\dfrac{\sqrt{5}\times\sqrt{3}}{\sqrt{3}\times\sqrt{3}}=\pm\dfrac{\sqrt{15}}{3}$
　　　　　　　　　　　　　　　分母の有理化

◉ **答**

(1) $x=\pm10$ (2) $x=\pm2\sqrt{2}$

(3) $x=\pm\dfrac{4}{3}$ (4) $x=\pm\dfrac{\sqrt{15}}{3}$

参考

解の書き方

(1)では，$x=\pm10$ のほかに，$x=10$, $x=-10$ や $x=10$, -10 のような書き方もある。

ミス注意

根号の中はできるだけ小さい数にして答える

(2)では，$x=\pm\sqrt{8}$ と答えないように注意する。

答えの分母は根号がつかない形にする

(4)では，$x=\pm\sqrt{\dfrac{5}{3}}$ と答えないように注意する。

練習 40

解答は別冊 p.39

次の2次方程式を解きなさい。

(1) $x^2=169$ (2) $x^2-3=0$

(3) $5x^2=2$ (4) $4x^2=49$

41 $(x+m)^2 = n$ の形の 2 次方程式　　　基礎

次の 2 次方程式を解きなさい。

(1) $(x-2)^2 = 7$ 　　　　　　　(2) $(x+1)^2 = 12$

(3) $(x-5)^2 - 16 = 0$

考え方 $x+m = X$ とおくと, $X^2 = n$ ➡ $X = \pm\sqrt{n}$

◉ **解き方**

(1) $(x-2)^2 = 7$

　　$x-2 = X$ とおくと,

　　$X^2 = 7$

　　$X = \pm\sqrt{7}$ ┄┄┄ $X = x-2$ にもどす

　　$x-2 = \pm\sqrt{7}$ ⇠

　　$x = 2\pm\sqrt{7}$ ⇠ 2 を右辺に移項する

(2) $(x+1)^2 = 12$ ┄┄┄ $X^2 = 12$ を解くと, $X = \pm\sqrt{12}$

　　$x+1 = \pm\sqrt{12}$ ⇠

　　$x = -1\pm2\sqrt{3}$ ⇠ 1 を右辺に移項する

(3) $(x-5)^2 - 16 = 0$

　　$(x-5)^2 = 16$ ┄┄┄ $X^2 = 16$ を解くと, $X = \pm\sqrt{16}$

　　$x-5 = \pm\sqrt{16}$ ⇠

　　　　　　　　 -5 を右辺に移項する

　　$x = 5\pm4$ ⇠

　　$x = 9,\ x = 1$ ⇠ $5+4 = 9$ / $5-4 = 1$

◉ **答**

(1) $x = 2\pm\sqrt{7}$ 　(2) $x = -1\pm2\sqrt{3}$ 　(3) $x = 9,\ x = 1$

確認

$(x+m)^2 = n$ の解き方
$(x+m)^2 = n$
　$x+m = \pm\sqrt{n}$
　　　$x = -m\pm\sqrt{n}$

$a\pm\sqrt{b}$ の意味
(1)の $x = 2\pm\sqrt{7}$ は,
$x = 2+\sqrt{7}$ と $x = 2-\sqrt{7}$ を 1
つにまとめた表し方である。

ミス注意

答えに気をつける
(2)で, $x = -1\pm\sqrt{12}$ や
(3)で, $x = 5\pm\sqrt{16}$ または
$x = 5\pm4$ などと答えないこと。
まだ, 計算が終わっていない。

練習 41

解答は別冊 p.39

次の 2 次方程式を解きなさい。

(1) $(x-3)^2 = 6$ 　　　　　　　(2) $(x-3)^2 - 18 = 0$

(3) $(x-3)^2 = 25$ 　　　　　　　(4) $4(x-3)^2 = 9$

42 $(x+m)^2=n$ の形に変形する解き方 応用

次の 2 次方程式を $(x+m)^2=n$ の形に変形して解きなさい。

(1) $x^2-6x=16$　　　　　(2) $x^2-8x-2=0$

考え方　左辺を平方完成して，
$x^2+2px+p^2=(x+p)^2$ として解く。

● **解き方**

(1) $x^2-6x=16$

両辺に x の係数の半分の 2 乗を加えて， ←… $(-3)^2$

$x^2-6x+9=16+9$ ……

$(x-3)^2=25$ ←── 左辺を平方完成する

$x-3=\pm5$

$x=3\pm5$

$x=8,\ x=-2$

(2) $x^2-8x-2=0$

$x^2-8x=2$ ←── 数の項を右辺に移項する

$x^2-8x+16=2+16$ ←── 両辺に -8 の半分の 2 乗 16 を加える

$(x-4)^2=18$ ←── 左辺を平方完成する

$x-4=\pm\sqrt{18}$

$x=4\pm3\sqrt{2}$

● **答**

(1) $x=8,\ x=-2$　　(2) $x=4\pm3\sqrt{2}$

用語解説

完全平方式

$(x+1)^2$ のように，多項式の 2 乗の形で表された式を**完全平方式**という。

また，2 次式を $(1 次式)^2$ の形で表すことを**平方完成**という。

確認

因数分解の公式の利用

因数分解の公式

$x^2+2ax+a^2=(x+a)^2$

$x^2-2ax+a^2=(x-a)^2$

を利用している。

練習 42

解答は別冊 p.39

次の 2 次方程式を $(x+m)^2=n$ の形に変形して解きなさい。

(1) $x^2-12x=-11$　　　　　(2) $x^2+10x-5=0$

43 $\left(x+\dfrac{p}{2}\right)^2 = n$ の形に変形する解き方 応用

次の2次方程式を$\left(x+\dfrac{p}{2}\right)^2 = n$ の形に変形して解きなさい。

(1) $x^2 + x = 2$ (2) $x^2 - 3x = 3$

考え方 x の係数が奇数の場合は，左辺を平方完成して，
$$x^2 + px + \left(\dfrac{p}{2}\right)^2 = \left(x+\dfrac{p}{2}\right)^2 \text{ として解く。}$$

◉ 解き方

(1) $x^2 + x = 2$

両辺に x の係数 1 の半分の 2 乗を加えて，$\leftarrow \left(\dfrac{1}{2}\right)^2$

$$x^2 + x + \dfrac{1}{4} = 2 + \dfrac{1}{4}$$ 左辺を平方完成する

$$\left(x+\dfrac{1}{2}\right)^2 = \dfrac{9}{4}$$

$$x + \dfrac{1}{2} = \pm\sqrt{\dfrac{9}{4}} \qquad x + \dfrac{1}{2} = \pm\dfrac{3}{2}$$

$$x = -\dfrac{1}{2} \pm \dfrac{3}{2}$$

$$x = 1, \quad x = -2$$

(2) $x^2 - 3x = 3$

$$x^2 - 3x + \dfrac{9}{4} = 3 + \dfrac{9}{4}$$ 両辺に x の係数 -3 の半分の2乗 $\dfrac{9}{4}$ を加える

$$\left(x - \dfrac{3}{2}\right)^2 = \dfrac{21}{4}$$ 左辺を平方完成する

$$x - \dfrac{3}{2} = \pm\dfrac{\sqrt{21}}{2}$$

$$x = \dfrac{3}{2} \pm \dfrac{\sqrt{21}}{2} = \dfrac{3 \pm \sqrt{21}}{2}$$

◉ 答

(1) $x=1, \quad x=-2$ (2) $x = \dfrac{3 \pm \sqrt{21}}{2}$

確認

$x^2 + 2ax + a^2 = (x+a)^2$
の利用

$x^2 + 2ax + a^2 = (x+a)^2$,
$x^2 - 2ax + a^2 = (x-a)^2$
だから，平方完成するには x の係数の半分の2乗の数を加える。

くわしく

2次方程式の解き方

$ax^2 + bx + c = 0$ の形の2次方程式を解く場合，左辺が因数分解できるときは因数分解を利用したほうがはやいが，必ずしも因数分解できるとは限らない。しかし，左辺を平方完成する解き方ならば，すべての2次方程式を解くことができる。

練習 43

解答は別冊 p.39

次の2次方程式を$\left(x+\dfrac{p}{2}\right)^2 = n$ の形に変形して解きなさい。

(1) $x^2 + 5x = -5$ (2) $x^2 - 7x = 8$

第3章
SECTION
3

2次方程式の解の公式

44 ## 2次方程式の解の公式①　　　　応用

次の2次方程式を解の公式を用いて解きなさい。

(1) $2x^2+7x+4=0$　　　　(2) $x^2-5x-1=0$

考え方 2次方程式 $ax^2+bx+c=0$ の解の公式
$x=\dfrac{-b\pm\sqrt{b^2-4ac}}{2a}$ を用いる。

● **解き方**

(1) $2x^2+7x+4=0$

　　2次方程式 $ax^2+bx+c=0$ で，$a=2$，$b=7$，$c=4$
　　の場合だから，**解の公式**に代入して，

$$x=\frac{-7\pm\sqrt{7^2-4\times2\times4}}{2\times2}$$
$$=\frac{-7\pm\sqrt{49-32}}{4}$$
$$=\frac{-7\pm\sqrt{17}}{4}$$

(2) $x^2-5x-1=0$

　　2次方程式 $ax^2+bx+c=0$ で，$a=1$，$b=-5$，$c=-1$
　　の場合だから，**解の公式**に代入して，

$$x=\frac{-(-5)\pm\sqrt{(-5)^2-4\times1\times(-1)}}{2\times1}$$
$$=\frac{5\pm\sqrt{25+4}}{2}=\frac{5\pm\sqrt{29}}{2}$$

● **答**

(1) $x=\dfrac{-7\pm\sqrt{17}}{4}$　　(2) $x=\dfrac{5\pm\sqrt{29}}{2}$

くわしく

解の公式の導き方
$ax^2+bx+c=0\ (a\neq0)$

両辺を a でわり，定数項を移項する
$$x^2+\frac{b}{a}x=-\frac{c}{a}$$

両辺に x の係数の半分の2乗を加える
$$x^2+\frac{b}{a}x+\left(\frac{b}{2a}\right)^2=-\frac{c}{a}+\left(\frac{b}{2a}\right)^2$$

左辺を完全平方式にする
$$\left(x+\frac{b}{2a}\right)^2=\frac{b^2-4ac}{4a^2}$$

平方根の考えを利用する
$$x+\frac{b}{2a}=\pm\frac{\sqrt{b^2-4ac}}{2a}$$
$$x=-\frac{b}{2a}\pm\frac{\sqrt{b^2-4ac}}{2a}$$
$$=\frac{-b\pm\sqrt{b^2-4ac}}{2a}$$

公式

2次方程式の解の公式
$ax^2+bx+c=0\ (a\neq0)$ のとき
$$x=\frac{-b\pm\sqrt{b^2-4ac}}{2a}$$

練習 44

解答は別冊 p.40

次の2次方程式を解の公式を用いて解きなさい。

(1) $x^2+5x-2=0$　　　　(2) $3x^2-7x+2=0$

(3) $2x^2+3x-4=0$　　　　(4) $x^2-6x+8=0$

45 2次方程式の解の公式②

発展

次の2次方程式を解の公式を用いて解きなさい。

(1) $x^2-6x+4=0$　　　　　(2) $2x^2+2x-1=0$

考え方　$ax^2+2b'x+c=0$ のように，x の係数が偶数(ぐうすう)のときは，

$x=\dfrac{-b'\pm\sqrt{b'^2-ac}}{a}$ を用いる。

◉ 解き方

(1) $x^2-6x+4=0$

　2次方程式 $ax^2+2b'x+c=0$ で，$a=1$, $b'=-3$, $c=4$

　の場合だから，**解の公式**に代入して，

$$x=\frac{-(-3)\pm\sqrt{(-3)^2-1\times4}}{1}$$
$$=3\pm\sqrt{9-4}$$
$$=3\pm\sqrt{5}$$

(2) $2x^2+2x-1=0$

　2次方程式 $ax^2+2b'x+c=0$ で，$a=2$, $b'=1$, $c=-1$

　の場合だから，**解の公式**に代入して，

$$x=\frac{-1\pm\sqrt{1^2-2\times(-1)}}{2}$$
$$=\frac{-1\pm\sqrt{1+2}}{2}$$
$$=\frac{-1\pm\sqrt{3}}{2}$$

◉ 答

(1) $x=3\pm\sqrt{5}$　　(2) $x=\dfrac{-1\pm\sqrt{3}}{2}$

くわしく

x の係数が偶数のときの2次方程式の解の公式の導き方

$ax^2+bx+c=0$ $(a\neq0)$ で，
$b=2b'$ の形のとき，

$$x=\frac{-2b'\pm\sqrt{(2b')^2-4ac}}{2a}$$
$$=\frac{-2b'\pm2\sqrt{b'^2-ac}}{2a}$$
$$=\frac{-b'\pm\sqrt{b'^2-ac}}{a}$$

公式

$ax^2+2b'x+c=0$ の解の公式

$$x=\frac{-b'\pm\sqrt{b'^2-ac}}{a}$$

参考

計算が複雑になるが，
$ax^2+bx+c=0$ の解の公式

$$x=\frac{-b\pm\sqrt{b^2-4ac}}{2a}$$

を用いても解ける。

練習 45

解答は別冊 p.40

次の2次方程式を解の公式を用いて解きなさい。

(1) $x^2+4x-2=0$　　　　(2) $2x^2-2x-1=0$

(3) $3x^2+6x+2=0$　　　　(4) $4x^2-8x-3=0$

Study

研究
判別式

2次方程式 $ax^2+bx+c=0$ の解の公式 $x=\dfrac{-b\pm\sqrt{b^2-4ac}}{2a}$ の根号（こんごう）の中の式

b^2-4ac の符号について，次の(1)〜(4)の2次方程式を解いて調べてみよう。

(1) $x^2-4x+3=0$

$$x=\frac{-(-4)\pm\sqrt{(-4)^2-4\times1\times3}}{2\times1}$$

$$=\frac{4\pm\sqrt{16-12}}{2}=\frac{4\pm\sqrt{4}}{2}=\frac{4\pm2}{2}$$

よって解は，$x=\dfrac{4+2}{2}=3$, $x=\dfrac{4-2}{2}=1$

(2) $2x^2+x-4=0$

$$x=\frac{-1\pm\sqrt{1^2-4\times2\times(-4)}}{2\times2}$$

$$=\frac{-1\pm\sqrt{1+32}}{4}=\frac{-1\pm\sqrt{33}}{4}$$

(3) $x^2+6x+9=0$

$$x=\frac{-6\pm\sqrt{6^2-4\times1\times9}}{2\times1}$$

$$=\frac{-6\pm\sqrt{36-36}}{2}=\frac{-6\pm\sqrt{0}}{2}=\frac{-6}{2}=-3$$

(4) $4x^2-4x+1=0$

$$x=\frac{-(-4)\pm\sqrt{(-4)^2-4\times4\times1}}{2\times4}$$

$$=\frac{4\pm\sqrt{16-16}}{8}=\frac{4\pm\sqrt{0}}{8}=\frac{4}{8}=\frac{1}{2}$$

以上より，b^2-4ac について次のことがいえる。

- $b^2-4ac>0$ のとき，2次方程式の解は **2つ**。
- $b^2-4ac=0$ のとき，2次方程式の解は **1つ**。
（重解（じゅうかい））

くわしく

b^2-4ac の値が平方数

a, b, c が整数で，b^2-4ac の値が平方数のとき，2つの解は整数または分数となる。

用語解説

重解
$$x^2-12x+36=0$$
$$(x-6)^2=0$$
$$x=6$$
このように，左辺を因数分解したとき，和の平方または差の平方の形になる方程式の解は1つで，その解を重解という。

参考

解なし

$x^2+x+3=0$ について，解の公式にあてはめると

$$x=\frac{-1\pm\sqrt{1^2-4\times1\times3}}{2\times1}$$

$$x=\frac{-1\pm\sqrt{-11}}{2}$$

となり，根号の中が負の数になる。この2次方程式は解なしである。このような，$b^2-4ac<0$ となる2次方程式は，高校数学で学ぶ。

2次方程式 $ax^2+bx+c=0$ において，**b^2-4ac** をこの2次方程式の**判別式**（はんべつしき）といい，b^2-4ac の符号で**解の個数**を判断することができる。

第3章
SECTION

4 いろいろな2次方程式

46 小数や分数をふくむ2次方程式　　応用

次の2次方程式を解きなさい。

(1) $0.1x^2 + 2.5 = x$

(2) $\dfrac{1}{4}(x-3)^2 = \dfrac{x+1}{2}$

(3) $0.3x^2 - \dfrac{9}{5}x - 12 = 0$

考え方　小数をふくむ方程式は，両辺に 10，100 などをかける。
分数をふくむ方程式は，両辺の分母をはらう。

◉ 解き方

(1) $0.1x^2 + 2.5 = x$

$x^2 + 25 = 10x$ ←── 両辺に 10 をかける

$x^2 - 10x + 25 = 0$ ←── (左辺)=0 の形にする

$(x-5)^2 = 0$ ←── 左辺を因数分解する

$x = 5$

> **くわしく**
>
> **2次方程式の解の個数**
> 2次方程式の解の個数は，一般には2つあるが，(1)のように1つだけの場合もあり，これを重解という。

(2) $\dfrac{1}{4}(x-3)^2 = \dfrac{x+1}{2}$

$(x-3)^2 = 2(x+1)$ ←── 両辺に 4 をかける

$x^2 - 6x + 9 = 2x + 2$ ←── 両辺を展開する

$x^2 - 8x + 7 = 0$ ←── (左辺)=0 の形にする

$(x-1)(x-7) = 0$ ←── 左辺を因数分解する

$x = 1,\ x = 7$

(3) $0.3x^2 - \dfrac{9}{5}x - 12 = 0$

$3x^2 - 18x - 120 = 0$

$x^2 - 6x - 40 = 0$

$(x+4)(x-10) = 0$

$x = -4,\ x = 10$

◉ 答

(1) $x = 5$　　(2) $x = 1,\ x = 7$　　(3) $x = -4,\ x = 10$

練習 46

解答は別冊 p.40

次の2次方程式を解きなさい。

(1) $\dfrac{1}{4}x^2 + x - 3 = 0$

(2) $\dfrac{1}{12}x^2 + 0.5x - \dfrac{4}{3} = 0$

47 おきかえを利用する2次方程式 応用

次の2次方程式を解きなさい。

(1) $(x+3)^2=4(x+3)$　　　(2) $(x+2)^2+3(x+2)-54=0$

(3) $(x+1)^2-x-1=72$

考え方 式の共通部分を1つの文字におきかえて解く。

◉ 解き方

(1) $(x+3)^2=4(x+3)$で，$x+3=X$ とおくと，

$X^2=4X$，$X^2-4X=0$，$X(X-4)=0$

$X=0$ または $X=4$

$x+3=0$ または $x+3=4$ ← $X=x+3$ にもどす

$x=-3$，$x=1$

(2) $(x+2)^2+3(x+2)-54=0$で，$x+2=X$ とおくと，

$X^2+3X-54=0$，$(X-6)(X+9)=0$

$X=6$ または $X=-9$

$x+2=6$ または $x+2=-9$ ← $X=x+2$ にもどす

$x=4$，$x=-11$

(3) $(x+1)^2-x-1=72$

$(x+1)^2-(x+1)-72=0$

$x+1=X$ とおくと，

$X^2-X-72=0$，$(X+8)(X-9)=0$

$X=-8$ または $X=9$

$x+1=-8$ または $x+1=9$ ← $X=x+1$ にもどす

$x=-9$，$x=8$

別解

展開して解いてもよい。

(1) $(x+3)^2=4(x+3)$

$x^2+6x+9=4x+12$

$x^2+2x-3=0$

$(x-1)(x+3)=0$

$x=1$，$x=-3$

ミス注意

文字をおきかえたら，もとにもどすのを忘れないようにする。

◉ 答

(1) $x=-3$，$x=1$　　(2) $x=4$，$x=-11$　　(3) $x=-9$，$x=8$

練習 47

解答は別冊 p.40

次の2次方程式を解きなさい。

(1) $x(x+2)=7(x+2)$　　　(2) $(x-2)^2+2(x-2)-24=0$

(3) $(x+8)^2-2(x+8)-15=0$　　(4) $-3(2x+1)=(2x+1)^2+2$

48 # 文字定数をふくむ2次方程式　応用

(1) 2次方程式 $x^2+ax+b=0$ の2つの解が3と -4 のとき，a，b の値を求めなさい。

(2) 2次方程式 $x^2+ax-a-1=0$ の1つの解が -4 であるとき，a の値ともう1つの解を求めなさい。

考え方　解を方程式に代入して，
ある文字についての方程式をつくる。

◉ **解き方**

(1) $x^2+ax+b=0$ ……①

　　①に $x=3$ を**代入**して，
　　$3^2+3a+b=0$，$3a+b=-9$ ……②

　　①に $x=-4$ を**代入**して，
　　$(-4)^2-4a+b=0$，$-4a+b=-16$ ……③

　　②，③を連立方程式として解くと，$a=1$，$b=-12$

(2) $x^2+ax-a-1=0$ ……①

　　①に $x=-4$ を**代入**して，
　　$(-4)^2-4a-a-1=0$，$-5a=-15$，$a=3$

　　①に $a=3$ を**代入**して，
　　$x^2+3x-4=0$，$(x-1)(x+4)=0$，$x=1$，$x=-4$

　　よって，もう1つの解は，$x=1$

◉ **答**

(1) $a=1$，$b=-12$　　(2) $a=3$，$x=1$

別解

(1) 2つの解が3と -4 である x^2 の係数が1の2次方程式は，
　　$(x-3)(x+4)=0$
左辺を展開すると，
　　$x^2+x-12=0$
$x^2+ax+b=0$ と係数を比べると，
　　$a=1$，$b=-12$

ミス注意

(2)で求められているのは，-4 以外の解であるから，$x=1$ のみを答えとすること。

練習 48

解答は別冊 p.41

(1) 2次方程式 $x^2-ax-4a=0$ の解の1つが -3 であるとき，a の値ともう1つの解を求めなさい。

(2) x についての2次方程式 $x^2+ax-a^2-9=0$ の解の1つが6であるとき，a の値ともう1つの解を求めなさい。

5 2次方程式の利用

49 整数に関する問題　応用

(1) ある自然数に 4 を加えて 2 倍すると，もとの自然数に 4 を加え
て 2 乗するときより 24 小さくなります。このとき，ある自然数
を求めなさい。

(2) 連続する 3 つの自然数があります。この 3 つの自然数のそれぞれ
の平方の和が 590 であるとき，連続する 3 つの自然数を求めなさい。

 (1) ある自然数を x として，数量の間の関係式をつくる。
(2) まん中の数を x として，他の 2 つの数を x の式で表す。

◉ 解き方

(1) ある自然数を x とすると，

$2(x+4)=(x+4)^2-24$

$2x+8=x^2+8x+16-24, \quad x^2+6x-16=0$

$(x-2)(x+8)=0, \quad x=2, \ -8$

x は自然数だから，$x=2$ のみ問題に合っている。

(2) 連続する 3 つの自然数の**まん中の数**を x とすると，

3 つの自然数は，$x-1, \ x, \ x+1$ と表せる。

$(x-1)^2+x^2+(x+1)^2=590$ より，

$x^2-2x+1+x^2+x^2+2x+1=590$

$3x^2+2=590, \quad 3x^2=588, \quad x^2=196, \quad x=\pm14$

x は自然数だから，$x=14$ のみ問題に合っている。

したがって，求める 3 つの自然数は，13, 14, 15

◉ 答　(1) **2**　(2) **13, 14, 15**

 ミス注意

(1) x は自然数だから，
$x=-8$ は適さない。

 別解

(2) 連続する 3 つの自然数は，
もっとも小さい数を x とす
ると，$x, \ x+1, \ x+2$ と表
せる。

$x^2+(x+1)^2+(x+2)^2=590$
より，$3x^2+6x+5=590$

$x^2+2x-195=0$

$(x-13)(x+15)=0$

$x=13, \ x=-15$

x は自然数だから，$x=13$
求める自然数は，13, 14, 15

練習 49

解答は別冊 p.41

連続する 3 つの自然数があります。この 3 つの自然数のうち，もっとも小さ
い数ともっとも大きい数の積がまん中の数の 7 倍に 7 を加えた数に等しくな
ります。連続する 3 つの自然数を求めなさい。

50 面積に関する問題

縦 18cm，横 30cm の長方形の白い用紙に，右の図のように，縦と横に同じ幅で色をぬると，白い部分の面積がもとの用紙の面積の $\frac{3}{4}$ 倍になりました。このとき，色をぬった部分の幅を求めなさい。

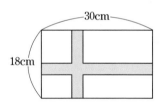

考え方 色をぬった部分を端に移動して，白い部分を1つの長方形にする。

● 解き方

色をぬった部分の幅を $x$cm とする。右の図のように，色をぬった部分を移動しても面積は変わらない。

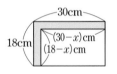

$$(18-x)(30-x)=18\times30\times\frac{3}{4}$$

$$540-48x+x^2=405, \quad x^2-48x+135=0$$

$$(x-3)(x-45)=0, \quad x=3, \quad x=45$$

$0<x<18$ だから，$x=3$ のみ問題に合っている。

● 答 3cm

別解

色をぬった部分の面積から求める。色をぬった部分の幅を $x$cm とすると，

$$18x+30x-x^2=18\times30\times\frac{1}{4}$$
$$x^2-48x+135=0$$
$$x=3, \quad x=45$$

ミス注意

色をぬった部分の幅は，正の数で，用紙の縦より短いから，$0<x<18$

練習 50

解答は別冊 p.41

(1) 正方形の横の長さを 6cm のばして長方形を作ったら，面積が 91cm² になりました。もとの正方形の1辺の長さを求めなさい。

(2) 縦 45m，横 84m の長方形の土地があります。右の図のように，同じ幅の道を縦に3本，横に1本つけて，面積が等しい8つの区画の土地に分けたところ，1つの区画の面積が 369m² になりました。このとき，道の幅を求めなさい。

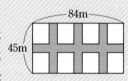

51 体積に関する問題

応用

右の図のように，1辺の長さが 30 cm の立方体 ABCD-EFGH があります。辺 BF 上に点 P をとり，$\text{PF}=2x$ cm とします。また，辺 FG 上に点 Q をとり，$\text{QG}=3x$ cm とします。三角錐（さんかくすい）P-EFQ の体積が 720 cm³ となるとき，x の値（あたい）を求めなさい。

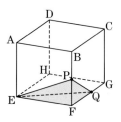

考え方 $(角錐の体積)=\dfrac{1}{3}\times(底面積)\times(高さ)$

◉ 解き方

$(三角錐\,\text{P-EFQ}\,の体積)=\dfrac{1}{3}\times\triangle\text{EFQ}\times\text{PF}$

$=\dfrac{1}{3}\times\left(\dfrac{1}{2}\times\text{EF}\times\text{FQ}\right)\times\text{PF}$

EF$=30$ cm, FQ$=(30-3x)$ cm, PF$=2x$ cm だから，

$\dfrac{1}{3}\times\dfrac{1}{2}\times30\times(30-3x)\times2x=720$

式を整理すると，

$x^2-10x+24=0$,　$(x-4)(x-6)=0$,　$x=4$,　$x=6$

◉ 答

$x=4$,　$x=6$

確認

角錐
上の図の P-EFQ のような立体を**角錐**といい，底面の形によって，三角錐，四角錐などという。

答えの確かめ
$0<\text{QG}<30$ より，
$0<x<10$ だから，$x=4$,
$x=6$ はいずれも問題に合っている。

練習 51

解答は別冊 p.41

図1のような縦 30 cm，横 60 cm の長方形の厚紙で，かげをつけた部分を切り取っ

図1

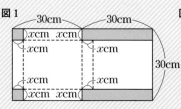

図2

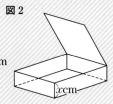

て，図2のようなふたがついた直方体の箱を作ります。箱の深さを x cm，底面積を 200 cm² とするとき，x の値を求めなさい。

52 濃度に関する問題　　　　　　　　　　　　応用

12%の食塩水 100g から xg の食塩水を取り出し，かわりに同じ量の水を入れてよくかき混ぜました。次に，この食塩水 100g から xg の食塩水を取り出し，かわりに同じ量の水を入れてよくかき混ぜました。この2回の操作で，食塩水の濃度は3%になりました。このとき，x の値を求めなさい。

考え方　**1回目の操作，2回目の操作で食塩水にふくまれている食塩の重さを x で表す。**

◉ 解き方

1回目の操作で xg 取り出した後の，残った食塩水の食塩の重さは，

$$(100-x)\times\frac{12}{100}(\text{g})$$

水を入れた後，2回目の操作で xg 取り出した後の，残った食塩水の食塩の重さは，

$$(100-x)\times\frac{12}{100}\times\boxed{\frac{100-x}{100}}(\text{g})$$

2回目の操作で xg
取り出された食塩水の重さ
食塩水 100g

これが濃度3%の食塩水 100g の食塩の重さに等しいから，　$(100-x)\times\dfrac{12}{100}\times\dfrac{100-x}{100}=100\times\dfrac{3}{100}$

$$\frac{12(100-x)^2}{100^2}=3,\ \left(\frac{100-x}{100}\right)^2=\frac{1}{4},\ \frac{100-x}{100}=\pm\frac{1}{2}$$

$x=50,\ x=150$

$0<x<100$ だから，$x=50$ のみ問題に合っている。

◉ 答　**50g**

確認 💡

食塩水の濃度を a%とすると，
$\left(\begin{array}{c}\text{食塩の}\\\text{重さ}\end{array}\right)=\left(\begin{array}{c}\text{食塩水の}\\\text{重さ}\end{array}\right)\times\dfrac{a}{100}$

別解 ➕

1回目の操作後の食塩水の濃度は，$12\times\left(1-\dfrac{x}{100}\right)(\%)$
2回目の操作後の食塩水の濃度は，
$12\times\left(1-\dfrac{x}{100}\right)\times\left(1-\dfrac{x}{100}\right)(\%)$
これより，
$12\left(1-\dfrac{x}{100}\right)^2=3$
これを解いてもよい。

練習 **52**　　　　　　　　　　　　　　　　　　解答は別冊 p.41

16%の食塩水 100g から xg の食塩水を取り出し，かわりに同じ量の水を入れてよくかき混ぜました。次に，この食塩水 100g から $2x$g の食塩水を取り出し，かわりに同じ量の水を入れてよくかき混ぜました。この2回の操作で，食塩水の濃度は6%になりました。このとき，x の値を求めなさい。

53 平面図形に関する問題

右の図のような，AC＝10cm，BC＝20cm，∠C＝90°の直角三角形 ABC があります。点 P は点 A を出発し，毎秒 1cm の速さで辺 AC 上を点 C まで動きます。また，点 Q は，点 P が点 A を出発するのと同時に点 C を出発し，毎秒 2cm の速さで点 B まで動きます。四角形 ABQP の面積が 76cm^2 となるのは，2 点 P，Q が出発してから何秒後ですか。

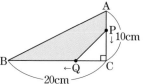

考え方 AP の長さを x を使って表し，四角形 ABQP の面積についての方程式をつくる。

◉ **解き方**

2 点 P，Q が出発してから x 秒後とすると，
PC＝$10-x$（cm），CQ＝$2x$（cm）と表される。

四角形 ABQP ＝△ABC－△PQC

$$= \frac{1}{2} \times 20 \times 10 - \frac{1}{2} \times 2x \times (10-x)$$

$$= 100 - x(10-x)$$

$$= x^2 - 10x + 100 \,(\text{cm}^2)$$

したがって，$x^2-10x+100=76$，$x^2-10x+24=0$，
$(x-4)(x-6)=0$，$x=4$，$x=6$

$0<x<10$ だから，$x=4$ も $x=6$ も問題に合っている。

◉ **答** 　**4 秒後，6 秒後**

くわしく

辺の長さと面積の関係は次のようになる。

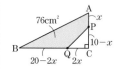

確認

x のとりうる値の範囲

AP は辺の長さで，AC の長さより短いから，$0<x<10$ となる。

練習 53

解答は別冊 p.42

右の図のような ∠A＝90°，AB＝AC＝10 cm の直角二等辺三角形があります。辺 AB 上の点 P から，辺 BC，AC に平行な直線をひき，辺 AC，BC との交点を Q，R とします。平行四辺形 PRCQ の面積が 22 cm^2 となるとき，AP の長さを求めなさい。

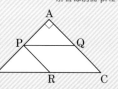

章末問題 解答 別冊 p.42

1 次の2次方程式を解きなさい。

(1) $x^2=6x$ 【群馬県】

(2) $x^2-7x-18=0$ 【奈良県】

(3) $x^2+6x-16=0$ 【宮城県】

(4) $x^2+8x+16=0$ 【徳島県】

(5) $x^2=x+2$ 【愛媛県】

(6) $8x^2+32x=168$

【日本大豊山高(東京)】

2 次の2次方程式を解きなさい。

(1) $(x-1)^2-3=0$ 【福井県】

(2) $x^2+x-9=0$ 【19 東京都】

(3) $x^2-8x-7=0$ 【新潟県】

(4) $2x^2+6x+3=0$ 【秋田県】

(5) $3x^2-7x+3=0$ 【神奈川県】

(6) $7x^2-42x+58=0$

【大阪教育大附高(池田)】

3 次の方程式を解きなさい。

(1) $2x^2-2x=1-5x$ 【長野県】

(2) $(x-3)^2=(4x-5)(x-1)$

【19 都立新宿高】

(3) $(x-17)^2-(x-23)^2=36$

【江戸川学園取手高(茨城)】

(4) $(2x-3)^2+2(2x-3)-15=0$

【桐朋高(東京)】

(5) $3(x-1)^2-(x-1)-1=0$

【18 埼玉県】

(6) $\dfrac{1}{6}x^2-\dfrac{3}{4}x+\dfrac{2}{3}=0$

【桐朋高(東京)】

4 次の問いに答えなさい。

(1) a を正の数とします。x についての2次方程式 $x^2-4ax-a^2+1=0$ の解の1つ が $-\dfrac{1}{2}$ であるとき，a の値を求めなさい。 【19 都立日比谷高】

(2) 2次方程式 $x^2+ax+3=0$ の2つの解の差は $2\sqrt{6}$ です。a の値を求めなさい。

【明治学院高(東京)】

5 右のように，自然数を一定の規則にしたがい1段目と2段目にそれぞれ並べました。

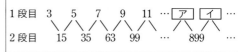

｜ ア ｜，｜ イ ｜にあてはまる自然数を求めなさい。　【愛知県】

6 文化祭で，ワッフル1個の値段を200円にすると1日に150個売れ，1個の値段を200円から10円ずつ値上げするごとに，1日に売れるワッフルは5個ずつ減るものとします。このとき，次の問いに答えなさい。　【日本大第三高(東京)】

(1) ワッフル1個の値段を50円値上げしたときの1日の売り上げ額を求めなさい。

(2) ワッフル1個の値段を｜ ア ｜円にすると，1日の売り上げ額が30800円になります。｜ ア ｜に入る値をすべて求めなさい。

7 10%の食塩水200gを入れた容器があります。この容器からxgの食塩水をくみ出した後，xgの水を入れてよくかき混ぜました。さらに，xgの食塩水をくみ出した後，xgの水を入れてよくかき混ぜたところ，濃度が3.6%になりました。このとき，xの値を求めなさい。　【西大和学園高(奈良)】

8 縦が30m，横が40mの長方形の土地があります。この土地に幅xmの道路を，図のように縦，横に作り，残りを畑にしたところ畑の面積が864m²になりました。方程式をつくり，計算過程を書いてxの値を求めなさい。　【東京電機大高(東京)】

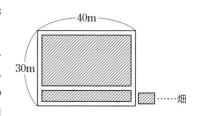

9 右の図のような，縦4cm，横7cm，高さ2cmの直方体Pがあります。直方体Pの縦と横をそれぞれ$x$cm$(x>0)$長くした直方体Qと，直方体Pの高さを$x$cm長くした直方体Rを作ります。直方体Qと直方体Rの体積が等しくなるとき，xの方程式をつくり，xの値を求めなさい。ただし，途中の計算も書くこと。　【栃木県】

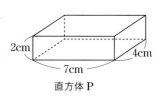

直方体P

にせ金貨を見つける方法

方程式の基本である等式の性質は，てんびんの考え方と同じです。
ここでは，てんびんを使った思考力問題に挑戦してみましょう。

問題

見かけはまったく同じ8枚の金貨の中に，1枚
だけにせ金貨がまぎれこんでしまいました。
にせ金貨は本物よりわずかに軽いことがわかっ
ています。
てんびんを使って調べるとき，てんびんを何回
使えばにせ金貨を見つけることができるでしょ
うか。
もっとも少ない回数を求めましょう。

思考力
UP ⋙ 効率のよいはかり方を考えよう。

1枚どうしで重さを比べていくと，全部調べるには
てんびんを4回使うことになるね。

最初に4枚どうしで重さを比べれば，軽かった方に
にせ金貨があるとしぼりこめるんじゃないかな！

その方法でいくと，2回目に2枚ずつ，3回目に1枚ずつ
はかれば3回でわかるね。

（実際に書いてみましょう）

解 答 例

下の方法ではかると，2回でにせ金貨を見つけることができます。
[1回目]
2枚残して，3枚ずつはかります。

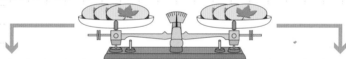

[つりあった場合・2回目]
つりあった場合は，残りの2枚のうち
1枚がにせ金貨だから，1枚ずつはか
ります。

[傾いた場合・2回目]
傾いた場合は，軽い方の3枚のうち1
枚がにせ金貨だから，1枚残して，1
枚ずつはかります。

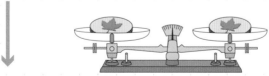

これで軽かった方がにせ金貨です。
てんびんは2回使いました。

つり合った場合は，残りの1枚がにせ
金貨で，傾いた場合は，軽い方がにせ
金貨です。てんびんは2回使いまし
た。

金貨の枚数が増えたときはどうなるか，考えてみましょう。

Math STOCK!

いろいろな解の検討

これまで学習してきた「解の検討」は，個数や人数を表すため自然数以外の数を除いたり，長さや面積を表すため正の数以外を除いたりするものでした。ここでは，少し視点を変えた解の検討の必要性を考えてみましょう。

問題

最も小さい内角の大きさが $120°$ で，となりあう内角の大きさが $5°$ ずつ大きくなっている多角形がある。この多角形は何角形ですか。

つまり，$120°$，$125°$，$130°$，……の角をもつ多角形があったとすると，それは何角形かということです。

解答

求める多角形を n 角形とすると，

内角の和は，$180(n-2)°$ ……①

一方，内角の大きさは $120°$ から $5°$ ずつ大きくなっていることから，

$$120+(120+5)+(120+10)+\cdots\cdots+\{120+5(n-1)\}$$

$$=120n+\frac{(n-1)\{5+5(n-1)\}}{2}$$

$$=120n+\frac{5n(n-1)}{2} \quad \cdots\cdots②$$

①，②より，$180(n-2)=120n+\dfrac{5n(n-1)}{2}$

$$360(n-2)=240n+5n(n-1)$$

$$72(n-2)=48n+n(n-1)$$

$$n^2-25n+144=0$$

$$(n-9)(n-16)=0$$

> 例えば 1 から 9 までの和は，
>
> $1\ 2\ 3\ 4\ 5\ 6\ 7\ 8\ 9$
>
> $9\ 8\ 7\ 6\ 5\ 4\ 3\ 2\ 1$
>
> とすると，上下の数の和が 10 で，10 が 9 個あるから，$9×10÷2=45$ として求められる。

$n>0$ より，$n=9$，16

答えは，九角形と十六角形でいいでしょうか？

解の検討

$n=16$ のとき，最大の角は，$120+5(16-1)=195°$

だから，**途中に $180°$ の内角がふくまれている。**

すなわち，この角は一直線であるから，

多角形を表す角としては適さない。

したがって，$n=16$ のときは内角が $5°$ ずつ

大きくなるという条件に適さない。

答えは，九角形だけとなる。

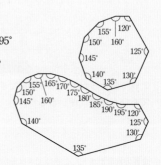

関数編

関数編

「関数編」ではまず，小学校で学習した比例と反比例について，よりくわしく学習します。値のとる範囲，グラフをかく平面は負の数まで広がります。さらに，比例以外の関数についても理解し，それらを式に表したり，グラフをかいたりできるようにしましょう。

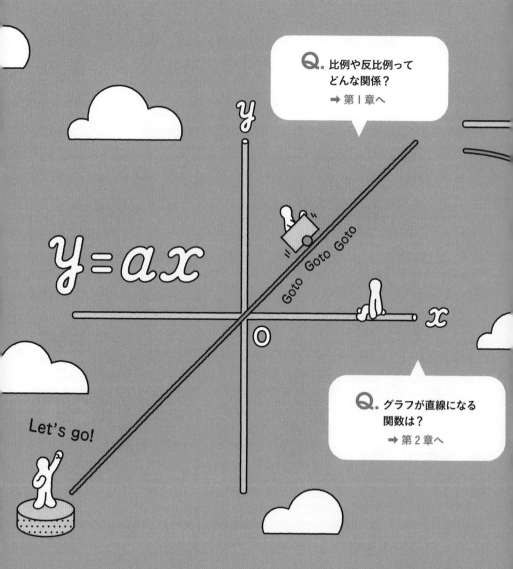

Q. 比例や反比例って
どんな関係？
➡ 第1章へ

Q. グラフが直線になる
関数は？
➡ 第2章へ

$y = ax$

Let's go!

Goto Goto Goto

Q. グラフが放物線に
なる関数は？
➡ 第 3 章へ

$$y = \dfrac{a}{x}$$

$$y = ax^2$$

Hey!

第1章

比例・反比例

比例の式を求める場合は $y=ax$，反比例の式を求める場合は $y=\dfrac{a}{x}$ とおいて，1 組の x，y の値から比例定数 a の値を求めよう。座標やグラフもあわせて押さえておこう。

SECTION 1 比例

➡p.206

関数

ともなって変わる 2 つの変数 x，y があって，x の値を決めると，それにともなって y の値がただ 1 つに決まるとき，y は x の関数であるという。

比例の式

ともなって変わる 2 つの変数 x，y の関係が，$y=ax$（a は定数）で表されるとき，y は x に比例するといい，a を比例定数という。

比例の式

$$y=ax$$

変数 y，変数 x，比例定数

❶ 変数…いろいろな値をとることのできる文字。
❷ 定数…決まった数や決まった数を表す文字。
❸ 変域…変数のとることのできる値の範囲。

比例の性質

x の値が 2 倍，3 倍，4 倍，…になると，y の値も 2 倍，3 倍，4 倍，…になる。
$x \neq 0$ のとき，対応する商 $\dfrac{y}{x}$ の値は一定で，比例定数に等しい。

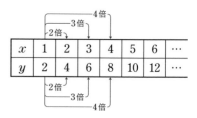

x	1	2	3	4	5	6	…
y	2	4	6	8	10	12	…

SECTION 2 座標

➡p.211

右の図のように，2 つの数直線を点 O で垂直に交わるようにひくとき，交点を原点といい，

横の数直線…x 軸(横軸)
縦の数直線…y 軸(縦軸)

合わせて座標軸という。

右の図の点 P の位置を $(3,\ -4)$ と表し，これを点 P の座標という。

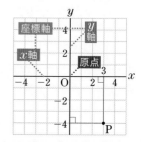

SECTION 3 比例のグラフ

➡p.214

比例の関係 $y=ax$ のグラフは，原点 O を通る直線である。

●$a>0$ のとき…グラフは右上がりの直線。

●$a<0$ のとき…グラフは右下がりの直線。

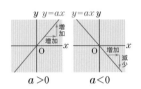

SECTION 4 反比例

➡p.216

反比例の式

ともなって変わる 2 つの変数 x, y の関係が，$y=\dfrac{a}{x}$ (a は定数)で表されるとき，y は x に反比例するといい，a を比例定数という。

反比例の式

$$y=\dfrac{a}{x}\ \text{比例定数}$$

反比例の性質

x の値が 2 倍，3 倍，4 倍，…になると，y の値は，$\dfrac{1}{2}$ 倍，$\dfrac{1}{3}$ 倍，$\dfrac{1}{4}$ 倍，…になる。対応する積 xy の値は一定で，比例定数に等しい。

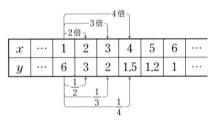

SECTION 5 反比例のグラフ

➡p.219

反比例の関係 $y=\dfrac{a}{x}$ のグラフは，原点について対称な双曲線である。

●グラフは座標軸に近づきながら，限りなくのびるが，座標軸と交わることはない。

●点 (p, q) がグラフ上にあるとき，点 $(-p, -q)$ もグラフ上の点である。

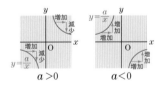

SECTION 6 比例と反比例の利用

➡p.221

ともなって変わる 2 つの数量の関係が比例になるか，反比例になるかを見きわめ，比例ならば $y=ax$，反比例ならば $y=\dfrac{a}{x}$ を利用する。

1 比 例

1 関数 基 礎

ある自然数 x の約数の個数を y 個とする。このとき，y は x の関数であるといえるか，また，x は y の関数であるといえるか答えなさい。

考え方 x の値を決めると，y の値がただ1つに決まるかを調べる。

● 解き方

例えば，x の値が3のとき，3の約数は1，3だから，

y の値は2 ←‥‥‥ 3の約数の個数

x の値が6のとき，6の約数は1，2，3，6だから，

y の値は4 ←‥‥‥ 6の約数の個数

このように，x の値を決めると，y の値はただ1つに決まるから，y は x の関数である。

例えば，y の値が2のとき，約数の個数が2個の自然数は，2，3，5，7，…… ←‥‥‥ 素数

y の値が3のとき，約数の個数が3個の自然数は，

4，9，25，49，…… ←‥‥‥ 素数の2乗

このように，y の値を決めても，x の値はただ1つに決まらないから，x は y の関数でない。

● 答

y は x の関数であるといえる。

x は y の関数であるといえない。

用語解説

変数

いろいろな値をとる文字を変数という。

関数

ともなって変わる2つの変数 x，y があって，x の値を決めると，それにともなって，y の値がただ1つに決まるとき，**y は x の関数である**という。

参考

約数の個数が2個の自然数は素数である。

また，素数 n を2乗した数の約数は，1，n，n^2 より，約数の個数が3個の自然数は素数の2乗である。

練習 1

解答は別冊 p.45

次のことがらについて，y は x の関数であるといえるか，また，x は y の関数であるといえるか答えなさい。

(1) ある数 x の絶対値を y とする。

(2) ある小数 x を四捨五入して自然数で表したとき，表された自然数を y とする。

2 比例の意味

空の水そうに一定の割合で水を入れていくと，時間にともなって水の深さが増していく。水を入れ始めてから x 分後の水の深さを y cm とすると，x と y の関係は，下の表のようになった。次の問いに答えなさい。

x(分)	0	1	2	3	4	5	…
y(cm)	0	3	6	9	12	15	…

(1) x の値が2倍，3倍，4倍になると，それにともなって y の値はそれぞれ何倍になるか。

(2) x が0でないとき，y の値は対応する x の値の何倍か。

(3) y を x の式で表しなさい。

考え方 上下に対応する x，y の間に規則を見つける。

● 解き方

(1)

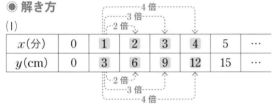

(2) $\dfrac{y}{x} = \dfrac{3}{1} = \dfrac{6}{2} = \dfrac{9}{3} = \dfrac{12}{4} = \dfrac{15}{5} = 3$

(3) （水の深さ）＝3×（時間）から，$y=3x$

● 答　(1) 2倍，3倍，4倍　(2) 3倍　(3) $y=3x$

用語解説

比例

ともなって変わる2つの変数 x，y の関係が，$y=ax$（a は定数）で表されるとき，y は x に**比例する**といい，a を**比例定数**という。

確認

比例の性質

① x の値が2倍，3倍，4倍，…になると，y の値も2倍，3倍，4倍，…になる。

② $x \neq 0$ のとき，商 $\dfrac{y}{x}$ の値は一定で，比例定数 a に等しい。

練習 2

解答は別冊 p.45

5L のガソリンで 40km 走ることができる自動車が xL のガソリンで走ることができる道のりを $y$km とするとき，次の問いに答えなさい。

(1) 75L のガソリンでは何 km 走ることができるか。

(2) y を x の式で表しなさい。

③ 比例の式

次のア～ウのうち，y が x に比例するものをすべて選び，その記号を書きなさい。また，その比例の関係について，y を x の式で表しなさい。

ア　縦の長さが $x$cm，横の長さが 5cm の長方形の周の長さ $y$cm

イ　底辺が $x$cm，高さが 6cm の三角形の面積 $y$cm²

ウ　周の長さが $x$cm の正方形の 1 辺の長さ $y$cm

考え方 式の形が $y=ax$ になれば，y は x に比例する。

● 解き方

ア　（長方形の周の長さ）＝（縦の長さ）×2＋（横の長さ）×2

$$y \quad = \quad x \quad \times 2 + \quad 5 \quad \times 2$$

$$\cdots \quad y=2x+10$$

イ　（三角形の面積）＝（底辺）×（高さ）÷2

$$y \quad = \quad x \quad \times \quad 6 \quad \div 2 \quad \cdots \quad y=3x$$

ウ　（正方形の 1 辺の長さ）＝（周の長さ）÷4

$$y \quad = \quad x \quad \div 4 \cdots \quad y=\frac{x}{4}$$

● 答

y が x に比例するもの…**イ，ウ**

式…イ **$y=3x$**，ウ **$y=\dfrac{x}{4}$**

確認

比例の関係 $y=ax$ では，$y=-3x$ のように比例定数が負の数や，$y=\dfrac{1}{3}x$ のように比例定数が分数の場合もある。$y=2\pi x$ では，π は決まった数を表す文字だから，比例定数は 2π

ミス注意

$y=\dfrac{x}{4}$ は，$y=\dfrac{1}{4}x$ と書き表すことができるので，y は x に比例し，比例定数は $\dfrac{1}{4}$

練習 3

解答は別冊 p.45

次のア～エのうち，y が x に比例するものはどれか。1 つ選び，その記号を書きなさい。また，その比例の関係について，y を x の式で表しなさい。

ア　1 辺の長さが $x$cm の立方体の表面積は，$y$cm² である。

イ　700m の道のりを毎分 xm の速さで歩くと，y 分間かかる。

ウ　空の容器に毎分 3L ずつ水を入れると，x 分間で yL たまる。

エ　ソース 50g にケチャップ xg を混ぜると，全体の重さは yg である。

【岩手県】

4 数量の変域

Aさんは，家から2400m離れた図書館まで，自転車で毎分160m
の速さで走ることにした。Aさんが家を出発してから x 分後まで
に走った道のりを y m とするとき，次の問いに答えなさい。

(1) y を x の式で表しなさい。

(2) x の変域を不等号を使って表しなさい。

(3) y の変域を不等号を使って表しなさい。

 x の最大値は，家から図書館まで行くのにかかる時間。
y の最大値は，家から図書館までの道のり。

● **解き方**

(1) (走った道のり)＝(速さ)×(時間)
$$y = 160 \times x \quad \cdots \quad y=160x$$

(2) 家から図書館まで行くのにかかる時間は，
$$2400=160x \quad \longleftarrow y=160x \text{ に } y=2400 \text{ を代入}$$
$$x=15$$
Aさんは家を出発してから15分後に図書館に着
くから，x の変域は，$0 \le x \le 15$

(3) Aさんが走る道のりは，家から図書館までの道の
りの範囲内だから，y の変域は，$0 \le y \le 2400$

● **答**

(1) $y=160x$ (2) $0 \le x \le 15$ (3) $0 \le y \le 2400$

確認

変域
変数のとりうる値の範囲を変
域という。

変域の表し方
$2 \le x \le 6$

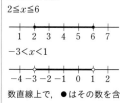

$-3 < x < 1$

数直線上で，●はその数を含
み，○はその数を含まないこ
とを表す。

練習 **4** 解答は別冊 p.45

長さが18cmの線香がある。この線香に火をつけると1分間に9mmずつ燃
えていく。火をつけてから x 分後の線香の燃えた長さを y mm とするとき，
次の問いに答えなさい。

(1) y を x の式で表しなさい。

(2) x の変域を不等号を使って表しなさい。

(3) y の変域を不等号を使って表しなさい。

⑤ 比例の式の求め方　　　基礎

y は x に比例し，$x=12$ のとき $y=-8$ である。$x=-3$ のときの y の値を求めなさい。　【島根県】

考え方 $y=ax$ とおき，1組の x，y の値を代入する。

● 解き方

y は x に比例するから，比例定数を a とすると，

$y=ax$

とおける。

$x=12$ のとき $y=-8$ だから，

$-8=a\times 12$

$a=-\dfrac{2}{3}$

したがって，式は，

$y=-\dfrac{2}{3}x$

この式に $x=-3$ を

代入して，

$y=-\dfrac{2}{3}\times(-3)=2$

● 答

$y=2$

比例定数 a の符号

代入する1組の x，y の値が，同符号であれば a は正の数，異符号であれば a は負の数になる。

確認 💡

比例の式の求め方の手順

求める式を $y=ax$ とおく。
↓
$y=ax$ に1組の x，y の値を代入する。
↓
a についての方程式と考え，a の値を求める。

 ミス注意 ❗

負の数を代入するときは，かっこをつけて代入する。

$y=-\dfrac{2}{3}\times\cancel{-3}$

練習 5　　　解答は別冊 p.45

(1) y は x に比例し，$x=-3$ のとき $y=-18$ である。$x=5$ のときの y の値を求めなさい。

(2) 右の表は，y が x に比例する関係を表したものである。ア～エにあてはまる数を求めなさい。

x	-6	-2	4	8	10
y	ア	イ	-2	ウ	エ

2 座 標

6 平面上の点の座標　基礎

右の図で，点 A，B，C，D の座標を
答えなさい。

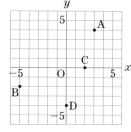

考え方　点から x 軸，y 軸に垂直な直線をひき，それぞれの軸と交わる点の目もりを読む。

◉ 解き方

　点 A から x 軸，y 軸に垂直な
直線 AH，AK をひくと，

　H の目もりは 3，K の目もりは 4
　　　　x 座標　　　　　y 座標

　よって，A$(3，4)$

　点 B の x 座標は -5，y 座標は -2 だから，

　　B$(-5，-2)$

　点 C の x 座標は 2，y 座標は 0 だから，

　　C$(2，0)$ ⟵ x 軸上の点の y 座標は 0

　点 D の x 座標は 0，y 座標は -4 だから，

　　D$(0，-4)$ ⟵ y 軸上の点の x 座標は 0

用語解説 📖

点 P の座標

　　P$(2，-3)$
　x 座標 ⟵　　⟶ y 座標

座標平面

座標軸のかかれている平面。

◉ 答

A$(3，4)$，B$(-5，-2)$，C$(2，0)$，D$(0，-4)$

練習 6

解答は別冊 p.45

右の図で，点 P，Q，R，S の座標を答えなさい。

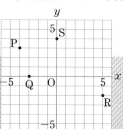

7 座標で表された点 基礎

3点 A(4, 3), B(−3, 1), C(2, −3)を頂点とする三角形 ABC の
面積を求めなさい。

考え方 座標が (a, b) の点は, x 座標が a, y 座標が b

● 解き方

点 A(4, 3)は, x 座標が 4, y 座標が 3

右の図のように, x 軸上
の4の点と y 軸上の3の
点から, それぞれ x 軸, y
軸に垂直な直線をひき, そ
の交点を A とする。

同様にして, 点 B, 点 C
をとる。

右の図のような, 長方形 PQRA をつくる。

三角形 ABC の面積は, 長方形 PQRA の面積から3つ
の直角三角形の面積をひいたものだから,

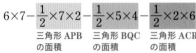
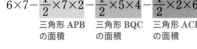

$$6×7−\frac{1}{2}×7×2−\frac{1}{2}×5×4−\frac{1}{2}×2×6$$

三角形 APB　　三角形 BQC　　三角形 ACR
の面積　　　　の面積　　　　の面積

$$=42−7−10−6=19$$

● 答

19

参考

点 A は, 原点 O から右へ4,
上へ3進んだところにある点
と考えてとることもできる。

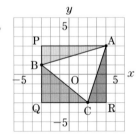

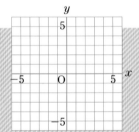

練習 7

解答は別冊 p.46

右の図に, 点 A(−2, 4), B(0, −4), C(6, 0)
をかきなさい。
また, 三角形 ABC の面積を求めなさい。

8 移動した点の座標

応用

点 A$(-2, 3)$ について，次のような点の座標を求めなさい。

(1) 点 A から右へ 7，下へ 7 だけ進んだところにある点 B の座標

(2) x 軸，y 軸，原点についてそれぞれ対称な点 C，D，E の座標

考え方　点(a, b)から右へp，上へq ➡ $(a+p, b+q)$

● 解き方

(1) x 座標は，$-2+5=3$

　　　　x 軸の正の方向へ 5

　　y 座標は，$3-7=-4$

　　　　y 軸の負の方向へ 7

　　よって，点 B の座標は，

　　　$(3, -4)$

(2) 点 C の座標は，点 A の

　　y 座標の符号が変わるから，

　　　C$(-2, -3)$

　　点 D の座標は，点 A の

　　x 座標の符号が変わるから，

　　　D$(+2, 3)$

　　点 E の座標は，点 A の

　　x 座標，y 座標の符号が変わるから，

　　　E$(+2, -3)$

● 答

(1) B$(3, -4)$　(2) C$(-2, -3)$, D$(2, 3)$, E$(2, -3)$

確認

点の移動

右へ ● だけ移動

…x 軸の正の方向へ ● 移動。

上へ ■ だけ移動

…y 軸の正の方向へ ■ 移動。

くわしく

対称な点の座標

点 A(a, b) と，

x 軸について対称な点の座標は，$(a, -b)$

y 軸について対称な点の座標は，$(-a, b)$

原点について対称な点の座標は，$(-a, -b)$

練習 **8**

解答は別冊 p.46

右の図のように，3 点 A，B，C がある。

点 D をとり，平行四辺形 ABCD をつくるとき，

点 D の座標を求めなさい。

第一章

SECTION

3

比例のグラフ

9 比例のグラフのかき方 　　　　　　　　　　　　基礎

次の比例のグラフをかきなさい。

(1) $y=3x$　　　　　　(2) $y=-\dfrac{3}{5}x$　　　　　【広島県】

考え方 原点以外にグラフが通る点を見つけ，原点とその点を通る直線をかく。

◎ **解き方**

(1) $x=1$ のとき，

$y=3\times1=3$

よって，グラフは
原点と点$(1,\ 3)$
を通る直線をかく。

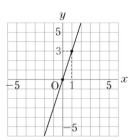

(2) $x=5$ のとき，

$y=-\dfrac{3}{5}\times5=-3$

よって，グラフは
原点と点$(5,\ -3)$
を通る直線をかく。

◎ **答**

上の図

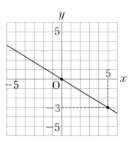

別解

(1) $x=2$ のとき，

$y=3\times2=6$

よって，グラフは原点と
点$(2,6)$を通る直線をかく。

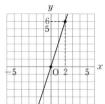

くわしく

原点以外の1点は，x座標，
y座標がともに整数であるよ
うな点をとると，グラフがか
きやすい。

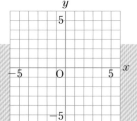

練習 9　　　　　　　　解答は別冊 p.46

(1) $y=-\dfrac{4}{3}x$ のグラフをかきなさい。

(2) x の変域が $-2\leqq x\leqq4$ のとき，$y=\dfrac{1}{2}x$ の
グラフをかきなさい。

10 比例のグラフの式の求め方 基礎

右の図の(1), (2)は比例のグラフである。
それぞれについて, y を x の式で表しな
さい。

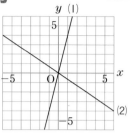

考え方 $y=ax$ にグラフが通る点の座標を代入する。

◉ 解き方

(1) グラフは, 点(1, 4)を通るから, $y=ax$ に
 $x=1$, $y=4$ を代入して,
  $4=a\times1$, $a=4$ ←……(−1, −4)を代入してもよい
 したがって, 式は, $y=4x$

(2) グラフは, 点(3, −2)を通るから,
 $y=ax$ に $x=3$, $y=−2$ を代入して,
  $−2=a\times3$, $a=−\dfrac{2}{3}$

 したがって, 式は, $y=−\dfrac{2}{3}x$

◉ 答

(1) $y=4x$　(2) $y=−\dfrac{2}{3}x$

くわしく

代入する点の座標
グラフが通る点のうち, x座標, y座標がともに整数である点を見つけ, 代入する。

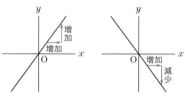

$y=ax$ のグラフは, 原点を通る直線である。
$a>0$…右上がりの直線　$a<0$…右下がりの直線

練習 10

解答は別冊 p.46

右の図の(1), (2)は比例のグラフである。
それぞれについて, y を x の式で表しなさい。

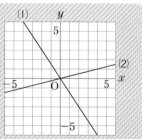

第一章
SECTION

4 反比例

11 反比例の意味　　　　基礎

面積が $30\mathrm{cm}^2$ の長方形がある。この長方形の縦の長さを $x\mathrm{cm}$，横の長さを $y\mathrm{cm}$ とすると，x と y の関係は下の表のようになった。次の問いに答えなさい。

x(cm)	…	1	2	3	4	5	…
y(cm)	…	30	15	10	7.5	6	…

(1) x の値が 2 倍，3 倍，4 倍になると，それにともなって y の値はそれぞれ何倍になるか。

(2) y を x の式で表しなさい。

考え方 変わる値は縦の長さと横の長さ，一定の値は長方形の面積。

● 解き方

(1)

x(cm)	…	1	2	3	4	5	…
y(cm)	…	30	15	10	7.5	6	…

(2)（長方形の面積）＝（縦の長さ）×（横の長さ）から，

$30 = x \times y$ より，$y = \dfrac{30}{x}$

● 答　(1) $\dfrac{1}{2}$ 倍，$\dfrac{1}{3}$ 倍，$\dfrac{1}{4}$ 倍　(2) $y = \dfrac{30}{x}$

練習 11

解答は別冊 p.46

48L 入る水そうに，一定の割合で水を入れて満水にする。毎分 xL ずつ水を入れたときにかかる時間を y 分とするとき，y を x の式で表しなさい。また，毎分 6L ずつ水を入れたときにかかる時間を求めなさい。

用語解説

反比例

2 つの変数 x，y の関係が，$y = \dfrac{a}{x}$（a は定数）で表されるとき，y は x に**反比例**するといい，a を**比例定数**という。

確認

反比例の性質

① x の値が 2 倍，3 倍，4 倍，…になると，y の値は $\dfrac{1}{2}$ 倍，$\dfrac{1}{3}$ 倍，$\dfrac{1}{4}$ 倍，…になる。

② 積 xy の値は**一定**で，比例定数 a に等しい。

12 反比例の式

次のア～ウのうち，y が x に反比例するものをすべて選び，その記号を書きなさい。また，その反比例の関係について，y を x の式で表しなさい。

ア　12km の道のりを時速 $x$km の自転車で走ったときにかかる時間 y 時間

イ　60L の水を 1 分間に 3L ずつ x 分間くみ出したときの残りの水の量 yL

ウ　200cm のテープを x 等分（とうぶん）したときの 1 本分のテープの長さ $y$cm

考え方 式の形が $y=\dfrac{a}{x}$ になれば，y は x に反比例する。

● 解き方

ア　（時間）＝（道のり）÷（速さ）
$$y \;=\; 12 \;\div\; x \qquad \cdots y=\dfrac{12}{x}$$

イ　（残りの水の量）＝（はじめの水の量）−（1分間にくみ出す量）×（時間）
$$y \;=\; 60 \;-\; 3 \;\times\; x$$
$$\cdots y=60-3x$$

ウ　（1本分の長さ）＝（全体の長さ）÷（本数）
$$y \;=\; 200 \;\div\; x \quad \cdots y=\dfrac{200}{x}$$

● 答

y が x に反比例するもの…**ア，ウ**　式…ア $\boldsymbol{y=\dfrac{12}{x}}$，ウ $\boldsymbol{y=\dfrac{200}{x}}$

参考

反比例の式
反比例の関係を表す式は，$xy=a$（a は定数）と表すこともある。

確認

反比例の関係 $y=\dfrac{a}{x}$ では，a は 0 であってはいけないが，負の数や分数の場合がある。

解答は別冊 p.46

y が x に反比例するものを，次のア～エから 1 つ選び，記号を書きなさい。

ア　面積が 10cm² の三角形の底辺 $x$cm と高さ $y$cm

イ　150 ページの本を，x ページ読んだときの残りのページ数 y ページ

ウ　1 本 120 円のジュースを x 本買ったときの代金 y 円

エ　x 円の品物を 3 割引きで買ったときの代金 y 円　　　　【長野県】

13 反比例の式の求め方 基礎

y は x に反比例し，$x=6$ のとき $y=-12$ である。$x=-9$ のときの y の値を求めなさい。

【新潟県】

考え方 $y=\dfrac{a}{x}$ とおき，1 組の x，y の値を代入する。

● **解き方**

y は x に反比例するから，比例定数を a とすると，

$$y=\frac{a}{x}$$

とおける。

$x=6$ のとき $y=-12$ だから，

$$-12=\frac{a}{6}$$
$$a=-72$$

したがって，式は，$y=-\dfrac{72}{x}$

この式に $x=-9$ を代入して，$y=-\dfrac{72}{-9}=8$

● **答**

$y=8$

参考

比例定数の求め方
$xy=a$ を利用して，a の値を求めてもよい。
$xy=6\times(-12)=-72$ だから，
　$a=-72$

別解

y が x に反比例するとき，xy の値は一定だから，
　$6\times(-12)=(-9)\times y$
　　$-72=-9y$
　　　$y=8$

ミス注意

「y を x の式で表しなさい」と問われている場合には，$y=\dfrac{a}{x}$ の形で答えること。
「x と y の関係を式で表しなさい」と問われている場合には，$xy=a$ の形で答えてもよい。

練習 13

解答は別冊 p.47

(1) y は x に反比例していて，$x=2$ のとき $y=4$ である。x と y の関係を式に表しなさい。

【宮崎県】

(2) y は x に反比例し，$x=3$ のとき $y=8$ である。$y=6$ のときの x の値を求めなさい。

【山口県】

(3) 下の表は，y が x に反比例する関係を表したものである。ア，イにあてはまる数を求めなさい。

x	…	-2	3	9	…
y	…	ア	-6	イ	…

反比例のグラフ

反比例のグラフのかき方　　　基礎

反比例の関係 $y=\dfrac{6}{x}$ のグラフをかきなさい。

 考え方 対応する x，y の値を求め，それらの値の組を座標とする点をなめらかな 2 つの曲線で結ぶ。

● 解き方

対応する x，y の値を求めると，下の表のようになる。

x	…	-6	-3	-2	-1	0	1	2	3	6	…
y	…	-1	-2	-3	-6	×	6	3	2	1	…

上の表の対応する x，y の値の組を座標とする点をとる。

とった点をなめらかな曲線で結ぶ。

● 答

右の図

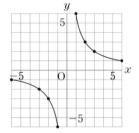

確認

反比例のグラフ

$y=\dfrac{a}{x}$ のグラフは，原点について対称な**双曲線**である。

$a>0$ のとき

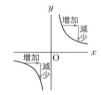

$a<0$ のとき

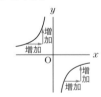

 くわしく

反比例のグラフは，原点について対称なので，点 $(p,\ q)$ を通るとき，必ず点 $(-p,\ -q)$ を通る。また，x 軸，y 軸に近づくが交わることはない。

練習 14　　　　解答は別冊 p.47

反比例の関係 $y=-\dfrac{8}{x}$ について，次の問いに答えなさい。

(1) $y=-\dfrac{8}{x}$ のグラフをかきなさい。

(2) x の変域が $2\leqq x\leqq 4$ のとき，y の変域を求めなさい。

15 反比例のグラフの式の求め方

右の図の(1), (2)は反比例のグラフである。
それぞれについて, y を x の式で表しなさい。

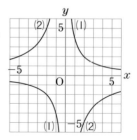

考え方 $y = \dfrac{a}{x}$ に, グラフが通る点の座標を代入する。

● **解き方**

(1) グラフは, 点(1, 4)を通るから, $y = \dfrac{a}{x}$ に

$x = 1$, $y = 4$ を代入して, $4 = \dfrac{a}{1}$, $a = 4$

したがって, 式は, $y = \dfrac{4}{x}$

(2) グラフは, 点(2, −5)を通るから, $y = \dfrac{a}{x}$ に

$x = 2$, $y = -5$ を代入して, $-5 = \dfrac{a}{2}$, $a = -10$

したがって, 式は, $y = -\dfrac{10}{x}$

● **答** (1) $y = \dfrac{4}{x}$ (2) $y = -\dfrac{10}{x}$

参考

$y = \dfrac{a}{x}$ と $y = -\dfrac{a}{x}$ のグラフは, x 軸, y 軸についてそれぞれ線対称である。

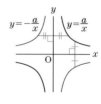

練習 15

解答は別冊 p.47

右の図は, 点 A(3, 4)を通る反比例のグラフである。
点 B の x 座標は −6, 点 C の y 座標は −8 である。

(1) 点 B の y 座標を求めなさい。

(2) 点 C の x 座標を求めなさい。

(3) この反比例のグラフと y 軸について線対称な
グラフの式を求めなさい。

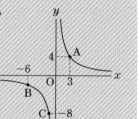

6 比例と反比例の利用

16 比例の利用 基礎

針金 1 巻の重さをはかったら 700g であった。同じ針金 3m の重さ
は 25g であった。針金 1 巻の長さを求めなさい。

考え方 **針金の重さは長さに比例することを利用する。**

◉ **解き方**

針金 xm の重さを yg とすると，y は x に比例する
から，$y=ax$ とおける。

針金 3m の重さが 25g だから，$y=ax$ に
$x=3$，$y=25$ を代入して，

$$25=a\times3,\ a=\frac{25}{3}$$

よって，式は，$y=\dfrac{25}{3}x$

したがって，700g の針金の長さは，$700=\dfrac{25}{3}x$

$$x=700\div\frac{25}{3}=700\times\frac{3}{25}=84$$

◉ **答**

84m

別解

比例の性質の利用

x の値が●倍になると，y の
値も●倍になることを利用し
て解くこともできる。

長さ(m)	3	?
重さ(g)	25	700

28 倍 / 28 倍

700g は 25g の何倍かを求め
ると，$700\div25=28$(倍)
よって，長さも 28 倍になる
と考えられるから，
　$3\times28=84$(m)

練習 16 　解答は別冊 p.47

(1) 木の高さを，その影の長さを利用してはかることにした。はじめに長さ
2m の棒を地面に垂直に立て，その影の長さをはかったら 1.5m であった。
次に木の影の長さをはかったら 13.5m であった。木の高さを求めなさい。

(2) 厚さが一定の銅板から，右の図のよう
な①，②の形を切り取って，それぞれの
重さをはかったところ，①は 208g，②は
182g であった。②の面積を求めなさい。

17 反比例の利用

右の図のように，3つの歯車 A，B，C がかみ合って動いている。歯車 A，B，C の歯の数はそれぞれ 18，12，20 である。歯車 A が 10 回転するとき，歯車 B，C はそれぞれ何回転するか求めなさい。

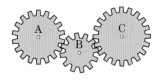

考え方 かみ合う歯の数は，（歯の数）×（回転数）

● 解き方

歯車 A が 10 回転するとき，歯車 B とかみ合う歯の数は，$18 \times 10 = 180$（個）

歯車 A とかみ合う歯車 B の歯の数を x 個，回転数を y 回転とすると，かみ合う歯の数は等しくなるから，

$$xy = 180$$

この式に $x = 12$ を代入して，$12y = 180$，$y = 15$

歯車 B が 15 回転するとき，歯車 B とかみ合う歯車 C の歯の数を a 個，回転数を b 回転とすると，

$$ab = 12 \times 15$$

この式に $a = 20$ を代入して，$20b = 180$，$b = 9$

● 答

歯車 B … **15 回転**，歯車 C … **9 回転**

くわしく

A が 1 回転すると，B とかみ合っている 1 点を，A の歯は 18 個通過するので，10 回転すると 18×10（個）通過する。
一般に，かみ合う歯の数は，
（歯車の歯の数）×（回転数）

発展

歯車 A と歯車 C の関係

歯車 A と歯車 C は，間に歯車 B をはさんで回転しているが，かみ合っている場合と同じように，

（A の歯の数）×（A の回転数）
＝（C の歯の数）×（C の回転数）

が成り立つ。

練習 17

解答は別冊 p.48

(1) 1 日あたり 6 人ですると 12 日間かかる仕事がある。この仕事を 8 日間でやり終えるには，1 日あたり何人ですればよいか。

(2) ある商品を定価 x 円で販売したところ y 個売れた。この商品を定価の 20 ％引きで売り，売上額は定価で売ったときと同じにしたい。定価で売ったときの何％増しの個数を売ればよいか。

18 比例のグラフの利用 応 用

兄と弟は家を同時に出発して，兄は歩いて，弟は自転車で，家から1200m離れた公園に向かった。右のグラフは，2人が家を出発してから x 分後の家からの道のりを y m として，x と y の関係を表したものである。次の問いに答えなさい。

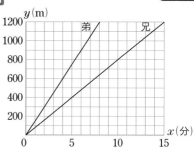

(1) 兄，弟それぞれについて，y を x の式で表しなさい。

(2) 家を出発してから3分後に，2人は何m離れているか。

考え方 **兄，弟のそれぞれについて，y は x に比例し，比例定数はそれぞれの速さである。**

◎ 解き方

(1) 兄は15分間に1200m進んでいるから，兄の速さは，

$1200 \div 15 = 80$ (m/分) ◂‥‥‥ (速さ)=(道のり)÷(時間)

よって，$y = 80x$

弟は8分間に1200m進んでいるから，弟の速さは，

$1200 \div 8 = 150$ (m/分)

よって，$y = 150x$

(2) 兄の進んだ道のりは，$y = 80 \times 3 = 240$ (m)

弟の進んだ道のりは，$y = 150 \times 3 = 450$ (m)

よって，$450 - 240 = 210$ (m)

くわしく

3分後の2人の間の道のりは，下の図の赤色の実線の長さで表される。

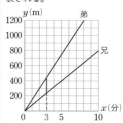

◎ 答 (1)兄… **$y = 80x$**，弟… **$y = 150x$** (2) **210m**

練習 18

解答は別冊 p.48

例題 18 について，次の問いに答えなさい。

(1) 弟が公園に着いたとき，兄は公園まで何mのところにいるか。

(2) 弟が公園に着くまでに，2人が500m離れるのは，家を出発してから何分後か。

19 比例のグラフと反比例のグラフ 　応用

右の図のように，$y=\dfrac{2}{3}x$ のグラフと $y=\dfrac{a}{x}$ のグラフが 2 点 A，B で交わっている。点 A の x 座標が 6 のとき，次の問いに答えなさい。

(1) a の値を求めなさい。

(2) 点 B の座標を求めなさい。

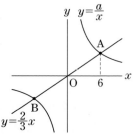

考え方 点 A の x 座標，y 座標は，$y=\dfrac{2}{3}x$，$y=\dfrac{a}{x}$ のどちらの式も成り立たせる。

● 解き方

(1) 点 A は $y=\dfrac{2}{3}x$ のグラフ上の点だから，その y 座標は，$y=\dfrac{2}{3}\times 6=4$　よって，A(6，4)

また，点 A は $y=\dfrac{a}{x}$ のグラフ上の点でもあるから，

$4=\dfrac{a}{6}$，$a=24$　←……$y=\dfrac{a}{x}$ に $x=6$，$y=4$ を代入

(2) 反比例のグラフは，原点について対称だから，点 B は点 A と原点について対称な点となる。

したがって，B(−6，−4)

● 答

(1) $a=24$　(2) B(−6，−4)

確認

下の図のように，比例のグラフと反比例のグラフが 2 点 P，Q で交わるとき，2 点 P，Q は原点について対称である。

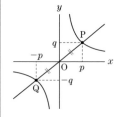

練習 19

解答は別冊 p.48

右の図のように，2 つの関数 $y=\dfrac{a}{x}(a>0)$，$y=-\dfrac{5}{4}x$ のグラフ上で，x 座標が 2 である点をそれぞれ A，B とする。AB=6 となるときの a の値を求めなさい。　【栃木県】

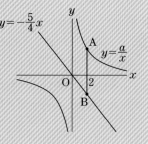

20 反比例のグラフと図形

右の図のように，$y=\dfrac{a}{x}(x>0)$ のグラフ上

に x 座標が 9 の点 P がある。また，x 軸上

に点 A$(12,\ 0)$，y 軸上に B$(0,\ 8)$ がある。

三角形 OAP の面積と三角形 OBP の面積

の比が $2:3$ のとき，a の値を求めなさい。

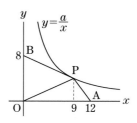

考え方 三角形 OAP で，OA を底辺とみると，高さは点 P の y 座標。

◉ 解き方

　点 P は $y=\dfrac{a}{x}$ のグラフ上の点で，x 座標が 9 だから，

y 座標は，$y=\dfrac{a}{9}$ と表せる。

　これより，三角形 OAP の面積は，

$\dfrac{1}{2}\times12\times\dfrac{a}{9}=\dfrac{2}{3}a$ ⟵‥‥‥ $\dfrac{1}{2}\times$OA$\times$(点 P の y 座標)

また，三角形 OBP の面積は，

$\dfrac{1}{2}\times8\times9=36$ ⟵‥‥‥ $\dfrac{1}{2}\times$OB$\times$(点 P の x 座標)

よって，$\dfrac{2}{3}a:36=2:3$　これを解いて，$a=36$

◉ 答　$a=36$

くわしく

座標平面上の三角形の面積を
求めるときは，座標軸に平行
な直線の長さを高さや底辺と
考えるとよい。

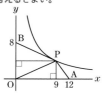

確認

比の性質

$a:b=c:d$ ならば $ad=bc$

練習 20

解答は別冊 p.48

右の図のように，関数 $y=\dfrac{18}{x}\ (x>0)$ のグラフ上に 2 点

P，Q があり，点 Q の x 座標は点 P の x 座標の 3 倍で

ある。また，点 P を通り y 軸に平行な直線と x 軸との

交点を R とし，線分 PR と線分 OQ の交点を S とする。

次の問いに答えなさい。　　　　　　　　　　【大分県】

(1) 三角形 OPR の面積を求めなさい。

(2) 三角形 OPS の面積を求めなさい。

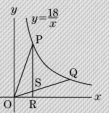

21 反比例のグラフと座標が整数の点 　応用

反比例 $y=\dfrac{12}{x}$ のグラフ上の点のうち，x 座標，y 座標がともに整数である点は全部で何個あるか求めなさい。

考え方　$y=\dfrac{12}{x}$ で，y が整数になるとき，x は 12 の約数。

● 解き方

x の値は 12 の約数になるから，x の値は，

1，2，3，4，6，12

これらの x の値に対応する y の値を求めると，

$x=1$ のとき $y=12$　　　$x=2$ のとき $y=6$

$x=3$ のとき $y=4$　　　$x=4$ のとき $y=3$

$x=6$ のとき $y=2$　　　$x=12$ のとき $y=1$

これより，x 座標，y 座標がともに正の整数であるような点は，

$(1,\ 12)$，$(2,\ 6)$，$(3,\ 4)$，$(4,\ 3)$，$(6,\ 2)$，$(12,\ 1)$

の 6 個ある。

同様にして，x 座標，y 座標がともに負の整数であるような点も 6 個ある。

したがって，合わせて 12 個ある。

● 答
12 個

$(-1,\ -12)$，$(-2,\ -6)$，
$(-3,\ -4)$，$(-4,\ -3)$，
$(-6,\ -2)$，$(-12,\ -1)$

くわしく

$0<x<1$ のとき，x は整数にならない。また，$12<x$ のとき，y の値は 1 より小さくなるから y は整数にならない。
これより，x の値の範囲は，
　$1\leqq x\leqq 12$
である。

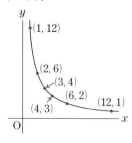

練習 21

解答は別冊 p.49

右の図のように，反比例 $y=-\dfrac{8}{x}(x<0)$ のグラフがある。4 つの点 A，B，C，D はこのグラフ上の点で，その x 座標，y 座標はともに整数である。このとき，次の問いに答えなさい。

(1) 点 A の座標を求めなさい。

(2) 三角形 BOD の面積を求めなさい。

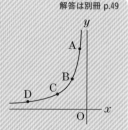

22 平面図形に関する問題

右の図のような長方形 ABCD がある。点 P は辺 AD 上を A から D まで動く。AP を $x$cm，三角形 ABP の面積を $y$cm² として，次の問いに答えなさい。

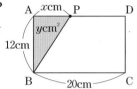

(1) y を x の式で表しなさい。

(2) x の変域，y の変域を求めなさい。

考え方 三角形 ABP の面積は，$\dfrac{1}{2} \times AB \times AP$

● **解き方**

(1) $y = \dfrac{1}{2} \times AB \times AP$ だから，$y = \dfrac{1}{2} \times 12 \times x = 6x$

(2) x の変域は，点 P が点 A から点 D までにあるときだから，$0 \leqq x \leqq 20$

$x = 0$ のとき $y = 6 \times 0 = 0$ ←‥‥‥ y の値は最小

$x = 20$ のとき $y = 6 \times 20 = 120$ ←‥‥‥ y の値は最大

だから，y の変域は，$0 \leqq y \leqq 120$

● **答**

(1) $\boldsymbol{y = 6x}$

(2) x の変域… $0 \leqq x \leqq 20$，
y の変域… $0 \leqq y \leqq 120$

> 変域のある関数の式は，式のあとに（x の変域）をつけて，
> $$y = 6x\ (0 \leqq x \leqq 20)$$
> と書き表すことがある。

参考

変域のあるグラフ

$y = 6x$ のグラフを $0 \leqq x \leqq 20$ の範囲でかくと，下の図のようになる。

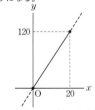

このように，変域のあるグラフでは，変域外を破線で表すことが多い。

練習 22

解答は別冊 p.49

右の図のような直角三角形 ABC がある。点 P は辺 AC 上を A から C まで動く。点 P から辺 AB に垂線 PH をひき，PH を $x$cm，三角形 ABP の面積を $y$cm² として，次の問いに答えなさい。

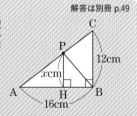

(1) y を x の式で表しなさい。

(2) x の変域，y の変域を求めなさい。

章末問題

解答 別冊 p.49

1 次の①〜④について，y が x に比例するときは「比例」，y が x に反比例するときは「反比例」，y が x に比例も反比例もしないときは「×」を書きなさい。

① 縦の長さを $x$cm，横の長さを $y$cm とする長方形の周の長さが 20cm である。

② 100km 離れた 2 地点間を毎時 $x$km の速さで往復するときにかかった時間が y 時間である。

③ 半径が $x$cm の円の面積が $y$cm^2 である。

④ 1 個 50 円の品物を x 個買うときの代金が y 円である。 【新潟県】

2 次の問いに答えなさい。

(1) y は x に比例し，そのグラフが点 $(2, -6)$ を通る。このとき，y を x の式で表しなさい。 【福島県】

(2) y は x に比例し，$x=4$ のとき $y=6$ である。$x=-2$ のときの y の値を求めなさい。 【香川県】

(3) y は x に反比例し，$x=6$ のとき $y=\dfrac{1}{2}$ である。$x=-3$ のときの y の値を求めなさい。 【佐賀県】

(4) 関数 $y=\dfrac{a}{x}$ で，x の変域が $1 \leqq x \leqq 3$ のとき，y の変域は $b \leqq y \leqq 6$ である。a，b の値をそれぞれ求めなさい。 【徳島県】

3 右の図のように，3 点 A，B，C がある。点 D をとり，4 点 A，B，C，D を頂点とする平行四辺形をつくるとき，点 D の座標をすべて求めなさい。

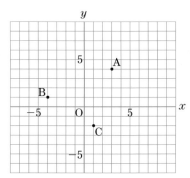

4 右の図の曲線は，$y=\dfrac{a}{x}\,(x>0)$ のグラフである。点 A，B はこの曲線上にあり，その x 座標はそれぞれ 2，6 であり，A の y 座標と B の y 座標との差は 6 である。このとき，次の問いに答えなさい。

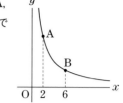

(1) a の値を求めなさい。

(2) 点 A，B の座標をそれぞれ求めなさい。

(3) $y=\dfrac{a}{x}\,(x>0)$ のグラフ上の点で，x 座標，y 座標がともに整数である点の個数を求めなさい。

5 右の図のように，$y=\dfrac{2}{3}x$ のグラフと $y=\dfrac{a}{x}$ のグラフが 2 点 A，B で交わっている。また，四角形 ACBD は，AB を対角線とする長方形である。長方形 ACBD の周の長さが 40 であるとき，a の値を求めなさい。

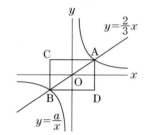

6 姉と妹は家を同時に出発して，姉は歩いて，妹は自転車で分速 125m の速さで，家から 1500m 離れた図書館に向かった。右のグラフは，2 人が家を出発してから x 分後の家からの道のりを ym として，このときの姉のようすを表したものである。次の問いに答えなさい。

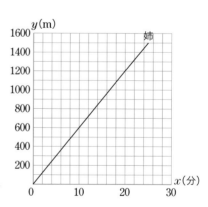

(1) 姉について，y を x の式で表しなさい。また，x の変域を求めなさい。

(2) 妹について，y を x の式で表しなさい。また，x と y の関係を表すグラフをかき入れなさい。

(3) 妹が図書館に着いたとき，姉は図書館まで何 m のところにいるか。

(4) 妹が図書館に着くまでに，2 人が 500m 離れるのは，家を出発してから何分後か。

1次関数

1次関数の意味を理解し，その式やグラフの特徴をつかもう。そして，与えられた条件から，1次関数の式を求めたり，グラフに表すことができるようにしよう。

→p.232

SECTION 1 1次関数

1次関数の式

y が x の関数で，y が x の1次式で表されるとき，y は x の1次関数であるといい，一般に，次の式で表される。

$$y=ax+b\,(a,\ b\ は定数，\ a\neq0)$$

$$y=ax+b$$

x に比例 する部分　定数 部分

変化の割合

x の増加量に対する y の増加量の割合を変化の割合という。

1次関数 $y=ax+b$ の変化の割合は一定で，x の係数 a に等しい。

$$変化の割合 = \frac{y\ の増加量}{x\ の増加量} = a$$

SECTION 2 1次関数のグラフ

→p.234

1次関数 $y=ax+b$ のグラフは，$y=ax$ のグラフを y 軸の正の方向に b だけ平行移動させた直線である。

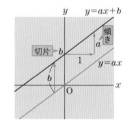

傾きが a ← x の増加量1に対する y の増加量 ⇒ 変化の割合に等しい

切片が b ← グラフと y 軸との交点の y 座標

● $a>0$ のとき…x が増加すると，y も増加する。
　　　　　　　グラフは右上がりの直線。
● $a<0$ のとき…x が増加すると，y は減少する。
　　　　　　　グラフは右下がりの直線。

→p.238

SECTION 3　1次関数の式の求め方

❶ 傾きとグラフが通る1点から式を求める

　　例　傾きが3で，点(2, 4)を通る直線の式

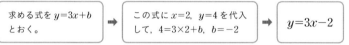

　　　求める式を $y=3x+b$ とおく。　➡　この式に $x=2$, $y=4$ を代入して，$4=3×2+b$, $b=-2$　➡　$y=3x-2$

❷ グラフが通る2点から式を求める

　　例　2点(−1, 6)，(3, −2)を通る直線の式

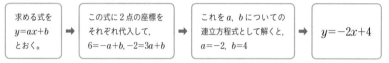

　　　求める式を $y=ax+b$ とおく。　➡　この式に2点の座標をそれぞれ代入して，$6=-a+b$, $-2=3a+b$　➡　これを a, b についての連立方程式として解くと，$a=-2$, $b=4$　➡　$y=-2x+4$

SECTION 4　2元1次方程式のグラフ

→p.243

2元1次方程式 $ax+by=c$ のグラフは直線である。

- $y=p$ のグラフは，点(0, p)を通り x 軸に平行な直線。
- $x=q$ のグラフは，点(q, 0)を通り y 軸に平行な直線。

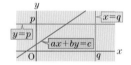

- 連立方程式 $\begin{cases} ax+by=c & \cdots\cdots① \\ px+qy=r & \cdots\cdots② \end{cases}$ の解は，直線①，②の交点の x 座標，y 座標の値の組。

SECTION 5　1次関数の利用

→p.247

x と y の関係が，x の変域によって変わる関数では，x の変域によって場合分けして，それぞれについて，x と y の関係を表す式やグラフを考える。

座標平面上の直線に関する問題は，下記のように考える。

- 中点の座標…2点 P(a, b)，Q(c, d)を結ぶ線分 PQ の中点 M の座標。

　　➡ $M\left(\dfrac{a+c}{2}, \dfrac{b+d}{2}\right)$

- 座標平面上の三角形の面積を2等分する直線…頂点とその対辺の中点を通る直線。

第2章
SECTION
1

1 次関数

23 1 次関数　　　　　　　　　　　　　　　　基礎

次のことがらについて，y を x の式で表しなさい。また，y が x の1次関数であるものをすべて選び，番号で答えなさい。

(1) 80 ページの本を，x ページ読んだときの残りのページ数 y ページ
(2) 周の長さが 20cm の正 x 角形の 1 辺の長さ $y$cm
(3) 底面が半径 $x$cm の円で，高さが 12cm の円錐の体積 $y$cm³

考え方 **式の形が $y=ax+b$ になれば，y は x の 1 次関数。**

● 解き方

(1) （残りのページ数）

　　＝（全体のページ数）－（読んだページ数）より，

　　$y=80-x$

(2) （正多角形の 1 辺の長さ）＝（周の長さ）÷（辺の数）

　　より，$y=20÷x$　　よって，$y=\dfrac{20}{x}$

(3) （円錐の体積）＝$\dfrac{1}{3}$×（底面積）×（高さ）より，

　　$y=\dfrac{1}{3}×\pi x^2×12=4\pi x^2$

● 答

(1) $y=80-x$　(2) $y=\dfrac{20}{x}$　(3) $y=4\pi x^2$

y が x の 1 次関数であるもの…(1)

用語解説

1 次関数

y が x の関数で，y が x の 1次式で表されるとき，y は x **の 1 次関数である**といい，

一般に，

$y=ax+b$（a, b は定数，$a≠0$）

で表される。

確認

比例の関係 $y=ax$ は，1 次関数 $y=ax+b$ で，$b=0$ の場合である。

つまり，比例の関係は 1 次関数の特別な場合である。

練習 23

解答は別冊 p.51

長さが 12cm のろうそくに火をつけると，一定の割合で燃え続け，24 分後に燃えつきた。火をつけてから x 分後の残りのろうそくの長さを $y$cm とするとき，y を x の式で表しなさい。また，ろうそくの長さが 3cm になるのは，火をつけてから何分後か。

24 # 1 次関数の変化の割合

基 礎

1 次関数 $y=-\dfrac{1}{2}x+5$ について，x の値が 2 から 8 まで増加すると
きの y の増加量を求めなさい。また，変化の割合を求めなさい。

考え方 $(変化の割合)=\dfrac{(y \text{ の増加量})}{(x \text{ の増加量})}$

● 解き方

$x=2$ のとき，$y=-\dfrac{1}{2}\times2+5=4$

$x=8$ のとき，$y=-\dfrac{1}{2}\times8+5=1$

よって，y の増加量は，

$1-4=-3$

また，x の増加量は，

$8-2=6$

よって，変化の割合は，

$\dfrac{-3}{6}=-\dfrac{1}{2}$

x	…	2	…	8	…
y	…	4	…	1	…

（上に 6、下に -3）

確認

変化の割合

x の増加量に対する y の増加量の割合を変化の割合という。

1 次関数の変化の割合

1 次関数 $y=ax+b$ の変化の割合は一定で，x の係数 a に等しい。

参考

1 次関数の変化の割合が一定であることの説明

$y=ax+b$ で，x の値が p から q まで増加するとき，
x の増加量は，$q-p$
y の増加量は，
$aq+b-(ap+b)=a(q-p)$
よって，変化の割合は，
$\dfrac{a(q-p)}{q-p}=a$
となり，一定である。

$(y \text{ の増加量})=(変化の割合)\times(x \text{ の増加量})$ を利用して，
次のように y の増加量を求めることができる。
$(y \text{ の増加量})=-\dfrac{1}{2}\times(8-2)=-3$

● 答

y の増加量… **-3**，変化の割合… $-\dfrac{1}{2}$

練習 24

解答は別冊 p.51

(1) 1 次関数 $y=\dfrac{5}{3}x+2$ について，x の増加量が 6 のときの y の増加量を求めなさい。　【鹿児島県】

(2) 1 次関数 $y=ax+3$ で，x の値が -5 から 7 まで増加するときの y の増加量は -6 である。a の値を求めなさい。

1次関数のグラフ

25 1次関数のグラフのかき方① 基礎

1次関数 $y=3x+2$ のグラフをかきなさい。

考え方 切片からグラフと y 軸との交点を決め，
傾きからグラフが通るもう1つの点を決める。

● **解き方**

$y=3x+2$ は，傾き3，切片2 の直線である。

切片は2だから，点$(0, 2)$を通る。

傾きは3だから，点$(0, 2)$から右へ1，上へ3進んだところにある点$(1, 5)$を通る。

これより，

2点$(0, 2)$，$(1, 5)$

を通る直線をかく。

● **答**

右の図

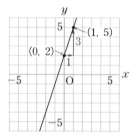

用語解説 📖

傾きと切片

$$y = \underset{\text{傾き}}{a}x + \underset{\text{切片}}{b}$$

1次関数 $y=ax+b$ では，グラフの傾きは変化の割合aに等しい。

また，切片はグラフとy軸との交点のy座標である。

確認 💡

1次関数 $y=ax+b$ のグラフ

$a>0$ のとき，
グラフは**右上がり**の直線

$a<0$ のとき，
グラフは**右下がり**の直線

練習 25

解答は別冊 p.51

次の1次関数のグラフをかきなさい。

(1) $y=2x+1$

(2) $y=-x-4$

(3) $y=\dfrac{x}{3}-2$

(4) $y=-\dfrac{3}{5}x+3$

【京都府】

26 1次関数のグラフのかき方②

応用

1次関数 $y=-\dfrac{3}{4}x+\dfrac{5}{4}$ のグラフをかきなさい。

考え方 x 座標，y 座標がともに整数である点を2つ見つけ，その2点を通る直線をかく。

◉ 解き方

$y=-\dfrac{3}{4}x+\dfrac{5}{4}$ において，

$x=-1$ のとき $y=2$

$x=3$ のとき $y=-1$

これより，

2点$(-1,\ 2)$，$(3,\ -1)$

を通る直線をかく。

◉ 答

右の図

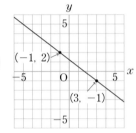

確認

$x,\ y$ の整数値の求め方

$y=\dfrac{-3x+5}{4}$ と変形して

$-3x+5$ が4の倍数になるような x の値を考えると，$x,\ y$ がともに整数になる。

1点と傾きを利用したかき方

$y=-\dfrac{3}{4}x+\dfrac{5}{4}$ は，$x=-1$ のとき $y=2$ だから，点$(-1,\ 2)$を通る。

また，傾きが $-\dfrac{3}{4}$ だから，点$(-1,\ 2)$から右へ4，下へ3進んだところにある点$(3,\ -1)$を通る。

これより，2点$(-1,\ 2)$，$(3,\ -1)$を通る直線をかく。

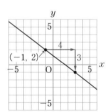

練習 26

解答は別冊 p.51

次の1次関数のグラフをかきなさい。

(1) $y=\dfrac{1}{2}x-\dfrac{5}{2}$

(2) $y=-\dfrac{4}{3}x+\dfrac{5}{3}$

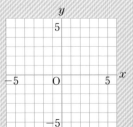

27 1次関数の変域とグラフ　基礎

1次関数 $y=2x-1$ について，x の変域が $-1 \leqq x \leqq 3$ のときの y の変域を求めなさい。また，そのグラフをかきなさい。

考え方 x の変域➡対応するグラフ上の線分➡対応する y の変域の順に考える。

● 解き方

$y=2x-1$ のグラフをかく。

右の図で，x の変域は x 軸上の ── 線の部分である。

$x=-1$ のとき $y=-3$，

$x=3$ のとき $y=5$

だから，y の変域は y 軸上の ── 線の部分になる。

したがって，y の変域は，

$-3 \leqq y \leqq 5$

1次関数 $y=2x-1(-1 \leqq x \leqq 3)$ のグラフは，右の図の実線部分である。

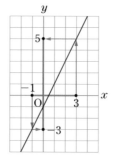

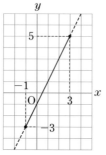

● 答

y の変域… $-3 \leqq y \leqq 5$

グラフは右の図

練習 27

解答は別冊 p.51

1次関数 $y=-\dfrac{2}{3}x+\dfrac{5}{3}$ について，x の変域が $-2<x<4$ のとき y の変域を求めなさい。また，そのグラフをかきなさい。

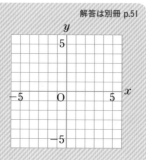

参考

1次関数 $y=ax+b$ の変域

1次関数 $y=ax+b$ で，x の変域が $p \leqq x \leqq q$ であるとき，

● $a>0$ ならば，y の変域は，

$ap+b \leqq y \leqq aq+b$

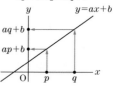

● $a<0$ ならば，y の変域は，

$aq+b \leqq y \leqq ap+b$

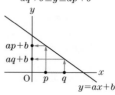

確認　

変域のあるグラフのかき方

変域内は実線，変域外は破線で表したり，かかないことが多い。

また，グラフの端の点を含む場合は●で，含まない場合は○で表す。

28 1次関数のグラフの性質

基礎

次の⑦〜②の1次関数のグラフについて，下の問いに答えなさい。

⑦ $y=2x+2$　　　　① $y=-2x+3$　　　　⑦ $y=\dfrac{1}{2}x+2$

② $y=-\dfrac{1}{2}x-2$　　　⑦ $y=\dfrac{1}{2}x-2$

(1) 平行な直線はどれとどれか。

(2) 点$(2, -1)$を通る直線はどれか。

(3) x軸上で交わる直線はどれとどれか。

考え方　平行な2直線➡傾きが等しい。
　　　　　直線 $y=ax+b$ が点(p, q)を通る➡$q=ap+b$ が成り立つ。

● 解き方

(1) 平行な2直線の傾きは等しいから，⑦と⑦

(2) それぞれの式に $x=2$，$y=-1$を代入して，
等式(とうしき)が成り立つものを選ぶ。

　　⑦ $-1 \neq 2\times2+2$　　① $-1=-2\times2+3$

　　⑦ $-1 \neq \dfrac{1}{2}\times2+2$　　② $-1 \neq -\dfrac{1}{2}\times2-2$

　　⑦ $-1=\dfrac{1}{2}\times2-2$　　よって，①，⑦

(3) ⑦〜⑦の直線とx軸との交点のx座標は，
　　　　それぞれの式に$y=0$を代入したときのxの値

　　⑦…-1　①…$\dfrac{3}{2}$　⑦…-4　②…-4　⑦…4

　　よって，⑦と②はx軸上の点$(-4, 0)$で交わる。

● 答

(1) ⑦と⑦　(2) ①，⑦　(3) ⑦と②

くわしく

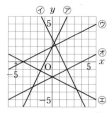

参考

軸と線対称な直線の式

直線 $y=ax+b$ と，
y軸について線対称(せんたいしょう)な直線
の式は，$y=-ax+b$
x軸について線対称な直線
の式は，$y=-ax-b$

y軸について
線対称な直線

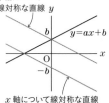

x軸について線対称な直線

練習 28

解答は別冊 p.52

例題 28 について，次の問いに答えなさい。

(1) y軸について線対称な直線はどれとどれか。

(2) x軸について線対称な直線はどれとどれか。

第2章

SECTION

3 **1次関数の式の求め方**

---

29 **1次関数の式の求め方①** 基礎

次の条件を満たす1次関数の式を求めなさい。

(1) 変化の割合が $-\dfrac{3}{2}$ で，$x=6$ のとき $y=-4$

(2) グラフが直線 $y=3x+2$ に平行で，点$(2,\ -1)$を通る。 【長崎県】

考え方 $y=($変化の割合$)\times x+b$ とおき，1組の $x,\ y$ の値を代入する。

◉ 解き方

(1) 変化の割合が $-\dfrac{3}{2}$ だから，求める1次関数の式は

$y=-\dfrac{3}{2}x+b$ とおける。

$x=6$ のとき $y=-4$ だから，

$-4=-\dfrac{3}{2}\times6+b,\ \ b=5$

したがって，$y=-\dfrac{3}{2}x+5$

(2) 直線 $y=3x+2$ に平行だから，グラフの傾きは3

よって，求める1次関数の式は $y=3x+b$ とおける。

グラフが点$(2,\ -1)$を通るから， $x=2,\ y=-1$
を代入
$-1=3\times2+b$

$b=-7$

したがって，$y=3x-7$

◉ 答

(1) $y=-\dfrac{3}{2}x+5$ (2) $y=3x-7$

確認

変化の割合と傾き

1次関数の変化の割合は，そのグラフの傾きに等しい。

くわしく

(2) グラフは下の図のようになる。

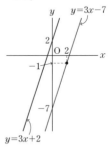

練習 **29**

解答は別冊 p.52

次の条件を満たす1次関数の式を求めなさい。

(1) 変化の割合が -2 で，そのグラフが点$(3,\ 4)$を通る。 【高知県】

(2) x の増加量が2のときの y の増加量が -1 で，$x=0$ のとき $y=1$ 【徳島県】

30 1次関数の式の求め方②

基礎

次の条件を満たす1次関数の式を求めなさい。

(1) $x=-1$ のとき $y=5$，$x=3$ のとき $y=-7$ 【群馬県】

(2) グラフが2点$(6，-3)$，$(-4，-8)$を通る。

考え方 $y=ax+b$ とおき，2組の x，y の値を代入して，a，b についての連立方程式をつくる。

◉ 解き方

求める1次関数の式を $y=ax+b$ とおく。

(1) $x=-1$ のとき $y=5$ だから，

$$5=-a+b \quad \cdots\cdots①$$

$x=3$ のとき $y=-7$ だから，

$$-7=3a+b \quad \cdots\cdots②$$

①，②を連立方程式として解くと，$a=-3$，$b=2$

したがって，$y=-3x+2$

(2) グラフが点$(6，-3)$を通るから，

$$-3=6a+b \quad \cdots\cdots①$$

また，点$(-4，-8)$を通るから，

$$-8=-4a+b \cdots\cdots②$$

①，②を連立方程式として解くと，$a=\dfrac{1}{2}$，$b=-6$

したがって，$y=\dfrac{1}{2}x-6$

◉ 答

(1) $y=-3x+2$ (2) $y=\dfrac{1}{2}x-6$

確認

連立方程式の解き方

(1) ②−①より，

$$\begin{array}{r} 3a+b=-7 \\ -)\ -a+b=5 \\ \hline 4a\quad=-12 \\ a=-3 \end{array}$$

$a=-3$ を①に代入すると，

$$-(-3)+b=5$$
$$b=2$$

別解

(1) 求める1次関数の変化の割合は，$\dfrac{-7-5}{3-(-1)}=-3$

よって，求める1次関数の式は，$y=-3x+b$ とおける。

$x=-1$ のとき $y=5$ だから，$5=-3\times(-1)+b$，

$b=2$

したがって，$y=-3x+2$

練習 30

解答は別冊 p.52

右の表は，x と y の関係を表したものである。y が x の1次関数であるとき，表のアにあてはまる値を求めなさい。

【秋田県】

x	$\cdots$	-3	$\cdots$	0	$\cdots$	2	$\cdots$
y	$\cdots$	11	$\cdots$	ア	$\cdots$	-4	$\cdots$

31 1次関数のグラフの式の求め方

基礎

右の図の(1)，(2)は，それぞれ1次関数の
グラフである。これらの1次関数の式を
求めなさい。

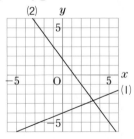

考え方 グラフが通る2点の座標を読み取り，傾きと切片を求める。

● 解き方

(1) グラフは点$(0, -4)$を通るから切片は-4

また，点$(0, -4)$から右へ5，上へ2だけ進んだと

ころにある点$(5, -2)$を通るから，傾きは$\dfrac{2}{5}$

したがって，$y = \dfrac{2}{5}x - 4$

(2) グラフは2点$(-1, 3)$，$(2, -1)$を通る。

求める1次関数の式を$y = ax + b$とおくと，

$3 = -a + b$ ……①

$-1 = 2a + b$ ……②

①，②を連立方程式として解くと，$a = -\dfrac{4}{3}$，$b = \dfrac{5}{3}$

したがって，$y = -\dfrac{4}{3}x + \dfrac{5}{3}$

● 答

(1) $\boldsymbol{y = \dfrac{2}{5}x - 4}$ (2) $\boldsymbol{y = -\dfrac{4}{3}x + \dfrac{5}{3}}$

くわしく 🔍

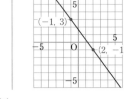

 31

解答は別冊 p.52

右の図の(1)，(2)は，それぞれ1次関数のグラフ
である。これらの1次関数の式を求めなさい。

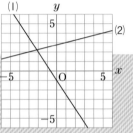

32 変域と 1 次関数の式 応 用

関数 $y=ax+b\,(a<0)$ について，x の変域が $-1\leqq x\leqq 2$ のとき，y の変域は $-2\leqq y\leqq 7$ である。このとき，a，b の値を求めなさい。

【岡山県立岡山朝日高】

考え方 x の係数 a が負ならば，x の最小値に y の最大値が，x の最大値に y の最小値が対応する。

● **解き方**

1 次関数 $y=ax+b$ は，$a<0$ だから，グラフは右下がりの直線になる。

これより，関数 $y=ax+b$ は，x の値が増加すると y の値は減少するから，

$x=-1$ のとき y は最大値 7 ◁……x の最小値に y の最大値が対応

$x=2$ のとき y は最小値 -2 ◁……x の最大値に y の最小値が対応

をとる。

よって，

$7=-a+b$ ……①

$-2=2a+b$ ……②

①，②を連立方程式として解くと，

$a=-3$，$b=4$

これは $a<0$ を満たす。

● **答**

$a=-3$，$b=4$

参考

1 次関数の最大値・最小値

1 次関数 $y=ax+b$ で，x の変域が $p\leqq x\leqq q$ であるとき，

● $a>0$ ならば，

$x=p$ のとき y は最小値

$x=q$ のとき y は最大値

をとる。

● $a<0$ ならば，

$x=p$ のとき y は最大値

$x=q$ のとき y は最小値

をとる。

ミス注意

上の問題では，x の係数 a が正か負かによって，x の値に対応する y の値が変わってくる。a の符号に注意すること。

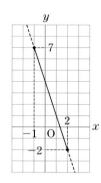

練習 32

解答は別冊 p.52

2 つの 1 次関数 $y=ax+5$，$y=x+b$ は，x の変域が $-1\leqq x\leqq 3$ のとき y の変域が同じになる。このとき，a，b の値を求めなさい。ただし，$a<0$ である。

33 3点が一直線上にある条件　応用

3点 $A(-2, -7)$, $B(2, -1)$, $C(a, 2)$ が一直線上にあるとき, a の値を求めなさい。

 考え方 **2点を通る2組の直線の傾きが等しくなる。**

◉ 解き方

2点 $A(-2, -7)$, $B(2, -1)$ を通る直線の傾きは,

$$\frac{-1-(-7)}{2-(-2)}=\frac{6}{4}=\frac{3}{2}$$

2点 $B(2, -1)$, $C(a, 2)$ を通る直線の傾きは,

$$\frac{2-(-1)}{a-2}=\frac{3}{a-2}$$

3点 A, B, C が一直線上にあるとき, **直線 AB と BC の傾きが等しくなる**から,

$$\frac{3}{2}=\frac{3}{a-2}$$

$$3(a-2)=2\times3 \quad \longleftarrow \boxed{\frac{a}{b}=\frac{c}{d} ならば ad=bc}$$

$$a=4$$

別解

2点 $A(-2, -7)$, $B(2, -1)$ を通る直線の式を求めると,

$$y=\frac{3}{2}x-4$$

点 $C(a, 2)$ は, 直線 $y=\frac{3}{2}x-4$ 上の点だから,

$$2=\frac{3}{2}a-4, \quad 6=\frac{3}{2}a, \quad a=4$$

◉ 答

$$a=4$$

 練習 33　解答は別冊 p.52

3点 $A(-4, 6)$, $B(a, 1)$, $C(a-4, 3)$ が一直線上にあるとき, a の値を求めなさい。

 くわしく

3点 A, B, C が一直線上にあるためには, 次の3つのうちのいずれかが成り立てばよい。

（AB の傾き）＝（BC の傾き）
（AB の傾き）＝（AC の傾き）
（AC の傾き）＝（BC の傾き）

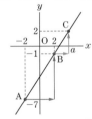

 くわしく

別解では, 3点のうちの2点を通る直線の式を求め, 残りの1つの点が, この直線上にあることから a の値を求めている。

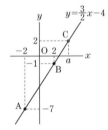

SECTION

4 2元1次方程式のグラフ

第1章

比例・反比例

第2章

1次関数

第3章

関数 $y=ax^2$

34 2元1次方程式のグラフのかき方　基礎

2元1次方程式 $3x-5y-15=0$ のグラフをかきなさい。

考え方 $y=mx+n$ の形に変形して，傾きと切片を利用。

● 解き方

$3x-5y-15=0$ を y に

ついて解くと，$y=\dfrac{3}{5}x-3$

よって，グラフは

傾きが $\dfrac{3}{5}$，切片が -3

の直線になる。

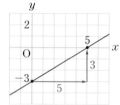

確認

y について解く

$3x$，-15 を移項すると，

$-5y=-3x+15$

両辺を -5 でわると，

$y=\dfrac{3}{5}x-3$

+ **別解**

2元1次方程式 $3x-5y-15=0$ は，

$x=0$ のとき $y=-3$

$y=0$ のとき $x=5$

だから，グラフは

2点 $(0,\ -3)$，$(5,\ 0)$

を通る直線になる。

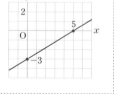

くわしく

2元1次方程式 $ax+by=c$ で，c の絶対値が a と b の公倍数のときは，方程式のグラフと x 軸，y 軸との交点の座標はどちらも整数となる。
このような方程式のグラフは，別解のように，グラフと x 軸，y 軸との交点の座標を求めてかくことができる。

● 答

上の図

解答は別冊 p.53

次の2元1次方程式のグラフをかきなさい。

(1) $4x-3y=6$

(2) $2x+5y-10=0$

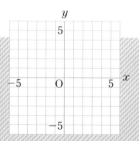

35 x軸，y軸に平行な直線の式

次の方程式のグラフをかきなさい。

(1) $2y=6$　　　　　　　(2) $3x+12=0$

考え方 $y=p$ のグラフは，点 $(0,\ p)$ を通り，x 軸に平行な直線。
$x=q$ のグラフは，点 $(q,\ 0)$ を通り，y 軸に平行な直線。

● 解き方

(1) $2y=6$ は，$0x+2y=6$ の形の2元1次方程式である。

両辺を2でわると $y=3$ となり，x がどんな値をとっても y の値は3である。

したがって，グラフは**点 $(0,\ 3)$ を通り，x 軸に平行な直線**になる。

(2) $3x+12=0$ は，$3x+0y=-12$ の形の2元1次方程式である。

両辺を3でわると $x=-4$ となり，y がどんな値をとっても x の値は -4 である。

したがって，グラフは**点 $(-4,\ 0)$ を通り，y 軸に平行な直線**になる。

ミス注意 !

$y=p$ のグラフを y 軸に平行

$x=q$ のグラフを x 軸に平行

とかんちがいしないように。

参考

x 軸，y 軸を表す直線の式
方程式 $y=0$ のグラフは x 軸と一致し，方程式 $x=0$ のグラフは y 軸と一致する。

● 答

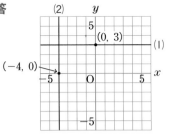

練習 35　　　　　　　　　　　解答は別冊 p.53

次の方程式のグラフをかきなさい。

(1) $4y+8=0$

(2) $7x-35=0$

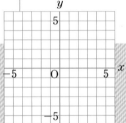

36 連立方程式の解とグラフ 〔基礎〕

次の連立方程式を，グラフを利用して解きなさい。

(1) $\begin{cases} 2x+y=1 & \cdots\cdots① \\ x-2y=8 & \cdots\cdots② \end{cases}$　　(2) $\begin{cases} 2x-3y=6 & \cdots\cdots③ \\ 6x-9y=-9 & \cdots\cdots④ \end{cases}$

考え方 グラフの交点の x 座標が x の値，y 座標が y の値。

◉ 解き方

(1) 方程式①のグラフは直線 ①，方程式②のグラフは，直線②になる。

2つのグラフの交点の座標は$(2, -3)$だから，連立方程式の解は，$x=2, y=-3$

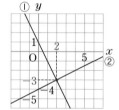

(2) 方程式③のグラフは直線 ③，方程式④のグラフは 直線④になる。

2つのグラフは，平行な直線だから交点はないから，連立方程式の解はない。

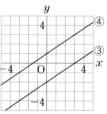

◉ **答** (1) $x=2, y=-3$　(2) **解はない**

参考

グラフと連立方程式の解

2直線が1点で交わるとき，連立方程式の解は1つ。

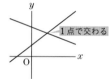
1点で交わる

2直線が平行であるとき，連立方程式の解はない。

平行

2直線が重なるとき，連立方程式の解は無数にある。

重なる

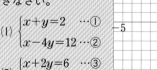
練習 36

解答は別冊 p.53

次の連立方程式を，グラフを利用して解きなさい。

(1) $\begin{cases} x+y=2 & \cdots① \\ x-4y=12 & \cdots② \end{cases}$

(2) $\begin{cases} x+2y=6 & \cdots③ \\ 3x+6y=18 & \cdots④ \end{cases}$

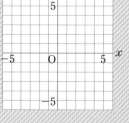

37 2直線の交点

基礎

右の図のように，2直線 ℓ，m が点Pで交わっている。点Pの座標を求めなさい。

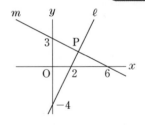

考え方 2直線の交点の座標は，連立方程式の解。

◉ **解き方**

直線 ℓ は，傾きが $\dfrac{0-(-4)}{2-0}=2$，切片が -4 だから，

$y=2x-4$ ……①

直線 m は，傾きが $\dfrac{0-3}{6-0}=-\dfrac{1}{2}$，切片が 3 だから，

$y=-\dfrac{1}{2}x+3$ ……②

①，②を連立方程式として解くと，

$2x-4=-\dfrac{1}{2}x+3$

$x=\dfrac{14}{5}$

$2x+\dfrac{1}{2}x=3+4$

$x=\dfrac{14}{5}$ を①に代入して，$y=2\times\dfrac{14}{5}-4=\dfrac{8}{5}$

よって，点Pの座標は $\left(\dfrac{14}{5}, \dfrac{8}{5}\right)$

◉ **答** $\mathrm{P}\left(\dfrac{14}{5}, \dfrac{8}{5}\right)$

練習 37

解答は別冊 p.53

(1) 2直線 $y=2x+9$，$y=-3x-1$ の交点を通り，傾きが $-\dfrac{1}{2}$ の直線の式を求めなさい。

(2) 3直線 $3x+2y=6$，$x+4y=-8$，$x+ay=10$ が1点で交わるとき，a の値を求めなさい。

くわしく

直線 ℓ は，2点$(2, 0)$，$(0, -4)$を通る。
直線 m は，2点$(6, 0)$，$(0, 3)$を通る。

確認

2直線の交点の座標

2直線 $y=ax+b$，$y=cx+d$ の交点の座標は，それらの直線の式を組とする連立方程式

$\begin{cases} y=ax+b \\ y=cx+d \end{cases}$ の解である。

解の x の値が x 座標，y の値が y 座標である。

くわしく

3直線が1点で交わる

3直線を表す3つの方程式の解がすべて同じということ。
よって，2直線の交点の座標を求め，残りの直線の式にその座標を代入する。

第2章

SECTION

5 1次関数の利用

38 面積に関する問題

応用

縦が 4cm，横が 6cm の長方形 ABCD で，右の図のように，点 P は A を出発して，辺上を B を通って C まで毎秒 1cm の速さで動く。点 P が A から $x$cm 動いたときの四角形 APCD の面積を $y$cm^2 とするとき，y を x の式で表しなさい。また，x と y の関係をグラフに表しなさい。

ただし，点 P が A，C 上にあるとき，y は三角形の面積とする。

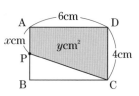

考え方 点 P が，辺 AB 上，辺 BC 上にあるときの2つの場合に分けて考える。

● 解き方

点 P が辺 AB 上にあるとき，

$$y=\frac{1}{2}\times(x+4)\times6$$

$$y=3x+12\,(0\leqq x\leqq4)$$

点 P が辺 BC 上にあるとき，

$$y=4\times6-\frac{1}{2}\times4\times(x-4)$$

$$y=-2x+32\,(4\leqq x\leqq10)$$

● 答

$$y=3x+12\,(0\leqq x\leqq4),$$

$$y=-2x+32\,(4\leqq x\leqq10)$$

グラフは右の図

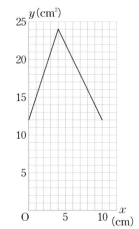

くわしく

● 点 P が辺 AB 上にあるとき四角形 APCD の面積は，

$$=\frac{1}{2}\times(\text{AP}+\text{DC})\times\text{AD}$$

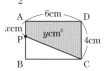

● 点 P が辺 BC 上にあるとき AB+BP=$x$cm, AB=4cm だから，BP=$(x-4)$cm 四角形 APCD の面積は，

長方形 ABCD の面積
 $-\triangle$ABP の面積

練習 38

解答は別冊 p.53

例題 38 で，四角形 APCD の面積が 18cm^2 になるのは，点 P が出発してから何秒後か。

39 速さと道のりに関する問題 応用

姉は，家から1800m離れた図書館まで分速80mの速さで歩いて行く。妹は，姉が出発してから5分後に家を出発し，同じ道を分速180mの速さの自転車で図書館に向かった。そして，途中で姉を追い越し，先に図書館に着いた。姉が家を出発してから妹が図書館に着くまでの2人の間の道のりについて，姉が出発してからの時間をx分，2人の間の道のりをymとするとき，yをxの式で表しなさい。

考え方 2人の間の道のりを3つの場合に分けて考える。

● 解き方

妹が出発するまでの$0 \leqq x \leqq 5$では，$y = 80x$

妹が姉に追いつくのは，2人が進んだ道のりが等しくなるときだから，$80x = 180(x-5)$，$x = 9$

$5 \leqq x \leqq 9$のとき，＜……（姉の進んだ道のり）＞（妹の進んだ道のり）

$y = 80x - 180(x-5) \Rightarrow y = -100x + 900$

妹が図書館に着くのは，$180(x-5) = 1800$，$x = 15$

$9 \leqq x \leqq 15$のとき，＜……（姉の進んだ道のり）＜（妹の進んだ道のり）

$y = 180(x-5) - 80x \Rightarrow y = 100x - 900$

● 答

$y = 80x \, (0 \leqq x \leqq 5)$，$y = -100x + 900 \, (5 \leqq x \leqq 9)$，
$y = 100x - 900 \, (9 \leqq x \leqq 15)$

 くわしく

● 姉が出発してから妹が出発するまで
 $0 \leqq x \leqq 5$のとき
 $y =$（姉の進んだ道のり）
● 妹が出発してから姉に追いつくまで
 $5 \leqq x \leqq 9$のとき
 $y =$（姉の進んだ道のり）
 　　$-$（妹の進んだ道のり）
● 妹が姉に追いついてから図書館に着くまで
 $9 \leqq x \leqq 15$のとき
 $y =$（妹の進んだ道のり）
 　　$-$（姉の進んだ道のり）

練習 39

解答は別冊 p.54

例題 **39** について，次の問いに答えなさい。

(1) xとyの関係をグラフにかきなさい。

(2) 2人の道のりの差が200m以下になるときのxの値の範囲を，不等号を使って表しなさい。

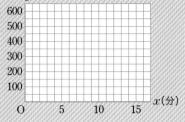

40 1次関数のグラフの利用①

応用

容積が 80L の水そうに, 一定の割合で給水する給水管 A, B と一定の割合で排水する排水管 C がついている。空の水そうに, はじめに A

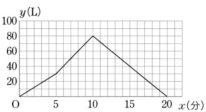

だけで給水し, 次に A と B の両方で給水して水そうを満水にした。その後, A, B を閉じ C を開き, 水そうが空になるまで排水した。はじめに A を開いてから x 分後の水そうの中の水の量を yL とすると, x と y の関係は, 上のグラフのようになった。A, B が 1 分間に給水する水の量, C が 1 分間に排水する水の量を求めなさい。

考え方 0分〜5分…A だけで給水, 5分〜10分…A と B で給水, 10分〜20分…C で排水。

● 解き方

グラフより, A は 5 分間に 30L 給水するから, 1 分間に給水する水の量は, 30÷5＝6(L)

A と B では, 10−5＝5(分間)に 80−30＝50(L)給水するから, 1 分間に給水する水の量は, 50÷5＝10(L)

B が 1 分間に給水する水の量は, 10−6＝4(L)

C は, 20−10＝10(分間)に 80L 排水するから, 1 分間に排水する水の量は, 80÷10＝8(L)

● 答 A…6L, B…4L, C…8L

くわしく

●0≦x≦5 のとき
グラフの傾き 6…1 分間に給水する水の量 6L

●5≦x≦10 のとき
グラフの傾き 10…1 分間に給水する水の量 10L

●10≦x≦20 のとき
グラフの傾き −8…1 分間に排水する水の量 8L

練習 40

解答は別冊 p.54

例題 40 について, 次の問いに答えなさい。

(1) 排水しているとき, 水そうの中の水の量が 30L になるのは, A を開いてから何分後か。

(2) 空の水そうに, はじめは A だけで給水し, 次に B だけで給水したところ, ちょうど 15 分間で満水になった。A だけで給水した時間は何分間か。

41 1次関数のグラフの利用② 応用

右の図は,
8時から12
時までのA,
B駅の間の

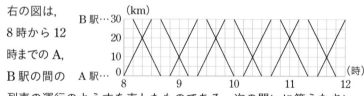

列車の運行のようすを表したものである。次の問いに答えなさい。

(1) A駅からB駅へ向かう列車とB駅からA駅へ向かう列車は,
全部で何回すれちがうか。

(2) B駅を10時に出発した列車とA駅を10時10分に出発した列
車は,何時何分にA駅から何kmの地点ですれちがうか。

考え方 **グラフの交点の** { 横軸の目もり➡すれちがう時刻
縦軸の目もり➡すれちがう地点 }

◉ **解き方**

(1) **グラフの交点が2つの列車がすれちがうことを表している。**

この交点の個数は,下の図の○で囲んだ6個だから,すれちがうのは6回。

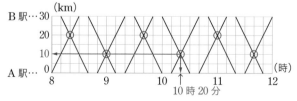

> **ダイヤグラム**
> 縦軸に道のりと
> 駅,横軸に時刻を
> とり,列車やバス
> の運行のようすを
> 表したグラフ。

(2) グラフの交点の横軸の目もりを読むと10時20分,縦
軸の目もりを読むと10km

よって,2つの列車は10時20分にA駅から10kmの地点ですれちがう。

◉ **答** (1) **6回** (2) **10時20分にA駅から10kmの地点ですれちがう**

練習 41

解答は別冊 p.54

例題 **41** で,Pさんは8時20分にA駅を出発して線路沿いの道を自転車で
時速10kmの速さでB駅まで走った。PさんはB駅に着くまでにB駅から
来る列車と何回すれちがうか。また,A駅から来る列車に何回追い越されるか。

42 座標平面上の直線に関する問題 応用

右の図の3点 A(5, 7)，B(0, 8)，C(4, 0) について，次の問いに答えなさい。

(1) 点 A を通り，△ABC の面積を2等分する直線の式を求めなさい。

(2) x 軸上の $x>4$ の部分に点 P をとり，△ABC＝△PBC となるようにする。このとき，点 P の x 座標を求めなさい。

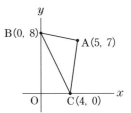

考え方 三角形の頂点を通り，その面積を2等分する直線は，頂点とその対辺の中点を通る。

● 解き方

(1) 線分 BC の中点を M とすると，

$$M\left(\frac{0+4}{2}, \frac{8+0}{2}\right)=(2, 4)$$

2点 A(5, 7)，M(2, 4)を通る直線の式を求めると，

$$y=x+2$$

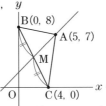

(2) 直線 AP の傾きは直線 BC の傾きと等しく -2 だから，その式は $y=-2x+b$ とおける。

この式に点 A の座標を代入して，

$$7=-2\times5+b, \quad b=17 \quad \cdots\cdots x=5, y=7 \text{ を代入}$$

よって，直線 AP の式は，$y=-2x+17$

この式に $y=0$ を代入して，$x=\dfrac{17}{2}$ $\cdots\cdots x$ 軸上の点の y 座標は 0

● 答

(1) $\boldsymbol{y=x+2}$　(2) $\dfrac{\boldsymbol{17}}{\boldsymbol{2}}$

くわしく

(1) 辺 BC の中点を M とすると，△ABM と △ACM は，BM＝CM で底辺が等しく，高さも等しいので，△ABM＝△ACM

(2) 点 A を通り BC に平行な直線と x 軸との交点を P とすると，△ABC と △PBC は，底辺 BC が共通で，BC∥AP から高さも等しいので，△ABC＝△PBC

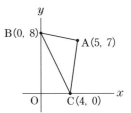

練習 42　　　　　　　　　　解答は別冊 p.55

例題 **42** について，点 Q(1, 6)を通り，△ABC の面積を2等分する直線の式を求めなさい。

章末問題

【解答】別冊 p.55

1 次の問いに答えなさい。

(1) 点 $(2, 1)$ を通り，傾きが -5 の直線の式を求めなさい。　【鹿児島県】

(2) 1次関数 $y=6x-4$ について，x の増加量が 5 のときの y の増加量を求めなさい。

【鳥取県】

(3) 方程式 $2x+3y=6$ のグラフをかきなさい。　【青森県】

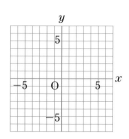

(4) 1次関数 $y=-\dfrac{1}{2}x+2$ のグラフと 1次関数 $y=3x+9$ のグラフの交点の座標を求めなさい。

【高知県】

(5) x の変域が $0 \le x \le b$ であるとき，2 つの 1次関数 $y=ax-1$ と $y=-2x+5$ の y の変域が一致する。このとき，a, b の値を求めなさい。ただし，$b>0$ とする。

【岡山県立岡山朝日高】

2 右の図のように，3 点 A$(6, 5)$，B$(-2, 3)$，C$(2, 1)$ を頂点とする △ABC がある。次の問いに答えなさい。　【佐賀県】

(1) △ABC の面積を求めなさい。

(2) 点 A を通り，直線 BC に平行な直線の式を求めなさい。

(3) 直線 OC 上に点 P をとり，△OPB と四角形 OCAB の面積が等しくなるようにする。このとき，点 P の座標を求めなさい。ただし，点 P の x 座標は正とする。

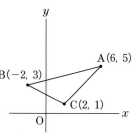

3 水の入った直方体の水そうから一定の割合で水を抜いていく。水を抜き始めてから x 分後の水そうに残っている水の深さを $y$cm として，x と y の関係を調べた

x	4	6	8	10
y	33	27	21	15

ところ，右の表のようになった。水そうに残っている水がちょうどなくなるのは，水を抜き始めてから何分後か，求めなさい。ただし，水そうは水平に置いてあるものとする。

【福島県】

4 学校から公園までの 1400m の真っ直ぐな道を通り，学校と公園を走って往復する時間をはかることにした。A さんは学校を出発してから 8 分後に公園に到着し，公園に到着後は速さを変えて走ってもどったところ，学校を出発してから 22 分後に学校に到着した。ただし，A さんの走る速さは，公園に到着する前と後でそれぞれ一定であった。次の問いに答えなさい。

【岐阜県】

(1) A さんが学校を出発してから x 分後の，学校から A さんまでの距離を ym とすると，x と y との関係は上の表のようになった。

x（分）	0	…	2	…	8	…	10	…	22
y（m）	0	…	ア	…	1400	…	イ	…	0

① 表中のア，イにあてはまる数を求めなさい。

② x と y との関係を表すグラフをかきなさい。

（$0 \leqq x \leqq 22$）

③ x の変域を $8 \leqq x \leqq 22$ とするとき，x と y の関係を式で表しなさい。

(2) B さんは A さんが学校を出発してから 2 分後に学校を出発し，A さんと同じ道を通って公園まで行き，学校にもどった。このとき，B さんは学校を出発してから 8 分後に，公園からもどってきた A さんとすれ違った。B さんは A さんとすれ違った後，すれ違う前より 1 分あたり 10m 速く走り，A さんに追いついた。ただし，B さんの走る速さは，A さんとすれ違う前と後でそれぞれ一定であった。

① A さんとすれ違った後の B さんの走る速さは，分速何 m であるか求めなさい。

② B さんが A さんに追いついたのは，A さんが学校を出発してから何分何秒後であるかを求めなさい。

関数 $y=ax^2$

y が x の2乗に比例する関数の式は $y=ax^2$ と表され，グラフは放物線というなめらかな曲線になることを理解し，関数の式を求めたり，グラフをかいたりできるようにしよう。

SECTION 1 関数 $y=ax^2$

→p.256

関数 $y=ax^2$

y が x の関数で，$y=ax^2$（a は定数，$a{\neq}0$）で表されるとき，y は x の2乗に比例するといい，a を比例定数という。

関数 $y=ax^2$ の性質

x の値が2倍，3倍，…，n 倍になると，y の値は4倍，9倍，…，n^2 倍になる。

$x{\neq}0$ のとき，対応する $\dfrac{y}{x^2}$ の値は一定で，比例定数に等しい。

関数 $y=ax^2$ の式の求め方

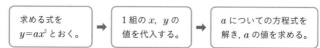

求める式を $y=ax^2$ とおく。 → 1組の $x,\ y$ の値を代入する。 → a についての方程式を解き，a の値を求める。

SECTION 2 関数 $y=ax^2$ のグラフ

→p.258

関数 $y=ax^2$ のグラフ

関数 $y=ax^2$ のグラフは，原点を通り，y 軸について対称な放物線である。

対称の軸のことを放物線の軸といい，対称の軸と放物線との交点のことを放物線の頂点という。

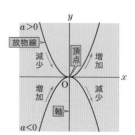

● $a>0$ のとき

…グラフは x 軸の上側にあり，上に開いた形。

● $a<0$ のとき

…グラフは x 軸の下側にあり，下に開いた形。

関数 $y=ax^2$ のグラフは，a の値の絶対値が大きくなるほど開き方は小さくなり，a の値の絶対値が小さくなるほど開き方は大きくなる。

関数 $y=ax^2$ の変域

関数 $y=ax^2$ の y の変域は，グラフをかいて，x の変域に対応する y の変域を見つける。

関数 $y=ax^2$ で，x の変域に 0 をふくむ場合

- $a>0$ ならば，$x=0$ のとき，y は最小値 0
- $a<0$ ならば，$x=0$ のとき，y は最大値 0

3 関数 $y=ax^2$ の変化の割合 ➡p.263

例 関数 $y=2x^2$ で，x の値が 3 から 5 まで増加するときの変化の割合は，

$$\frac{(y \text{ の増加量})}{(x \text{ の増加量})}=\frac{2\times5^2-2\times3^2}{5-3}=\frac{50-18}{2}=\frac{32}{2}=16$$

関数 $y=ax^2$ の変化の割合は，一定ではない。

4 関数 $y=ax^2$ の利用 ➡p.266

1 次関数の利用と同様に，x の変域によって場合分けして，x と y の関係を調べる。

5 放物線と平面図形 ➡p.268

放物線と直線

例 放物線 $y=x^2$ と

直線 $x=3$ との交点の座標 ➡ $(3,\ 9)$

直線 $y=4$ との交点の座標 ➡ $(2,\ 4),\ (-2,\ 4)$

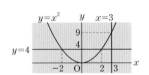

放物線と図形

座標平面上の三角形の面積は，その三角形を，軸や軸に平行な直線で 2 つに分けて考えると求めやすい。

例 右の図で，$\triangle OAB = \triangle AOC + \triangle BOC$

$$=\frac{1}{2}\times OC\times AH+\frac{1}{2}\times OC\times BK$$

6 いろいろな関数 ➡p.276

グラフが途中で切れ，1 つにつながらず，階段状や点となる関数がある。

1 関数 $y=ax^2$

43 関数 $y=ax^2$ 〔基礎〕

次のことがらについて，y が x の2乗に比例するものをすべて選び，記号で答えなさい。

㋐ 1辺が $x$cm の立方体の表面積 $y$cm²

㋑ 底面が半径 $x$cm の円で，母線の長さが 8cm の円錐の側面積 $y$cm²

㋒ 底面が1辺 $x$cm の正方形で，高さが 15cm の正四角錐の体積 $y$cm³

㋓ 底面が半径 $x$cm の円で，高さが $2x$cm の円柱の体積 $y$cm³

考え方 式の形が $y=ax^2$ になれば，y は x の2乗に比例。

◉ 解き方

㋐（立方体の表面積）=（1辺）×（1辺）×6

$y=x \times x \times 6$ より，$y=6x^2$ ◄…… $y=ax^2$ の形

㋑（円錐の側面積）=$\dfrac{1}{2}$×（弧の長さ）×（母線の長さ）

$y=\dfrac{1}{2} \times 2\pi x \times 8$ より，$y=8\pi x$

㋒（正四角錐の体積）=$\dfrac{1}{3}$×（底面積）×（高さ）

$y=\dfrac{1}{3} \times x \times x \times 15$ より，$y=5x^2$ ◄…… $y=ax^2$ の形

㋓（円柱の体積）=（底面積）×（高さ）

$y=\pi x^2 \times 2x$ より，$y=2\pi x^3$

◉ 答 ㋐，㋒

用語解説

関数 $y=ax^2$
y が x の関数で，$y=ax^2$（a は定数，$a \neq 0$）で表されるとき，y は x の2乗に比例するという。a を比例定数という。

確認

円錐の側面積

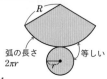

弧の長さ $2\pi r$ 等しい

$\dfrac{1}{2} \times 2\pi r \times R = \pi rR$

 練習 43

解答は別冊 p.57

次の式で表される関数のうちで，y が x の2乗に比例するものをすべて選び，記号で答えなさい。

㋐ $y=x^2+2$ ㋑ $y=(x+1)^2$ ㋒ $y=0.5x^2$

㋓ $y=-\dfrac{1}{2}x^2$ ㋔ $y=\dfrac{1}{x^2}$ ㋕ $y=\dfrac{x^2}{3}$

関数 $y = ax^2$ の式の求め方 基礎

y は x の2乗に比例し，$x = 4$ のとき $y = 24$ である。$x = -6$ のときの y の値(あたい)を求めなさい。

考え方 $y = ax^2$ とおき，1組の x, y の値を代入する。

◉ **解き方**

y は x の2乗に比例するから，比例定数を a とすると，

$$y = ax^2$$

とおける。

$x = 4$ のとき $y = 24$ だから，

$$24 = a \times 4^2$$

$$24 = 16a$$

$$a = \frac{3}{2}$$

したがって，式は，$y = \frac{3}{2}x^2$

この式に $x = -6$ を代入して，

$$y = \frac{3}{2} \times (-6)^2 = 54$$

◉ **答**

$y = 54$

 確認

関数の式

比例の式…$y = ax$
反(はん)比(び)例(れい)の式…$y = \dfrac{a}{x}$
1次(じ)関数(かんすう)の式…$y = ax + b$
y が x の2乗に比例する関数
の式…$y = ax^2$

 発展

2次関数

y が x の2次(じ)式(しき)で表されるとき，y は x の2次関数であるといい，一般に，
$y = ax^2 + bx + c$ で表される。
$y = ax^2$ は，2次関数の特別な場合である。

負(ふ)の数や分数は，かっこをつけて代入し，符号(ふごう)のミスがないように注意する。

練習 44

解答は別冊 p.57

(1) 関数 $y = ax^2$ は，$x = 2$ のとき $y = 8$ である。$x = 3$ のときの y の値を求めなさい。 【山口県】

(2) 右の表は，y が x の2乗に比例する関係について調べ，その一部を表したものである。
ア〜ウにあてはまる数を求めなさい。

x	-6	0	2	4	8
y	ア	0	-2	イ	ウ

第3章

SECTION

2 関数 $y=ax^2$ のグラフ

45 関数 $y=ax^2$ のグラフのかき方　　基礎

関数 $y=\dfrac{1}{2}x^2$ のグラフをかきなさい。

考え方 $x,\ y$ の値の対応表をつくり，これらの値の組を座標とする点をとる。

● 解き方

まず，x の値に対応する y の値を求めると，下の表のようになる。

x	-4	-3	-2	-1	0	1	2	3	4
y	8	$\dfrac{9}{2}$	2	$\dfrac{1}{2}$	0	$\dfrac{1}{2}$	2	$\dfrac{9}{2}$	8

次に，上の表の $x,\ y$ の値の組を座標とする点をとる。
そして，とった点を通るなめらかな曲線をかく。

用語解説 📖

関数 $y=ax^2$ のグラフ
原点を通り，y 軸について対称な曲線である。この曲線を**放物線**という。
放物線とその対称の軸との交点を放物線の**頂点**という。

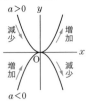

● 答

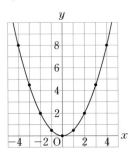

解答は別冊 p.57

練習 45

次の関数のグラフをかきなさい。

(1) $y=-x^2$

(2) $y=\dfrac{3}{2}x^2$

(3) $y=-\dfrac{1}{4}x^2$

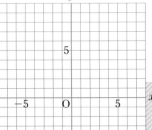

46 関数 $y = ax^2$ のグラフの性質　　基礎

次の関数のグラフについて，下の問いに記号で答えなさい。

㋐ $y = 2x^2$ 　　　　　㋑ $y = -3x^2$ 　　　　㋒ $y = 0.5x^2$

㋓ $y = \dfrac{1}{3}x^2$ 　　　　㋔ $y = -\dfrac{1}{2}x^2$ 　　　㋕ $y = -\dfrac{1}{4}x^2$

(1) x 軸の下側にあるものはどれか。

(2) 開き方が最も大きいのはどれか。

(3) x 軸について対称であるものはどれとどれか。

考え方 $y = ax^2$ の比例定数 a に着目して，グラフの特徴（とくちょう）を読み取る。

● 解き方

(1) 比例定数が負であるものを選ぶ。

　よって，㋑，㋔，㋕

(2) 比例定数の絶対値（ぜったいち）が最も小さいものを選ぶ。

　よって，㋕

(3) 比例定数の絶対値が等しく，符号が反対であるものを選ぶ。よって，㋒と㋔

● 答

(1) ㋑，㋔，㋕　(2) ㋕　(3) ㋒と㋔

確認

グラフの開き方

関数 $y = ax^2$ のグラフは，比例定数 a の絶対値が大きくなるほど，開き方は小さくなり，a の絶対値が小さくなるほど，開き方は大きくなる。

参考

関数 $y = ax^2$ のグラフと $y = -ax^2$ のグラフは，x 軸について対称である。

練習 46

解答は別冊 p.57

(1) 右の図の①～④は，次の㋐～㋓の関数のグラフを示したものである。①～④は，それぞれ㋐～㋓のどの関数のグラフにあたるか答えなさい。

　㋐ $y = -x^2$ ㋑ $y = \dfrac{1}{2}x^2$ ㋒ $y = 2x^2$ ㋓ $y = -\dfrac{1}{4}x^2$

(2) 関数 $y = x^2$ のグラフについて，

① x 軸の上側にあることを説明しなさい。

② $y = -x^2$ のグラフと x 軸について対称であることを説明しなさい。

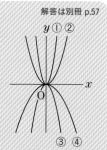

47 関数 $y=ax^2$ のグラフの式の求め方 基礎

右の図の(1), (2)は，関数 $y=ax^2$ のグラフ
である。a の値を求めなさい。

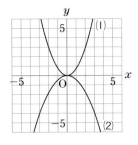

考え方 $y=ax^2$ にグラフが通る点の座標を代入する。

● 解き方

(1) グラフは点$(2, 3)$を通る。←……点$(-2, 3)$を通ると
　　　　　　　　　　　　　　　　　考えてもよい。

　　よって，$y=ax^2$ に $x=2$, $y=3$ を代入して，

　　　$3=a\times 2^2$, $a=\dfrac{3}{4}$

(2) グラフは点$(3, -4)$を通る。←……点$(-3, -4)$を通ると
　　　　　　　　　　　　　　　　　考えてもよい。

　　よって，$y=ax^2$ に $x=3$, $y=-4$ を代入して，

　　　$-4=a\times 3^2$, $a=-\dfrac{4}{9}$

● 答

(1) $a=\dfrac{3}{4}$　(2) $a=-\dfrac{4}{9}$

確認

関数 $y=ax^2$ では，この関数
のグラフが通る1点がわかれ
ば a の値が決まる。

くわしく

グラフが通る点のうち，
$y=ax^2$ に代入する点は，
x 座標，y 座標がともに整数
である点を選ぶ。

練習 47

解答は別冊 p.58

右の図において，⑦は関数 $y=x^2$，⑦は関数 $y=ax^2$
$(a>0)$のグラフである。点 A は⑦上の点であり，
x 座標は2である。点 A を通り x 軸に平行な直線
を ℓ とする。直線 ℓ と y 軸の交点を B とし，直線
ℓ と⑦の交点のうち，x 座標が正である点を C とす
る。点 A が線分 BC の中点であるとき，a の値を
求めなさい。求める過程も書きなさい。　【秋田県】

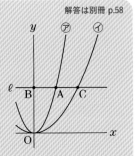

48 関数 $y=ax^2$ の y の変域　**基　礎**

関数 $y=\dfrac{1}{2}x^2$ について，x の変域が次のような場合のときの y の変域を求めなさい。

(1) $2 \leqq x \leqq 4$　　　　　　　　(2) $-4 \leqq x \leqq 3$

考え方　グラフをかいて，x の変域に対応する y の変域を求める。

◉ 解き方

関数 $y=\dfrac{1}{2}x^2$ のグラフについて，

(1) $2 \leqq x \leqq 4$ に対応する部分は，
右の図の実線部分になる。
$x=2$ のとき y は最小値 2
$x=4$ のとき y は最大値 8
をとる。
よって，y の変域は，
$$2 \leqq y \leqq 8$$

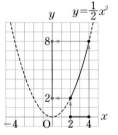

(2) $-4 \leqq x \leqq 3$ に対応する部分
は，右の図の実線部分になる。
$x=0$ のとき y は最小値 0
$x=-4$ のとき y は最大値 8
をとる。
よって，y の変域は，
$$0 \leqq y \leqq 8$$

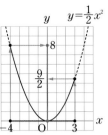

◉ **答**　(1) $2 \leqq y \leqq 8$　(2) $0 \leqq y \leqq 8$

くわしく

x の変域に 0 を含まない場合
関数 $y=ax^2$ で，x の変域に 0 を含まない場合，x の変域の両端の点が y の変域の両端の点に対応する。

x の変域に 0 を含む場合
関数 $y=ax^2$ で，x の変域に 0 を含む場合，
$a>0$ ならば y の最小値は 0，
$a<0$ ならば y の最大値は 0
になる。
つまり，y の変域の両端のいずれかは必ず 0 になる。

ミス注意

(2) $x=3$ のとき $y=\dfrac{9}{2}$，
$x=-4$ のとき $y=8$ だから，
y の変域は，$\dfrac{9}{2}\cancel{\leqq}y\cancel{\leqq}8$
としないこと。

練習 48

解答は別冊 p.58

(1) 関数 $y=-\dfrac{1}{2}x^2$ について，x の変域が $-6 \leqq x \leqq 4$ のとき，y の変域は $a \leqq y \leqq b$ である。このとき，a，b の値を求めなさい。　【神奈川県】

(2) 関数 $y=x^2$ について，x の変域を $a \leqq x \leqq a+2$ とするとき，y の変域が $0 \leqq y \leqq 4$ となるような a の値をすべて求めなさい。　【17 埼玉県】

変域と関数の式　　　　　　　　　　　　　　応用

> x の変域が $-2 \leqq x \leqq 3$ のとき，2 つの関数 $y=x^2$ と $y=ax+b$ の y の変域が一致する。このとき，a，b の値を求めなさい。ただし，$a<0$ とする。

考え方　2 つの関数の y の最大値，最小値が一致する。

● 解き方

　関数 $y=x^2$ のグラフで，$-2 \leqq x \leqq 3$ に対応する部分は，右の図の実線部分になる。

　　$x=0$ のとき y は最小値 0，←……x の変域に 0 を含むから，
　　　　　　　　　　　　　　　　　　　最小値は 0
　　$x=3$ のとき y は最大値 9

をとるから，y の変域は $0 \leqq y \leqq 9$

　また，関数 $y=ax+b$ は，$a<0$ より，グラフは右下がりの直線になるから，

　　$x=3$ のとき y は最小値 $3a+b$，

　　$x=-2$ のとき y は最大値 $-2a+b$ をとる。

　この 2 つの関数の最大値，最小値が一致するから，

$$\begin{cases} -2a+b=9 & \cdots\cdots① \\ 3a+b=0 & \cdots\cdots② \end{cases}$$

　①，②を連立方程式として解くと，$a=-\dfrac{9}{5}$，$b=\dfrac{27}{5}$

● 答

$a=-\dfrac{9}{5}$，$b=\dfrac{27}{5}$

くわしく

関数 $y=x^2(-2 \leqq x \leqq 3)$ のグラフ

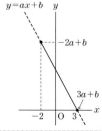

関数 $y=ax+b(-2 \leqq x \leqq 3)$ のグラフ

練習 49

解答は別冊 p.58

(1) 関数 $y=ax^2$ について，x の変域が $-2 \leqq x \leqq 4$ のときの y の変域が $-8 \leqq y \leqq 0$ である。このとき，a の値を求めなさい。　　　　　【福島県】

(2) x の変域が $-6 \leqq x \leqq 2$ のとき，2 つの関数 $y=ax^2$ と $y=\dfrac{9}{8}x+b$ の y の変域が一致する。このとき，a，b の値を求めなさい。ただし，$a>0$ とする。

第3章

SECTION

3

関数 $y = ax^2$ の変化の割合

50 変化の割合の求め方 基礎

(1) 関数 $y = 3x^2$ で，x の値が 1 から 3 まで増加するときの変化の割合を求めなさい。 【16 埼玉県】

(2) 関数 $y = ax^2$ について，x の値が 1 から 4 まで増加するときの変化の割合が 10 である。このとき，a の値を求めなさい。 【石川県】

考え方 $\text{(変化の割合)} = \dfrac{\text{(}y\text{ の増加量)}}{\text{(}x\text{ の増加量)}}$

● 解き方

(1) x の増加量は，$3 - 1 = 2$

y の増加量は，$3 \times 3^2 - 3 \times 1^2 = 27 - 3 = 24$

したがって，変化の割合は，$\dfrac{24}{2} = 12$

(2) x の増加量は，$4 - 1 = 3$

y の増加量は，$a \times 4^2 - a \times 1^2 = 16a - a = 15a$

したがって，変化の割合は，$\dfrac{15a}{3} = 5a$

これが 10 になることから，

$5a = 10$

$a = 2$

● 答

(1) **12** (2) $\boldsymbol{a = 2}$

くわしく

関数 $y = ax^2$ では，x の増加量が等しくても，増加する区間によって y の増加量は異なる。つまり，変化の割合は一定ではない。

例 関数 $y = 3x^2$ で，x の値が 2 から 4 まで増加するときの変化の割合は，

$\dfrac{3 \times 4^2 - 3 \times 2^2}{4 - 2} = \dfrac{36}{2} = 18$

変化の割合と直線の傾き

関数 $y = 3x^2$ で，x の値が 1 から 3 まで増加するときの変化の割合は，2 点(1, 3)，(3, 27)を通る直線の傾きに等しい。

練習 50

解答は別冊 p.59

(1) 関数 $y = -2x^2$ について，x の値が 2 から 6 まで増加するときの変化の割合を求めなさい。

(2) 関数 $y = ax^2$ について，x の値が 1 から 3 まで増加するときの変化の割合は 2 であった。このとき，a の値を求めなさい。 【栃木県】

51 x の増加区間と変化の割合　　応用

(1) 関数 $y=x^2$ について，x が a から $a+5$ まで増加するとき，変化の割合は7である。このとき，a の値を答えなさい。　【新潟県】

(2) 関数 $y=ax^2$ について，x の値が p から q まで増加するときの変化の割合は，$a(q+p)$ と表すことができる。このことを説明しなさい。ただし，$p \neq q$ とする。

考え方 変化の割合を $\begin{cases}(1) \ a \ \text{で表す。} \\ (2) \ a, \ p, \ q \ \text{で表す。}\end{cases}$

● **解き方**

(1) x の増加量は，$(a+5)-a=5$

y の増加量は，

$(a+5)^2-a^2=a^2+10a+25-a^2=10a+25$

したがって，変化の割合は，

$\dfrac{10a+25}{5}=2a+5$

これが7になることから，

$2a+5=7$

$a=1$

(2) 関数 $y=ax^2$ で，x の値が p から q まで増加するとき，

x の増加量は，$q-p$

y の増加量は，aq^2-ap^2

したがって，変化の割合は，

$\dfrac{aq^2-ap^2}{q-p}=\dfrac{a(q+p)(q-p)}{q-p}=a(q+p)$

● **答**

(1) $a=1$　(2) **上の説明**

参考

変化の割合を求める式は，次のように1つの式にまとめることもできる。

$\underset{\substack{\uparrow \\ x \text{ の増加量}}}{\overset{\substack{y \text{ の増加量} \\ \downarrow}}{\dfrac{(a+5)^2-a^2}{(a+5)-a}}}=2a+5$

公式

変化の割合の簡単な計算

(2)より，関数 $y=ax^2$ で，x の値が p から q まで増加するときの変化の割合は，$a(q+p)$

この公式を利用すると，(1)の変化の割合は，

$1 \times (a+5+a)=2a+5$

と求めることができる。

練習 51

解答は別冊 p.59

2つの関数 $y=\dfrac{1}{4}x^2$ と $y=3x-5$ について，x の値が a から $a+2$ まで増加するときの変化の割合が等しくなる。このとき，a の値を求めなさい。

52 平均の速さ　応用

A地点に停止している自動車を，後ろから毎秒3mの速さで走ってきた自転車が追い越した。自動車は自転車に追い越されてから3秒後にA地点を出発して，B地点で自転車を追い越し，出発してから10秒後にA地点から75m離れたC地点を通過した。自動車が出発してから x 秒間に進む道のりを y m とすると，$0 \leqq x \leqq 10$ の範囲では $y=ax^2$ という関係が成り立つとき，次の問いに答えなさい。

(1) a の値を求めなさい。

(2) 自動車が出発してから3秒後から5秒後までの平均の速さを求めなさい。

(3) 自動車が自転車を追い越すのは，自動車が出発してから何秒後か。

考え方 （平均の速さ）$=\dfrac{（進んだ道のり）}{（かかった時間）}=\dfrac{（y の増加量）}{（x の増加量）}$

● 解き方

(1) $y=ax^2$ に $x=10$，$y=75$ を代入して，

$$75=a \times 10^2, \quad 75=100a, \quad a=\frac{3}{4}$$

(2) 自動車が進んだ道のりは，$\dfrac{3}{4} \times 5^2 - \dfrac{3}{4} \times 3^2 = 12(\text{m})$

よって，平均の速さは，$\dfrac{12}{5-3}=6(\text{m/秒})$

(3) 自動車が出発してから t 秒後に自転車を追い越すとすると，$\dfrac{3}{4}t^2=3(t+3)$ ◄──（自動車が進む道のり）
　　　　　　　　　　　　　　　　　　　　　＝（自転車が進む道のり）

これを解いて，$t=-2, 6$　$0 < t \leqq 10$ だから，$t=6$

● 答　(1) $a=\dfrac{3}{4}$　(2) 6m/秒　(3) 6秒後

くわしく

平均の速さと変化の割合

3秒後から5秒後までにかかった時間は，5−3=2(秒)

3秒後から5秒後までに進んだ道のりは，

$$\frac{3}{4} \times 5^2 - \frac{3}{4} \times 3^2 = 12(\text{m})$$

したがって，平均の速さは，

$$\frac{12}{2}=6(\text{m/秒})$$

このように，平均の速さの求め方は，変化の割合の求め方と同じである。

練習 52

解答は別冊 p.59

例題 52 について，自動車が出発してから t 秒後から $(t+1)$ 秒後までの平均の速さが毎秒12mのとき，t の値を求めなさい。

関数 $y=ax^2$ の利用

53 図形に関する問題① 　　応用

右の図のような AB＝BC＝8cm，∠ABC＝90° の
直角二等辺三角形 ABC がある。点 P は A を出発
して毎秒 2cm の速さで辺 AB，BC 上を通り C ま
で移動し，点 Q は，点 P と同時に B を出発して
毎秒 1cm の速さで辺 BC 上を通り C まで移動する。

点 P，Q がそれぞれ A，B を出発してから，x 秒後の △APQ の面積
を $y$cm^2 とするとき，y を x の式で表しなさい。ただし，点 P，Q が
A，B にあるときと，点 P が点 Q に追いついたときは，$y=0$ とする。

考え方 点 P が，辺 AB 上にあるとき，辺 BC 上にあるとき
の 2 つの場合に分けて考える。

◉ **解き方**

$0 \leqq x \leqq 4$ のとき，点 P は辺 AB 上，点 Q は辺 BC
上にある。…… 点 P は出発して 4 秒後に B に到着

AP＝$2x$cm，BQ＝$x$cm だから，

$y=\dfrac{1}{2}\times 2x \times x = x^2$ ←…… △APQ＝$\dfrac{1}{2}\times$AP$\times$BQ

$4 \leqq x \leqq 8$ のとき，点 P，Q はどちらも辺 BC 上にあ
る。…… 点 P，Q は出発して 8 秒後にそれぞれ C に到着

BP＝$2x-8$（cm）←…… BP＝点 P が進んだ長さ－AB

BQ＝$x$cm だから，PQ＝$x-(2x-8)=-x+8$（cm）

$y=\dfrac{1}{2}\times(-x+8)\times 8 = -4x+32$

◉ **答** $y=x^2（0 \leqq x \leqq 4），y=-4x+32（4 \leqq x \leqq 8）$

くわしく 🔍

$0 \leqq x \leqq 4$ のとき

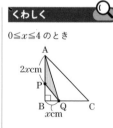

$4 \leqq x \leqq 8$ のとき

練習 53

解答は別冊 p.59

例題 53 で，△APQ の面積が 12cm^2 になるのは何秒後か求めなさい。

関　数

第1章
比例・反比例

第2章
一次関数

第3章
関数 $y=ax^2$

54 図形に関する問題②

応用

右の図のような AB＝BC＝8cm,
∠B＝90°の直角二等辺三角形 ABC
と SR＝4cm, QR＝8cm の長方形
PQRS がある。辺 BC と辺 QR は直
線 ℓ 上にあり, 点 C と点 Q は重なっている。△ABC を, 直線 ℓ に
そって矢印の方向に, 点 C が点 R に重なるまで移動させる。
△ABC が x cm 動いたとき, △ABC と長方形 PQRS の重なる部分
の面積を y cm² とするとき, y を x の式で表しなさい。

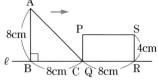

考え方 **重なる部分の図形は, 直角二等辺三角形➡台形。**

● 解き方

　$0\leqq x\leqq 4$ のとき, 重なる部分は, 右の図1の
直角二等辺三角形 DQC になる。

　CQ＝DQ＝x cm だから,

$$y=\frac{1}{2}\times x\times x=\frac{1}{2}x^2$$

　$4\leqq x\leqq 8$ のとき, 重なる部分は, 右の図2の
台形 PQCE になる。

　CQ＝x cm, EF＝FC＝4cm だから,

$$y=\underset{\text{長方形 PQCF}}{4\times x}-\underset{\triangle\text{EFC}}{\frac{1}{2}\times 4\times 4}=4x-8$$

● 答　$y=\dfrac{1}{2}x^2\,(0\leqq x\leqq 4)$, $y=4x-8\,(4\leqq x\leqq 8)$

図1
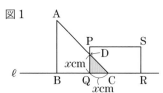

図2
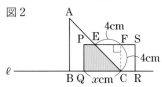

練習 54

解答は別冊 p.59

例題 54 について, x と y の関係を表す
グラフをかきなさい。

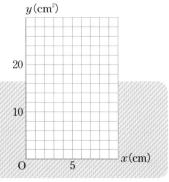

放物線と平面図形

55 放物線上の点の座標　　応用

右の図のように，関数 $y=\dfrac{1}{4}x^2$ のグラフ上の $x>0$ の部分に点 P をとり，P から x 軸，y 軸にそれぞれ垂線 PQ，PR をひく。四角形 PROQ の周の長さが 30cm のとき，点 P の座標を求めなさい。

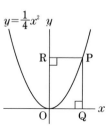

考え方　点 P の x 座標を p として，PQ，PR の長さを p を使って表す。

◉ 解き方

点 P の x 座標を p とすると，P の座標は $\left(p,\ \dfrac{1}{4}p^2\right)$ と表せる。これより，$PQ=\dfrac{1}{4}p^2$，$PR=p$

四角形 PROQ は長方形だから，$2(PQ+PR)=30$

よって，$2\left(\dfrac{1}{4}p^2+p\right)=30$

これを解いて，$p=6,\ -10$　$p>0$ だから，$p=6$

したがって，$P(6,\ 9)$　←……$y=\dfrac{1}{4}\times 6^2=9$

◉ 答　**P(6, 9)**

確認

PQ は点 P の y 座標，PR は点 P の x 座標と等しい。

くわしく

$$2\left(\dfrac{1}{4}p^2+p\right)=30$$
$$\dfrac{1}{2}p^2+2p=30$$
$$p^2+4p-60=0$$
$$(p-6)(p+10)=0$$

練習 55

解答は別冊 p.59

右の図で，点 O は原点であり，放物線①は関数 $y=\dfrac{1}{3}x^2$ のグラフである。放物線②は関数 $y=ax^2$ のグラフで，$a<0$ である。2 点 A，B は放物線①上の点で，点 A の x 座標は 4 であり，線分 AB は x 軸に平行である。また，点 A を通り，y 軸に平行な直線をひき，放物線②との交点を C とする。線分 AB の長さと，線分 AC の長さが等しくなるとき，a の値を求めなさい。

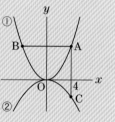

【香川県・一部】

56 放物線と直線①　応用

右の図のように，2つの関数 $y=x^2$ …①，
$y=-\dfrac{1}{2}x^2$ …②のグラフがある。①のグラフ
上に x 座標が負である点 A をとり，A を通
り x 軸に平行な直線と，①のグラフとの交
点のうち A でないほうの点を B とする。さ
らに，B を通り y 軸に平行な直線と，②の
グラフとの交点を C とする。点 A の x 座標
が -2 であるとき，直線 AC の式を求めなさい。

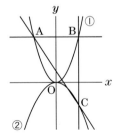

考え方　点 A の座標➡点 B の座標➡点 C の座標 の順に求めていく。

● 解き方

点 A は①のグラフ上の点だから，

　A$(-2, 4)$　◀━ y 座標は，$y=(-2)^2=4$

点 B は y 軸について点 A と対称な点だから，B$(2, 4)$

点 C の x 座標は，点 B の x 座標と等しく 2 だから，

　C$(2, -2)$　◀━ y 座標は，$y=-\dfrac{1}{2}\times 2^2=-2$

直線 AC は 2 点 A$(-2, 4)$，C$(2, -2)$ を通るから，

　$y=-\dfrac{3}{2}x+1$

● 答　$y=-\dfrac{3}{2}x+1$

くわしく

直線 AC の式を $y=ax+b$ と
おくと，

$$\begin{cases} 4=-2a+b & \cdots\cdots ① \\ -2=2a+b & \cdots\cdots ② \end{cases}$$

②−①より，

$4a=-6, \ a=-\dfrac{3}{2}$

これを②に代入して，

$-2=2\times\left(-\dfrac{3}{2}\right)+b, \ b=1$

練習 56

解答は別冊 p.59

右の図のように，関数 $y=\dfrac{1}{2}x^2$ ……①のグラフ上に
2 点 A，B があり，x 座標はそれぞれ -3，4 である。
2 点 A，B から x 軸に垂直な直線をひき，関数 $y=ax^2$
$(a<0)$ ……②のグラフとの交点をそれぞれ C，D，
AC と x 軸との交点を E とする。AE：EC＝3：2 の
とき，直線 CD の式を求めなさい。

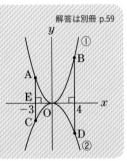

放物線と直線②

発展

右の図のように，放物線 $y=x^2$ と直線 $y=x+12$ が2点 A，B で交わっている。点 A，B の座標をそれぞれ求めなさい。

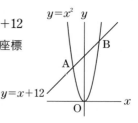

考え方 放物線 $y=ax^2$……①と直線 $y=bx+c$……②の交点の座標は，①，②の連立方程式の解である。

● 解き方

放物線 $y=x^2$ と直線 $y=x+12$ の交点の座標は，次の①，②の式を同時に満たす x，y の値の組である。

$$\begin{cases} y=x^2 & \cdots\cdots① \\ y=x+12 & \cdots\cdots② \end{cases}$$

①，②を連立方程式として解くと，

$$x^2=x+12$$
$$(x-4)(x+3)=0$$
$$x=4, \quad x=-3$$

$x=-3$ のとき $y=9$ だから，A$(-3, 9)$

$x=4$ のとき $y=16$ だから，B$(4, 16)$

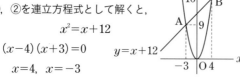

● 答

A$(-3, 9)$，B$(4, 16)$

参考

解の個数と交点の個数

$ax^2=bx+c$ の解が，

● 2個のとき
…交点は2個

● 1個のとき
…交点は1個

●ないとき
…交点はない

解答は別冊 p.60

右の図のように，放物線 $y=ax^2$……①と直線 $y=x+3$……②が2点 A，B で交わっていて，直線 $y=\frac{1}{2}x+2$……③が2点 A，C で交わっている。次の問いに答えなさい。

(1) a の値を求めなさい。

(2) 点 B，C の座標をそれぞれ求めなさい。

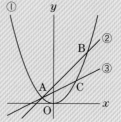

58 放物線と三角形

応用

右の図のように，関数 $y=\dfrac{1}{3}x^2$ のグラフ上に 2 点 A，B をとり，AB と y 軸との交点を C とする。A，B の x 座標がそれぞれ $-6, 3$ であるとき，次の問いに答えなさい。

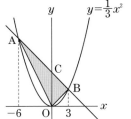

(1) △AOB の面積を求めなさい。

(2) 関数 $y=\dfrac{1}{3}x^2$ のグラフ上に点 P をとり，△AOB＝△APB となるようにする。このような点 P の座標を求めなさい。ただし，P の x 座標は $-6 \leqq x < 0$ とする。

考え方 三角形のどの辺を底辺とみるかで，高さが決まる。

● 解き方

(1) 2 点 A，B は関数 $y=\dfrac{1}{3}x^2$ のグラフ上の点だから，

A$(-6, 12)$，B$(3, 3)$

直線 AB の式は，$y=-x+6$ だから，C$(0, 6)$

したがって，△AOB＝△AOC＋△BOC

$$=\dfrac{1}{2}\times 6\times 6+\dfrac{1}{2}\times 6\times 3=27$$

(2) 求める点 P は，点 O を通り直線 AB に平行な直線と，関数 $y=\dfrac{1}{3}x^2$ のグラフとの交点になる。

点 O を通り直線 AB に平行な直線の式は，$y=-x$

よって，点 P の x 座標は，$\dfrac{1}{3}x^2=-x$，$-6 \leqq x < 0$

より，$x=-3$　したがって，P$(-3, 3)$

● 答

(1) **27**　(2) **P$(-3, 3)$**

くわしく

(1) $y=-x+6$

(2) △AOB と △APB は，底辺 AB を共有しているので，AB∥PO ならば，△AOB＝△APB

$y=-x+6$

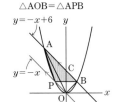

練習 58
解答は別冊 p.60

例題 **58** について，点 C を通り △AOB の面積を 2 等分する直線の式を求めなさい。

59 放物線と四角形①

右の図の放物線 $y=x^2$ で，点 A は放物線上の $x>0$ の部分を動く点である。y 軸上に点 B，放物線上に点 C をとり，ひし形 OABC をつくる。直線 BC と放物線との交点のうち，点 C 以外の点を D とする。点 D の x 座標が 4 であるとき，点 A の座標を求めなさい。

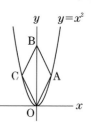

考え方 点 A の x 座標を a として，直線 OA，CD の傾きを a を使って表す。

◉ **解き方**

AC と BO の交点を E，点 A の x 座標を a とする。

点 A(a, a^2) だから，直線 OA の傾きは，$\dfrac{a^2}{a}=a$

ひし形の対角線の性質より，AE＝CE，AC⊥BO

よって，C$(-a, a^2)$ ◁……点 C は y 軸について点 A と対称

また，D$(4, 16)$ ◁……y 座標は，$y=4^2=16$

直線 CD の傾きは，$\dfrac{16-a^2}{4-(-a)}=\dfrac{(4+a)(4-a)}{4+a}=4-a$

OA∥CD より，直線 OA と CD の傾きは等しいから，

$a=4-a$, $a=2$ よって，A$(2, 4)$

◉ **答 A$(2, 4)$**

くわしく

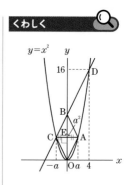

解答は別冊 p.60

練習 59

右の図のように，関数 $y=\dfrac{1}{2}x^2$ のグラフ上に 2 点 A，B があり，点 A の x 座標は -3，点 B は点 A と y 軸について対称である。y 軸上に点 C を，四角形 OBCA がひし形となるようにとる。次の問いに答えなさい。 【富山県・一部】

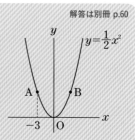

(1) 直線 AC の式を求めなさい。

(2) 線分 AC 上に点 D をとる。△ODA と四角形 OBCA の面積比が $1:4$ となるとき，点 D の座標を求めなさい。

60 放物線と四角形②

右の図で，点 A は y 軸上の点，点 B は放物線 $y=\dfrac{1}{4}x^2$ 上の点，点 C，D は放物線 $y=ax^2$ 上の点である。点 A の y 座標は 8，点 B，C の x 座標はそれぞれ 4，3 である。四角形 ABCD が平行四辺形であるとき，a の値を求めなさい。

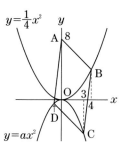

考え方 点 B の x 座標と点 C の x 座標の差は 1 だから，点 A の x 座標と点 D の x 座標の差も 1 になる。

◉ 解き方

A$(0, 8)$，B$(4, 4)$だから， ⟵‥‥ 点 B の y 座標は，$y=\dfrac{1}{4}\times 4^2=4$

直線 AB の傾きは，$\dfrac{4-8}{4-0}=-1$

　点 C は放物線 $y=ax^2$ 上の点だから，C$(3, 9a)$

　点 C の x 座標は点 B の x 座標より 1 小さい。

　四角形 ABCD は平行四辺形だから，点 D の x 座標は点 A の x 座標より 1 小さくなるから，D$(-1, a)$

　よって，直線 DC の傾きは，$\dfrac{9a-a}{3-(-1)}=2a$

　AB∥DC より，$2a=-1$，$a=-\dfrac{1}{2}$

◉ 答 $a=-\dfrac{1}{2}$

くわしく

四角形 ABCD は平行四辺形だから，向かい合う辺は平行である。
すなわち，AB∥DC

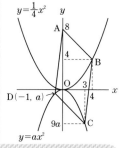

練習 60

解答は別冊 p.61

右の図のように，関数 $y=ax^2$ のグラフ上に，2 点 A，B があり，点 A の座標は$(6, 12)$で，点 B の x 座標は -2 である。関数 $y=ax^2$ のグラフ上に 3 点 O，A，B と異なる点 P をとる。点 P を通り線分 AB に平行な直線と x 軸との交点を Q とする。四角形 ABQP が平行四辺形になるとき，点 P の座標をすべて求めなさい。【岩手県・一部】

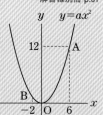

61 放物線の通る範囲

右の図のように，関数 $y=ax^2$ のグラフと4
点 A$(-3, 1)$，B$(-3, 8)$，C$(2, 8)$，D$(6, 8)$
がある。この関数のグラフが，線分 AB，
CD の両方と交わるとき，a の値の範囲を不
等号を使って表しなさい。

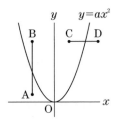

考え方 グラフの開き方が大きくなると a の値は小さく，
開き方が小さくなると a の値は大きくなる。

◉ **解き方**

関数 $y=ax^2$ のグラフが

点 A を通るとき，$1=a\times(-3)^2$，$a=\dfrac{1}{9}$

点 B を通るとき，$8=a\times(-3)^2$，$a=\dfrac{8}{9}$

よって，線分 AB と交わるときの a の値の範囲は，

$\dfrac{1}{9} \leqq a \leqq \dfrac{8}{9}$ ……①

点 C を通るとき，$8=a\times 2^2$，$a=2$

点 D を通るとき，$8=a\times 6^2$，$a=\dfrac{2}{9}$

よって，線分 CD と交わるときの a の値の範囲は，

$\dfrac{2}{9} \leqq a \leqq 2$ ……②

①，②から，求める a の値の範囲は，$\dfrac{2}{9} \leqq a \leqq \dfrac{8}{9}$

◉ **答** $\dfrac{2}{9} \leqq a \leqq \dfrac{8}{9}$

くわしく

関数 $y=ax^2$ のグラフが線分
AB と交わる場合，点 A を
通るとき a の値は最も小さ
く，点 B を通るとき a の値
は最も大きくなる。
線分 CD と交わる場合，点 C
を通るとき a の値は最も大
きく，点 D を通るとき a の
値は最も小さくなる。

くわしく

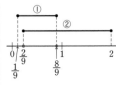

練習 61

解答は別冊 p.61

右の図のように，関数 $y=ax^2$ のグラフと正方形 ABCD
がある。点 A$(2, 2)$，正方形の1辺の長さは2である。
関数 $y=ax^2$ のグラフが，正方形 ABCD と交わるとき，
a の値の範囲を不等号を使って表しなさい。

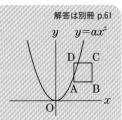

62 放物線と反比例のグラフ　応用

右の図で，①は関数 $y=ax^2 (a>0)$ のグラフ，②は関数 $y=\dfrac{b}{x}$ のグラフである。①と②のグラフの交点を A，②のグラフ上に点 B をとり，B から x 軸に垂線をひき，x 軸との交点を C とする。点 A の x 座標が 3，△OBC の面積が 6 のとき，a，b の値を求めなさい。

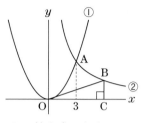

考え方 点 A の x 座標，y 座標の値は，①，②の方程式をどちらも成り立たせる。

● **解き方**

点 B の x 座標を t とすると，点 B は②のグラフ上の点だから，$B\left(t, \dfrac{b}{t}\right)$　←…… y 座標は，$y=\dfrac{b}{x}$ に $x=t$ を代入

これより，△OBC $=\dfrac{1}{2}\times t\times \dfrac{b}{t}=\dfrac{b}{2}$

△OBC $=6$ だから，$\dfrac{b}{2}=6$，$b=12$

点 A は $y=\dfrac{12}{x}$ のグラフ上の点だから，A(3, 4)

点 A は①のグラフ上の点だから，$4=a\times 3^2$，$a=\dfrac{4}{9}$

● **答** $a=\dfrac{4}{9}$，$b=12$

くわしく

△OBC の面積は $\dfrac{b}{2}$（b は定数）となるから，点 B の座標にかかわらず一定の値 6 になる。

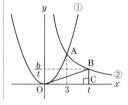

練習 62

解答は別冊 p.61

右の図において，①は反比例のグラフ，②は関数 $y=-x^2$ のグラフである。①と②との交点を A とする。また，①のグラフ上に点 B をとり，B から x 軸，y 軸にそれぞれ垂線をひき，x 軸，y 軸との交点を，それぞれ C，D とする。点 A の x 座標が -3 であるとき，四角形 OCBD の面積を求めなさい。　【山形県・一部】

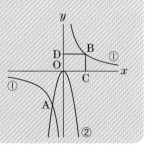

SECTION

6 いろいろな関数

63 階段状のグラフで表される関数　　　基礎

右の表は，500g までの定形外郵便物の重さ xg と料金 y 円の関係をまとめたものである。次の問いに答えなさい。

(1) 料金が 140 円のときの x の変域を求めなさい。

(2) x と y の関係をグラフに表しなさい。

重さ	料金
50g まで	120 円
100g まで	140 円
150g まで	210 円
250g まで	250 円
500g まで	390 円

考え方 グラフは途中で切れた階段状になる。

◉ 解き方

(1) 140 円で送ることができる重さは，50g より重く 100g 以下だから，$50 < x \leqq 100$

(2) x を横軸に，y を縦軸にとってグラフをかくと，右の図のようになる。

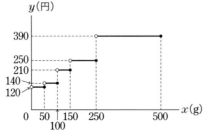

◉ 答

(1) $50 < x \leqq 100$　(2) **上の図**

ミス注意

これまでに学習したグラフは，連続した直線や曲線であったため，グラフが離れていると違和感があるかもしれないが，離れたグラフを直線で結ぶことはできない。

参考

重さ xg が決まれば，料金 y 円は 1 つに決まるので，y は x の関数である。

一方，料金 y 円が決まっても，重さ xg は 1 つに決まらないので，x は y の関数でない。

練習 **63**

解答は別冊 p.61

y は x の小数第 1 位を切り捨てた値であるとき，x と y の関係を表すグラフをかきなさい。ただし，$0 \leqq x \leqq 5$ とする。

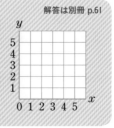

64 x が自然数のとき y が定まる関数　**応用**

自然数 x の約数の個数を y とするとき，x と y の関係を表すグラフをかきなさい。ただし，$0<x<10$ とする。

考え方　自然数 1 から 9 までの約数の個数を調べて，対応表をつくる。

● 解き方

$x=1$ のとき，約数は 1 だけだから，$y=1$

$x=2$ のとき，約数は 1 と 2 だから，$y=2$

$x=3$ のとき，約数は 1 と 3 だから，$y=2$

$x=4$ のとき，約数は 1 と 2 と 4 だから，$y=3$

このように 9 までの約数の個数を調べて，x と y の対応表をつくると，次のようになる。

x	1	2	3	4	5	6	7	8	9
y	1	2	2	3	2	4	2	4	3

上の対応表の x，y の値の組を座標とする点をかくと，右の図のようになる。

● 答

上の図

ミス注意

点どうしは，独立していて不連続だから，下の図のように，点を直線で結んではいけない。

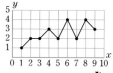

参考

自然数 x が決まれば，約数の個数 y 個は 1 つに決まるので，y は x の関数である。

一方，約数の個数 y 個が決まっても，自然数 x は 1 つに決まらないので，x は y の関数でない。

練習 64

解答は別冊 p.61

自然数 x を 5 でわったときの余りを y とするとき，x と y の関係を表すグラフをかきなさい。ただし，商は整数とし，$1 \leqq x \leqq 10$ とする。

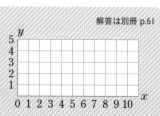

垂直な 2 直線の傾き

平行な 2 直線の傾きが等しいことはすでに学習したが，垂直な 2 直線の傾きの間には，どのような関係があるだろうか。ここでは，垂直な 2 直線の傾きについて，どのような関係が成り立つかを調べてみよう。

下の図で，直線 $y=mx$ と直線 $y=nx$ は垂直に交わっている。
直線 $y=mx$ 上に x 座標が 1 である点 P を，直線 $y=nx$ 上に y 座標が -1 である点 Q をとり，それぞれの点から x 軸へ垂線をひき，x 軸との交点を H，K とする。

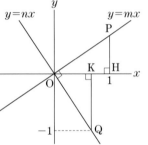

- $\triangle$OHP$\equiv$$\triangle$QKO から PH=OK を導く。

  $\triangle$OHP と $\triangle$QKO において，

    OH=QK　……①

    $\angle$OHP=$\angle$QKO=90°　……②

  $\angle$POQ=90° から，

    $\angle$POH=90°$-$$\angle$KOQ　……③

    $\angle$OQK=180°$-$$\angle$QKO$-$$\angle$KOQ

      =90°$-$$\angle$KOQ　……④

  ③，④から，$\angle$POH=$\angle$OQK　……⑤

  ①，②，⑤から，1 辺とその両端の角がそれぞれ等しいので，

    $\triangle$OHP$\equiv$$\triangle$QKO

  よって，**PH=OK**　……⑥

- 点 Q の座標を m を使って表す。

  ここで，点 P は $y=mx$ 上の点で，x 座標が 1 だから，PH=m

  これと⑥から，OK=m

  よって，**点 Q$(m,~-1)$**

- m と n の関係を表す式を導く。

  点 Q は直線 $y=nx$ 上の点だから，この式に点 Q の座標を代入して，$-1=n\times m$

  すなわち，$mn=-1$

  したがって，2 **直線 $y=mx, y=nx$ が垂直に交わるとき，$mn=-1$ が成り立つ。**

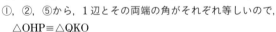

2 直線が垂直に交わるとき，2 直線の傾きの積は -1 になる。

章末問題

解答 別冊 p.62

1 次のア〜エの数量の関係のうち，y が x の2乗に比例するものを1つ選び，記号で答えなさい。また，その関係について，y を x の式で表しなさい。

ア 半径が $x$cm の円の周の長さを $y$cm とする。

イ 周の長さが 8cm の長方形の縦の長さを $x$cm，横の長さを $y$cm とする。

ウ 面積が 12cm^2 の三角形の底辺の長さを $x$cm，高さを $y$cm とする。

エ 底面の1辺の長さが $x$cm，高さが 6cm の正四角錐の体積を $y$cm^3 とする。

【福岡県】

2 次の問いに答えなさい。

(1) y は x の2乗に比例し，$x=3$ のとき $y=-36$ である。このとき，y を x の式で表しなさい。

【秋田県】

(2) 関数 $y=\dfrac{1}{3}x^2$ について，x の変域が $-3 \leqq x \leqq 6$ のときの y の変域を求めなさい。

【熊本県】

(3) 関数 $y=-2x^2$ について，x の変域を $-2 \leqq x \leqq a$ とするとき，y の変域が $-8 \leqq y \leqq 0$ となるような a のとりうる値の範囲を求めなさい。

【18 埼玉県】

(4) 関数 $y=ax^2$ について，x の値が 2 から 5 まで増加するときの変化の割合が -4 であった。このときの a の値を求めなさい。

【神奈川県】

3 右の図のように，関数 $y=2x^2$ のグラフ上に2点 P，Q があり，直線 PQ は x 軸に平行である。点 P の x 座標を p とする。次の問いに答えなさい。ただし，$p>0$ とする。

【京都府】

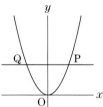

(1) 点 Q の座標を p を用いて表しなさい。

(2) 関数 $y=2x^2$ のグラフ上で，x 座標が $2p$ である点を R とする。2点 Q，R を通る直線の傾きが 7 のとき，p の値を求めなさい。

4 右の図のように，$y=\dfrac{1}{4}x^2$……①のグラフ上に，点 A
があり，その x 座標は -6 である。また，x 軸上に点
B があり，その x 座標は 8 である。①のグラフ上に
点 P をとり，△OPB の面積が △OAB の面積の $\dfrac{1}{4}$ 倍に
なるような P の座標をすべて求めなさい。　【和歌山県】

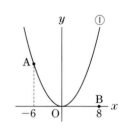

5 右の図のように，関数 $y=ax^2$ のグラフと直線 ℓ が
あり，2 点 A，B で交わっている。ℓ の式は
$y=-x-\dfrac{3}{2}$ であり，A，B の x 座標はそれぞれ -1，
3 である。次の問いに答えなさい。　【福島県】

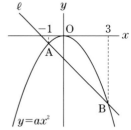

(1) a の値を求めなさい。
(2) 放物線上に点 P をとり，P の x 座標を t とする。
　　ただし，$1<t<3$ とする。また，P を通り x 軸に平
　　行な直線を m とし，m と ℓ との交点を Q とする。さらに，m 上に Q と異な
　　る点 R を，AR＝AQ となるようにとる。
　　① $t=2$ のとき，点 Q の座標を求めなさい。
　　② PQ＝QR となる t の値を求めなさい。

6 右の図のように，関数 $y=x^2$ のグラフ上に 3 点
A$(-3,\ 9)$，B$(-2,\ 4)$，C$(1,\ 1)$ があり，四角形
ABCD が平行四辺形となるように，y 軸上に点 D
がある。次の問いに答えなさい。　【徳島県】

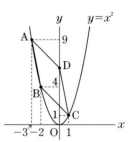

(1) 点 D の座標を求めなさい。
(2) 平行四辺形 ABCD の面積を求めなさい。
(3) 点 $(3,\ 3)$ を通り，平行四辺形 ABCD の面積を 2 等
　　分する直線の式を求めなさい。
(4) 点 P を関数 $y=x^2$ のグラフ上にとる。△OBC の面積と △OAP の面積の比が
　　1：5 となるときの点 P の座標を求めなさい。ただし，点 P の x 座標は正とす
　　る。

7 右の図のように，2つの関数 $y=ax^2$（a は定数）
……㋐，$y=\dfrac{b}{x}$（$x>0$，b は定数）……㋑のグラフ
がある。点 A は関数㋐，㋑のグラフの交点で，A
の x 座標は 4 である。点 B は関数㋐のグラフ上に
あって，B の x 座標は 2 であり，点 C は関数㋑の
グラフ上にあって，C の x 座標は 8 である。また，
関数㋐について，x の値が 2 から 4 まで増加する
ときの変化の割合は $\dfrac{9}{2}$ である。次の問いに答えなさい。

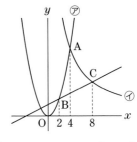

【熊本県】

(1) a，b の値を求めなさい。

(2) 直線 BC の式を求めなさい。

(3) 関数㋐のグラフ上において 2 点 A，B の間に点 P を，線分 BC 上において 2
点 B，C とは異なる点 Q を，直線 PQ が x 軸と平行になるようにとる。また，
直線 PQ と y 軸との交点を R とする。

① 点 P の x 座標を t として，線分 PQ の長さを，t を使った式で表しなさい。

② PQ：PR＝3：2 となるときの P の座標を求めなさい。

8 右の図のように，点 A(4, 8) を通る関数 $y=ax^2$（$a>0$）
のグラフと，点 B(-2, b) を通る関数 $y=-x^2$ のグラフ
がある。$y=ax^2$ のグラフ上に 2 点 C，D を，直線 CD
が x 軸と平行になるようにとり，$y=-x^2$ のグラフ上に
2 点 E，F を，四角形 CDEF が長方形となるようにとる。
ただし，2 点 C，F の x 座標は正とする。次の(1)，(3)で
は◻◻に適当な数を書き入れなさい。また，(2)では答
えだけでなく，答えを求める過程がわかるように，途中
の式や計算なども書きなさい。　【岡山県立岡山朝日高】

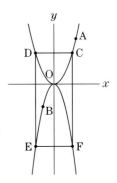

(1) a，b の値をそれぞれ求めると，$a=$ ◻ア◻，$b=$ ◻イ◻ である。

(2) 点 C の x 座標を t とするとき，四角形 CDEF の周の長さを t を用いて表しな
さい。

(3) (2)の t について，$2<t<4$ とする。このとき，直線 AB は線分 CD，DE とそれ
ぞれ交点をもつ。したがって，四角形 CDEF は直線 AB により，三角形と五
角形に分割される。この三角形と五角形の周の長さの差が 10 となるとき，四
角形 CDEF の周の長さは◻◻である。

ランドルト環のしくみ

私たちの身の回りには，比例関係や関数を利用したものがたくさんあります。そのひとつが，視力検査でよく見る輪の一部分にすき間があいた図形「ランドルト環」です。

問題

日本では，「外側の円の直径が 7.5mm，線の太さが 1.5mm，すき間の幅が 1.5mm のランドルト環を 5m 離れたところから見て，すき間の開いた方向を判別できれば，1.0 の視力がある」と定められています。遠い距離から見えるほど視力は高く，この関係は表①のようになります。

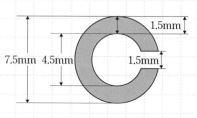

表① ランドルト環からの距離と視力の関係

距離（m）	10	5	4	2	1
視力	2.0	1.0	0.8	0.4	0.2

しかし，実際の視力検査では距離を 5m に固定し，様々な大きさのランドルト環を並べることで視力を測定しています。小さいランドルト環が見えるほど視力は高く，この関係は表②のようになります。

表② 距離 5m のときのランドルト環の外側の円の直径と視力の関係

直径（mm）	3.75	7.5	9.375	18.75	37.5
視力	2.0	1.0	0.8	0.4	0.2

ある生徒が視力検査をしたとき，距離 5m ではどのランドルト環も見えなかったため，特別に 3m の距離から測ったところ，直径 75mm のランドルト環を判別することができました。この生徒の視力はいくつでしょう。

思考力
UP ▸▸▸ **表①と表②の関係を整理しよう。**

> 表①から，距離をx，視力をyとすると，$y=\dfrac{1}{5}x$で
> 比例することがわかるね。

> 表②からは，直径をz，視力をyとすると，$y=\dfrac{7.5}{z}$で
> 反比例するとわかるよ。
> 直径75mmを代入すると，視力は0.1だね。

> でもそれって5mの距離から見たときのことだよね。この生徒は
> 3mの距離から見ているから，0.1をそのまま答えにはできないよ。

思考力
UP ▸▸▸ **「距離5mで見えたら視力0.1」を距離3mの場合に
直してみよう。**

（実際に書いてみましょう）

 解答例 ....

表②の関係より，距離 5m で直径 75mm のランドルト環を判別できた場合，視力は 0.1
である。表①の距離と視力の比例関係より，ある大きさのランドルト環を距離 3m で見
た視力は，同じランドルト環を距離 5m で見た視力の 0.6 倍になることが求められる。
よって，この生徒の視力は 0.1×0.6 で，0.06 となる。

直径 1m のランドルト環を 600m 先から判別できたら…？視力は 0.9 になりますね。
変数が 3 つある場合も，それぞれの関係をきちんと整理すれば答えを求めることができます。

Math STOCK!
いろいろな関数

これまでに，比例・反比例，1次関数，2乗に比例する関数と学習してきましたが，これら以外にもさまざまな関数があります。ここでは，その中から3つの関数を紹介します。

$y = \dfrac{1}{x^2}$ で表される関数

x と y の値の対応表

x	-4	-3	-2	-1	0	1	2	3	4
y	$\dfrac{1}{16}$	$\dfrac{1}{9}$	$\dfrac{1}{4}$	1	✕	1	$\dfrac{1}{4}$	$\dfrac{1}{9}$	$\dfrac{1}{16}$

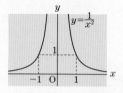

グラフは，右の図のような y 軸について線対称な2つの曲線になる。

$y = x^3$ で表される関数

x と y の値の対応表

x	-4	-3	-2	-1	0	1	2	3	4
y	-64	-27	-8	-1	0	1	8	27	64

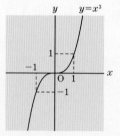

グラフは，右の図のような原点について点対称な曲線になる。

$y = x^4$ で表される関数

x と y の値の対応表

x	-4	-3	-2	-1	0	1	2	3	4
y	256	81	16	1	0	1	16	81	256

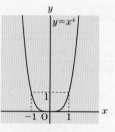

グラフは，右の図のような y 軸について線対称な曲線になる。

図形編

図形編

小学校では，三角形や四角形，直方体や立方体，角柱などについて学習してきました。ここではそれらの図形について，さらにくわしく学習していきます。また，それ以外のいろいろな図形についても学んでいきます。

Q. いろいろな立体の
表面積・体積の求め方って？
➡ 第2章へ

Q. 分度器を使わずに
作図するには？
➡ 第1章へ

Q. 図形の性質を使って
「証明」するには?
➡ 第3章・第4章・第5章へ

Q. 相似な三角形の
条件は?
➡ 第6章へ

Q. 三平方の定理って?
➡ 第7章へ

平面図形

平面図形についての基本的な内容である。基本の作図は超重要。確実に身につけておこう。おうぎ形の弧の長さや面積の公式はよく使うので, 要チェック！

SECTION 1 直線と角

→p.290

● 直線　　　　　　　　● 半直線（はんちょくせん）　　　● 線分（せんぶん）

A ———————— B　　　A ———————— B　　　A ———————— B

　　直線 AB　　　　　　　半直線 AB　　　　　　　線分 AB

● 記号を使った表し方

❶ 三角形 ABC を, △ABC と書く。

❷ 角 ABC を, ∠ABC と書く。

❸ 2 直線 AB と CD が平行であるとき, AB∥CD と書く。

❹ 2 直線 AB と CD が垂直であるとき, AB⊥CD と書く。

● 垂線（すいせん）…2 直線が垂直であるとき, 一方の直線を他方の直線の垂線という。

● 垂直二等分線（すいちょくにとうぶんせん）…線分を 2 等分する点を, その線分の中点（ちゅうてん）といい, 線分の中点を通り, その線分に垂直な直線を, その線分の垂直二等分線という。また, 2 直線が交わる点を交点という。

● 距離（きょり）…線分 AB の長さを, 2 点 A, B 間の距離という。

SECTION 2 基本の作図

→p.293

● 線分の垂直二等分線　　● 角の二等分線　　　● 直線外の点を通る垂線

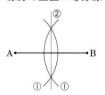　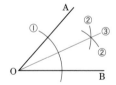　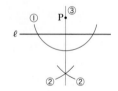

第1章 平面図形

第2章 空間図形

第3章 平行と合同

第4章 図形の性質

第5章 円

第6章 相似な図形

第7章 三平方の定理

3 図形の移動

➡p.301

● 平行移動

図形を一定の方向に，一定の距離だけずらす移動。

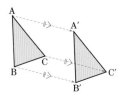

● 対称移動

図形を１つの直線を折り目として折り返す移動。

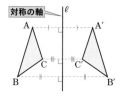

● 回転移動

図形を１点を中心として一定の角度だけ回転させる移動。

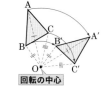

4 円とおうぎ形

➡p.306

● 弧…円周の一部分。

　弧 AB を $\overparen{AB}$ と書く。
● 弦…円周上の２点を結ぶ線分。
● 円の接線の性質…円の接線は，接点を通る半径に垂直である。
● おうぎ形…２つの半径と弧で囲まれた図形。２つの半径のつくる角を中心角という。

5 図形の計量

➡p.309

円の周の長さと面積

円の半径を r とすると，

● 円周の長さ…$\ell = 2\pi r$

● 面積…$S = \pi r^2$

おうぎ形の弧の長さと面積

半径を r，中心角を $x°$ とすると，

● 弧の長さ…$\ell = 2\pi r \times \dfrac{x}{360}$

● 面積…$S = \pi r^2 \times \dfrac{x}{360}$

同じ円のおうぎ形の弧の長さや面積は中心角に比例する。

円周率

どんな大きさの円でも，円周の直径に対する割合は一定で，この値を円周率といい，ふつうギリシャ文字 π で表す。

おうぎ形の面積の別の公式

半径 r，弧の長さが ℓ のおうぎ形の面積 S は，次の公式で求められる。

$$S = \frac{1}{2}\ell r$$

第一章
SECTION

1

直線と角

1 直線と角

(1) 右の枠の中に，次の線をかきなさ
い。
① 直線 AB　② 半直線 BC
③ 線分 CD

(2) 右の図の印のついた角を，記号∠
を使って表しなさい。

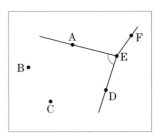

考え方　まっすぐな線のうち，限りなくのびているのが直線，
一方に端があるのが半直線，両端があるのが線分である。

◉ 解き方

(1) ① 2 点 A，B を通る，まっすぐに限りなくのびて
いる線をひく。

② 点 B を端として，点 C の方にだけまっすぐに
のびている線をひく。

③ 2 点 C，D を両端としたまっすぐな線をひく。

(2) 角 AED は，記号∠を使って，∠AED と表す。

◉ 答

(1) 右の図

(2) ∠AED(∠DEA)

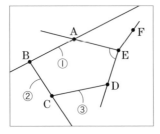

確認

直線，半直線，線分

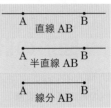

ミス注意

(2)を，∠E としないように！
単に∠E とすると，∠AED
なのか，∠AEF なのか，また
は∠DEF なのかわからない。
1 つの角に決まるように，
∠AED(∠DEA)と答える。

練習 1

解答は別冊 p.65

上の問題の枠の中に，次の線をかきなさい。

(1) 直線 BD　　(2) 半直線 CA　　(3) 線分 AD

2 垂直と平行

右の図で，次の条件を満たす直線を，
方眼を利用してかきなさい。

(1) 点 C を通り，$\ell /\!/ AB$ となる直線 ℓ

(2) 点 C を通り，$m \perp AB$ となる直線 m

(3) 線分 AB の垂直二等分線 n

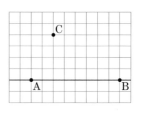

考え方 $/\!/$ は平行，$\perp$ は垂直を表す。垂直二等分線とは，線分の中点を通り，その線分に垂直な直線のことである。

◉ 解き方

(1) 点 C を通り，直線 AB に**平行**な直線をひく。

(2) 点 C を通り，直線 AB に**垂直**な直線をひく。

(3) まず，方眼のマス目を利用して，線分 AB の**中点**をとる。次に，その**中点を通り**，線分 AB に**垂直**な直線をひく。

◉ 答

右の図

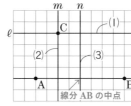

線分 AB の中点

練習 2

解答は別冊 p.65

右の図で，次の条件を満たす直線を，方眼を利用してかきなさい。

(1) 点 A を通り，$\ell /\!/ BC$ となる直線 ℓ

(2) 点 A を通り，$m \perp BC$ となる直線 m

(3) 線分 BC の垂直二等分線 n

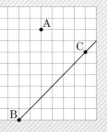

確認

平行
直線 ℓ と直線 AB が平行であることを，記号 $/\!/$ を使って，$\ell /\!/ AB$ と表す。

垂直
直線 ℓ と直線 AB が垂直であることを，記号 $\perp$ を使って，$\ell \perp AB$ と表す。

用語解説

中点
線分を 2 等分する点を，その線分の**中点**という。

垂線
2 直線が垂直であるとき，一方の直線を他方の直線の**垂線**という。

垂直二等分線
線分の中点を通り，その線分に垂直な直線を，その線分の**垂直二等分線**という。

③ 平面上の距離

基礎

右の図で，次の距離を求めなさい。
方眼の1目もりは1cmとします。

(1) 2点A，B間の距離

(2) 点Aと直線ℓとの距離

(3) 2直線ℓ，m間の距離

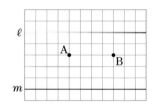

考え方 距離とは，最短の長さである。

● 解き方

(1) 2点A，B間の距離とは，**線分ABの長さのこと**だから，方眼の目もりを読んで，4cm

(2) 点Aと直線ℓとの距離とは，**点Aから直線ℓにひいた垂線の長さのこと**だから，方眼の目もりを読んで，2cm

(3) 平行な2直線ℓ，m間の距離とは，**直線ℓ上の点から直線mにひいた垂線の長さのこと**だから，方眼の目もりを読んで，5cm

● 答

(1) **4cm**　(2) **2cm**　(3) **5cm**

練習 3

解答は別冊 p.65

右の図で，次の距離を求めなさい。方眼の1目もりは1cmとします。

(1) 2点B，C間の距離

(2) 点Aと直線ℓとの距離

(3) 2直線m，n間の距離

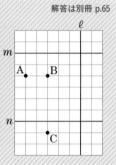

確認

2点間の距離

2点A，Bをつなぐ線のうち，最も短いものは線分ABである。この線分ABの長さを，2点A，B間の距離という。

点と直線との距離

点Aから直線ℓに垂線をひき，その交点をHとすると，線分AHは，点Aと直線ℓ上の点を結ぶ線分のうち，最も短い。この線分AHの長さを，点Aと直線ℓとの距離という。

平行な2直線間の距離

2直線ℓ，mが平行であるとき，点Pを直線ℓ上のどこにとっても，点Pと直線mとの距離は一定である。この一定の距離を，**平行な2直線ℓ，m間の距離**という。

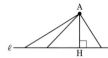

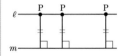

2 基本の作図

第1章 平面図形

第2章 空間図形

第3章 平行と合同

第4章 図形の性質

第5章 円

第6章 相似な図形

第7章 三平方の定理

4 円と線対称（作図のための基礎知識） 基礎

右の図のように，2点 A，B を中心と
する半径の等しい2つの円が，点 P，
Q で交わっています。線分 AB と PQ
の交点を M とします。

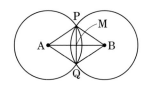

(1) 四角形 AQBP はどんな四角形ですか。

(2) AM と BM，AB と PQ の関係を，記号を使って表しなさい。

考え方 **円の中心から円周までの長さはどこも等しい。**

◉ 解き方

(1) 2つの円は半径が等しいから，

AQ＝QB＝BP＝PA

4辺が等しいから，四角形 AQBP はひし形である。

(2) ひし形の対角線は，それぞれの中点で垂直に交わ
るから，AM＝BM，AB⊥PQ

◉ 答

(1) **ひし形** (2) **AM＝BM，AB⊥PQ**

練習 4

解答は別冊 p.65

右の図のように，2点 A，
B を中心とする半径の異
なる2つの円が，点 P，
Q で交わっています。

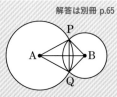

(1) ∠PAB と大きさの等しい角はどれですか。

(2) AB と PQ の関係を，記号を使って表しな
さい。

確認

交わる2つの円の性質

円は，どの直径についても線
対称だから，交わる2つの円
は，両方の円の中心を通る直
線について線対称である。
2つの円の半径が等しいとき
は，2つの円の交点を通る直
線についても線対称である。

線対称な図形の性質

①対応する辺の長さや角の大
　きさは等しい。
②対応する点を結ぶ線分は，
　対称の軸によって，垂直に
　2等分される。
※**対称移動**（→ p.302）

ひし形の対角線の性質

ひし形はどちらの対角線につ
いても線対称である。
ひし形の対角線は，それぞれ
の中点で垂直に交わる。

⑤ 垂直二等分線の作図

基 礎

右の △ABC で，辺 AB の垂直二等
分線と辺 BC との交点 P を，作図
によって求めなさい。

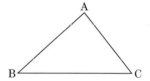

考え方 まず，2 点 A, B を中心に等しい半径の円をかく。

◉ 解き方

次の手順でかけばよい。

❶ A，B を中心として，等しい半径の円をかく。

❷ 2 円の交点を D，E とし，直線 DE をひく。

❸ 直線 DE と辺 BC との交点を P とする。

◉ 答

右の図

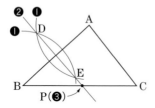

確認

三角形
三角形 ABC を，記号△を使
って，△ABC とかく。

作図
定規とコンパスだけを使って
図をかくことを**作図**という。
定規は線をひくためだけに使
い，コンパスは円をかいた
り，長さを移すためだけに使
う。
作図に使った線は，消さずに
残しておくのが原則である。
本書では以降，作図はコンパ
スと定規のみを用いて行う。

くわしく

辺 AB とその垂直二等分線の
交点は，辺 AB の**中点**であ
る。また，辺 AB の**垂直二等
分線**上の点から，2 点 A，B
までの距離は等しい。
左の答の図で，AP＝BP

練習 5

解答は別冊 p.65

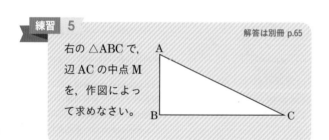

右の △ABC で，
辺 AC の中点 M
を，作図によっ
て求めなさい。

6 角の二等分線の作図

右の図で，∠AOB の二等分線 OM を
作図しなさい。

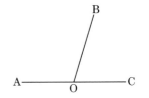

第1章 平面図形

第2章 空間図形

第3章 平行と合同

第4章 図形の性質

第5章 円

第6章 相似な図形

第7章 三平方の定理

考え方 まず，点 O を中心とする円をかく。

● **解き方**

次の手順でかけばよい。

❶ O を中心として円をかき，OA，OB との交点をそ
れぞれ P，Q とする。

❷ P，Q を中心として等しい半径の円をかき，その
交点を M とする。

❸ 半直線 OM をひく。

● **答**

右の図

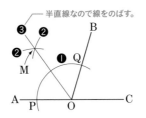

確認

角の二等分線

角を 2 等分する半直線を，そ
の角の二等分線という。

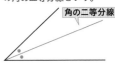

くわしく

**角の二等分線上の点から，角
の 2 辺までの距離は等しい**

左の答の図で，点 M から 2
辺 OA，OB にひいた垂線の
長さは等しい。

練習 6

解答は別冊 p.65

上の問題の図について，次の問いに答えなさい。

(1) ∠BOC の二等分線 ON を作図しなさい。

(2) 上の問題で作図した半直線 OM と，(1)で作図した半直線 ON のつくる角
∠MON の大きさを求めなさい。

7 直線上の点を通る垂線の作図 　基礎

右の △ABC で，頂点 B を通り，辺 BC
に垂直な直線を作図しなさい。

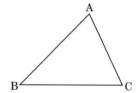

考え方　直線上の点を通る垂線の作図は，
180°の角の二等分線を作図すればよい。

◉ **解き方**

次の手順でかけばよい。

❶ 辺 CB の延長上に点 D をとる。

❷ B を中心として適当な半径の円をかき，DC との交点を P，Q とする。

❸ P，Q を中心として等しい半径の円をかき，その交点を R とする。

❹ 2 点 B，R を通る直線をひく。

◉ **答**

右の図

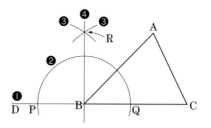

くわしく 🔍

直線上の点を通る垂線の作図
は，直線を 180° の角と考え
ると，角の二等分線の作図の
しかたで作図できる。

練習 7

右の図で，線分 AB の上側に点 C をとり，AB＝BC，
∠ABC＝90° である直角二等辺三角形 ABC を作図し
なさい。

解答は別冊 p.65

8 直線外の点を通る垂線の作図 基礎

右の △ABC で，辺 BC を底辺とした
ときの高さ AH を作図しなさい。

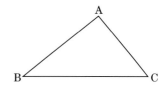

考え方 **A から BC に垂線をひけばよい。**

◉ 解き方

次の手順でかけばよい。

❶ A を中心として BC と交わる円をかき，BC との交点を P，Q とする。

❷ P，Q を中心として等しい半径の円をかき，その交点を R とする。

❸ 半直線 AR をひき，BC との交点を H とする。

◉ 答

右の図

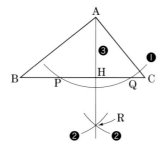

別解 ➕

❶B を中心として半径 BA の円をかく。

❷C を中心として半径 CA の円をかく。

❸2 円の交点のうち，A と異なる点を P とし，半直線 AP をひいて，BC との交点を H とする。

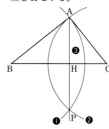

練習 8

解答は別冊 p.65

右の △ABC で，辺 BC を底辺としたときの高さ AH を作図しなさい。

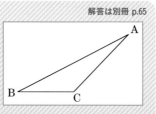

9 特別な角の作図

次の大きさの角を作図しなさい。

(1) 30°　　　　　　　　　　　　(2) 45°

考え方
30° ➡ 正三角形を作図し，角の二等分線を作図
45° ➡ 直角（垂線）を作図し，角の二等分線を作図

◉ **解き方**

それぞれ次の手順でかけばよい。

(1) ❶ 線分 AB をひく。

❷ A，B を中心として，AB の長さと等しい半径の
円をそれぞれかき，2 つの円の交点を C とする。

※ AB＝AC＝BC より，△ABC は正三角形で，
∠CAB＝60°

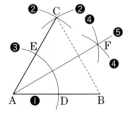

❸〜❺ 角の二等分線の作図のしかたで，∠CAB の
二等分線を作図する。

※ ∠FAB＝60°÷2＝30°

(2) ❶ 直線 ℓ をひき，直線 ℓ 上に点 P をとる。

❷〜❹ 直線上の点を通る垂線の作図のしかたで，
点 P を通る垂線 PS を作図する。

※ ∠SPR＝90°

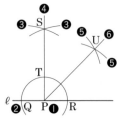

❺〜❻ 角の二等分線の作図のしかたで，∠SPR の
二等分線を作図する。

※ ∠UPR＝90°÷2＝45°

◉ **答**

(1) 図の∠FAB（∠FAC）　　(2) 図の∠UPR（∠UPS）

練習 9

解答は別冊 p.65

次の大きさの角を作図しなさい。

(1) 15°　　　　　　　　　　　　(2) 135°

10 2点から等距離にある点の作図 　基礎

右の図のように，円Oと2点A，Bがあります。円Oの周上にあって，2点A，Bからの距離が等しい点を，作図によってすべて求めなさい。

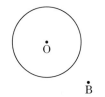

 考え方　2点からの距離が等しい点は，
2点を結ぶ線分の垂直二等分線上にある。

● 解き方

2点A，Bからの距離が等しい点は，**線分ABの垂直二等分線上**にある。

また，その点は，**円Oの周上**にもある。

したがって，線分ABの垂直二等分線を作図し，円Oとの交点を求めればよい。

● 答

右の図の点P，Q

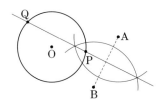

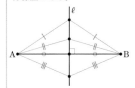

確認

2点から等距離にある点
2点A，Bからの距離が等しい点は，**線分ABの垂直二等分線上**にある。

参考

AとBは結ばなくてもよい
線分ABの垂直二等分線を作図するとき，AとBを結ぶ必要はない。結ばなくても作図できる。

 練習 10　　　　　解答は別冊 p.66

右の図で，2点A，Bからの距離が等しく，2点C，Dからの距離も等しい点を，作図によって求めなさい。

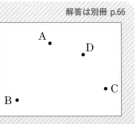

ミス注意 (!)

条件を満たす点は2つある
答の図で，2点P，Qのうち，どちらか一方だけを答えとしないように注意しよう。

11 角の2辺から等距離にある点の作図 [基礎]

右の図のように，線分 AB の両端から，半直線 AC，BD がのびています。このとき，AB，AC，BD までの距離が等しい点 P を，作図によって求めなさい。

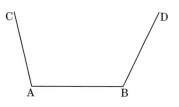

[考え方] **角の2辺までの距離が等しい点は，その角の二等分線上にある。**

● 解き方

AB，AC までの距離が等しい点は，∠CAB の二等分線上にある。

また，AB，BD までの距離が等しい点は，∠ABD の二等分線上にある。

したがって，∠CAB と ∠ABD の二等分線をそれぞれ作図し，その交点を P とすればよい。

● 答

右の図

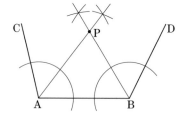

 確認

角の2辺から等距離にある点

角の2辺から等距離にある点は，その角の二等分線上にある。

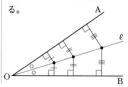

 練習 11

解答は別冊 p.66

右の図のような △ABC があります。2辺 AB，AC からの距離が等しく，点 C から最短の距離にある点 P を，作図によって求めなさい。　　【富山県】

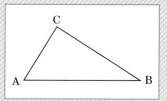

3 図形の移動

第1章

平面図形

第2章

空間図形

第3章

平行と合同

第4章

図形の性質

第5章

円

第6章

相似な図形

第7章

三平方の定理

12 平行移動

基 礎

右の △ABC を，点 A が点 A′ の位置に
くるように平行移動した △A′B′C′ を，
方眼を利用してかきなさい。

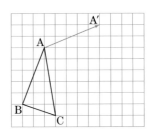

考え方 対応する点を結ぶ線分は，平行で長さが等しい。

● 解き方

点 A から右へ 5 目もり，上へ 2 目もり移動させた点が A′ である。

したがって，点 B，C も同様に，右へ 5 目もり，上へ 2 目もり移動させて，対応
する点 B′，C′ をとり，3 点 A′，B′，C′ を結べばよい。

● 答

右の図

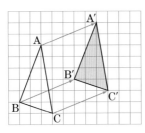

用語解説 📖

平行移動

図形を一定の方向に，一定の
距離だけずらす移動。

くわしく

平行移動の性質

平行移動では，対応する点を
結ぶ線分はすべて平行で，長
さが等しい。

練習 12

解答は別冊 p.66

右の四角形 ABCD を，矢印の方向に，
矢印の長さだけ平行移動させてできる
四角形 A′B′C′D′ を，方眼を利用して
かきなさい。

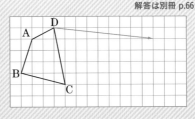

13 対称移動

基 礎

右の △ABC を，直線 ℓ を軸として
対称移動した図形を，方眼を利用し
てかきなさい。 【広島県】

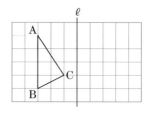

考え方 **対応する点を結ぶ線分は，**
対称の軸によって垂直に 2 等分される。

● 解き方

　対応する点を結ぶ線分は，対称の軸によって垂直に 2 等分されることを利用して，
まず，対称の軸（直線 ℓ）の右側に，点 A，B，C に対応する点をとる。

　直線 ℓ からの距離は，点 A に対応する点が 3 マス，点 B に対応する点が 3 マス，
点 C に対応する点が 1 マスである。

　これらの点を結ぶと，次のようになる。

● 答

右の図

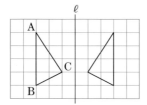

用語解説 📖

対称移動
図形を，1 つの直線を折り目
として折り返す移動。

対称の軸（対称軸）
折り目となる直線。

くわしく 🔍

対称移動の性質
対称移動では，対応する点を
結ぶ線分は，対称の軸によっ
て垂直に 2 等分される。

練習 13

解答は別冊 p.66

右の図の三角形を，直線 ℓ を対称の軸として対称
移動させた図形をかきなさい。 【岩手県】

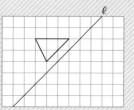

図 形

第1章 平面図形

第2章 空間図形

第3章 平行と合同

第4章 図形の性質

第5章 円

第6章 相似な図形

第7章 三平方の定理

14 回転移動

基礎

右の △ABC を，点 O を中心として，時計の針の回転と同じ方向に 90° 回転移動させてできる △A′B′C′ を，方眼を利用してかきなさい。

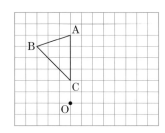

考え方 対応する点は，回転の中心から等距離にある。

● 解き方

対応する点は，回転の中心から等距離にあるから，

OA＝OA′，　∠AOA′＝90° となる点 A′，

OB＝OB′，　∠BOB′＝90° となる点 B′，

OC＝OC′，　∠COC′＝90° となる点 C′

となる 3 点 A′，B′，C′ をとり，各点を結べばよい。

● 答

右の図

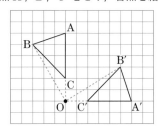

用語解説

回転移動

図形を，1つの点を中心として，一定の角度だけ回転させる移動。

回転の中心

回転の中心となる点。

くわしく

回転移動の性質

回転移動では，対応する点は，回転の中心から等距離にあり，対応する点と回転の中心を結んでできる角はすべて等しい。

用語解説

点対称移動

回転移動の中で，180° の回転移動を，特に**点対称移動**という。

点対称移動では，対応する点を結ぶ線分は回転の中心を通り，回転の中心によって 2 等分される。

練習 14

解答は別冊 p.66

下の △ABC を，点 O を中心として点対称移動させてできる △A′B′C′ を，方眼を利用してかきなさい。

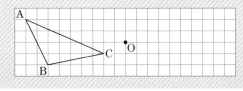

15 回転の中心の作図

右の △A′B′C′ は，△ABC を回
転移動させたものです。
回転の中心 O を，作図によって
求めなさい。

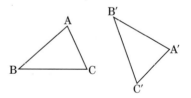

考え方 回転の中心は，対応する点から等距離にある。

● 解き方

回転の中心 O は，対応する 2 点 A，A′ から等距離にあるから，線分 AA′ の垂直
二等分線上にある。

また，回転の中心 O は，対応する 2 点 B，B′ からも等距離にあるから，線分
BB′ の垂直二等分線上にもある。

したがって，線分 AA′ と線分 BB′ の垂直二等分線を作図し，その交点を O と す
ればよい。

● 答
右の図

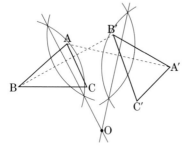

くわしく

回転の中心 O は，対応する
2 点 C，C′ からも等距離にあ
るから，線分 CC′ の垂直二
等分線上にもある。
したがって，線分 AA′，BB′，
CC′ のいずれか 2 本の垂直二
等分線を作図し，その交点を
O とすればよい。

練習 15

解答は別冊 p.66

右の図の線分 DC は，線分 AB を回転移動させた
もので，点 A と D，点 B と C がそれぞれ対応し
ています。回転の中心 O を，作図によって求め
なさい。

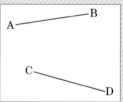

図形

第1章 平面図形

第2章 空間図形

第3章 平行と合同

第4章 図形の性質

第5章 円

第6章 相似な図形

第7章 三平方の定理

16 角の2辺と対称移動 応用

右の図のように，∠XOY と点 P があります。半直線 OX を軸として点 P を対称移動した点を P₁，半直線 OY を軸として点 P を対称移動した点を P₂ とします。∠XOY＝40° のとき，∠P₁OP₂ の大きさを求めなさい。

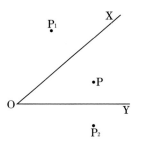

考え方 対称の軸 OX は ∠POP₁ の二等分線であり，対称の軸 OY は ∠POP₂ の二等分線である。

● 解き方

対称の軸 OX は ∠POP₁ の二等分線だから，

$$∠POX＝∠P_1OX$$

対称の軸 OY は ∠POP₂ の二等分線だから，

$$∠POY＝∠P_2OY$$

したがって，

$$∠P_1OP_2＝2∠POX＋2∠POY$$
$$＝2(∠POX＋∠POY)$$
$$＝2∠XOY＝2×40°＝80°$$

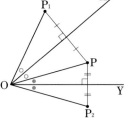

● 答

80°

参考

問題の図で，$OP＝OP_1＝OP_2$ である。

これと左の結果から，点 P₂ は，点 P₁ を O を回転の中心として時計の針の回転と同じ方向に 80° 回転させたものと見ることができる。

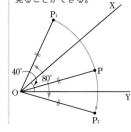

練習 16

解答は別冊 p.66

右の図で，PQ＋QR＋RP の長さが最短となるような，辺 OX 上の点 Q と辺 OY 上の点 R を，作図によって求めなさい。

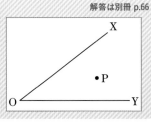

第1章

SECTION

4 円とおうぎ形

17 円の中心の作図 基礎

右の図は，3点 A，B，C を通る円の一部
です。この円の中心 O を，作図によって
求めなさい。 【長崎県】

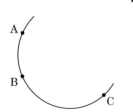

考え方 **円の中心は，円周上のどの点からも等距離にある。**

● 解き方

2点 A，B からの距離が等しい点は，線分 AB の垂
直二等分線上にある。

また，2点 B，C からの距離が等しい点は，線分
BC の垂直二等分線上にある。

したがって，線分 AB と線分 BC の垂直二等分線を
作図し，その交点を O とすればよい。

● 答

右の図

※線分 AB，BC，AC
のうち，いずれか2
つの線分の垂直二等
分線の交点を O と
すればよい。

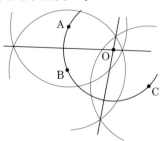

用語解説 📖

弧

円周上の点 A から B までの
円周の部分を弧 AB といい，
$\overset{\frown}{AB}$ と表す。

弦

円周上の2点を結ぶ線分を弦
といい，両端が A，B である
弦を弦 AB という。

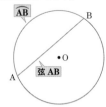

練習 17

解答は別冊 p.66

右の図のように，円外に点 A があります。
点 P が円周上を動くとき，線分 AP の長さ
が最も長くなるような点 P を，作図によっ
て求めなさい。

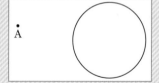

第1章 平面図形

第2章 空間図形

第3章 平行と合同

第4章 図形の性質

第5章 円

第6章 相似な図形

第7章 三平方の定理

18 角の2辺に接する円の中心

応用

右の図の ∠ABC で，辺 BC と点 P で接し，さらに辺 BA にも接する円の中心 O を，作図によって求めなさい。

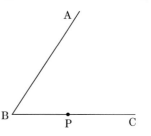

考え方 円の接線は，接点を通る半径に垂直である。

● 解き方

円の接線は接点を通る半径に垂直だから，点 O は点 P を通る BC の垂線上にある。

また，角の2辺に接する円の中心は2辺から等距離にあるから，点 O は ∠ABC の二等分線上にある。

したがって，点 P を通る BC の垂線と ∠ABC の二等分線を作図し，その交点を O とすればよい。

● 答

右の図

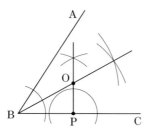

用語解説 📖

接線，接点

下の図のように，直線 ℓ と円 O が1点 A だけを共有するとき，直線 ℓ は円 O に接するといい，直線 ℓ を円 O の接線，点 A を接点という。

くわしく 🔍

接線の性質

円の接線は，接点を通る半径に垂直である。

練習 18

解答は別冊 p.67

右の図のように ∠ABC があり，点 P は ∠ABC の二等分線上の点です。点 P を通り，辺 BA，BC にともに接する円の中心 O を，作図によって求めなさい。

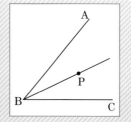

19 円とおうぎ形　　基礎

右の図で，3点 A，B，C は円 O の周上の点
で，$\overset{\frown}{AB} : \overset{\frown}{BC} : \overset{\frown}{CA} = 5 : 6 : 7$ です。

(1) ∠BOC の大きさを求めなさい。

(2) おうぎ形 AOB の面積は，おうぎ形 AOC
の面積の何倍ですか。

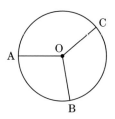

考え方 **おうぎ形の弧の長さと面積は，中心角に比例する。**

● 解き方

　1つの円で，おうぎ形の中心角
を2倍，3倍，…にすると，弧の
長さや面積も2倍，3倍，…にな
るから，おうぎ形の弧の長さと面
積は，中心角の大きさに比例する。

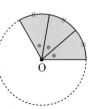

用語解説 📖

おうぎ形と中心角

円の2つの半径と弧で囲まれ
た図形をおうぎ形といい，お
うぎ形の2つの半径がつくる
角を中心角という。

 おうぎ形

 中心角

(1) $\angle BOC = 360° \times \dfrac{6}{5+6+7} = 360° \times \dfrac{6}{18} = 120°$

(2) おうぎ形の面積は弧の長さに比例するから，おうぎ
形 AOB の面積は，おうぎ形 AOC の面積の $\dfrac{5}{7}$ 倍。

● 答

(1) **120°**　(2) $\dfrac{5}{7}$**倍**

練習 19

解答は別冊 p.67

右の図で，3点 A，B，C は円周上の点で，
∠AOB＝90°，∠BOC＝120° です。

(1) $\overset{\frown}{AB}$ と $\overset{\frown}{BC}$ の長さの比を，最も簡単な整数の
比で表しなさい。

(2) おうぎ形 BOC とおうぎ形 COA の面積の比
を，最も簡単な整数の比で表しなさい。

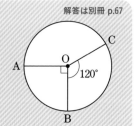

第一章
SECTION

5 図形の計量

第1章 平面図形

第2章 空間図形

第3章 平行と合同

第4章 図形の性質

第5章 円

第6章 相似な図形

第7章 三平方の定理

20 円の周の長さと面積 　　　基礎

(1) 半径 8cm の円の周の長さと面積を求めなさい。

(2) 周の長さが 14πcm の円の面積を求めなさい。

🔍 **考え方** 公式 $\ell = 2\pi r$, $S = \pi r^2$ を利用する。

◉ **解き方**

　中学数学では，特にことわりがない限り，円周率は π を使う。

(1) この円の周の長さは，

$$2\pi \times 8 = 16\pi \text{(cm)} \leftarrow \cdots \text{公式に } r=8 \text{ を代入}$$

　この円の面積は，

$$\pi \times 8^2 = 64\pi \text{(cm}^2） \leftarrow \cdots \text{公式に } r=8 \text{ を代入}$$

(2) この円の半径を $r$cm とすると，

$$2\pi r = 14\pi \quad \leftarrow \cdots \text{公式に } \ell=14\pi \text{ を代入}$$

$$r = 7 \text{(cm)}$$

　この円の面積は，

$$\pi \times 7^2 = 49\pi \text{(cm}^2) \leftarrow \cdots \text{公式に } r=7 \text{ を代入}$$

◉ **答**

(1) 周の長さ…**16πcm**，　面積…**64πcm^2**

(2) **49πcm^2**

公式

円の周の長さと面積

半径 r の円の周の長さを ℓ，面積を S とすると，

$$\ell = 2\pi r$$
$$S = \pi r^2$$

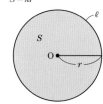

確認 💡

円周率 π（パイ）

円の周の長さや面積を求める計算では，円周率を使う。円周率とは，円周の直径に対する割合のことで，小数で表すと，3.1415926535……と，限りなく続く数である。文字式では，これを π で表す。

練習 20

解答は別冊 p.67

(1) 直径 30cm の円の周の長さと面積を求めなさい。

(2) 面積が 36πcm^2 の円の周の長さを求めなさい。

21 おうぎ形の弧の長さと面積 基礎

右のようなおうぎ形の弧の長さと面積
を求めなさい。

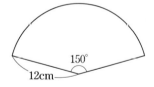

考え方 公式 $\ell = 2\pi r \times \dfrac{a}{360}$, $S = \pi r^2 \times \dfrac{a}{360}$ を利用する。

● 解き方

このおうぎ形の弧の長さは,

$$2\pi \times 12 \times \frac{150}{360} = 10\pi \,(\text{cm}) \quad \leftarrow \text{公式に } r=12, \; a=150 \text{ を代入}$$

このおうぎ形の面積は,

$$\pi \times 12^2 \times \frac{150}{360} = 60\pi \,(\text{cm}^2) \quad \leftarrow \text{公式に } r=12, \; a=150 \text{ を代入}$$

別解

弧の長さが 10πcm だから,面積は,

$$\frac{1}{2} \times 10\pi \times 12 = 60\,(\text{cm}^2) \quad \leftarrow \text{右下の公式に } \ell=10\pi,$$
$$r=12 \text{ を代入}$$

● 答

弧の長さ…**10πcm**, 面積…**60πcm^2**

練習 21

解答は別冊 p.67

右のようなおうぎ形の
弧の長さと面積を求め
なさい。

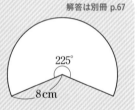

公式

おうぎ形の弧の長さと面積

半径 r,中心角 $a°$ のおうぎ
形の弧の長さを ℓ,面積を S
とすると,

$$\ell = 2\pi r \times \frac{a}{360}$$

$$S = \pi r^2 \times \frac{a}{360}$$

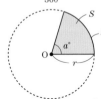

公式

おうぎ形の面積の別の公式

おうぎ形の面積を求める公式
を変形すると,

$$S = \pi r^2 \times \frac{a}{360}$$
$$= \frac{1}{2} r \times \left(2\pi r \times \frac{a}{360}\right)$$
$$= \frac{1}{2} r \times \ell = \frac{1}{2} \ell r$$

これより,おうぎ形の面積は,
次の公式でも求められる。

$$S = \frac{1}{2} \ell r$$

図形

第1章 平面図形

第2章 空間図形

第3章 平行と合同

第4章 図形の性質

第5章 円

第6章 相似な図形

第7章 三平方の定理

22 おうぎ形の中心角の求め方　応用

(1) 右のような半径 8cm，弧の長さ 6πcm のおうぎ形の中心角を求めなさい。

(2) 半径 10cm，面積 80πcm² のおうぎ形の中心角を求めなさい。

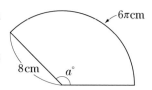

6πcm

8cm

$a°$

考え方 弧の長さや面積を求める公式にわかっている値を代入し，中心角 a について解けばよい。

● 解き方

(1) おうぎ形の弧の長さを求める公式に，

$r=8$, $\ell=6\pi$ を代入すると，

$$2\pi\times8\times\frac{a}{360}=6\pi$$

$$a=\frac{6\pi\times360}{2\pi\times8}=135$$

したがって，このおうぎ形の中心角は 135°

(2) おうぎ形の面積を求める公式に，

$r=10$, $S=80\pi$ を代入すると，

$$\pi\times10^2\times\frac{a}{360}=80\pi$$

$$a=\frac{80\pi\times360}{\pi\times100}=288$$

したがって，このおうぎ形の中心角は 288°

● 答

(1) **135°**　　(2) **288°**

別解 ⊕

おうぎ形の弧の長さや面積は，中心角に比例することを利用する

(1) 弧の長さは，円周の

$$\frac{6\pi}{2\pi\times8}=\frac{3}{8}(倍)$$

中心角は，

$$360\times\frac{3}{8}=135°$$

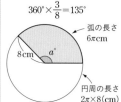

弧の長さ 6πcm

8cm $a°$

円周の長さ 2π×8(cm)

(2) 面積は，円の面積の

$$\frac{80\pi}{\pi\times10^2}=\frac{4}{5}(倍)$$

中心角は，

$$360\times\frac{4}{5}=288°$$

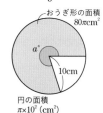

おうぎ形の面積 80πcm²

$a°$

10cm

円の面積 π×10² (cm²)

練習 22　　解答は別冊 p.67

(1) 半径 6cm，弧の長さ $\frac{28}{3}\pi$cm のおうぎ形の中心角を求めなさい。

(2) 半径 5cm，面積 $\frac{70}{9}\pi$cm² のおうぎ形の中心角を求めなさい。

23 おうぎ形をふくむ図形の周の長さ 基礎

右の図は，2つのおうぎ形を組み合わせてつくった図形です。色をつけた部分の周の長さを求めなさい。

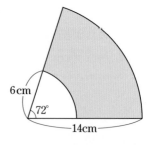

6cm
72°
14cm

考え方 色をつけた部分の周の長さ
= 大きい弧の長さ + 小さい弧の長さ + 線分の長さ ×2

● 解き方

大きいおうぎ形の弧の長さは，

$$2\pi \times 14 \times \frac{72}{360} = \frac{28}{5}\pi (\text{cm})$$

小さいおうぎ形の弧の長さは，

$$2\pi \times 6 \times \frac{72}{360} = \frac{12}{5}\pi (\text{cm})$$

また，1つの線分の長さは，

$$14 - 6 = 8 (\text{cm})$$

したがって，色をつけた部分の周の長さは，

$$\frac{28}{5}\pi + \frac{12}{5}\pi + 8 \times 2 = 8\pi + 16 (\text{cm})$$

● 答

$(8\pi + 16)\,\text{cm}$

確認

おうぎ形の弧の長さ
半径 r，中心角 $a°$ のおうぎ形の弧の長さを ℓ とすると，

$$\ell = 2\pi r \times \frac{a}{360}$$

ミス注意

線分の長さを忘れないように
求めるのは，弧の長さではなく，周の長さである。弧の長さの和に，線分の長さ2つ分を加えるのを忘れないようにしよう。

練習 23

解答は別冊 p.67

右の図は，1辺が 10cm の正方形 ABCD の中に，頂点 B，C を中心として，2つの円の弧をかいたものです。かげをつけた部分の周の長さを求めなさい。

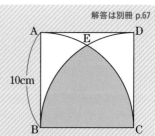

10cm

図形

第1章 平面図形

第2章 空間図形

第3章 平行と合同

第4章 図形の性質

第5章 円

第6章 相似な図形

第7章 三平方の定理

24 おうぎ形をふくむ図形の面積

応用

右の図は，AB を直径とする半円を，点 A を回転の中心として 45° 回転させたものです。AB＝8cm のとき，色をつけた部分の面積を求めなさい。

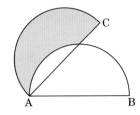

考え方 **色をつけた部分と面積が等しい図形をさがす。**

● 解き方

右の図で，

色をつけた部分の面積
＝半円の面積－㋐の面積

また，

斜線部分の面積
＝半円の面積－㋐の面積

したがって，**色をつけた部分の面積と斜線部分の面積は等しい**から，斜線部分の面積を求めればよい。

この半円の半径は，$8 \div 2 = 4$（cm）

斜線部分の面積は，

$$\frac{1}{2} \times 4 \times 4 + \pi \times 4^2 \times \frac{90}{360} = 8 + 4\pi \text{（cm}^2\text{）}$$

● 答

$(8 + 4\pi)$ cm²

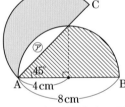

確認

45° の角をもつ直角三角形は直角二等辺三角形である

45° の角をもつ直角三角形の残りの角の大きさは，

$180° - (45° + 90°) = 45°$

したがって，2 つの角が等しい直角三角形だから，これは直角二等辺三角形である。

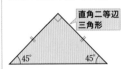

直角二等辺三角形

これより，左の図の斜線部分の面積は，直角二等辺三角形と中心角 90° のおうぎ形の面積の和として求められる。

練習 24

解答は別冊 p.67

右の図は，3 つの半円を組み合わせた図形で，△ABC は ∠A＝90° の直角三角形です。

かげをつけた部分の面積の和を求めなさい。

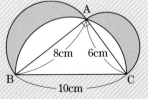

章末問題

解答 別冊 p.67

1 次の問いに答えなさい。

(1) 右の図のような平行四辺形 ABCD の紙があります。
頂点 B が頂点 D に重なるように折ったときにできる
折り目の線は，どのような線になりますか。次のア〜
エから 1 つ選び，記号で答えなさい。　【宮崎県】

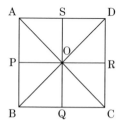

　ア ∠BAD の二等分線　　イ 対角線 AC　　ウ 対角線 BD の垂直二等分線
　エ 2 つの対角線 AC，BD の交点を通り，辺 BC に垂直な直線

(2) 右の図で，点 O は正方形 ABCD の対角線の交点で，
4 つの点 P，Q，R，S は，それぞれ辺 AB，BC，CD，
DA の中点で，図のように線をひいたとき，合同な三
角形が 8 つできます。△OAP を除く 7 つの三角形の
うち，平行移動だけで △OAP に重ね合わせることが
できる三角形を答えなさい。　【岩手県】

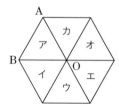

(3) 右の図は，合同な 6 つの正三角形ア〜カを組み合わせ
てできた正六角形です。△OAB を，点 O を中心とし
て反時計回りに 120° だけ回転移動させて重ね合わせ
ることができる三角形はどれですか。ア〜カの中から
正しいものを 1 つ選び，記号で答えなさい。

　　　　　　　　　　　　　　　　　　　　　　【福島県】

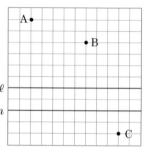

2 右の図は地図を表していて，2 直線 ℓ，m に
はさまれた部分は川になっています。このと
き，次の点や線分を，方眼を利用して，右の
図にかき入れなさい。

(1) 点 A を出発して直線 ℓ 上の点 P で水をくみ，
点 B まで行くとき，その道のりが最短とな
る点 P

(2) 川に垂直な橋 QR をかけて，点 A から点 C
まで行くとき，その道のりが最短となる橋 QR(線分 QR)

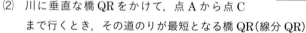

第1章 平面図形

3 次の問いに答えなさい。

(1) 右の図のように，線分 AB があります。

∠CAB＝105° となる半直線 AC をコンパスと定規を
使って1つ作図しなさい。ただし，作図をするために
かいた線は，消さないでおきなさい。　【19 埼玉県】

(2) 右の図で，直線 ℓ は線分 AB と平行でなく交わらない位置
にあります。右の図をもとにして，頂点 P が直線 ℓ 上に
あり，線分 AB を底辺とし，高さが線分 AB の長さと等し
い △ABP を定規とコンパスを用いて作図しなさい。また，
頂点 P の位置を示す文字 P も書きなさい。ただし，作図
に用いた線は消さないでおくこと。　【都立青山高】

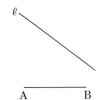

第2章 空間図形

4 次の問いに答えなさい。ただし，円周率は π とします。

(1) 半径が 6cm，中心角が 80° のおうぎ形の面積を求めなさい。
　【奈良県】

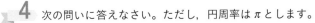

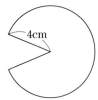

(2) 右の図のように，半径 4cm，弧の長さ 7πcm のおうぎ形
があります。このおうぎ形の面積を求めなさい。
　【16 埼玉県】

第3章 平行と合同

第4章 図形の性質

第5章 円

5 次の問いに答えなさい。ただし，円周率は π とします。

(1) 下の図1は，半径が 1，2，4 の円からなる図です。このとき，かげのついた部
分の面積を求めなさい。　【土浦日本大高(茨城)】

(2) 下の図2のような，1辺の長さが 1cm の正三角形 ABC と，各頂点を中心とす
る半径 1cm の円があります。このとき，弧 AB，弧 BC，弧 CA で囲まれたか
げがついた図形の周の長さを求めなさい。　【岡山県】

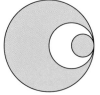

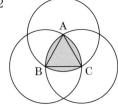

第6章 相似な図形

第7章 三平方の定理

空間図形

この章では，空間図形についての基本的内容を扱っている。立体を考える上でかかせない内容なので，確実に理解しよう。特に「立体の計量」は完全にマスターしておこう。

SECTION 1 いろいろな立体

→p.318

多面体

- 多面体…平面だけで囲まれた立体。
- 正多面体…次の性質をもつ，へこみのない多面体。
  ❶ どの面もすべて合同な正多角形である。
  ❷ どの頂点にも面が同じ数だけ集まっている。

正多面体の種類
正四面体，正六面体，正八面体，正十二面体，正二十面体の 5 種類がある。

角柱・角錐の構成

- n 角柱…面の数は $n+2$, 辺の数は $3n$
- n 角錐…面の数は $n+1$, 辺の数は $2n$

面を回転させてできる立体

- 回転体…1つの直線を軸として平面図形を1回転させてできる立体。
- 母線…側面をつくるもとになった線分。

回転体の切り口
回転の軸をふくむ平面で切ると，切り口は線対称な図形になり，回転の軸に垂直な平面で切ると，切り口は円になる。

SECTION 2 立体の表し方

→p.325

展開図

- 円柱の展開図

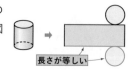

長さが等しい

- 円錐の展開図

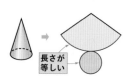

長さが等しい

投影図

立体をある方向から見て平面に表した図を
投影図という。
- 立面図…立体を正面から見た図。
- 平面図…立体を真上から見た図。

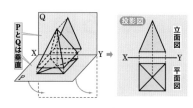

SECTION 3 直線や平面の位置関係

→p.332

2直線の位置関係

①交わる　　　　②平行　　　　③ねじれの位置

同じ平面上にある

同じ平面上にない

直線と平面の垂直

右の図で、 ℓ が O
を通る平面 P 上の
どの直線にも垂直
なとき、直線 ℓ と平
面 P は垂直である。

$\ell \perp P$

2平面の垂直

右の図で、∠AOB
を 2 平面 P、Q の
つくる角といい、そ
の角が 90° のとき、
2 平面 P, Q は垂直。

SECTION 4 立体の計量

→p.335

- 角柱・円柱の表面積＝側面積＋底面積×2

- 角錐・円錐の表面積＝側面積＋底面積

- 角柱・円柱の体積…$V = Sh$（S…底面積, h…高さ）

- 角錐・円錐の体積…$V = \dfrac{1}{3}Sh$（S…底面積, h…高さ）

- 球の表面積・体積…$S = 4\pi r^2$, $V = \dfrac{4}{3}\pi r^3$ $\left(\begin{array}{l} r\text{…半径, } S\text{…表面積} \\ V\text{…体積} \end{array} \right)$

底面の半径が r の円柱では、
$$V = \pi r^2 h$$
また、底面の半径が r の円
錐では、
$$V = \dfrac{1}{3}\pi r^2 h$$

第2章
SECTION
1

いろいろな立体

25 正多面体の面，辺，頂点の数　　　基礎

正多面体について，
右の表をうめなさい。

	正四面体	正六面体	正八面体
面の形			
面の数			
辺の数			
頂点の数			

考え方　見取図をかいて調べる。

● 解き方

それぞれ見取図に表すと，次のようになる。

正四面体　　　　正六面体　　　　正八面体

● 答

	正四面体	正六面体	正八面体
面の形	**正三角形**	**正方形**	**正三角形**
面の数	4	6	8
辺の数	6	12	12
頂点の数	4	8	6

 用語解説

多面体
平面だけで囲まれた立体を**多面体**といい，面の数によって，四面体，五面体，……という。

正多面体
次の性質をもつ，へこみのない多面体を**正多面体**という。
① どの面もすべて合同な正多角形である。
② どの頂点にも面が同じ数だけ集まっている。
正多面体には，正四面体，正六面体（立方体），正八面体，正十二面体，正二十面体の5種類しかない。

練習 25

解答は別冊 p.68

正多面体について，右の表をうめなさい。

	正十二面体	正二十面体
面の形		
面の数		
辺の数		
頂点の数		

正十二面体　　　正二十面体

第1章 平面図形

第2章 空間図形

第3章 平行と合同

第4章 図形の性質

第5章 円

第6章 相似な図形

第7章 三平方の定理

26 角柱・角錐の面，辺の数 基礎

角柱や角錐について，
右の表をうめなさい。

	三角柱	四角柱	三角錐	四角錐
底面の形				
側面の形				
面の数				
辺の数				

考え方
角柱 ➡ 2つの底面は合同な多角形で，側面は長方形
角錐 ➡ 1つの底面は多角形で，側面は三角形

◉ 解き方

それぞれ見取図に表すと，次のようになる。

三角柱　　　四角柱　　　三角錐　　　四角錐

◉ 答

	三角柱	四角柱	三角錐	四角錐
底面の形	**三角形**	**四角形**	**三角形**	**四角形**
側面の形	**長方形**	**長方形**	**三角形**	**三角形**
面の数	5	6	4	5
辺の数	9	12	6	8

練習 26

解答は別冊 p.68

角柱と角錐について，次の表をうめなさい。

	五角柱	六角柱	五角錐	六角錐
底面の形				
側面の形				
面の数				
辺の数				

確認

角柱と円柱

下の㋐のような立体を**角柱**，
㋑のような立体を**円柱**という。

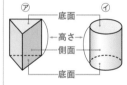

底面が三角形，四角形，……
の角柱を，それぞれ三角柱，
四角柱，……という。

角錐と円錐

下の㋒のような立体を**角錐**，
㋓のような立体を**円錐**という。

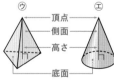

底面が三角形，四角形，……
の角錐を，それぞれ三角錐，
四角錐，……という。

※ n 角錐の頂点の数は，
1+n とする考え方のほか
に，1 とする考え方もある。

27 立体の名称 基礎

右のような立体について，次の問いに答えなさい。

(1) この立体は何面体ですか。

(2) この立体は何角錐ですか。

(3) 面 BCD が正三角形で，他の面がすべて合同な二等辺三角形のとき，この立体を何といいますか。正確に答えなさい。

(4) すべての面が正三角形のとき，この立体を何といいますか。正確に答えなさい。

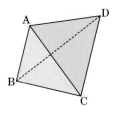

考え方 面の数や面の形，底面の辺の数に着目する。

● 解き方

(1) 面が 4 つだから，この立体は四面体である。

(2) 面 BCD を底面とみると，底面が三角形の角錐だから，この立体は三角錐である。

(3) 面 BCD を底面とみると，底面が正三角形で，側面がすべて合同な二等辺三角形だから，この立体は正三角錐である。

(4) 4 つの面がすべて合同な正三角形で，どの頂点にも面が同じ数(3 つ)だけ集まっていて，へこみがないから，この立体は正四面体である。

● 答 (1) 四面体 (2) 三角錐 (3) 正三角錐 (4) 正四面体

用語解説

正 n 角錐

底面が正三角形，正方形，正五角形，……で，側面がすべて合同な二等辺三角形である角錐を，それぞれ正三角錐，正四角錐，正五角錐，……という。

参考

角柱と円柱を柱体，角錐と円錐を錐体という。

練習 27

解答は別冊 p.69

右のような立体について，次の問いに答えなさい。

(1) この立体は何面体ですか。

(2) この立体は何角柱ですか。

(3) 面 ABC が正三角形のとき，この立体を何といいますか。正確に答えなさい。

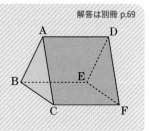

28 立方体の切断　　基礎

右のような立方体があり，点 M は辺 BF の中点です。この立方体を，次の 3 点を通る平面で切ると，切り口はどんな図形になりますか。正確に答えなさい。

(1) 3 点 A, C, F　　(2) 3 点 C, M, E

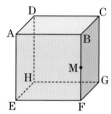

考え方　切り口の線は，立体の表面上にできる。
平行な面上の切り口の線は平行になる。

● 解き方

(1) 切り口は，△ACF になる。
△ACF の 3 辺 AC，CF，FA は，合同な正方形の対角線だから，長さが等しい。
したがって，切り口は正三角形である。

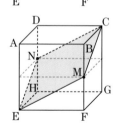

(2) 3 点 C, M, E を通る平面は，辺 DH の中点 N も通るから，切り口は**四角形 CMEN** で，この四角形の 4 辺は，合同な長方形の対角線だから，長さが等しい。
したがって，切り口はひし形である。

● 答　(1) **正三角形**　(2) **ひし形**

くわしく

立方体の切断面
切り口の形は，切断面が通る位置によって変わる。

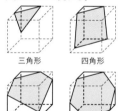

三角形　　　四角形

五角形　　　六角形

参考

立方体の面の数は 6 で，切り口の線は立方体の表面にできるから，切り口の図形の辺の数は，最大で 6 である。

練習 28

解答は別冊 p.69

上の問題で，立方体の辺 AB, BC, AE の中点をそれぞれ P, Q, R とします。次の 3 点を通る平面で切ると，切り口はどんな図形になりますか。正確に答えなさい。

(1) 3 点 P, Q, E　　　　　　　(2) 3 点 P, Q, R

29 回転体

右のような図形を，直線 ℓ を軸として
1回転させてできる立体の見取図をか
きなさい。

(1) 　(2)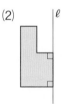

考え方 **直角三角形を回転させると円錐ができる。**
また，長方形を回転させると円柱ができる。

◉ 解き方

(1) もとの図形は，直角
三角形と長方形を合
わせた図形だから，
この図形を回転させ
ると，図のように，
円錐と円柱を合わせた立体になる。

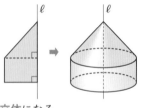

(2) もとの図形は，長方
形から長方形を取り
除いた図形だから，
この図形を回転させ
ると，図のように，
円柱から円柱を取り除いた立体になる。

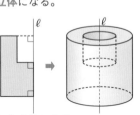

◉ 答

それぞれ上の図

用語解説 📖

回転体
1つの直線を軸として，平面
図形を回転させてできる立体。

母線
側面をえがく線分。

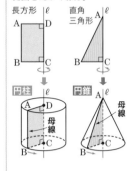

練習 29

解答は別冊 p.69

右のような図形を，直線 ℓ を軸として1
回転させてできる立体の見取図をかきな
さい。

(1)　(2)

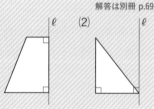

第1章 平面図形

第2章 空間図形

第3章 平行と合同

第4章 図形の性質

第5章 円

第6章 相似な図形

第7章 三平方の定理

30 回転体の切断

基礎

円錐を回転体と考えるとき，次の問いに答えなさい。

(1) 回転の軸 ℓ をふくむ平面で切ると，切り口は
どんな図形になりますか。

(2) 回転の軸 ℓ に垂直な平面で切ると，切り口は
どんな図形になりますか。

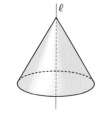

考え方 軸をふくむ平面で切った切り口 ➡ 線対称な図形
軸に垂直な平面で切った切り口 ➡ 円

● 解き方

(1) 回転の軸 ℓ をふくむ平面で
切ると，切り口は，図のよ
うな △ABC になる。
△ABC は**線対称な図形**で，
AB＝AC だから，切り口は
二等辺三角形である。

(2) 回転の軸 ℓ に垂直な平面で
切ると，切り口は，図のよ
うに**円**になる。

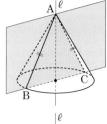

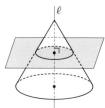

参考

回転体を軸に垂直な平面で切
ると，切り口が，いくつかの
円になる場合がある。
例えば，下の図のような立体
を図の位置で切ると，切り口
は，2つの円になる。

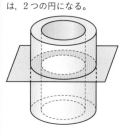

● 答

(1) **二等辺三角形**　　(2) **円**

練習 30

解答は別冊 p.69

半円を，直径を軸として1回転させてできる立体について，次の問いに答え
なさい。

(1) どんな立体ができますか。

(2) できた立体を1つの平面で切ると，切り口はどんな図形になりますか。

(3) 切り口の図形の面積が最大になるのは，どのように切ったときですか。

31 回転体のもとになる図形

基礎

(1)～(3)の立体は，ア～ウのどの図形を1回転させてできたものですか。ただし，直線 ℓ を回転の軸とします。

(1) 　(2) 　(3)

ア 　イ 　ウ

考え方 もとの図形は，軸をふくむ平面で切った切り口の半分。

● 解き方

回転の軸をふくむ平面で切って，切り口の図形の半分に色をつけると，次のようになる。

(1) 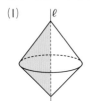　(2) 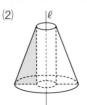　(3)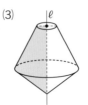

参考

上のアの図形のように，回転の軸がもとの図形と離れているときは，(2)のような中が空いている回転体になる。このような回転体を，中空の回転体という。

● 答

(1) **ウ**　(2) **ア**　(3) **イ**

練習 31

解答は別冊 p.69

右の立体は，ア，イのどちらの図形を1回転させてできた立体ですか。ただし，直線 ℓ を回転の軸とします。

 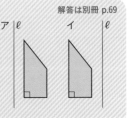

第2章
SECTION
第1章 平面図形

第2章 空間図形

第3章 平行と合同

第4章 図形の性質

第5章 円

第6章 相似な図形

第7章 三平方の定理

2 立体の表し方

32 角柱・角錐の展開図 　基礎

右のような三角柱と正四角
錐の展開図をかきなさい。

(1)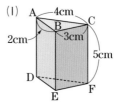

(2)

考え方 展開図の重なり合う部分どうしの長さは等しい。

◉ 解き方

(1) 辺 AB，BC，BE，DE，EF で切り開いた展開図を
かくと，下のようになる。

(2) 辺 AB，AC，AD，AE で切り開いた展開図をかく
と，下のようになる。

◉ 答

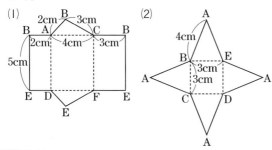

別解

展開図は，1つだけとは限ら
ない。どの辺で切り開くかに
よって，いくつかの展開図が
考えられる。
例えば，(2)の正四角錐は，側
面をつないで展開図をかく
と，次のようになる。

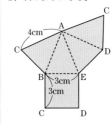

練習 32

解答は別冊 p.69

右のような正三角柱の展開図をかきなさい。

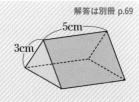

33 円柱の展開図

右の図は，円柱の見取図とその展開図です。

(1) この円柱の高さを求めなさい。

(2) AD の長さを求めなさい。

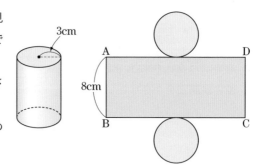

考え方 円柱の展開図の側面は長方形で，横の長さは，底面の円周の長さに等しい。

● 解き方

(1) 円柱の高さは，展開図では，側面の長方形の縦の長さ，つまり，辺 AB の長さに等しいから 8cm

(2) 円柱の展開図で，側面の長方形の横の長さは，底面の円周の長さに等しいから，

$$AD = 2\pi \times 3 = 6\pi \text{(cm)}$$

● 答

(1) **8cm**　　(2) **6πcm**

ミス注意

下のような円柱の展開図では，
● AB…底面の円周の長さに等しい。
● AD…円柱の高さに等しい。

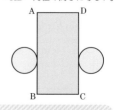

練習 33

解答は別冊 p.69

(1) 底面の直径が 8cm，高さが 12cm の円柱の展開図をかくとき，側面の長方形の縦，横の長さは，それぞれ何 cm にすればよいですか。

(2) 右の図は，正方形 ABCD にぴったり入る円柱の展開図をかいたものです。この円柱の底面の半径が 5cm のとき，高さは何 cm ですか。

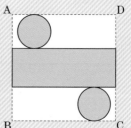

34 円錐の展開図

基礎

右の図は，円錐の見取図とその展開図です。側面のおうぎ形の弧の長さと中心角を求めなさい。

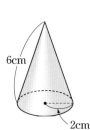
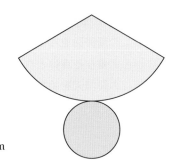

6cm

2cm

考え方 円錐の展開図の側面はおうぎ形で，弧の長さは，底面の円周の長さに等しい。

◉ **解き方**

側面のおうぎ形の弧の長さは，底面の円周の長さに等しいから，

$$2\pi \times 2 = 4\pi \,(\text{cm})$$

側面のおうぎ形の中心角を a° とすると，

$$2\pi \times 6 \times \frac{a}{360} = 4\pi$$

$$a = \frac{4\pi \times 360}{2\pi \times 6} = 120$$

◉ **答**

弧の長さ…**4πcm**，中心角…**120°**

参考

側面のおうぎ形の中心角を a° とすると，

$$2\pi \times 6 \times \frac{a}{360} = 2\pi \times 2$$

$$\frac{a}{360} = \frac{2\pi \times 2}{2\pi \times 6} = \frac{2}{6}$$

これより，

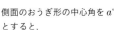

$$\frac{a}{360} = \frac{\text{底面の半径}}{\text{母線}}$$

が成り立つ。

練習 34

解答は別冊 p.69

右のような円錐があります。
この円錐を展開図に表したとき，側面となるおうぎ形の弧の長さと中心角を求めなさい。

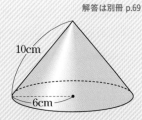

10cm

6cm

35 正多面体の展開図

右の図は，正八面体の展開図です。

(1) この展開図を組み立てたとき，点Aと重なる点はどれですか。

(2) この展開図を組み立てたとき，辺BCと重なる辺はどれですか。

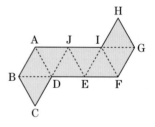

考え方 重なる辺から重なる点を考える。

● 解き方

(1) まず，辺 IJ と辺 IH が重なるから，点 J と点 H が重なる。

次に，そのとなりの辺 JA と辺 HG が重なるから，点 A と重なるのは点 G である。

(2) まず，辺 DC と辺 DE が重なる。

次に，そのとなりの辺 CB と辺 EF が重なる。

したがって，辺 BC と重なるのは辺 FE である。

※辺 EF とすると，まちがいとみなされるおそれがあるので，対応する点の順に辺 FE とするのが望ましい。

● 答

(1) **点 G**　　(2) **辺 FE**

参考

正多面体の展開図

他の正多面体の展開図は，次のようになる。

正四面体　　　　　　正六面体

正十二面体

正二十面体

正多面体の展開図は，辺の切り開き方によって，上の展開図以外にもいろいろできる。

練習 35

解答は別冊 p.69

右の図は，立方体の展開図です。

(1) この展開図を組み立てたとき，点Aと重なる点はどれですか。すべて答えなさい。

(2) この展開図を組み立てたとき，辺IJと重なる辺はどれですか。

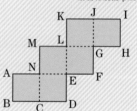

図形

第1章 平面図形

第2章 空間図形

第3章 平行と合同

第4章 図形の性質

第5章 円

第6章 相似な図形

第7章 三平方の定理

36 巻きつけた糸の最短の長さ

右の図1のように，直方体の表面に頂点Aから頂点Hまで糸をかけます。糸の長さが最短になるとき，そのようすを図2の展開図にかき入れなさい。

図1

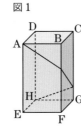

図2

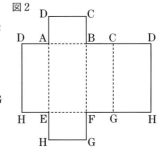

考え方 2点をつなぐ線のうち，最短のものは線分だから，展開図上の糸は線分になる。

● 解き方

展開図上で，頂点Aから辺BF，CGを横切り，頂点Hまでの線を考える。

このような線で最短のものは，2点A，Hを結ぶ線分AHだから，糸のようすは，右の図のようになる。

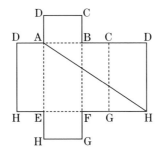

● 答

右の図

ミス注意 ❗

下の図の線分AHを答えとしないように。この線分は，辺BF，CGを通っていないからまちがいである。

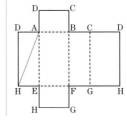

解答は別冊 p.70

右の図は，底面の半径が1cmで，母線の長さが6cmの円錐です。この円錐の底面の周上の点Aから，側面上を通って再び点Aまで糸を巻きつけるとき，最短の糸の長さを求めなさい。

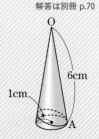

37 投影図で表された立体

右の投影図は, (1) (2) (3)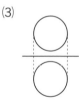
三角柱, 円柱,
三角錐, 円錐,
球のうち, どれ
を表していますか。

考え方 下の図(平面図)から底面の形を判断し,
上の図(立面図)から柱体か錐体かを判断する。

● 解き方

(1) 真上から見ると三角形だから, **底面は三角形**で,
真正面から見ると長方形だから, **柱体**である。
底面が三角形の柱体だから, これは三角柱である。

(2) 真上から見ると円だから, **底面は円**で,
真正面から見ると三角形だから, **錐体**である。
底面が円の錐体だから, これは円錐である。

(3) 真上から見ても真正面から見て
も円に見える立体は, **球**である。
球は, どの方向から見ても円に
見える。

● 答

(1) **三角柱**　　(2) **円錐**　　(3) **球**

用語解説 📖

立面図
立体を真正面から見た図。

平面図
立体を真上から見た図。

投影図
立面図と平面図を合わせた図。

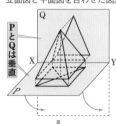

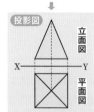

参考 ☝

立面図と平面図だけでは立体
の形がはっきりしないとき,
真横から見た図(側面図)を加
えて表すこともある。

練習 37

解答は別冊 p.70

次の⑦～⑤のうち, 右の投
影図で表せるものをすべて
選び, 記号で答えなさい。

⑦ 直方体　　⑥ 四角錐

⑦ 円柱　　　⑥ 円錐

図形

第1章 平面図形

第2章 空間図形

第3章 平行と合同

第4章 図形の性質

第5章 円

第6章 相似な図形

第7章 三平方の定理

38 投影図のかき方

右の(1)は直方体，(2)は四角錐の投影図ですが，一部かきたりないところがあります。それを補って，投影図を完成させなさい。

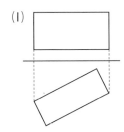

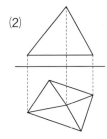

考え方 見える線は実線で，見えない線は破線でかく。

◉ 解き方

　平面図の頂点から立面図に垂線がのびていないものを補う。

　見える線を実線で，見えない線を破線でかくと，次のようになる。

◉ 答

(1)

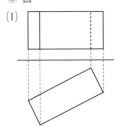

(2)

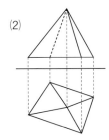

ミス注意

(2)で，次の図のように，平面図の頂点と立面図の頂点を直接結ばないように！

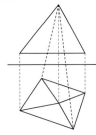

まず，平面図の頂点から立面図の底面に，破線で垂線をおろす。

練習 38

解答は別冊 p.70

右の図は，正四面体の投影図ですが，立面図はまだかかれていません。平面図をもとにして，定規とコンパスを使って，立面図を作図しなさい。

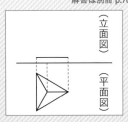

（立面図）

（平面図）

3 直線や平面の位置関係

39 直線と直線の位置関係 基礎

右の直方体について，次の辺をすべて
答えなさい。

(1) 辺 AB と交わる辺

(2) 辺 AB と平行な辺

(3) 辺 AB とねじれの位置にある辺

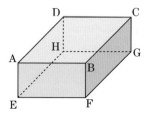

考え方 **交わらず，平行でもない辺がねじれの位置にある辺。
つまり，(3)は，(1)，(2)以外の辺を答えればよい。**

● 解き方

(1) 辺 AB と交わる辺は，辺 AD，AE，BC，BF

(2) 直方体の各面は長方形で，長方形の向かい合う面
は平行だから，辺 AB と平行な辺は，辺 DC，EF，
HG ←……AB∥DC，DC∥HG より，AB∥HG

(3) 辺 AB とねじれの位置にある辺とは，辺 AB と交
わらず，平行でもない辺だから，(1)と(2)以外の辺
で，辺 CG，DH，EH，FG

● 答

(1) **辺 AD，AE，BC，BF**   (2) **辺 DC，EF，HG**

(3) **辺 CG，DH，EH，FG**

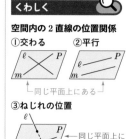

くわしく

空間内の2直線の位置関係

①交わる　②平行

③ねじれの位置

解答は別冊 p.70

右の三角柱について，次の辺をすべて答えなさ
い。

(1) 辺 AB とねじれの位置にある辺

(2) 辺 AD とねじれの位置にある辺

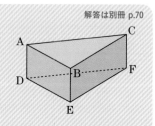

40 直線と平面の位置関係 〔基礎〕

右の直方体について，次の面や辺をすべて答えなさい。

(1) 辺 AB と平行な面

(2) 辺 AB と垂直な面

(3) 面 ABCD と平行な辺

(4) 面 ABCD と垂直な辺

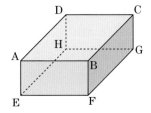

考え方 平行な2平面で，一方の平面上にある直線はもう一方の平面に平行。辺と面が垂直のとき，辺と面上の2直線が垂直。

● 解き方

(1) 辺 AB と平行な面は，辺 AB と交わらない面で，
面 DHGC，EFGH

(2) AB⊥AD，AB⊥AE より，AB⊥AEHD
AB⊥BC，AB⊥BF より，AB⊥BFGC

(3) 面 ABCD と平行な辺は，面 ABCD と交わらない
辺で，辺 EF，FG，GH，HE

(4) AB⊥AE，AD⊥AE より，ABCD⊥AE
同様に，ABCD⊥BF，ABCD⊥CG，ABCD⊥DH

● **答** (1) **面 DHGC，EFGH** (2) **面 AEHD，BFGC**

(3) **辺 EF，FG，GH，HE**

(4) **辺 AE，BF，CG，DH**

くわしく

直線と平面の位置関係

① 平面上にある ② 交わる

③ 平行である

直線と平面の垂直

直線 ℓ が，平面 P との交点 O を通る P 上のどの直線にも垂直なとき，直線 ℓ と平面 P は垂直であるという。

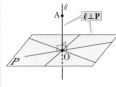

ℓ と P が垂直かどうかは，O を通る P 上の2直線と ℓ が垂直かどうかを調べればよい。

点と平面との距離

上の図で，線分 AO の長さを，点 A と平面 P との距離という。

練習 40

解答は別冊 p.70

右の三角柱について，次の
面や辺をすべて答えなさい。

(1) 辺 AD と平行な面

(2) 辺 AD と垂直な面

(3) 面 ABC と平行な辺

(4) 面 ABC と垂直な辺

41 平面と平面の位置関係

右の図は，立方体を半分にした立体です。

(1) 面 ABC と平行な面はどれですか。

(2) 面 ABED と面 ACFD のつくる角は何度 ですか。

(3) 面 ABED と面 DEF は垂直です。その理 由を説明しなさい。

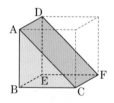

考え方 面と面が平行 ➡ 交わらない
面と面が垂直 ➡ 面と面がつくる角が 90°

◉ 解き方

(1) 面 ABC と面 DEF は**交わらないから**，面 ABC と 平行な面は，面 DEF

(2) 面 ABED と面 ACFD のつくる角は，∠BAC
△ABC は ∠B=90°の直角二等辺三角形だから，
∠BAC=(180°−90°)÷2=45°

(3) **2 つの面のつくる角が** 90°であることを説明する。

◉ 答

(1) **面 DEF**　(2) **45°**

(3) （説明）**面 ABED と面 DEF の交線 DE 上の点 E に おいて，BE⊥DE，FE⊥DE だから，この 2 平面 がつくる角は，∠BEF である。**
∠BEF=90°だから，面 ABED⊥面 DEF

くわしく

2 平面の位置関係

①交わる　②平行である

※ 2 平面が交わるとき，交わ りの直線を交線という。

2 平面の垂直

下の図のように，2 平面が交 わった直線 ℓ 上の点 O から平 面 P 上に AO⊥ℓ，平面 Q 上 に BO⊥ℓ となる直線 AO， BO をひくとき，∠AOB を 2 平面 P，Q のつくる角と いう。

また，∠AOB=90°のとき，2 平面 P，Q は垂直であるとい う。

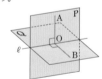

練習 41

解答は別冊 p.70

右の図は，正三角柱です。

(1) 面 BEFC と垂直な面はどれ ですか。

(2) 面 ABED と面 ADFC のつ くる角は何度ですか。

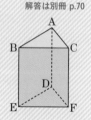

第2章
SECTION
4

立体の計量

第1章 平面図形

第2章 空間図形

第3章 平行と合同

第4章 図形の性質

第5章 円

第6章 相似な図形

第7章 三平方の定理

42 角柱・円柱の表面積　　　　基礎

(1) 図1の三角柱の表面積を求め
なさい。

(2) 図2の円柱の表面積を求めな
さい。

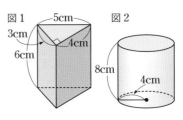

図1　5cm
3cm
4cm
6cm

図2
8cm
4cm

すべての面の面積の和

考え方 角柱・円柱の表面積＝側面積＋底面積×2

側面全体の面積　　　　　1つの底面の面積

● **解き方**

　角柱や円柱の展開図の側面は長方形で,
横の長さは底面の周の長さに等しい。

(1) 側面積は, $6 \times (3+4+5) = 72 (\text{cm}^2)$

　　底面積は, $\dfrac{1}{2} \times 4 \times 3 = 6 (\text{cm}^2)$

　　表面積は, $72 + 6 \times 2 = 84 (\text{cm}^2)$

(2) 側面積は, $8 \times 2\pi \times 4 = 64\pi (\text{cm}^2)$

　　底面積は, $\pi \times 4^2 = 16\pi (\text{cm}^2)$

　　表面積は, $64\pi + 16\pi \times 2 = 96\pi (\text{cm}^2)$

● **答**

(1) **84cm²**　　(2) **96πcm²**

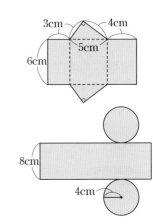

3cm　4cm
5cm
6cm

8cm

4cm

練習 42

解答は別冊 p.70

(1) 右の図は, 三角柱の展開図です。この展
開図を組み立ててできる三角柱の表面積
を求めなさい。　　　　　【徳島県】

(2) 底面の直径が10cm, 高さが7cmの円柱
の表面積を求めなさい。

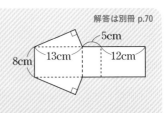

5cm
8cm　13cm　12cm

43 角錐・円錐の表面積

(1) 図1の正四角錐の表面積を
求めなさい。

(2) 図2の円錐の表面積を求め
なさい。

図1

図2

考え方 角錐・円錐の表面積＝側面積＋底面積

◉ 解き方

(1) 正四角錐の側面は4つの合同な二等辺三角形で，
底面は正方形である。

側面積は，$\dfrac{1}{2}\times 8\times 12\times 4=192\,(\text{cm}^2)$

底面積は，$8\times 8=64\,(\text{cm}^2)$

表面積は，$192+64=256\,(\text{cm}^2)$

(2) 展開図の側面のおうぎ形の中心角を $a°$ とすると，
弧の長さは底面の円周の長さに等しいから，

$$2\pi\times 9\times\frac{a}{360}=2\pi\times 3$$

$$\frac{a}{360}=\frac{2\pi\times 3}{2\pi\times 9}=\frac{1}{3}$$

側面積は，$\pi\times 9^2\times\dfrac{1}{3}=27\pi\,(\text{cm}^2)$

底面積は，$\pi\times 3^2=9\pi\,(\text{cm}^2)$

表面積は，$27\pi+9\pi=36\pi\,(\text{cm}^2)$

◉ **答** (1) **256cm²**　　(2) **36πcm²**

公式

円錐の側面積を求める公式

底面の半径 r，母線の長さ R
の円錐の側面積を S とすると，

$$S=\pi rR$$

が成り立つ。
このことは，次のように説明
できる。
展開図の側面のおうぎ形で，
弧の長さは，$2\pi r$
おうぎ形の面積を求める公式

$$S=\frac{1}{2}\ell r$$

に，$\ell=2\pi r$，$r=R$ を代入す
ると，

$$S=\frac{1}{2}\times 2\pi r\times R=\pi rR$$

この公式を使って(2)の円錐の
側面積を求めると，
$\pi\times 3\times 9=27\pi\,(\text{cm}^2)$

練習 43

解答は別冊 p.70

底面の半径が2cmの円錐を，頂点を固定し
てすべらないように転がしたら，円をえがき，
4回転してもとの位置にもどりました。この
円錐の表面積を求めなさい。

第1章 平面図形

第2章 空間図形

第3章 平行と合同

第4章 図形の性質

第5章 円

第6章 相似な図形

第7章 三平方の定理

44 角柱・円柱の体積　　　　基礎

次の三角柱と円柱の体積を求めなさい。

(1)　　　　　　　　　　　　　(2)

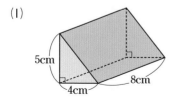

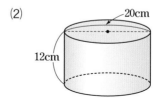

考え方 公式 $V=Sh$, $V=\pi r^2 h$ を利用する。

◉ 解き方

(1) 底面は，直角をはさむ 2 辺が 4cm，5cm の直角三角形だから，底面積は，

$$\frac{1}{2} \times 4 \times 5 = 10 \, (\text{cm}^2)$$

高さは 8cm だから，この三角柱の体積は，

$$10 \times 8 = 80 \, (\text{cm}^3) \quad \cdots\cdots V=Sh$$

(2) 底面の半径は，

$$20 \div 2 = 10 \, (\text{cm})$$

高さは 12cm だから，この円柱の体積は，

$$\pi \times 10^2 \times 12 = 1200\pi \, (\text{cm}^3) \quad \cdots\cdots V=\pi r^2 h$$

◉ 答

(1) 80cm^3　　(2) $1200\pi \text{cm}^3$

> **公式**
>
> **角柱・円柱の体積**
> 角柱・円柱の底面積を S，高さを h，体積を V とすると，
> $$V=Sh$$
> 特に，円柱の底面の半径を r とすると，
> $$V=\pi r^2 h$$

練習 44

解答は別冊 p.71

(1) 底面が上底 3cm，下底 7cm，高さ 6cm の台形で，高さが 9cm の四角柱の体積を求めなさい。

(2) 右の図は，円柱の投影図です。立面図は縦 4cm，横 6cm の長方形であり，平面図は円です。この円柱の体積を求めなさい。　　　　【佐賀県】

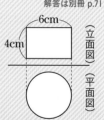

45 角錐・円錐の体積

次の正四角錐と円錐の体積を求めなさい。

(1)

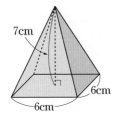

7cm

6cm

6cm

(2)

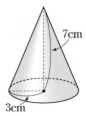

7cm

3cm

考え方 公式 $V=\dfrac{1}{3}Sh$, $V=\dfrac{1}{3}\pi r^2 h$ を利用する。

● **解き方**

(1) 底面積は, $6 \times 6 = 36 (\text{cm}^2)$

高さは 7cm だから, 体積は,

$\dfrac{1}{3} \times 36 \times 7 = 84 (\text{cm}^3)$ ←‥‥ $V=\frac{1}{3}Sh$

(2) 底面の半径が 3cm, 高さが 7cm だから, 体積は,

$\dfrac{1}{3} \pi \times 3^2 \times 7 = 21\pi (\text{cm}^3)$ ←‥‥ $V=\frac{1}{3}\pi r^2 h$

● **答**

(1) **84cm³** (2) **21πcm³**

公式

角錐・円錐の体積

角錐・円錐の底面積を S, 高さを h, 体積を V とすると,

$V=\dfrac{1}{3}Sh$

特に, 円錐の底面の半径を r とすると,

$V=\dfrac{1}{3}\pi r^2 h$

練習 45

解答は別冊 p.71

(1) 右の図1は, 底面の対角線の長さが 4cm, 高さが 3cm の正四角錐です。この正四角錐の体積を求めなさい。【岐阜県】

図1

3cm

4cm

図2

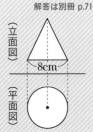

（立面図）

8cm

（平面図）

(2) 右の図2は, 円錐の投影図であり, 立面図は底辺が 8cm, 面積が 36cm² の二等辺三角形です。この円錐の体積を求めなさい。【福島県】

第1章 平面図形

第2章 空間図形

第3章 平行と合同

第4章 図形の性質

第5章 円

第6章 相似な図形

第7章 三平方の定理

46 回転体の表面積と体積 基礎

右の四角形 ABCD は平行四辺形で，AB⊥BD です。この平行四辺形を，辺 AB を軸として1回転させてできる立体について，次の問いに答えなさい。

(1) この立体の表面積を求めなさい。

(2) この立体の体積を求めなさい。

A
4cm
B 3cm D
5cm
C

考え方　四角形 ABCD は平行四辺形だから，
AD＝BC＝5cm，DC＝AB＝4cm

● 解き方

できる立体は，右のように，円柱から円錐をくりぬいて，そのくりぬいた円錐を円柱の上にのせたような立体になる。

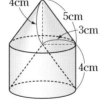

(1) この立体の表面積は，円柱の側面積と円錐の側面積2つ分の和になるから，

$$4×2π×3＋π×3×5×2＝24π＋30π＝54π(\text{cm}^2)$$

(2) くりぬいて上にのせた円錐をもとにもどすと円柱になるから，体積は円柱の体積と等しい。

この立体の体積は，$π×3^2×4＝36π(\text{cm}^3)$

● 答

(1) $54π\text{cm}^2$　　(2) $36π\text{cm}^3$

確認

円柱の側面積
円柱の側面積は，
　高さ × 底面の円周の長さ
で求められる。

円錐の側面積
底面の半径 r，母線の長さ R の円錐の側面積を S とすると，
　$S＝πrR$

円柱の体積
円柱の底面の半径を r，高さを h，体積を V とすると，
　$V＝πr^2h$

練習 46

解答は別冊 p.71

右の図のように，1辺の長さが2cmの正方形を7枚組み合わせた図形があります。この図形を，直線 $ℓ$ を回転の軸として1回転させてできる立体の体積を求めなさい。

【鳥取県】

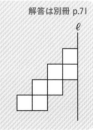

47 球の表面積と体積

右の図は，半径 6cm の球を，その中心を通る
平面で切ってできた立体です。

(1) この立体の表面積を求めなさい。

(2) この立体の体積を求めなさい。

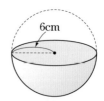
6cm

考え方 公式 $S=4\pi r^2$, $V=\dfrac{4}{3}\pi r^3$ を利用する。

● **解き方**

(1) この立体の表面積は，半径 6cm の球の表面積の半
分と，切り口の円の面積の和になるから，

$$\frac{1}{2}\times 4\pi\times 6^2+\pi\times 6^2=72\pi+36\pi=108\pi\,(\text{cm}^2)$$

(2) この立体の体積は，半径 6cm の球の体積の半分だ
から，

$$\frac{1}{2}\times\frac{4}{3}\pi\times 6^3=144\pi\,(\text{cm}^3)$$

● **答**

(1) $108\pi\text{cm}^2$　　(2) $144\pi\text{cm}^3$

公式

球の表面積と体積

半径 r の球の表面積を S, 体
積を V とすると，

$$S=4\pi r^2$$
$$V=\frac{4}{3}\pi r^3$$

球の公式の覚え方

● 表面積

心	配	ある	事情
4	π	r	2乗

$\Rightarrow 4\pi r^2$

● 体積

身の上心	配	ある	から参上
$\dfrac{4}{3}$	π	r	3乗

$\Rightarrow \dfrac{4}{3}\pi r^3$

練習 47

解答は別冊 p.71

右の図は，1辺の長さが
6cm の立方体 OABC
－DEFG と，点 O を中
心とする半径 6cm の球
面を表しています。3
つの面 OABC，OCGD，
ODEA と球面で囲まれている立体の，体積と
表面積を求めなさい。【都立産業技術高専】

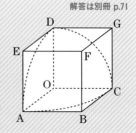

確認

球の半分の形を半球という。

ミス注意

**半球の表面積は，球の表面積
の半分ではない！**

球の表面積の半分に，切り口
の円の面積を加えることを忘
れないようにしよう。

48 斜め切断体の体積　応用

右の図は，底面の半径が 4cm の円柱を，ある平面で，斜(なな)めに切断してできた立体です。
直径の両端での高さが 5cm と 7cm のとき，この立体の体積を求めなさい。

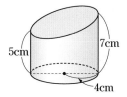

考え方　同じ立体を逆さまにして重ねると，円柱ができる。

● 解き方

右のように，この立体と同じ立体を逆さまにして重ねると，円柱ができる。

できた円柱は，底面の半径が 4cm，高さが，

$$5+7=12 (cm)$$

だから，体積は，

$$\pi \times 4^2 \times 12 = 192\pi (cm^3)$$

問題の立体の体積は，円柱の体積の半分だから，

$$\frac{1}{2} \times 192\pi = 96\pi (cm^3)$$

参考

直方体や円柱を斜めに切断してできた立体の体積は，
底面積 × 平均の高さ
で求められる。
直方体を斜めに切断した立体の平均の高さとは，底面の1つの対角線の両端で測った高さの平均である。
また，円柱を斜めに切断した立体の平均の高さとは，直径の両端で測った高さの平均である。

● 答

$96\pi cm^3$

練習 48

解答は別冊 p.71

右の立体は，直方体を斜めに切断してできた立体です。

(1) x の値を求めなさい。

(2) この立体の体積を求めなさい。

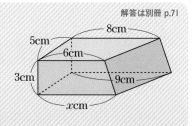

章末問題

解答 別冊 p.71

1 次の問いに答えなさい。

(1) 下の図1の正四面体 ABCD において，辺を直線とみたとき，直線 AB とねじれの位置にある直線を答えなさい。 【島根県】

(2) 下の図2は，三角柱 ABCDEF です。辺 AB とねじれの位置にある辺は何本ありますか。 【富山県】

図1 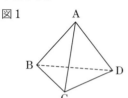 　　　図2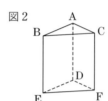

2 右の図のように，「な」「ら」とかかれた立方体があります。次のア～エの立方体の展開図の中に，組み立てると右の図の立方体ができるものが1つあります。その展開図を選び，ア～エの記号で答えなさい。 【奈良県】

ア 　イ 　ウ 　エ

3 右の図の立体は，底面の半径が 4cm，高さが 6cm の円錐です。この立体を P とするとき，次の問いに答えなさい。

【大阪府】

(1) 次のア～エのうち，立体 P の投影図として最も適しているものはどれですか。1つ選び，記号で答えなさい。

ア 　イ 　ウ 　エ

(2) 円周率を π として，立体 P の体積を求めなさい。

第1章 平面図形

第2章 空間図形

第3章 平行と合同

第4章 図形の性質

第5章 円

第6章 相似な図形

第7章 三平方の定理

4 右の図は，円錐の展開図であり，側面となるおうぎ形は，中心角が135°で面積が $24\pi\text{cm}^2$ です。この円錐の底面となる円の半径の長さを求めなさい。ただし，円周率を π とします。　　　　　【秋田県】

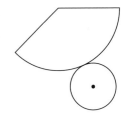

5 次の問いに答えなさい。ただし，円周率は π とします。

(1) 下の図1のように，底面の半径が2cm，体積が $24\pi\text{cm}^3$ の円柱があります。この円柱の高さを求めなさい。　　　　　【北海道】

(2) 下の図2のような，AC=4cm，BC=3cm，∠ACB=90° の直角三角形ABCがあります。この直角三角形を，辺ACを軸として1回転させてできる立体の体積を求めなさい。　　　　　【岡山県】

(3) 1辺の長さが6cmの立方体があります。下の図3のように，それぞれの面の対角線の交点をA，B，C，D，E，Fとするとき，この6つの点を頂点とする正八面体の体積を求めなさい。　　　　　【18 埼玉県】

(4) 高さが等しい円柱Aと円錐Bがあり，円柱Aの底面の半径は円錐Bの底面の半径の2倍です。このとき，円柱Aの体積は円錐Bの体積の何倍となりますか。　　　　　【福島県】

(5) 半径が5cmの球の表面積と，底面の半径が4cmの円柱の表面積が等しいとき，この円柱の高さを求めなさい。　　　　　【宮城県】

図1　　　2cm　　　　図2　　　　　　　図3

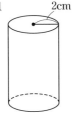

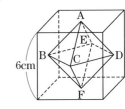

6 右の図は，ある立体の展開図です。この展開図を組み立てるとき，図で表されている a を用いて，この立体の体積を求めなさい。

【明治大付属中野高(東京)】

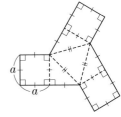

第3章

平行と合同

この章では，平行線や三角形と角，三角形の合同条件を中心に学習する。どれも重要な内容であるが，ここで，図形の性質をすじ道を立てて考えることに慣れておこう。

SECTION 1 平行線と角

→p.346

対頂角

右の図のように，2つの直線が交わったときにできる向かい合った角どうしを対頂角という。対頂角は等しい。

右の図で，$\angle a = \angle c$，$\angle b = \angle d$

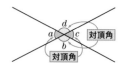

平行線と角

2直線に1つの直線が交わるとき，

● 2直線が平行ならば，同位角・錯角は等しい。

● 同位角か錯角が等しければ，2直線は平行である。

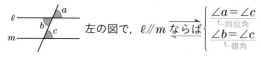

左の図で，$\ell /\!/ m$ ならば
$$\begin{cases} \angle a = \angle c & \text{同位角} \\ \angle b = \angle c & \text{錯角} \end{cases}$$

> 2直線が平行でなくても，2直線に1つの直線が交われば，同位角や錯角が考えられる。
> しかし，同位角や錯角が等しいのは，2直線が平行のときだけである。

三角形の内角と外角

● 三角形の内角の和…180°

右の図で，$\angle A + \angle B + \angle C$
$= 180°$

● 三角形の外角…それととなり合わない2つの内角の和に等しい。

右の図で，$\angle ACD = \angle A + \angle B$

> **三角形の角による分類**
> ①鋭角三角形…3つの内角がすべて鋭角の三角形。
> ②直角三角形…1つの内角が直角の三角形。
> ③鈍角三角形…1つの内角が鈍角の三角形。

多角形の内角と外角

● n 角形の内角の和…$180° \times (n-2)$

● 多角形の外角の和…360°

> **例** 六角形の内角の和
> $180° \times (6-2) = 720°$

➡ p.357

2 合同な図形

三角形の合同条件

2つの三角形で，次の❶〜❸の条件のうち，どれかが成り立てば，その2つの三角形は合同である。

❶ 3組の辺がそれぞれ等しい。

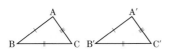

$$\begin{cases} AB=A'B' \\ BC=B'C' \\ CA=C'A' \end{cases}$$

❷ 2組の辺とその間の角がそれぞれ等しい。

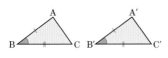

$$\begin{cases} AB=A'B' \\ BC=B'C' \\ \angle B=\angle B' \end{cases}$$

❸ 1組の辺とその両端の角がそれぞれ等しい。

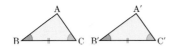

$$\begin{cases} BC=B'C' \\ \angle B=\angle B' \\ \angle C=\angle C' \end{cases}$$

合同な図形

平面上の2つの図形で，一方をずらしたり，裏返したりすることによって，他方に重ね合わせることができるとき，この2つの図形は合同であるという。

2つの図形が合同であることを表すには，記号≡を使う。たとえば，△ABC と △DEF が合同であることは，

△ABC≡△DEF

と表す。このとき，対応する頂点は同じ順に書く。

合同な図形の性質

合同な図形では，対応する線分や角は等しい。

3 図形と証明

➡ p.360

仮定と結論

あることがらが，「A ならば B」という形で表せるとき，A の部分を仮定，B の部分を結論という。

逆

あることがらの仮定と結論を入れかえたものを，もとのことがらの逆という。

A ならば B ➡ 逆は，B ならば A

証明

すでに正しいと認められたことがらを根拠にして，すじ道を立てて，仮定から結論を導くことを証明という。

逆はかならずしも真ならず

あることがらが正しくても，その逆はいつも正しいとはかぎらない。

証明の根拠としてよく使われるもの

● 対頂角の性質
● 平行線と角の性質
● 三角形の内角，外角の性質
● 合同な図形の性質
● 三角形の合同条件

第1章 平面図形
第2章 空間図形
第3章 平行と合同
第4章 図形の性質
第5章 円
第6章 相似な図形
第7章 三平方の定理

平行線と角

49 対頂角の性質 基礎

右の図のように，3つの直線が1点で交わっているとき，∠a〜∠d の大きさをそれぞれ求めなさい。

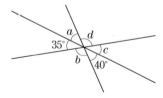

考え方 ~~たいちょうかく~~ **対頂角は等しい。**

● 解き方

∠a は 40° の角の対頂角だから，∠a＝40°

∠c は 35° の角の対頂角だから，∠c＝35°

また，一直線の角は 180° だから，

$$35°+∠b+40°=180°,$$

$$∠b=180°-75°=105°$$

∠d は ∠b の対頂角

だから，∠d＝105°

● 答

$$∠a=40°,\ ∠b=105°,\ ∠c=35°,\ ∠d=105°$$

練習 49

解答は別冊 p.72

右の図のように，4つの直線が1点で交わっているとき，∠a＋∠b＋∠c の大きさを求めなさい。

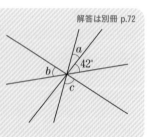

用語解説 📖

対頂角とその性質

2つの直線が交わったときにできる向かい合った角どうしを**対頂角**という。

対頂角は等しい。

対頂角

対頂角

上の図で，∠a＝∠c

∠b＝∠d

なぜ？ ❓

対頂角が等しいのはなぜ？

一直線の角は 180° だから，

下の図で，∠a＝180°－∠b

∠c＝180°－∠b

したがって，∠a＝∠c

同様に，∠b＝∠d

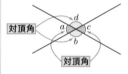

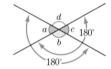

第1章 平面図形

第2章 空間図形

第3章 平行と合同

第4章 図形の性質

第5章 円

第6章 相似な図形

第7章 三平方の定理

50 平行線と角①　基礎

右の図で，$\ell /\!/ m$ のとき，$\angle x$，$\angle y$ の大きさを求めなさい。

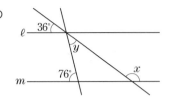

考え方　平行線の同位角，錯角は等しい。

● 解き方

右の図で，平行線の同位角は等しいから，

$\angle a = 36°$

したがって，

$36° + \angle x = 180°$，

$\angle x = 180° - 36°$

$\qquad = 144°$

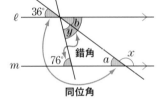

また，$\angle b$ は $36°$ の角の対頂角だから，$\angle b = 36°$

平行線の錯角は等しいから，

$\angle y + 36° = 76°$，$\angle y = 76° - 36° = 40°$

● 答

$\angle x = 144°$，$\angle y = 40°$

用語解説 📖

同位角と錯角

下の図のように，2直線 ℓ，m に直線 n が交わってできる角のうち，$\angle a$ と $\angle e$ のような位置にある角を同位角という。$\angle b$ と $\angle f$，$\angle c$ と $\angle g$，$\angle d$ と $\angle h$ も同位角である。また，$\angle b$ と $\angle h$ のような位置にある角を錯角という。$\angle c$ と $\angle e$ も錯角である。

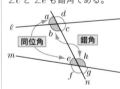

くわしく 🔍

平行線の性質

2直線に1つの直線が交わるとき，2直線が平行ならば，同位角・錯角は等しい。

平行線になるための条件

2直線に1つの直線が交わるとき，同位角・錯角が等しければ，その2直線は平行である。

練習 50

解答は別冊 p.72

右の図で，$\ell /\!/ m$ のとき，$\angle x$，$\angle y$ の大きさを求めなさい。

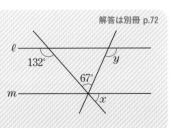

51 平行線と角②

右の図で，$\ell /\!/ m$ のとき，$\angle x$ の大きさ
を求めなさい。　　　　　【栃木県】

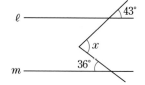

考え方 ∠x の頂点を通り，直線 ℓ に平行な直線をひく。

● 解き方

右の図のように，$\angle x$
の頂点を通り，直線 ℓ に
平行な直線をひくと，平
行線の同位角は等しいか
ら，

　　　$\angle a = 43°$

また，平行線の錯角は等しいから，

　　　$\angle b = 36°$

したがって，

　　　$\angle x = 43° + 36° = 79°$

● 答　**79°**

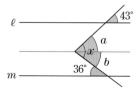

参考

下の図のような場合は，平行
線を 2 本ひいて，平行線の錯
角や同位角を利用すればよい。

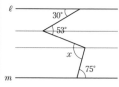

$\angle x = (53° - 30°) + 75°$
　　　$= 98°$

練習 51

解答は別冊 p.72

次の図で，$\ell /\!/ m$ のとき，$\angle x$ の大きさを求めなさい。

(1)

(2)

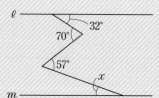

【18 東京都】

図形

第1章 平面図形

第2章 空間図形

第3章 平行と合同

第4章 図形の性質

第5章 円

第6章 相似な図形

第7章 三平方の定理

52 三角形の内角と外角①

基礎

右の図で，$\ell /\!/ m$ のとき，$\angle x$ の大きさを求めなさい。 【愛知県】

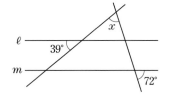

考え方 **三角形の内角の和は $180°$**

◉ 解き方

右の図で，平行線の錯角は等しいから，

$\angle a = 39°$

また，対頂角は等しいから，

$\angle b = 72°$

三角形の内角の和は $180°$ だから，

$\angle x + 39° + 72° = 180°$,

$\angle x = 180° - (39° + 72°) = 69°$

◉ 答 **$69°$**

くわしく 🔍

三角形の内角の和

三角形の内側の 3 つの角を内角という。

三角形の内角の和は $180°$ である。

内角

用語解説 📖

三角形の分類

$0°$ より大きく $90°$ より小さい角を鋭角という。

また，$90°$ より大きく $180°$ より小さい角を鈍角という。

三角形は，その内角の大きさによって，次の 3 つに分類できる。

● 鋭角三角形

3 つの内角がすべて鋭角の三角形。

● 直角三角形

1 つの内角が直角の三角形。

● 鈍角三角形

1 つの内角が鈍角の三角形。

練習 52

解答は別冊 p.72

右の図のように，正三角形 ABC の AC 上に点 D をとり，長方形 BDEF をつくります。EF と AB の交点を G とします。$\angle ADB = 73°$ であるとき，$\angle FGB$ の大きさを求めなさい。

【青森県】

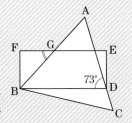

53 三角形の内角と外角②

基 礎

右の図で，∠x の大きさを求めなさい。

(1)

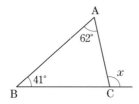

【北海道】

(2)

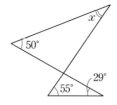

【長崎県】

考え方 三角形の外角は，それととなり合わない 2 つの内角の和に等しい。

◉ **解き方**

(1) 三角形の外角は，それととなり合わない 2 つの内角の和に等しいから，

$$\angle x = 62° + 41° = 103°$$

(2) 右の図で，∠a は 2 つの三角形に共通な外角だから，

$$\angle x + 50° = 55° + 29°,$$

$$\angle x = 84° - 50° = 34°$$

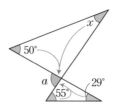

◉ **答**

(1) **103°**　　(2) **34°**

くわしく 🔍

三角形の内角と外角の関係（外角定理）

下の △ABC で，∠ACD を，頂点 C における △ABC の**外角**という。

三角形の外角は，それととなり合わない 2 つの内角の和に等しい。

三角形の内角と外角の関係が成り立つ理由

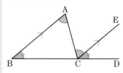

上の図のように，点 C を通り，辺 BA に平行な半直線 CE をひくと，平行線の性質より，

　∠ACE＝∠A（錯角）

　∠ECD＝∠B（同位角）

したがって，

　∠ACD＝∠ACE＋∠ECD

＝∠A＋∠B

練習 **53**

解答は別冊 p.72

右の図で，ℓ∥m のとき，∠x の大きさを求めなさい。

【鹿児島県】

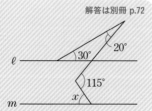

54 いろいろな角の求め方①

応用

右の図で，∠ABD＝∠CBD，

∠ACD＝∠BCD のとき，∠x の大きさ

を求めなさい。　　【専修大附高(東京)】

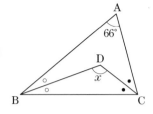

考え方　○と●の大きさの和を求める

◉ 解き方

△ABC の内角の和より，

　66°＋2×○＋2×●＝180°，

　2(○＋●)＝180°－66°＝114°，

　○＋●＝114°÷2＝57°

△DBC の内角の和より，

　∠x＋○＋●＝180°，

　∠x＋57°＝180°，

　∠x＝180°－57°

　　　＝123°

◉ 答

123°

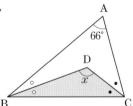

参考

上の図で，

　∠BDC＝90°＋$\dfrac{1}{2}$∠A

が成り立つ。

△ABC の内角の和より，

　∠A＋2(○＋●)＝180°

　○＋●＝$\dfrac{1}{2}$(180°－∠A)

　　　　＝90°－$\dfrac{1}{2}$∠A

　∠BDC

　＝180°－(○＋●)

　＝180°－$\left(90°－\dfrac{1}{2}∠A\right)$

　＝90°＋$\dfrac{1}{2}$∠A

練習 **54**

解答は別冊 p.73

右の図のように，△ABC の ∠B の二等分線

と ∠C の外角の二等分線の交点を D としま

す。∠A＝30° のとき，∠BDC の大きさを求

めなさい。　　【江戸川学園取手高(茨城)】

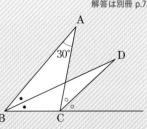

55 いろいろな角の求め方②

右の図で，∠x の大きさを求めなさい。

【東京工業大附科学技術高】

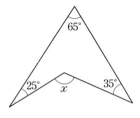

考え方 2つの三角形に分けて，内角と外角の関係を利用する。

● **解き方**

右の図のように，点 A, C を通る半直線 AE をひく。

△ABC の内角と外角の関係より，

∠BCE＝∠B＋∠BAC

△ADC の内角と外角の関係より，

∠DCE＝∠DAC＋∠D

したがって，

∠x＝∠BCE＋∠DCE

＝∠B＋∠BAC＋∠DAC＋∠D＝∠B＋∠A＋∠D

＝25°＋65°＋35°＝125°

● **答**

125°

別解 ➕

下の図のように，BC の延長と AD との交点を E とする。

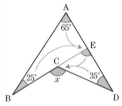

△ABE の内角と外角の関係より，

∠CED＝∠A＋∠B

＝65°＋25°＝90°

△CDE の内角と外角の関係より，

∠x＝∠D＋∠CED

＝35°＋90°＝125°

練習 55

解答は別冊 p.73

右の図のように，∠A＝37°，∠E＝20°，∠CFD＝97° の図形があります。∠x の大きさを求めなさい。 【長野県】

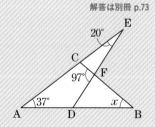

56 いろいろな角の求め方③

右の図で，印をつけた角の大きさの和を求めなさい。

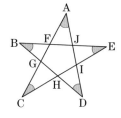

考え方 三角形の内角と外角の関係を使って，1つの三角形に角を集める。

● 解き方

△ACI の内角と外角の関係より，

$$\angle A + \angle C = \angle EIJ$$

△BDJ の内角と外角の関係より，

$$\angle B + \angle D = \angle EJI$$

したがって，印をつけた角の大きさの和は，△EIJ の内角の和に等しいから，180°

● 答

180°

解答は別冊 p.73

右の図で，印をつけた角の大きさの和を求めなさい。

別解

点 C と D を結ぶと，∠BHC は △BHE と △CHD の共通な外角だから，

$$\angle B + \angle E$$
$$= \angle HCD + \angle HDC$$

これより，角の大きさの和を移すと，印をつけた角の大きさの和は，△ACD の内角の和に等しいから，180°

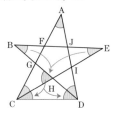

下の図のような形の5つの角の大きさの和も，同様に三角形をつくって考えると，180°になることがわかる。

第1章 平面図形

第2章 空間図形

第3章 平行と合同

第4章 図形の性質

第5章 円

第6章 相似な図形

第7章 三平方の定理

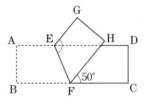

57 いろいろな角の求め方④ 応用

長方形 ABCD の紙があります。辺 AD
上に点 E，辺 BC 上に点 F をとり，線分
EF を折り目として，図のように，この
紙を折り返しました。この折り返しによ
って頂点 A，B が移った点をそれぞれ G，
H とします。∠HFC＝50° のとき，∠GEF の大きさを求めなさい。

【奈良県】

考え方 折り返した角の大きさは等しい。

◉ **解き方**

折り返した角の大きさは等しいから，

∠EFB＝∠EFH＝(180°－50°)÷2＝65°

平行線の錯角は等しいから，

∠DEF＝∠EFB＝65°

一直線の角は 180° だから，

∠AEF＝180°－65°＝115°

折り返した角の大きさは等しいから，

∠GEF＝∠AEF＝115°

◉ **答 115°**

参考

同側内角

次の図で，∠a と∠b のよう
な位置にある角を**同側内角**と
いう。

平行線の同側内角の和は 180°
である。

練習 57

解答は別冊 p.73

右の図のように，∠ABC＝54° である △ABC の辺
AB 上に点 D をとり，線分 CD を折り目として
△ABC を折り返し，頂点 A が移った点を P としま
す。PD∥BC のとき，∠PDC の大きさを求めなさ
い。
【大分県】

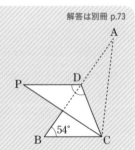

58 多角形の内角の和

基礎

(1) 正十角形の内角の和を求めなさい。

(2) 右の図で、五角形 ABCDE は正五角形であり、$\ell /\!/ m$ です。このとき、$\angle x$ の大きさを求めなさい。　【京都府】

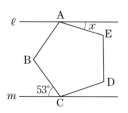

第1章 平面図形

第2章 空間図形

第3章 平行と合同

第4章 図形の性質

第5章 円

第6章 相似な図形

第7章 三平方の定理

考え方 n 角形の内角の和は、$180° \times (n-2)$

● **解き方**

(1) 正十角形の内角の和は、$180° \times (10-2) = 1440°$

(2) 正五角形の１つの内角の大きさは、

$$180° \times (5-2) \div 5 = 540° \div 5 = 108°$$

だから、$\angle BAE = \angle ABC = 108°$

右の図のように、Bを通り、ℓ に平行な直線をひくと、**平行線の錯角は等しいか**ら、

$\angle a = 53°$

$\angle b = 108° - 53° = 55°$, $\angle c = \angle b = 55°$

$\angle x = 180° - (55° + 108°) = 17°$

● **答** (1) **1440°**　(2) **17°**

公式

多角形の内角の和

n 角形は、１つの頂点から対角線をひくと、$(n-2)$ 個の三角形に分けられる。

三角形の内角の和は $180°$ だから、n 角形の内角の和は、

$180° \times (n-2)$

で求められる。

練習 58

解答は別冊 p.73

(1) 内角の和が $1980°$ である多角形は何角形ですか。

(2) 右の図の正八角形で、$\angle x$ の大きさを求めなさい。

59 多角形の外角の和 基礎

(1) 右の図で，∠x の大きさを求めなさい。

【兵庫県】

(2) 1つの内角と外角の大きさの比が 7 : 2
である正多角形は正何角形ですか。

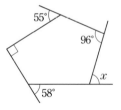

考え方 **多角形の外角の和は** $360°$

● 解き方

(1) 直角の外角は，$180°-90°=90°$

96° の角の外角は，$180°-96°=84°$

外角の和は $360°$ だから，

$55°+90°+58°+∠x+84°=360°$，

$∠x=360°-(55°+90°+58°+84°)=73°$

(2) 正多角形では，内角の大きさはすべて等しく，
外角の大きさもすべて等しい。

1つの内角と外角の和は $180°$ で，内角と外角の大
きさの比が 7 : 2 だから，1つの外角は，

$$180°×\frac{2}{7+2}=40°$$

外角の和は $360°$ だから，$360÷40=9$ より，

この正多角形は正九角形である。

● 答 (1) **73°** (2) **正九角形**

くわしく

多角形の外角

多角形の外角の和は $360°$ で
ある。

n 角形で，各頂点における内
角と外角の和は $180°$ だから，

n 角形の内角と外角の合計は，

$180°×n$

また，n 角形の内角の和は，

$180°×(n-2)$

だから，n 角形の外角の和は，

$180°×n-180°×(n-2)$

$=180°×2=360°$

これより，n 角形の外角の和
は，n の値に関係なく一定で，
$360°$ である。

練習 **59**

解答は別冊 p.73

右の図で，正六角形 ABCDEF に，2つの平行な直
線 $ℓ$，m が交わっており，交点はそれぞれ G，H，I，
J です。∠GHF＝78° のとき，∠IJE の大きさを求
めなさい。 【大分県】

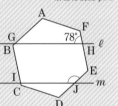

合同な図形

60 合同な図形の性質

右の図で，△ABC≡△DEF のとき，次の辺の長さや角の大きさを求めなさい。

(1) 辺 DE   (2) ∠C

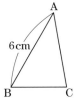
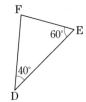

考え方 合同な図形では，対応する線分の長さや角の大きさは等しい。

 解き方

(1) 頂点 A と D，頂点 B と E が対応しているから，

辺 DE と対応する辺は辺 AB である。

合同な図形の対応する辺の長さは等しいから，

DE＝AB＝6cm

(2) 頂点 C と F が対応しているから，

∠C と対応する角は ∠F である。

合同な図形の対応する角の大きさは等しいから，

∠C＝∠F＝180°−(40°+60°)＝80°

◉ **答**

(1) **6cm**   (2) **80°**

確認

合同な図形

平面上の2つの図形について，一方をずらしたり，裏返したりすることによって，他方に重ね合わせることができるとき，この2つの図形は**合同で**あるという。このとき，重なり合う点，辺，角を，それぞれ**対応する点，対応する辺，対応する角**という。

2つの図形が合同であることを，記号≡を使って表す。例えば，△ABC と △DEF が合同であることは，

△ABC≡△DEF

と表す。このとき，対応する頂点は同じ順に書く。

第1章 平面図形

第2章 空間図形

第3章 平行と合同

第4章 図形の性質

第5章 円

第6章 相似な図形

第7章 三平方の定理

練習 60

解答は別冊 p.73

右の図で，四角形 ABCD≡四角形 EFGH のとき，次の辺の長さや角の大きさを求めなさい。

(1) 辺 AB   (2) 辺 FG

(3) ∠B   (4) ∠G

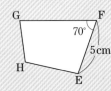

61 三角形の合同条件 基礎

右の2つの三角形で，AB＝DE，AC＝DFです。△ABC≡△DEFになるには，あと1つどんな条件を加えればよいですか。考えられる条件をすべて答えなさい。

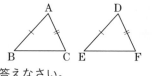

考え方 三角形の合同条件を満たすあと1つを考える。

● **解き方**

AB＝DE，AC＝DFと，2組の辺の関係があるから，

「3組の辺」，「2組の辺とその間の角」

を満たすあと1つを考える。

BC＝EFを加えると，3組の辺が等しくなり，合同条件を満たす。

∠A＝∠Dを加えると，2組の辺とその間の角が等しくなり，合同条件を満たす。

∠B＝∠Eや∠C＝∠Fは，等しい2組の辺の間の角ではないので，合同条件を満たさない。

● **答**

BC＝EF，または∠A＝∠D

確認

三角形の合同条件

2つの三角形は，次の①～③の条件のうち，どれか1つが成り立てば合同である。

① 3組の辺がそれぞれ等しい。

② 2組の辺とその間の角がそれぞれ等しい。

③ 1組の辺とその両端の角がそれぞれ等しい。

練習 61

解答は別冊 p.74

△ABCと△DEFの合同を考えるとき，「2組の辺と1組の角がそれぞれ等しい」という条件では，合同にはなりません。この条件で，△ABCと合同にならない△DEFを，右の点線の三角形を利用してかきなさい。なお，点線の三角形は，△ABCと合同です。

第1章 平面図形

第2章 空間図形

第3章 平行と合同

第4章 図形の性質

第5章 円

第6章 相似な図形

第7章 三平方の定理

62 合同であることの判定

基礎

次の図で，合同な三角形を，記号≡を使って表しなさい。

また，そのときに使った合同条件も答えなさい。

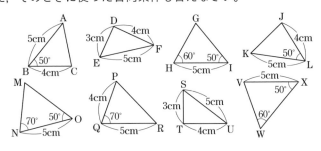

考え方 三角形の3つの合同条件で考える。

● 解き方

△**ABC と** △**KLJ** において，AB＝KL，BC＝LJ，∠ABC＝∠KLJ

2組の辺とその間の角がそれぞれ等しいから，△ABC≡△KLJ

△**DEF と** △**TSU** において，DE＝TS，EF＝SU，FD＝UT

3組の辺がそれぞれ等しいから，△DEF≡△TSU

△**WVX** において，残りの角の大きさは，∠WVX＝180°−(60°＋50°)＝70°

△**MNO と** △**WVX** において，NO＝VX，∠MNO＝∠WVX，∠MON＝∠WXV

1組の辺とその両端の角がそれぞれ等しいから，△MNO≡△WVX

● 答

△**ABC**≡△**KLJ**（2組の辺とその間の角がそれぞれ等しい）

△**DEF**≡△**TSU**（3組の辺がそれぞれ等しい）

△**MNO**≡△**WVX**（1組の辺とその両端の角がそれぞれ等しい）

 62

解答は別冊 p.74

右の図で，合同な三角形をすべて見つけて，記号≡を使って表しなさい。また，そのときに使った合同条件も答えなさい。

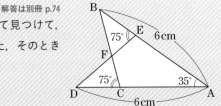

第3章

SECTION

3 図形と証明

---

63 ことがらの逆と反例　　　　　　　　　　基礎

次のことがらの逆を答えなさい。また，それが正しいかどうかも答えなさい。正しくない場合は，反例を1つ示しなさい。

(1) 2直線 ℓ，m について，$\ell /\!/ m$ ならば，錯角は等しい。

(2) $a>0$，$b<0$ ならば，$ab<0$ である。

考え方　　「○○○ならば□□□」の逆は，「□□□ならば○○○」
正しいことがらの逆は，いつでも正しいとは限らない。

● **解き方**

逆は，「ならば」の前と後ろを入れかえる。

● **答**

(1)（逆）2直線 ℓ，m について，錯角が等しいならば，$\ell /\!/ m$ である。

（2直線が平行になる条件より，）**これは正しい。**

(2)（逆）$ab<0$ ならば，$a>0$，$b<0$ である。
これは正しくない。

（反例）$a=-2$，$b=1$ のとき，$ab=-2$
$ab<0$ であるが，$a<0$，$b>0$ である。

用語解説

仮定と結論

数学では，あることがらが，
「○○○ならば□□□」
の形で述べられることが多い。

このとき，「ならば」の，
前の○○○の部分を**仮定**，
後の□□□の部分を**結論**
という。

逆

あることがらの仮定と結論を入れかえたものを，もとのことがらの**逆**という。
正しいことがらの逆は，いつでも正しいとは限らない。

反例

あることがらが正しくないことを説明するには，その例を1つ示せばよい。あることがらが正しくないことを示す例を**反例**という。

練習 **63**

解答は別冊 p.74

次のことがらの逆を答えなさい。また，それが正しいかどうかも答えなさい。正しくない場合は，反例を1つ示しなさい。

(1) 長方形の縦の長さが 3cm，横の長さが 7cm ならば，周の長さは 20cm である。

(2) 三角形が正三角形ならば，3つの辺の長さは等しい。

64 三角形の合同条件を利用する証明① 基礎

右の図の四角形 ABCD で，AB＝CB，
AD＝CD のとき，∠BAD＝∠BCD で
あることを証明しなさい。

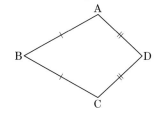

考え方 対角線 BD をひき，三角形の合同条件「3 組の辺」
を根拠にして，まず，△ABD≡△CBD を導く。

● 解き方

結論に注目し，∠BAD と ∠BCD をそれぞれ角にも
つ △ABD と △CBD の合同を証明する。

● 証明

対角線 BD をひくと，
△ABD と △CBD において，
仮定から， AB＝CB …①

**   AD＝CD …②**
共通な辺だから，
**   BD＝BD …③**
①，②，③より，3 組の辺がそれぞれ等しいから，
**   △ABD≡△CBD**
合同な図形の対応する角の大きさは等しいから，
**   ∠BAD＝∠BCD**

用語解説 📖

証明

すでに正しいと認められたこ
とがらを根拠に，すじ道を立
てて，仮定から結論を導くこ
とを証明という。

仮定 → 結論

正しいと認めら
れたことがら

参考 ✏️

よく使われる証明の根拠
● 対頂角の性質
● 平行線の同位角・錯角
● 三角形の内角と外角の関係
● 合同な図形の性質
● 三角形の合同条件

練習 64

解答は別冊 p.74

右の図は，∠XOY の二等分線 OP の作図の方
法を示しています。この作図の方法が正しいこ
とを，∠AOP＝∠BOP を導くことによって証
明しなさい。

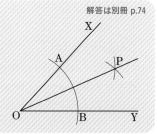

65 三角形の合同条件を利用する証明② 基礎

右の図で，線分 AB と CD が，AP＝DP，CP＝BP となるように，点 P で交わっています。このとき，△APC≡△DPB であることを証明しなさい。 【沖縄県】

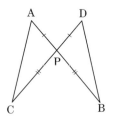

考え方 **三角形の合同条件「2 組の辺とその間の角」を根拠にして結論を導く。**

◉ **解き方**

　対頂角は等しいことを利用する。

◉ **証明**

△APC と △DPB において，

仮定から，AP＝DP 　……①

　　　　　CP＝BP 　……②

対頂角は等しいから，

　　　∠APC＝∠DPB……③

①，②，③より，2 組の辺とその間の角がそれぞれ等しいから，

　　　△APC≡△DPB

くわしく

仮定で「2 組の辺」が等しいことが与えられているので，あと「1 組の辺」か「間の角」が等しいことを示せれば，三角形の合同条件が使える。
AC＝DB は示せそうにないが，間の角 ∠APC と ∠DPB に着目すると，この 2 つの角は，対頂角で等しいことがわかる。

練習 65

解答は別冊 p.74

右の図のように，線分 AB 上に点 C をとり，AC，CB を，それぞれ 1 辺とする正三角形 △ACD と △CBE を AB の同じ側につくります。また，AE と BD の交点を F とします。このとき，△ACE≡△DCB であることを証明しなさい。 【長野県・一部】

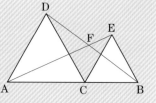

第1章 平面図形

第2章 空間図形

第3章 平行と合同

第4章 図形の性質

第5章 円

第6章 相似な図形

第7章 三平方の定理

66 三角形の合同条件を利用する証明③ 基礎

右の図のように，長方形 ABCD を，点 C が点 A に重なるように折ったとき，折り目の線を EF とし，点 D の移った点を G とします。このとき，BF＝GE であることを証明しなさい。

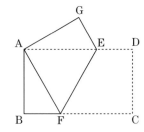

考え方 三角形の合同条件「1 組の辺とその両端の角」を根拠にして，まず，△ABF≡△AGE を導く。

 解き方

結論に注目し，BF と GE をそれぞれ辺にもつ △ABF と △AGE の合同を証明する。

◉ 証明

△ABF と △AGE において，

四角形 ABCD は長方形だから，AB＝AG ……①

∠ABF＝∠AGE ……②

また，∠BAF＝90°－∠EAF，∠GAE＝90°－∠EAF

より， ∠BAF＝∠GAE ……③

①，②，③より，1 組の辺とその両端の角がそれぞれ等しいから， △ABF≡△AGE

合同な図形の対応する辺の長さは等しいから，

BF＝GE

 確認

長方形の向かい合う辺の長さは等しい。
また，長方形の 4 つの角は等しく，360°÷4＝90° である。

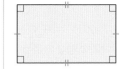

練習 66

解答は別冊 p.74

右の図の四角形 ABCD は，AD∥BC の台形で，点 M は辺 AB の中点です。DM の延長と CB の延長との交点を E とするとき，AD＝BE であることを証明しなさい。

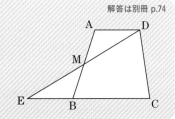

章末問題 ┃解答┃ 別冊 p.74

1 次の図で，ℓ//m のとき，∠x の大きさを求めなさい。

(1)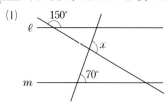

【兵庫県】

(2)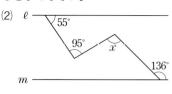

【岩手県】

(3)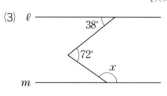

【富山県】

(4)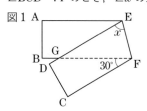

【江戸川学園取手高（茨城）】

2 次の問いに答えなさい。

(1) 下の図1は，長方形の紙 ABCD を線分 EF で折り返したものです。
∠GFC＝30° のとき，∠x の大きさを求めなさい。　　　【法政大第二高（神奈川）】

(2) 下の図2のように，四角形 ABCD があり，点 E は ∠ABC の二等分線と辺
CD の交点，点 F は ∠BAD の二等分線と線分 BE の交点です。∠ADC＝80°，
∠BCD＝74° のとき，∠x の大きさを求めなさい。　　　　　　　　　【秋田県】

図1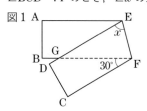

図2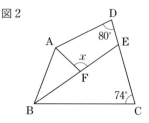

3 次の問いに答えなさい。

(1) 正五角形の 1 つの内角の大きさは何度ですか。　　　　　　　　　　　　【広島県】

(2) 1 つの内角が 150° である正多角形は，正何角形ですか。　　　　　　　【栃木県】

4 右の図において，
$\angle a + \angle b + \angle c + \angle d + \angle e + \angle f + \angle g$
の大きさを求めなさい。

【豊島岡女子学園高（東京）】

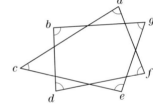

5 次のア～エのことがらの中から，逆が正しいものを<u>すべて選び</u>，記号で答えなさい。

【佐賀県・改】

ア 整数 a，b で，a も b も偶数ならば，ab は偶数である。

イ △ABC で，$\angle A + \angle B = 90°$ ならば，$\angle C = 90°$ である。

ウ ２つの直線 ℓ，m に別の１つの直線が交わるとき，ℓ と m が平行ならば，同位角は等しい。

エ 四角形 ABCD がひし形ならば，対角線 AC と BD は垂直に交わる。

6 右の図のように，２つの正三角形 ABC，CDE があります。頂点 A，D を結んで △ACD をつくり，頂点 B，E を結んで △BCE をつくります。このとき，△ACD≡△BCE であることを証明しなさい。

【新潟県】

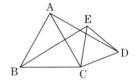

7 右の図において，AC＝GE，BC∥DF，AD∥FG のとき，△ABC と △GFE は合同であることを証明しなさい。ただし，点 E は，線分 AG と線分 DF の交点とします。

【鳥取県】

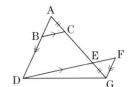

8 右の図のように，AD∥BC の台形 ABCD があり，$\angle BCD = \angle BDC$ です。また，対角線 BD 上に点 E があり，$\angle ABD = \angle ECB$ です。このとき，AB＝EC であることを証明しなさい。

【広島県】

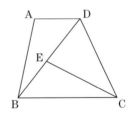

第1章 平面図形

第2章 空間図形

第3章 平行と合同

第4章 図形の性質

第5章 円

第6章 相似な図形

第7章 三平方の定理

図形の性質

二等辺三角形，平行四辺形については，小学校でも学習してきたが，ここでは，その性質をもっとくわしく学習する。性質をただ覚えるだけでなく，証明でも使えるようにしよう。

1 二等辺三角形

→p.368

二等辺三角形

- 定義…2辺が等しい三角形を二等辺三角形という。
- 性質…
  ❶ 底角は等しい。
  ❷ 頂角の二等分線は，底辺を垂直に2等分する。
- 二等辺三角形になる条件…2つの角が等しい三角形は，等しい2つの角を底角とする二等辺三角形である。

定義と定理

ことばの意味をはっきりと述べたものを定義といい，証明されたことがらのうち，それを根拠として他の証明にもよく使われるものを定理という。
左の二等辺三角形の性質も定理である。

正三角形

- 定義…3辺が等しい三角形を正三角形という。
- 性質…3つの内角は等しい。
- 正三角形になる条件…3つの角が等しい三角形は，正三角形である。

正三角形は，二等辺三角形の特別な場合であり，二等辺三角形の性質をすべてもっている。

2 直角三角形

→p.373

直角三角形の合同条件

2つの直角三角形は，次の❶，❷のどちらかが成り立てば，合同である。

❶ 斜辺と1つの鋭角がそれぞれ等しい。　　❷ 斜辺と他の1辺がそれぞれ等しい。

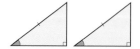
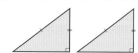

SECTION 3 平行四辺形

→p.378

平行四辺形
- ●定義… 2 組の対辺がそれぞれ平行な四角形を平行四辺形という。
- ●性質
  - ❶ 2 組の対辺はそれぞれ等しい。
  - ❷ 2 組の対角はそれぞれ等しい。
  - ❸ 対角線はそれぞれの中点で交わる。

平行四辺形になる条件… 四角形は，次のどれかが成り立てば，平行四辺形である。
- ❶ 2 組の対辺がそれぞれ平行である。（定義）
- ❷ 2 組の対辺がそれぞれ等しい。　❸ 2 組の対角がそれぞれ等しい。
- ❹ 対角線がそれぞれの中点で交わる。　❺ 1 組の対辺が平行でその長さが等しい。

SECTION 4 特別な平行四辺形

→p.384

長方形，ひし形，正方形は，平行四辺形の特別な場合であるから，平行四辺形の性質をすべてもっている。
- ●長方形… 4 つの角が等しい四角形。
  - 　　　　対角線の長さが等しい。
- ●ひし形… 4 つの辺が等しい四角形。
  - 　　　　対角線が垂直に交わる。
- ●正方形… 4 つの角が等しく，4 つの辺が等しい四角形。
  - 　　　　対角線の長さが等しく，垂直に交わる。

SECTION 5 平行線と面積

→p.387

△PAB と △QAB の頂点 P，Q が，直線 AB に関して同じ側にあるとき，次の関係が成り立つ。
- ●PQ//AB ならば，
  - 　　　△PAB＝△QAB
- ●△PAB＝△QAB ならば，PQ//AB

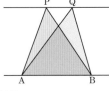

三角形の底辺，高さと面積の関係
① 高さが等しい三角形の面積の比は，底辺の比に等しい。
② 底辺が等しい三角形の面積の比は，高さの比に等しい。

第4章

SECTION

1

二等辺三角形

67 二等辺三角形の性質の証明

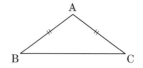

基礎

右の △ABC は，AB＝AC の二等辺三角形です。この図を使って，次の性質を証明しなさい。

「二等辺三角形の底角は等しい。」

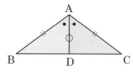

考え方 ∠A の二等分線をひき，∠B＝∠C を導く。

● 解き方

　三角形の合同条件を使って証明する。

● 証明

∠A の二等分線をひき，辺 BC との交点を D とする。

△ABD と △ACD において，仮定から，

$$AB＝AC \quad \cdots\cdots①$$

$$∠BAD＝∠CAD \cdots\cdots②$$

共通な辺だから，　$AD＝AD$ 　　$\cdots\cdots③$

①，②，③から，2 組の辺とその間の角がそれぞれ等しいから，　　$△ABD≡△ACD$

合同な図形の対応する角の大きさは等しいから，

$$∠B＝∠C$$

練習 67

解答は別冊 p.76

定理「二等辺三角形の底角は等しい。」を，次の方法で証明しなさい。

AB＝AC の △ABC で，辺 BC の中点を M とし，線分 AM をひく。

用語解説

定義と定理

ことばの意味をはっきり述べたものを**定義**という。

また，すでに証明されたことがらのうち，それを根拠として他の証明にもよく使われるものを**定理**という。

定義

二等辺三角形の定義

2 つの辺が等しい三角形。

二等辺三角形で，長さが等しい 2 つの辺の間の角を**頂角**，頂角に対する辺を**底辺**，底辺の両端の角を**底角**という。

定理

二等辺三角形の性質

● 二等辺三角形の底角は等しい。

● 二等辺三角形の頂角の二等分線は，底辺を垂直に 2 等分する。

第1章 平面図形

第2章 空間図形

第3章 平行と合同

第4章 図形の性質

第5章 円

第6章 相似な図形

第7章 三平方の定理

68 二等辺三角形をふくむ図形と角　基礎

次の図で，∠x の大きさを求めなさい。

(1) BA＝BC

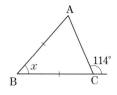

【山梨県】

(2) $\ell /\!/ m$，AB＝BC，CD＝DA

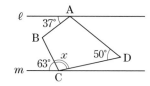

【長崎県】

考え方 二等辺三角形の底角は等しい。

● 解き方

(1) 一直線の角は $180°$ だから，∠BCA＝$180°-114°=66°$

　BA＝BC より，二等辺三角形の底角は等しいから，

　∠BAC＝∠BCA＝$66°$

　三角形の内角の和は $180°$ だから，

　∠x＝$180°-66°×2=48°$

(2) 頂点 B を通り，直線 ℓ に平行な直線をひくと，

　平行線の錯角は等しいから，∠B＝$37°+63°=100°$

　対角線 AC をひくと，

　BA＝BC より，∠BCA＝$(180°-100°)÷2=40°$

　DA＝DC より，∠DCA＝$(180°-50°)÷2=65°$

　したがって，∠x＝$40°+65°=105°$

● 答 (1) **48°** (2) **105°**

確認

二等辺三角形の角の求め方

AB＝AC の △ABC で，

頂角 ∠A の大きさは，

　$180°-2∠B$

底角 ∠B の大きさは，

　$(180°-∠A)÷2$

で求められる。

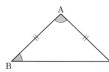

練習 68

解答は別冊 p.76

右の △ABC で，BE＝ED＝DC＝CA の
とき，∠x の大きさを求めなさい。

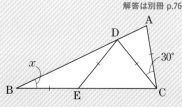

69 二等辺三角形の性質を利用する証明 　基礎

右の図のように，AB＝AC の二等辺三角形
ABC の辺 BC 上に，BD＝CE となるように
それぞれ点 D，E をとります。ただし，
BD＜DC とします。
このとき，△ABE≡△ACD であることを証
明しなさい。　　　　　　　　【栃木県】

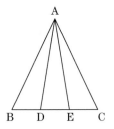

考え方 　**二等辺三角形の底角は等しいことを利用する。**

● 解き方
　合同条件は「2 組の辺とその間の角」を使う。

● 証明
△ABE と △ACD において，
仮定から，　　　　AB＝AC 　　……①
　　　　　　　　　BD＝CE 　　……②
また，　　　　　　BE＝BC－CE……③
　　　　　　　　　CD＝BC－BD……④
②，③，④より，　BE＝CD 　　……⑤
AB＝AC より，二等辺三角形の底角は等しいから，
　　　　　　　　　∠B＝∠C 　　……⑥
①，⑤，⑥より，2 組の辺とその間の角がそれぞれ等
しいから，　　△ABE≡△ACD

確認

**証明の根拠としてよく使われ
る二等辺三角形の性質**
● 二等辺三角形の底角は等し
　い。
● 二等辺三角形の頂角の二等
　分線は，底辺を垂直に 2 等
　分する。

くわしく

この問題での仮定は，
「右の図のように，…」から
「…BD＜DC とする。」までの
すべてである。
また，結論は，
「△ABE≡△ACD」である。

練習 69

解答は別冊 p.76

右の図の四角形 ABCD で，AB＝AD，CB＝CD な
らば，AC は線分 BD の垂直二等分線であることを
証明しなさい。

第1章 平面図形

第2章 空間図形

第3章 平行と合同

第4章 図形の性質

第5章 円

第6章 相似な図形

第7章 三平方の定理

70 二等辺三角形になる条件を利用する証明 基礎

右の図のように，長方形 ABCD を線分 AC を
折り目として折ったとき，点 B の移った点を
E とします。また，線分 AE と辺 DC との交点
を F とします。このとき，△ACF は二等辺三
角形であることを証明しなさい。 【15 埼玉県】

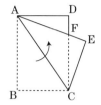

考え方 「△ACF の 2 辺または 2 角が等しい」を導く。

◉ 解き方
折り返した角は等しいことや，平行線の錯角は等し
いことを使って，∠FAC＝∠FCA を導く。

◉ 証明
折り返した角は等しいから，
$$∠BAC＝∠FAC……①$$
長方形の向かい合う辺 AB，DC は平行で，
平行線の錯角は等しいから，
$$∠BAC＝∠FCA……②$$
①，②より，∠FAC＝∠FCA
したがって，2 つの角が等しいから，
△ACF は二等辺三角形である。

定理

二等辺三角形になる条件
次の三角形は二等辺三角形で
ある。
● 2 つの辺が等しい。（定義）
● 2 つの角が等しい。

くわしく

「2 つの角が等しい三角形は
二等辺三角形である」ことは，
△ABC で，∠B＝∠C ならば
AB＝AC であることを証明
すればよい。
（証明）∠A
の二等分線
と BC の交
点を D とす
る。

△ABD と △ACD において，
仮定から，∠B＝∠C …①
∠BAD＝∠CAD…②
①，②より，残りの角は等し
いから，∠ADB＝∠ADC…③
共通だから，AD＝AD …④
②，③，④より，1 組の辺と
その両端の角がそれぞれ等し
いから，△ABD≡△ACD
よって， AB＝AC

練習 70

解答は別冊 p.77

右の △ABC で，
∠ABD＝∠CBD，
AE＝CE，
BD＝CD のとき，
△ABE は二等辺
三角形であること
を証明しなさい。

371

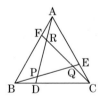

71 正三角形になる条件を利用する証明 基礎

右の図のように，正三角形 ABC の辺上に点 D，E，F を，BD＝CE＝AF となるようにとります。このとき，線分 AD，BE，CF で囲まれた △PQR は正三角形であることを証明しなさい。

考え方 「△PQR の 3 辺または 3 角が等しい」を導く。

● 解き方

△PQR の 3 つの内角が 60° であることを導く。

● 証明

△ABD と △BCE において，

AB＝BC，BD＝CE，∠ABD＝∠BCE＝60°

2 組の辺とその間の角がそれぞれ等しいから，

△ABD≡△BCE

よって，∠BAD＝∠CBE

△ABP の内角と外角の関係より，

∠RPQ＝∠ABP＋∠BAD

　　　＝∠ABP＋∠CBE

　　　＝∠ABC＝60°

同様に，∠PQR＝60°，∠QRP＝60° で，

3 つの角が等しいから，△PQR は正三角形である。

くわしく

正三角形の定義と性質

定義…3 つの辺がすべて等しい三角形。

性質…正三角形の 3 つの角は等しい。（定理）

※上の正三角形の定義と性質は，正三角形となる条件として使える。

参考

正三角形は二等辺三角形の特別な場合であり，二等辺三角形の性質をすべてもっている。

左の証明のように，同じようにして導けることは，「同様に」を使って，途中の説明を省くことができる。

練習 71

解答は別冊 p.77

右の図のように，正三角形 ABC の各辺の延長に，3 点 P，Q，R を次のようになるようにとります。

AP＝2AB，BQ＝2BC，CR＝2CA

このとき，△PQR は正三角形であることを証明しなさい。

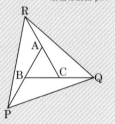

直角三角形

第1章 平面図形

第2章 空間図形

第3章 平行と合同

第4章 図形の性質

第5章 円

第6章 相似な図形

第7章 三平方の定理

72 直角三角形の合同条件の証明 [基礎]

∠C＝∠F＝90°の直角三角形 △ABC と
△DEF において，AB＝DE，AC＝DF なら
ば，△ABC≡△DEF であることを証明し
なさい。

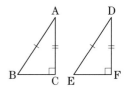

考え方 △DEF を裏返して，二等辺三角形 ABE をつくる。

● 証明

△DEF を裏返して，AC と DF を
重ねると，∠C＝∠F＝90°より，点
B，C，E は一直線上に並び，右の図
のように，△ABE ができる。

△ABC と △DEF において，

仮定から，　　　∠C＝∠F＝90°……①

　　　　　　　　AC＝DF　　　……②

△ABE は AB＝AE の二等辺三角形だから，

　　　　　　　∠B＝∠E　　　……③

①，③より，残りの角も等しいから，

　　　　　　∠BAC＝∠EDF　……④

①，②，④より，1組の辺とその両端の角がそれぞれ
等しいから，△ABC≡△DEF

用語解説 📖

斜辺
直角三角形の直角に対する辺
を斜辺という。

斜辺

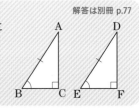

斜辺

練習 72

解答は別冊 p.77

∠C＝∠F＝90°の直角三角形 △ABC と △DEF に
おいて，AB＝DE，∠B＝∠E ならば，
△ABC≡△DEF であることを証明しなさい。

73 直角三角形が合同であることの判定 基礎

次の図で，合同な三角形を，記号≡を使って表しなさい。

また，そのときに使った合同条件も答えなさい。

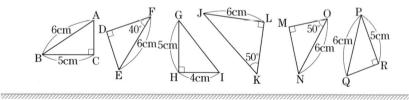

考え方 **直角三角形の2つの合同条件で考える。**

● 解き方

△ABC と △QPR において，

∠C＝∠R＝90°，AB＝QP(斜辺)，BC＝PR，

直角三角形の斜辺と他の1辺がそれぞれ等しいから，

△ABC≡△QPR

△DEF において，残りの角の大きさは，

∠E＝180°−(90°＋40°)＝50°

△DEF と △MON において，

∠D＝∠M＝90°，EF＝ON(斜辺)，∠E＝∠O

直角三角形の斜辺と1つの鋭角がそれぞれ等しいから，

△DEF≡△MON

定理 ✎

直角三角形の合同条件

2つの直角三角形は，次の①，②のどちらかが成り立てば，合同である。

①斜辺と1つの鋭角がそれぞれ等しい。

②斜辺と他の1辺がそれぞれ等しい。

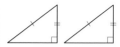

● 答

△ABC≡△QPR（斜辺と他の1辺がそれぞれ等しい）

△DEF≡△MON（斜辺と1つの鋭角がそれぞれ等しい）

練習 73

解答は別冊 p.77

右の △ABC は，AB＝AC の二等辺三角形です。また，BD⊥AC，CE⊥AB です。この図の中で，合同な三角形をすべて見つけて，記号 ≡ を使って表しなさい。また，そのときに使った合同条件も答えなさい。

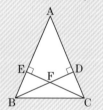

図形

第1章 平面図形

第2章 空間図形

第3章 平行と合同

第4章 図形の性質

第5章 円

第6章 相似な図形

第7章 三平方の定理

74 直角三角形の合同条件を利用する証明① 〔基礎〕

右の図は，△ABC の辺 BC の中点 M から
辺 AB，AC に垂線をひき，その交点をそ
れぞれ D，E としたものです。
MD＝ME のとき，△ABC は二等辺三角
形であることを証明しなさい。

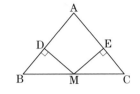

考え方 直角三角形の合同条件「斜辺と他の 1 辺」を根拠にして，まず，△DBM≡△ECM を導く。

◉ 解き方

△DBM≡△ECM から，∠B＝∠C を導く。

◉ 答

△DBM と △ECM において，

仮定から，∠BDM＝∠CEM＝90°……①

$\qquad\qquad$ MD＝ME $\qquad$……②

また，点 M は辺 BC の中点だから，

$\qquad\qquad$ BM＝CM $\qquad$……③

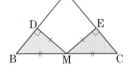

①，②，③より，直角三角形の斜辺と他の 1 辺がそれぞれ等しいから，

$\qquad\qquad$ △DBM≡△ECM

合同な図形の対応する角の大きさは等しいから，

$\qquad\qquad\qquad$ ∠B＝∠C

したがって，2 つの角が等しいから，

△ABC は二等辺三角形である。

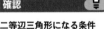

確認

二等辺三角形になる条件

次の三角形は二等辺三角形である。

● 2 つの辺が等しい。（定義）
● 2 つの角が等しい。

練習 74

解答は別冊 p.77

右の図の四角形 ABCD は正方形で，四角形 AEFG
は四角形 ABCD を点 A を中心として回転移動させ
たものです。辺 BC と辺 FG の交点を H とするとき，
△ABH≡△AGH であることを証明しなさい。

【群馬県】

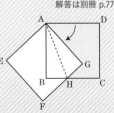

75 直角三角形の合同条件を利用する証明② 基礎

右の図のように，正方形 ABCD の辺 AB 上に
点 E をとり，線分 DE に頂点 A，C からそれぞ
れ垂線 AF，CG をひきます。このとき，
AF＝DG であることを証明しなさい。

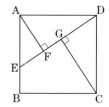

考え方 直角三角形の合同条件「斜辺と 1 つの鋭角」を根拠にして，
まず，△AFD≡△DGC を導く。

● 証明

△AFD と △DGC において，

仮定から，　　　　　∠AFD＝∠DGC＝90° ……①

正方形の辺だから，　　AD＝DC ……②

△AFD の内角の和より，

　∠DAF＝180°－90°－∠ADF＝90°－∠ADF ……③

　∠CDG＝∠ADC－∠ADF＝90°－∠ADF ……④

③，④より，　　　∠DAF＝∠CDG ……⑤

①，②，⑤より，**直角三角形の斜辺と 1 つの鋭角がそ
れぞれ等しいから，△AFD≡△DGC**

合同な図形の対応する辺の長さは等しいから，

　　　　　　　　AF＝DG

参考

証明のコツ

この問題のように，結論が 2
つの三角形の合同ではない場
合は，結論にある辺に着目
し，その辺をもつ 2 つの三角
形の合同を導く。

この問題では，結論が
AF＝DG だから，AF を 1 辺
とする △AFD と DG を 1 辺
とする △DGC に着目し，こ
の 2 つの三角形の合同から，
結論を導ければよい。

 練習 75

解答は別冊 p.77

右の図において，四角形 ABCD と四角形 FGCE は
合同な長方形であり，AB＞BC，FG＞GC です。点
G は四角形 ABCD の内部にあり，点 D は辺 FG 上
にあります。点 E から辺 CD に垂線をひき，辺 CD
との交点を H とします。このとき，△CDG≡△ECH
であることを証明しなさい。　　　　　【高知県】

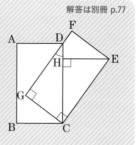

第1章 平面図形

第2章 空間図形

第3章 平行と合同

第4章 図形の性質

第5章 円

第6章 相似な図形

第7章 三平方の定理

76 直角三角形の合同条件を利用する証明③ 発展

右の △ABC で，∠B と ∠C の二等分線の
交点を I とします。
点 I から 3 辺 AB，BC，CA に垂線をひき，
その交点をそれぞれ P，Q，R とすると，
IP＝IQ＝IR であることを証明しなさい。

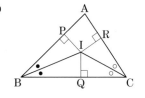

考え方 まず，△IBP≡△IBQ，△ICQ≡△ICR を導く。

◉ 証明

△IBP と △IBQ において，

仮定から，　　　∠IPB＝∠IQB＝90°……①

　　　　　　　　∠IBP＝∠IBQ　　　　……②

共通な辺だから，IB＝IB　　　　　　　……③

①，②，③より，直角三角形の斜辺と 1 つの鋭角が
それぞれ等しいから，

　　　　　　　　△IBP≡IBQ

合同な図形の対応する辺の長さは等しいから，

　　　　　　　　IP＝IQ　　　　　　　……④

△ICQ と △ICR において，

同様に，　　　　△ICQ≡△ICR

よって，　　　　IQ＝IR　　　　　　　……⑤

④，⑤より，　　IP＝IQ＝IR

参考

三角形の内接円と内心

この問題の結論から，次のこ
とがいえる。

三角形の 2 つの内角の二等分
線の交点は，三角形の 3 つの
辺から等しい距離にある。

したがって，この点を中心に
すると，三角形の 3 辺に接す
る円をかくことができる。

このとき，三角形の 3 辺に接
する円を，その三角形の**内接**
円といい，内接円の中心を，
その三角形の**内心**という。

また，下の練習問題の結論か
ら，次のことがいえる。

三角形の 3 つの内角の二等分
線は 1 点で交わる。

つまり，この交点がこの三角
形の内心である。

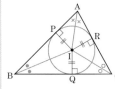

練習 76

解答は別冊 p.78

上の問題で，点 I は
∠A の二等分線上
にあることを証明し
なさい。

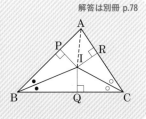

第4章

SECTION

3

平行四辺形

77 平行四辺形の性質の証明

基礎

右の平行四辺形 ABCD を使って，次の
平行四辺形の性質を証明しなさい。
(1) 2 組の対辺はそれぞれ等しい。
(2) 2 組の対角はそれぞれ等しい。

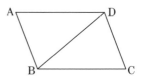

考え方 　$\triangle ABD \equiv \triangle CDB$ を導く。

◎ 証明

(1) $\triangle ABD$ と $\triangle CDB$ において，

共通な辺だから，　　　　　　　　$BD=DB$　　…①

平行線の錯角は等しいから，　$\angle ABD = \angle CDB$…②

　　　　　　　　　　　　　　　$\angle ADB = \angle CBD$…③

①，②，③より，1 組の辺とその両端の角がそれぞ
れ等しいから，　　　　　　　$\triangle ABD \equiv \triangle CDB$

合同な図形の対応する辺の長さは等しいから，

　　　　　　　　　　　$AB=DC$，$AD=BC$

(2) (1)の $\triangle ABD \equiv \triangle CDB$ より，合同な図形の対応す
る角の大きさは等しいから，$\angle A = \angle C$

また，$\angle B = \angle ABD + \angle CBD$

　　　　$= \angle CDB + \angle ADB = \angle D$

練習 77

解答は別冊 p.78

右の □ABCD を
使って，次の平行
四辺形の性質を証
明しなさい。

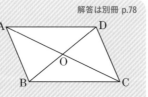

「対角線はそれぞれの中点で交わる。」

用語解説 📖

四角形の向かい合う辺を対辺，
向かい合う角を対角という。

定義 👆

平行四辺形の定義

2 組の対辺がそれぞれ平行な
四角形。

定理 ✏️

平行四辺形の性質

①平行四辺形の 2 組の対辺は
　それぞれ等しい。

②平行四辺形の 2 組の対角は
　それぞれ等しい。

③平行四辺形の対角線はそれ
　ぞれの中点で交わる。

※平行四辺形 ABCD のことを
　記号 □ を使って，□ABCD
　と書くこともある。

第1章　平面図形

第2章　空間図形

第3章　平行と合同

第4章　図形の性質

第5章　円

第6章　相似な図形

第7章　三平方の定理

78 平行四辺形をふくむ図形と角 〔基礎〕

次の □ABCD で，∠x の大きさを求めなさい。

(1) CA＝CB

(2) ∠DAF＝∠EAF

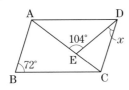

【香川県】

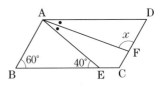

【徳島県】

考え方 平行四辺形の対辺は平行で，対角は等しい。

● 解き方

(1) CA＝CB より，二等辺三角形の底角だから，∠CAB＝∠CBA＝72°

AB∥DC より，平行線の錯角は等しいから，∠DCA＝∠CAB＝72°

△DCE の内角と外角の関係より，∠x＝104°－72°＝32°

(2) AD∥BC より，平行線の錯角は等しいから，∠DAE＝∠AEB＝40°

∠DAF＝∠EAF より，∠DAF＝40°÷2＝20°

平行四辺形の対角は等しいから，∠D＝∠B＝60°

△ADF の内角の和より，∠x＝180°－（20°＋60°）＝100°

● 答

(1) 32°　　(2) 100°

練習 78

解答は別冊 p.78

次の □ABCD で，∠x の大きさを求めなさい。

(1) CD＝CE

(2) BA＝BE

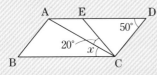

【和歌山県】

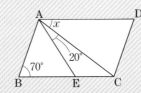

【石川県】

79 平行四辺形の性質を利用する証明① 基礎

AB＜AD の平行四辺形 ABCD を，右の図の
ように，頂点 C が頂点 A に重なるように折
りました。折り目の線と辺 AD，BC との交
点をそれぞれ P，Q とし，頂点 D が移った
点を E とします。このとき，
△ABQ≡△AEP であることを証明しなさい。 【栃木県】

考え方 平行四辺形の対辺，対角の性質を利用する。

● 解き方

　三角形の合同条件「1 組の辺とその両端の角」を根拠にして結論を導く。

● 証明

△ABQ と △AEP において，

平行四辺形の対辺は等しく，折り返した辺だから，

$$AB＝AE \qquad \cdots\cdots ①$$

平行四辺形の対角は等しく，折り返した角だから，

$$\angle ABQ＝\angle AEP \qquad \cdots\cdots ②$$

$$\angle BAP＝\angle EAQ \qquad \cdots\cdots ③$$

ここで，　　$\angle BAQ＝\angle BAP－\angle QAP$ ……④

$$\angle EAP＝\angle EAQ－\angle QAP \cdots\cdots ⑤$$

③，④，⑤より，$\angle BAQ＝\angle EAP$ ……⑥

①，②，⑥より，1 組の辺とその両端の角がそれぞれ等しいから，

$$△ABQ≡△AEP$$

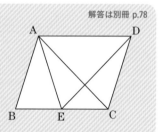

練習 79

解答は別冊 p.78

右の図のように，平行四辺形 ABCD があり，
点 E は辺 BC 上の点で，AB＝AE です。こ
のとき，△ABC≡△EAD であることを証明しな
さい。 【秋田県】

80 平行四辺形の性質を利用する証明② 基礎

右の図のように，▱ABCD の対角線の
交点を O とし，O を通る直線が AD，BC
と交わる点をそれぞれ P，Q とします。
このとき，OP＝OQ であることを証明
しなさい。

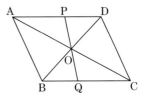

考え方 **平行四辺形の対角線の性質を利用する。**

◉ 解き方

結論に着目し，OP，OQ をそれぞれ辺にもつ △OAP と △OCQ の合同を導く。

◉ 証明

△OAP と △OCQ において，

平行四辺形の対角線はそ
れぞれの中点で交わるか
ら，　　OA＝OC 　…①

対頂角は等しいから，

　　∠AOP＝∠COQ…②

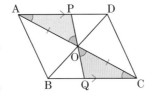

AD∥BC より，平行線の錯角は等しいから，

　　∠OAP＝∠OCQ…③

①，②，③より，1 辺とその両端の角がそれぞれ等し
いから，

　　△OAP≡OCQ

合同な図形の対応する辺の長さは等しいから，

　　OP＝OQ

別解 ➕

**△ODP と △OBQ の合同から
OP＝OQ を導いてもよい**

△ODP と △OBQ において，
　OD＝OB（対角線の性質）
　∠POD＝∠QOB（対頂角）
　∠ODP＝∠OBQ（錯角）
1 組の辺とその両端の角がそ
れぞれ等しいから，
　△ODP≡△OBQ
したがって，OP＝OQ

練習 80

解答は別冊 p.78

右の図のように，▱ABCD の対角線の交点を O
とし，点 B，D から対角線 AC にひいた垂線と AC
との交点をそれぞれ E，F とします。
このとき，OE＝OF であることを証明しなさい。

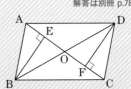

81 平行四辺形になる条件の証明 基礎

右の図で，AD∥BC，AD＝BC ならば，四角形 ABCD は平行四辺形であること を証明しなさい。

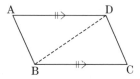

AB∥DC を導く。

◉ **解き方**

△ABD≡△CDB から，平行四辺形の定義を導く。

◉ **証明**

△ABD と △CDB において，

仮定から， AD＝CB ……①

共通な辺だから， BD＝DB ……②

仮定から AD∥BC で，平行線の錯角は等しいから，

∠ADB＝∠CBD ……③

①，②，③より，2 組の辺とその間の角がそれぞれ等 しいから， △ABD≡△CDB

合同な図形の対応する角の大きさは等しいから，

∠ABD＝∠CDB

錯角が等しいから， AB∥DC

また，仮定から， AD∥BC

したがって，四角形 ABCD は，2 組の対辺がそれぞれ 平行だから，平行四辺形である。

練習 81

解答は別冊 p.78

右の図で，OA＝OC，OB＝OD ならば，四 角形 ABCD は平行 四辺形であること を証明しなさい。 （O は対角線の交点）

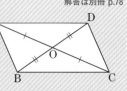

定理

平行四辺形になる条件

四角形は，次のどれかが成り 立てば，平行四辺形である。

①2 組の対辺がそれぞれ平行 である。（定義）

②2 組の対辺がそれぞれ等し い。

③2 組の対角がそれぞれ等し い。

④対角線がそれぞれの中点で 交わる。

⑤1 組の対辺が平行でその長 さが等しい。

参考

ふだんの証明では，平行四辺 形であることの根拠に，平行 四辺形の性質を使ってもよい。

第1章 平面図形

第2章 空間図形

第3章 平行と合同

第4章 図形の性質

第5章 円

第6章 相似な図形

第7章 三平方の定理

82 平行四辺形になる条件を利用する証明 〔基礎〕

右の図の四角形 ABCD で，
∠OAB＝∠OCD＝90°，OB＝OD であ
るとき，四角形 ABCD は平行四辺形
であることを証明しなさい。

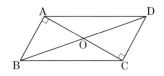

考え方 平行四辺形になる 5 つの条件のうち，
どの条件が根拠として使えるかを考える。

◉ 解き方

まず，△OAB≡△OCD を導き，対角線に関する条件を利用する。

◉ 証明

△OAB と △OCD において，

仮定から， ∠OAB＝∠OCD＝90° ……①

OB＝OD ……②

対頂角は等しいから，∠AOB＝∠COD ……③

①，②，③より，直角三角形の斜辺と 1 つの鋭角が
それぞれ等しいから，△OAB≡△OCD

合同な図形の対応する辺の長さは等しいから，

OA＝OC ……④

②，④より，対角線がそれぞれの中点で交わるから，
四角形 ABCD は平行四辺形である。

別解 ⊕

**「1 組の対辺が平行でその長
さが等しい」を利用する**

△OAB≡△OCD
までは左と同じ。
合同な図形の対応する辺の長
さは等しいから，
AB＝DC
∠OAB＝∠OCD＝90° より，
錯角は等しいから，
AB∥DC
したがって，1 組の対辺が平
行でその長さが等しいから，
四角形 ABCD は平行四辺形。

練習 82

解答は別冊 p.79

右の ⊿ABCD で，辺 AB，BC，CD，DA
の中点をそれぞれ E，F，G，H とします。
このとき，線分 AG，BH，CE，DF で囲
まれた四角形 PQRS は平行四辺形である
ことを証明しなさい。

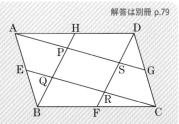

特別な平行四辺形

83 特別な平行四辺形の性質の証明 　基礎

右の長方形 ABCD で，対角線 AC，BD の
長さは等しいことを証明しなさい。

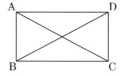

考え方 　△ABC≡△DCB を導く。

◉ 解き方

平行四辺形の性質と長方形の定義を根拠にして，
△ABC≡△DCB を導く。

◉ 証明

△ABC と △DCB において，

長方形は平行四辺形であり，対辺は等しいから，

$$AB=DC \quad ……①$$

共通な辺だから，$BC=CB$ 　……②

長方形の定義より，4つの角は等しいから，

$$∠ABC=∠DCB……③$$

①，②，③より，2組の辺とその間の角がそれぞれ
等しいから，　△ABC≡△DCB

合同な図形の対応する辺の長さは等しいから，

$$AC=DB$$

定義

特別な平行四辺形の定義

●長方形
4つの角が等しい四角形。

●ひし形
4つの辺が等しい四角形。

●正方形
4つの角が等しく，4つの
辺が等しい四角形。

※長方形，ひし形，正方形は
平行四辺形の特別な場合で
あり，平行四辺形のすべて
の性質をもっている。

定理

対角線に関する性質

●長方形の対角線は等しい。

●ひし形の対角線は垂直に交
わる。

●正方形の対角線は，長さが
等しく垂直に交わる。

練習 83

解答は別冊 p.79

右のひし形 ABCD で，
AC⊥BD であることを
証明しなさい。

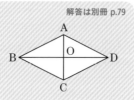

図形

第1章 平面図形

第2章 空間図形

第3章 平行と合同

第4章 図形の性質

第5章 円

第6章 相似な図形

第7章 三平方の定理

84 特別な平行四辺形になる条件 基礎

次の□□□にあてはまる記号を答えなさい。

(1) ▱ABCD は，AC □ア□ BD のとき長方形，AC □イ□ BD のときひし形になる。

(2) 長方形 ABCD は，AB □ウ□ BC，または AC □エ□ BD のとき正方形になる。

(3) ひし形 ABCD は，AB □オ□ AD，または ∠A＝∠□カ□ のとき正方形になる。

考え方 定義と対角線の性質から考える。

◉ 解き方

(1) AC，BD は ▱ABCD の対角線だから，

アは**長方形の対角線の性質**より，

$AC＝BD$

イは**ひし形の対角線の性質**より，

$AC⊥BD$

(2) **長方形は，ひし形の性質を合わせもつと正方形になる。**

AB，BC はとなり合う辺だから，ウは**ひし形の定義**より，$AB＝BC$

AC，BD は対角線だから，エは**ひし形の対角線の性質**より，$AC⊥BD$

(3) **ひし形は，長方形の性質を合わせもつと正方形になる。**

AB，AD はとなり合う辺だから，オは**長方形の定義**より，$AB⊥BC$

カも**長方形の定義**より，$∠A＝∠B$，または $∠A＝∠D$

◉ 答 (1) ア ＝ イ ⊥ (2) ウ ＝ エ ⊥ (3) オ ⊥ カ **B**(または **D**)

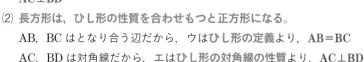

練習 84

解答は別冊 p.79

次のことがらの逆を答えなさい。また，それが正しいかどうかも答えなさい。正しくない場合は，反例となる図を1つ示しなさい。

(1) 長方形の対角線の長さは等しい。

(2) ひし形の対角線は垂直に交わる。

85 ## ひし形になる条件を利用する証明 〔基 礎〕

右の図のように，△ABC の ∠A の二等分線
が辺 BC と交わる点を D とし，D から辺 BA,
CA に平行な直線をひき，AC，AB との交点
をそれぞれ E，F とします。このとき，四角
形 AFDE はひし形であることを証明しなさい。

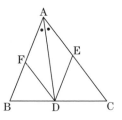

考え方 まず，四角形 AFDE は平行四辺形であることを述べ，
となり合う辺が等しいことからひし形であることを導く。

◉ 証明

AF∥ED，AE∥FD より，四角形 AFDE は，
2 組の対辺がそれぞれ平行だから，平行四辺形である。
次に，△FAD において，
仮定から，　∠FAD＝∠EAD……①
AE∥FD より，平行線の錯角は等しいから，
　　　　　　∠EAD＝∠FDA……②
①，②より，∠FAD＝∠FDA
△FAD は，2 つの角が等しいから二等辺三角形で，
　　　　　FA＝FD
これより，四角形 AFDE は平行四辺形で，となり合
う辺が等しいから，ひし形である。

確認

平行四辺形がひし形になる条件

平行四辺形は，次のどちらか
が成り立てば，ひし形である。
①となり合う辺が等しい。

②対角線が垂直に交わる。

練習 85

解答は別冊 p.79

右の図は，幅が等しいテープを重ねたもので
す。このとき，重なった部分の四角形 ABCD
はひし形であることを証明しなさい。

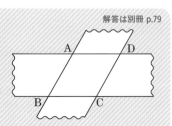

第4章
SECTION

5 平行線と面積

第1章 平面図形

第2章 空間図形

第3章 平行と合同

第4章 図形の性質

第5章 円

第6章 相似な図形

第7章 三平方の定理

86 平行線と三角形の面積① 基礎

右の図は，AD∥BC の台形 ABCD で，点 O は
対角線 AC と BD の交点です。
このとき，△ABO＝△DCO であることを証明
しなさい。

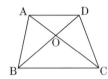

考え方 △ABC＝△DBC で，△OBC は共通である。

● 解き方

面積が等しい三角形の面積から，共有している三角
形の面積をひく。

● 証明

△ABC と △DBC は，底辺
BC が共通で，AD∥BC より，
高さが等しいから，

　△ABC＝△DBC

この2つの三角形の面積から，共有している △OBC の
面積をそれぞれひくと，

　△ABC－△OBC＝△ABO

　△DBC－△OBC＝△DCO

したがって，△ABO＝△DCO

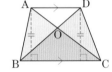

確認

△ABO，△DCO のように，
図形を表す記号で，図形の面
積を表すことがある。
△ABO＝△DCO は，△ABO
の面積と △DCO の面積が等
しいことを表す式である。
また，2△ABC は，△ABC の
面積の2倍を表す。

定理

平行線と面積

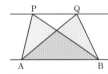

△PAB と △QAB の頂点 P，
Q が直線 AB について同じ側
にあるとき，
① PQ∥AB ならば，
　△PAB＝△QAB
② △PAB＝△QAB ならば，
　PQ∥AB

練習 86

解答は別冊 p.79

右の図で，AD∥BC，
BM＝MC のとき，
面積が等しい三角
形の組をすべて見
つけなさい。

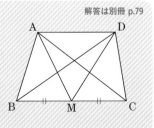

87 平行線と三角形の面積② 基 礎

右の図の平行四辺形 ABCD で，AB，BC 上にそれぞれ点 E，F をとります。
AC∥EF のとき，△ACE と面積が等しい三角形を3つ書きなさい。 【青森県】

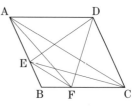

考え方 底辺に平行な直線上に頂点がある三角形に着目。

● 解き方

● △ACE と △ADE は，底辺 AE を共有し，AE∥DC より，高さが等しいから，
　　△ACE＝△ADE

● △ACE と △ACF は，底辺 AC を共有し，AC∥EF より，高さが等しいから，
　　△ACE＝△ACF

● △ACF と △DCF は，底辺 FC を共有し，AD∥FC より，高さが等しいから，
　　(△ACE＝)△ACF＝△DCF

● **答　△ADE，△ACF，△DCF**

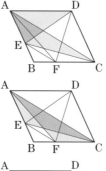

参考

三角形の底辺，高さと面積の関係

● 高さが等しい三角形の面積の比は，底辺の比に等しい。

△ABC：△ACD＝BC：CD

● 底辺が等しい三角形の面積の比は，高さの比に等しい。

△ABC：△DBC＝h：h′

練習 87

解答は別冊 p.79

右の図で，AB∥DC，ED∥BC です。

(1) △ACD と面積が等しい三角形をすべて答えなさい。

(2) △AED と面積が等しい三角形をすべて答えなさい。

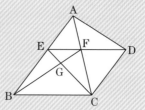

第1章 平面図形
第2章 空間図形
第3章 平行と合同
第4章 図形の性質
第5章 円
第6章 相似な図形
第7章 三平方の定理

88 等積変形の利用 応用

右の △ABC で，辺 BC 上の点 P を通る直線によって，この三角形の面積を 2 等分したい。この直線と辺 AC との交点を Q とするとき，直線 PQ のひき方を説明しなさい。

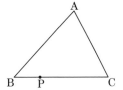

考え方 辺 BC の中点を M とし，平行線と面積の関係を利用して，△APM＝△APQ となるような辺 AC 上の点 Q を考える。

● 解き方

辺 BC の中点を M とすると，

BM＝CM より，直線 AM は △ABC の面積を 2 等分する。

したがって，直線 PQ が △ABC の面積を 2 等分するとき，

四角形 ABPQ＝△ABM

△ABP は共通だから，△APQ＝△APM

平行線と面積の関係より，AP∥QM

共通

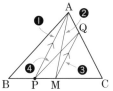

● 説明

次の手順でかく。

❶ 直線 AP をひく。

❷ 辺 BC の中点を M とし，直線 AM をひく。

❸ 点 M を通り，直線 AP に平行な直線をひき，辺 AC との交点を Q とする。

❹ 直線 PQ をひく。

用語解説 📖

等積変形

平行線と面積の関係を利用すると，面積を変えずに，形を変えることができる。

このように，ある図形の面積を変えずに，形だけ変えることを，**等積変形**という。

練習 88

解答は別冊 p.80

右の図で，五角形 ABCDE＝△APQ となるような，直線 CD 上の 2 点 P，Q のとり方を説明し，△APQ をかきなさい。

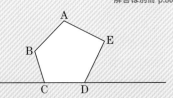

章末問題

解答 別冊 p.80

1 次の問いに答えなさい。

(1) 右の図のような，BA＝BC の二等辺三角形 ABC が
あります。このとき，∠x の大きさを求めなさい。

【山梨県】

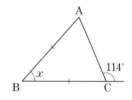

(2) 右の図のように，点 O から等距離にある 3 点 A, B,
C を頂点とする △ABC があります。
∠AOC＝124°，∠OBC＝25° であるとき，∠OAB
の大きさを求めなさい。 【岡山朝日高】

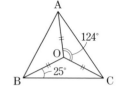

(3) 右の図のような，辺 AD が辺 AB より長い平行四
辺形 ABCD があります。∠BCD の二等分線と辺
AD との交点を E とします。∠CED＝50° であると
き，∠ABC の大きさを求めなさい。 【香川県】

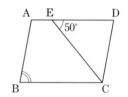

(4) 右の図のひし形 ABCD で，∠AEB＝110°，
∠EBC＝22°，∠CAE＝34° です。このとき，
∠ADC の大きさを求めなさい。

【桐朋高(東京)】

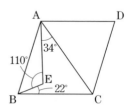

2 次の①，②のどちらか 1 つを選び，正方形でない平行四辺形 PQRS の 2 つの
対角線 PR，QS がどのような関係にあれば，平行四辺形 PQRS がひし形また
は長方形になるか，　　　にあてはまることばを書きなさい。なお，選んだ番
号を書くこと。 【山形県】

① 対角線 PR と QS が　　　　　ならば，平行四辺形 PQRS はひし形になる。

② 対角線 PR と QS が　　　　　ならば，平行四辺形 PQRS は長方形になる。

3 右の図のように，∠BAC＝90°の直角二等辺三角
形 ABC と，頂点 A，B，C をそれぞれ通る 3 本
の平行な直線 ℓ，m，n があります。線分 BC と
直線 ℓ との交点を D とし，頂点 A から 2 直線 m，
n にそれぞれ垂線 AP，AQ をひきます。このと
き，△ABP≡△CAQ であることを証明しなさい。

【鹿児島県】

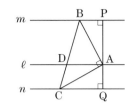

4 右の図のように，平行四辺形 ABCD の対角線の
交点を O とし，線分 OA，OC 上に，AE＝CF と
なる点 E，F をそれぞれとります。このとき，四
角形 EBFD は平行四辺形であることを証明しな
さい。

【19 埼玉県】

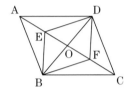

5 右の図のように，AB＝AC の二等辺三角形 ABC
の辺 BC 上に，2 点 D，E があり，BE＝CD です。
また，四角形 AFBE は，平行四辺形です。この
とき，△AFB≡△CDA であることを証明しなさ
い。

【山口県】

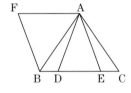

6 右の図のように，△ABC の辺 AB の延長線上に
点 D があります。また，∠CAB の二等分線と
∠CBD の二等分線の交点を E とします。点 E か
ら直線 AB，BC，CA に垂線を下ろし，垂線と直
線 AB，BC，CA との交点をそれぞれ H，I，J
とします。このとき，次の問いに答えなさい。

【市川高（千葉）】

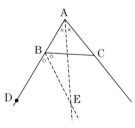

(1) 三角形の合同を用いて，EI＝EJ であることを証明しなさい。

(2) ∠CAB＝∠ABC＝70° であるとき，∠ECJ の大きさを求めなさい。

第5章

円

円には，いろいろな性質がある。この章では，それら円の性質を総合的に扱っている。
円周角・中心角・弧・弦などの関係や，接線に関する定理や性質をしっかり押さえよう。

円周角の定理

➡p.394

円周角の定理

1つの弧に対する円周角の大きさは
一定で，その弧に対する中心角の
半分である。

例 $\angle APB = \angle AQB = \dfrac{1}{2}\angle AOB$

円周角と弧の定理

- 1つの円で，等しい円周角に対
  する弧は等しい。
  - **例** $\angle APB = \angle CQD$ ならば，
    $\overset{\frown}{AB} = \overset{\frown}{CD}$
- 1つの円で，等しい弧に対する
  円周角は等しい。
  - **例** $\overset{\frown}{AB} = \overset{\frown}{CD}$ ならば，
    $\angle APB = \angle CQD$

円周角の定理の逆

2点 P，Q が直線 AB について同
じ側にあって，
$\angle APB = \angle AQB$ ならば，4点 A，
B，P，Q は1つの円周上にある。

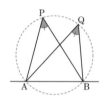

直径と円周角

半円の弧に対する円周角は
90°である。

円周角と弧の性質

1つの円で，弧の長さは，そ
の弧に対する円周角の大きさ
に比例する。また，その逆も
成り立つ。

$\angle APB = 90°$ のとき，点 P は，
AB を直径とする円周上にあ
る。

2 円と接線

→p.402

● 円の接線は接点を通る半径に垂直である。
● 円外の1点からその円にひいた2つの接線の長さは等しい。

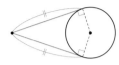

3 円に内接する四角形 発展

→p.407

円に内接する四角形の性質

❶ 対角の和は 180° である。

　　例 ∠BAD＋∠BCD＝180°

❷ 外角は，それととなり合う内角の対角に等しい。

　　例 ∠DCE＝∠BAD

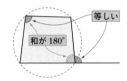

四角形が円に内接する条件

　四角形は，次の❶，❷のどちらかが成り立てば，円に内接する。

❶ 1組の対角の和が 180° である。

❷ 1つの外角がそれととなり合う内角の対角に等しい。

4 接線と弦のつくる角 発展

→p.413

接線と弦のつくる角の定理（接弦定理）

　円の接線とその接点を通る弦のつくる角は，その角の内部にある弧に対する円周角に等しい。

　　例 AT が A を接点とする円 O の接線のとき，

　　　　∠BAT＝∠BCA

接弦定理の逆

　円周上の点 A からひいた直線と弦のつくる角が，その角内にある弧に対する円周角に等しければ，点 A からひいた直線は，点 A を接点とする円の接線である。

　　例 ∠BAT＝∠BCA ならば，

　　　　直線 AT は A を接点とする円 O の接線である。

第1章 平面図形

第2章 空間図形

第3章 平行と合同

第4章 図形の性質

第5章 円

第6章 相似な図形

第7章 三平方の定理

第5章

SECTION

1 円周角の定理

89 円周角の定理の証明

右の図で,
$$\angle APB = \frac{1}{2}\angle AOB$$
であることを証明しなさい。

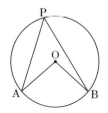

考え方 直径 PC をひいて,二等辺三角形をつくる。

● 証明

直径 PC をひくと,

△OPA で,OP=OA だから,

$\angle OPA = \angle OAP$

∠AOC は △OPA の外角だから,

$\angle AOC = \angle OPA + \angle OAP$

$\qquad = 2\angle OPA \cdots\cdots①$

同様に,△OPB で,$\angle BOC = 2\angle OPB \cdots\cdots②$

①+②より,

$\angle AOB = \angle AOC + \angle BOC = 2(\angle OPA + \angle OPB)$

$\qquad = 2\angle APB$

したがって,$\angle APB = \frac{1}{2}\angle AOB$

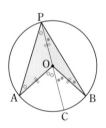

定理

円周角の定理

下の図のように,円 O の $\overset{\frown}{AB}$ を除いた周上の点を P とするとき,$\angle APB$ を $\overset{\frown}{AB}$ に対する$\overset{\text{えんしゅうかく}}{円周角}$という。

円周角

1 つの弧に対する円周角の大きさは一定で,その弧に対する中心角の半分である。

練習 89

解答は別冊 p.81

点 P が右の⑦,④の位置にある場合も,
$$\angle APB = \frac{1}{2}\angle AOB$$
が成り立つことを,それぞれ証明しなさい。

⑦

④

第1章 平面図形

第2章 空間図形

第3章 平行と合同

第4章 図形の性質

第5章 円

第6章 相似な図形

第7章 三平方の定理

90 円周角の定理の利用　基礎

次の図で，∠x の大きさを求めなさい。(点 O は円の中心)

(1) 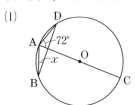　【岐阜県】

(2) 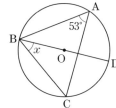　【福井県】

考え方 **円周角の定理を利用する。**

◉ 解き方

(1) 半径 OD をひくと，OA＝OD，∠OAD＝72° より，

∠AOD＝180°−72°×2＝36°

$\widehat{AD}$ に対する円周角は中心角の半分だから，

$∠x=\dfrac{1}{2}×36°=18°$

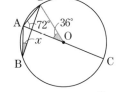

(2) C と D を結ぶと，$\widehat{BC}$ に対する円周角は等しいから，

∠BDC＝∠BAC＝53°

半円の弧に対する円周角より，

∠BCD＝90°

△BCD の内角の和より，

∠x＝180°−(53°＋90°)＝37°

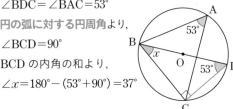

◉ 答

(1) **18°**　(2) **37°**

定理 🖊

直径と円周角

半円の弧に対する円周角は 90° である。

半円の弧に対する中心角は 180° だから，円周角は，$\dfrac{1}{2}×180°=90°$

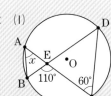

練習 90

解答は別冊 p.81

右の図で，∠x の大きさを求めなさい。

(点 O は円の中心)

(1)【山梨県】 (2)【新潟県】

(1)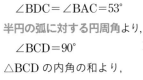

(2)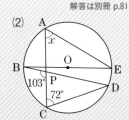

91 三角形の外接円と外心

右の図で，円 O は △ABC の外接円です。
∠x の大きさを求めなさい。

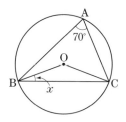

考え方 **円周角の定理を利用する。**

● 解き方

$\overset{\frown}{BC}$ に対する中心角は円周
角の 2 倍だから，

$$\angle BOC = 2\angle BAC$$
$$= 2 \times 70° = 140°$$

△OBC は OB＝OC の二等
辺三角形だから，

$$\angle x = (180° - 140°) \div 2 = 20°$$

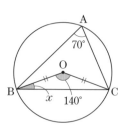

● 答

20°

練習 91

解答は別冊 p.81

次の図で，円 O は △ABC の外接円である。
∠x の大きさを求めなさい。

(1)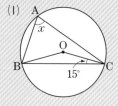

(2)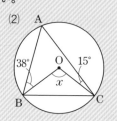

参考

三角形の外接円と外心

下の図のように，△ABC の
辺 AB，BC の垂直二等分線
の交点を O とすると，三角形
の合同から，OA＝OB，
OB＝OC が導けるから，
OA＝OC

したがって，点 O は，辺 AC
の垂直二等分線上にもある。

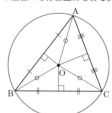

点 O を中心として，半径 OA
の円をかくと，その円は
△ABC の 3 つの頂点を通る。
このように，三角形の 3 つの
頂点を通る円を，その三角形
の**外接円**（がいせつえん）といい，外接円の中
心を，その三角形の**外心**（がいしん）という。
このとき，三角形は円に**内接**
するという。

参考

三角形の内接円と内心
(→ p.377, p.404)

92 円周角の定理を利用する証明　基礎

右の図で，点 C は AB を直径とする円 O の
周上の点であり，点 D は線分 BC 上の点で，
AC＝BD です。また，点 E，F は D を通
り BC に垂直な直線と円 O との交点であ
り，点 G は AE と BC との交点です。
このとき，△ACG≡△BDE であることを
証明しなさい。

【岐阜県】

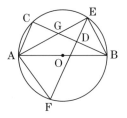

考え方 円周角の定理を利用する。

● **解き方**
　合同条件は「1 組の辺とその両端の角」を使う。

● **証明**
△ACG と △BDE において，
仮定から，　　　　　　　　　　AC＝BD　……①
$\overparen{\text{CE}}$ に対する円周角は等しいから，∠CAG＝∠DBE……②
半円の弧に対する円周角より，　∠ACG＝90°　……③
仮定から，　　　　　　　　　　∠BDE＝90°　……④
③，④より，　　　　　　　　　∠ACG＝∠BDE……⑤
①，②，⑤より，1 組の辺とその両端の角がそれぞれ等しいから，
　　　　　　　　　　△ACG≡△BDE

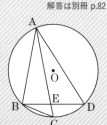

練習 92

解答は別冊 p.82

右の図のように，円 O の周上に 4 つの点 A，B，C，
D があり，2 つの弦 AC，BD の交点を E とします。
AB＝AE であり，AC は ∠BAD の二等分線です。
このとき，△ABC≡△AED であることを証明しなさ
い。　　　　　　　　　　　　　　　　【新潟県】

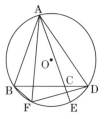

93 円周角と弧の定理を利用する証明 基礎

右の図のように，AB＝AC の二等辺三角形
ABC があり，辺 BC の延長上に点 D をとりま
す。3 点 A，B，D を通る円を O とし，辺 AC
の延長と円 O との交点を E とします。$\overset{\frown}{\mathrm{BE}}$ 上
に点 F を $\overset{\frown}{\mathrm{BF}} = \overset{\frown}{\mathrm{ED}}$ となるようにとるとき，
△ABF≡△ACD であることを証明しなさい。

【桐朋高（東京）】

考え方 **円周角と弧の定理を利用する。**

定理

◉ 証明

△ABF と △ACD において，

仮定から，　　　　AB＝AC　……①

$\overset{\frown}{\mathrm{BF}} = \overset{\frown}{\mathrm{ED}}$ より，等しい弧に対する円周角は等しいから，

　　　　　∠BAF＝∠CAD……②

$\overset{\frown}{\mathrm{AB}}$ に対する円周角は等しいから，

　　　　　∠AFB＝∠ADC……③

②，③より，残りの角も等しいから，

　　　　　∠ABF＝∠ACD……④

①，②，④より，1 組の辺とその両端の角がそれぞれ

等しいから，△ABF≡△ACD

1 つの円で，等しい中心角に
対する弧は等しい。
逆に，等しい弧に対する中心
角は等しい。
円周角は中心角の半分だか
ら，次の定理が成り立つ。
円周角と弧の定理
① 1 つの円で，等しい円周角
　に対する弧は等しい。
② 1 つの円で，等しい弧に対
　する円周角は等しい。

練習 93

解答は別冊 p.82

右の図のように，点 O を中心とする半円がありま
す。線分 AB は直径であり，弧 AB 上に，∠ABC
の大きさが 45°より大きくなるように点 C をとり，
点 C と O を結びます。弧 AC 上に，$\overset{\frown}{\mathrm{BC}} = \overset{\frown}{\mathrm{CD}}$ とな
るように点 D をとります。直線 BC と直線 AD と
の交点を E とし，線分 AC と線分 OD との交点を
F とするとき，△ABC≡△AEC であることを証明しなさい。

【山形県】

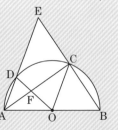

図形

第1章 平面図形

第2章 空間図形

第3章 平行と合同

第4章 図形の性質

第5章 円

第6章 相似な図形

第7章 三平方の定理

94 円周角と弧の性質の利用① 基礎

右の図で，5点 A，B，C，D，E は，円 O の
周上にあり，$\overset{\frown}{BC}=\overset{\frown}{CD}=\overset{\frown}{DE}$ です。
このとき，∠BAD の大きさを求めなさい。

【茨城県】

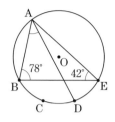

考え方 **円周角の大きさは弧の長さに比例する。**

● 解き方

△ABE の内角の和より，

∠BAE＝180°－(78°＋42°)＝60°

$\overset{\frown}{BC}=\overset{\frown}{CD}=\overset{\frown}{DE}$ より，

$\overset{\frown}{BD}:\overset{\frown}{BE}=2:3$

1つの円で，弧の長さと円周
角の大きさは比例するから，

∠BAD：∠BAE＝2：3

∠BAE＝60° より，

∠BAD＝60°×$\dfrac{2}{3}$＝40°

● 答

40°

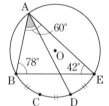

定理

円周角と弧の性質

1つの円で，弧の長さと中心
角の大きさは比例する。

円周角は中心角の半分だから，
円周角と弧について，次の性
質が成り立つ。

1つの円で，弧の長さと円周
角の大きさは比例する。

練習 94

解答は別冊 p.82

右の図のように，AB を直径とする円 O において，
$\overset{\frown}{AC}:\overset{\frown}{CB}=3:2$，$\overset{\frown}{AD}:\overset{\frown}{DE}:\overset{\frown}{EB}=1:4:1$ になっ
ています。
このとき，∠x，∠y の大きさを求めなさい。

【江戸川学園取手高(茨城)】

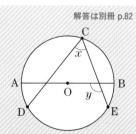

95 円周角と弧の性質の利用②

応用

右の図のように，線分 AB 上に点 C があり，線分 AB，BC を直径とする大小 2 つの半円があります。点 A から小さい半円に接線をひき，その接点を D，大きい半円との交点を E とします。

$\overparen{CD}:\overparen{DB}=3:10$ のとき，$\overparen{AE}:\overparen{EB}$ を求めなさい。

【奈良県】

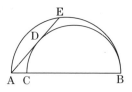

考え方 弧の長さは円周角に比例する。

◉ **解き方**

BC の中点を O とし，O と D，B と E をそれぞれ結ぶ。

∠ADO＝∠AEB＝90° より，OD∥BE で，

平行線の同位角は等しいから，∠DOA＝∠EBA

$\overparen{CD}:\overparen{DB}=3:10$ より，$\overparen{CD}:\overparen{CB}=3:13$

円周角の大きさは弧の長さに比例するから，

$$\angle DOA = \angle EBA = 180° \times \frac{3}{13}$$

$$\angle EAB = 180° - \left(90° + 180° \times \frac{3}{13}\right) = 180° \times \frac{7}{26}$$

弧の長さは円周角の大きさに比例するから，

$$\overparen{AE}:\overparen{EB} = \angle EBA : \angle EAB = \frac{3}{13} : \frac{7}{26} = 6:7$$

◉ **答 6：7**

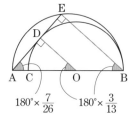

$180° \times \dfrac{7}{26}$　$180° \times \dfrac{3}{13}$

確認

円の接線は接点を通る半径に垂直だから，∠ADO＝90°
半円の弧に対する円周角は90°だから，∠AEB＝90°
同位角が等しいから，
　OD∥BE

練習 95

解答は別冊 p.82

右の図で，点 O は線分 BD を直径とする円の中心です。△ABC は 3 つの頂点 A，B，C がすべて円 O の周上にある鋭角三角形です。線分 BD と辺 AC の交点を E とします。∠ABD＝30°，∠AED＝75° のとき，頂点 B をふくまない $\overparen{AD}$ の長さは，頂点 B をふくまない $\overparen{CD}$ の長さの何分のいくつですか。

【都立戸山高・一部】

第1章 平面図形

第2章 空間図形

第3章 平行と合同

第4章 図形の性質

第5章 円

第6章 相似な図形

第7章 三平方の定理

96 円周角の定理の逆を利用する証明 【基礎】

右の図のように，△ABC の辺 AB 上
に点 D，辺 AC 上に点 E があり，
DE∥BC です。また，線分 CD 上に
点 F があり，∠AFD＝∠ACB です。
このとき，4 点 A，D，F，E は 1 つ
の円周上にあることを証明しなさい。

【広島県】

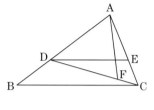

考え方 **円周角の定理の逆を利用する。**

● 解き方

∠AFD＝∠AED を導く。

● 証明

仮定から， ∠AFD＝∠ACB……①

DE∥BC より，平行線の同位角は等しいから，

∠AED＝∠ACB……②

①，②より， ∠AFD＝∠AED……③

2 点 E，F は直線 AD について同じ側にあって，

③が成り立つから，円周角の定理の逆より，

4 点 A，D，F，E は 1 つの円周上にある。

定理 🖊

円周角の定理の逆

2 点 P，Q が直線 AB につい
て同じ側にあって，

∠APB＝∠AQB

ならば，4 点 A，B，P，Q は
1 つの円周上にある。

上の定理の特別な場合として，
次のことがいえる。

∠APB＝90°のとき，点 P は，
AB を直径とする円周上にあ
る。

練習 96

解答は別冊 p.82

右の図のような円に内接す
る四角形 ABCD がありま
す。対角線 AC，BD 上にそ
れぞれ点 P，Q を PQ∥CD
となるようにとります。こ

のとき，4 点 A，B，P，Q は同一円周上にある
ことを証明しなさい。 【久留米大附設高（福岡）】

第5章

SECTION

2 円と接線

97 円外の1点からひいた接線の作図 基礎

右の図において，点Pから円O
にひいた接線を作図しなさい。

P•

考え方 円の接線は接点を通る半径に垂直であることと，
半円の弧に対する円周角は90°であることを利用する。

◉ 解き方

点Pから円Oにひいた接線と円Oとの接点をそれぞれA，Bとすると，円の接線は接点を通る半径に垂直だから， $\angle PAO = \angle PBO = 90°$

半円の弧に対する円周角は90°だから， $\angle PAO$，$\angle PBO$ をPOを直径とする円の円周角と考えると，次のように作図することができる。

❶ 線分POの垂直二等分線をひき，POとの
交点をMとする。

❷ 点Mを中心として，半径PMの円をかく。

❸ この円と円Oとの交点をそれぞれA，Bと
する。

❹ 半直線PA，PBをひく。

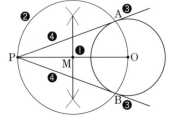

◉ 答

右の図の半直線PA，PB

ミス注意 ❗

接線は2つあることに注意！

練習 97

解答は別冊 p.82

上の答の図を使って，次のことを証明しなさい。

「円外の1点からひいた2つの接線の長さは等しい。」

第1章 平面図形

第2章 空間図形

第3章 平行と合同

第4章 図形の性質

第5章 円

第6章 相似な図形

第7章 三平方の定理

98 円に外接する四角形

右の図のように，四角形 ABCD の4つの
辺が円 O に接しています。
このとき，

　　AB＋CD＝BC＋DA

であることを証明しなさい。

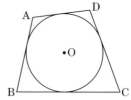

考え方 四角形の辺を円 O の接線と考える。

● **解き方**
　円外の1点からその円にひいた2つの接線の長さは等しいことを利用する。

● **証明**

辺 AB，BC，CD，DA と円 O との接点をそれぞれ
P，Q，R，S とすると，円外の1点からその円にひい
た2つの接線の長さは等しいから，

　　AP＝AS，BP＝BQ，CQ＝CR，DR＝DS

　　AB＋CD
　＝（AP＋BP）＋（CR＋DR）
　＝AS＋BQ＋CQ＋DS
　＝（BQ＋CQ）＋（AS＋DS）
　＝BC＋DA

定理

接線の長さ
円外の1点からその円にひい
た2つの接線の長さは等し
い。

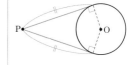

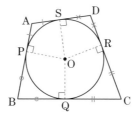

練習 98

解答は別冊 p.83

右の図のように，四角形 ABCD の4つの辺が
円 O に接しています。
AB＝10cm，BC＝15cm，CD＝13cm のとき，
AD の長さを求めなさい。

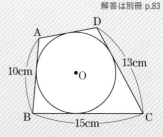

99 三角形の内接円と内心

発展

右の図で，円 I は △ABC の内接円で，点 D，E，F は，各辺との接点です。辺 AC の長さを求めなさい。

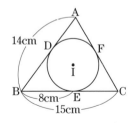

考え方 **△ABC の辺を円 I の接線と考える。**

● 解き方

右の図で，BD，BE は，点 B から円 I にひいた接線で，**円外の1点からひいた2つの接線の長さは等しいから，**

BD＝BE＝8cm

同様に，

AF＝AD＝AB－BD＝14－8＝6(cm)

CF＝CE＝BC－BE＝15－8＝7(cm)

したがって，

AC＝AF＋CF＝6＋7＝13(cm)

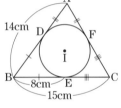

● 答

13cm

参考

三角形の内接円と内心

下の図のように，△ABC の ∠B，∠C の二等分線の交点を I とすると，三角形の合同から，ID＝IF，ID＝IE が導けるから，IF＝IE

したがって，点 I は，∠A の二等分線上にもある。

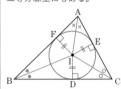

点 I を中心として，半径 ID の円をかくと，その円は △ABC の3辺に接する。

このように，三角形の3辺に接する円を，その三角形の**内接円**といい，内接円の中心を，その三角形の**内心**という。このとき，三角形は円に**外接する**という。

参考

三角形の外接円と外心

（→ p.396）

練習 99

解答は別冊 p.83

右の △ABC は ∠C＝90° の直角三角形です。この三角形の内接円 I の半径を求めなさい。

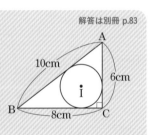

第1章 平面図形

第2章 空間図形

第3章 平行と合同

第4章 図形の性質

第5章 円

第6章 相似な図形

第7章 三平方の定理

100 円の接線と角 　基礎

右の図で、∠x の大きさを求めなさい。ただし、PA、PB は円 O の接線で、点 A、B はその接点です。また、点 C は円 O の周上の点です。　【鳥取県】

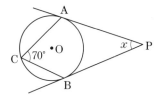

考え方 円の中心と接点を結ぶ。

◉ 解き方

点 O と A、点 O と B をそれぞれ結ぶと、

$\overset{\frown}{AB}$ に対する中心角と円周角の関係より、

$$\angle AOB = 2\angle ACB$$
$$= 2 \times 70° = 140°$$

円の接線は接点を通る半径に垂直だから、

$$\angle OAP = \angle OBP = 90°$$

四角形 OAPB の内角の和より、

$$\angle x = 360° - (140° + 90° + 90°) = 40°$$

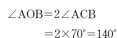

◉ 答

40°

確認 💡

円周角の定理

1 つの弧に対する円周角の大きさは一定で、その弧に対する中心角の半分である。

左の図で、

$$\angle ACB = \frac{1}{2}\angle AOB$$

したがって、

$$\angle AOB = 2\angle ACB$$

円の接線と半径

円の接線は、接点を通る半径に垂直である。

四角形の内角の和

四角形の 4 つの内角の和は 360° である。

練習 100

解答は別冊 p.83

右の図のように、点 P から円に 2 本の接線をひき、その接点を A、B とし、点 C を円周上にとります。∠APB=54° のとき、∠ACB の大きさを求めなさい。

【桐蔭学園高（神奈川）】

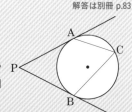

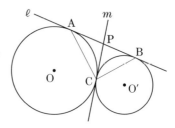

101 共通接線

右の図で，直線 ℓ, m は 2 つの円 O，O′ に共通な接線で，点 A，B，C は接点です。直線 ℓ と m の交点を P とすると，点 P は線分 AB の中点であることを証明しなさい。

考え方 **接線の性質を利用して，PA＝PB を導く。**

● 証明

線分 PA，PC は円 O の接線で，
長さは等しいから，PA＝PC……①
また，線分 PC，PB は円 O′ の接線で，
長さは等しいから，PC＝PB……②
①，②より，　　　PA＝PB
したがって，点 P は線分 AB の中点である。

用語解説

共通接線

2 つの円に接する接線。
共通内接線と**共通外接線**がある。

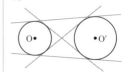

+

2 つの円の位置関係

2 つの円 O，O′ の半径をそれぞれ r，r' $(r > r')$，中心間の距離を d とすると，
2 つの円の位置関係は，次の 5 つの場合に分けられる。

①離れている	②外接する	③交わる	④内接する	⑤ふくまれる
$d > r + r'$	$d = r + r'$	$r - r' < d < r + r'$	$d = r - r'$	$d < r - r'$

練習 101

解答は別冊 p.83

上の問題で，∠ACB＝90° であることを証明しなさい。

円に内接する四角形

第1章 平面図形

第2章 空間図形

第3章 平行と合同

第4章 図形の性質

第5章 円

第6章 相似な図形

第7章 三平方の定理

102 円に内接する四角形と角① 〔発展〕

右の図で，∠x の大きさを求めなさい。

【日本大豊山高(東京)】

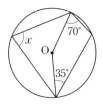

考え方 ▶ 円に内接する四角形の対角の和は $180°$

● 解き方

右の図のように，点 O と C を結ぶと，△OBC と △OCD はそれぞれ**二等辺三角形**で，底角は等しいから，

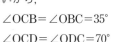

$$∠OCB = ∠OBC = 35°$$
$$∠OCD = ∠ODC = 70°$$
$$∠BCD = 35° + 70° = 105°$$

円に内接する四角形の対角の和は $180°$ だから，

$$∠x = 180° - 105° = 75°$$

● 答

75°

練習 102

解答は別冊 p.83

右の図で，∠x の大きさを求めなさい。

【青雲高(長崎)】

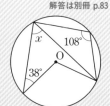

定理

円に内接する四角形の性質

上の図で，円周角の定理より，

$$∠A = \frac{1}{2} ∠a$$
$$∠BCD = \frac{1}{2} ∠b$$

$∠a + ∠b = 360°$ より，

$$∠A + ∠BCD$$
$$= \frac{1}{2} ∠a + \frac{1}{2} ∠b$$
$$= \frac{1}{2} (∠a + ∠b)$$
$$= \frac{1}{2} × 360° = 180°$$

また，

$∠DCE + ∠BCD = 180°$ より，

$$∠A = ∠DCE$$

以上のことから，次の定理が成り立つ。

円に内接する四角形では，
① 対角の和は $180°$ である。
② 外角は，それととなり合う内角の対角に等しい。

103 円に内接する四角形と角② 発展

右の図のように，円に内接している四角形
ABCD があります。直線 BA と直線 CD
の交点を E，直線 BC と直線 AD の交点を
F とします。このとき，$\angle x$ の大きさを求
めなさい。　　　　　　　【市川高（千葉）】

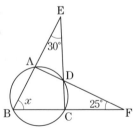

考え方　円に内接する四角形の外角は，それ
ととなり合う内角の対角に等しい。

● 解き方

　△ABF の内角と外角の
関係より，
　　$\angle EAD = \angle x + 25°$
　円に内接する四角形の外
角は，それととなり合う内
角の対角に等しいから，
　　$\angle ADE = \angle x$
　△ADE の内角の和より，
　　$\angle x + 25° + \angle x + 30° = 180°$,　$2\angle x = 125°$,
　　$\angle x = 62.5°$

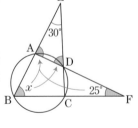

● 答

62.5°

別解　

半直線 BD をひくと，
△BED と △BFD の内角と外
角の関係より，
　　$\angle EDF = 30° + \angle x + 25°$
円に内接する四角形の外角の
性質より，
　　$\angle CDF = \angle x$
　$\angle EDF + \angle CDF = 180°$ より，
　　$30° + \angle x + 25° + \angle x = 180°$,
　　$2\angle x = 125°$,　$\angle x = 62.5°$

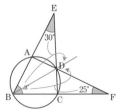

練習 103

解答は別冊 p.83

右の図で，$\angle x$ の大きさを求めなさい。

【中央大附高（東京）】

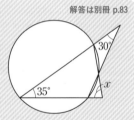

第1章 平面図形

第2章 空間図形

第3章 平行と合同

第4章 図形の性質

第5章 円

第6章 相似な図形

第7章 三平方の定理

104 内接四角形の性質を利用する証明① 発展

右の図のように，円に内接する四角形
ABCD があり，AB＝AD です。
辺 CD の延長上に，BC＝DE となる
点 E をとり，点 A と点 E を結びます。
このとき，△ACE は二等辺三角形で
あることを証明しなさい。

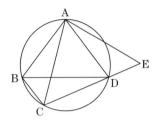

考え方 ないせつ し かくけい ないたいかく 内接四角形の内対角の性質を利用する。

● 解き方

　△ABC≡△ADE から，AC＝AE を導く。

● 証明

△ABC と △ADE において，

仮定から，　　　　　　　　　AB＝AD 　……①

　　　　　　　　　　　　　　BC＝DE 　……②

円に内接する四角形の外角は，それととなり合う
内角の対角に等しいから，∠ABC＝∠ADE ……③

①，②，③より，2 組の辺とその間の角がそれぞれ
等しいから，　　　　　　　△ABC≡△ADE

合同な図形の対応する辺の長さは等しいから，

　　　　　　　　　AC＝AE

したがって，△ACE は二等辺三角形である。

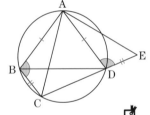

参考

円に内接する四角形を，**内接四角形**ということがある。
また，四角形の外角ととなり合う内角の対角を，**内対角**ということがある。

練習 104

解答は別冊 p.83

右の四角形 ABCD は正方形で，O は対角線の交点
です。2 点 O，A を通る円と辺 AB，AD との交点
をそれぞれ P，Q とします。
このとき，△OAQ≡△OBP であることを証明しな
さい。

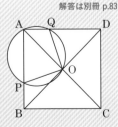

105 内接四角形の性質を利用する証明② 発展

右の図のように，2つの円の交点 P，
Q を通る直線が，この2つの円と
A，B，および C，D で交わって
います。このとき，AC∥BD であ
ることを証明しなさい。

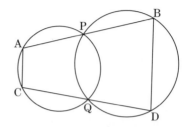

考え方 **P と Q を結ぶと，内接四角形が2つできる。**

● 解き方

P と Q を結び，内接四角形の内対角の性質を使って，∠PAC＝∠PBE を導く。

● 証明

右の図のように，点 P と Q を結び，
DB の延長上に点 E をとる。
四角形 ACQP は円に内接していて，外角は，
それととなり合う内角の対角に等しいから，

$$∠PAC＝∠PQD……①$$

同様に，四角形 PQDB で，

$$∠PQD＝∠PBE……②$$

①，②より，∠PAC＝∠PBE
したがって，錯角が等しいから，

$$AC∥BD$$

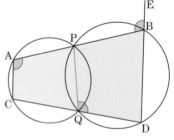

別解

BD の延長上に点 F をとり，
∠QCA＝∠QDF
を導いてもよい。

練習 105

解答は別冊 p.84

右の図のように，BC＝CD である四角形 ABCD が
円に内接しています。いま，2点 A，C を通る大き
い円をかき，この円と辺 AB との交点を P，辺 AD
の延長との交点を Q とします。P と C，Q と C を
結ぶと，PC＝QC であることを証明しなさい。

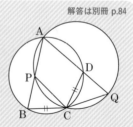

図形

第1章 平面図形

第2章 空間図形

第3章 平行と合同

第4章 図形の性質

第5章 円

第6章 相似な図形

第7章 三平方の定理

106 円に内接する四角形の判定　発展

円に内接する四角形 ABCD を選び，記号で答えなさい。

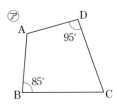
⑦

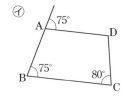
⑦

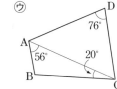
⑦

考え方 対角の和や内対角を調べる。

● 解き方

⑦ ∠B＋∠D＝85°＋95°＝180°

対角の和が 180° だから，

この四角形 ABCD は円に内接する。

⑦ ∠A の外角は 75° で，∠A の対角は 80°

外角とその内対角が等しくないから，

この四角形 ABCD は円に内接しない。

⑦ ∠B＝180°－（56°＋20°）＝104°

∠B＋∠D＝104°＋76°＝180°

対角の和が 180° だから，

この四角形 ABCD は円に内接する。

● 答

⑦，⑦

定理

四角形が円に内接する条件

次のどちらかが成り立つ四角形は，円に内接する。

① 1 組の対角の和が 180° である。

② 1 つの外角が，それととなり合う内角の対角に等しい。

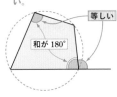

等しい

和が 180°

練習 106
解答は別冊 p.84

円に内接する四角形 ABCD を選び，記号で答えなさい。

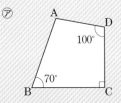
⑦

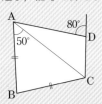
⑦

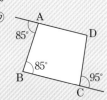
⑦

107 四角形が円に内接することの証明 　発展

右の四角形 ABCD は，AD∥BC の台形
で，点 P，Q は，それぞれ 2 点 A，D を
通る円と対角線 AC，BD との交点です。
このとき，4 点 B，C，P，Q は 1 つの円
周上にあることを証明しなさい。

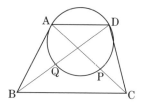

<hr>

考え方 四角形 BCPQ が円に内接することを導く。

● 証明

点 P と Q を結ぶ。

$\widehat{AQ}$ に対する円周角より，

∠ADQ＝∠APQ …①

AD∥BC より，

錯角は等しいから，

∠ADQ＝∠QBC …②

①，②より，∠APQ＝∠QBC

したがって，1 つの外角がそれととなり合う内角の対
角に等しいから，四角形 BCPQ は円に内接する。

すなわち，4 点 B，C，P，Q は 1 つの円周上にある。

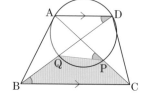

確認

次の①～③のどれかが成り立
てば，四角形 ABCD は円に
内接する。

円周角の定理の逆

① 等しい

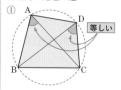

四角形が円に内接する条件

② 和が 180°

③ 等しい

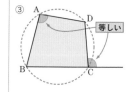

練習 107

解答は別冊 p.84

右の △ABC で，点 H は
BC 上の点で，AH⊥BC
です。また，点 P，Q，
R はそれぞれ AH，AB，
AC 上の点で，PQ⊥AB，
PR⊥AC です。
このとき，4 点 Q，B，C，R は 1 つの円周上に
あることを証明しなさい。

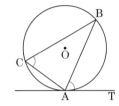

第5章

SECTION

4 接線と弦のつくる角

第1章 平面図形

第2章 空間図形

第3章 平行と合同

第4章 図形の性質

第5章 円

第6章 相似な図形

第7章 三平方の定理

108 接線と弦のつくる角の定理の証明　発展

右の図で，AT は円 O の接線，A は接点で，
∠BAT＜90° です。

このとき，

$$∠BAT＝∠ACB$$

であることを証明しなさい。

考え方 直径 AD をひいて，C と D を結ぶ。

◉ 証明

右の図のように，直径 AD をひき，C と D を結ぶ。

円の接線は接点を通る半径に垂直で，∠DAT＝90° だから，

$$∠BAT＝90°－∠DAB \quad …①$$

半円の弧に対する円周角より，∠ACD＝90° だから，　∠ACB＝90°－∠DCB　…②

$\overparen{BD}$ に対する円周角より，∠DAB＝∠DCB　…③

①，②，③より，　　　∠BAT＝∠ACB

定理

接線と弦のつくる角の定理

円の接線とその接点を通る弦のつくる角は，その角の内部にある弧に対する円周角に等しい。これを接弦定理という。

下の図で，∠BAT＝∠ACB

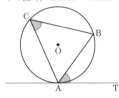

練習 108

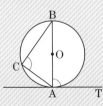

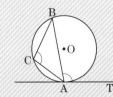

次の⑦，⑦の場合にも，∠BAT＝∠ACB が成り立つことを証明しなさい。

⑦ ∠BAT＝90°　　　　　　　　　　⑦ ∠BAT＞90°

解答は別冊 p.84

109 接弦定理と角

発展

次の図で，ST は円 O の接線，A は接点です。

∠x の大きさを求めなさい。

(1)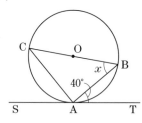

(2) AB＝BC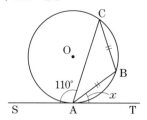

考え方 接線と弦のつくる角の定理（接弦定理）を利用。

◉ 解き方

(1) **接弦定理**より，∠ACB＝∠BAT＝40°

　　半円の弧に対する円周角より，∠BAC＝90°

　　△ABC の内角の和より，

　　　∠x＝180°−(40°＋90°)＝50°

(2) **接弦定理**より，∠ABC＝∠CAS＝110°

　　△BAC は二等辺三角形だから，

　　　∠BCA＝(180°−110°)÷2＝35°

　　接弦定理より，∠x＝∠BCA＝35°

◉ **答** (1) **50°** (2) **35°**

別解

(2) 2 行目までは同じ。

　　∠BAC

　＝(180°−110°)÷2＝35°

　一直線の角は 180° だから，

　　∠x

　＝180°−(110°＋35°)＝35°

練習 109

解答は別冊 p.84

右の図で，ST は円 O の接
線，A は接点です。∠x の
大きさを求めなさい。

(1) AC＝BC (2) $\overset{\frown}{BC}=\overset{\frown}{CD}$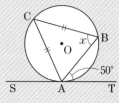

第1章 平面図形

第2章 空間図形

第3章 平行と合同

第4章 図形の性質

第5章 円

第6章 相似な図形

第7章 三平方の定理

110 接弦定理を利用する証明①

発展

右の △ABC は，円 O に内接する正三角形です。いま，円 O 上に点 D をとり，BD と AC との交点を E とします。また，点 A を通る円 O の接線と直線 CD との交点を F とします。このとき，AE＝AF であることを証明しなさい。

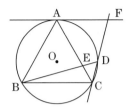

考え方 △ABE≡△ACF から，AE＝AF を導く。

◉ 証明

△ABE と △ACF において，

正三角形の辺だから，　　　　AB＝AC　……①

$\overset{\frown}{\text{AD}}$ に対する円周角より，∠ABE＝∠ACF……②

正三角形の角だから，　　∠BAE＝∠ABC……③

接弦定理より，　　　　　∠CAF＝∠ABC……④

③，④より，　　　　　　∠BAE＝∠CAF……⑤

①，②，⑤より，1 組の辺とその両端の角がそれぞれ等しいから，

　　　　　　　　△ABE≡△ACF

合同な図形の対応する辺の長さは等しいから，

　　　　　　　　AE＝AF

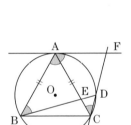

練習 110

解答は別冊 p.85

右の図のように，△ABC の ∠A の二等分線と辺 BC との交点を D とします。また，点 D で辺 BC に接し，頂点 A を通る円が，辺 AB，AC と交わる点をそれぞれ E，F とします。このとき，EF∥BC であることを証明しなさい。

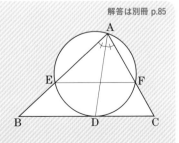

111 接弦定理を利用する証明② 発展

右の図のように，点Pで外接する2つの円O，O′があります。点Pを通る直線が円O，O′とそれぞれA，B，およびC，Dで交わるとき，AC∥DBであることを証明しなさい。

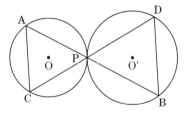

考え方 点Pにおける共通接線をひく。

◉ 解き方

接弦定理を使って，∠CAP＝∠DBP を導く。

◉ 証明

右の図のように，点Pにおける共通接線EF をひくと，接弦定理より，

$$∠CPF＝∠CAP……①$$
$$∠DPE＝∠DBP……②$$

また，対頂角は等しいから，

$$∠CPF＝∠DPE……③$$

①，②，③より，∠CAP＝∠DBP

錯角が等しいから，　AC∥DB

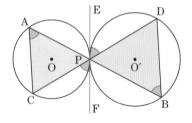

解答は別冊 p.85

右の図のように，2つの円O，O′が点Pで接しています。円Oの点Aにおける接線が円O′と交わる点をそれぞれB，Cとします。また，直線CPと円Oとの交点をDとします。点PとA，点PとBをそれぞれ結ぶとき，PAは∠BPDの二等分線であることを証明しなさい。

図 形

第1章 平面図形

第2章 空間図形

第3章 平行と合同

第4章 図形の性質

第5章 円

第6章 相似な図形

第7章 三平方の定理

112 接弦定理の逆とその証明 発展

右の図のように，円 O に内接する △ABC と
点 A を通る直線 AT があります。
このとき，

$\angle BAT = \angle ACB$

ならば，直線 AT は点 A を接点とする円 O
の接線であることを証明しなさい。

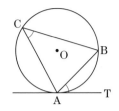

考え方 直径 AD をひいて，∠DAT＝90° を導く。

● 証明

右の図のように，直径 AD
をひく。
$\overset{\frown}{AB}$ に対する円周角より，

$\angle ACB = \angle ADB$ ……①

仮定から，

$\angle ACB = \angle BAT$ ……②

①，②より，∠ADB＝∠BAT　……③

AD は円 O の直径で，∠ABD＝90° だから，

$\angle DAB + \angle ADB = 180° - 90° = 90°$……④

③，④より，∠DAB＋∠BAT＝∠DAT＝90°

したがって，直線 AT は点 A を接点とする円 O の接
線である。

定理

接弦定理の逆

円周上の 1 点 A からひいた
直線と弦のつくる角が，その
角内にある弧に対する円周角
と等しければ，点 A からひ
いた直線は，A を接点とす
る円の接線である。

つまり，下の図で，

∠BAT＝∠ACB ならば，
直線 AT は A を接点とする
円 O の接線である。

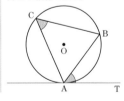

練習 112

解答は別冊 p.85

円 O とその外部に点 P があります。いま，点 P から円 O に接線をひき，そ
の接点をそれぞれ A，B とします。また，点 A を通り，PB に平行な直線を
ひき，この直線と円 O の交点を C とします。このとき，直線 BC は，△PAB
の外接円の接線であることを証明しなさい。

章末問題 解答 別冊 p.85

1 次の図で，∠x の大きさを求めなさい。

(1)
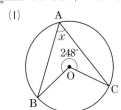
【栃木県】

(2)
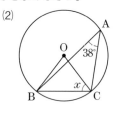
【秋田県】

(3)
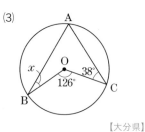
【大分県】

(4)
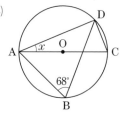
【長野県】

(5)
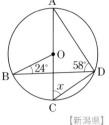
【新潟県】

(6)
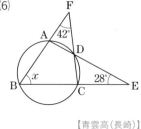
【青雲高（長崎）】

2 右の図のように，円周上に異なる 8 個の点が等間隔に並んでいます。このとき，∠x, ∠y の大きさを求めなさい。

【法政大国際高（神奈川）】

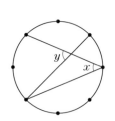

3 4 点 A，B，C，D が同じ円周上にあるものを，次のア～エからすべて選び，記号で答えなさい。　【佐賀県】

ア　　　イ　　　　ウ　　　　　　エ

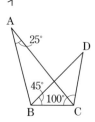

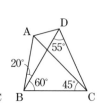

4 右の図のように，円 O の周上に点 A，B，C，D があり，△ABC は正三角形です。また，線分 BD 上に，BE＝CD となる点 E をとります。このとき，△ABE≡△ACD であることを証明しなさい。

【富山県】

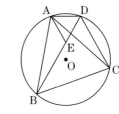

5 右の図のように，△ABC において，辺 AB，AC を 1 辺とする正三角形 ABD，ACE をかきます。線分 BE と線分 DC の交点を F とするとき，∠BFC＝120° であることを証明しなさい。

【関西学院高（兵庫）】

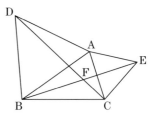

6 右の図において，4 点 A，B，C，D は円 O の円周上の点であり，AD∥BC です。点 D を通り AC に平行な直線と BC の延長との交点を E とし，BE 上に ∠ACD＝∠BDF となる点 F をとります。また，AC と DB，DF との交点をそれぞれ G，H とします。このとき，次の問いに答えなさい。

【静岡県】

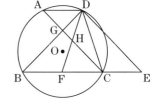

⑴ BF＝EC であることを証明しなさい。

⑵ $\overgroup{AD}$：$\overgroup{DC}$＝1：2，∠FHC＝65° のとき，∠FDC の大きさを求めなさい。

7 右の図において，$\overgroup{AB}$：$\overgroup{BC}$：$\overgroup{CD}$＝3：10：8，∠ABD＝54° とし，点 A における円の接線と直線 CD の交点を E とします。このとき，次の問いに答えなさい。ただし，弧の長さは短い方のものとします。【15 青山学院高（東京）】

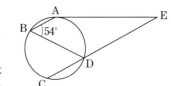

⑴ ∠BDC の大きさを求めなさい。

⑵ ∠AED の大きさを求めなさい。

第1章 平面図形

第2章 空間図形

第3章 平行と合同

第4章 図形の性質

第5章 円

第6章 相似な図形

第7章 三平方の定理

第6章
相似な図形

この章で何といっても重要なのは三角形の相似条件。完全に使いこなせるようにしよう。なお，相似の関係では比の性質を使うので，ここでマスターしておくことが大切。

→p.422

SECTION 1 相似な図形

相似

ある図形を，何倍かに拡大または縮小した図形は，もとの図形と相似であるという。

例えば，△ABC と △DEF が相似であることを，記号 ∽ を使って，△ABC∽△DEF と表す。このとき，対応する頂点を順に並べて書く。

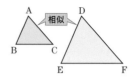

- 相似な図形の性質
  ① 対応する線分の長さの比は，すべて等しい。
  ② 対応する角の大きさは，それぞれ等しい。
- 相似比…相似な図形で，対応する線分の長さの比，または，その比の値を相似比という。

三角形の相似条件

2つの三角形は，次の①～③のいずれかが成り立てば相似である。

① 3組の辺の比が，すべて等しい。

$$a : a' = b : b' = c : c'$$

② 2組の辺の比とその間の角が，それぞれ等しい。

$$\begin{cases} a : a' = c : c' \\ \angle B = \angle B' \end{cases}$$

③ 2組の角が，それぞれ等しい。

 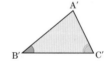

$$\begin{cases} \angle B = \angle B' \\ \angle C = \angle C' \end{cases}$$

SECTION 2 平行線と線分の比

→p.431

三角形と線分の比の定理

△ABC の辺 AB，AC 上の点をそれぞれ D，E とするとき，

$$DE /\!/ BC \xrightarrow{\text{ならば}} \begin{cases} AD:AB=AE:AC=DE:BC \\ AD:DB=AE:EC \end{cases}$$

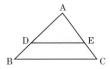

平行線と線分の比の定理

2 つの直線がいくつかの平行線と交わるとき，平行線で切り取られる線分の比は等しい。

$\ell /\!/ m /\!/ n$ のとき，$AB:BC=A'B':B'C'$

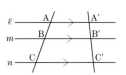

中点連結定理

△ABC の 2 辺 AB，AC の中点をそれぞれ M，N とするとき，次の関係が成り立つ。

・MN//BC

・$MN = \dfrac{1}{2}BC$

三角形の重心 　発展

● 中線…三角形の頂点と，それに向かい合う辺の中点を結ぶ線分。

● 重心…三角形の 3 つの中線は 1 点で交わり，その交点を重心という。重心は中線を 2：1 に分ける。

SECTION 3 相似と計量

→p.440

相似な平面図形では，

● 周の長さの比は，相似比に等しい。

● 面積の比は，相似比の 2 乗に等しい。

相似比 $m:n$ ➡ $\begin{cases} \text{周の長さの比 } m:n \\ \text{面積の比 } m^2:n^2 \end{cases}$

相似な立体では，

● 表面積の比は，相似比の 2 乗に等しい。

● 体積の比は，相似比の 3 乗に等しい。

相似比 $m:n$ ➡ $\begin{cases} \text{表面積の比 } m^2:n^2 \\ \text{体積の比 } m^3:n^3 \end{cases}$

第1章 平面図形

第2章 空間図形

第3章 平行と合同

第4章 図形の性質

第5章 円

第6章 相似な図形

第7章 三平方の定理

相似な図形

113 相似な図形とそのかき方　基礎

右の図に，点Oを相似の中心として，四角形ABCDを2倍に拡大した四角形EFGHを，方眼を利用してかきなさい。

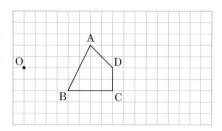

考え方　点Oと各頂点を通る直線をそれぞれひく。

● 解き方

相似の中心Oと四角形ABCDの各頂点を通る直線をそれぞれひき，その直線上に，

$OE = 2OA$, $OF = 2OB$, $OG = 2OC$, $OH = 2OD$

となる点E，F，G，Hをとり，各点を線分で結ぶ。

● 答

下の図の四角形EFGH

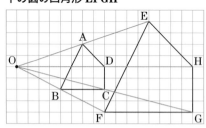

用語解説 📖

相似
ある図形を，形を変えずに，一定の割合で拡大，または縮小した図形は，もとの図形と相似であるという。
例えば，四角形ABCDと四角形EFGHが相似であることを，記号 ∽ を使って，四角形ABCD∽四角形EFGHと表す。このとき，頂点は，対応する順に並べて書く。

相似の位置と相似の中心
左の答の図のように，2つの図形の対応する点どうしを通る直線がすべて1点Oに集まり，Oから対応する点までの距離の比がすべて等しいとき，2つの図形は，点Oを相似の中心として，相似の位置にあるという。
相似の位置にある2つの図形は，相似である。

練習 113

解答は別冊 p.87

上の問題の図に，点Oを相似の中心として，四角形ABCDを$\frac{1}{2}$に縮小した四角形IJKLを，方眼を利用してかきなさい。

図形

第1章 平面図形

第2章 空間図形

第3章 平行と合同

第4章 図形の性質

第5章 円

第6章 相似な図形

第7章 三平方の定理

114 相似な図形の性質

右の図で，△ABC∽△DEF です。

(1) △ABC と △DEF の相似比を最も
   簡単な整数の比で表しなさい。

(2) ∠A の大きさを求めなさい。

(3) 辺 DE の長さを求めなさい。

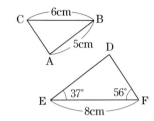

考え方 **相似な図形の性質を利用する。**

● 解き方

(1) △ABC∽△DEF より，辺 BC と辺 EF が対応する
   から，相似比は，対応する部分の長さの比で，

   BC：EF＝6：8＝3：4

(2) 相似な図形の対応する角の大きさは等しいから，

   ∠A＝∠D＝180°−(37°＋56°)＝87°

(3) (1)より，相似比は 3：4 だから，

   AB：DE＝3：4， 5：DE＝3：4，

   DE×3＝5×4， DE＝5×4÷3＝$\frac{20}{3}$(cm)

● 答

(1) 3：4　　(2) 87°　　(3) $\frac{20}{3}$ cm

用語解説

相似比

相似な図形で，対応する部分
の長さの比を，**相似比**という。

定理

相似な図形の性質

相似な図形では，

①対応する線分の長さの比は
　等しい。

②対応する角の大きさはそれ
　それ等しい。

確認

比例式の性質

$a：b＝c：d$ ならば，$ad＝bc$

練習 114

解答は別冊 p.87

右の図で，四角形 ABCD∽ 四角形 EFGH です。

(1) 四角形 ABCD と 四角形 EFGH の
   相似比を，最も簡単な整数の比で
   表しなさい。

(2) ∠A の大きさを求めなさい。

(3) 辺 GH の長さを求めなさい。

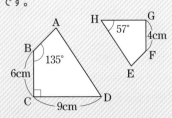

115 三角形の相似条件

次の図で，相似な三角形を，記号 ∽ を使って表しなさい。
また，そのときに使った相似条件を答えなさい。

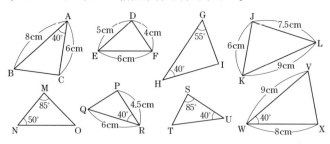

考え方 三角形の 3 つの相似条件で考える。

◉ **解き方**

△ABC と △RQP において，**AB：RQ＝8：6＝4：3**，

AC：RP＝6：4.5＝4：3，∠A＝∠R＝40°

右の相似条件②より，△ABC∽△RQP

△DEF と △JLK において，**DE：JL＝5：7.5＝2：3，**

EF：LK＝6：9＝2：3，FD：KJ＝4：6＝2：3

右の相似条件①より，△DEF∽△JLK

△GHI と △TUS において，∠H＝∠U＝40°，

∠I＝180°−（55°＋40°）＝85°＝∠S

右の相似条件③より，△GHI∽△TUS

◉ **答** △ABC∽△RQP（2 組の辺の比とその間の角）

△DEF∽△JLK（3 組の辺の比）

△GHI∽△TUS（2 組の角）

練習 115

解答は別冊 p.87

右の図で，相似な三角形を，
記号 ∽ を使って表しなさい。
相似条件も答えなさい。

定理 ✎

三角形の相似条件

2 つの三角形は，次の①～③
の条件のうち，どれか 1 つが
成り立てば相似である。

①3 組の辺の比がすべて等し
い。

$a：a'＝b：b'＝c：c'$

②2 組の辺の比とその間の角
がそれぞれ等しい。

$a：a'＝c：c'$，∠B＝∠B'

③2 組の角がそれぞれ等しい。

∠B＝∠B'，∠C＝∠C'

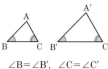

116 三角形の相似条件を利用する証明① 基礎

右の図のように，辺 BC を共有する
△ABC と △DBC があります。
AC と DB の交点を E とするとき，
∠BAE＝∠CBE であることを証明し
なさい。

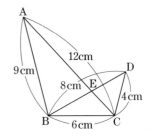

考え方 三角形の相似条件「3 組の辺の比」を根拠にして，まず，
結論にある角をもつ △ABC と △BCD の相似を導く。

● 証明

△ABC と △BCD において，

   AB：BC＝ 9：6＝3：2……①

   BC：CD＝ 6：4＝3：2……②

   CA：DB＝12：8＝3：2……③

①，②，③より，3 組の辺の比がすべて等しいから，

   　　　　△ABC∽△BCD

相似な図形の対応する角の大きさは等しいから，

   　　　　∠BAC＝∠CBD

すなわち，∠BAE＝∠CBE

参考

相似の記号「∽」の由来
相似の記号「∽」は，英語の
similar(似ている)の頭文字
S を寝かせたものといわれて
いる。

練習 116

解答は別冊 p.87

右の図で，AC＝AD のとき，EA∥BC であ
ることを証明しなさい。

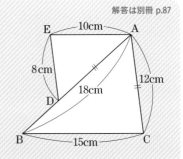

117 三角形の相似条件を利用する証明② 基礎

右の図の四角形 ABCD で，点 O は対角
線 AC と BD の交点です。
OA＝3cm，OB＝10cm，OC＝6cm，
OD＝5cm のとき，四角形 ABCD は台
形であることを証明しなさい。

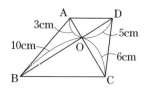

考え方 三角形の相似条件「2 組の辺の比とその間の角」を根拠に
して，まず，△OAD と △OCB の相似を導く。

◎ 証明

△OAD と △OCB において，

OA：OC＝3：6＝1：2 ……①

OD：OB＝5：10＝1：2 ……②

対頂角は等しいから，

∠AOD＝∠COB ……③

①，②，③より，2 組の辺の比とその間の角がそれぞれ等しいから，

△OAD∽△OCB

相似な図形の対応する角の大きさは等しいから，∠OAD＝∠OCB

錯角が等しいから，AD∥BC

したがって，1 組の対辺が平行だから，四角形 ABCD は台形である。

> **確認**
>
> **台形の定義**
> 1 組の対辺が平行な四角形。
> **平行四辺形の定義**
> 2 組の対辺が平行な四角形。
> **ひし形の定義**
> 4 つの辺が等しい四角形

練習 117

解答は別冊 p.87

右の図のように，AB＝6cm，AD＝12cm
の平行四辺形 ABCD があり，辺 DC の延
長線上に，CE＝2cm となる点 E をとり，
線分 AE と辺 BC の交点を F とします。

【新潟県】

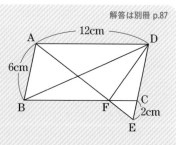

(1) 線分 CF の長さを求めなさい。

(2) △ADB∽△CDF であることを証明しなさい。

図 形

第1章 平面図形

第2章 空間図形

第3章 平行と合同

第4章 図形の性質

第5章 円

第6章 相似な図形

第7章 三平方の定理

118 三角形の相似条件を利用する証明③ 〔基礎〕

右の図のように，∠BAC＝90°の △ABC
の辺 BC 上に点 D をとり，△ABC を，線
分 AD を折り目として折り返し，頂点 C
が移った点を E とすると，AB∥DE とな
りました。線分 AE と線分 BD との交点を
F とするとき，△ABC∽△FBA であることを証明しなさい。

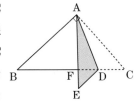

【山形県】

考え方 三角形の相似条件「2 組の角」を根拠にする。

◉ 証明

△ABC と △FBA において，

共通な角だから，　　　∠ABC＝∠FBA……①

折り返した角だから，　∠AED＝∠ACD

すなわち，　　　　　　∠FED＝∠ACB……②

AB∥DE より，平行線の錯角は等しいから，

　　　　　　　　　　　∠FED＝∠FAB……③

②，③より，　　　　　∠ACB＝∠FAB……④

①，④より，2 組の角がそれぞれ等しいから，

　　　　　　　　△ABC∽△FBA

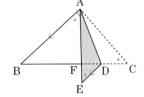

練習 118

解答は別冊 p.88

右の図は，1 辺が 12cm の正三角形 ABC を，頂
点 A が辺 BC 上の点 F にくるように，線分 DE
で折り返したものです。

⑴ △DBF∽△FCE であることを証明しなさい。

⑵ BD＝5cm，BF＝8cm のとき，EF の長さを
　求めなさい。

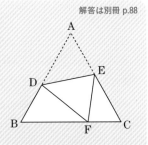

119 円周角と三角形の相似 基礎

右の図のように，円 O の周上に 3 点 A，B，C を AB＝AC となるようにとります。また，点 A をふくまない $\overset{\frown}{BC}$ 上に，2 点 B，C とは異なる点 D をとり，線分 AD と線分 BC との交点を E とします。さらに，∠CAD の二等分線と線分 CD との交点を F とし，線分 AF と線分 BC との交点を G とします。このとき，△ACF∽△AEG であることを証明しなさい。

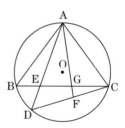

【神奈川県】

考え方 二等辺三角形の性質，円周角の定理，三角形の外角定理を利用して，「2 組の角がそれぞれ等しい」ことを導く。

● 証明

△ACF と △AEG において，

AF は ∠CAD の二等分線だから，∠CAF＝∠EAG…①

AC＝AB より，　　　　　　　　∠ACG＝∠ABE…②

$\overset{\frown}{BD}$ に対する円周角より，　　　　∠FCG＝∠BAE…③

また，　　　　　　∠ACF＝∠ACG＋∠FCG…④

△ABE の内角と外角の関係より，

　　　　　　　　∠AEG＝∠ABE＋∠BAE…⑤

②，③，④，⑤より，　　　　∠ACF＝∠AEG…⑥

①，⑥より，2 組の角がそれぞれ等しいから，

　　　　　　　　　　　　△ACF∽△AEG

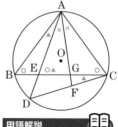

用語解説

外角定理

三角形の内角と外角の関係のことを**外角定理**ということがある。(→ p.350)

解答は別冊 p.88

右の図のように，円周上の 3 点 A，B，C を頂点とする △ABC があり，AB＝AC です。点 A をふくまない方の弧 BC 上に点 D をとり，AD と BC の交点を E とします。このとき，△ADC∽△ACE であることを証明しなさい。　【栃木県】

第1章 平面図形

第2章 空間図形

第3章 平行と合同

第4章 図形の性質

第5章 円

第6章 相似な図形

第7章 三平方の定理

120 方べきの定理① `発展`

次の図で，PA×PB＝PC×PD が成り立つことを証明しなさい。

(1)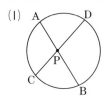

(2)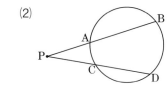

考え方　△PAC∽△PDB を導く。

◉ 証明

(1) 点 A と C，B と D をそれぞれ結ぶ。

△PAC と △PDB において，円周角の定理より，

∠PAC＝∠PDB，∠PCA＝∠PBD

2 組の角がそれぞれ等しいから，△PAC∽△PDB

対応する辺の比は等しいから，PA：PD＝PC：PB

比例式の性質より，PA×PB＝PC×PD

(2) 点 A と C，B と D をそれぞれ結ぶ。

△PAC と △PDB において，

∠APC＝∠DPB(共通)

四角形 ACDB は円に内接しているから，

∠PAC＝∠PDB

2 組の角がそれぞれ等しいから，△PAC∽△PDB

(1)と同様に，PA×PB＝PC×PD

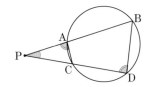

`練習 120`

解答は別冊 p.88

次の図で，x の値を求めなさい。

(1) (2)

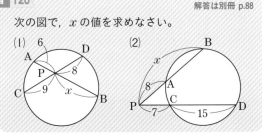

`定理`

方べきの定理

円周上にない点Pを通る2直線が，その円と点A，B，および点C，Dで交わるとき，

PA×PB＝PC×PD

が成り立つ。

これを**方べきの定理**という。

121 方べきの定理②

右の図で，PT は円の接線，T は接点
です。
このとき，

$$PA \times PB = PT^2$$

が成り立つことを証明しなさい。

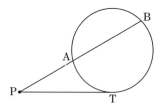

考え方 $\triangle PAT \backsim \triangle PTB$ を導く。

● 証明

点 A と T，B と T をそれぞれ結ぶ。
$\triangle PAT$ と $\triangle PTB$ において，

$$\angle APT = \angle TPB (共通)$$

接弦定理より，

$$\angle PTA = \angle PBT$$

2 組の角がそれぞれ等しいから，

$$\triangle PAT \backsim \triangle PTB$$

対応する辺の比は等しいから，

$$PA : PT = PT : PB$$

比例式の性質より，

$$PA \times PB = PT^2$$

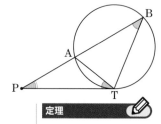

定理

方べきの定理
円外の点 P からひいた 2 直
線のうち，一方が点 T で円
に接し，もう一方が円と 2 点
A，B で交わるとき，

$$PA \times PB = PT^2$$

が成り立つ。
これも**方べきの定理**という。

練習 121

解答は別冊 p.88

次の図で，x の値を求めなさい。

(1)

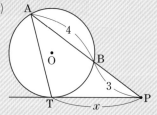

(2)

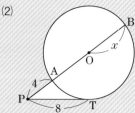

第6章

SECTION

2 平行線と線分の比

第1章 平面図形

第2章 空間図形

第3章 平行と合同

第4章 図形の性質

第5章 円

第6章 相似な図形

第7章 三平方の定理

122 三角形と線分の比の定理の証明 　基礎

右の △ABC で，DE∥BC ならば，

　AD：AB＝AE：AC＝DE：BC

であることを証明しなさい。

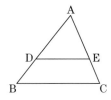

考え方 △ADE∽△ABC を導く。

◉ 証明

△ADE と △ABC において，

共通だから，

　∠DAE＝∠BAC

DE∥BC より，

平行線の同位角は等しいから，

　∠ADE＝∠ABC

2 組の角がそれぞれ等しいから，

　△ADE∽△ABC

相似な図形の対応する線分の長さの比は等しいから，

　AD：AB＝AE：AC＝DE：BC

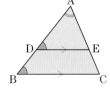

定理

三角形と線分の比

△ABC の辺 AB，AC 上に，それぞれ点 D，E があるとき，

①DE∥BC ならば，

　AD：AB＝AE：AC

　　　　＝DE：BC

②DE∥BC ならば，

　AD：DB＝AE：EC

この定理は，2 点 D，E が辺 BA，CA の延長上にあっても成り立つ。

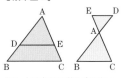

また，上の定理の逆も成り立つ。

線分の比と三角形

△ABC の辺 AB，AC 上に，それぞれ点 D，E があるとき，

①AD：AB＝AE：AC ならば，

　DE∥BC

②AD：DB＝AE：EC ならば，

　DE∥BC

練習 122

解答は別冊 p.88

右の △ABC で，

DE∥BC ならば，

　AD：DB＝AE：EC

であることを証明しなさい。

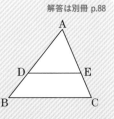

123 三角形と線分の比の定理の利用　基礎

右の図において，DE∥BC であるとき，x，
y の値を求めなさい。　【群馬県】

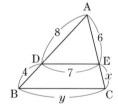

考え方 三角形と線分の比の定理を利用する。

● 解き方

DE∥BC より，AD : DB＝AE : EC

$$8 : 4＝6 : x$$
$$8x＝24$$
$$x＝3$$

また，　　　AD : AB＝DE : BC

$$8 : (8＋4)＝7 : y$$
$$8y＝84$$
$$y＝10.5$$

● 答

$x＝3$，$y＝10.5$

確認

三角形と線分の比
△ABC の辺 AB，AC 上や辺
BA，CA の延長上に，
それぞれ点 D, E があるとき，
①DE∥BC ならば，
　AD : AB＝AE : AC
　　　　　＝DE : BC
②DE∥BC ならば，
　AD : DB＝AE : EC

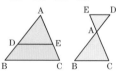

練習 123

解答は別冊 p.88

(1) 次の図1で，AD∥BC であるとき，x の値を求めなさい。　【新潟県】

(2) 次の図2のように，AB，CD，EF が平行で，AB＝15cm，EF＝3cm の
　図形があります。CD の長さを求めなさい。　【長野県】

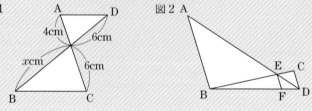

124 平行線と線分の比の定理の利用① 基礎

右の図のような 5 つの直線があります。
直線 ℓ, m, n が $\ell /\!/ m$, $m /\!/ n$ である
とき, x の値を求めなさい。　【北海道】

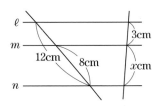

考え方 平行線と線分の比の定理を利用する。

● 解き方

平行線と線分の比の定理より,

$$(12-8):8=3:x$$
$$4x=24$$
$$x=6$$

● 答

$x=6$

練習 124

解答は別冊 p.88

(1) 次の図1で, 3直線 ℓ, m, n は, いずれも平行です。x の値を求めなさい。

(2) 次の図2のように, BC, DE, FG は平行で, FB=12cm, GE=4cm, EC=6cm の △ABC があります。FD の長さを求めなさい。

図1　【秋田県】

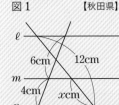

図2　【長野県】

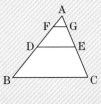

定理

平行線と線分の比

平行な 3 直線 ℓ, m, n が, 2 直線と次のように交わっているとき,

$$AB:BC=A'B':B'C'$$

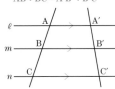

(証明) 次の図のように, 点 A を通り, 直線 A'C' に平行な直線をひき, 2 直線 ℓ, m との交点をそれぞれ D, E とする。

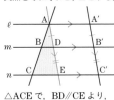

△ACE で, BD//CE より,

AB : BC＝AD : DE

四角形 ADB'A', DEC'B' はどちらも平行四辺形だから,

AD＝A'B', DE＝B'C'

したがって,

AB : BC＝A'B' : B'C'

第1章 平面図形

第2章 空間図形

第3章 平行と合同

第4章 図形の性質

第5章 円

第6章 相似な図形

第7章 三平方の定理

125 平行線と線分の比の定理の利用② 応用

右の図のように，平行四辺形 ABCD の辺 AD 上に AE：ED＝2：1 となる点 E をとり，辺 AB 上に AF：FB＝1：2 となる点 F をとります。線分 BE と CF の交点を G とするとき，FG：GC を最も簡単な自然数の比で表しなさい。

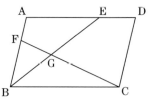

【国立高専】

考え方 AE∥FH となる点 H を BE 上にとる。

◉ 解き方

AE∥FH となる点 H を BE 上にとると，

BF：FA＝2：1 より，

FH：<u>AE</u>＝2：(2＋1)＝2：<u>3</u>

<u>AE</u>：ED＝<u>2</u>：1 より，

AE の長さを 3 と 2 の最小公倍数 6 にそろえると，

FH：<u>AE</u>＝2：<u>3</u>＝4：<u>6</u>

<u>AE</u>：ED＝<u>2</u>：1＝6：3

AD＝BC，FH∥BC より，

FG：GC＝FH：BC＝4：(6＋3)＝4：9

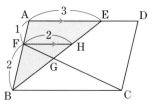

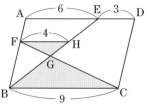

◉ 答

4：9

練習 125

解答は別冊 p.89

右の図において，四角形 ABCD は平行四辺形であり，点 E は辺 AD の中点です。また，点 F は辺 BC 上の点で，BF：FC＝3：1 であり，点 G は辺 CD 上の点で，CG：GD＝2：1 です。線分 BG と線分 EF との交点を H とするとき，BH：HG を最も簡単な整数の比で表しなさい。

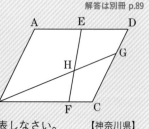

【神奈川県】

図形

第1章 平面図形

第2章 空間図形

第3章 平行と合同

第4章 図形の性質

第5章 円

第6章 相似な図形

第7章 三平方の定理

126 三角形の角の二等分線の性質の証明 <応用>

右の △ABC において，∠A の二等分線と辺
BC との交点を D とするとき，

AB：AC＝BD：DC

であることを証明しなさい。

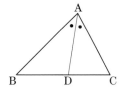

考え方 点 C を通り，DA に平行な直線をひく。

◎ 証明

点 C を通り，DA に平行な直
線をひき，BA の延長との交
点を E とすると，
AD∥EC より，
同位角は等しいから，
　∠BAD＝∠AEC……①
錯角は等しいから，
　∠DAC＝∠ACE……②
仮定から，　　∠BAD＝∠DAC　……③
①，②，③より，∠AEC＝∠ACE　……④
④より，△ACE は二等辺三角形だから，
　　　　　　　　AE＝AC　　……⑤
AD∥EC より，BA：AE＝BD：DC……⑥
⑤，⑥より，　AB：AC＝BD：DC

解答は別冊 p.89

練習 126

右の △ABC で，∠A の
二等分線が辺 BC と交わ
る点を D とするとき，
線分 BD の長さは何 cm
ですか。　【長崎県】

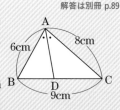

定理 ✏

三角形の角の二等分線の性質
△ABC の ∠A の二等分線と
辺 BC との交点を D とすると，
　AB：AC＝BD：DC

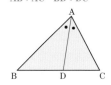

次のように補助線をひいて証
明することもできる。

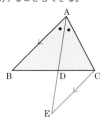

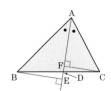

127 中点連結定理とその利用

右の △ABC で，点 D は辺 BC の中点，点 E, F は辺 AC を 3 等分する点です。また，点 G は AD と BE の交点です。BE＝20cm のとき，BG の長さを求めなさい。

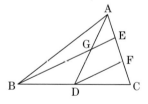

考え方 △CBE と △ADF で中点連結定理を利用する。

● 解き方

△CBE において，点 D, F はそれぞれ CB，CE の中点だから，中点連結定理より，BE∥DF

$$DF＝\frac{1}{2}BE＝\frac{1}{2}×20＝10(cm)$$

△ADF において，GE∥DF，AE＝EF だから，三角形と線分の比の定理より，AG＝GD

中点連結定理より，

$$GE＝\frac{1}{2}DF＝\frac{1}{2}×10＝5(cm)$$

BE＝20cm より，

$$BG＝BE－GE＝20－5＝15(cm)$$

● 答

15cm

練習 127

解答は別冊 p.89

右の図で，AM＝MB，AD∥MN∥BC，AD＝8cm，BC＝12cm のとき，線分 MN の長さを求めなさい。

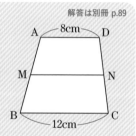

定理

中点連結定理

△ABC の 2 辺 AB，AC の中点をそれぞれ M, N とすると，

$$MN∥BC, \quad MN＝\frac{1}{2}BC$$

（証明）△ABC において，

2 点 M, N はそれぞれ辺 AB，AC の中点だから，

AM：MB＝AN：NC＝1：1

三角形と線分の比の関係より，

MN∥BC

MN：BC＝AM：AB

＝1：(1＋1)＝1：2

したがって，MN＝$\frac{1}{2}$BC

参考

中点連結定理の関連定理

△ABC の辺 AB の中点 M を通り，辺 BC に平行な直線と辺 AC との交点を N とすると，

AN＝NC

128 中点連結定理を利用した証明 基礎

右の図のように，四角形 ABCD の各辺の中点を，それぞれ P，Q，R，S とします。このとき，四角形 PQRS は平行四辺形であることを証明しなさい。

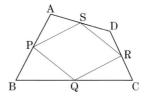

考え方 対角線をひいて，中点連結定理を利用する。

◉ 証明

対角線 BD をひく。

△ABD において，

中点連結定理より，

$$PS /\!/ BD,\ PS = \frac{1}{2}BD$$

△CBD において，

中点連結定理より，

$$QR /\!/ BD,\ QR = \frac{1}{2}BD$$

したがって，

$$PS /\!/ QR,\ PS = QR$$

これより，四角形 PQRS は，1 組の対辺が平行で，その長さが等しいから，平行四辺形である。

別解 ✚

対角線 AC をひいて，
$PQ /\!/ SR,\ PQ = SR$
を導いて証明してもよい。

参考 📖

この問題で，次の条件が加わると，四角形 PQRS は特別な平行四辺形になる。

- AC⊥BD
  PQ⊥QR となるので，四角形 PQRS は**長方形**になる。
- AC=BD
  PQ=QR となるので，四角形 PQRS は**ひし形**になる。
- AC⊥BD，AC=BD
  PQ⊥QR，PQ=QR となるので，四角形 PQRS は**正方形**になる。

練習 128

解答は別冊 p.89

右の図のように，AD//BC，AD<BC である台形 ABCD において，対角線 BD，AC の中点をそれぞれ P，Q とします。このとき，

$$PQ /\!/ BC,\ PQ = \frac{1}{2}(BC - AD)$$

であることを証明しなさい。

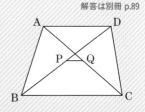

129 三角形の重心の定理の証明 発展

三角形の頂点と，それに向かい合う辺の中点と
を結ぶ線分を，その三角形の中線といいます。
「三角形の3つの中線は1点で交わる」
ことを証明しなさい。

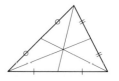

考え方 2つの中線の交点が一致することを示す。

◉ 証明

右の図の △ABC において，2つの中線を AL，BM と
し，その交点を G とする。点 L と M を結ぶと，

中点連結定理より，ML∥AB，ML $=\frac{1}{2}$AB だから，

$$AG:GL=AB:ML=AB:\frac{1}{2}AB=2:1 \cdots\cdots①$$

また，△ABC において，もう1つの中線を CN とし，
AL と CN の交点を H とする。点 L と N を結ぶと，

中点連結定理より，NL∥AC，NL $=\frac{1}{2}$AC だから，

$$AH:HL=AC:NL=AC:\frac{1}{2}AC=2:1 \cdots\cdots②$$

①，②より，点 G と H は，ともに線分 AL を 2:1 に
分ける点だから一致する。

したがって，三角形の3つの中線は1点で交わる。

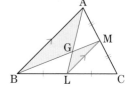

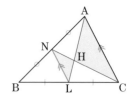

練習 129

解答は別冊 p.90

△ABC の辺 BC，CA，
AB の中点をそれぞれ
L，M，N とすると，
△ABC の重心 G は，
△LMN の重心でもあ
ることを証明しなさい。

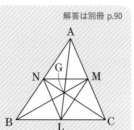

定理

三角形の重心

三角形の3つの中線の交点を，
その三角形の重心という。

三角形の重心は，3つの中線
を，それぞれ 2:1 に分ける。

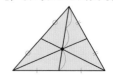

第1章 平面図形

第2章 空間図形

第3章 平行と合同

第4章 図形の性質

第5章 円

第6章 相似な図形

第7章 三平方の定理

130 三角形の重心の定理の利用 発展

右の △ABC で，点 M，N はそれぞれ辺
AB，BC の中点で，点 G は線分 AN と CM
の交点です。点 M から辺 BC に平行な直
線をひき，線分 AN との交点を D とする
とき，次の線分の比を，最も簡単な整数の
比で表しなさい。

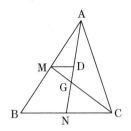

(1) MD：NC (2) AD：DG

考え方 点 G は △ABC の重心である。

● 解き方

(1) 点 G は △ABC の**重心**だから，MG：GC＝1：2

MD∥NC より，MD：NC＝MG：GC＝1：2

(2) AM：MB＝1：1，MD∥BN より，AD：DN＝1：1

点 G は △ABC の**重心**だから，AG：GN＝2：1

AN の長さを 1＋1＝2 と 2＋1＝3 の最小公倍数 6 にそろえると，

  AD：DN＝1：1＝3：3

  AG：GN＝2：1＝4：2

したがって，

  AD：DG＝AD：(AG－AD)＝3：(4－3)＝3：1

● 答 (1) **1：2** (2) **3：1**

確認

三角形の重心

三角形の重心は，3つの中線
を，それぞれ 2：1 に分ける。

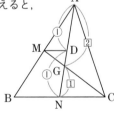

練習 130

解答は別冊 p.90

右の □ABCD で，点 L，M，N はそれぞれ辺
AB，BC，AD の中点です。また，点 P，Q はそ
れぞれ線分 LM，NC と対角線 BD との交点で
す。このとき，次の線分の長さの比を，最も簡
単な整数の比で表しなさい。

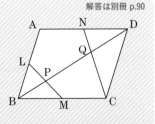

(1) BP：PD (2) BP：PQ：QD

相似と計量

131 測量と縮図

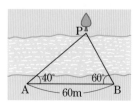

川岸の点 A から向こう岸の立木 P まで
の距離を求めるために，点 A から 60m
離れた点 B をとり，∠PAB，∠PBA の
大きさを測ったら，それぞれ 40°，60° で
した。ものさしと分度器を使って縮図を
かき，AP 間のおよその距離を求めなさい。

考え方 縮図 △P′A′B′ をかいて，A′P′ の長さを測る。

● 解き方

縮尺 $\frac{1}{2000}$ で △PAB の縮図 △P′A′B′ をかくとすると，

$$A'B' = 6000 \times \frac{1}{2000} = 3 \text{(cm)}$$

縮図は，右のようになる。
この図で，A′P′ の長さを
測ると，約 2.6cm だから，
実際の AP 間の距離は，

$$2.6 \times 2000 = 5200 \text{(cm)} \ \Rightarrow \ 約 52m$$

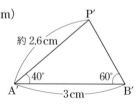

くわしく

縮図と縮尺
1つの図形を一定の割合に縮
小したものを縮図といい，縮
小した割合を縮尺という。
● 縮図上の長さ
＝実際の長さ×縮尺
● 実際の長さ
＝縮図上の長さ÷縮尺
＝縮図上の長さ×縮尺の分母

● **答** **約52m**

練習 131

解答は別冊 p.90

がけの直下 B から 36m 離れた点 P で，が
けの頂上 A を見上げたら，水平方向に対
して 32° 上に見えました。ものさしと分度
器を使って縮図をかき，がけ AB のおよそ
の高さを求めなさい。ただし，目の高さは
1.5m とします。

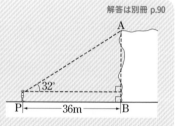

第1章　平面図形

第2章　空間図形

第3章　平行と合同

第4章　図形の性質

第5章　円

第6章　相似な図形

第7章　三平方の定理

132 影の長さ

右の図のように，高さ5.6mの照明灯の
真下から10m離れたところに太郎さん
が立っています。太郎さんの影の長さは
4mでした。このとき，太郎さんの身長は何mですか。【富山県】

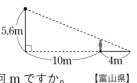

考え方　三角形と線分の比の定理を利用する。

◉ 解き方

右の図のように，照明灯をAB，太郎さんをCD，
影の先端をEとすると，△ABEにおいて，
AB∥CDだから，三角形と線分の比の定理より，

AB：CD＝BE：DE，5.6：CD＝(10＋4)：4，

CD＝5.6×4÷14＝1.6(m)

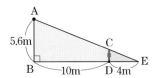

◉ 答

1.6m

> 練習 **132**

解答は別冊 p.90

(1) 地上6.4mの位置に街灯があり，この街灯の真下から9m離れたところ
に，身長1.6mの人が立っています。この人の影の長さは何mですか。

(2) 右の図のように，
道路上の30m離
れた2地点A，B
に，高さが4.5m
と6mの街灯C，

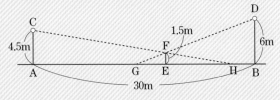

Dがあります。身長1.5mの人(EF)が，A地点からB地点に向かって歩
くとき，影GEとEHの長さの比が4：9になるのは，この人が何m歩
いたときですか。

133 相似な図形の周の長さと面積の比　基礎

右の図は，半径 6cm の円 O の内部に，
半径 4cm の円 O′ をかいたものです。

(1) 円 O と円 O′ の周の長さの比を求め
なさい。

(2) 円 O′ の面積と色をつけた部分の面
積の比を求めなさい。

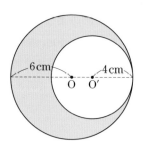

考え方　相似な平面図形では，周の長さの比は相似比に等しく，
面積の比は相似比の2乗に等しい。

解き方

(1) 円 O と円 O′ は相似で，相似比は，半径の比に等し
いから，$6:4=3:2$

相似な図形の周の長さの比は相似比に等しいから，
円 O と円 O′ の周の長さの比は，$3:2$

(2) 相似な図形の面積の比は相似比の2乗に等しいか
ら，円 O と円 O′ の面積の比は，$3^2:2^2=9:4$

したがって，円 O′ の面積と色をつけた部分の面積
の比は，$4:(9-4)=4:5$

答

(1) $3:2$　　(2) $4:5$

確認

**相似な平面図形の周の長さの
比と面積の比**

例えば，半径 2cm の円と半径
3cm の円は相似で，
相似比は，$2:3$
周の長さの比は，
$(2\pi\times2):(2\pi\times3)$
$=2:3$
面積の比は，
$(\pi\times2^2):(\pi\times3^2)$
$=2^2:3^2=4:9$

 133

解答は別冊 p.90

右の図は，点 O を中心とする2つの半円を，
∠COF＝108° となる線分 OF で，4つの部
分に分けたものです。OA＝AC のとき，
次の比を最も簡単な整数の比で表しなさ
い。

(1) $\overarc{CF}$ と $\overarc{EB}$ の長さの比　　(2) 図形 ACFE とおうぎ形 OEB の面積の比

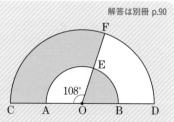

第1章 平面図形

第2章 空間図形

第3章 平行と合同

第4章 図形の性質

第5章 円

第6章 相似な図形

第7章 三平方の定理

134 相似な三角形の面積の比の利用　基礎

右の △ABC で，点 D，E および F，G は，
それぞれを辺 AB，AC の 3 等分点です。

(1) 面積の比 △ADF：△AEG：△ABC を，
最も簡単な整数の比で表しなさい。

(2) △ABC の面積を 45cm^2 とするとき，四
角形 DEGF と四角形 EBCG の面積を
求めなさい。

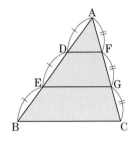

考え方 △ADF∽△AEG∽△ABC である。

◉ **解き方**

(1) 2 組の辺の比とその間の角がそれぞれ等しいから，△ADF∽△AEG∽△ABC

相似比は，AD：AE：AB＝1：(1+1)：(1+1+1)＝1：2：3

面積の比は相似比の 2 乗に等しいから，$1^2：2^2：3^2$＝1：4：9

(2) △ABC と四角形 DEGF の面積の比は，9：(4-1)＝9：3＝3：1

△ABC の面積は 45cm^2 だから，四角形 DEGF＝$45×\dfrac{1}{3}$＝15(cm^2)

△ABC と四角形 EBCG の面積の比は，9：(9-4)＝9：5

四角形 EBCG＝$45×\dfrac{5}{9}$＝25(cm^2)

◉ **答** (1) **1：4：9** (2) 四角形 DEGF…**15cm^2**，四角形 EBCG…**25cm^2**

練習 134

解答は別冊 p.91

右の図のような平行四辺形 ABCD があり，辺 CD
の中点を E とします。また，辺 AD 上に点 F を
AF：FD＝4：3 となるようにとり，辺 BC 上に点
G を AB∥FG となるようにとります。線分 AE と
線分 FG との交点を H，線分 BE と線分 FG との交
点を I とします。このとき，三角形 BGI と三角形 EHI の面積の比を最も簡
単な整数の比で表しなさい。

【神奈川県】

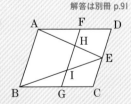

135 相似な立体の表面積と体積

右のような相似な2つの三角柱P，Qがあり，高さはそれぞれ6cm，8cmです。

(1) Pの表面積が81cm²のとき，Qの表面積を求めなさい。

(2) Qの体積が96cm³のとき，Pの体積を求めなさい。

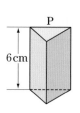
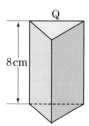

考え方 相似な立体では，表面積の比は相似比の2乗に等しく，体積の比は相似比の3乗に等しい。

◉ 解き方

(1) 三角柱PとQは相似で，相似比は，高さの比に等しいから，$6:8=3:4$

相似な立体の表面積の比は相似比の2乗に等しいから，PとQの表面積の比は，$3^2:4^2=9:16$

Pの表面積は81cm²だから，

Qの表面積は，$81 \times \dfrac{16}{9} = 144 \,(\text{cm}^2)$

(2) 相似な立体の体積の比は相似比の3乗に等しいから，PとQの体積の比は，$3^3:4^3=27:64$

Qの体積は96cm³だから，

Pの体積は，$96 \times \dfrac{27}{64} = \dfrac{81}{2} \,(\text{cm}^3)$

◉ 答

(1) **144cm²**   (2) $\dfrac{81}{2}$**cm³**

解答は別冊 p.91

半径8cmの球Aと半径12cmの球Bがあります。

(1) 球Aと球Bの表面積の比を求めなさい。

(2) 球Aと球Bの体積の比を求めなさい。

立体の相似

1つの立体を，形を変えずに，一定の割合で拡大，または縮小してできた立体は，もとの立体と相似であるという。

相似な立体では，

● 対応する線分の長さの比はすべて等しい。

● 対応する面はそれぞれ相似である。

● 対応する角の大きさはそれぞれ等しい。

相似な立体の表面積の比と体積の比

例えば，1辺が2cmの立方体と1辺が3cmの立方体は相似で，相似比は，$2:3$

表面積の比は，

$(2^2 \times 6):(3^2 \times 6)$
$=2^2:3^2=4:9$

体積の比は，

$2^3:3^3=8:27$

第1章 平面図形

第2章 空間図形

第3章 平行と合同

第4章 図形の性質

第5章 円

第6章 相似な図形

第7章 三平方の定理

136 相似な立体の体積の比の利用

基礎

三角錐 ABCD を，右の図のように底面に
平行な平面で2か所切断します。
AE：EP：PB＝2：3：1であるとき，
立体 EFG-PQR と立体 PQR-BCD の体積
比を最も簡単な整数の比で表しなさい。

【法政大高(東京)】

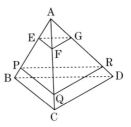

考え方 **A を頂点とする 3 つの三角錐は相似である。**

◉ 解き方

3 つの三角錐 AEFG，APQR，ABCD は相似で，
相似比は，

　　AE：AP：AB＝2：(2＋3)：(2＋3＋1)＝2：5：6

相似な立体の体積の比は相似比の 3 乗に等しいから，

　　$2^3 : 5^3 : 6^3 = 8 : 125 : 216$

立体 EFG-PQR と立体 PQR-BCD の体積の比は，

　　(125−8)：(216−125)＝117：91

　　＝(117÷13)：(91÷13)＝9：7

◉ 答 **9：7**

確認

切断体と相似

角錐や円錐を，底面に平行な
平面で切断したときにできる
小さい角錐や円錐は，もとの
角錐や円錐と相似である。

ミス注意

117：91 で止めないように！
13 が公約数であることに気
づきにくい。13 や 17，19 な
どの 2 けたの素数が約数であ
る数に注意しよう。

練習 136

解答は別冊 p.91

右の図は，1 辺が 6cm の立方体で，点 M は
辺 AB の中点です。この立方体を 3 点 M, E,
G を通る平面で切って 2 つの立体に分け，頂
点 A をふくむ方の立体を P，頂点 B をふく
む方の立体を Q とします。

このとき，P と Q の体積の比を，最も簡単な
整数の比で表しなさい。

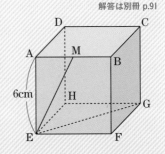

137 三角形の底辺，高さの比と面積の比 応用

右の △ABC で，AD：DB＝3：4，
BE：EC＝5：1 のとき，△ABC と △DBE
の面積の比を，最も簡単な整数の比で表
しなさい。

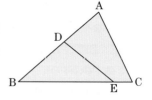

考え方 三角形の面積の比＝（底辺×高さ）の比

● 解き方
　△ABC と △DBE で，
底辺の比は，
　　BC：BE＝（5＋1）：5
　　　　　　＝6：5
　A，D から底辺に垂線
AF，DG をひくと，
高さの比は，AF∥DG より，
　　AF：DG＝AB：DB＝（3＋4）：4＝7：4
　したがって，△ABC と △DBE の面積の比は，
（底辺×高さ）の比より，
　　（6×7）：（5×4）＝42：20＝21：10

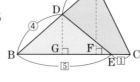

● 答
21：10

解答は別冊 p.91

右の図において，
△ABC の面積を S
とするとき，かげを
つけた部分の面積を
S を使って表しなさ
い。

【明治学院高(東京)】

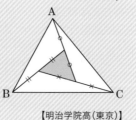

確認

三角形の底辺，高さの比と面積の比
次の図のような
△ABC と △DBE は，
底辺の比が，BC：BE
高さの比が，AB：DB
だから，面積の比は，
（底辺×高さ）の比より，
　（BC×AB）：（BE×DB）
で求められる。

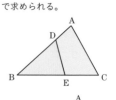

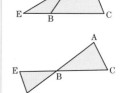

第1章 平面図形

第2章 空間図形

第3章 平行と合同

第4章 図形の性質

第5章 円

第6章 相似な図形

第7章 三平方の定理

138 # 三角錐の底面積，高さの比と体積の比 〔応用〕

右の三角錐 OABC で，OP：PA＝3：2，
OQ：QB＝5：3，OR：RC＝2：1 のとき，三角
錐 OABC と三角錐 OPQR の体積の比を，最も
簡単な整数の比で表しなさい。

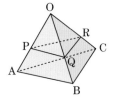

考え方 ## 三角錐の体積の比＝（底面積×高さ）の比

● **解き方**

三角錐 OABC と三角錐 OPQR の底面を，
それぞれ △OAB，△OPQ と考えると，
底面積の比は，

$$(OA \times OB) : (OP \times OQ)$$
$$= \{(3+2) \times (5+3)\} : (3 \times 5) = 40 : 15 = 8 : 3$$

高さの比は，

$$OC : OR = (2+1) : 2 = 3 : 2$$

よって，三角錐 OABC と三角錐 OPQR の体積の比は，
（**底面積×高さ**）の比より，

$$(8 \times 3) : (3 \times 2) = 8 : 2 = 4 : 1$$

● **答**

4：1

> **確認** 💡
>
> **三角錐の底面積，高さの比と**
> **体積の比**
> 上の三角錐 OABC と三角錐
> OPQR で，底面をそれぞれ
> △OAB，△OPQ と考えると，
> 底面積の比が，
> 　$(OA \times OB) : (OP \times OQ)$
> 高さの比が，
> 　$OC : OR$
> だから，体積の比は，
> （底面積×高さ）の比より，
> 　$(OA \times OB \times OC)$
> 　$: (OP \times OQ \times OR)$
> で求められる。

練習 138

解答は別冊 p.91

右の図のように，1辺の長さが8の正四面体 ABCD
の辺 AB，AC，AD 上にそれぞれ3点 P，Q，R があ
ります。AP＝3，AQ＝5，AR＝4 であるとき，次の
比を，最も簡単な整数の比で表しなさい。

【明治大附属明治高（東京）】

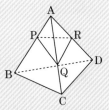

(1) △APQ と △ABC の面積の比

(2) 四面体 APQR と四面体 ABCD の体積の比

研 究

メネラウスの定理

メネラウスの定理

△ABC のいずれの頂点も通らない直線 ℓ と3辺
BC, CA, AB または, その延長との交点をそれ
ぞれ P, Q, R とするとき, 次の関係が成り立つ。

$$\frac{AR}{RB} \times \frac{BP}{PC} \times \frac{CQ}{QA} = 1$$

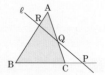

≡ 証明 ≡

図のように, △ABC の頂点 C を通り, 直線 ℓ に
平行な直線をひき, 辺 AB との交点を D とする。
平行線と線分の比の定理から,

BP : PC = BR : RD

すなわち, $\dfrac{BP}{PC} = \dfrac{BR}{RD}$ …①

同様に, $\dfrac{CQ}{QA} = \dfrac{DR}{RA}$ …②

したがって, ①, ②より

$$\frac{AR}{RB} \times \frac{BP}{PC} \times \frac{CQ}{QA} = \frac{AR}{RB} \times \frac{BR}{RD} \times \frac{DR}{RA} = 1$$

くわしく

メネラウスの定理は, 下の図
のように, 直線 ℓ が △ABC
の中を通らない場合にも成り
立つ。

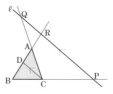

右の図で, AR : RB = BC : CP = 2 : 3 のとき,
AQ : AC を最も簡単な整数の比で表してみよう。

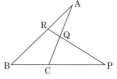

考え方 メネラウスの定理 $\dfrac{AR}{RB} \times \dfrac{BP}{PC} \times \dfrac{CQ}{QA} = 1$ に,

それぞれ, $\dfrac{AR}{RB}, \dfrac{BP}{PC}$ の値を代入すればよい。

解き方 $\dfrac{AR}{RB} = \dfrac{2}{3}, \dfrac{BP}{PC} = \dfrac{2+3}{3} = \dfrac{5}{3}$ だから, $\dfrac{2}{3} \times \dfrac{5}{3} \times \dfrac{CQ}{QA} = 1$ より, $\dfrac{CQ}{QA} = \dfrac{9}{10}$

すなわち, CQ : QA = 9 : 10
これより, AQ : AC = 10 : (9 + 10) = **10 : 19**

研　究
チェバの定理

チェバの定理

$\triangle$ABC の内部または，外部に点 O をとり，AO，BO，CO が辺 BC，CA，AB または，その延長と交わる点をそれぞれ P，Q，R とするとき，次の関係が成り立つ。　$\dfrac{AR}{RB} \times \dfrac{BP}{PC} \times \dfrac{CQ}{QA} = 1$

(1)点 O が $\triangle$ABC
の内部に
あるとき

(2)点 O が $\triangle$ABC
の外部に
あるとき

≡ 証明 ≡

$\triangle$ABP と直線 CR について，メネラウスの定理から，

$$\dfrac{AR}{RB} \times \dfrac{BC}{CP} \times \dfrac{PO}{OA} = 1 \quad \cdots\cdots①$$

$\triangle$APC と直線 BQ について，メネラウスの定理から，

$$\dfrac{AO}{OP} \times \dfrac{PB}{BC} \times \dfrac{CQ}{QA} = 1 \quad \cdots\cdots②$$

したがって，①×②より，

$$\dfrac{AR}{RB} \times \dfrac{BC}{CP} \times \dfrac{PO}{OA} \times \dfrac{AO}{OP} \times \dfrac{PB}{BC} \times \dfrac{CQ}{QA} = 1$$

左辺を整理して，

$$\dfrac{AR}{RB} \times \dfrac{BP}{PC} \times \dfrac{CQ}{QA} = 1$$

(1)のとき

(2)のとき

右の図で，BP：PC＝1：2，AC：CQ＝4：3 のとき，
AB：BR を最も簡単な整数の比で表してみよう。

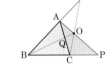

考え方　チェバの定理 $\dfrac{AR}{RB} \times \dfrac{BP}{PC} \times \dfrac{CQ}{QA} = 1$ に，

それぞれ $\dfrac{BP}{PC}$，$\dfrac{CQ}{QA}$ の値を代入すればよい。

解き方　$\dfrac{BP}{PC} = \dfrac{1}{2}$，$\dfrac{CQ}{QA} = \dfrac{3}{4+3} = \dfrac{3}{7}$ だから，$\dfrac{AR}{RB} \times \dfrac{1}{2} \times \dfrac{3}{7} = 1$ より，

$$\dfrac{AR}{RB} = \dfrac{14}{3}$$

すなわち，AR：RB＝14：3

これより，AB：BR＝(14−3)：3＝**11：3**

第1章　平面図形

第2章　空間図形

第3章　平行と合同

第4章　図形の性質

第5章　円

第6章　相似な図形

第7章　三平方の定理

章末問題 解答 別冊 p.92

1 次の問いに答えなさい。

(1) 下の図1で，四角形 ABCD は，AD∥BC の台形です。EF∥BC のとき，線分 EF の長さを求めなさい。 【岩手県】

(2) 下の図2で，△ABC の辺 AB と △DBC の辺 DC は平行です。また，E は辺 AC と DB との交点，F は辺 BC 上の点で，AB∥EF です。AB＝6cm，DC＝4cm のとき，線分 EF の長さは何 cm ですか。 【愛知県】

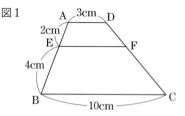

図1   図2

2 四角形 ABCD は，辺 AD と辺 BC が平行で，AD＝3cm，BC＝4cm の台形です。対角線 AC と BD の交点を E とします。このとき，次の □ にあてはまる数を答えなさい。 【函館ラ・サール高（北海道）】

(1) △ABE の面積は △AED の面積の □ 倍である。

(2) △BCE の面積は △AED の面積の □ 倍である。

(3) 四角形 ABCD の面積が 98cm² のとき，△AED の面積は □ cm² である。

3 右の図のように，△ABC があり，辺 AB の中点を D とします。また，辺 AC を3等分した点のうち，点 A に近い点を E，点 C に近い点を F とします。さらに，線分 CD と線分 BE との交点を G，線分 CD と線分 BF との交点を H とします。△BGD の面積を S，四角形 EGHF の面積を T とするとき，S と T の比を最も簡単な整数の比で表しなさい。 【神奈川県】

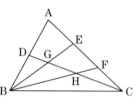

4 右の図において，3点 A，B，C は円 O の円周上の
点であり，BC は円 O の直径です。$\overarc{AC}$ 上に点 D
をとり，点 D を通り AC に垂直な直線と円 O との
交点を E とします。また，DE と AC，BC との交
点をそれぞれ F，G とします。このとき，次の問い
に答えなさい。 【静岡県】

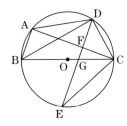

(1) △DAC∽△GEC であることを証明しなさい。

(2) $\overarc{AD}:\overarc{DC}=3:2$，∠BGE＝70° のとき，∠EDC の大きさを求めなさい。

5 右の図のような，∠ACB＝90° の直角三角形 ABC が
あります。∠ABC の二等分線と辺 AC との交点を D
とします。点 C から辺 AB に垂線をひき，その交点
を E とし，線分 CE と線分 BD との交点を F としま
す。また，点 E から辺 BC に垂線をひき，その交点
を G とし，線分 EG と線分 BD との交点を H としま
す。このとき，次の問いに答えなさい。 【香川県】

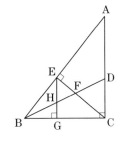

(1) △BEH∽△BAD であることを証明しなさい。

(2) 点 E から線分 HF に垂線をひき，その交点を I とし，直線 EI と辺 BC との交
点を J とします。このとき，EH＝FJ であることを証明しなさい。

6 右の図のような正四面体 OABC があります。辺 OA
の中点を P，辺 OB 上に PQ＋QC が最短の長さと
なるように点 Q をとります。このとき，次の問い
に答えなさい。 【和洋国府台女子高（千葉）】

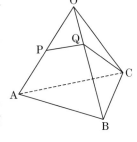

(1) PQ：QC を最も簡単な整数の比で表しなさい。

(2) この正四面体を3点 P，Q，C を通る平面で切った
とき，小さな立体と大きな立体の体積の比を最も簡
単な整数の比で表しなさい。

三平方の定理

まず，三平方の定理をしっかり覚え，直角三角形があったら，三平方の定理が使えないか考えよう。補助線をひき，直角三角形をつくると，解き方のヒントがつかめる場合も多い。

SECTION 1 三平方の定理

➡p.454

三平方の定理

直角三角形の直角をはさむ 2 辺の長さを a，b，斜辺の長さを c とすると，次の関係が成り立つ。

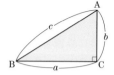

$$a^2+b^2=c^2$$

三平方の定理を使うと，2 辺の長さがわかっている直角三角形の残りの辺の長さを求めることができる。

三平方の定理の逆

三角形の 3 辺の長さ a，b，c の間に，

$$a^2+b^2=c^2$$

という関係が成り立てば，その

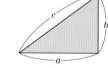

三角形は，長さ c の辺を斜辺とする直角三角形である。

※三平方の定理の逆を使うと，3 辺の長さがわかっている三角形が，直角三角形であるかどうかがわかる。

例 $a=5$，$b=12$，$c=13$ の三角形では，

$$a^2+b^2=5^2+12^2=25+144=169$$
$$c^2=13^2=169$$

したがって，$a^2+b^2=c^2$ の関係が成り立つから，この三角形は，直角三角形である。

例 下の直角三角形で，x の値は，

$$15^2+8^2=x^2, \quad x^2=289$$
$$x>0 \text{ だから，} x=17(\text{cm})$$

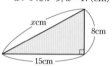

三角形の角と辺の長さの関係

下の図の $\triangle ABC$ で，$\angle C$ が最大のとき，次の関係が成り立つ。

- $c^2 < a^2+b^2$ のとき，
  $\angle C < 90°$ ➡ 鋭角三角形
- $c^2=a^2+b^2$ のとき，
  $\angle C=90°$ ➡ 直角三角形
- $c^2>a^2+b^2$ のとき，
  $\angle C>90°$ ➡ 鈍角三角形

SECTION 2 三平方の定理と平面図形

➡p.458

平面図形で，線分の長さなどを求めるときは，補助線をひいて直角三角形をつくり，三平方の定理を利用する。

- ●長方形の対角線の長さ…となり合う2辺の長さが a, b である長方形の対角線の長さを ℓ とすると，

$$\ell=\sqrt{a^2+b^2}$$

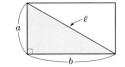

- ●特別な直角三角形の辺の比

  ❶ 鋭角が $30°$，$60°$ の直角三角形

  $$AB:BC:CA= 2:1:\sqrt{3}$$

  ❷ 直角二等辺三角形

  $$AB:BC:CA= 1:1:\sqrt{2}$$

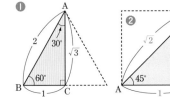

- ●弦の長さ…半径 r の円で，中心からの距離が d である弦 AB の長さは，右の図で，$AH=\sqrt{r^2-d^2}$ であるから，

$$AB=2\sqrt{r^2-d^2}$$

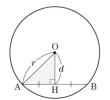

- ●座標平面上の2点間の距離…2点 $A(x_1,\ y_1)$, $B(x_2,\ y_2)$ 間の距離を d とすると，

$$d=\sqrt{(x_2-x_1)^2+(y_2-y_1)^2}$$

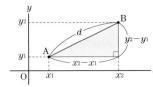

SECTION 3 三平方の定理と空間図形

➡p.464

- ●直方体の対角線の長さ…縦，横，高さがそれぞれ a, b, c である直方体の対角線の長さを ℓ とすると，

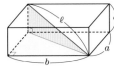

$$\ell=\sqrt{a^2+b^2+c^2}$$

- ●円錐の高さ…底面の半径が r，母線の長さが ℓ である円錐の高さを h とすると，

$$h=\sqrt{\ell^2-r^2}$$

第1章 平面図形

第2章 空間図形

第3章 平行と合同

第4章 図形の性質

第5章 円

第6章 相似な図形

第7章 三平方の定理

第7章
SECTION
1

三平方の定理

139 三平方の定理の証明　　　　　　　　基礎

右の図は，∠C＝90°の直角三角形 ABC と合
同な直角三角形を並べて，正方形 CDEF を
つくったものです。
BC＝a，CA＝b，AB＝c とするとき，
　$a^2+b^2=c^2$
が成り立つことを証明しなさい。

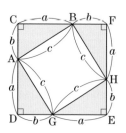

考え方　内側の正方形 AGHB の面積
　　　　　＝外側の正方形 CDEF の面積－△ABC の面積×4

◎ 証明

外側の正方形 CDEF の 1 辺の長さは，$a+b$
　内側の 1 辺が c の正方形 AGHB の面積
＝外側の正方形 CDEF の面積－△ABC の面積×4
より，

$$c^2=(a+b)^2-\frac{1}{2}ab\times4=a^2+2ab+b^2-2ab$$
$$=a^2+b^2$$

したがって，$a^2+b^2=c^2$

定理

三平方の定理

直角三角形の直角をはさむ 2
辺の長さを a，b，斜辺の長
さを c とすると，
　$a^2+b^2=c^2$
が成り立つ。

三平方の定理は，この定理を
はじめて証明したといわれて
いる古代ギリシャの数学者ピ
タゴラス（紀元前 6 世紀頃）に
ちなんで，**ピタゴラスの定理**
とよばれることがある。

※線分 AB の長さの 2 乗を，
　AB^2 と表すことがある。
　このとき，上の関係は，
　　$BC^2+CA^2=AB^2$
　と表される。

練習 139

解答は別冊 p.94

右の図は，∠F＝90°の
直角三角形 ABF と合
同な直角三角形を並
べて，正方形 ABCD
をつくったものです。
このとき，$a^2+b^2=c^2$
であることを証明しなさい。

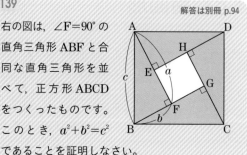

図形

第1章 平面図形
第2章 空間図形
第3章 平行と合同
第4章 図形の性質
第5章 円
第6章 相似な図形
第7章 三平方の定理

140 三平方の定理の利用　　基礎

次の図で，x の値を求めなさい。

(1)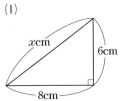

(2)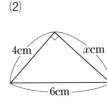

(3)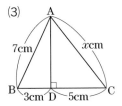

考え方 三平方の定理から，2次方程式をつくる。

● 解き方

(1) 斜辺は $x$cm だから，**三平方の定理**より，

$$8^2+6^2=x^2,\quad 64+36=x^2,\quad x^2=100$$

$x>0$ より，$x=\sqrt{100}=10$

(2) 斜辺は 6cm だから，**三平方の定理**より，

$$4^2+x^2=6^2,\quad 16+x^2=36,\quad x^2=20$$

$x>0$ より，$x=\sqrt{20}=2\sqrt{5}$

(3) 直角三角形 ABD において，斜辺は 7cm だから，

$$3^2+\mathrm{AD}^2=7^2,\quad 9+\mathrm{AD}^2=49,\quad \mathrm{AD}^2=40$$

直角三角形 ADC において，斜辺は $x$cm だから，

$$\mathrm{AD}^2+5^2=x^2,\quad 40+25=x^2,\quad x^2=65$$

$x>0$ より，$x=\sqrt{65}$

● 答 (1) $x=10$　(2) $x=2\sqrt{5}$　(3) $x=\sqrt{65}$

別解

次のように，直接根号を使って解いてもよい。

(1) $x>0$ より，
$$x=\sqrt{8^2+6^2}=\sqrt{64+36}$$
$$=\sqrt{100}=10$$

(2) $x>0$ より，
$$x=\sqrt{6^2-4^2}=\sqrt{36-16}$$
$$=\sqrt{20}=2\sqrt{5}$$

(3) $\mathrm{AD}^2=7^2-3^2=49-9=40$
$x>0$ より，
$$x=\sqrt{40+5^2}=\sqrt{40+25}$$
$$=\sqrt{65}$$

練習 140　　　　　　　　　　解答は別冊 p.94

次の図で，x の値を求めなさい。

(1)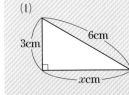

(2)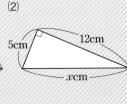

(3)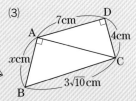

141 三平方の定理を利用する証明 基礎

右の図のように，直角三角形 ABC
の直角をはさむ 2 辺 AB，AC 上
にそれぞれ点 D, E をとり，B と E，
C と D，D と E を結ぶと，

$$BE^2+CD^2=DE^2+BC^2$$

であることを証明しなさい。

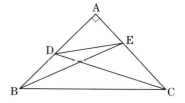

考え方 BE，CD，DE，BC をそれぞれ直角三角形の斜辺と考え，三平方の定理を利用する。

◉ **証明**

△ABE は，BE を斜辺とする直角三角形だから，三平方の定理より，

$$BE^2=AB^2+AE^2 \qquad \cdots\cdots ①$$

同様に，△ADC において，$CD^2=AD^2+AC^2$ $\qquad \cdots\cdots ②$

①+②より，$\qquad BE^2+CD^2=AB^2+AE^2+AD^2+AC^2 \cdots\cdots ③$

また，△ADE において，$DE^2=AD^2+AE^2$ $\qquad \cdots\cdots ④$

△ABC において，$BC^2=AB^2+AC^2$ $\qquad \cdots\cdots ⑤$

④+⑤より，$\qquad DE^2+BC^2=AD^2+AE^2+AB^2+AC^2$

$$=AB^2+AE^2+AD^2+AC^2 \cdots\cdots ⑥$$

③，⑥より，$\qquad BE^2+CD^2=DE^2+BC^2$

練習 141

解答は別冊 p.94

右の図のように，四角形 ABCD の対
角線 AC，BD が直交しているとき，

$$AB^2+CD^2=AD^2+BC^2$$

であることを証明しなさい。

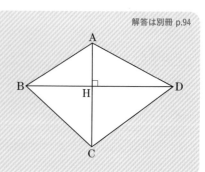

図　形

第1章 平面図形
第2章 空間図形
第3章 平行と合同
第4章 図形の性質
第5章 円
第6章 相似な図形
第7章 三平方の定理

142 三平方の定理の逆

次の長さを 3 辺とする三角形の中から，直角三角形をすべて選んで，記号で答えなさい。

⑦ 4cm，6cm，9cm

④ 7cm，25cm，24cm

⑦ $\sqrt{13}$ cm，$3\sqrt{2}$ cm，$\sqrt{5}$ cm

⑤ $4\sqrt{2}$ cm，$3\sqrt{3}$ cm，$2\sqrt{6}$ cm

考え方 最長の辺を c，他の 2 辺を a，b としたとき，三平方の定理 $a^2+b^2=c^2$ が成り立つものを選ぶ。

● 解き方

⑦ 最長は 9cm の辺で，$9^2=81$ ……①

$4^2+6^2=16+36=52$……②

①≠②だから，これは直角三角形ではない。

④ 最長は 25cm の辺で，$25^2=625$ ……①

$7^2+24^2=49+576=625$……②

①＝②だから，これは直角三角形である。

⑦ 根号があるので，各辺を 2 乗して長短を調べると，

$(\sqrt{13})^2=13$，$(3\sqrt{2})^2=18$，$(\sqrt{5})^2=5$

$13+5=18$ だから，これは $3\sqrt{2}$ cm の辺を斜辺とする直角三角形である。

⑤ $(4\sqrt{2})^2=32$，$(3\sqrt{3})^2=27$，$(2\sqrt{6})^2=24$

$27+24≠32$ だから，これは直角三角形ではない。

● 答

④，⑦

練習 142

解答は別冊 p.94

次の長さを 3 辺とする三角形は，鋭角三角形，直角三角形，鈍角三角形のどれですか。

(1) 5cm，6cm，7cm

(2) $2\sqrt{5}$ cm，3cm，$4\sqrt{2}$ cm

(3) $6\sqrt{2}$ cm，$3\sqrt{13}$ cm，$3\sqrt{5}$ cm

定理

三平方の定理の逆

三角形の 3 辺の長さ a，b，c の間に，

$a^2+b^2=c^2$

という関係が成り立てば，その三角形は，長さ c の辺を斜辺とする直角三角形である。

※三平方の定理が成り立つ 3 つの自然数の組を，**ピタゴラス数**という。

参考

三角形の辺と角の関係

上の △ABC で，∠C が最大の角のとき，次の関係が成り立つ。

● $c^2<a^2+b^2$ のとき

∠C<90° ➡ **鋭角三角形**

● $c^2=a^2+b^2$ のとき

∠C＝90° ➡ **直角三角形**

● $c^2>a^2+b^2$ のとき

∠C>90° ➡ **鈍角三角形**

第7章
SECTION

2 三平方の定理と平面図形

143 図形の面積 　　　　　　　　　　　　　　　　　　基礎

右の図の四角形 ABCD は，AD∥BC の
台形です。

(1) この台形の高さを求めなさい。

(2) この台形の面積を求めなさい。

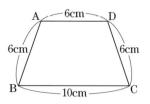

考え方 点 A，D から底辺 BC に垂線をひく。

◉ 解き方

(1) 右の図のように，垂線 AE，DF をひくと，
AE，DF がこの台形の高さである。

$\triangle ABE \equiv \triangle DCF$ より，

BE＝CF＝(10−6)÷2＝2(cm)

$\triangle ABE$ において，**三平方の定理**より，

$2^2 + AE^2 = 6^2$，$AE^2 = 32$

AE>0 より，$AE = \sqrt{32} = 4\sqrt{2}$ (cm)

(2) $\dfrac{1}{2} \times (6+10) \times 4\sqrt{2} = 32\sqrt{2}$ (cm²)

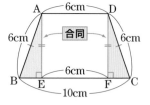

◉ 答

(1) $4\sqrt{2}$ cm 　　(2) $32\sqrt{2}$ cm²

確認 💡

等脚台形
この台形のように，1組の対
辺が平行で，その間の2辺の
長さが等しく，平行でない台
形を，等脚台形という。

練習 143

次の図形の面積を求めなさい。

解答は別冊 p.94

(1) 縦の長さが 12cm で対角線の長さが 20cm
の長方形の面積

(2) 3辺の長さが 5cm，2cm，5cm の三角形の
の面積

(3) 右の図の台形 ABCD の面積

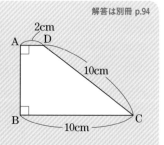

図形

第1章 平面図形

第2章 空間図形

第3章 平行と合同

第4章 図形の性質

第5章 円

第6章 相似な図形

第7章 三平方の定理

144 特別な直角三角形の辺の長さの比 　基礎

右の △ABC で，辺 AC, BC の長さを求めなさい。

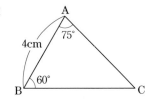

考え方　頂点 A から辺 BC に垂線をひく。

● 解き方

頂点 A から辺 BC に垂線 AH をひくと，三角形の内角の和より，それぞれの角の大きさは，右の図のようになる。

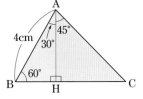

AB：BH＝2：1 より，

$$BH=\frac{1}{2}AB=\frac{1}{2}\times4=2\,(cm)$$

BH：AH＝1：$\sqrt{3}$ より，

$$AH=\sqrt{3}\,BH=\sqrt{3}\times2=2\sqrt{3}\,(cm)$$

AH：AC＝1：$\sqrt{2}$ より，

$$AC=\sqrt{2}\,AH=\sqrt{2}\times2\sqrt{3}=2\sqrt{6}\,(cm)$$

HC＝AH＝$2\sqrt{3}$ cm より，

$$BC=BH+HC=2+2\sqrt{3}\,(cm)$$

● 答

AC…$2\sqrt{6}$ cm，　BC…$(2+2\sqrt{3})$ cm

練習 144

解答は別冊 p.94

次の三角形の面積を求めなさい。

(1) 1辺が 6cm の正三角形の面積

(2) ∠B＝30°，∠C＝135°，AC＝$2\sqrt{6}$ cm の △ABC の面積

くわしく

特別な直角三角形の辺の比

● 30°，60°，90° の直角三角形

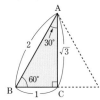

※ 1辺が a の正三角形の高さを h，面積を S とすると，

$$h=\frac{\sqrt{3}}{2}a \quad S=\frac{\sqrt{3}}{4}a^2$$

● 45°，45°，90° の直角三角形
（直角二等辺三角形）

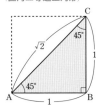

※ 1辺が a の正方形の対角線の長さを ℓ とすると，

$$\ell=\sqrt{2}\,a$$

145 三平方の定理と方程式① 応用

右の図は，AB＝6cm，BC＝8cm の
長方形 ABCD を，頂点 B が辺 AD
の中点 M と重なるように，EF を
折り目として折ったものです。この
とき，線分 AE の長さを求めなさい。

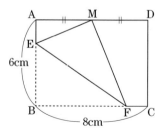

考え方 AE＝$x$cm として，EM の長さを x を使って表し，
直角三角形 AEM で三平方の定理から方程式をつくる。

◉ 解き方

AE＝$x$cm とすると，

EM＝EB＝AB－AE＝$6-x$(cm)

点 M は辺 AD の中点だから，

AM＝$8 \div 2 = 4$(cm)

直角三角形 AEM で，**三平方の定理**より，

$x^2 + 4^2 = (6-x)^2$

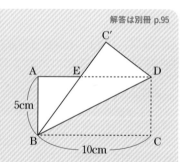

これを解くと，$x^2 + 16 = 36 - 12x + x^2$，$12x = 20$，$x = \dfrac{5}{3}$

◉ 答

$\dfrac{5}{3}$**cm**

練習 145

解答は別冊 p.95

右の図は，AB＝5cm，BC＝10cm の長方
形 ABCD を対角線 BD で折り返し，点 C
が移った点を C′，辺 AD と BC′ の交点を
E としたものです。
このとき，線分 AE の長さを求めなさい。

146 三平方の定理と方程式②　応用

右の △ABC の面積を求めなさい。

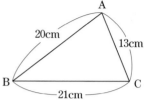

考え方　頂点 A から辺 BC に垂線をひく。

● 解き方

頂点 A から辺 BC に垂線をひき，辺 BC との交点を H とする。

$BH = x$cm とすると，$CH = 21 - x$(cm)

直角三角形 ABH で，**三平方の定理**より，

$\quad AH^2 = 20^2 - x^2 \quad\quad$ ……①

直角三角形 ACH で，**三平方の定理**より，

$\quad AH^2 = 13^2 - (21 - x)^2$ ……②

①，②より，$20^2 - x^2 = 13^2 - (21 - x)^2$

これを解くと，$400 - x^2 = 169 - (441 - 42x + x^2)$，$42x = 672$，$x = 16$

①より，$AH^2 = 20^2 - 16^2 = 400 - 256 = 144$

$AH > 0$ より，$AH = \sqrt{144} = 12$(cm)

したがって，△ABC の面積は，$\dfrac{1}{2} \times 21 \times 12 = 126$(cm²)

● 答

126cm²

練習 146

解答は別冊 p.95

右の △ABC の面積を求めなさい。

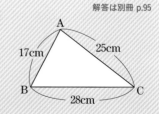

147 円の弦の長さと接線の長さ

次の長さを求めなさい。

(1) 半径 6cm の円で，中心からの距離
が 2cm である弦の長さ

(2) 右の図で，線分 AP の長さ
（AP は接線で，点 P は接点）

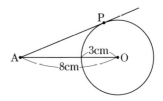

考え方
(1) 円の中心から弦にひいた垂線は，その弦を 2 等分する。
(2) 円の接線は接点を通る半径に垂直である。

◉ **解き方**

(1) 円の中心を O，O からの距離が 2cm の弦を AB，O
から AB にひいた垂線を OH とすると，**円の中心か
ら弦にひいた垂線は，その弦を 2 等分するから**，右
の図のようになる。

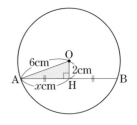

AH＝$x$cm とすると，直角三角形 OAH で，
三平方の定理より，$x^2 + 2^2 = 6^2$，$x^2 = 36 - 4 = 32$
$x > 0$ より，$x = \sqrt{32} = 4\sqrt{2}$
AB＝2AH＝$2 \times 4\sqrt{2} = 8\sqrt{2}$ (cm)

(2) O と P を結ぶと，**円の接線は接点を通る半径に垂直だから**，∠OPA＝90°
OP＝3cm より，直角三角形 OPA で，**三平方の定理より**，$AP^2 = AO^2 - OP^2$
$AP^2 = 8^2 - 3^2 = 64 - 9 = 55$
AP＞0 より，AP＝$\sqrt{55}$ (cm)

◉ **答** (1) $8\sqrt{2}$ cm　(2) $\sqrt{55}$ cm

 147

解答は別冊 p.95

右の図のような，四角形 ABCD があり，辺 DA，AB，
BC，CD は，それぞれ点 P，Q，R，S で円 O に接
しています。
∠ABC＝∠BCD＝90°，BC＝12cm，DS＝3cm の
とき，線分 AO の長さを求めなさい。　【秋田県】

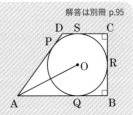

図 形

第1章 平面図形

第2章 空間図形

第3章 平行と合同

第4章 図形の性質

第5章 円

第6章 相似な図形

第7章 三平方の定理

148 座標平面上の2点間の距離　基礎

座標平面上に，右の図のような
△ABC があります。
△ABC はどんな三角形ですか。
できるだけ正確に答えなさい。

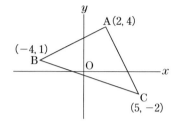

考え方 まず，三平方の定理で △ABC の各辺の長さを求める。
次に，三平方の定理の逆が成り立つかどうかを調べる。

● 解き方

△ABC の3辺の長さを求めると，

$AB=\sqrt{\{2-(-4)\}^2+(4-1)^2}=\sqrt{36+9}=\sqrt{45}$

$AC=\sqrt{(5-2)^2+\{4-(-2)\}^2}=\sqrt{9+36}=\sqrt{45}$

$BC=\sqrt{\{5-(-4)\}^2+\{1-(-2)\}^2}=\sqrt{81+9}=\sqrt{90}$

AB＝AC だから，△ABC は**二等辺三角形**である。

また，$AB^2=45$，$AC^2=45$，$BC^2=90$ より，

$AB^2+AC^2=BC^2$ が成り立つから，

△ABC は **BC** を斜辺とする**直角三角形**である。

したがって，△ABC は，

AB＝AC，∠A＝90° の直角二等辺三角形である。

● 答

(AB＝AC，∠A＝90° の)直角二等辺三角形

※ただの二等辺三角形や,直角三角形では不十分である。

公式

座標平面上の2点間の距離

座標平面上の2点 $A(x_1,\ y_1)$，
$B(x_2,\ y_2)$間の距離を d とする
と，三平方の定理より，d
は次の式で求められる。

$$d=\sqrt{(x_2-x_1)^2+(y_2-y_1)^2}$$

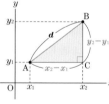

練習 148

解答は別冊 p.95

(1) 放物線 $y=x^2$ と直線 $y=x+12$ の交点を A，B とするとき，線分 AB の
長さを求めなさい。

(2) 3点 A(2，3)，B(4，−3)，P(p，1)があります。△ABP が AB＝AP の
二等辺三角形であるとき，p の値を求めなさい。

第7章

SECTION

3 三平方の定理と空間図形

149 直方体や立方体の対角線の長さ

(1) 縦 a，横 b，高さ c である直方体の対角線の長さを ℓ とすると，
$$\ell=\sqrt{a^2+b^2+c^2}$$
で求められることを，右の図を使って説明しなさい。

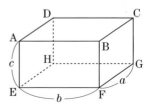

(2) 1辺の長さが a である立方体の対角線の長さを ℓ とすると，
$$\ell=\sqrt{3}\,a$$
で求められることを説明しなさい。

考え方 EG^2，AG^2 を，この順に a，b，c を使って表す。

◎ 説明

(1) $EF \perp FG$ だから，

△EFG において，三平方の定理より，

$$EG^2=a^2+b^2$$

$AE \perp$ 面 EFGH より，$AE \perp EG$ だから，

△AEG において，三平方の定理より，

$$AG^2=EG^2+AE^2=a^2+b^2+c^2$$

したがって，$\ell^2=a^2+b^2+c^2$

$\ell>0$ より，$\ell=\sqrt{a^2+b^2+c^2}$

(2) (1)の説明で，$b=a$，$c=a$，$a>0$ だから，

$$\ell=\sqrt{a^2+a^2+a^2}=\sqrt{3a^2}=\sqrt{3}\,a$$

公式

直方体の対角線の長さ
縦，横，高さがそれぞれ a，b，c である直方体の対角線の長さを ℓ とすると，
$$\ell=\sqrt{a^2+b^2+c^2}$$

立方体の対角線の長さ
1辺が a の立方体の対角線の長さを ℓ とすると，
$$\ell=\sqrt{3}\,a$$

練習 149

解答は別冊 p.96

(1) 縦3cm，横5cm，高さ2cm の直方体の対角線の長さを求めなさい。

(2) 1辺が6cm の立方体の対角線の長さを求めなさい。

第1章 平面図形

第2章 空間図形

第3章 平行と合同

第4章 図形の性質

第5章 円

第6章 相似な図形

第7章 三平方の定理

150 円錐や正四角錐の体積　　基礎

(1) 底面の半径が 5cm で，母線の長さが 13cm の円錐の体積を求めなさい。

(2) 右の図は，底面が 1 辺 4cm の正方形で，他の辺の長さがすべて 6cm の正四角錐です。この正四角錐の体積を求めなさい。

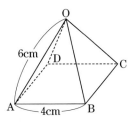

考え方 頂点から底面に垂線をひいて，高さを求める。

◉ 解き方

(1) 円錐の頂点から底面にひいた垂線は，底面の円の中心を通り，この垂線の長さが円錐の高さである。

この円錐の高さを h とすると，$h^2+5^2=13^2$

$h>0$ より，$h=\sqrt{13^2-5^2}=\sqrt{144}=12$（cm）

この円錐の体積は，$\dfrac{1}{3}\pi\times5^2\times12=100\pi$（cm³）

公式

円錐の高さ

底面の半径が r，母線の長さが ℓ の円錐の高さを h とすると，

$$h=\sqrt{\ell^2-r^2}$$

(2) 正四角錐の頂点から底面にひいた垂線は，底面の正方形の対角線の交点を通り，この垂線の長さが正四角錐の高さである。

底面の正方形の対角線の交点を H とすると，

$AC=4\sqrt{2}$ cm より，$AH=4\sqrt{2}\div2=2\sqrt{2}$（cm）

$OH^2+(2\sqrt{2})^2=6^2$ より，$OH^2=28$

$OH>0$ より，$OH=\sqrt{28}=2\sqrt{7}$（cm）

この正四角錐の体積は，$\dfrac{1}{3}\times4^2\times2\sqrt{7}=\dfrac{32\sqrt{7}}{3}$（cm³）

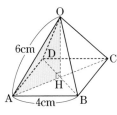

◉ 答　(1) **100π cm³**　(2) $\dfrac{32\sqrt{7}}{3}$ **cm³**

練習 150　　　　　　　　　　　　　　解答は別冊 p.96

(1) 母線の長さが 10cm で，高さが 6cm の円錐の体積を求めなさい。

(2) すべての辺の長さが 12cm の正四角錐の体積を求めなさい。

151 立体に巻きつけたひもの最短の長さ　基礎

右の図のように，AB＝4cm，AD＝2cm，AE＝3cm の直方体の表面に，ひもを，頂点 A から頂点 H まで，辺 BF と辺 CG に交わるようにかけます。ひもの長さが最も短くなるときのひもの長さを求めなさい。　【愛媛県】

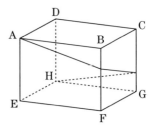

考え方 展開図上の線分 AH の長さを求める。

◉ 解き方

ひもの長さが最も短くなるとき，そのようすを展開図に表すと，次のようになる。（ひもが通らない部分は省略）

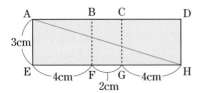

確認

2点をつなぐ線のうち，最短のものは線分である。
（→ p.329）

上の図で，AE＝3cm，EH＝4＋2＋4＝10(cm)

直角三角形 AEH で，**三平方の定理**より，$3^2+10^2=AH^2$，$AH^2=109$

AH＞0 より，$AH=\sqrt{109}$(cm)

◉ 答　$\sqrt{109}$**cm**

練習 151

解答は別冊 p.96

点 A を頂点とし，母線 AB の長さが 9cm，底面の半径 BC が 3cm の円錐があります。

図のように，点 B から円錐の側面にそって，糸をゆるまないように1周巻きつけて点 B に戻します。糸の長さが最も短くなるときの糸の長さを求めなさい。　【鳥取県】

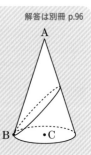

第1章 平面図形

第2章 空間図形

第3章 平行と合同

第4章 図形の性質

第5章 円

第6章 相似な図形

第7章 三平方の定理

152 円錐に内接する球

応用

右の図のように，底面の直径が6cm，母線の長さが5cmの円錐の側面にも底面にも接する球があります。

この球の体積を求めなさい。

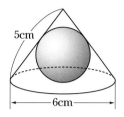

考え方 頂点と底面の直径を通る切断面で考える。

◉ **解き方**

右の図のように，円錐の頂点をA，底面の直径をBC，球と底面の接点(底面の円の中心)をD，球と円錐の側面の母線AB上の接点をE，球の中心をOとする。

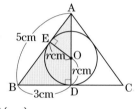

底面の円の半径だから，$BD=BC \div 2 = 6 \div 2 = 3 (cm)$

直角三角形ABDで，**三平方の定理**より，

$$AD^2+3^2=5^2, \quad AD^2=16 \quad AD>0 \text{より，} \quad AD=\sqrt{16}=4(cm)$$

ここで，球の半径を$r$cmとすると，△ABD∽△AOE(2組の角が等しい)より，

$$AB:AO=BD:OE, \quad 5:(4-r)=3:r, \quad 5r=3(4-r), \quad 8r=12, \quad r=\frac{3}{2}$$

したがって，この球の体積は，$\frac{4}{3}\pi \times \left(\frac{3}{2}\right)^3 = \frac{9}{2}\pi (cm^3)$

◉ **答** $\frac{9}{2}\pi \mathbf{cm}^3$

練習 152

解答は別冊 p.96

右の図のように，半径2の球が円錐に内接し，半径1の球が半径2の球と円錐の両方に接しています。

【中央大附高(東京)】

(1) 半径2の球の体積を求めなさい。

(2) 円錐の高さを求めなさい。

(3) 円錐の体積を求めなさい。

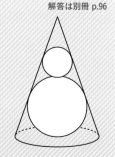

章末問題

解答 別冊 p.97

1 次の長さを3辺とする三角形のうち, 直角三角形を, ア～オから2つ選びなさい。 【北海道】

ア 2cm, 7cm, 8cm

イ 3cm, 4cm, 5cm

ウ 3cm, 5cm, $\sqrt{30}$cm

エ $\sqrt{2}$cm, $\sqrt{3}$cm, 3cm

オ $\sqrt{3}$cm, $\sqrt{7}$cm, $\sqrt{10}$cm

2 右の図のように, 点Oを中心とする半径2cm
の円Oと, AOを直径とする円O′があり, 2
つの円の交点をBとします。線分ABを半径
とする円の面積が, 円Oの面積の8倍となる
とき, 円O′の直径AOの長さを求めなさい。

【18 青山学院高(東京)】

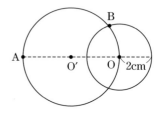

3 右の図のように, AB＝BC＝6cmの直角二等辺三角
形ABCを, 頂点Aが辺BCの中点Mに重なるよう
に折りました。折り目の直線と辺ABとの交点をD と
します。このとき, 線分BDの長さは何cmですか。

【広島県】

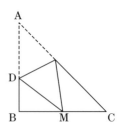

4 点Oを中心とする円に内接する △ABC があり,
AB＝AC＝6, BC＝4 です。この円の半径を求めなさい。

【城北高(東京)】

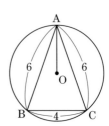

5 右の図のように，AB＝15，BC＝17，CA＝8，∠A＝90°の直角三角形 ABC の内接円を P とします。辺 AB，BC と円 P に接する円を Q とします。円 P と円 Q の半径をそれぞれ求めなさい。

【渋谷教育学園幕張高（千葉）】

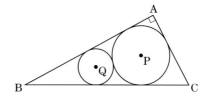

6 右の図は，線分 AB を直径とする円 O を底面とし，線分 AC を母線とする円錐であり，点 D は線分 BC の中点です。AB＝6cm，AC＝10cm のとき，次の問いに答えなさい。ただし，円周率は π とします。　　　　　【神奈川県】

(1) この円錐の体積を求めなさい。

(2) この円錐において，2 点 A，D 間の距離を求めなさい。

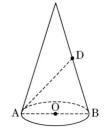

7 右の図の正四面体は，1 辺の長さが 8cm です。辺 BC，CD の中点をそれぞれ点 P，Q，点 Q から AP にひいた垂線と AP との交点を R とします。このとき，次の問いに答えなさい。　　　　　【青森県】

(1) AQ の長さを求めなさい。

(2) △APQ の面積を求めなさい。

(3) QR の長さを求めなさい。

(4) 三角錐 RBCD の体積は，正四面体 ABCD の体積の何倍ですか。

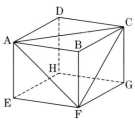

8 右の図のように，直方体 ABCD－EFGH があり，AC＝6，AF＝5，CF＝5 です。このとき，次の問いに答えなさい。　　　　　【洛南高（京都）】

(1) この直方体の体積を求めなさい。

(2) 点 B から △AFC にひいた垂線を BP とします。BP の長さを求めなさい。

(3) BH と △AFC の交点を Q とします。BQ の長さを求めなさい。

(4) PQ の長さを求めなさい。

第1章 平面図形

第2章 空間図形

第3章 平行と合同

第4章 図形の性質

第5章 円

第6章 相似な図形

第7章 三平方の定理

ハチの巣が正六角形の理由

ハチの巣は，働きバチがつくる蜜ろうからできています。ハチとしては
できるだけ少ない量で，広く丈夫な巣をつくりたいはずです。正六角形
をしきつめていくとどんな利点があるのか，問題から考えてみましょう。

問 題

正三角形，正方形，正六角形，円をそれぞれしきつめると，下の図ア〜エ
のようになります。基本となる図形1つの外周は，どれも12cmです。
60cmのひもを使ってこの図形をひとつずつなぞっていくとき，ひもで囲
った面積が最も大きくなるのはア〜エのどの場合でしょう。ただし，ひも
は切って使ってよいものとします。

ア

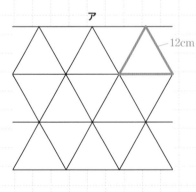

12cm

イ

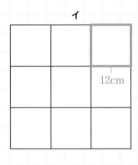

12cm

ウ

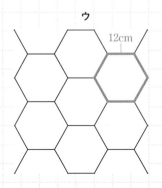

12cm

エ

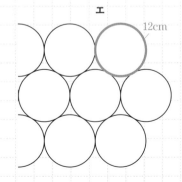

12cm

思考力 UP ▸▸▸ それぞれの図形をいくつ囲めるか考えよう。

> 正三角形の1辺は4cm，正方形の1辺は3cm，正六角形の1辺は2cmになるよ。
> すき間がないから，ひとつの辺を共有して使えそう！

> 60÷12で，円は5つ囲むことができるね。
> だけどすき間が空いてしまうから，ひもをたくさん使ってしまうなぁ。

思考力 UP ▸▸▸ 面積を求めて比べてみよう。

（実際に書いてみましょう）

解 答 例 ⋯⋯⋯⋯⋯⋯⋯⋯⋯⋯⋯⋯⋯⋯⋯⋯⋯⋯⋯⋯⋯⋯⋯⋯⋯⋯⋯⋯⋯

下の図のように，60cm のひもを使うと円は5個，他の図形は7個囲むことができる。

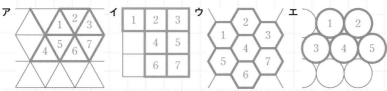

外周が 12cm のとき，
正三角形の面積は $4\sqrt{3}\ \text{cm}^2$　$\sqrt{3}=1.73\cdots$より，7個で約 $48.5\ \text{cm}^2$
正方形の面積は $9\ \text{cm}^2$　7個で $63\ \text{cm}^2$
正六角形の面積は $6\sqrt{3}\ \text{cm}^2$　7個で約 $72.7\ \text{cm}^2$
円の面積は $\dfrac{36}{\pi}\ \text{cm}^2$　$\pi=3.14\cdots$より，5個で約 $57.3\ \text{cm}^2$
よって，ひもで囲った面積が最も大きくなるのはウの正六角形。

このような，正六角形をしきつめた構造を「ハニカム構造」といいます。この構造は少ない材料で広い面積をつくれることに加え，衝撃にも強いことが知られています。航空機の部品や建築材料としても使われるなど，正六角形はいろいろなところで私たちの生活を支えているのです。

Math STOCK!

円周率 π の値を求めて

どんな大きさの円でも，円周の直径に対する割合は一定で，その値を円周率_{（えんしゅうりつ）}π（バイ）といいます。π の値は 3.141592…… とかぎりなく続く数です。この値をもっとくわしく求めるために，昔から多くの数学者が挑戦してきました。ここでは，その挑戦の歴史の一部を紹介します。

紀元前 2000 年ごろ	古代メソポタミアでは，円周率として 3 や $3\frac{1}{8}=3.125$ を用いていた。また，古代エジプトでは，円周率として $\frac{256}{81}$（約 3.1605）を使っていた。
紀元前 3 世紀	ギリシャのアルキメデスは，円に内接する正多角形と外接する正多角形の周の長さに着目し，正九十六角形をつくって，$3\frac{10}{71}<\pi<3\frac{1}{7}$ であることを立証した。
5 世紀	中国の天文学者祖冲之（そちゅうし）が，円周率は $\frac{355}{113}$（約 3.1415929）であると求めた。しかし，どのように求めたかはくわしくわかっていない。
1596〜1610 年	オランダの数学者ルドルフは，正 60×2^{29} 角形の辺の長さを計算し，円周率を小数点以下 35 けたまで求めたが，そのために，人生の大半を費やしたといわれている。
1699 年	スコットランドのグレゴリー，ドイツのライプニッツが発見した式を使い，イギリスのシャープが円周率を 72 けたまで求めた。
1722 年	日本の建部賢弘（たけべたかひろ）が円周率を小数点以下 41 けたまで求めた。
1761 年	ドイツのランベルトによって，円周率が無理数（むりすう）であることが証明された。
1873 年	イギリスのウィリアム・シャンクスが π の値を 707 けたまで求めたが，彼が死んでから，約 70 年後に 528 けた目でまちがっていることがわかった。
1947 年	イギリスのファーガソンが卓上計算機を用い，約 1 年がかりで π を 808 けたまで求めた。
1949 年	ペンシルベニア大学で，世界初の電子計算機エニアック（ENIAC）を使い，70 時間かけて 2037 けたまで円周率を計算した。これ以降，コンピュータによる計算が主流になる。
1989 年	この年は，激しい計算競争が行われた。5 月にチュドノフスキー兄弟が 4 億 8000 万けたまで計算すると，7 月には東京大学の金田康正（やすまさ）を中心とするグループが 5 億 3687 万 898 けたまで計算し，その後，8 と 11 月に，両グループともついに 10 億けたを達成した。
2002 年	金田康正を中心とするグループが円周率を 1 兆 2411 億けたまで計算した。

現在も，円周率の値は計算され続けています。2019 年には，アメリカの Google 社が円周率を約 31 兆 4000 億けたまで計算し，世界記録を更新しました。

データの
活用編

データの活用編

この編では，私たちの身の回りのことがらを対象として，集団の傾向を調べたり，個人の集団における位置をつかんだりする方法を学習します。また，あることがらの起こりやすさを数値で表したり，全体の一部を取り出して全体の傾向を推定したりといったことも学習します。

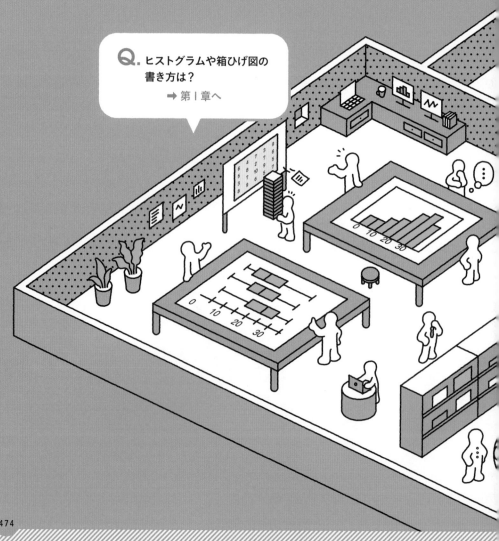

Q. ヒストグラムや箱ひげ図の書き方は？

➡ 第1章へ

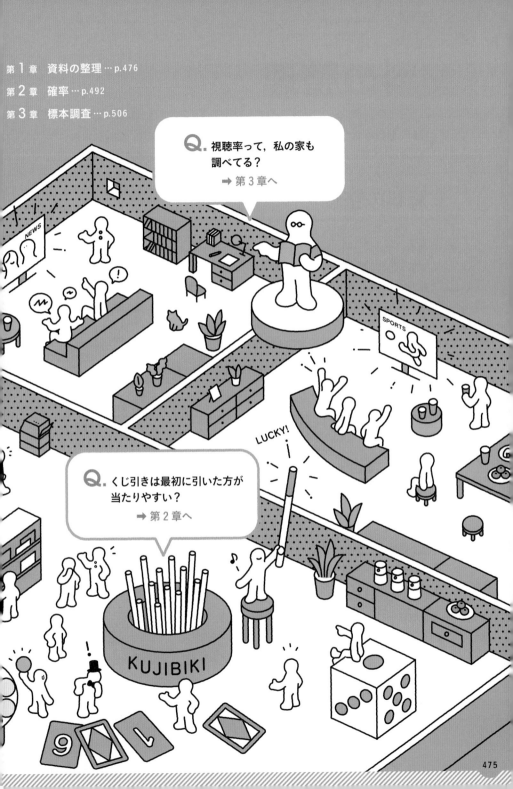

資料の整理

まず，階級や階級の幅，度数など，ことばの意味をしっかりおさえて，度数分布表やヒストグラムを正しく読みとれるようになろう。相対度数や平均値の求め方もおさえること。

資料の整理

➡p.478

度数分布表

右の表のように，資料をいくつかの階級(かいきゅう)に分け，階級ごとにその度数を示した表を，度数分布表(どすうぶんぷひょう)という。

階級(kg)	度数(人)
以上 未満	
35〜40	2
40〜45	5
45〜50	8
50〜55	6
55〜60	4
計	25

● 階級…資料を整理するための区間
● 階級の幅…区間の幅(右の表の階級の幅は 5kg)
● 度数…それぞれの階級に入っている資料の個数
● 階級値(かいきゅうち)…度数分布表で，階級のまん中の値

例 40kg 以上 45kg 未満の階級の階級値は，$\frac{40+45}{2}=42.5$(kg)

ヒストグラム

右の図のように，階級の幅を底辺，度数を高さとする長方形を順々にかいて，度数の分布のようすを表したグラフを，ヒストグラムという。

(ヒストグラムと度数折れ線)

● 度数折れ線…右の図のように，ヒストグラムのそれぞれの長方形の上の辺の中点を線分で結んだ折れ線グラフを，度数折れ線という。

このとき，左右の両端には度数が 0 の階級があるものとして線を結ぶ。

相対度数

各階級の度数の，度数の合計に対する割合を，その階級の相対度数(そうたいどすう)という。

$$(ある階級の相対度数)=\frac{(その階級の度数)}{(度数の合計)}$$

例 右上の度数分布表で，35kg 以上 40kg 未満の階級の相対度数は，$2 \div 25 = 0.08$

● 相対度数折れ線…右の図のように，階級を横軸，相対度数を縦軸にとって，相対度数の分布のようすを表した折れ線グラフ。度数の合計が異なる複数の資料を比べるときに用いる。

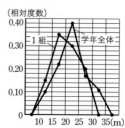

累積度数

最初の階級から，その階級までの度数を合計した値を累積度数(るいせきどすう)という。

範囲

資料の最大の値から最小の値をひいた値を分布の範囲(レンジ)という。

(範囲)＝(最大の値)－(最小の値)

代表値

資料の分布の特徴を表す数値を資料の代表値という。

代表値には，平均値，中央値，最頻値がある。

平均値

● 個々の資料の値の合計を資料の総数でわった値を平均値という。

$$(平均値)=\frac{(資料の値の合計)}{(資料の個数)}$$

● 度数分布表から求めるときは，

$$(平均値)=\frac{\{(階級値)\times(度数)\}の合計}{(度数の合計)}$$

例 40kg, 54kg, 48kg, 52kg の平均値は，
$$\frac{40+54+48+52}{4}$$
$$=48.5(kg)$$

例 左ページ上の度数分布表から平均値を求めると，
$$\frac{37.5\times2+42.5\times5+\cdots+57.5\times4}{25}$$
$$=48.5(kg)$$

中央値

● 資料を大きさの順に並べたとき，中央にくる値を中央値(メジアン)という。

資料の個数が偶数のときは，中央の2つの値の平均値をとる。

例 40kg, 54kg, 48kg, 52kg の中央値は，
$$\frac{48+52}{2}=50(kg)$$

最頻値

● 資料の中で最も多く出てくる値を最頻値(モード)という。

● 度数分布表から求めるときは，度数のもっとも多い階級の階級値となる。

例 52kg, 54kg, 52kg, 52kg, 51kg の最頻値は，52kg

四分位数

データを大きさの順に並べたとき，全体を4等分する位置の値を四分位数という。

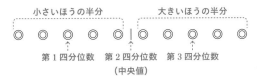

箱ひげ図

データの最小値，第1四分位数，第2四分位数，第3四分位数，最大値を，箱と線分(ひげ)を用いて表した図を箱ひげ図という。

第1章
SECTION
1

資料の整理

1 度数分布表

基礎

右の表は，生徒 40 人の通学時間を調べ，度数分布表に整理したものである。次の問いに答えなさい。

(1) 度数が最も多い階級の階級値を答えなさい。

(2) 通学時間が短いほうから数えて 30 番目の生徒は，どの階級に入るか。

通学時間(分)	度数(人)
以上 未満	
0 ～ 5	3
5 ～ 10	5
10 ～ 15	10
15 ～ 20	11
20 ～ 25	7
25 ～ 30	4
合 計	40

考え方 階級, 度数, 階級値の意味を理解し, 度数分布表を読み取る。

◉ 解き方

(1) 度数が最も多い階級は，15 分以上 20 分未満の階級。

この階級の階級値は，$\dfrac{15+20}{2}=17.5$（分）

······15 分と 20 分のまん中の値

(2) 通学時間が短いほうから，各階級の人数をたしていくと，$3+5+10+11=29$（人）

よって，20 分未満の生徒は 29 人だから，30 番目の生徒が入る階級は，20 分以上 25 分未満の階級。

◉ 答

(1) **17.5 分**　(2) **20 分以上 25 分未満の階級**

用語解説 📖

	0～5	3
	5～10	5
	⟶10～15	10←

階級…資料を整理するための区間。

度数…階級に入る資料の個数。

階級の幅…区間の幅。

例 上の表の階級の幅は 5 分。

階級値…階級のまん中の値。

例 5 分以上 10 分未満の階級の階級値は 7.5 分。

練習 1

解答は別冊 p.100

例題 1 の度数分布表について，次の問いに答えなさい。

(1) 通学時間が 15 分未満の生徒は何人か。また，その人数は全体の何％か。

(2) 通学時間が 20 分の生徒は，通学時間が短いほうから数えて何番目から何番目にいると考えられるか。

② ヒストグラムの作成

基礎

右の表は，男子生徒 30 人の身長を測定し，度数分布表に整理したものである。次の問いに答えなさい。

(1) この度数分布表をヒストグラムに表しなさい。

(2) ヒストグラムをもとにして，度数折れ線をかきなさい。

身長(cm)	度数(人)
以上　　未満 145 ～ 150	4
150 ～ 155	8
155 ～ 160	9
160 ～ 165	7
165 ～ 170	2
合　計	30

考え方

(1) 階級の幅を底辺，度数を高さとする長方形をかく。

(2) ヒストグラムの各長方形の上の辺の中点を線分で結ぶ。

● 解き方

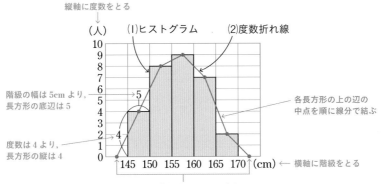

縦軸に度数をとる

(人)　(1)ヒストグラム　　(2)度数折れ線

階級の幅は 5cm より，長方形の底辺は 5

度数は 4 より，長方形の縦は 4

各長方形の上の辺の中点を順に線分で結ぶ

横軸に階級をとる

度数が 0 の階級があるものと考えて，線分を横軸までのばす

● 答

上の図

練習 2

解答は別冊 p.100

前ページの例題 ① の度数分布表をヒストグラムに表しなさい。また，ヒストグラムをもとにして，度数折れ線をかきなさい。

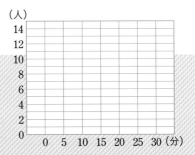

③ 相対度数

右の表は，Aチームのハンドボール投げの記録を調べ，度数分布表に整理したものである。次の問いに答えなさい。

(1) x，y の値を求めなさい。

(2) 相対度数折れ線をかきなさい。

記録(m)	度数(人)	相対度数
以上　未満 10 ~ 15	3	0.12
15 ~ 20	5	0.20
20 ~ 25	9	x
25 ~ 30	6	0.24
30 ~ 35	2	y
合　計	25	1

考え方 $$（相対度数）=\frac{（その階級の度数）}{（度数の合計）}$$

◉ 解き方

(1) それぞれの階級の度数を度数の合計 25 でわる。

$x=\dfrac{9}{25}=0.36$ ←‥‥相対度数には単位をつけない

$y=\dfrac{2}{25}=0.08$

(2) 右の図のように，各階級の相対度数の点をとり順に線分で結ぶ。

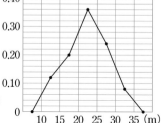

相対度数

◉ 答

(1) $x=0.36$，$y=0.08$

(2) 右の図

用語解説

相対度数

ある階級の度数の，度数の合計に対する割合を，その階級の**相対度数**という。
相対度数の合計は 1 になる。

くわしく

相対度数折れ線では，両端に相対度数が 0 の階級があるものと考えて，線分を横軸までのばす。

練習 3

解答は別冊 p.100

右の表は，Bチームのハンドボール投げの記録を調べ，度数分布表に整理したものである。次の問いに答えなさい。

(1) 相対度数を求め，表を完成させなさい。

(2) 上の図に相対度数折れ線をかきなさい。また，Aチームのグラフと比べてどのようなことがわかるか。

記録(m)	度数(人)	相対度数
以上　未満 10 ~ 15	9	
15 ~ 20	17	
20 ~ 25	15	
25 ~ 30	7	
30 ~ 35	2	
合　計	50	

4 累積度数

応用

右の表は，ある中学校の女子生徒30人の50m走の記録を調べ，度数分布表に整理したものである。ア〜エにあてはまる数を求めなさい。

記録（秒）	度数（人）	累積度数
以上　　未満 7.5 ～ 8.0	4	4
8.0 ～ 8.5	8	ア
8.5 ～ 9.0	10	イ
9.0 ～ 9.5	6	ウ
9.5 ～ 10.0	エ	30
合　計	30	

考え方 最初の階級から各階級までの度数を加えていく。

● 解き方

アは，（7.5秒以上8.0秒未満の階級の累積度数）

　　　＋（8.0秒以上8.5秒未満の階級の度数）

　　ア…4＋8＝12

　　同じようにして，

　　イ…12＋10＝22，　ウ…22＋6＝28
　　　　　　⌣‥‥4+8　　　　⌣‥‥4+8+10

　　ウ＋エ＝30より，28＋エ＝30

　　よって，エ＝30−28＝2

● 答

ア 12　イ 22　ウ 28　エ 2

用語解説

累積度数

度数分布表で，最初の階級から，その階級までの度数を合計した値を**累積度数**という。累積度数をまとめた表を**累積度数分布表**という。

記録（秒）	度数（人）	累積度数
以上　　未満 7.5 ～ 8.0	4	4
8.0 ～ 8.5	8	12
8.5 ～ 9.0	10	22

累積相対度数

最初の階級から，その階級までの相対度数を合計した値を**累積相対度数**という。

累積度数折れ線

累積度数分布表をもとに，累積度数を折れ線で表したグラフを**累積度数折れ線**という。

練習 4

解答は別冊 p.100

例題 4 の50m走の記録について，累積度数折れ線をかきなさい。

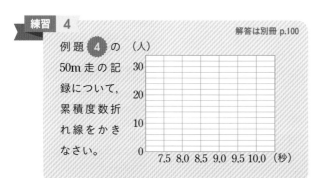

5 資料の代表値 基礎

右の資料は，生徒20人の計算テスト(10点
満点)の得点である。次の問いに答えなさい。
(1) 中央値を求めなさい。
(2) 最頻値を求めなさい。

6	4	7	3	9
5	8	2	7	6
3	7	10	9	5
8	9	6	5	7

 資料を大きさの順に並べて，(1)は，中央の位置にある値を，
(2)は，最も多く出てくる値を見つける。

◉ 解き方

資料を小さい順に並べると，

10番目……↓ ……11番目

2　3　3　4　5　5　5　6　6　6　**7　7　7　7**　8　8　9　9　9　10

最も多く出てくる値

(1) 資料の個数は20個で偶数なので，中央値は10番目
の値と11番目の値の平均値になる。

よって，中央値は，$\frac{6+7}{2}=6.5$(点)

(2) 最頻値は最も多く出てくる値なので，最頻値は7点。

◉ 答　(1) **6.5点**　(2) **7点**

用語解説

範囲
資料の最大の値から最小の値
をひいた値を，分布の範囲ま
たはレンジという。

平均値
個々の資料の値の合計を資料
の総数でわった値を平均値と
いう。

中央値(メジアン)
資料の値を大きさの順に並べ
たときの中央の値を中央値と
いう。

最頻値(モード)
資料の値の中で，最も多く出
てくる値を最頻値という。

くわしく

資料の個数と中央値の決め方
● 資料の個数が奇数のとき
中央値は，中央の位置にく
る値。
● 資料の個数が偶数のとき
中央値は，中央に並ぶ2つ
の値の平均値。

練習 5

解答は別冊 p.100

スポーツテストで，30人のハンドボール投げ
の記録の平均値は，ちょうど20mだった。こ
の結果から必ずいえることを，次のア〜エの中
から1つ選び，記号で答えなさい。　【沖縄県】

ア　記録が20mだった人が最も多い。
イ　30人の半数15人の記録は，20m以上である。
ウ　全員の記録を合計すると600mである。
エ　記録を大きいほうから順に並べたとき，大
　　きいほうから数えて15番目と16番目の記
　　録の平均値は20mである。

6 度数分布表の平均値

右の表は，男子生徒 30 人の握力(あくりょく)を測定し，度数分布表に整理したものである。記録の平均値を求めなさい。

握力(kg)	度数(人)
以上　未満 10 ～ 20	4
20 ～ 30	8
30 ～ 40	12
40 ～ 50	5
50 ～ 60	1
合　計	30

考え方 $(平均値)=\dfrac{\{(階級値)\times(度数)の合計\}}{(度数の合計)}$

● 解き方

次の①～③の手順で表をつくる。

① 各階級の階級値を求める。

② 各階級について，

(階級値)×(度数)を計算する。

③ (階級値)×(度数)の合計を求める。

握力(kg)	階級値(kg)	度数(人)	階級値×度数
以上　未満 10 ～ 20	① 15	4	② 60
20 ～ 30	25	8	200
30 ～ 40	35	12	420
40 ～ 50	45	5	225
50 ～ 60	55	1	55
合　計		30	③ 960

よって，平均値は，$\dfrac{960}{30}=32$(kg)

● 答

32kg

 練習 6

解答は別冊 p.100

右の表は，あるクラスのハンドボール投げの記録を，度数分布表に表したものである。このクラスのハンドボール投げの記録の平均値を，度数分布表から求めなさい。　【18 埼玉県】

距離(m)	度数(人)
以上　未満 0 ～ 10	2
10 ～ 20	6
20 ～ 30	7
30 ～ 40	4
40 ～ 50	1
合　計	20

 確認

階級値の求め方

例 10kg 以上 20kg 未満の階級の階級値は，

$\dfrac{10+20}{2}=15$(kg)

 くわしく

度数分布表から平均値を求める考え方

各階級に入っている資料の値は，どの値もその階級の階級値とみなして平均値を求めている。

7 度数分布表の中央値，最頻値　基礎

右の表は，女子生徒25人の立ち幅とびの記録を度数分布表に表したものである。次の問いに答えなさい。

(1) 中央値が入っている階級を答えなさい。

(2) 最頻値を求めなさい。

距離(cm)	度数(人)
以上　未満 100 ～ 125	2
125 ～ 150	5
150 ～ 175	6
175 ～ 200	8
200 ～ 225	4
合　計	25

考え方 度数分布表では，最頻値は度数が最も多い階級の階級値。

● 解き方

(1) 中央値は，記録の低いほうから数えて13番目の記録である。

2＋5＋6＝13より，中央値が入っている階級は，150cm以上175cm未満の階級である。

(2) 度数が最も多い階級は175cm以上200cm未満の階級だから，最頻値はこの階級の階級値である。

よって，最頻値は，$\dfrac{175+200}{2}=187.5$(cm)

● **答**　(1) **150cm以上175cm未満の階級**　(2) **187.5cm**

くわしく

●個(●は奇数)並んだまん中は，$\dfrac{●+1}{2}$(番目)の値である。

例 25個の記録のまん中は，$\dfrac{25+1}{2}=13$(番目)の記録。

練習 7

解答は別冊 p.101

下の資料は，20人の生徒が行ったあるゲームの得点を示したものである。これを右の表に整理する。次の問いに答えなさい。　【長崎県】

| 2 | 4 | 1 | 5 | 4 | 3 | 2 | 0 | 3 | 2 |
| 5 | 4 | 4 | 3 | 2 | 4 | 5 | 2 | 5 | 4 |

(単位は点)

得点(点)	人数(人)
0	
1	
2	①
3	
4	
5	
計	20

(1) 表の　①　に入る値を求めなさい。

(2) 最頻値(モード)を求めなさい。

(3) 中央値(メジアン)を求めなさい。

8 ヒストグラムと代表値①　　応用

ある中学校の1年A組25人と1年B組25人の休日の学習時間を調べた。下の図1，図2は，それぞれの結果をヒストグラムに表したものである。2つの図から読み取れることとして適切なものを，下のア〜エから1つ選び，記号で書きなさい。　【大分県】

図1 （人）　1年A組
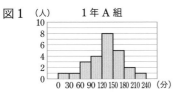

図2 （人）　1年B組
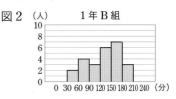

ア　1年A組は1年B組より，学習時間の分布の範囲が小さい。

イ　1年A組は1年B組より，最頻値を含む階級の度数が多い。

ウ　1年A組は1年B組より，中央値を含む階級の度数が少ない。

エ　1年A組は1年B組より，学習時間が150分以上の人数が多い。

考え方　最頻値を含む階級…グラフの長方形が最も長い階級。
　　　　中央値を含む階級…13番目の生徒を含む階級。

◉ 解き方

ア　分布の範囲は，　←…範囲＝最大の値－最小の値
　　A…240－0＝240（分），B…210－30＝180（分）

イ　最頻値を含む階級の度数は，A…8人，B…7人

ウ　中央値を含む階級の度数は，A…8人，B…6人

エ　学習時間が150分以上の人数は，
　　A…5＋2＋1＝8（人），B…7＋3＝10（人）

◉ 答　イ

くわしく

最頻値を含む階級は，
A…120分以上150分未満の階級
B…150分以上180分未満の階級
中央値を含む階級は，
A…120分以上150分未満の階級
B…120分以上150分未満の階級

練習 8

解答は別冊 p.101

例題 8 について，次の問いに答えなさい。

(1) 学習時間が90分以上180分未満の人数が多いのは，どちらの組か。

(2) A組，B組について，2番目に度数が多い階級の相対度数を求めなさい。

9 ヒストグラムと代表値② 応用

右の図は、クラスの生徒33人が夏休みに読んだ本の冊数を、ヒストグラムに表したものである。このヒストグラムにおいて、平均値を a、中央値を b、最頻値を c とするとき、a、b、c の関係を表す不等式として最も適切なものを、あとのア～ウから1つ選び、記号で答えなさい。

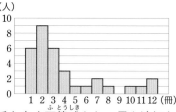

ア　$a<b<c$ 　　　イ　$b<c<a$ 　　　ウ　$c<b<a$ 　　　【山形県】

考え方 **中央値➡ 17 番目の冊数、**
最頻値➡ 最も長い長方形のグラフの冊数。

◉ 解き方

平均値 a は、

$$a=\frac{1\times6+2\times9+3\times6+4\times3+5\times1+6\times1+7\times2+8\times1+9\times0+10\times1+11\times1+12\times2}{33}$$

$$=\frac{132}{33}=4$$

中央値 b は、冊数の少ないほうから数えて 17 番目の冊数だから、$b=3$ ←…3 冊の生徒は、16 番目から 21 番目

最頻値 c は、度数が最も多い冊数だから、$c=2$

したがって、$c<b<a$

確認

度数分布表の平均値

平均値
$$=\frac{(階級値\times度数)の合計}{度数の合計}$$

◉ 答　ウ

練習 9

解答は別冊 p.101

右の図は、25 人の生徒がある期間中に読んだ本の冊数を冊数別に表したヒストグラムである。次のア～エのうち、このヒストグラムからわかることとして正しいものはどれか。1つ選び記号で答えなさい。

ア　平均値は 4 冊である。　　イ　最頻値は 3 冊である。
ウ　中央値は 3 冊である。　　エ　範囲は 4 冊である。

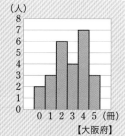

【大阪府】

10 四分位数

基礎

右のデータは，生徒 10 人の数学テスト（100 点満点）の得点である。次の問いに答えなさい。

| 67 | 79 | 52 | 84 | 63 |
| 93 | 75 | 88 | 46 | 59 |

(1) 四分位数を求めなさい。　　(2) 四分位範囲を求めなさい。

考え方 データを大きさの順に並べたとき，全体を 4 等分する位置の値を四分位数という。

◉ 解き方

(1) データを小さい順に並べると，

第 2 四分位数は，中央値だから，$\dfrac{67+75}{2}=71$（点）

第 1 四分位数は，小さいほうの 5 個のデータの中央値だから，59 点

第 3 四分位数は，大きいほうの 5 個のデータの中央値だから，84 点

(2) **四分位範囲＝第 3 四分位数－第 1 四分位数**だから，

$84-59=25$（点）

◉ 答

(1) 第 1 四分位数…**59 点**，第 2 四分位数…**71 点**，
第 3 四分位数…**84 点**　(2) **25 点**

用語解説

四分位数

小さいほうから順に，第 1 四分位数，第 2 四分位数，第 3 四分位数という。第 2 四分位数は中央値である。

くわしく

四分位数の求め方の手順

①データを小さい順に並べ，中央値を求める。

②並べたデータを半分に分ける。ただし，データの個数が奇数のときは，中央値を除いて 2 つに分ける。

③小さいほうの半分のデータの中央値を第 1 四分位数，大きいほうの半分のデータの中央値を第 3 四分位数とする。

練習 10

解答は別冊 p.101

右のデータは，生徒 13 人の数学テスト（100 点満点）の得点である。次の問いに答えなさい。

60	80	56	76	38
47	68	84	63	42
89	52	71		

(1) 四分位数を求めなさい。　　(2) 四分位範囲を求めなさい。

11 箱ひげ図の作成

右のデータは，生徒13人の小テスト(10点満点)の得点である。
このデータの箱ひげ図（はこ）（ず）をかきなさい。

5	7	3	9	4
2	7	8	3	6
9	4	7		

考え方 データの最小値（さいしょうち），最大値（さいだいち），第1四分位数，第2四分位数，第3四分位数を求める。

● 解き方

データを小さい順に並べると，

小さいほうの半分　　　大きいほうの半分
2　3　3 | 4　4　5　6　7　7　7 | 8　9　9
第1四分位数　第2四分位数　第3四分位数
　　　　　　（中央値）

最小値は，2点

最大値は，9点

中央値は，6点

第1四分位数は，$\dfrac{3+4}{2}=3.5$(点)

第3四分位数は，$\dfrac{7+8}{2}=7.5$(点)

よって，箱ひげ図は下のようになる。

0　1　2　3　4　5　6　7　8　9　10 (点)
　　　　　3.5　　　　　　7.5

● 答

上の図

練習 11

解答は別冊 p.101

下のデータは，生徒12人の計算テスト(10点満点)の得点である。このデータの箱ひげ図をかきなさい。

| 7 | 4 | 9 | 5 | 10 | 4 | 6 | 3 | 8 | 4 | 7 | 9 |

用語解説

箱ひげ図

データの最小値，第1四分位数，第2四分位数，第3四分位数，最大値を，箱と線分(ひげ)を用いて表した図を**箱ひげ図**という。

箱ひげ図で，範囲，四分位範囲は下の図のように表される。

範囲
四分位範囲

くわしく

箱ひげ図のかき方の手順

①横軸にデータの目もりをとる。

②第1四分位数を左端，第3四分位数を右端とする長方形(箱)をかく。

③長方形の中に第2四分位数(中央値)を示す縦線をかく。

④最小値，最大値を表す縦線をかき，長方形の左端から最小値までと，右端から最大値まで，線分(ひげ)をかく。

12 箱ひげ図とヒストグラム

応用

下の(1)～(3)のヒストグラムは，右の⑦～
⑨の箱ひげ図のいずれかに対応している。
それぞれのヒストグラムに対応する箱
ひげ図の記号を答えなさい。

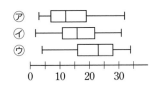

(1) 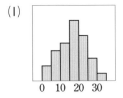　(2) 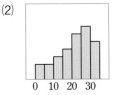　(3)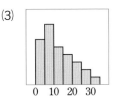

考え方 **ヒストグラムが1つの山の形になる分布では，山の形から
箱ひげ図のおよその形が予想できる。**

◉ 解き方

(1) 山の形がほぼ左右対称だから，箱ひげ図も左右対
称になる。よって，⑦

(2) 山の形が右に寄っているから，箱ひげ図も箱が右
に寄った形になる。よって，⑨

(3) 山の形が左に寄っているから，箱ひげ図も箱が左
に寄った形になる。よって，⑦

◉ 答

(1) ⑦　(2) ⑨　(3) ⑦

くわしく

ヒストグラムと箱ひげ図
ヒストグラムは，全体のデー
タの分布のようすや各階級の
人数がわかりやすい。
箱ひげ図は，中央値がどのあ
たりにあるのか，さらに，中
央値のまわりにあるおよそ半
分のデータがどのように分布
しているのかがわかりやすい。

練習 12

解答は別冊 p.101

下の(1)，(2)のヒストグラムは，⑦，⑦の箱ひげ図のいずれかに対応している。
それぞれのヒストグラムに対応する箱ひげ図の記号を答えなさい。

(1) 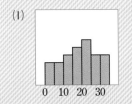　(2)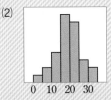

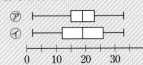

章末問題

解答 別冊 p.102

1 ある中学校の陸上部10人の運動ぐつのサイズ(cm)を調べたところ，下の資料Aのようになった。この資料Aの平均値，中央値，最頻値をそれぞれ求めた。

資料A　23，23，24，25，25，25，25，26，26，27

さらに，26，27，27(cm)の3人分を加えて，13人分の資料をBとした。このとき，平均値，中央値，最頻値のそれぞれの値について，資料Aの値と資料Bの値が同じものには○を，同じでないものには×を書きなさい。　【福井県】

2 右の表は，ある中学校の1年生35人，2年生30人が，10月の第4週に学校の図書室から本を借りた人数を冊数別にまとめたものである。次の問いに答えなさい。　【長崎県】

冊数	1年生 度数(人)	2年生 度数(人)
0	5	1
1	4	5
2	6	x
3	5	y
4	8	7
5	7	3
合計	35	30

(1) 1年生35人が借りた本の冊数の最頻値(モード)を求めなさい。

(2) 1年生35人が借りた本の冊数について，5冊借りた生徒の相対度数を求めなさい。

(3) 2年生30人が借りた本の冊数の平均値が2.8冊のとき，x，yの値をそれぞれ求めなさい。ただし，答えだけでなく，答えを求める過程がわかるように，途中の式なども書くこと。なお，平均値は正確な値であり，四捨五入などはされていないものとする。

3 右の表は，男子生徒40人の50m走の記録を調べ，度数分布表に整理したものである。次の問いに答えなさい。

(1) ア～オにあてはまる数を求めなさい。

(2) 累積度数折れ線をかきなさい。

記録(秒)	度数(人)	累積度数
以上　　未満		
6.0 ～ 6.5	2	2
6.5 ～ 7.0	7	ア
7.0 ～ 7.5	12	イ
7.5 ～ 8.0	9	ウ
8.0 ～ 8.5	6	エ
8.5 ～ 9.0	4	オ
合　計	40	

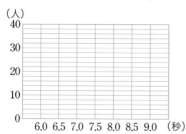

4 ある中学校の体育の授業で，2km の持久走を行った。下の図は，1組の男子 16人と2組の男子15人の記録を，それぞれヒストグラムに表したものである。 次の問いに答えなさい。
【和歌山県】

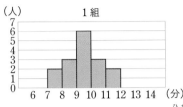
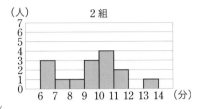

(1) 上の1組と2組のヒストグラムを比較した内容として適切なものを，次のア～ オの中からすべて選び，その記号を書きなさい。

ア 範囲が大きいのは2組である。

イ 11分以上12分未満の階級の相対度数は同じである。

ウ 平均値，中央値，最頻値の3つの値が，ほぼ同じ値になるのは，2組である。

エ 中央値が含まれる階級は，1組も2組も同じである。

オ 最頻値が大きいのは1組である。

(2) 市の駅伝大会に出場するために，1組と2組を合わせた31人の記録をよい順 に並べ，上位6人を代表選手に選んだ。この6人のうち，1組の選手の記録の 平均値が7分10秒，2組の選手の記録の平均値が6分40秒であるとき，代表 選手6人の記録の平均値は何分何秒か，求めなさい。

5 右のデータは，女子生徒16人のハンド ボール投げの記録である。次の問いに 答えなさい。

16	12	14	24	22	17
19	18	15	25	10	14
21	13	16	18		

(1) 下の表を完成させ，四分位範囲を求めなさい。

最小値	第1四分位数	第2四分位数	第3四分位数	最大値

(2) 箱ひげ図をかきなさい。

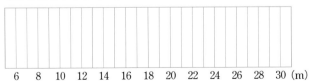

第2章

確率

確率は，場合の数が求められなければ求めることができない。まずは，樹形図のかき方や，表での表し方に慣れて，場合の数を正確に求められるようになろう。

→p.494

1 確率

統計的確率

「1つのさいころを投げて1の目が出る」ということがらのように，結果が偶然に左右される実験や観察を行うとき，あることがらの起こりやすさの度合いを数値で表したものを，そのことがらの起こる確率という。

「確率が p である」ということは，同じ実験や観察を多数回くり返せば，そのことがらの起こる相対度数が p に近づくという意味をもっている。

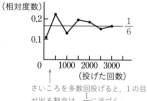

さいころを多数回投げると，1の目が出る割合は，$\frac{1}{6}$ に近づく。

例 1つのさいころを投げて1の目が出る確率は，$\frac{1}{6}$ である。

これは，6回に1回の割合で，1の目が出ることが期待できるということで，6回投げれば，必ず1回は1の目が出るということではない。

場合の数

あることがらの起こり方が全部で n 通りあるとき，n をそのことがらの起こる場合の数という。表や樹形図を利用すると，もれや重複のないように数えることができる。

表

A	B
表	表
表	裏
裏	表
裏	裏

樹形図

例 A，B2枚の硬貨を同時に投げるときの場合の数は，左の表や樹形図より，全部で4通り。

● 積の法則…2つのことがら A，B があって，A の起こり方が m 通りあり，そのおのおのについて B の起こり方が n 通りずつあるとき，

A，B が同時に起こる場合の数は，$m \times n$（通り）

例 A，B2つのさいころを同時に投げるとき，A の目の出方が1から6の6通り，そのおのおのについて，B の目の出方が1から6の6通りずつあるから，出る目の場合の数は全部で，
$6 \times 6 = 36$（通り）

同様に確からしい

起こる場合の1つ1つについて，そのどれが起こることも同じ程度に期待できるとき，どの結果が起こることも同様に確からしいという。

表　　　　裏

表　　横向き

> **例** 1枚の硬貨を投げるとき，表裏の出方は同様に確からしいといえる。
> しかし，1個の将棋の駒を投げるとき，左のように表になる場合と横向きになる場合とでは，同様に確からしいとはいえない。

確率の求め方

起こりうる場合の数が全部で n 通りあり，そのどれが起こることも同様に確からしいとする。

このとき，ことがら A の起こる場合が a 通りあるとすると，

A の起こる確率 p は，$p = \dfrac{a}{n}$

> **例** 1つのさいころを投げるとき，偶数の目が出る確率の求め方
> ➡ 1つのさいころを投げるとき，目の出方は1から6の6通りあり，そのどの目が出ることも同様に確からしい。そのうち，偶数の目が出る場合は，2，4，6の3通りあるから，
> 偶数の目が出る確率は，$\dfrac{3}{6} = \dfrac{1}{2}$

確率の範囲

ことがら A の起こる場合の数 a とその確率 $p = \dfrac{a}{n}$ の関係は，

$a = 0$ のとき $p = 0$　　$a = n$ のとき $p = 1$
　そのことがらがけっして　　そのことがらが必ず
　起こらない場合　　　　　　起こる場合

だから，確率 p の範囲は，$0 \leqq p \leqq 1$

> **例** 1つのさいころを投げて，1から6のいずれかの目が出る確率は，$\dfrac{6}{6} = 1$
> 1つのさいころを投げて，7の目が出る確率は，$\dfrac{0}{6} = 0$

● 起こらない確率

…(A の起こる確率)＋(A の起こらない確率)＝1 より，

(A の起こらない確率)＝1−(A の起こる確率)

1 確 率

13 統計的確率　基礎

下の表は，画びょうを投げる実験をくり返し，画びょうが上向きになった回数とその相対度数（そうたい ど すう）を調べたものである。次の問いに答えなさい。

上向き　下向き

投げた回数	10	50	100	500	750	1000
上向きになった回数	7	30	61	314	498	635
相対度数	0.70	0.60	ア	イ	ウ	エ

(1) ア〜エにあてはまる数を，四捨五入して小数第2位まで求めなさい。
(2) 画びょうが上向きになる確率（かくりつ）を，小数第2位まで求めなさい。

考え方 $(相対度数) = \dfrac{(上向きになった回数)}{(投げた回数)}$

◉ 解き方

(1) ア$\cdots\dfrac{61}{100} = 0.61$　　　　イ$\cdots\dfrac{314}{500} = 0.628 \rightarrow 0.63$

　　ウ$\cdots\dfrac{498}{750} = 0.664 \rightarrow 0.66$　　エ$\cdots\dfrac{635}{1000} = 0.635 \rightarrow 0.64$

(2) 実験回数が増えていくと，相対度数は 0.64 に近づいていくと考えられるから，確率は 0.64

◉ 答　(1)ア 0.61　イ 0.63　ウ 0.66　エ 0.64　(2) 0.64

> **くわしく**
>
> **相対度数と確率**
> 「あることがらの起こる確率が p である」ということは，同じ実験や観察を多数回くり返すと，そのことがらの起こる相対度数が p にかぎりなく近づくという意味である。

練習 13

解答は別冊 p.103

右の表は，1つのさいころを投げる実験をくり返し，1の目が出た回数とその相対度数を調べたものである。次の問いに答えなさい。

投げた回数	100	500	1000	1500	2000
1の目が出た回数	12	72	158	245	331
相対度数	0.120	ア	イ	ウ	エ

(1) ア〜エにあてはまる数を，四捨五入して小数第3位まで求めなさい。
(2) 1の目が出る確率を，小数第3位まで求めなさい。

14 硬貨投げの確率　基礎

3枚の硬貨を同時に投げるとき，次の確率を求めなさい。

(1) 3枚とも表が出る確率　　(2) 1枚は表，2枚は裏が出る確率

(3) 少なくとも1枚は裏が出る確率

考え方 $(確率) = \dfrac{(あることがらの起こる場合の数)}{(すべての起こりうる場合の数)}$

● 解き方

右の樹形図より，3枚の硬貨の表裏の出方は，全部で8通りあり，そのどれが起こることも**同様に確からしい**。

表裏の出方を(A, B, C)で表すと，

(1) 3枚とも表が出る場合は，

(表，表，表)の1通りだから，

求める確率は，$\dfrac{1}{8}$

(2) 1枚は表，2枚は裏が出る場合は，

(表，裏，裏)，(裏，表，裏)，(裏，裏，表)の3通り

だから，求める確率は，$\dfrac{3}{8}$

(3) $\left(\begin{array}{c}少なくとも1枚は\\裏が出る確率\end{array}\right) = 1 - \left(\begin{array}{c}3枚とも表が\\出る確率\end{array}\right)$ だから，

$1 - \dfrac{1}{8} = \dfrac{7}{8}$

● 答

(1) $\dfrac{1}{8}$　(2) $\dfrac{3}{8}$　(3) $\dfrac{7}{8}$

用語解説 📖

同様に確からしい

起こる場合の1つ1つについて，そのどれが起こることも同じ程度に期待できるとき，どの結果が起こることも同様に確からしいという。

参考

Aの出方が2通り，そのおのおのについてBの出方が2通り，そのおのおのについてCの出方が2通りあるから，すべての場合の数は，

$2 \times 2 \times 2 = 8(通り)$

➕ 起こらない確率

ことがらAについて，

(Aの起こる確率)＋(Aの起こらない確率)＝1より，

(Aの起こらない確率)＝1−(Aの起こる確率)

 14

解答は別冊 p.103

4枚の硬貨を同時に投げるとき，次の確率を求めなさい。

(1) 4枚とも表が出る確率　　(2) 2枚は表，2枚は裏が出る確率

(3) 少なくとも1枚は裏が出る確率

15 さいころの確率①　　　　　　　　　　　　 基礎

大小 2 つのさいころを同時に投げるとき，次の確率を求めなさい。

(1) 出る目の数の和が 5 の倍数になる確率　　　　　　　　　　【岐阜県】

(2) 出る目の数の和が 10 以下になる確率　　　　　　　　　　【17 東京都】

考え方 **2 つのさいころの目の出方を表にまとめる。**

◉ **解き方**

　右の表より，2 つのさいころの目の出方は，全部で 36 通りあり，そのどれが起こることも同様に確からしい。

小 \ 大	1	2	3	4	5	6
1	2	3	4	5	6	7
2	3	4	5	6	7	8
3	4	5	6	7	8	9
4	5	6	7	8	9	10
5	6	7	8	9	10	11
6	7	8	9	10	11	12

　目の出方を(大，小)で表すと，

(1) 目の数の和が 5 の倍数になるのは，

　　$(1, 4)$，$(2, 3)$，$(3, 2)$，$(4, 1)$，←……和が 5

　　$(4, 6)$，$(5, 5)$，$(6, 4)$ ←……和が 10

　の 7 通り。

　よって，求める確率は，$\dfrac{7}{36}$

(2) 目の数の和が 10 より大きくなるのは，

　　$(5, 6)$，$(6, 5)$，$(6, 6)$

　の 3 通りだから，10 以下になるのは，36−3＝33(通り)

　よって，求める確率は，$\dfrac{33}{36}＝\dfrac{11}{12}$

◉ **答** (1) $\dfrac{7}{36}$　(2) $\dfrac{11}{12}$

くわしく

大のさいころの目の出方は 6 通りあり，そのおのおのについて，小のさいころの目の出方も 6 通りあるから，目の出方は，全部で，

　　6×6＝36(通り)

別解

　(和が 10 以下になる確率)
＝1−(和が 10 より大きくなる確率)

よって，$1-\dfrac{3}{36}＝\dfrac{33}{36}＝\dfrac{11}{12}$

練習 15

解答は別冊 p.103

大小 2 つのさいころを同時に投げるとき，次の確率を求めなさい。

(1) 出る目の数の積が 9 の倍数になる確率　　　　　　　　　　【福岡県】

(2) 出る目の数の積が 15 以上になる確率　　　　　　　　　　【香川県】

16 さいころの確率②

応用

大小2つのさいころを同時に投げ，大きいさいころの出た目の数を a，小さいさいころの出た目の数を b とする。$\dfrac{b}{a}$ が整数になる確率を求めなさい。

考え方 $\dfrac{b}{a}$ が整数 ➡ a は b の約数である。

◉ 解き方

2つのさいころの目の出方は，全部で36通りあり，そのどれが起こることも同様に確からしい。

$\dfrac{b}{a}$ が整数になるのは，**a が b の約数になる**ときである。

このような a，b の値の組を求めると，

$b=1$ のとき，$a=1$ の1通り。

$b=2$ のとき，$a=1$，2の2通り。

$b=3$ のとき，$a=1$，3の2通り。

$b=4$ のとき，$a=1$，2，4の3通り。

$b=5$ のとき，$a=1$，5の2通り。

$b=6$ のとき，$a=1$，2，3，6の4通り。

以上から a，b の値の組は，全部で，

$$1+2+2+3+2+4=14（通り）$$

よって，求める確率は，$\dfrac{14}{36}=\dfrac{7}{18}$

◉ 答

$\dfrac{7}{18}$

くわしく

a，b の値の組を $(a,\ b)$ と表すと，$\dfrac{b}{a}$ が整数になるのは，

$(1,\ 1)$，$(1,\ 2)$，$(1,\ 3)$，

$(1,\ 4)$，$(1,\ 5)$，$(1,\ 6)$，

$(2,\ 2)$，$(2,\ 4)$，$(2,\ 6)$，

$(3,\ 3)$，$(3,\ 6)$，$(4,\ 4)$，

$(5,\ 5)$，$(6,\ 6)$

の14通り。

確認

確率 p の値の範囲

あることがらの起こる確率を p とすると，p の値の範囲は，

$$0 \leqq p \leqq 1$$

必ず起こることがらの確率は1，決して起こらないことがらの確率は0である。

練習 16

解答は別冊 p.103

大小2つのさいころを同時に投げ，大きいさいころの出た目の数を a，小さいさいころの出た目の数を b とするとき，次の確率を求めなさい。

(1) $\sqrt{ab}$ が自然数になる確率

(2) $2a-b$ の絶対値が3より小さくなる確率

【都立西高】

17 色玉を取り出すときの確率① 　基礎

袋の中に，赤玉が 3 個，青玉が 2 個入っている。この袋の中から同時に 2 個の玉を取り出すとき，次の確率を求めなさい。

(1) 同じ色の玉を取り出す確率

(2) 異なる色の玉を取り出す確率

考え方 同じ色の玉を，①，②，③と番号をつけて区別する。

● **解き方**

赤玉を①，②，③，青玉を①，②とし，2 個の玉の取り出し方を樹形図に表すと，次のようになる。

上の樹形図より，2 個の玉の取り出し方は，全部で 10 通りあり，そのどれが起こることも同様に確からしい。

(1) 同じ色の玉の取り出し方は，

(①，②)，(①，③)，(②，③)，(①，②) の 4 通り。

赤玉 2 個を選ぶ場合　　青玉 2 個を選ぶ場合

よって，求める確率は，$\dfrac{4}{10}=\dfrac{2}{5}$

(2) $\left(\begin{matrix}異なる色の玉を\\取り出す確率\end{matrix}\right)=1-\left(\begin{matrix}同じ色の玉を\\取り出す確率\end{matrix}\right)$ だから，

$1-\dfrac{2}{5}=\dfrac{3}{5}$

● **答**

(1) $\dfrac{2}{5}$　(2) $\dfrac{3}{5}$

ミス注意 !

(①，②)と(②，①)は同じ

同時に 2 個の玉を取り出すから，①と②を選ぶことと，②と①を選ぶことは同じである。重複して数えないようにすること。

別解 +

(2) 異なる色の玉の取り出し方は，

(①，①)，(①，②)，

(②，①)，(②，②)，

(③，①)，(③，②)

の 6 通りだから，求める確率は，$\dfrac{6}{10}=\dfrac{3}{5}$

練習 17

解答は別冊 p.103

袋の中に，赤玉が 1 個，青玉が 2 個，白玉が 3 個入っている。この袋の中から，同時に 2 個の玉を取り出すとき，少なくとも 1 個は白玉である確率を求めなさい。

【16 埼玉県】

第1章 資料の整理

第2章 確率

第3章 標本調査

18 色玉を取り出すときの確率② 応用

袋の中に，赤玉が2個，青玉が2個，緑玉が1個入っている。この袋の中から玉を1個取り出して色を調べ，それを袋の中にもどしてから，また，玉を1個取り出して色を調べるとき，同じ色の玉を取り出す確率を求めなさい。

考え方 1回目の玉の取り出し方は，①，②，①，②，①の5通り。そのおのおのについて，2回目の玉の取り出し方も5通り。

◉ 解き方

赤玉を①，②，青玉を①，②，緑玉を①とし，2個の玉の取り出し方を樹形図に表すと，次のようになる。

上の樹形図より，2個の玉の取り出し方は，全部で25通りあり，そのどれが起こることも同様に確からしい。

同じ色の玉の取り出し方は，

(①, ①), (①, ②), (②, ①), (②, ②),
(①, ①), (①, ②), (②, ①), (②, ②),
(①, ①)

の9通りだから，求める確率は， $\dfrac{9}{25}$

◉ 答 $\dfrac{9}{25}$

確認

5個の玉から順に2個の玉を取り出す場合の数
- 1回目に取り出した玉をもどさない場合
  5×4＝20(通り)
- 1回目に取り出した玉をもどす場合
  5×5＝25(通り)

練習 18

解答は別冊 p.104

袋の中に，赤玉が3個，青玉が2個，緑玉が1個入っている。この袋の中から玉を1個取り出して色を調べ，それを袋の中にもどしてから，また，玉を1個取り出して色を調べるとき，少なくとも1個は赤玉を取り出す確率を求めなさい。

19 カードをひくときの確率 応用

　□1, □2, □3, □4, □5の5枚のカードがある。これらのカードをよく
きってから1枚ずつ2回続けてひき，1回目にひいたカードの数字
を十の位，2回目にひいたカードの数字を一の位として，2けたの
整数をつくる。できた整数が3の倍数になる確率を求めなさい。

考え方 　十の位の数は5通り，一の位の数は，十の位で使った数を
のぞく残りの4通り。

● 解き方

　2回のカードのひき方を樹形図に表すと，次のようになる。

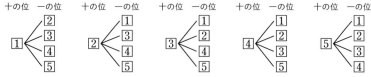

　上の樹形図より，2枚のカードのひき方は，全部で20
通りあり，そのどれが起こることも同様に確からしい。

　できた2けたの整数が3の倍数になるのは，

□1□2，□1□5，□2□1，□2□4，□4□2，□4□5，□5□1，□5□4

の8通りだから，求める確率は，$\dfrac{8}{20}=\dfrac{2}{5}$

● 答　$\dfrac{2}{5}$

参考

3の倍数

ある整数が3の倍数になるの
は，その整数の各位の数の和
が3の倍数になるときである。
これより，この問題では，2
枚のカードの数の和が，3, 6,
9になるものを選べばよい。

練習 19

解答は別冊 p.104

(1) 1, 2, 3, 4の数字が書かれた4枚のカードが袋の中に入っている。この
　　カードをよく混ぜてから2枚同時に取り出すとき，袋の中に残っている
　　カードに書かれている数の和が，取り出したカードに書かれている数の
　　和より大きくなる確率を求めなさい。　　　　　　　　　　　　【青森県】

(2) 箱の中に，2から7までの数字を1つずつ書いた6枚のカードが入っている。
　　この箱から同時に2枚のカードを取り出すとき，取り出した2枚のカード
　　に書かれた数の積が4の倍数にならない確率を求めなさい。　　　【山形県】

くじびきの確率 応用

6本のうち2本の当たりくじが入っているくじがある。このくじを，まずAが1本ひき，それをもとにもどさずに，続けてBが1本ひくとき，次の確率を求めなさい。

(1) AもBも当たる確率　　　　(2) Aが当たりBがはずれる確率

 Aのくじのひき方は6通り，Bのくじのひき方は，Aがひいたくじをのぞく残りの5通り。

◉ **解き方**

当たりくじを①，②，はずれくじを3，4，5，6とし，A，Bのくじのひき方を樹形図に表すと，次のようになる。

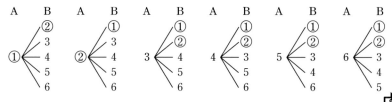

上の樹形図より，A，Bのくじのひき方は，全部で30通りあり，そのどれが起こることも同様に確からしい。

(1) AもBも当たるひき方は，(①, ②)，(②, ①)の2通りだから，求める確率は，$\frac{2}{30}=\frac{1}{15}$

(2) Aが当たりBがはずれるひき方は，

(①, 3)，(①, 4)，(①, 5)，(①, 6)，
(②, 3)，(②, 4)，(②, 5)，(②, 6)

の8通りだから，求める確率は，$\frac{8}{30}=\frac{4}{15}$

◉ **答** (1) $\frac{1}{15}$　(2) $\frac{4}{15}$

 20

解答は別冊 p.104

例題 **20** について，少なくともA，Bのどちらかが当たる確率を求めなさい。

参考

くじびきの確率
くじびきでは，当たりくじの数やひく人数，またひいたくじをもとにもどすかもどさないか，ひく順番が先か後かにかかわらず，当たりくじをひく確率はみな等しい。

 確認

(少なくともA，Bのどちらかが当たる確率)
＝1－(AもBもはずれる確率)

21 じゃんけんの確率　応用

A, B, C の 3 人がじゃんけんを 1 回するとき，次の確率を求めなさい。
ただし，A，B，C がグー，チョキ，パーのどれを出すことも，同
様に確からしいとする。

(1) あいこになる確率　　　(2) A が勝つ確率

考え方　(1) 3 人とも同じ手か，3 人ともちがう手の場合がある。
(2) A だけが勝つ，A と B が勝つ，A と C が勝つ場合がある。

◉ **解き方**

　手の出し方は，3 人がそれぞれグー，チョキ，パーの
3 通りずつあるので，起こりうる場合の数は，全部で，

　3×3×3＝27(通り)

　そのどれが起こることも同様に確からしい。

(1) あいこになるのは，

　　3 人とも同じ手の場合…3 通り

　　3 人ともちがう手の場合…6 通り ←……(グ, パ, チ),
　　　　　　　　　　　　　　　　　　(グ, チ, パ),
　の合わせて，3＋6＝9(通り)　　　(チ, グ, パ),
　　　　　　　　　　　　　　　　　　(チ, パ, グ),
　よって，求める確率は，$\dfrac{9}{27}=\dfrac{1}{3}$　(パ, グ, チ),
　　　　　　　　　　　　　　　　　　(パ, チ, グ)

手の出し方を
(A，B，C)
で表すと，

(2) A が勝つのは，

　　A だけが勝つ場合…3 通り ←……(グ, チ, チ),(チ, パ, パ),
　　　　　　　　　　　　　　　　　(パ, グ, グ)
　　A と B が勝つ場合…3 通り ←……(グ, グ, チ),(チ, チ, パ),
　　　　　　　　　　　　　　　　　(パ, パ, グ)
　　A と C が勝つ場合…3 通り ←……(グ, チ, グ),(チ, パ, チ),
　　　　　　　　　　　　　　　　　(パ, グ, パ)
　の合わせて，3＋3＋3＝9(通り)

　よって，求める確率は，$\dfrac{9}{27}=\dfrac{1}{3}$

◉ **答**　(1) $\dfrac{1}{3}$　(2) $\dfrac{1}{3}$

くわしく 🔍

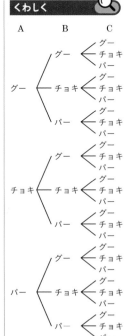

練習 21

解答は別冊 p.104

例題 **21** について，1 人だけが勝つ確率を求めなさい。

22 いろいろな確率

応用

数直線上の原点 0 の位置に点 P がある。1 つのさいころを投げて，奇数の目が出たら，出た目の数だけ正の方向に点 P を移動させ，偶数の目が出たら，出た目の数だけ負の方向に点 P を移動させる。さいころを 2 回投げるとき，次の確率を求めなさい。

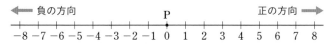

← 負の方向　　　　　　　P　　　　　正の方向 →

$-8\ -7\ -6\ -5\ -4\ -3\ -2\ -1\ \ 0\ \ 1\ \ 2\ \ 3\ \ 4\ \ 5\ \ 6\ \ 7\ \ 8$

(1) 点 P が 1 の位置にある確率　(2) 点 P が正の位置にある確率

---

(2) 点 P が正の位置にあるのは，2 回とも奇数の目が出る場合と，(奇数の目の数) > (偶数の目の数) の場合。

● 解き方

2 つのさいころの目の出方は，全部で 36 通りあり，そのどれが起こることも同様に確からしい。

(1) 点 P が 1 の位置にあるのは，

$(2, 3)$, $(3, 2)$, $(4, 5)$, $(5, 4)$ ←‥‥‥ 目の出方を (1回目, 2回目) で表す。

の 4 通りだから，求める確率は，$\dfrac{4}{36}=\dfrac{1}{9}$

(2) 点 P が正の位置にあるのは，

$(1, 1)$, $(1, 3)$, $(1, 5)$, $(2, 3)$, $(2, 5)$, $(3, 1)$,
$(3, 2)$, $(3, 3)$, $(3, 5)$, $(4, 5)$, $(5, 1)$, $(5, 2)$,
$(5, 3)$, $(5, 4)$, $(5, 5)$

の 15 通りだから，求める確率は，$\dfrac{15}{36}=\dfrac{5}{12}$

● 答

(1) $\dfrac{1}{9}$　(2) $\dfrac{5}{12}$

くわしく

(1) (奇数の目の数) − (偶数の目の数) = 1
となるさいころの目の数である。

くわしく

さいころの目の数と点 P の位置を樹形図に表すと，次のようになる。

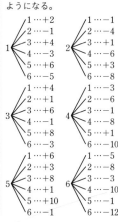

練習 22

解答は別冊 p.105

例題 **22** について，次の確率を求めなさい。

(1) 点 P が −1 の位置にある確率
(2) 点 P と原点 0 の距離が 2 以下になる確率

章末問題

解答 別冊 p.105

1 100円の硬貨, 50円の硬貨, 10円の硬貨がそれぞれ1枚ずつある。これら3枚の硬貨を同時に投げるとき, 表の出る硬貨の合計金額が50円以上150円以下となる確率を求めなさい。

2 赤玉3個, 白玉4個が入っている箱から, 同時に2個の玉を取り出すとき, 2個とも同じ色の玉である確率を求めなさい。 【徳島県】

3 右の図のような, 1から4までの数字が1つずつ書かれた 4枚のカードがある。これらのカードをよくきってから1 枚ずつ2回続けてひき, 1回目にひいたカードの数字を十の位, 2回目にひいたカードの数字を一の位として, 2けたの整数をつくる。このとき, できた整数が素数になる確率を求めなさい。 【栃木県】

$$\boxed{1}\ \boxed{2}\ \boxed{3}\ \boxed{4}$$

4 1から5までの数字が1つずつ書かれた $\boxed{1}$, $\boxed{2}$, $\boxed{3}$, $\boxed{4}$, $\boxed{5}$ の5枚のカードがある。この5枚のカードを裏返してよく混ぜ, そこから同時に何枚かのカードをひく。次の問いに答えなさい。 【高知県】

(1) この5枚のカードから同時に2枚のカードをひく。このとき, ひいた2枚のカードに書かれた数の積が偶数になる確率を求めなさい。

(2) この5枚のカードから同時に3枚のカードをひき, ひいた3枚のカードに書かれた数の和をA, 残った2枚のカードに書かれた数の和をBとする。このとき, AとBの差が3となる確率を求めなさい。

5 大小2つのさいころを同時に投げるとき, 大きいさいころの出た目を a, 小さいさいころの出た目を b とする。次の問いに答えなさい。 【富山県】

(1) a と b の和が5以下になる確率を求めなさい。

(2) a と b のうち, 少なくとも一方は5となる確率を求めなさい。

(3) $\sqrt{10a+b}$ が整数となる確率を求めなさい。

6 右の図1のように，方眼紙に座標軸（ざひょうじく）をかいた平面があり，その平面上に2点 O(0, 0)，A(4, 0) がある。また，右の図2のように，1，2，3，4の数字が1つずつ書かれた4個の玉が入った袋があって，この袋から玉を1個取り出し，玉に書かれている数を確認してから袋にもどすことを2回行う。1回目に取り出した玉に書かれている数を a，2回目に取り出した玉に書かれている数を b とし，図1の平面上に，点 P(a, b) をとる。次の問いに答えなさい。

【熊本県】

図1

図2

(1) 点Pのとり方は全部で何通りあるか，求めなさい。

(2) △OAP が二等辺三角形になる確率を求めなさい。ただし，どの玉が取り出されることも同様に確からしいものとする。

7 2つの箱 A，B があり，箱 A には赤玉10個が入っており，箱 B には白玉7個が入っている。大小2つのさいころを同時に投げ，大きいさいころの出る目の数と同じ個数の赤玉を箱 A から取り出して箱 B に入れ，小さいさいころの出る目の数と同じ個数の白玉を箱 B から取り出して箱 A に入れるとき，A，B どちらの箱においても赤玉の個数が白玉の個数より多くなる確率を求めなさい。

【大阪府】

8 右の図のような五角形 OABCD があり，最初に点 P は頂点 O の位置にある。大小2つのさいころを同時に1回投げて出た目の積の数だけ，五角形 OABCD の頂点上を時計回りに点 P は移動する。このとき，点 P が頂点 A の位置に到達するか，または通りすぎた回数を得点とする。

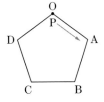

例えば，大小2つのさいころを同時に1回投げて出た目が1と3のとき積は3になり，点Pは頂点Oから頂点A→頂点B→頂点Cと移動し，頂点Aの位置を1回通りすぎたので得点は1点になる。次の問いに答えなさい。 【大分県】

(1) 最も大きい得点を求めなさい。

(2) 得点が2点になる確率を求めなさい。

第3章

標本調査

全数調査と標本調査，母集団，標本など，ことばの意味をおさえて，標本調査では，母集団の大きさの推定や，母集団の比率の推測などの計算のしかたを学ぼう。

SECTION 1 標本調査

→p.507

全数調査

ある集団について何かを調べるとき，その集団の全部について調べる方法を全数調査という。

例 国勢調査は，人口や世帯数などを正確に知るために，わが国の全国民について調べることになっている。

標本調査

集団の一部分を調査して全体を推測する方法を標本調査という。

例 世論調査は，不特定多数の人に対してアンケートを行い，それをもとに，国民全体の世論として発表している。

- ●母集団…標本調査において，調査の対象となる集団全体のことを母集団という。
- ●標本…標本調査において，調べようとする母集団の一部分を取り出したものを標本といい，その個数を標本の大きさという。

標本調査の利用

母集団から標本を無作為に抽出したとき（人為的な操作をすることなく，かたよりのないように取り出したとき），下記のことがいえる。

- ●標本の比率と母集団の比率はほぼ等しい
- ●標本の平均値と母集団の平均値はほぼ等しい

[標本調査]

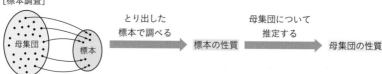

標本調査

第3章

SECTION

1

23 全数調査と標本調査 基礎

次の調査のうち，標本調査(ひょうほんちょうさ)で行うのが適当であるものを，次のア～エの中からすべて選び，記号で答えなさい。　　　　　　【沖縄県】

ア　学校での身体測定　　　　　　イ　テレビ番組の視聴率調査(しちょうりつ)

ウ　航空機に乗る前の手荷物検査　　エ　ある川の水質調査

考え方 調査の目的，調査が可能であるかを考える。

● 解き方

世論調査(よろんちょうさ)のように，全数調査(ぜんすうちょうさ)を行うと**多くの手間や時間，費用などがかかる場合**，または食品や製品の品質調査のように，**すべてを調べることが現実的に不可能な場合**には標本調査が適当である。

ア　全部の生徒について行う調査だから，全数調査。

イ　テレビのある全世帯について調査することは不可能だから，標本調査。

ウ　全部の乗客について行わなくては目的が達せられないから，全数調査。

エ　川のいくつかの地点を選び，それらの地点について行う調査だから，標本調査。

● 答

イ，エ

用語解説

全数調査
調査の対象となっている集団全部について調査することを**全数調査**という。

標本調査
集団の一部分を調査して，集団全体の傾向を推測する調査を**標本調査**という。

参考

世論調査…世論の動向をあきらかにする目的で行われる統計的な社会調査。

テレビの視聴率調査…一般的に，調査世帯を適当数選んで，視聴チャンネル，時間を集計する調査。

練習 23

解答は別冊 p.107

次の調査は，全数調査と標本調査のどちらで行うのが適切かを答えなさい。

(1) 政党支持率(せいとうしじりつ)の調査　　　　(2) レトルト食品の品質検査

(3) LED 電球の耐久(たいきゅう)時間検査　　　　(4) 国勢調査(こくせいちょうさ)

母集団と標本 基礎

赤と黒の 2 種類のカードが合わせて 400 枚入っている箱がある。この箱の中から，無作為に 20 枚のカードを取り出したら，そのうちの 7 枚は赤のカードであった。次の問いに答えなさい。

(1) この調査の母集団，標本はそれぞれ何か。

(2) 標本の大きさを求めなさい。

(3) この箱の中に，赤のカードはおよそ何枚あると考えられますか。

考え方 **標本の比率と母集団の比率はほぼ等しい。**

◉ **解き方**

(1) 母集団は，標本調査における集団全体だから，赤と黒の 2 種類のカード 400 枚。

標本は，標本調査のために母集団から取り出したものだから，無作為に取り出したカード 20 枚。

(2) 標本の大きさは，標本のカードの枚数だから 20 枚。

(3) 標本における赤のカードの割合は $\frac{7}{20}$

母集団における赤のカードの枚数の割合は，標本における赤のカードの枚数の割合にほぼ等しいと考えられるから，赤のカードは，$400 \times \frac{7}{20} = 140$（枚）

◉ **答**

(1) 母集団…**赤と黒の 2 種類のカード 400 枚，**

標本…**無作為に取り出したカード 20 枚**

(2) **20 枚**　(3) **およそ 140 枚**

 用語解説

母集団…標本調査における集団全体。

標本…標本調査のために母集団から取り出して調べたもの。

標本の大きさ…取り出した資料の個数。

無作為に抽出する

母集団から，人為的な操作をすることなく，かたよりのないように母集団から標本を取り出すことを**無作為に抽出する**という。

解答は別冊 p.107

M 中学校の全校生徒 560 人の中から無作為に抽出した 40 人に対してアンケートを行ったところ，地域でボランティア活動に参加したことがある生徒は 25 人であった。M 中学校の全校生徒のうち，地域でボランティア活動に参加したことがある生徒の人数はおよそ何人と推定できるか答えなさい。【福岡県】

25 標本の平均と母集団の平均 　基礎

右のデータは，生徒 234 人の垂直とび^{すいちょく}の記録から，10 人の生徒の記録を無作為に抽出したものである。生徒 234 人全員の垂直とびの平均値を推定しなさい。平均値は小数第 1 位まで求めなさい。

51	36	49	47	44
40	48	38	42	47
		（単位は cm）		

考え方 標本の平均値と母集団の平均値はほぼ等しい。

● 解き方

標本における垂直とびの記録の平均値は，

$$\frac{51+36+49+47+44+40+48+38+42+47}{10}$$

$$=\frac{442}{10}$$

$$=44.2(\text{cm})$$

母集団における垂直とびの平均値は，標本における垂直とびの平均値にほぼ等しいと考えられる。

よって，全員の垂直とびの平均値は，およそ
44.2cm

● 答

およそ 44.2cm

参考

無作為に抽出する方法
母集団の各データに番号をつけて，乱数さい，乱数表，コンピュータの表計算ソフトなどを利用して，無作為に抽出することができる。

確認

母集団の記録の平均値の表し方
問題に「平均値は小数第 1 位まで求めなさい」という指示がない場合は，問題の標本に合わせて，四捨五入して 44cm と答えることもある。

練習 **25**

解答は別冊 p.107

右のデータは，生徒 345 人のハンドボール投げの記録から，20 人の生徒の記録を無作為に抽出したものである。生徒 345 人全員のハンドボール投げの平均値を推定しなさい。平均値は四捨五入して，小数第 1 位まで求めなさい。

20	18	25	28	21
27	34	20	32	16
28	14	24	18	25
23	35	17	20	30
		（単位は m）		

26 標本調査の利用 応用

箱の中に同じ大きさの黒玉だけがたくさん入っている。この箱の中に黒玉と同じ大きさの白玉200個を入れてよくかき混ぜたあと、その箱から170個の玉を無作為に抽出すると、黒玉は140個、白玉は30個であった。この結果から、はじめに箱の中に入っていた黒玉の個数は、およそ何個と推定されるか、一の位の数を四捨五入した概数で答えなさい。

【山口県】

考え方 標本における黒玉の割合と母集団における黒玉の割合はほぼ等しい。

● 解き方

無作為に抽出した170個の玉の中に含まれる黒玉と白玉の割合を比の式で表すと、

$$\underset{\text{黒玉 \quad 白玉}}{140 : 30} = 14 : 3 \longleftarrow 標本における黒玉と白玉の比$$

母集団における黒玉の割合は、標本における黒玉の割合に等しいと考えられる。

はじめに箱の中に入っていた黒玉を x 個とすると、

$$x : 200 = 14 : 3$$
$$x \times 3 = 200 \times 14 \longleftarrow a : b = c : d \text{ ならば } ad = bc$$
$$x = \frac{200 \times 14}{3} = 933.3\cdots(個)$$

● 答 およそ930個

解答は別冊 p.107

ある池にいるコイの数を調べるために、池のコイを56匹捕まえ、そのすべてに印をつけて池にもどした。数日後、同じ池のコイを45匹捕まえたところ、その中に印のついたコイが15匹いた。この池にいるコイの数は、およそ何匹と推測されるか。一の位を四捨五入して答えなさい。【広島県】

標本調査の利用

母集団の大きさが非常に大きい場合や、全数調査を行うことが現実的でない場合、このように標本調査を行って、母集団の特徴や傾向について推定することができる。

標本の170個の玉において、取り出した170個の玉に対する白玉の割合は、$\frac{30}{170} = \frac{3}{17}$
母集団における白玉の割合も $\frac{3}{17}$ であると推定できる。
よって、はじめに箱の中に入っていた黒玉を x 個とすると、

$$(x + 200) \times \frac{3}{17} = 200$$

これを解くと、

$$x = 200 \times \frac{17}{3} - 200$$
$$= 200 \times \frac{14}{3}$$
$$= 933.3\cdots(個)$$

解答 別冊 p.107

章末問題

1 ある中学校の生徒会が，全校生徒 525 人のうち，冬休みに家の手伝いをした生徒のおよその人数を調べることになり，40 人を無作為に抽出する標本調査を行った。次の問いに答えなさい。 【栃木県】

(1) 標本の選び方として適切なものを，次のア，イ，ウ，エのうちから 1 つ選んで記号で答えなさい。ただし，くじ引きを行うとき，その対象の中から生徒の選ばれ方は同様に確からしいものとする。

ア 2 年生の中から 40 人をくじ引きで選ぶ。

イ 男子生徒 267 人の中から 40 人をくじ引きで選ぶ。

ウ 生徒全員の中から 40 人をくじ引きで選ぶ。

エ 運動部員の中から 20 人，文化部員の中から 20 人の計 40 人をくじ引きで選ぶ。

(2) 抽出された 40 人のうち，冬休みに家の手伝いをした生徒は 32 人であった。この中学校で，冬休みに家の手伝いをした生徒のおよその人数を求めなさい。

2 袋の中に赤玉と白玉が合わせて 750 個入っている。この袋の中から，30 個の玉を無作為に取り出して，赤玉の数を数えると 18 個であった。取り出す前の袋の中には，およそ何個の赤玉が入っていたと推測されるか求めなさい。

【富山県】

3 1200 ページある国語辞典にのっている見出し語の総数を調べるため，無作為に 10 ページを選び，それぞれのページにのっている見出し語の数を調べると次のようになった。

50, 59, 41, 45, 55, 49, 51, 53, 47, 50

このとき，この国語辞典にのっている見出し語の総数を推測して書きなさい。

【佐賀県】

4 箱の中に同じ大きさのクリップがたくさん入っている。標本調査を行い，この箱の中にあるクリップの数を推定することにした。箱の中からクリップを 120 個取り出して，その全部に印をつけてもとの箱にもどし，よくかき混ぜた後，箱の中からクリップを 80 個取り出したところ，その中に印のついたクリップが 6 個あった。この箱の中にはおよそ何個のクリップが入っていると推定されるか，答えなさい。

【新潟県】

宝くじに期待できる賞金

くじ1枚あたりに期待できる金額を「期待値」といい，（賞金の総額）÷（くじの本数）で求めることができます。1枚300円の宝くじ，いったいどれくらいの賞金が期待できるのでしょう。

問題

下の表は，ある宝くじ1ユニット（発売枚数2千万枚）の当たりくじの賞金と本数です。
くじが1枚300円のとき，あなたならこの宝くじを買いますか？

等級	賞金（円）	本数（本）	等級	賞金（円）	本数（本）
1等	700,000,000	1	4等	100,000	2,000
1等の前後賞	150,000,000	2	5等	10,000	40,000
1等の組ちがい賞	100,000	199	6等	3,000	200,000
2等	10,000,000	3	7等	300	2,000,000
3等	1,000,000	100	年末ラッキー賞	20,000	2,000

思考力
UP ▶▶▶ **自分の意見の根拠となる数字を示してみよう。**

（実際に書いてみましょう）

解答例

1枚買って300円以上当たる確率は，
$\dfrac{（当たりくじの本数）}{（くじの総数）}$ より10%以上。
10枚買えば1本くらい当たるなら，買ってみたいな。

1枚当たりの期待値を計算すると，$\dfrac{（賞金の総額）}{（くじの総数）} =$
$$\dfrac{700000000 \times 1 + 150000000 \times 2 + 100000 \times 199 + \cdots\cdots 20000 \times 2000}{20000000}$$
より約150円。購入金額より安いから，買った分だけ損失額も増えちゃいそう…。

総合問題・
入試問題編

上級者
向け

総合問題

重要入試問題

総合問題・入試問題編

① 図形の動点と関数

右の図のように，1辺の長さが10cmの立方体があり，点Mは辺GHの中点である。点Pは《ルール》にしたがって移動する。

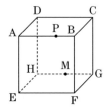

> 《ルール》　点Pは毎秒1cmの速さで，点Aから点GまでA→B→F→Gの順に，辺AB，BF，FG上を動く。

点Pが点Aを出発してから x 秒後の△AFPの面積を y cm² とする。ただし，点Pが点Fにあるときは $y=0$ とする。次の問いに答えなさい。

【秋田県】

(1) $x=6$ のとき，y の値を求めなさい。

(2) $10 \leqq x \leqq 20$ のとき，$y=24$ となる x の値を求めなさい。

(3) $20 \leqq x \leqq 30$ のとき，線分BP，PMの長さの和が最も短くなる x の値を求めなさい。また，そのときの y の値も求めなさい。

考え方　△AFP は，(1)(2)は平面 AEFB 上に，(3)は平面 AFGD 上にある。

◉ **解き方**

(1) $x=6$ のとき，点Pは辺AB上にある。

AP=6cm だから，△AFP は右の図のようになる。

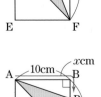

よって，$y=\dfrac{1}{2}\times 6 \times 10=30$（cm²）

(2) $10 \leqq x \leqq 20$ のとき，点Pは辺BF上にある。

AB+BP=$x$cm，

AB+BF=10+10=20（cm）

だから，PF=20−x（cm）

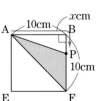

よって，

$$y=\frac{1}{2}\times(20-x)\times10 \quad \leftarrow \cdots \triangle \text{AFP}=\frac{1}{2}\times\text{PF}\times\text{AB}$$
$$=-5x+100(\text{cm}^2)$$

$y=-5x+100$ に $y=24$ を代入すると，

$$24=-5x+100$$
$$5x=100-24$$
$$x=\frac{76}{5}$$

(3) $20\leqq x\leqq30$ のとき，点 P は辺 FG 上にある。

BP＋PM が最も短くなる
ときの点 P の位置を展開
図上で考える。
右の図のように，点 P が
線分 BM 上にあるとき，
BP＋PM が最も短くなる。
このとき，BF∥GM だから，

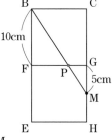

$$\text{FP}:\text{PG}=\text{BF}:\text{GM}$$
$$\text{FP}:(10-\text{FP})=10:5 \quad \leftarrow \begin{array}{l} a:b=c:d \text{ ならば}\\ ad=bc \end{array}$$
$$5\text{FP}=10(10-\text{FP})$$
$$15\text{FP}=100$$
$$\text{FP}=\frac{20}{3}(\text{cm})$$

よって，$x=\text{AB}+\text{BF}+\text{FP}=10+10+\frac{20}{3}=\frac{80}{3}$

点 P が辺 FG 上にあるとき，
△AFP は右の図のように平
面 AFGD 上にある。

$\text{FP}=\frac{20}{3}\text{cm},\ \text{AF}=10\sqrt{2}\text{ cm}$
だから，

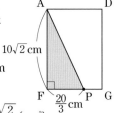
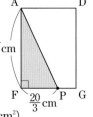

$$y=\frac{1}{2}\times10\sqrt{2}\times\frac{20}{3}=\frac{100\sqrt{2}}{3}(\text{cm}^2)$$

◉ 答

(1) $y=30$　(2) $x=\frac{76}{5}$　(3) $x=\frac{80}{3},\ y=\frac{100\sqrt{2}}{3}$

別解

(2)で，△AFP の面積は次の
ように求めることができる。
AB＋BP＝$x$cm，AB＝10cm
だから，BP＝$x-10$(cm)
よって，

△AFP＝△AFB－△APB
$$=\frac{1}{2}\times10\times10$$
$$-\frac{1}{2}\times(x-10)\times10$$
$$=50-5(x-10)$$
$$=-5x+100(\text{cm}^2)$$

確認

三角形と比の定理

△ABC の辺 AB，AC 上
（またはその延長上）の点をそ
れぞれ D，E とするとき，
DE∥BC ならば
AD：AB＝AE：AC＝DE：BC
AD：DB＝AE：EC

確認

正方形の対角線の長さ

1辺が a の
正方形の対
角線の長さ
は $\sqrt{2}a$

2 関数のグラフと図形

右の図のように,

$y=\dfrac{1}{2}x^2$ ……①, $y=-\dfrac{12}{x}(x>0)$ ……②の

グラフがある。①のグラフ上に2点A, B

があり, それぞれの座標は$(-2, 2)$, $(2, 2)$

である。また, ②のグラフ上に点Pがあり,

Pを通りx軸に平行な直線とy軸との交点

をQとし, 四角形ABPQをつくる。次の問いを答えなさい。

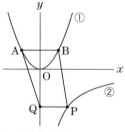

【和歌山県・一部】

(1) 四角形ABPQが平行四辺形になるとき, 直線AQの式を求めなさい。

(2) ①のグラフと四角形ABPQの対角線BQがB以外で交わっている。その交点をRとする。Rのx座標が1のとき, Pの座標を求めなさい。

(3) $\angle ABP = 90°$ のとき, 四角形ABPQを, 辺BPを軸として1回転させてできる立体の体積を求めなさい。

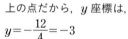 y座標が等しい2点を結ぶ線分はx軸に平行。

● 解き方

(1) $AB = 2 - (-2) = 4$

四角形ABPQが平行四辺形になるから, $AB = QP$

よって, $QP = 4$ だから,

点Pのx座標は4

また, 点Pは②のグラフ

上の点だから, y座標は,

$y = -\dfrac{12}{4} = -3$

これより, Q$(0, -3)$

したがって, 直線AQは, 傾きが $\dfrac{-3-2}{0-(-2)} = -\dfrac{5}{2}$,

切片が -3 の直線だから, $y = -\dfrac{5}{2}x - 3$

確認

2点A, Bを通る直線の傾き

2点A(x_1, y_1), B(x_2, y_2)を通る直線ABの傾きは,

$$\dfrac{y_2 - y_1}{x_2 - x_1}$$

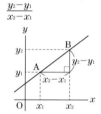

(2) 点 R は①のグラフ上の点だから，その座標は，

$$R\left(1,\ \frac{1}{2}\right) \longleftarrow y\ \text{座標は，}\ y=\frac{1}{2}\times1^2=\frac{1}{2}$$

直線 BR の式を $y=ax+b$ とおく。

直線 BR は，2 点 B(2, 2)，$R\left(1,\ \frac{1}{2}\right)$ を通るから，

$$\begin{cases} 2=2a+b & \cdots\cdots③ \\ \dfrac{1}{2}=a+b & \cdots\cdots④ \end{cases}$$

③，④を連立方程式として解くと，$a=\dfrac{3}{2}$，$b=-1$

よって，直線 BR の式は，$y=\dfrac{3}{2}x-1$

点 Q は直線 BR と y 軸との交点だから，

Q(0, -1)

よって，点 P の y 座標は -1

これより，点 P の x 座標は，

$$-1=-\frac{12}{x} \longleftarrow y=-\frac{12}{x}\ \text{に}\ y=-1\ \text{を代入}$$

$$x=12$$

したがって，P(12, -1)

(3) ∠ABP＝90° のとき，

P(2, -6)，Q(0, -6)

となる。

四角形 ABPQ を辺 BP を軸

として 1 回転させてできる

立体は，右下の図のように，

大きな円錐から小さな円錐

を取り除いた立体になる。

よって，求める立体の体積は，

$$\underset{\text{大きい円錐の体積}}{\boxed{\frac{1}{3}\pi\times4^2\times(8+8)}} - \underset{\text{小さい円錐の体積}}{\boxed{\frac{1}{3}\pi\times2^2\times8}}$$

$$\frac{256}{3}\pi - \frac{32}{3}\pi = \frac{224}{3}\pi$$

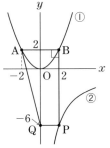

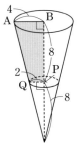

確認

2 点 A，B を通る直線の式の求め方

①求める直線の式を $y=ax+b$ とおく。

②この式に点 A，B の x 座標，y 座標をそれぞれ代入して，a，b についての連立方程式をつくる。

③この連立方程式を解いて，a，b の値を求める。

総合問題

重要入試問題

くわしく

∠ABP＝90° のとき，

点 P の x 座標は点 B の x 座標に等しいから 2，y 座標は

$$y=-\frac{12}{2}=-6$$

よって，P(2, -6)

次に，点 Q の y 座標は点 P の y 座標に等しいから -6

よって，Q(0, -6)

 答

(1) $y=-\dfrac{5}{2}x-3$　(2) P(12, -1)　(3) $\dfrac{224}{3}\pi$

③ 関数のグラフ上の動点

右の図のように，3直線 ℓ，m，n があり，m，n の式はそれぞれ $y=\dfrac{1}{2}x+2$，$y=-2x+7$ である。ℓ と m との交点，m と n との交点，ℓ と n との交点をそれぞれ A，B，C とすると，A の座標は $(-2,\ 1)$ であり，C は y 軸上の点である。次の問いに答えなさい。　【福島県】

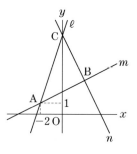

(1) 直線 ℓ の式を求めなさい。

(2) A を出発点として，直線 ℓ，n 上を A → C → B の順に A から B まで動く点を P とする。また，P を通り y 軸に平行な直線と直線 m との交点を Q とし，△APQ の面積を S とする。

① 点 P の x 座標が -1 のとき，S の値を求めなさい。

② $S=\dfrac{5}{2}$ となる点 P の x 座標をすべて求めなさい。

考え方　座標平面上で三角形の面積を求める場合は，x 軸，y 軸に平行な線分を，三角形の底辺や高さと考える。

◉ 解き方

(1) 点 C は直線 n と y 軸との交点だから，C(0, 7)
直線 ℓ は点 C を通るから，$y=ax+7$ とおける。
また，直線 ℓ は点 A$(-2,\ 1)$ を通るから，
　$1=a\times(-2)+7,\ a=3$
よって，直線 ℓ の式は，$y=3x+7$

(2) 点 A から直線 PQ に垂線 AH をひく。

① 点 P は直線 ℓ 上の点だから，P$(-1,\ 4)$
点 Q は直線 m 上の点だから，Q$\left(-1,\ \dfrac{3}{2}\right)$

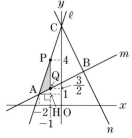

くわしく

点 P の y 座標は，$y=3x+7$ に $x=-1$ を代入して，
$y=3\times(-1)+7=4$
点 Q の y 座標は，$y=\dfrac{1}{2}x+2$ に $x=-1$ を代入して，
$y=\dfrac{1}{2}\times(-1)+2=\dfrac{3}{2}$

ここで，$PQ = 4 - \dfrac{3}{2} = \dfrac{5}{2}$，$AH = -1 - (-2) = 1$

よって，$S = \dfrac{1}{2} \times \dfrac{5}{2} \times 1 = \dfrac{5}{4}$ ←……$\triangle APQ = \dfrac{1}{2} \times PQ \times AH$

② 点 P の x 座標を p とする。

点 P が線分 AC 上を動くとき， ←……$-2 \leqq p \leqq 0$

$P(p,\ 3p+7)$，$Q\left(p,\ \dfrac{1}{2}p+2\right)$ とおける。

$PQ = (3p+7) - \left(\dfrac{1}{2}p+2\right) = \dfrac{5}{2}(p+2)$

$AH = p - (-2) = p + 2$

よって，

$S = \dfrac{1}{2} \times \dfrac{5}{2}(p+2)(p+2)$

$\quad = \dfrac{5}{4}(p+2)^2$

よって，$\dfrac{5}{2} = \dfrac{5}{4}(p+2)^2$

これを解いて，

$(p+2)^2 = 2$，$p = -2 \pm \sqrt{2}$

$-2 \leqq p \leqq 0$ より，$p = -2 + \sqrt{2}$

点 P が線分 CB 上を動くとき， ←……$0 \leqq p \leqq 2$

$P(p,\ -2p+7)$，$Q\left(p,\ \dfrac{1}{2}p+2\right)$ とおける。

$PQ = (-2p+7) - \left(\dfrac{1}{2}p+2\right) = -\dfrac{5}{2}(p-2)$

$AH = p - (-2) = p + 2$

よって，

$S = \dfrac{1}{2}\left\{-\dfrac{5}{2}(p-2)\right\}(p+2)$

$\quad = -\dfrac{5}{4}(p+2)(p-2)$

よって，

$\dfrac{5}{2} = -\dfrac{5}{4}(p+2)(p-2)$

これを解いて，$(p+2)(p-2) = -2$，$p^2 = 2$，$p = \pm\sqrt{2}$

$0 \leqq p \leqq 2$ より，$p = \sqrt{2}$

● 答

(1) $y = 3x + 7$ (2)① $S = \dfrac{5}{4}$ ② $-2+\sqrt{2}$，$\sqrt{2}$

くわしく

点 P の x 座標を p とすると，
点 Q の x 座標も p となる。
点 P は直線 ℓ 上の点だから，
y 座標は，$y = 3p + 7$
点 Q は直線 m 上の点だから，
y 座標は，$y = \dfrac{1}{2}p + 2$

くわしく

**点 P が線分 CB 上を動くとき
の p の値の範囲**
点 B は，2 直線
$m : y = \dfrac{1}{2}x + 2$ ……①
$n : y = -2x + 7$ ……②
の交点だから，①，②を連立
方程式として解くと，
　$x = 2$，$y = 3$
よって，$B(2,\ 3)$
これより，点 P が線分 CB 上
を動くとき，$0 \leqq p \leqq 2$

総合問題

4 確率と座標平面

応用

(1) 右の図のように，2点 A(1, 4)，B(5, 0) を
とる。次に，1から6までの目が出るさいこ
ろを2回投げて，1回目に出た目の数を a，
2回目に出た目の数を b として，(a, b) を座
標とする点 P をとる。このとき，△ABP の
面積が $4\mathrm{cm}^2$ となる確率を求めなさい。ただ
し，座標軸の1目もりの長さを $1\mathrm{cm}$ とする。【中央大学杉並高(東京)】

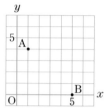

(2) 大小2個のさいころを同時に投げ，出た目をそれぞれ a，b とす
るとき，3本の直線 $y=\dfrac{b}{a}x$，$y=\dfrac{a}{b}x$，$y=\dfrac{1}{2}x+1$ が三角形をつ
くる確率を求めなさい。【筑波大学附属高(東京)】

考え方 (2)三角形ができるのは，3直線のうちのどの2直線も平行で
なく，重なり合わない場合である。

◉ 解き方

2つのさいころの目の出方は，全部で36通りあり，
そのどれが起こることも同様に確からしい。

(1) $a=1$ のとき，点 P の x 座標は1

このとき，△ABP＝$4\mathrm{cm}^2$ と
なる点 P は，右の図のように，
(1, 2)，(1, 6) の2つある。
これより，△ABP で，底辺
を AB とみると，
△ABP＝$4\mathrm{cm}^2$ となる点 P は
AB に平行な直線上にある。
点(1, 2)を通り AB に平行
な直線上にある点 P の座標
は，右の図より，(2, 1)

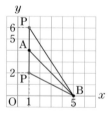

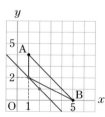

くわしく

a，b の値は1から6までの自
然数だから，点 P(a, b) がと
ることができる点は，下の図
の36個である。

522

次に，点 $(1, 6)$ を通り AB に
平行な直線上にある点 P の
座標は，右の図より，

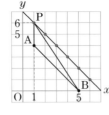

$(2, 5)$，$(3, 4)$，$(4, 3)$，

$(5, 2)$，$(6, 1)$

よって，点 P は全部で 8 個
ある。

したがって，求める確率は，$\dfrac{8}{36} = \dfrac{2}{9}$

(2) $y = \dfrac{b}{a}x \cdots$①，$y = \dfrac{a}{b}x \cdots$②，$y = \dfrac{1}{2}x + 1 \cdots$③とする。

3 直線①，②，③のうちの**2 直線が平行または重
なり合うとき三角形はできない。**そこで，まず三
角形ができない確率を求める。

直線①と②の傾きが等しくなるとき，$\dfrac{b}{a} = \dfrac{a}{b}$

すなわち，$a = b \;\longleftarrow\cdots a > 0,\ b > 0 \text{ で，} a^2 = b^2 \text{だから } a = b$

この式を満たす a，b の値の組は，

$(a, b) = (1, 1)$，$(2, 2)$，$(3, 3)$，$(4, 4)$，$(5, 5)$，

$(6, 6)$ の 6 通り。

直線①と③が平行になるとき，$\dfrac{b}{a} = \dfrac{1}{2}$

すなわち，$a = 2b$

この式を満たす a，b の値の組は，

$(a, b) = (2, 1)$，$(4, 2)$，$(6, 3)$ の 3 通り。

直線②と③が平行になるとき，$\dfrac{a}{b} = \dfrac{1}{2}$

すなわち，$2a = b$

この式を満たす a，b の値の組は，

$(a, b) = (1, 2)$，$(2, 4)$，$(3, 6)$ の 3 通り。

よって，三角形ができない確率は，$\dfrac{12}{36} = \dfrac{1}{3}$

したがって，3 本の直線が三角形をつくる確率は，

$$1 - \dfrac{1}{3} = \dfrac{2}{3}$$

◉ 答

(1) $\dfrac{2}{9}$　(2) $\dfrac{2}{3}$

ミス注意

$\triangle ABP = 4cm^2$ となる点 P の
座標は，

$(1, 2)$，$(2, 1)$，$(1, 6)$，

$(2, 5)$，$(3, 4)$，$(4, 3)$，

$(5, 2)$，$(6, 1)$ の 8 個。

$(1, 2)$，$(1, 6)$ を数え落とさ
ないように注意。

くわしく

2 直線の傾きが等しくなると
き，2 直線は平行または重な
り合う。

直線①と②は，$a = b$ のとき
一致するので重なり合う。

直線①と③は，$a = 2b$ のとき
平行になる。

直線②と③は，$2a = b$ のとき
平行になる。

確認

（三角形をつくる確率）
=1−（三角形ができない確率）
を利用する。

重要入試問題　解答 別冊 p.108

数と式編

1 次の計算をしなさい。

(1) $-\dfrac{1}{3} \div \left(-\dfrac{3}{2}\right)^3 \times (-3^2)$

【明治学院高(東京)】

(2) $-2^2 + \dfrac{3}{4} \div \left(-\dfrac{1}{2}\right) \times \dfrac{1}{3}$

【函館ラ・サール高(北海道)】

(3) $\dfrac{\sqrt{32} - 4\sqrt{5}}{\sqrt{2}} - (\sqrt{2} - \sqrt{5})^2$

【都立八王子東高】

(4) $(\sqrt{5} - \sqrt{2} + 1)(\sqrt{5} + \sqrt{2} + 1)(\sqrt{5} - 2)$

【慶應義塾女子高(東京)】

2 次の計算をしなさい。

(1) $(5a + 3) - (6b - 1) + 2(a - 3b)$

【和洋国府台女子高(千葉)】

(2) $(a + 2)(a - 1) - (a - 2)^2$ 　【和歌山県】

(3) $\dfrac{5x - 3}{3} - \dfrac{4x - 9y}{6} + \dfrac{3y + 4}{2}$

【東京工業大学附属科学技術高(東京)】

(4) $-\dfrac{x^3}{18} \times (-2y)^2 \div \left(-\dfrac{2}{3}xy\right)^3$

【中央大学附属高(東京)】

3 次の式を因数分解しなさい。

(1) $a^2 - b^2 - c^2 - 2bc$ 　【城北高(東京)】

(2) $(x^2 - 2x)(x^2 - 2x - 14) - 15$

【関西学院高(兵庫)】

4 次の問いに答えなさい。

(1) $\sqrt{11}$ の小数部分を a とするとき，$a^2 + 6a + 5$ の値を求めなさい。

【近畿大学附属高(大阪)】

(2) $x = 3\sqrt{2} - 2\sqrt{3}$，$y = 3\sqrt{2} + 2\sqrt{3}$ のとき，$x^2 - xy + y^2$ の値を求めなさい。

【豊島岡女子学園高(東京)】

5 n，N を自然数とする。$N \leqq \sqrt{n} < N + 1$ を満たす n が 31 個あるとき，N の値を求めなさい。

【秋田県】

6 ある整数 x を 12 でわると余りが 3 となった。このとき，x を 2019 倍した整数 2019x を 12 でわった余りを求めなさい。　　　　　　　　　【江戸川学園取手高(茨城)】

7 灰色と白色の同じ大きさの正方形のタイルを
たくさん用意した。これらのタイルを使って，
右の図のように，灰色のタイルを 1 個おいて，
1 番目の正方形とし，2 番目以降は，正方形の

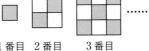

1 番目　2 番目　　3 番目

四隅のうち，左下隅に灰色のタイルをおいて，灰色のタイルと白色のタイルが
縦横いずれも交互になるようにすき間なく並べて，大きな正方形をつくってい
く。できあがった正方形の 1 辺に沿って並んだタイルの個数が 1 個，2 個，3 個，
…のとき，それぞれできあがった正方形を，1 番目，2 番目，3 番目，…とする。
次の問いに答えなさい。　　　　　　　　　　　　　　　　　　　　　　【新潟県】

(1) 5 番目の正方形には，灰色のタイルと白色のタイルがそれぞれ何個使われてい
るか。その個数を求めなさい。

(2) 次の問いに答えなさい。

　①$2k-1$ 番目(奇数番目)の正方形には，灰色のタイルと白色のタイルがそれぞ
　　れ何個使われているか。k を用いて答えなさい。ただし，k は自然数とする。

　②$2k$ 番目(偶数番目)の正方形には，灰色のタイルと白色のタイルがそれぞれ
　　何個使われているか。k を用いて答えなさい。ただし，k は自然数とする。

(3) 灰色のタイルを 221 個使ってできる正方形は，何番目の正方形か。求めなさい。

8 m を自然数とする。原点 O，A$(m, 0)$，B$(m, 3m)$，
C$(0, 3m)$ の 4 つの点を頂点とする長方形 OABC がある。長
方形 OABC の周上および対角線 AC 上にある，x 座標，y 座
標がともに整数である点を○で表し，白い点と呼ぶことにす
る。また，△OAC および △ABC の内部にある，x 座標，y
座標がともに整数である点を●で表し，黒い点と呼ぶことに
する。右の図のように，例えば，$m=3$ のとき，白い点の個
数は 26 個，黒い点の個数は 14 個である。次の問いに答えなさい。　　【京都府】

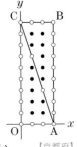

(1) $m=4$ のとき，白い点の個数および黒い点の個数を求めなさい。

(2) 白い点の個数が 458 個である m の値を求めなさい。また，そのときの黒い点
の個数を求めなさい。

方程式編

1 次の方程式，連立方程式を解きなさい。

(1) $\dfrac{x-6}{8}-0.75=\dfrac{1}{2}x$

【日本大学第三高（東京）】

(2) $x(x-1)+(x+1)(x+2)=3$

【都立青山高】

(3) $\begin{cases} x+y=\sqrt{2} \\ 3x-2y=8\sqrt{2} \end{cases}$

【東京工業大学附属科学技術高（東京）】

(4) $\begin{cases} 0.3(x-1)+0.4y=\dfrac{1}{5} \\ \dfrac{x}{4}-\dfrac{y}{3}=\dfrac{5}{6} \end{cases}$

【青雲高（長崎）】

2 次の問いに答えなさい。

(1) a，b を定数とする。2次方程式 $x^2+ax+15=0$ の解の1つは -3 で，もう1つの解は1次方程式 $2x+a+b=0$ の解でもある。このとき，a，b の値を求めなさい。

【愛知県】

(2) 2次方程式 $x^2-6x-5=0$ の2つの解を A, B とするとき，$2(A^2+B^2)-6(A+B)$ の値を求めなさい。

【中央大学杉並高（東京）】

3 2つの水そう A，B に 42L ずつ水が入っている。水そう A から水そう B に水を移して，A と B の水そうに入っている水の量の比が $2:5$ になるようにする。何 L の水を移せばよいか，求めなさい。

【青森県】

4 右の図で，ある数をアにあてはめると，イ，ウの数は，書いてある計算のルールにしたがって順に決まっていく。【熊本県】

(1) 2019 をアにあてはめたとき，ウの数を求めなさい。

(2) ある数 x をアにあてはめると，ウの数は y となった。さらに，y をアにあてはめると，ウの数は 2 となった。このとき，x，y の値を求めなさい。

5 図1のように，9つのますの縦，横，斜めのどの列においても，1列に並んだ3つの数の和が等しくなるよう，異なる整数を1つずつ入れる遊びがある。このような遊びについて，次の問いに答えなさい。　【北海道】

図1

8	1	6
3	5	7
4	9	2

(1) この遊びでは，1列に並んだ3つの数の和は，どの列においても，9つあるます全体の中央のますに入っている数の3倍になる。このことを，次のように説明するとき，　ア　～　ウ　にあてはまる単項式を，それぞれ書きなさい。

(説明)

ある1列に並んだ3つの数の和を a とすると，9つのますに入っている数の和は，　ア　と表すことができる。また，ます全体の中央のますを通る列は，縦，横，斜め，合わせて4列あるので，これらの列の3つの数の和の合計は，　イ　と表すことができる。さらに，ます全体の中央のますに入っている数を b とすると，9つのますに入っている数の和は　イ　－　ウ　と表すことができる。

よって，　ア　＝　イ　－　ウ　となり，計算すると，$a=3b$ となる。

したがって，1列に並んだ3つの数の和は，どの列においても，ます全体の中央のますに入っている数の3倍になる。

(2) この遊びで，図2のように，ますの一部に整数が入っているとき，x，y は，それぞれいくつになるか。方程式をつくり，求めなさい。

図2

	x	y
6		
-8	2	

6 縦 $x$cm，横 $y$cm の長方形がある。この長方形の縦と横を2cmずつ長くすると，面積が28cm² 増えた。このとき，次の各　　　　に適する数を求めなさい。ただし，$x<y$ とする。　【駿台甲府高(山梨)】

(1) $y=\boxed{}-x$ である。

(2) もとの長方形の縦を2cm，横を3cm それぞれ長くすると面積は，
$-x^2+\boxed{①}x+\boxed{②}$ (cm²) である。

(3) (2)で求めた長方形の面積はもとの長方形の面積の2倍になった。
このとき，$x=\boxed{}$ である。

関数編

1 次の問いに答えなさい。

(1) y は x に反比例し，比例定数を $a(a>0)$ とする。x の変域 $1 \leqq x \leqq 6$ に対する y の変域を求めようとしたところ，比例定数を a^2 と間違えて計算してしまい，y の変域は $\dfrac{3}{2} \leqq y \leqq 9$ となってしまった。正しい y の変域を求めなさい。

【都立国立高】

(2) 3 直線 $\ell : y=3x+10$，$m : y=-\dfrac{1}{2}x+3$，$n : y=ax-4$ が 1 点で交わるとき，定数 a の値を求めなさい。

【法政大学国際高（神奈川）】

(3) $a<0$ のとき，1 次関数 $y=ax+b$ において，x の変域が $1 \leqq x \leqq 3$，y の変域が $0 \leqq y \leqq 1$ となるような定数 a，b の値を求めなさい。

【中央大学附属高（東京）】

(4) 関数 $y=2x^2$ の x の変域が $-2 \leqq x \leqq a$ のとき，y の変域は $b \leqq y \leqq 18$ である。このとき，a，b の値を求めなさい。

【函館ラ・サール高（北海道）】

(5) $a>0$ とする。関数 $y=\dfrac{b}{x}$ で，x の変域が $a \leqq x \leqq a+3$ のとき，y の変域が $a+1 \leqq y \leqq a+5$ である。このとき，a，b の値を求めなさい。

【近畿大学附属高（大阪）】

(6) 関数 $y=\dfrac{1}{2}x^2$ について，x の値が k から $k+2$ まで増加するときの変化の割合が k^2+2k-2 であった。k の値を求めなさい。

【日本大学第二高（東京）】

2 右の図のように，関数 $y=\dfrac{12}{5}x$ ……① のグラフ上に点 A がある。点 A の x 座標を 5 とする。点 A から x 軸に垂線をひき，x 軸との交点を B とする。点 O は原点とする。次の問いに答えなさい。

【北海道】

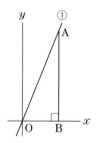

(1) 線分 OA の長さを求めなさい。

(2) 線分 AB 上に点 C をとり，点 C を通り線分 OA に垂直な直線と線分 OA との交点を D とする。AD＝3 となるとき，2 点 O，C を通る直線の式を求めなさい。

3 平成最後の夏は暴風により建物のガラスに大きな被害がでた。建物のガラスは，指定した風圧力以下の風に耐えられるように設計されている。風圧力と風速について次のことがわかっているとする。

Ⅰ 風圧力 $y[\mathrm{N/m^2}]$ は風速 $x[\mathrm{m/s}]$ の 2 乗に比例する。

Ⅱ 風速が 10m/s から 15m/s に増加したとき，風圧力は $75\mathrm{N/m^2}$ 増加する。

次の問いに答えなさい。　　　　　　　　　　　　　　　【大阪教育大学附属高池田校舎（大阪）】

(1) y を x を用いて表しなさい。

(2) 風圧力が $960\mathrm{N/m^2}$ のときの風速を求めなさい。

(3) F 社は，風速 50m/s 以下の暴風に耐えられるガラスを設計するにあたり，Ⅰを「風圧力 $y[\mathrm{N/m^2}]$ は風速 $x[\mathrm{m/s}]$ に比例する」と勘違いして設計してしまった。このガラスが実際に耐えられる最大の風速を求めなさい。

4 図Ⅰのように，すべての道路が直角に交わっている町がある。4 本の道路に囲まれた長方形はすべて合同であり，点 O, A, B, C, D のように長方形の頂点に位置している点を交差点と呼ぶことにする。北の方向または東の方向にだけ道路を進み，交差点 O から交差点 C まで最短経路で移動したときの距離の合計は 180m であり，交差点 C から交差点 D まで

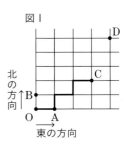

図Ⅰ

最短経路で移動したときの距離の合計は 130m であった。次の問いに答えなさい。なお，図Ⅰの道路に示した太線は，交差点 O から交差点 C までの最短経路の 1 つを示したものである。　　　　　　　　　　　　　　　　　　　　　【群馬県】

(1) OA と OB の長さをそれぞれ求めなさい。

(2) 図Ⅱのように，交差点 O から交差点 D まで真っすぐな道路を新たにつくった。次の①，②の問いに答えなさい。

　①道路 OD を交差点 O から交差点 D に向かって進み，最初に道路と交わる点を E とする。このとき，BE の長さを求めなさい。

　②図Ⅱで色をつけて示した三角形の土地 T の面積を求めなさい。

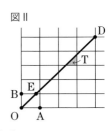

図Ⅱ

5 y 軸上の正の部分に点 C をとる。点 C を中心とし，原点 O を通る半径 1 の円と，関数 $y=ax^2\,(a>0)$ のグラフとの交点のうち，x 座標が正である点を A とする。このとき，∠OCA＝60° となった。次の問いに答えなさい。

(1) 点 A の座標を求めなさい。　【19 青山学院高(東京)】

(2) a の値を求めなさい。

(3) 点 A において円と接する直線 ℓ の式を求めなさい。

(4) 直線 ℓ と y 軸との交点を B とおく。△CAB を，点 C を中心としてこの平面上で反時計まわりに 1 周させる。このとき，線分 AB が通過する部分の面積を求めなさい。

6 O を原点とする座標平面上に，関数 $y=\frac{1}{2}x^2$ のグラフと，点 A(2, 5) および，原点を出発して x 軸上を正の方向に毎秒 $\frac{1}{2}$ の速さで動く点 P がある。P を通り，x 軸に垂直な直線をひき，関数 $y=\frac{1}{2}x^2$ のグラフとの交点を Q とする。次の問いに答えなさい。

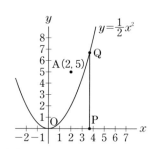

【江戸川学園取手高(茨城)・解答手順の記述省略】

(1) 原点を出発してから，2 秒後の点 Q の座標を求めなさい。

(2) 原点を出発してから，2 秒後の △QOA の面積を求めなさい。

(3) 原点を出発してから t 秒後の △QOA の面積を S とする。$S=\frac{5}{2}$ となるような t の値を求めなさい。ただし $6\leqq t\leqq 8$ とする。

7 長方形 ABCD は，辺 AD が直線 $y=1$ 上にあり，辺 BC が直線 $y=-\frac{1}{4}$ 上にあり，点 D の x 座標は点 A の x 座標より 1 だけ大きいものとする。長方形 ABCD は，その周が放物線 $y=x^2$ と異なる 2 点 P，Q で交わるように動く。ただし，P の x 座標は Q の x 座標より小さいものとする。このとき，点 A の x 座標を t として，次の問いに答えなさい。

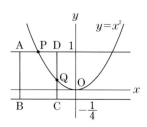

【桐朋高(東京)】

(1) $t=-\frac{3}{2}$ のとき，2 点 P，Q の座標を求めなさい。

(2) t の値の範囲を求めなさい。

(3) 線分 PQ が長方形 ABCD の面積を 2 等分するとき，t の値を求めなさい。

図形編

1 右の図のように，△ABC で BC を延長した直線上の点を E とする。∠B の二等分線と ∠ACE の二等分線の交点を D とするとき，∠x の大きさを求めなさい。 【青森県】

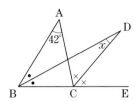

2 右の図のようなひし形 ABCD があり，中心が点 C で，2 点 B，D を通る円をかく。円と辺 AB，AD の交点をそれぞれ点 P，Q とする。$\overparen{BP}=\overparen{PQ}=\overparen{QD}$ であるとき，∠BCD の大きさを求めなさい。 【久留米大学附設高(福岡)】

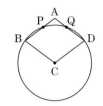

3 右の図の △ABC は AB＝AC＝1cm，∠BAC＝36° の二等辺三角形であり，点 D は ∠ABC の二等分線と辺 AC の交点である。次の問いに答えなさい。 【島根県】

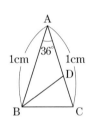

(1) ∠BDC の大きさを求めなさい。

(2) 辺 BC と同じ長さの線分をすべて求めなさい。

(3) BC＝$x$cm として，x を求めるための方程式をつくりなさい。また，このときの x の値を求めなさい。

4 右の図のような AD∥BC，AB＝DC の台形 ABCD に内接する円の面積を求めなさい。 【法政大学高(東京)】

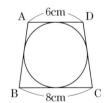

5 平行四辺形 ABCD において，A から BC におろした垂線を AE とし，∠C の二等分線と AD との交点を F とし，F から CD におろした垂線を FG とする。AB＝3，BE＝1 のとき，CF の長さを求めなさい。

【中央大学杉並高(東京)】

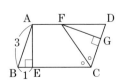

6 右の図で, 六角形 ABCDEF は内角の大きさがすべて等しい。AB＝AF＝4cm, ED＝3cm, FE＝2cm のとき, 次の問いに答えなさい。　【愛知県】

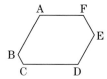

⑴ 辺 CD の長さは何 cm か, 求めなさい。

⑵ 六角形 ABCDEF の面積は何 cm² か, 求めなさい。

7 右の図のような △OAB があり, 辺 AB の中点を C とする。3 点 P, Q, R はそれぞれ点 O, A, C から同時に出発し, △OAB の辺上を反時計回りに秒速 1cm の速さで移動する。次の問いに答えなさい。

【函館ラ・サール高(北海道)】

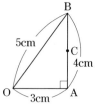

⑴ 出発してから t 秒後($0 \leqq t \leqq 2$)の点 P, Q, R について, この 3 点を頂点とする三角形の面積を S とする。S を t の式で表しなさい。

⑵ 出発してから 4 秒後の点 P, Q, R について, この 3 点を頂点とする三角形の面積を求めなさい。

⑶ 3 点 P, Q, R がはじめて一直線上に並ぶのは, 出発してから何秒後か。

8 下の図 1 のような, 正方形 ABCD と正方形 EFGH がある。頂点 E は, 正方形 ABCD の 2 つの対角線の交点と同じ位置にある。辺 BC と辺 EF, 辺 CD と辺 EH の交点をそれぞれ I, J とする。正方形 ABCD と正方形 EFGH の相似比は, 3：4 である。次の問いに答えなさい。　【愛媛県】

⑴ △EIC≡△EJD であることを証明しなさい。

⑵ 下の図 2 は, 図 1 に色をつけたものである。色をつけた部分(▭の部分)の面積が 182cm² であるとき, 正方形 ABCD の 1 辺の長さを求めなさい。

⑶ 下の図 3 のように, 直線 AC と対角線 FH との交点を K とする。AB＝6cm, BI＝1cm であるとき, 四角形 IFKC の面積を求めなさい。

図 1 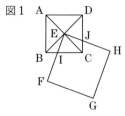　　図 2 　　図 3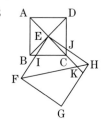

9 右の図は，等しい底面をもつ2つの円錐 V，W を，V と W の底面がすき間なくぴったり重なるように作られた立体である。上側にある円錐 V の側面の展開図は半径20cm，中心角216°のおうぎ形である。下側にある円錐 W の側面の展開図は半径15cm，中心角 a° のおうぎ形である。次の問いに答えなさい。 【江戸川学園取手高（茨城）・解答手順の記述省略】

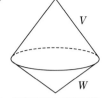

(1) 円錐 V の体積を求めなさい。

(2) a の値を求めなさい。

(3) この立体に内接する（立体に含まれる最大の）球の半径を求めなさい。

10 右の図のように，AB＝6cm，BC＝8cm，CA＝3cm，BE＝12cm の三角柱 ABC－DEF がある。点 P は，点 B を出発して辺 BE 上を毎秒1cm の速さで動き，点 E で停止する。点 Q は，点 C を出発して辺 CF 上を毎秒2cm の速さで動き，点 F で折り返して点 C にもどったところで停止する。2点 P，Q が同時に出発し，出発してからの時間を x 秒（$0 \leqq x \leqq 12$）とする。次の問いに答えなさい。 【高知県】

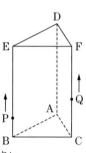

(1) $0 \leqq x \leqq 6$ のとき，四角形 PBCQ の面積を，x を使って表しなさい。

(2) 線分 PQ が長方形 BCFE の面積を2等分するときの x の値をすべて求めなさい。

(3) △DPQ が DP＝DQ の二等辺三角形となるとき，線分 PQ の長さを求めなさい。

11 右の図1は，AB＝3cm，BC＝4cm，∠ABC＝90° の直角三角形 ABC を底面とし，AD＝BE＝CF＝2cm を高さとする三角柱である。また，点 G は辺 EF の中点である。次の問いに答えなさい。 【神奈川県】

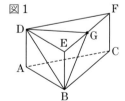

(1) この三角柱の表面積を求めなさい。

(2) この三角柱において，3点 B，D，G を結んでできる三角形の面積を求めなさい。

(3) この三角柱の表面上に，図2のように点 B から辺 EF，辺 DF と交わるように，点 C まで線をひく。このような線のうち，長さが最も短くなるようにひいた線の長さを求めなさい。

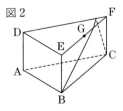

データの活用編

1 箱の中に白玉と黒玉が合わせて 10000 個入っている。A さんはこの箱の中に入っている黒玉の総数を調べるために，次の＜実験＞を何回かくり返し行った。

＜実験＞　箱の中の玉をよくかき混ぜ，箱の中から 30 個の玉を無作為に抽出し，その中に含まれる黒玉の個数を数える。その後，抽出した玉をすべて箱の中にもどす。

右の表は，A さんが行った＜実験＞のすべての結果をまとめたものであり，黒玉の個数が 10 個の階級の相対度数は 0.16 であった。次の問いに答えなさい。　　【京都府】

黒玉の個数(個)	度数(回)
7	7
8	10
9	ア
10	8
11	4
12	2

(1) A さんが行った＜実験＞の回数を求めなさい。また，表中のアにあてはまる数を求めなさい。

(2) 次の文章は，表をもとに A さんが書いたものである。文章中の ① ・ ② にあてはまる数をそれぞれ求めなさい。ただし， ② にあてはまる数は小数第 1 位を四捨五入し，整数で求めること。

> 抽出した玉の中に含まれる黒玉の個数の平均値は ① 個となる。この値から推測すると，箱の中に入っている黒玉の総数はおよそ ② 個と考えられる。

2 生徒 10 人の上体起こしの回数を測定し，多いほうから順に並べると，5 番目の生徒と 6 番目の生徒の回数の差は 4 回で，10 人の回数の中央値は 25 回であった。欠席した A さんが，次の日に上体起こしの回数を測定したところ 28 回であった。このとき，A さんを含めた 11 人の回数の中央値を求めなさい。

【石川県】

3 あるレストランの 6 日間の来客数を調べたところ，右のようになった。後日，もう一度伝票で確認したところ，4 日目以外の，ある 1 日だけ来客数が 2 名誤っていた。正しい数値で計算した 6 日間の来客数の平均値は 65.5 人，中央値は 62.5 人であった。A の値を求めなさい。

	1日目	2日目	3日目	4日目	5日目	6日目
来客数(人)	61	82	56	A	71	63

【都立西高】

4 下の図のように，さいころの1から6までの目が1つずつ表示された6つの箱がある。それぞれの箱の中には，表示されたさいころの目と同じ数の玉が入っている。大小2つのさいころを同時に1回投げ，それぞれのさいころの出た目の数によって，箱の中の玉を移動させる。次の問いに答えなさい。【高知県】

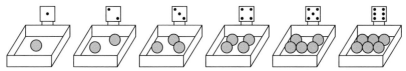

(1) 大きいさいころの出た目の数と同じ目が表示された箱から玉を1個だけ取り出す。その取り出した1個の玉を，小さいさいころの出た目と同じ目が表示された箱に入れる。次の問いに答えなさい。

① 空の箱ができる確率を求めなさい。

② 6つの箱のうち，入っている玉の数が同じ箱が3つできる確率を求めなさい。

(2) 大きいさいころの出た目の数と同じ目が表示された箱から玉をすべて取り出す。その取り出したすべての玉を，小さいさいころの出た目と同じ目が表示された箱に入れる。このとき，6つの箱のうち，入っている玉の数が同じ箱が2つできる確率を求めなさい。

5 右の図において，⑦は関数 $y=\dfrac{1}{4}x^2$，④は関数 $y=-x+b$ のグラフである。大小2つのさいころを同時に1回投げたとき，大きいさいころの出た目の数を m，小さいさいころの出た目の数を n とし，2つのさいころを投げたときにできる点の座標を (m, n) とする。次の問いに答えなさい。

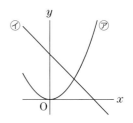

【秋田県・一部】

(1) ④において，$b=6$ のとき，点 (m, n) が，y 軸と⑦，④の $x≧0$ の部分で囲まれた図形の内部にある確率を求めなさい。ただし，y 軸と⑦，④の $x≧0$ の部分で囲まれた図形の周上の点も内部に含まれるものとする。

(2) 点 (m, n) が，y 軸と⑦，④の $x≧0$ の部分で囲まれた図形の内部にある確率が $\dfrac{1}{2}$ であるとき，b のとりうる値の範囲を求めなさい。ただし，y 軸と⑦，④の $x≧0$ の部分で囲まれた図形の周上の点も内部に含まれるものとする。

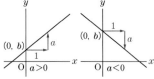

錯角 　　　　　　　　　　　　　　347

2つの直線に1つの直線が交わるとき，2つの直線の内側にできる4つの角のうちでななめに交差した位置にある角どうし

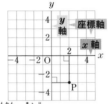

座標 　　　　　　　　　　　　　　211

座標平面上にある点の位置を x 座標 a，y 座標 b を使って，(a, b) と表したもの

座標平面 　　　　　　　　　　　　211

座標軸のかかれている平面

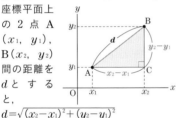

座標平面上の2点間の距離 ……453, 463

座標平面上の2点 A (x_1, y_1)，B (x_2, y_2) 間の距離を d とすると，

$$d=\sqrt{(x_2-x_1)^2+(y_2-y_1)^2}$$

左辺 　　　　　　　　　　46, 47, 134

等号(不等号)の左側の辺

三角形の合同条件 ……………345, 358

次の3つの条件のうちどれかが成り立てば，その2つの三角形は合同である

①3組の辺がそれぞれ等しい

②2組の辺とその間の角がそれぞれ等しい

③1組の辺とその両端の角がそれぞれ等しい

三角形の相似条件 …………420, 424

次の3つの条件のうちどれかが成り立てば，その2つの三角形は相似である

①3組の辺の比がすべて等しい

②2組の辺の比とその間の角がそれぞれ等しい

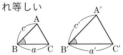

③2組の角がそれぞれ等しい

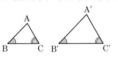

三角形の内角と外角の関係 ………350

三角形の外角はそれととなり合わない2つの内角の和に等しい

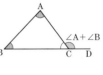

三平方の定理 …………………452, 454

直角三角形の直角をはさむ2辺の長さを a，b，斜辺の長さを c とすると，$a^2+b^2=c^2$ が成り立つ

三平方の定理の逆 ……………452, 457

三角形の3辺の長さ a，b，c の間に，$a^2+b^2=c^2$ という関係が成り立てば，その三角形は長さ c の辺を斜辺とする直角三角形である

式の値 　　　　　　　30, 33, 65, 74

式の中の文字を数におきかえて(代入して)計算した結果

指数 　　　　　　　　　　　　　　23

累乗の，かけ合わせた個数を示す右肩の小さい数。累乗の指数ともいう

単項式では，かけ合わされている文字の個数。また，多項式では，各項の次数のうちでもっとも大きいもの

累乗の計算法則のこと

正の整数のこと

加法・減法・乗法・除法をまとめたいい方

データを小さい順に並べたとき，全体を4等分する位置の値

（第3四分位数）−（第1四分位数）の値

直角三角形の直角に対する辺

斜辺

2次方程式の解の個数が1つだけのもの

三角形の3つの中線が交わる点。重心は中線を2：1に分ける

1つの図形を縮小した割合

1つの図形を一定の割合に縮小した図

場合の数を求めるときに，数えもれや重複がないようにするためにかく，枝分かれの図

無限小数のうち，ある位以下の数字が決まった順序でくり返される小数

かけ算のこと

$(x+a)(x+b)=x^2+(a+b)x+ab$
$(x+a)^2=x^2+2ax+a^2$
$(x-a)^2=x^2-2ax+a^2$
$(x+a)(x-a)=x^2-a^2$

前の2数を先に計算しても，うしろの2数を先に計算しても，積は同じ
$(a\times b)\times c=a\times(b\times c)$

かけられる数とかける数を入れかえても，積は同じ
$a\times b=b\times a$

すでに正しいと認められたことがらを根拠にして，すじ道を立てて，仮定から結論を導くこと

わり算のこと

2直線が垂直であるとき，一方を他方の垂線という

角錐と円錐を合わせた呼び方

線分の中点を通り，その線分と垂直に交わる直線

底面が正多角形で，側面がすべて合同な二等辺三角形である角錐

3辺が等しい三角形

どの面もすべて合同な正多角形で，どの頂点にも面が同じ数だけ集まっている，へこみのない多面体

0より大きい数

正の数を表す符号 ＋（プラス）のこと

4つの角が等しく，4つの辺が等しい四角形

円の接線とその接点を通る弦のつくる角は，その角の内部にある弧に対する円周角に等しい

多項式〔たこうしき〕················ **64, 66**
単項式の和の形で表された式

多項式の次数〔たこうしきのじすう〕········· **66**
各項の次数のうちでもっとも大きいものを，その多項式の次数という

多面体〔ためんたい〕············· **316, 318**
平面だけで囲まれた立体

単項式〔たんこうしき〕·············· **64, 66**
数や文字についての乗法だけでつくられた式

単項式の次数〔たんこうしきのじすう〕······· **66**
かけ合わされている文字の個数を，その単項式の次数という

チェバの定理〔ていり〕············· **449**
△ABC の内部または外部に点 O をとり，AO, BO, CO が辺 BC, CA, AB または，その延長と交わる点をそれぞれ P, Q, R とするとき，$\dfrac{AR}{RB}\times\dfrac{BP}{PC}\times\dfrac{CQ}{QA}=1$

中央値〔ちゅうおうち〕··········· **477, 482**
資料を大きさの順に並べたとき，中央にくる値。メジアンともいう

中心角〔ちゅうしんかく〕············· **308**
円やおうぎ形で，2 つの半径のつくる角

中線〔ちゅうせん〕················ **421**
三角形の頂点とそれに向かい合う辺の中点を結ぶ線分

柱体〔ちゅうたい〕················ **320**
角柱と円柱を合わせた呼び方

中点〔ちゅうてん〕················ **291**
線分を 2 等分する点

中点連結定理〔ちゅうてんれんけつていり〕··· **421, 436**
三角形の 2 辺の中点を結ぶ線分は，残りの辺に平行で，長さはその半分に等しい

頂角〔ちょうかく〕················ **368**
二等辺三角形で，長さの等しい 2 辺の間の角

長方形〔ちょうほうけい〕·········· **367, 384**
4 つの角が等しい四角形

直線〔ちょくせん〕·············· **288, 290**
まっすぐに限りなくのびている線　直線 AB

直角三角形〔ちょっかくさんかくけい〕····· **349, 457**
1 つの内角が直角の三角形。鋭角が 30°，60° の直角三角形の辺の比は $2:1:\sqrt{3}$，直角二等辺三角形の辺の比は $1:1:\sqrt{2}$

直角三角形の合同条件〔ちょっかくさんかくけいのごうどうじょうけん〕··· **366, 374**
2 つの直角三角形は，次の 2 つの条件のどちらかが成り立てば合同である
① 斜辺と 1 つの鋭角がそれぞれ等しい

② 斜辺と他の 1 辺がそれぞれ等しい

直角二等辺三角形〔ちょっかくにとうへんさんかくけい〕······ **313**
直角三角形であって，直角をはさむ 2 辺の長さが等しい三角形

底角〔ていかく〕················· **368**
二等辺三角形で，底辺の両端の角

定義〔ていぎ〕················ **366, 368**
ことばの意味をはっきりと述べたもの

定数〔ていすう〕················ **204**
決まった数や決まった数を表す文字

定数項〔ていすうこう〕·············· **38**
数だけの項

底面積〔ていめんせき〕·············· **335**
立体の 1 つの底面の面積

定理〔ていり〕················ **366, 368**
証明されたことがらのうち，それを根拠

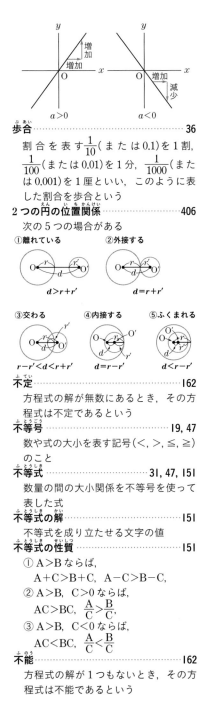

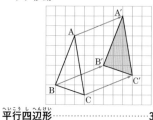

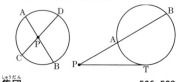

監修	柴山達治（開成中学校・高等学校教諭）
編集協力	㈱アポロ企画, ㈲アズ, 佐々木豊, ㈱エデュデザイン
カバーデザイン	寄藤文平＋古屋郁美 ［文平銀座］
本文デザイン	武本勝利, 峠之内綾 ［ライカンスロープデザインラボ］
イラスト	若田紗希
写真提供	㈱フォトライブラリー
DTP	㈱明昌堂

データ管理コード：22-2031-2191（CC2018／2021）

この本は下記のように環境に配慮して製作しました。
●製版フィルムを使用しないCTP方式で印刷しました。　●環境に配慮して作られた紙を使用しています。

本書に掲載した入試問題の解答・解説は, すべて当編集部で制作したものです。

▌家で勉強しよう。学研のドリル・参考書

家で勉強しよう	🔍

URL https://ieben.gakken.jp/
Twitter @gakken_ieben

あなたの学びをサポート！

▌読者アンケートのお願い

本書に関するアンケートにご協力ください。左のコードかURLからアクセスし, 以下のアンケート番号を入力してご回答ください。当事業部に届いたものの中から抽選で年間200名様に,「図書カードネットギフト」500円分をプレゼントします。

https://ieben.gakken.jp/qr/wakaru_sankou/

アンケート番号：304816

学研
GAKKEN
PERFECT
COURSE
パーフェクト
コース

わかるを
つくる

中学

数学

解答と解説

MATHEMATICS

ANSWERS AND
KEY POINTS

新学習指導要領対応

Gakken

数と式編

練習 1

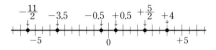

解説

$+4$ は原点から右へ 4 の距離にある点、-3.5 は、原点から左へ 3.5 の距離にある点。絶対値が 0.5 である数は $+0.5$、-0.5 の 2 つある。

練習 2

$$-\frac{6}{5}, \quad -1.1, \quad -\frac{3}{5}, \quad 0, \quad +0.8, \quad +\frac{5}{6}$$

解説

正の数、負の数に分けて、それぞれの数の大小を比べる。小数を分数になおすよりも、分数を小数になおして考えるほうが大小を比べやすい。負の数どうしでは、絶対値が大きいほど小さい。

練習 3

(1) -14　(2) -0.7　(3) $-\dfrac{7}{5}$　(4) $+\dfrac{1}{12}$

解説

(1)同符号の 2 数の和は、絶対値の和に共通の符号をつける。$(-9)+(-5)=-(9+5)=-14$
(2)異符号の 2 数の和は、絶対値の差に絶対値の大きいほうの符号をつける。
　$(+3.5)+(-4.2)=-(4.2-3.5)=-0.7$
(3)$\left(-\dfrac{3}{5}\right)+\left(-\dfrac{4}{5}\right)=-\left(\dfrac{3}{5}+\dfrac{4}{5}\right)=-\dfrac{7}{5}$
(4)$\left(+\dfrac{3}{4}\right)+\left(-\dfrac{2}{3}\right)=\left(+\dfrac{9}{12}\right)+\left(-\dfrac{8}{12}\right)$
　$=+\left(\dfrac{9}{12}-\dfrac{8}{12}\right)=+\dfrac{1}{12}$

練習 4

(1) 1.1 または、$+1.1$　(2) $-\dfrac{13}{6}$

解説

かっこのない式になおして、正の数、負の数どうしでそれぞれ計算してまとめる。
(1)　$(+1.4)+(-0.6)-(-1.8)-(+1.5)$
　　$=1.4-0.6+1.8-1.5=1.4+1.8-0.6-1.5$
　　$=3.2-2.1=1.1$
(2)　$4+\dfrac{1}{3}-5+\dfrac{3}{2}-3=4-5-3+\dfrac{1}{3}+\dfrac{3}{2}$
　　$=-4+\dfrac{1}{3}+\dfrac{3}{2}=-\dfrac{24}{6}+\dfrac{2}{6}+\dfrac{9}{6}=-\dfrac{13}{6}$

練習 5

(1) $+120$　(2) -84　(3) $+0.7$　(4) $-\dfrac{1}{3}$

解説

(1)同符号の 2 数の積は、絶対値の積に正の符号 $+$ をつける。
　$(-8)\times(-15)=+(8\times15)=+120$
(2)異符号の 2 数の積は、絶対値の積に負の符号 $-$ をつける。$(+12)\times(-7)=-(12\times7)=-84$
(3)$(-3.5)\times(-0.2)=+(3.5\times0.2)=+0.7$
(4)$\left(-\dfrac{2}{3}\right)\times\left(+\dfrac{1}{2}\right)=-\left(\dfrac{2}{3}\times\dfrac{1}{2}\right)=-\dfrac{1}{3}$

練習 6

(1) -840　(2) $+432$

解説

(1)3 つ以上の数の乗法では、積の符号は、負の数が偶数個のとき $+$、奇数個のとき $-$ となる。
　$(-4)\times(+2)\times(-5)\times(-7)\times(+3)$
　$=-(4\times2\times5\times7\times3)=-840$
(2)累乗の部分は先に計算する。
　$(+3)\times(-2)^2\times(-4)\times(-3^2)$
　$=(+3)\times(+4)\times(-4)\times(-9)$
　$=+(3\times4\times4\times9)=+432$

練習 7

(1) -4　(2) $-\dfrac{4}{3}$　(3) $+4$　(4) $+\dfrac{8}{5}$　$(+1.6)$

解説

(1)除法は乗法になおして計算する。
　$(-8)\div2=(-8)\times\dfrac{1}{2}=-\left(8\times\dfrac{1}{2}\right)=-4$
(2)$\dfrac{2}{3}\div\left(-\dfrac{1}{2}\right)=\dfrac{2}{3}\times(-2)=-\left(\dfrac{2}{3}\times2\right)=-\dfrac{4}{3}$

(3) $\left(-\dfrac{6}{5}\right)\div\left(-\dfrac{3}{10}\right)=\left(-\dfrac{6}{5}\right)\times\left(-\dfrac{10}{3}\right)$

$=+\left(\dfrac{6}{5}\times\dfrac{10}{3}\right)=+4$

(4) $(-0.4)\div(-0.25)$

$=\left(-\dfrac{2}{5}\right)\div\left(-\dfrac{1}{4}\right)=\left(-\dfrac{2}{5}\right)\times(-4)$

$=+\left(\dfrac{2}{5}\times4\right)=+\dfrac{8}{5}$

▶ 練習 8

(1) -9　(2) -8

解説

(1)　$(-12)\div(-2^2)\times(-3)$

$=(-12)\div(-4)\times(-3)$

$=(-12)\times\left(-\dfrac{1}{4}\right)\times(-3)=-\left(12\times\dfrac{1}{4}\times3\right)$

$=-9$

(2)　$\dfrac{4}{3}\div(-0.3)\div\left(-\dfrac{5}{6}\right)\times(-1.5)$

$=\dfrac{4}{3}\div\left(-\dfrac{3}{10}\right)\div\left(-\dfrac{5}{6}\right)\times\left(-\dfrac{3}{2}\right)$

$=\dfrac{4}{3}\times\left(-\dfrac{10}{3}\right)\times\left(-\dfrac{6}{5}\right)\times\left(-\dfrac{3}{2}\right)$

$=-\left(\dfrac{4}{3}\times\dfrac{10}{3}\times\dfrac{6}{5}\times\dfrac{3}{2}\right)=-8$

▶ 練習 9

(1) 12　(2) -17　(3) -14

解説

(1)累乗→乗除→加減の順に計算する。

$(-18)\div(-3^2)-(-2)\times5$

$=(-18)\div(-9)-(-2)\times5=(+2)-(-10)$

$=2+10=12$

(2){ }の中→乗除→加減の順に計算する。

$-4\times2-3\times\{1-(2-16)\div7\}$

$=-4\times2-3\times\{1-(-14)\div7\}$

$=-4\times2-3\times\{1-(-2)\}=-4\times2-3\times(+3)$

$=-8-(+9)=-8-9=-17$

(3)分配法則を利用して，かっこをはずす。

$24\times\left(\dfrac{1}{3}-\dfrac{3}{4}\right)+12\div(-3)$

$=24\times\dfrac{1}{3}-24\times\dfrac{3}{4}+12\div(-3)$

$=8-18+(-4)=8-18-4=-14$

▶ 練習 10

78 点

解説

基準の量80点との差の合計を求めると，

$(-17)+(+6)+(-2)+(+5)=-8$(点)

差の合計を，テストの回数4でわって，差の平均を求めると，　$-8\div4=-2$(点)

したがって，平均は，$80-2=78$(点)

章末問題　本冊 p.28〜29

1

(1)イ　(2) -2，-1，0，1，2

(3) $-4<-3<+5$ または，$+5>-3>-4$

解説

(1) $0.05<2$ だから，$-0.05>-2$

したがって，もっとも小さい数は -2

(2) $\dfrac{7}{3}=2.3\cdots$ だから，絶対値が $\dfrac{7}{3}$ より小さい数は，

絶対値がそれぞれ 2，1，0 の数である。

(3)大小がわかるように，不等号の向きをそろえて書く。

2

(1) -7　(2) -3　(3) $-\dfrac{7}{20}$　(4) 1.12　(5) $\dfrac{7}{12}$

(6) -48

解説

(1) $-6-1=-7$

(2) $2-9-(-4)=2-9+4=2+4-9=-3$

(3) $\left(-\dfrac{3}{4}\right)+\dfrac{2}{5}=-\dfrac{15}{20}+\dfrac{8}{20}=\dfrac{8}{20}-\dfrac{15}{20}=-\dfrac{7}{20}$

(4) $1.5-0.38=1.12$

(5) $\dfrac{7}{6}-\left(+\dfrac{4}{3}\right)+0.75=\dfrac{7}{6}-\dfrac{4}{3}+\dfrac{3}{4}$

$=\dfrac{14}{12}-\dfrac{16}{12}+\dfrac{9}{12}=\dfrac{14}{12}+\dfrac{9}{12}-\dfrac{16}{12}=\dfrac{7}{12}$

(6) $18-45+30-63+12$

$=18+30+12-45-63=60-108=-48$

3

(1) -12　(2) 7　(3) -50　(4) $-\dfrac{1}{6}$　(5) $-\dfrac{1}{3}$

(6) $\dfrac{4}{9}$　(7) 3　(8) 8　(9) $-\dfrac{5}{8}$　(10) $\dfrac{2}{3}$

解説

(1) $-9 \times \dfrac{4}{3} = -\left(9 \times \dfrac{4}{3}\right) = -12$

(2) $(-56) \div (-8) = +(56 \div 8) = 7$

(3) $2 \times (-5^2) = 2 \times (-25) = -(2 \times 25) = -50$

(4) $\left(-\dfrac{2}{9}\right) \div \dfrac{4}{3} = \left(-\dfrac{2}{9}\right) \times \dfrac{3}{4} = -\left(\dfrac{2}{9} \times \dfrac{3}{4}\right) = -\dfrac{1}{6}$

(5) $\dfrac{5}{6} \times (-0.4) = \dfrac{5}{6} \times \left(-\dfrac{2}{5}\right) = -\left(\dfrac{5}{6} \times \dfrac{2}{5}\right) = -\dfrac{1}{3}$

(6) $\left(-\dfrac{4}{3}\right)^2 \div (-2)^2 = \dfrac{16}{9} \div 4 = \dfrac{16}{9} \times \dfrac{1}{4} = \dfrac{4}{9}$

(7) $9 \div (-6) \times (-2) = 9 \times \left(-\dfrac{1}{6}\right) \times (-2)$
$= +\left(9 \times \dfrac{1}{6} \times 2\right) = 3$

(8) $3 \div \left(-\dfrac{3}{4}\right) \times (-2) = 3 \times \left(-\dfrac{4}{3}\right) \times (-2)$
$= +\left(3 \times \dfrac{4}{3} \times 2\right) = 8$

(9) $\dfrac{5}{12} \div \left(-\dfrac{32}{3}\right) \times (-4)^2 = \dfrac{5}{12} \times \left(-\dfrac{3}{32}\right) \times 16$
$= -\left(\dfrac{5}{12} \times \dfrac{3}{32} \times 16\right) = -\dfrac{5}{8}$

(10) $(-2)^3 \div (-6) \div 18 \times (-3)^2$
$= (-8) \div (-6) \div 18 \times 9$
$= (-8) \times \left(-\dfrac{1}{6}\right) \times \dfrac{1}{18} \times 9$
$= +\left(8 \times \dfrac{1}{6} \times \dfrac{1}{18} \times 9\right) = \dfrac{2}{3}$

4

(1) 20　(2) -9　(3) 3　(4) 16　(5) $-\dfrac{2}{63}$

(6) $-\dfrac{1}{3}$　(7) $\dfrac{56}{75}$　(8) -6　(9) 16

解説

(1) $5 \times (6-2) = 5 \times 4 = 20$

(2) $-12 + 9 \div 3 = -12 + 3 = -9$

(3) $(-3)^2 + 12 \div (-2) = 9 + (-6) = 9 - 6 = 3$

(4) $6 \div \left(-\dfrac{2}{3}\right) + (-5)^2 = 6 \times \left(-\dfrac{3}{2}\right) + 25$
$= -\left(6 \times \dfrac{3}{2}\right) + 25 = -9 + 25 = 16$

(5) $\left(-2 + \dfrac{5}{3}\right)^2 - \dfrac{1}{7} = \left(-\dfrac{6}{3} + \dfrac{5}{3}\right)^2 - \dfrac{1}{7}$
$= \left(-\dfrac{1}{3}\right)^2 - \dfrac{1}{7} = \dfrac{1}{9} - \dfrac{1}{7} = \dfrac{7}{63} - \dfrac{9}{63} = -\dfrac{2}{63}$

(6) $\dfrac{1}{2} + \left(-\dfrac{2}{3}\right)^2 \div \left(-\dfrac{8}{15}\right) = \dfrac{1}{2} + \dfrac{4}{9} \times \left(-\dfrac{15}{8}\right)$
$= \dfrac{1}{2} - \left(\dfrac{4}{9} \times \dfrac{15}{8}\right) = \dfrac{1}{2} - \dfrac{5}{6} = \dfrac{3}{6} - \dfrac{5}{6} = -\dfrac{2}{6} = -\dfrac{1}{3}$

(7) $\left(\dfrac{2}{3} + \dfrac{1}{5}\right) \div \left(\dfrac{3}{4} - \dfrac{1}{8}\right) - \left(-\dfrac{4}{5}\right)^2$
$= \left(\dfrac{10}{15} + \dfrac{3}{15}\right) \div \left(\dfrac{6}{8} - \dfrac{1}{8}\right) - \dfrac{16}{25}$
$= \dfrac{13}{15} \div \dfrac{5}{8} - \dfrac{16}{25} = \dfrac{13}{15} \times \dfrac{8}{5} - \dfrac{16}{25} = \dfrac{104}{75} - \dfrac{16}{25}$
$= \dfrac{104}{75} - \dfrac{48}{75} = \dfrac{56}{75}$

(8) $3^9 \times \left(\dfrac{1}{3}\right)^6 \times (3^2)^3 \div 3^6 - 33$
$= 3^9 \times \dfrac{1}{3^6} \times 3^{2 \times 3} \times \dfrac{1}{3^6} - 33$
$= \dfrac{3^9 \times 3^6}{3^6 \times 3^6} - 33$
$= 3^3 - 33 = 27 - 33 = -6$

(9) $\{(-2)^3 - 3 \times (-4)\} \div \left(\dfrac{1}{2} - 1\right)^2$
$= \{(-8) - (-12)\} \div \left(-\dfrac{1}{2}\right)^2 = (-8 + 12) \div \dfrac{1}{4}$
$= 4 \times 4 = 16$

5

19

解説

4月1日, 2日, 3日の最高気温をそれぞれ $a℃$, $b℃$, $c℃$ とすると,
$c + (+2) = 20$, $c = 20 - 2 = 18$
$b + (-3) = 18$, $b = 18 + 3 = 21$
$a + (+2) = 21$, $a = 21 - 2 = 19$

6

(1) 2410 歩　(2) 7.23km

解説

(1) 火曜日の歩数 2400 歩を基準の量(0 歩)とすると, 各曜日の基準の量との差は,
月曜日…2424 − 2400 = 24(歩)
水曜日…2391 − 2400 = −9(歩)
木曜日…2420 − 2400 = 20(歩)
金曜日…2415 − 2400 = 15(歩)
したがって, 求める平均値は,
$2400 + \{(+24) + 0 + (-9) + (+20) + (+15)\}$
$\div 5 = 2400 + 50 \div 5 = 2410$(歩)

(2) $60 \times (2410 \times 5) = 723000$(cm)より, 7.23km

練習 11

(1) $3 \times x \times y \times y$ (2) $a \times b \div 4$ (3) $(a+5) \div 3 \div b$
(4) $x \div (y+1)$

解説

(1) 3 と x と y と y をかけ合わせた式である。
(2) $a \times b$ を 4 でわった式である。
(3) $\dfrac{a+5}{3b} = (a+5) \times \dfrac{1}{3} \times \dfrac{1}{b} = (a+5) \div 3 \div b$

   $(a+5) \div 3 \times b$ としないように注意する。
(4) 分母の $y+1$ は 1 つの式を表すから, かならずかっこをつけて答える。$x \div y + 1$ としないように注意する。

練習 12

(1) 2   (2) $-\dfrac{2}{3}$

解説

(1) $\dfrac{5}{3} - \dfrac{m}{2} = \dfrac{5}{3} - m \div 2$ に, $m = -\dfrac{2}{3}$ を代入すると,

  $\dfrac{5}{3} - m \div 2 = \dfrac{5}{3} - \left(-\dfrac{2}{3}\right) \div 2 = \dfrac{5}{3} - \left(-\dfrac{2}{3}\right) \times \dfrac{1}{2}$

  $= \dfrac{5}{3} - \left(-\dfrac{2}{3} \times \dfrac{1}{2}\right) = \dfrac{5}{3} - \left(-\dfrac{1}{3}\right) = \dfrac{5}{3} + \dfrac{1}{3} = \dfrac{6}{3} = 2$

(2) $-m^2 + \dfrac{m}{3} = -m^2 + m \div 3$ に, $m = -\dfrac{2}{3}$ を代入すると,

  $-m^2 + m \div 3 = -\left(-\dfrac{2}{3}\right)^2 + \left(-\dfrac{2}{3}\right) \div 3$

  $= -\dfrac{4}{9} + \left(-\dfrac{2}{3}\right) \times \dfrac{1}{3} = -\dfrac{4}{9} + \left(-\dfrac{2}{3} \times \dfrac{1}{3}\right)$

  $= -\dfrac{4}{9} + \left(-\dfrac{2}{9}\right) = -\dfrac{4}{9} - \dfrac{2}{9} = -\dfrac{6}{9} = -\dfrac{2}{3}$

練習 13

(1) $5a - 100b$(円)   (2) $100x + 50 + y$

解説

(1) 5 人で a 円ずつ出した金額は, $a \times 5 = 5a$(円)
  100 円の品物を b 個買ったときの代金は,
  $100 \times b = 100b$(円)
  求める金額は $5a - 100b$(円)
(2) 百の位の数が x, 十の位の数が 5, 一の位の数が y である 3 けたの自然数は,

$100 \times x + 10 \times 5 + y = 100x + 50 + y$

練習 14

$\dfrac{x - 2a}{40}$ 時間

解説

(道のり)＝(速さ)×(時間) にあてはめる。
時速 $a$km で, 2 時間走ったときに進んだ道のりは, $2a$km。したがって, 残りの道のりは, $x - 2a$(km)。
$x - 2a$(km)を時速 40km で走ったときにかかった時間は, (時間)＝$\dfrac{(道のり)}{(速さ)}$ にあてはめると,

$\dfrac{x - 2a}{40}$ 時間

練習 15

$a\left(1 + \dfrac{b}{10}\right)$(人) または, $a + \dfrac{ab}{10}$(人)

解説

b 割は全体の $\dfrac{b}{10}$ だから, b 割増えたときの割合は, $1 + \dfrac{b}{10}$。したがって, 今年の入学者数は,

$a \times \left(1 + \dfrac{b}{10}\right) = a\left(1 + \dfrac{b}{10}\right)$(人)

練習 16

$\pi r^2 - a^2 (\mathrm{cm}^2)$

解説

半径が $r$cm の円の面積は, $\pi \times r^2 = \pi r^2 (\mathrm{cm}^2)$
1 辺の長さが $a$cm の正方形の面積は,
$a \times a = a^2 (\mathrm{cm}^2)$。求める面積は, $\pi r^2 - a^2 (\mathrm{cm}^2)$

練習 17

(1) $-3x$ (2) $-\dfrac{5}{12}a$ (3) $\dfrac{1}{6}a - 2$

解説

(1) $6x + (-9x) = (6 - 9)x = -3x$
(2) $\dfrac{1}{4}a - \dfrac{2}{3}a = \dfrac{3}{12}a - \dfrac{8}{12}a = \left(\dfrac{3}{12} - \dfrac{8}{12}\right)a = -\dfrac{5}{12}a$
(3) $\dfrac{2}{3}a + 4 - \dfrac{1}{2}a - 6 = \dfrac{4}{6}a - \dfrac{3}{6}a + 4 - 6 = \dfrac{1}{6}a - 2$

██ 練習 18

(1)たす…$6a$，ひく…$2a+10$
(2)たす…$x-20$，ひく…$5x+2$

解説

(1) 2 式をたすと，
$\quad(4a+5)+(2a-5)=4a+5+2a-5$
$\quad=4a+2a+5-5=6a$
左の式から右の式をひくと，
$\quad(4a+5)-(2a-5)=4a+5-2a+5$
$\quad=4a-2a+5+5=2a+10$
(2) 2 式をたすと，
$\quad(3x-9)+(-2x-11)=3x-9-2x-11$
$\quad=3x-2x-9-11=x-20$
左の式から右の式をひくと，
$\quad(3x-9)-(-2x-11)=3x-9+2x+11$
$\quad=3x+2x-9+11=5x+2$

██ 練習 19

(1)$-4x$　(2)$\dfrac{2}{3}a$　(3)$-16m$　(4)$-\dfrac{10}{7}x$

解説

(1)$6x\times\left(-\dfrac{2}{3}\right)=6\times\left(-\dfrac{2}{3}\right)\times x=-4x$
(2)$-\dfrac{3}{5}a\times\left(-\dfrac{10}{9}\right)=-\dfrac{3}{5}\times\left(-\dfrac{10}{9}\right)\times a=\dfrac{2}{3}a$
(3)$-12m\div\dfrac{3}{4}=-12m\times\dfrac{4}{3}=-16m$
(4)$\dfrac{5}{6}x\div\left(-\dfrac{7}{12}\right)=\dfrac{5}{6}x\times\left(-\dfrac{12}{7}\right)=-\dfrac{10}{7}x$

██ 練習 20

(1)$-10x+30$　(2)$6a-\dfrac{9}{4}$　(3)$-5a+4$

解説

(1)$-5(2x-6)=-5\times2x+(-5)\times(-6)$
$\quad=-10x+30$
(2)$\dfrac{3}{4}(8a-3)=\dfrac{3}{4}\times8a+\dfrac{3}{4}\times(-3)=6a-\dfrac{9}{4}$
(3)$\left(\dfrac{3}{2}a-\dfrac{6}{5}\right)\div\left(-\dfrac{3}{10}\right)=\left(\dfrac{3}{2}a-\dfrac{6}{5}\right)\times\left(-\dfrac{10}{3}\right)$
$\quad=\dfrac{3}{2}a\times\left(-\dfrac{10}{3}\right)+\left(-\dfrac{6}{5}\right)\times\left(-\dfrac{10}{3}\right)=-5a+4$

██ 練習 21

(1)$12x+7$　(2)$10a-14$　(3)$-2x-7$
(4)$-\dfrac{1}{4}t+2$

解説

(1)$2(3x-1)+3(2x+3)$
$\quad=2\times3x+2\times(-1)+3\times2x+3\times3$
$\quad=6x-2+6x+9=12x+7$
(2)$4(2a-1)-2(5-a)$
$\quad=4\times2a+4\times(-1)-2\times5-2\times(-a)$
$\quad=8a-4-10+2a=10a-14$
(3)$-(7x+2)+5(x-1)$
$\quad=-1\times7x-1\times2+5\times x+5\times(-1)$
$\quad=-7x-2+5x-5=-2x-7$
(4)$\dfrac{3}{4}(t+2)-\dfrac{1}{2}(2t-1)$
$\quad=\dfrac{3}{4}\times t+\dfrac{3}{4}\times2-\dfrac{1}{2}\times2t-\dfrac{1}{2}\times(-1)$
$\quad=\dfrac{3}{4}t+\dfrac{3}{2}-t+\dfrac{1}{2}=-\dfrac{1}{4}t+2$

██ 練習 22

(1)$-6x+9$　(2)$-6a-10$
(3)$\dfrac{x-6}{3}$ または，$\dfrac{1}{3}x-2$　(4)$-\dfrac{5}{12}$

解説

(1)$\dfrac{2x-3}{4}\times(-12)=\dfrac{(2x-3)\times(-12)}{4}$
$\quad=(2x-3)\times(-3)=-6x+9$
(2)$-8\times\dfrac{3a+5}{4}=\dfrac{-8\times(3a+5)}{4}$
$\quad=-2\times(3a+5)=-6a-10$
(3)$\dfrac{x-3}{2}-\dfrac{x+3}{6}=\dfrac{3(x-3)-(x+3)}{6}$
$\quad=\dfrac{3x-9-x-3}{6}=\dfrac{2x-12}{6}=\dfrac{x-6}{3}$
(4)$\dfrac{2x-1}{4}-\dfrac{3x+1}{6}=\dfrac{3(2x-1)-2(3x+1)}{12}$
$\quad=\dfrac{6x-3-6x-2}{12}=-\dfrac{5}{12}$

██ 練習 23

(1)$-\dfrac{8}{3}$　(2)$7x+7$

解説

(1) $\dfrac{2}{3}(2p-1)-\dfrac{1}{2}(p+5)=\dfrac{4}{3}p-\dfrac{2}{3}-\dfrac{1}{2}p-\dfrac{5}{2}$

$=\dfrac{5}{6}p-\dfrac{19}{6}=\dfrac{5}{6}\times\dfrac{3}{5}-\dfrac{19}{6}=\dfrac{3}{6}-\dfrac{19}{6}=-\dfrac{16}{6}=-\dfrac{8}{3}$

(2) $3B-2A=3(3x+1)-2(x-2)$

$=9x+3-2x+4=7x+7$

練習 24

(1) $4n-4$(個)　(2) $4n+4$(個)

解説

(1) 1辺が n 個の黒い碁石を，点
線で囲んだ $(n-1)$ 個の4つ分
と考え，黒い碁石の総数は，

$(n-1)\times4=4n-4$(個)

n個
$(n-1)$個

(2) 1辺が n 個の黒い碁石の外
側に白い碁石を並べたときの1辺の白い碁石
の個数は，$n+2$(個)。したがって，(1)と同
様にして，白い碁石の総数は，

$\{(n+2)-1\}\times4=4n+4$(個)

練習 25

(1) $y=5x$　(2) $y=\dfrac{6}{5}x$

解説

(1) 四角柱の体積は，$x\times5=5x$(cm^3)
これが y cm^3 に等しいから，$y=5x$

(2) 原価 x 円の品物に20%の利益を見込んだ定
価は $x+x\times\dfrac{1}{5}=\dfrac{6}{5}x$(円)で，定価 y 円に等し
く，$y=\dfrac{6}{5}x$

練習 26

(1) $\dfrac{100}{x}>y$　(2) $\dfrac{9}{10}x<y$

解説

(1) 1人分の個数は $\dfrac{100}{x}$(個)だから，$\dfrac{100}{x}>y$

(2) 1割減を分数で表すと，$1-\dfrac{1}{10}=\dfrac{9}{10}$。昨年の
生徒数は x 人だから，今年の生徒数は $\dfrac{9}{10}x$(人)。
よって，$\dfrac{9}{10}x<y$

章末問題 本冊 p.48〜49

1

(1) $\dfrac{x+1200}{120}$(分)　(2) $\dfrac{19a+b}{20}$(秒)

(3) $\dfrac{109}{100}a+\dfrac{93}{100}b$(人)

解説

(1) 歩いた時間は $\dfrac{x}{60}$(分)，走った時間は
$\dfrac{1200-x}{120}$(分)だから，かかった時間の合計は，
$\dfrac{x}{60}+\dfrac{1200-x}{120}=\dfrac{2x}{120}+\dfrac{1200-x}{120}=\dfrac{x+1200}{120}$(分)

(2) 出席した19人の50m走の記録の合計は，
$a\times19=19a$(秒)，欠席した1人の50m走の
記録が b 秒だから，20人の50m走の記録の
平均は，$\dfrac{19a+b}{20}$(秒)

(3) 今年度の男子，女子の参加者数はそれぞれ
$a\times\left(1+\dfrac{9}{100}\right)=\dfrac{109}{100}a$(人)
$b\times\left(1-\dfrac{7}{100}\right)=\dfrac{93}{100}b$(人)
したがって，今年度の，男子と女子の参加者
の合計は，$\dfrac{109}{100}a+\dfrac{93}{100}b$(人)

2

(1) $3a$　(2) $14x-6$　(3) $\dfrac{11}{6}a$　(4) $\dfrac{8}{3}a+1$

解説

(1) $-2a+5a=5a-2a=3a$

(2) $7x-11-(-7x-5)=7x-11+7x+5$
$=14x-6$

(3) $\dfrac{1}{3}a-a+\dfrac{5}{2}a=\dfrac{2}{6}a-\dfrac{6}{6}a+\dfrac{15}{6}a=\dfrac{11}{6}a$

(4) $3a+2-\left(\dfrac{1}{3}a+1\right)=3a+2-\dfrac{1}{3}a-1$
$=\dfrac{9}{3}a-\dfrac{1}{3}a+2-1=\dfrac{8}{3}a+1$

3

(1) $6x-4$　(2) $a+16$　(3) $2x-\dfrac{8}{9}$　(4) $\dfrac{-a+26}{15}$

(1) $\dfrac{3x-2}{5}\times10=\dfrac{(3x-2)\times10}{5}=(3x-2)\times2$

$=6x-4$

(2) $7(a+2)-2(3a-1)=7a+14-6a+2$

$=a+16$

(3) $\dfrac{2}{3}(2x-1)-\dfrac{1}{9}(2-6x)=\dfrac{4}{3}x-\dfrac{2}{3}-\dfrac{2}{9}+\dfrac{2}{3}x$

$=\dfrac{4}{3}x+\dfrac{2}{3}x-\dfrac{6}{9}-\dfrac{2}{9}=2x-\dfrac{8}{9}$

(4) $\dfrac{3a+7}{5}-\dfrac{2a-1}{15}=\dfrac{3(3a+7)}{15}-\dfrac{5(2a-1)}{15}$

$=\dfrac{3(3a+7)-5(2a-1)}{15}$

$=\dfrac{9a+21-10a+5}{15}=\dfrac{-a+26}{15}$

4

(1) $4a+3b>100$ (2) $\dfrac{4}{5}a+3b<1000$

(3) $\dfrac{a}{13}+\dfrac{b}{18}=1$

(1) 中学生に配る折り紙の枚数は，
$4\times a=4a$(枚)，小学生に配る折り紙の枚数は，
$3\times b=3b$(枚)で，折り紙の枚数の合計が100
枚より多いから，$4a+3b>100$

(2) すいか1個の代金は $a\times\left(1-\dfrac{2}{10}\right)=\dfrac{4}{5}a$(円)，
トマト3個の代金は $b\times3=3b$(円)で，代金
の合計が1000円より安いから，
$\dfrac{4}{5}a+3b<1000$

(3) はじめに走った時間は，$\dfrac{a}{13}$(時間)，途中から

走った時間は，$\dfrac{b}{18}$(時間)だから，走ったとき

にかかった時間の合計は，$\dfrac{a}{13}+\dfrac{b}{18}$(時間)で，

これが1時間に等しいから，$\dfrac{a}{13}+\dfrac{b}{18}=1$

5

(1) $\dfrac{1}{28}$ (2) $14-3x$

(1) $\dfrac{3x+1}{2}-\dfrac{4x-2}{3}+\dfrac{x-5}{4}$

$=\dfrac{6(3x+1)}{12}-\dfrac{4(4x-2)}{12}+\dfrac{3(x-5)}{12}$

$=\dfrac{18x+6-16x+8+3x-15}{12}=\dfrac{5x-1}{12}$

$=(5x-1)\div12=\left(5\times\dfrac{2}{7}-1\right)\div12$

$=\left(\dfrac{10}{7}-1\right)\div12=\dfrac{3}{7}\times\dfrac{1}{12}=\dfrac{1}{28}$

(2) $3A-(B-C)$

$=3A-B+C=3(3-2x)-(-5-4x)+(-x)$

$=9-6x+5+4x-x=14-3x$

6

(1) 17   (2) $3n-1$ (3) 5個

(1) 7行目の左端の数は $2\times7=14$ だから，7行
目の左から4番目の数は，$14+(4-1)=17$

(2) n 行目の左端の数は，$2\times n=2n$ で，n 行目
の右端の数は左から n 番目にあるから，n
行目の右端の数は，$2n+(n-1)=3n-1$

(3) $3n-1=32$ を解くと，$n=11$
これより，11行目の右端の数は32だから，
11行目の右端から2番目の数が31であり，
10行目の右端の数は29だから，10行目以前
に31が現れることはない。
また，15行目の左端の数は $2\times15=30$ だから，
15行目の左端から2番目の数が31であり，
16行目の左端の数は32だから，16行目以降
に31が現れることはない。以上より，31は，
11行目から15行目までに5個ある。

第3章　整数の性質　本冊p.52〜61

練習 27

(1) 112個   (2) 34個

(1) 1以上999以下の8の倍数の個数は，
$999\div8=124$ 余り7より，124個。1以上99
以下の8の倍数の個数は，$99\div8=12$ 余り3
より，12個。3けたの自然数のうち，8の倍
数の個数は，$124-12=112$(個)

(2) 1以上100以下の2の倍数の個数は，
100÷2＝50より，50個。1以上100以下の6
の倍数の個数は，100÷6＝16余り4より，16
個。2の倍数の中に6の倍数がふくまれてい
るから，100以下の自然数のうち，2の倍数で
あって，6の倍数でないものの個数は，
50－16＝34(個)

▶ 練習 28

(1) $66＝2×3×11$　(2) $135＝3^3×5$
(3) $147＝3×7^2$　(4) $429＝3×11×13$

解説

小さい素数から順にわっていき，商が素数にな
ったらわり算をやめて，わった数と最後の商を
積の形で表す。
(1) 2)66
　　3)33
　　　11　　よって，$66＝2×3×11$
(2) 3)135
　　3) 45
　　3) 15
　　　 5　　よって，$135＝3^3×5$
(3) 3)147
　　7) 49
　　　 7　　よって，$147＝3×7^2$
(4) 3)429
　　11)143
　　　 13　　よって，$429＝3×11×13$

▶ 練習 29

(1) 1，2，3，4，6，8，9，12，16，18，24，
36，48，72，144
(2) ① 24個　② 64個

解説

(1) $144＝2^4×3^2$だから，144の約数は，1と
素因数…2，3
素因数2つの積…$2^2＝4$，$2×3＝6$，$3^2＝9$
素因数3つの積…$2^3＝8$，$2^2×3＝12$，
　　　　　　　　$2×3^2＝18$
素因数4つの積…$2^4＝16$，$2^3×3＝24$，
　　　　　　　　$2^2×3^2＝36$
素因数5つの積…$2^4×3＝48$，$2^3×3^2＝72$
素因数6つの積…$2^4×3^2＝144$
(2) ① $360＝2^3×3^2×5$だから，360の約数の個数
は 2^3の約数，3^2の約数，5の約数それぞれ
の個数の積で求められる。

2^3の約数は，1，2，2^2，2^3の3＋1＝4(個)
3^2の約数は，1，3，3^2の2＋1＝3(個)
5の約数は，1，5の1＋1＝2(個)
だから，360の約数の個数は，
$4×3×2＝24$(個)
② $7560＝2^3×3^3×5×7$だから，7560の約数
の個数は 2^3の約数，3^3の約数，5の約数，
7の約数それぞれの個数の積で求められる。
①と同様にして，7560の約数の個数は，
$(3＋1)×(3＋1)×(1＋1)×(1＋1)＝64$(個)

▶ 練習 30

(1) 6　(2) 35

解説

(1) $54＝2×3^3$だから，これに2×3をかけると，
$(2×3^3)×(2×3)＝2^2×3^4＝(2×3^2)^2＝18^2$
すなわち，18の2乗になる。よって，かけ
る数は，$2×3＝6$
(2) $875＝5^3×7$だから，これを5×7でわると，
$(5^3×7)÷(5×7)＝5^2$
すなわち，5の2乗になる。よって，わる数
は，$5×7＝35$

▶ 練習 31

(1) 15　(2) 18　(3) 14

解説

(1) 2数に共通な素因数でわっていき，わった素
因数をかけ合わせる。
　3)30　45
　5)10　15
　　 2　 3　　最大公約数は，$3×5＝15$
(2) 2)36　54　90
　 3)18　27　45
　 3) 6　 9　15　　最大公約数は，
　　 2　 3　 5　　　$2×3×3＝18$
(3) 2数に共通な素因数をかけ合わせる。
　　　　2×2×7
　　　　2　 ×7×7
　最大公約数…2　×7　＝14

▶ 練習 32

9，18

解説

$132－6＝126$，$114－6＝108$

$126 = 2 \times 3^2 \times 7$,　$108 = 2^2 \times 3^3$ だから，

126 と 108 の最大公約数は，$2 \times 3^2 = 18$

18 の約数は 1，2，3，6，9，18

この中から，余りの 6 より大きい数を選ぶと，

9，18

24 本

解説

等しい間隔で，本数をもっとも少なくするのだから，木の間隔は土地の縦 30(m) と横 42(m) の最大公約数になる。

$30 = 2 \times 3 \times 5$，$42 = 2 \times 3 \times 7$ だから，

30 と 42 の最大公約数は，$2 \times 3 = 6$

したがって，木の間隔は 6m で，土地の周囲の長さは，$(30+42) \times 2 = 144(m)$ だから，木の本数は，$144 \div 6 = 24(本)$

(1) 480　(2) 108　(3) 1320　(4) 540

解説

(1) 2 つの数に共通な素因数でわっていき，わりきれない数は下に書く。わった素因数と最後に残った商の積を求める。

```
2) 40  96
2) 20  48
2) 10  24
    5  12
```

最小公倍数は，$2 \times 2 \times 2 \times 5 \times 12 = 480$

(2)
```
2) 12  18  54
3)  6   9  27
3)  2   3   9
    2   1   3
```

最小公倍数は，$2 \times 3 \times 3 \times 2 \times 1 \times 3 = 108$

(3) 2 つの数に共通な素因数と，残りの素因数をかけ合わせる。

$$2 \times 2 \times 2 \times 3 \times 5$$
$$2 \times 2 \qquad \times 5 \times 11$$

最小公倍数…$2 \times 2 \times 2 \times 3 \times 5 \times 11 = 1320$

(4) どれか 2 つ以上の数に共通な素因数と，残りの素因数をかけ合わせる。

$$2 \times 2 \times 3 \times 3$$
$$2 \qquad \times 3 \times 3 \times 3$$
$$\qquad 3 \times 3 \times 3 \times 5$$

最小公倍数…$2 \times 2 \times 3 \times 3 \times 3 \times 5 = 540$

427，847

解説

$28 = 2^2 \times 7$，$35 = 5 \times 7$，$42 = 2 \times 3 \times 7$ だから，

28，35，42 の最小公倍数は，

$2^2 \times 3 \times 5 \times 7 = 420$

したがって，28，35，42 のどの数でわっても 7 余る 3 けたの自然数は，

$420 + 7 = 427$，$420 \times 2 + 7 = 847$

(1) 36cm　(2) 54 個

解説

(1) できるだけ小さい立方体を作るから，立方体の 1 辺は，「12，18，4 の最小公倍数」，すなわち，36cm である。

(2) 必要な積み木の個数は，縦に $36 \div 12 = 3(個)$，横に $36 \div 18 = 2(個)$，高さに $36 \div 4 = 9(個)$ だから，全部で，$3 \times 2 \times 9 = 54(個)$

章末問題 本冊 p.62〜63

1

(1) 30　(2) 22　(3) 8

解説

(1) 1 以上 99 以下の自然数で，3 でわりきれる数の個数は，$99 \div 3 = 33(個)$，1 以上 9 以下の自然数で，3 でわりきれる数の個数は，$9 \div 3 = 3(個)$ だから，2 けたの自然数で，3 でわりきれる数の個数は，$33 - 3 = 30(個)$

(2) 1 以上 99 以下の自然数で，4 でわりきれる数の個数は，$99 \div 4 = 24$ 余り 3 より 24 個，1 以上 9 以下の自然数で，4 でわりきれる数の個数は，$9 \div 4 = 2$ 余り 1 より 2 個だから，2 けたの自然数で，4 でわりきれる数の個数は，$24 - 2 = 22(個)$

(3) 3 でも 4 でもわりきれる数は，3 と 4 の最小公倍数 12 でわりきれる数である。2 けたの自然数で，12 でわりきれる数の個数は $99 \div 12 = 8$ 余り 3 より 8 個だから，2 けたの自然数で，3 でも 4 でもわりきれる数の個数は 8 個

2

(1)① $342=2\times3^2\times19$ ② $5096=2^3\times7^2\times13$

(2) $a=3$, $b=29$

解説

(1)①
```
2)342
 3)171
 3) 57
    19
```
よって，$342=2\times3^2\times19$

②
```
2)5096
2)2548
2)1274
7) 637
7)  91
    13
```
よって，$5096=2^3\times7^2\times13$

(2) $2697=3\times899$ だから，3 は 2697 の素因数の1つである。ここで，見当をつけて，899 に近い 900 で考える。$900=30\times30$ だから，899 を 30 に近い素数でわってみると，$899\div29=31$ で，29 と 31 は素数だから，$2697=3\times29\times31$
$a<b<c$ だから，$a=3$，$b=29$，$c=31$

3

(1)① 1, 3, 9, 27, 81, 243, 729

② 1, 2, 3, 4, 6, 8, 12, 13, 16, 24, 26, 39, 48, 52, 78, 104, 156, 208, 312, 624

(2)① 24 個 ② 42 個

解説

(1)① $729=3^6$ だから，729 の約数は，
1
素因数…3
素因数 2 つの積…$3^2=9$
素因数 3 つの積…$3^3=27$
素因数 4 つの積…$3^4=81$
素因数 5 つの積…$3^5=243$
素因数 6 つの積…$3^6=729$

② $624=2^4\times3\times13$ だから，624 の約数は，
1
素因数…2，3，13
素因数 2 つの積…$2^2=4$，$2\times3=6$，
　　　　　　　$2\times13=26$，$3\times13=39$
素因数 3 つの積…$2^3=8$，$2^2\times3=12$，
　　　　　　　$2^2\times13=52$，
　　　　　　　$2\times3\times13=78$
素因数 4 つの積…$2^4=16$，$2^3\times3=24$，
　　　　　　　$2^3\times13=104$，

$2^2\times3\times13=156$
素因数 5 つの積…$2^4\times3=48$，
　　　　　　　$2^4\times13=208$，
　　　　　　　$2^3\times3\times13=312$
素因数 6 つの積…$2^4\times3\times13=624$

(2)① $1500=2^2\times3\times5^3$ だから，1500 の正の約数の個数は，
$(2+1)\times(1+1)\times(3+1)=24$(個)

② $7488=2^6\times3^2\times13$ だから，7488 の正の約数の個数は，
$(6+1)\times(2+1)\times(1+1)=42$(個)

4

(1) 4 個 (2) 7 個

解説

(1) $210=2\times3\times5\times7$ だから，$n=2\times3\times5$，$2\times3\times7$，$2\times5\times7$，$3\times5\times7$ のとき，それぞれ $\dfrac{210}{n}=7$，5，3，2 となり素数となる。よって，$\dfrac{210}{n}$ が素数となる n の個数は 4 個である。

(2) 10 で何回わりきれるかを考える。$10=2\times5$ だから，末尾に並ぶ 0 の個数は，素因数 2，5 の個数で決まる。1 から 30 までの自然数のうち，5 の倍数の個数は，$30\div5=6$(個)，$5^2(=25)$ の倍数の個数は $30\div25=1$ 余り 5 より 1 個。$1\times2\times3\times\cdots\times30$ の素因数 5 の個数は $6+1=7$(個)。素因数 2 の個数は素因数 5 の個数より多いから，末尾の 0 の個数は素因数 5 の個数で決まる。したがって，末尾に並ぶ 0 の個数は 7 個である。

5

(1) $a=140$, $b=168$ (2)① 1023 ② 12

(3) 2 通り

解説

(1) a，b の最大公約数が 28 だから，$a=28A$，$b=28B$(ただし，A，B は最大公約数が 1 である自然数)とおくと，a，b の最小公倍数が 840 であるから，$28AB=840$，$AB=30$
$a<b$ より，$A<B$ で，
$(A, B)=(1, 30)$，$(2, 15)$，$(3, 10)$，$(5, 6)$
このとき，$(a, b)=(28\times1, 28\times30)$，
$(28\times2, 28\times15)$，$(28\times3, 28\times10)$，
$(28\times5, 28\times6)$
a，b は 3 けたの自然数だから，
$a=28\times5=140$，$b=28\times6=168$

(2)① m, n の最大公約数が 31 だから, $m=31M$,
$n=31N$(ただし, M, N は最大公約数が 1
である自然数)とおくと, $mn=31713$ だか
ら, $31M \times 31N=31713$, $MN=33$
したがって, m, n の最小公倍数は,
$31MN=31 \times 33=1023$
② $n=1116$ より, $N=1116 \div 31=36$
$m<n$ より, $M<N$
M, N は最大公約数が 1 の自然数だから,
$M=1$, 5, 7, 11, 13, 17, 19, 23, 25,
29, 31, 35 の 12 個。
(3) $2019=3 \times 673$(673 は素数)と素因数分解でき
るから, $a=3$
2019 を 3 でわったときの商 673 に b を加え
た値 $673+b$ が $3+b$ の倍数となるのは,
$673+b$ が $3+b$ でわりきれるときである。
$b=2$, 3, $\cdots$, 9 の場合を調べると, $b=2$ の
とき, $675 \div 5=135$, $b=7$ のとき,
$680 \div 10=68$ のようにわりきれる。したがっ
て, $(a, b)=(3, 2)$, $(3, 7)$ の 2 通りある。

6

(1) 180cm (2) 120 個

解説

(1) もっとも小さい立方体を作るから, 立方体の
1 辺は, 「18, 45, 60 の最小公倍数」, すなわ
ち, 180cm。
(2) 必要な直方体の個数は, 縦に
$180 \div 18=10$(個), 横に $180 \div 45=4$(個),
高さに $180 \div 60=3$(個)だから, 全部で,
$10 \times 4 \times 3=120$(個)

7

(1) 15 (2) 4 (3) 15

解説

(1) $<x>=2$ をみたす x は正の約数が 1 と x の
2 個のみであるから, x は 50 以下の素数で,
$x=2$, 3, 5, 7, 11, 13, 17, 19, 23, 29,
31, 37, 41, 43, 47 の 15 個ある。
(2) $<x>=3$ をみたす x は, k^2(ただし, k は 2
以上の素数)と表される数で, $k^2 \leqq 50$ より,
$k=2$, 3, 5, 7 の 4 個ある。
(3) $<x>=4$ をみたす x は,
(ア)k^3(ただし, k は 2 以上の素数)と表され
る数
または,

(イ)ℓm (ただし, ℓ, m は 2 以上の異なる素
数で $\ell<m$)と表される数
の 2 つの場合がある。
(ア)の場合, $k^3 \leqq 50$ より, $k=2$, 3 の 2 個。
(イ)の場合, $\ell m \leqq 50$ より, $(\ell, m)=(2, 3)$,
$(2, 5)$, $(2, 7)$, $(2, 11)$, $(2, 13)$, $(2, 17)$,
$(2, 19)$, $(2, 23)$, $(3, 5)$, $(3, 7)$, $(3, 11)$,
$(3, 13)$, $(5, 7)$ の 13 個。したがって, 全部
で $2+13=15$(個)ある。

第4章 式の計算 本冊 p.66〜79

練習 37

(1) 3 次式 (2) 4 次式 (3) 2 次式 (4) 2 次式

解説

(1) $-2xyz$ は単項式で, かけ合わされている文
字の個数は 3 個だから, 3 次式である。
(2) $2a^2b^2$ は単項式で, かけ合わされている文字
の個数は 4 個だから, 4 次式である。
(3) x^2+4x+5 は多項式で, 各項の次数のうち
でもっとも大きいものは x^2 の 2 次だから, 2
次式である。
(4) a^2-ab+b^2 は多項式で, 各項の次数のうち
でもっとも大きいものは a^2, $-ab$, b^2 の 2
次だから, 2 次式である。

練習 38

(1) $-xy-x$ (2) $3a^2-2a-7$ (3) $-\dfrac{7}{20}x-\dfrac{7}{12}y$

解説

(1) $2xy-x-3xy=2xy-3xy-x$
$=(2-3)xy-x=-xy-x$
(2) $a^2+3a-7+2a^2-5a$
$=a^2+2a^2+3a-5a-7$
$=(1+2)a^2+(3-5)a-7=3a^2-2a-7$
(3) $\dfrac{2}{5}x-\dfrac{1}{4}y-\dfrac{3}{4}x-\dfrac{1}{3}y$
$=\dfrac{2}{5}x-\dfrac{3}{4}x-\dfrac{1}{4}y-\dfrac{1}{3}y$
$=\left(\dfrac{2}{5}-\dfrac{3}{4}\right)x+\left(-\dfrac{1}{4}-\dfrac{1}{3}\right)y=-\dfrac{7}{20}x-\dfrac{7}{12}y$

(1) $-2x^2+x-3$ (2) $3ab-2a-4b$

解説

(1) $(x^2-3x+2)-(3x^2-4x+5)$
$=x^2-3x+2-3x^2+4x-5=-2x^2+x-3$

(2) ひく式を A とすると，
$(4ab-2a-3b)-A=ab+b$
$A=(4ab-2a-3b)-(ab+b)$
$=4ab-2a-3b-ab-b=3ab-2a-4b$

(1) $-16x+6y$ (2) $8a^2-9a$ (3) $-5a+4b$
(4) $\dfrac{6}{5}m-\dfrac{1}{3}n$

解説

(1) $-2(8x-3y)=-2\times8x+(-2)\times(-3y)$
$=-16x+6y$

(2) $\left(-\dfrac{2}{3}a^2+\dfrac{3}{4}a\right)\times(-12)$
$=-\dfrac{2}{3}a^2\times(-12)+\dfrac{3}{4}a\times(-12)=8a^2-9a$

(3) $(15a-12b)\div(-3)=(15a-12b)\times\left(-\dfrac{1}{3}\right)$
$=15a\times\left(-\dfrac{1}{3}\right)+(-12b)\times\left(-\dfrac{1}{3}\right)=-5a+4b$

(4) $\left(-\dfrac{4}{5}m+\dfrac{2}{9}n\right)\div\left(-\dfrac{2}{3}\right)=\left(-\dfrac{4}{5}m+\dfrac{2}{9}n\right)\times\left(-\dfrac{3}{2}\right)$
$=\left(-\dfrac{4}{5}m\right)\times\left(-\dfrac{3}{2}\right)+\dfrac{2}{9}n\times\left(-\dfrac{3}{2}\right)=\dfrac{6}{5}m-\dfrac{1}{3}n$

(1) $2x-3y$ (2) $7x-y$ (3) $\dfrac{x+2y}{9}$ (4) $\dfrac{a}{15}$

解説

(1) $2(3x-y)-(4x+y)=6x-2y-4x-y$
$=2x-3y$

(2) $3\left(\dfrac{5}{3}x+2y\right)+\dfrac{1}{3}(6x-21y)$
$=5x+6y+2x-7y=7x-y$

(3) $\dfrac{x+2y}{3}-\dfrac{2x+4y}{9}=\dfrac{3(x+2y)-(2x+4y)}{9}$
$=\dfrac{3x+6y-2x-4y}{9}=\dfrac{x+2y}{9}$

(4) $\dfrac{a+3b}{6}-\dfrac{a+5b}{10}=\dfrac{5(a+3b)-3(a+5b)}{30}$
$=\dfrac{5a+15b-3a-15b}{30}=\dfrac{a}{15}$

(1) $-10x^2y^2$ (2) $12a^3$ (3) $3y$ (4) $-\dfrac{3}{2}a$

解説

(1) $5xy^2\times(-2x)=5\times(-2)\times x\times x\times y\times y$
$=-10x^2y^2$

(2) $3a\times(-2a)^2=3a\times(-2a)\times(-2a)$
$=3\times(-2)\times(-2)\times a\times a\times a=12a^3$

(3) $6xy^3\div2xy^2=6xy^3\times\dfrac{1}{2xy^2}=\dfrac{6xy^3}{2xy^2}=3y$

(4) $\dfrac{9}{8}a^2b^2\div\left(-\dfrac{3}{4}ab^2\right)=\dfrac{9a^2b^2}{8}\times\left(-\dfrac{4}{3ab^2}\right)$
$=-\dfrac{9a^2b^2\times4}{8\times3ab^2}=-\dfrac{9\times4\times a\times a\times b\times b}{8\times3\times a\times b\times b}=-\dfrac{3}{2}a$

(1) $-2xy^2$ (2) $\dfrac{4}{3}xy$

解説

(1) $18xy\times(-x^2y)\div(-3x)^2$
$=18xy\times(-x^2y)\div9x^2=-\dfrac{18xy\times x^2y}{9x^2}$
$=-\dfrac{18\times x\times x\times x\times y\times y}{9\times x\times x}=-2xy^2$

(2) $-16x^2y^3\div(-2xy)\div6y=\dfrac{16x^2y^3}{2xy\times6y}$
$=\dfrac{16\times x\times x\times y\times y\times y}{2\times6\times x\times y\times y}=\dfrac{4}{3}xy$

(1) xy^4 (2) $2a^5b$

解説

(1) $x^2\times(xy^2)^3\div(-x^2y)^2=x^2\times x^3y^{2\times3}\div x^{2\times2}y^2$
$=x^2\times x^3y^6\div x^4y^2=(x^2\times x^3\div x^4)\times(y^6\div y^2)$
$=x^{2+3-4}y^{6-2}=xy^4$

(2) $\left(\dfrac{1}{2}a^3b\right)^3\div\left(\dfrac{1}{4}a^2b^3\right)^2\times(-b)^4$
$=\left(\dfrac{1}{8}a^{3\times3}\times b^3\right)\div\left(\dfrac{1}{16}a^{2\times2}\times b^{3\times2}\right)\times b^4$
$=\dfrac{1}{8}a^9b^3\div\dfrac{1}{16}a^4b^6\times b^4=\dfrac{1}{8}a^9b^3\times\dfrac{16}{a^4b^6}\times b^4$
$=2a^{9-4}b^{3+4-6}=2a^5b$

(1) -19 (2) 12

(1)　$4\left(\dfrac{3}{2}x-2y\right)-\dfrac{1}{3}(6x-21y)$

　　$=6x-8y-2x+7y=4x-y$

　　この式に，$x=-4$，$y=3$ を代入して，

　　$4x-y=4\times(-4)-3=-16-3=-19$

(2)　$-2ab\div\dfrac{4}{3}ab^2\times6a^2b^2=-2ab\times\dfrac{3}{4ab^2}\times6a^2b^2$

　　$=-9a^2b$

　　この式に，$a=2$，$b=-\dfrac{1}{3}$ を代入して，

　　$-9a^2b=-9\times2^2\times\left(-\dfrac{1}{3}\right)=12$

練習 46

(1) 4 倍　　(2) $\dfrac{1}{2}$ 倍

解説

(1) もとの円の半径を r とすると，面積は πr^2

　　この円の半径を 2 倍にした円の半径は $2r$ だ

　　から，その面積は，$\pi\times(2r)^2=4\pi r^2$

　　したがって，面積は，$4\pi r^2\div\pi r^2=4$（倍）

(2) もとの正四角柱の体積は，$a^2h(\text{cm}^3)$

　　この正四角柱の底面の 1 辺の長さを半分にし，

　　高さを 2 倍にした正四角柱の，底面の 1 辺の

　　長さは $\dfrac{1}{2}a\text{cm}$，高さは $2h\text{cm}$ だから，その

　　体積は，$\left(\dfrac{1}{2}a\right)^2\times2h=\dfrac{1}{2}a^2h(\text{cm}^3)$

　　したがって，体積は，$\dfrac{1}{2}a^2h\div a^2h=\dfrac{1}{2}$（倍）

練習 47

(1) $n=\dfrac{m-b}{a}$ または，$n=\dfrac{m}{a}-\dfrac{b}{a}$　　(2) $r=\dfrac{\ell}{2\pi}$

(3) $b=\dfrac{2S}{h}-a$

解説

(1) $m=an+b, an+b=m, an=m-b, n=\dfrac{m-b}{a}$

(2) $\ell=2\pi r, 2\pi r=\ell, r=\dfrac{\ell}{2\pi}$

(3) $S=\dfrac{1}{2}(a+b)h, \dfrac{1}{2}(a+b)h=S,$

　　$(a+b)h=2S, a+b=\dfrac{2S}{h}, b=\dfrac{2S}{h}-a$

練習 48

カレンダーの×印に重なる 5 つの数のまん中
の数を n とすると，左上，右上，左下，右下
の数はそれぞれ $n-8$，$n-6$，$n+6$，$n+8$ と
表される。したがって，5 つの数の和は，

$(n-8)+(n-6)+n+(n+6)+(n+8)=5n$

n は整数だから，$5n$ は 5 の倍数である。した
がって，×印に重なる 5 つの数の和は 5 の倍
数である。

練習 49

(1) 3 けたの自然数の百の位の数を a，十の位の
　　数を b，一の位の数を c とする。

　　各位の数の和が 9 の倍数ならば，

　　$a+b+c=9n$（n は整数）と表される。ここで，

　　　$100a+10b+c=99a+a+9b+b+c$

　　$=99a+9b+a+b+c=99a+9b+9n$

　　$=9(11a+b+n)$

　　$11a+b+n$ は整数だから，$9(11a+b+n)$ は
　　9 の倍数である。したがって，3 けたの自然
　　数について，各位の数の和が 9 の倍数なら
　　ば，その自然数は 9 の倍数である。

(2) 3 けたの自然数の百の位の数を a，十の位の
　　数を b，一の位の数を c とする。

　　下 2 けたが 4 の倍数ならば，

　　$10b+c=4n$（n は整数）と表される。ここで，

　　　$100a+10b+c=100a+4n=4(25a+n)$

　　$25a+n$ は整数だから，$4(25a+n)$ は 4 の倍
　　数である。したがって，3 けたの自然数につ
　　いて，下 2 けたが 4 の倍数ならば，その自然
　　数は 4 の倍数である。

練習 50

m，n を整数とする。また，9 でわった余りは，
0，1，2，…，8 のいずれかであるから，余りを
r とすると，$a=9m+r$，$b=9n+r$ と表される。

$a-b=(9m+r)-(9n+r)=9m+r-9n-r$

　　　$=9m-9n=9(m-n)$

$m-n$ は整数だから，$9(m-n)$ は 9 の倍数で
ある。したがって，$a-b$ は 9 の倍数である。

章末問題　本冊 p.80〜81

1

(1) $8x-5y$　　(2) $-x^2-3x$　　(3) $6a-5b$

(4) $5x+7y$ (5) $5x$ (6) $5x+8y-4$

(7) $\dfrac{3x+y}{4}$ (8) $\dfrac{3x+y}{2}$ (9) $\dfrac{2x-13y}{21}$

(10) $9a-\dfrac{7}{10}b$ (11) $\dfrac{2x+13y}{30}$ (12) $\dfrac{a-5b}{12}$

解説

(1) $3x-9y+5x+4y=8x-5y$

(2) $(2x^2-5x)-(3x^2-2x)$
$=2x^2-5x-3x^2+2x=-x^2-3x$

(3) $(24a-20b)\div4=(24a-20b)\times\dfrac{1}{4}$

$\qquad =24a\times\dfrac{1}{4}+(-20b)\times\dfrac{1}{4}=6a-5b$

(4) $4(x+2y)-(-x+y)=4x+8y+x-y$
$\quad =5x+7y$

(5) $4(2x-3y)+3(-x+4y)$
$\quad =8x-12y-3x+12y=5x$

(6) $2(x-2y+1)+3(x+4y-2)$
$\quad =2x-4y+2+3x+12y-6=5x+8y-4$

(7) $\dfrac{x+y}{2}+\dfrac{x-y}{4}=\dfrac{2(x+y)}{4}+\dfrac{x-y}{4}$

$\quad =\dfrac{2x+2y+x-y}{4}=\dfrac{3x+y}{4}$

(8) $2x+3y-\dfrac{x+5y}{2}=\dfrac{2(2x+3y)}{2}-\dfrac{x+5y}{2}$

$\quad =\dfrac{4x+6y-x-5y}{2}=\dfrac{3x+y}{2}$

(9) $\dfrac{3x-2y}{7}-\dfrac{x+y}{3}=\dfrac{3(3x-2y)}{21}-\dfrac{7(x+y)}{21}$

$\quad =\dfrac{9x-6y-7x-7y}{21}=\dfrac{2x-13y}{21}$

(10) $\dfrac{1}{2}(46a-3b)-\dfrac{2}{5}(35a-2b)$

$\quad =23a-\dfrac{3}{2}b-14a+\dfrac{4}{5}b=9a-\dfrac{7}{10}b$

(11) $\dfrac{5x-2y}{3}-\dfrac{2x-3y}{2}-\dfrac{3x+2y}{5}$

$\quad =\dfrac{10(5x-2y)}{30}-\dfrac{15(2x-3y)}{30}-\dfrac{6(3x+2y)}{30}$

$\quad =\dfrac{50x-20y-30x+45y-18x-12y}{30}$

$\quad =\dfrac{2x+13y}{30}$

(12) $\dfrac{a+b}{4}-\left(\dfrac{3a}{2}-\dfrac{4a-2b}{3}\right)$

$\quad =\dfrac{a+b}{4}-\dfrac{3a}{2}+\dfrac{4a-2b}{3}$

$\quad =\dfrac{3(a+b)-18a+4(4a-2b)}{12}$

$\quad =\dfrac{3a+3b-18a+16a-8b}{12}=\dfrac{a-5b}{12}$

2

(1) $6x^2y^2$ (2) $-48a^2b^3$ (3) $-\dfrac{6}{7}ab$ (4) $-\dfrac{5}{6}x$

(5) $12a^2$ (6) $48y$ (7) $4ab$ (8) $-\dfrac{2}{3}x$

(9) $18x^5y$ (10) $-3a$

解説

(1) $8xy^2\times\dfrac{3}{4}x=8\times\dfrac{3}{4}\times xy^2\times x=6x^2y^2$

(2) $(-2)^3\times(ab)^2\times6b$
$\quad =-8\times a^2b^2\times6b=-48a^2b^3$

(3) $\dfrac{2}{5}a\times\left(-\dfrac{15}{7}b\right)=\dfrac{2}{5}\times\left(-\dfrac{15}{7}\right)\times ab=-\dfrac{6}{7}ab$

(4) $10x^2y\div(-12xy)=10x^2y\times\left(-\dfrac{1}{12xy}\right)=-\dfrac{5}{6}x$

(5) $\dfrac{8}{3}a^3b^2\div\dfrac{2}{9}ab^2=\dfrac{8a^3b^2}{3}\times\dfrac{9}{2ab^2}=12a^2$

(6) $(-8xy)^2\div\dfrac{4}{3}x^2y=64x^2y^2\times\dfrac{3}{4x^2y}=48y$

(7) $6ab^2\div(-3ab)\times(-2a)$
$\quad =6ab^2\times\left(-\dfrac{1}{3ab}\right)\times(-2a)=4ab$

(8) $6x^4\div(-3x^2)\div3x$
$\quad =6x^4\times\left(-\dfrac{1}{3x^2}\right)\times\dfrac{1}{3x}=-\dfrac{2}{3}x$

(9) $4xy^3\div\left(\dfrac{y}{3x}\right)^2\times\dfrac{1}{2}x^2=4xy^3\div\dfrac{y^2}{9x^2}\times\dfrac{x^2}{2}$

$\quad =4xy^3\times\dfrac{9x^2}{y^2}\times\dfrac{x^2}{2}=18x^5y$

(10) $48a^2b^2\div(-4a)\div(-2b)^2$
$\quad =48a^2b^2\div(-4a)\div4b^2$
$\quad =48a^2b^2\times\left(-\dfrac{1}{4a}\right)\times\dfrac{1}{4b^2}=-3a$

3

(1) $-72x^8y^7$ (2) $18a^{11}b^2$ (3) $\dfrac{ab}{c^2}$

解説

(1) $(-2x^2y)^3\times(-3xy^2)^2=-8x^6y^3\times9x^2y^4$
$\quad =-72x^8y^7$

(2) $-2^4\div\left(-\dfrac{2b^2}{a^3}\right)^3\times(-3ab^4)^2$

$\quad =-16\div\left(-\dfrac{8b^6}{a^9}\right)\times9a^2b^8$

$$=-16\times\left(-\frac{a^9}{8b^6}\right)\times9a^2b^8=18a^{11}b^2$$

(3) $\dfrac{a^3b^2}{b^3c^5}\times\dfrac{b^5c^3}{c^2a^4}\div\dfrac{a^5b^3}{c^2a^7}=\dfrac{a^3b^2}{b^3c^5}\times\dfrac{b^5c^3}{c^2a^4}\times\dfrac{c^2a^7}{a^5b^3}$

$$=\frac{a^{10}b^7c^5}{a^9b^6c^7}=\frac{ab}{c^2}$$

4

(1) -48 (2) 2 (3) $-\dfrac{9}{2}$

解説

(1) $6ab^2\times(-a)^2=6ab^2\times a^2=6a^3b^2$
この式に，$a=-2$，$b=-1$ を代入して，
$6a^3b^2=6\times(-2)^3\times(-1)^2=-48$

(2) $5x-y-2(x-3y)=5x-y-2x+6y=3x+5y$
この式に，$x=-\dfrac{1}{3}$，$y=\dfrac{3}{5}$ を代入して，
$3x+5y=3\times\left(-\dfrac{1}{3}\right)+5\times\dfrac{3}{5}=2$

(3) $\dfrac{1}{6}a^2b\times a^3b^2\div\left(-\dfrac{1}{2}ab\right)^2$

$=\dfrac{1}{6}a^2b\times a^3b^2\div\dfrac{a^2b^2}{4}=\dfrac{1}{6}a^2b\times a^3b^2\times\dfrac{4}{a^2b^2}$

$=\dfrac{2}{3}a^3b$ この式に，$a=-3$，$b=\dfrac{1}{4}$ を代入し

て，$\dfrac{2}{3}a^3b=\dfrac{2}{3}\times(-3)^3\times\dfrac{1}{4}=-\dfrac{9}{2}$

5

(1) $b=\dfrac{2-9a}{3}$ または，$b=\dfrac{2}{3}-3a$ (2) $h=\dfrac{V}{\pi r^2}$

(3) $c=3a-2b$ (4) $x=\dfrac{3a}{3-b}$

解説

(1) $9a+3b=2$，$3b=2-9a$，$b=\dfrac{2-9a}{3}$

(2) $V=\pi r^2h$，$\pi r^2h=V$，$h=\dfrac{V}{\pi r^2}$

(3) $a=\dfrac{2b+c}{3}$，$\dfrac{2b+c}{3}=a$，$2b+c=3a$，$c=3a-2b$

(4) $3\left(1-\dfrac{a}{x}\right)=b$，$3-\dfrac{3a}{x}=b$，$3-b=\dfrac{3a}{x}$，

$x(3-b)=3a$，$x=\dfrac{3a}{3-b}$

6

3 杯分

解説

容器 A に入る水の容積は，$\dfrac{4}{3}\pi r^3\times\dfrac{1}{2}=\dfrac{2}{3}\pi r^3$

容器 B に入る水の容積は，$\pi r^2\times2r=2\pi r^3$

したがって，$2\pi r^3\div\dfrac{2}{3}\pi r^3=2\pi r^3\times\dfrac{3}{2\pi r^3}=3$ より，

容器 B には容器 A の 3 杯分の水が入る。

7

n を整数とすると，連続する 3 つの奇数は，小さい順に $2n-1$，$2n+1$，$2n+3$ と表される。ここで，
$(2n-1)+(2n+1)+(2n+3)$
$=2n-1+2n+1+2n+3=6n+3=3(2n+1)$
$2n+1$ は整数だから，$3(2n+1)$ は 3 の倍数である。したがって，連続する 3 つの奇数の和は 3 の倍数になる。

8

3 けたの自然数の百の位の数を a，十の位の数を b，一の位の数を c とする。
百の位の数と一の位の数の和が十の位の数に等しいとき，$a+c=b$ と表される。ここで，
$100a+10b+c$
$=100a+10(a+c)+c$
$=100a+10a+10c+c=110a+11c$
$=11(10a+c)$
$10a+c$ は整数だから，$11(10a+c)$ は 11 の倍数である。したがって，百の位の数と一の位の数の和が十の位の数に等しい 3 けたの自然数は 11 の倍数になる。

9

m，n を整数とすると，$a=7m+3$，$b=7n+4$ と表される。ここで，
$a+2b=(7m+3)+2(7n+4)=7m+3+14n+8$
$\qquad=7m+14n+11=7(m+2n+1)+4$
$m+2n+1$ は整数だから，$7(m+2n+1)$ は 7 の倍数で，$7(m+2n+1)+4$ は 7 でわると 4 余る数である。したがって，$a+2b$ を 7 でわった余りは 4 となる。

第5章 多項式 **本冊 p.84〜99**

$$=m \times 3m - m \times 2n + 4n \times 3m - 4n \times 2n$$
$$-9 \times 3m - 9 \times (-2n)$$
$$=3m^2 - 2mn + 12mn - 8n^2 - 27m + 18n$$
$$=3m^2 + 10mn - 8n^2 - 27m + 18n$$

練習 51

(1) $-3x^2 + 12xy - 6x$ (2) $8x^2 - 10xy - 9x$
(3) $2ab - 3a$ (4) $-10x + 40y$

解説

(1) $-3x(x - 4y + 2)$
$$= -3x \times x + (-3x) \times (-4y) + (-3x) \times 2$$
$$= -3x^2 + 12xy - 6x$$

(2) $\left(\dfrac{2}{3}x - \dfrac{5}{6}y - \dfrac{3}{4}\right) \times 12x$
$$= \dfrac{2}{3}x \times 12x + \left(-\dfrac{5}{6}y\right) \times 12x + \left(-\dfrac{3}{4}\right) \times 12x$$
$$= 8x^2 - 10xy - 9x$$

(3) $(-8ab^2 + 12ab) \div (-4b)$
$$= (-8ab^2 + 12ab) \times \left(-\dfrac{1}{4b}\right)$$
$$= -8ab^2 \times \left(-\dfrac{1}{4b}\right) + 12ab \times \left(-\dfrac{1}{4b}\right)$$
$$= 2ab - 3a$$

(4) $(6x^2y - 24xy^2) \div \left(-\dfrac{3}{5}xy\right)$
$$= (6x^2y - 24xy^2) \times \left(-\dfrac{5}{3xy}\right)$$
$$= 6x^2y \times \left(-\dfrac{5}{3xy}\right) + (-24xy^2) \times \left(-\dfrac{5}{3xy}\right)$$
$$= -10x + 40y$$

練習 52

(1) $4x^2 - 5x - 21$ (2) $6a^2 + 11ab - 10b^2$
(3) $x^3 - 4x^2y + 4xy^2 - y^3$
(4) $3m^2 + 10mn - 8n^2 - 27m + 18n$

解説

(1) $(x - 3)(4x + 7)$
$$= x \times 4x + x \times 7 - 3 \times 4x - 3 \times 7$$
$$= 4x^2 + 7x - 12x - 21 = 4x^2 - 5x - 21$$

(2) $(2a + 5b)(3a - 2b)$
$$= 2a \times 3a - 2a \times 2b + 5b \times 3a - 5b \times 2b$$
$$= 6a^2 - 4ab + 15ab - 10b^2 = 6a^2 + 11ab - 10b^2$$

(3) $(x - y)(x^2 - 3xy + y^2)$
$$= x \times x^2 - x \times 3xy + x \times y^2 - y \times x^2$$
$$- y \times (-3xy) - y \times y^2$$
$$= x^3 - 3x^2y + xy^2 - x^2y + 3xy^2 - y^3$$
$$= x^3 - 4x^2y + 4xy^2 - y^3$$

(4) $(m + 4n - 9)(3m - 2n)$

練習 53

(1) $x^2 - x - 42$ (2) $x^2 + \dfrac{1}{4}x - \dfrac{3}{8}$
(3) $a^2 - 3ab - 10b^2$ (4) $m^2n^2 + 5mn - 24$

解説

(1) $(x + 6)(x - 7) = x^2 + \{6 + (-7)\}x + 6 \times (-7)$
$$= x^2 - x - 42$$

(2) $\left(x - \dfrac{1}{2}\right)\left(\dfrac{3}{4} + x\right) = \left(x - \dfrac{1}{2}\right)\left(x + \dfrac{3}{4}\right)$
$$= x^2 + \left\{\left(-\dfrac{1}{2}\right) + \dfrac{3}{4}\right\}x + \left(-\dfrac{1}{2}\right) \times \dfrac{3}{4}$$
$$= x^2 + \dfrac{1}{4}x - \dfrac{3}{8}$$

(3) $(a + 2b)(a - 5b)$
$$= a^2 + \{2b + (-5b)\}a + 2b \times (-5b)$$
$$= a^2 - 3ab - 10b^2$$

(4) $(mn - 3)(mn + 8)$
$$= (mn)^2 + \{(-3) + 8\}mn + (-3) \times 8$$
$$= m^2n^2 + 5mn - 24$$

練習 54

(1) $x^2 + 10x + 25$ (2) $x^2 - \dfrac{5}{3}x + \dfrac{25}{36}$
(3) $4a^2 + 12ab + 9b^2$ (4) $16x^2 - 4xy + \dfrac{1}{4}y^2$

解説

(1) $(x + 5)^2 = x^2 + 2 \times 5 \times x + 5^2 = x^2 + 10x + 25$

(2) $\left(x - \dfrac{5}{6}\right)^2 = x^2 - 2 \times \dfrac{5}{6} \times x + \left(\dfrac{5}{6}\right)^2$
$$= x^2 - \dfrac{5}{3}x + \dfrac{25}{36}$$

(3) $(2a + 3b)^2 = (2a)^2 + 2 \times 3b \times 2a + (3b)^2$
$$= 4a^2 + 12ab + 9b^2$$

(4) $\left(4x - \dfrac{1}{2}y\right)^2 = (4x)^2 - 2 \times \dfrac{1}{2}y \times 4x + \left(\dfrac{1}{2}y\right)^2$
$$= 16x^2 - 4xy + \dfrac{1}{4}y^2$$

練習 55

(1) $x^2 - 36$ (2) $y^2 - \dfrac{1}{4}$ (3) $a^2 - 25b^2$
(4) $4x^2 - \dfrac{9}{16}y^2$

16 数と式

(1) $(x+6)(x-6)=x^2-6^2=x^2-36$

(2) $\left(y+\dfrac{1}{2}\right)\left(y-\dfrac{1}{2}\right)=y^2-\left(\dfrac{1}{2}\right)^2=y^2-\dfrac{1}{4}$

(3) $(-5b+a)(a+5b)=(a-5b)(a+5b)$
$=a^2-(5b)^2=a^2-25b^2$

(4) $\left(2x-\dfrac{3}{4}y\right)\left(2x+\dfrac{3}{4}y\right)=(2x)^2-\left(\dfrac{3}{4}y\right)^2$
$=4x^2-\dfrac{9}{16}y^2$

練習 56

(1) $x^2+2xy+y^2-x-y-12$
(2) $a^2+18a-b^2+81$　(3) $4x^2-y^2-12y-36$
(4) $9m^2-12mn+4n^2-6m+4n+1$

解説

(1) $x+y=M$ とおくと,
$(x+y+3)(x+y-4)=(M+3)(M-4)$
$=M^2-M-12=(x+y)^2-(x+y)-12$
$=x^2+2xy+y^2-x-y-12$

(2) $(a-b+9)(a+b+9)=(a+9-b)(a+9+b)$
$a+9=M$ とおくと,
$(a+9-b)(a+9+b)=(M-b)(M+b)$
$=M^2-b^2=(a+9)^2-b^2=a^2+18a-b^2+81$

(3) $(2x+y+6)(2x-y-6)$
$=\{2x+(y+6)\}\{2x-(y+6)\}$
$y+6=M$ とおくと,
$\{2x+(y+6)\}\{2x-(y+6)\}=(2x+M)(2x-M)$
$=(2x)^2-M^2=4x^2-(y+6)^2$
$=4x^2-(y^2+12y+36)=4x^2-y^2-12y-36$

(4) $3m-2n=M$ とおくと,
$(3m-2n-1)^2=(M-1)^2$
$=M^2-2M+1=(3m-2n)^2-2(3m-2n)+1$
$=9m^2-12mn+4n^2-6m+4n+1$

練習 57

(1) $-9x-22$　(2) $2a^2-5a+6$　(3) $3x^2+4x-14$
(4) $-22a^2+2ab+23b^2$

解説

(1) $(x-2)(x+2)-(x+3)(x+6)$
$=x^2-4-(x^2+9x+18)=x^2-4-x^2-9x-18$
$=-9x-22$

(2) $(a-4)^2+(a+5)(a-2)$
$=a^2-8a+16+(a^2+3a-10)$
$=a^2-8a+16+a^2+3a-10=2a^2-5a+6$

(3) $2(x+1)^2+(x+4)(x-4)$
$=2(x^2+2x+1)+(x^2-16)$
$=2x^2+4x+2+x^2-16=3x^2+4x-14$

(4) $3(a-3b)^2-(5a-2b)^2$
$=3(a^2-6ab+9b^2)-(25a^2-20ab+4b^2)$
$=3a^2-18ab+27b^2-25a^2+20ab-4b^2$
$=-22a^2+2ab+23b^2$

練習 58

(1) $ab(c+d)$　(2) $x(x^2-x+2)$
(3) $3ab(1-2a^2+7b)$　(4) $2y^2(2x^2-3x+5)$

解説

(1)共通因数 ab をくくり出す。
(2)共通因数 x をくくり出す。
(3)共通因数 $3ab$ をくくり出す。
(4)共通因数 $2y^2$ をくくり出す。

練習 59

(1) $(x+2)(x+7)$　(2) $(x+3)(x-6)$
(3) $(x-2)(x+5)$　(4) $(a+6)^2$　(5) $(y-8)^2$
(6) $(x+9)(x-9)$

解説

(1)和が 9, 積が 14 になる 2 つの数は 2 と 7 だ
から, $x^2+9x+14=(x+2)(x+7)$
(2)和が -3, 積が -18 になる 2 つの数は 3 と
-6 だから, $x^2-3x-18=(x+3)(x-6)$
(3)和が 3, 積が -10 になる 2 つの数は -2 と 5
だから, $x^2+3x-10=(x-2)(x+5)$
(4) $a^2+12a+36=a^2+2\times6\times a+6^2=(a+6)^2$
(5) $y^2-16y+64=y^2-2\times8\times y+8^2=(y-8)^2$
(6) $x^2-81=x^2-9^2=(x+9)(x-9)$

練習 60

(1) $2b(3a+1)^2$　(2) $-2x(x-2y)(x+6y)$
(3) $x(x+1)(x-1)$　(4) $(a-b)(p-aq+bq)$

解説

(1) $18a^2b+12ab+2b=2b(9a^2+6a+1)$
$=2b(3a+1)^2$
(2) $-2x^3-8x^2y+24xy^2=-2x(x^2+4xy-12y^2)$
$=-2x(x-2y)(x+6y)$
(3) $x^3-x=x(x^2-1)=x(x+1)(x-1)$
(4) $(a-b)p-q(b-a)^2=(a-b)p-q(a-b)^2$
$=(a-b)\{p-q(a-b)\}=(a-b)(p-aq+bq)$

$(1)(x-5)^2$ $(2)(a+b+2)(a+b+4)$

解説

(1) $x-4=M$ とおくと,
$(x-4)^2-2(x-4)+1=M^2-2M+1$
$=(M-1)^2=(x-4-1)^2=(x-5)^2$

(2) $a+b=M$ とおくと,
$(a+b)^2+6(a+b)+8=M^2+6M+8$
$=(M+2)(M+4)=(a+b+2)(a+b+4)$

練習 62

$(1)(3x-1+y)(3x-1-y)$
$(2)(x+y+z)(x+y-z)$ $(3)8xy(x^2+y^2)$

解説

(1) $9x^2-y^2-6x+1=(9x^2-6x+1)-y^2$
$=(3x-1)^2-y^2=(3x-1+y)(3x-1-y)$

(2) $x^2+2xy+y^2-z^2=(x^2+2xy+y^2)-z^2$
$=(x+y)^2-z^2=(x+y+z)(x+y-z)$

(3) $(x+y)^4-(x-y)^4$
$=\{(x+y)^2+(x-y)^2\}\{(x+y)^2-(x-y)^2\}$
$=\{(x^2+2xy+y^2)+(x^2-2xy+y^2)\}$
$\qquad \times\{(x^2+2xy+y^2)-(x^2-2xy+y^2)\}$
$=(x^2+2xy+y^2+x^2-2xy+y^2)$
$\qquad \times(x^2+2xy+y^2-x^2+2xy-y^2)$
$=(2x^2+2y^2)\times 4xy=8xy(x^2+y^2)$

練習 63

$(1)(x-1)(3x+y)$ $(2)(x^2+y^2)(y+z)$
$(3)(z-4)(x+2y)$

解説

(1) $3x^2-3x+xy-y=xy-y+3x^2-3x$
$=y(x-1)+3x(x-1)=(x-1)(3x+y)$

(2) $x^2y+y^2z+x^2z+y^3=y^2z+x^2z+x^2y+y^3$
$=z(x^2+y^2)+y(x^2+y^2)=(x^2+y^2)(y+z)$

(3) $xz-8y+2yz-4x=xz-4x+2yz-8y$
$=x(z-4)+2y(z-4)=(z-4)(x+2y)$

練習 64

$(1)10816$ $(2)2491$ $(3)1.5$ $(4)1884$

解説

(1) $104^2=(100+4)^2=100^2+2\times 4\times 100+4^2$
$=10000+800+16=10816$

(2) $47\times 53=(50-3)(50+3)=50^2-3^2$
$=2500-9=2491$

(3) $1.75^2-1.25^2$
$=(1.75+1.25)(1.75-1.25)=3\times 0.5=1.5$

(4) $3.14\times 35^2-3.14\times 25^2=3.14(35^2-25^2)$
$=3.14(35+25)(35-25)=3.14\times 60\times 10$
$=1884$

練習 65

n を整数とすると,1つおきに続いた2つの奇数は,$2n-1$,$2n+3$ と表される。大きいほうの数の2乗から小さいほうの数の2乗をひいた差は,

$(2n+3)^2-(2n-1)^2$
$=(4n^2+12n+9)-(4n^2-4n+1)$
$=16n+8=8(2n+1)$

$2n+1$ は整数であるから,$8(2n+1)$ は8の倍数である。したがって,1つおきに続いた2つの奇数では,大きいほうの数の2乗から小さいほうの数の2乗をひいた差は,8の倍数になる。

練習 66

道の面積 S は,

$$S=\pi(r+a)^2\times\frac{1}{2}-\pi r^2\times\frac{1}{2}$$
$$=\frac{1}{2}\pi a(2r+a) \quad\cdots\cdots\text{①}$$

また,道のまん中を通る半円の弧の長さ ℓ は,

$$\ell=2\pi\left(r+\frac{a}{2}\right)\times\frac{1}{2}=\frac{1}{2}\pi(2r+a)$$

よって,$a\ell=\frac{1}{2}\pi a(2r+a)$ $\quad\cdots\cdots\text{②}$
①,②より,$S=a\ell$

章末問題 本冊 p.100～101

1

$(1)5xy-30x$ $(2)-3a-2b$
$(3)3a-5a^2$ $(4)-9x+6y$

解説

$(1)5x(y-6)=5x\times y+5x\times(-6)=5xy-30x$

(2) $(9a^2+6ab)\div(-3a)=(9a^2+6ab)\times\left(-\dfrac{1}{3a}\right)$

$\qquad =9a^2\times\left(-\dfrac{1}{3a}\right)+6ab\times\left(-\dfrac{1}{3a}\right)=-3a-2b$

(3) $(9a^2b-15a^3b)\div3ab=(9a^2b-15a^3b)\times\dfrac{1}{3ab}$

$\qquad =9a^2b\times\dfrac{1}{3ab}+(-15a^3b)\times\dfrac{1}{3ab}=3a-5a^2$

(4) $(12x^2y-8xy^2)\div\left(-\dfrac{4}{3}xy\right)$

$\qquad =(12x^2y-8xy^2)\times\left(-\dfrac{3}{4xy}\right)$

$\qquad =12x^2y\times\left(-\dfrac{3}{4xy}\right)+(-8xy^2)\times\left(-\dfrac{3}{4xy}\right)$

$\qquad =-9x+6y$

2

(1) $2x^2+3x-5$　(2) $12x^2+5x-3$
(3) $3x^2-7xy-6y^2$　(4) a^3-1

解説

(1)　$(2x+5)(x-1)$
$\qquad =2x\times x-2x\times1+5\times x-5\times1$
$\qquad =2x^2-2x+5x-5=2x^2+3x-5$

(2)　$(3x-1)(4x+3)$
$\qquad =3x\times4x+3x\times3-1\times4x-1\times3$
$\qquad =12x^2+9x-4x-3=12x^2+5x-3$

(3)　$(x-3y)(3x+2y)$
$\qquad =x\times3x+x\times2y-3y\times3x-3y\times2y$
$\qquad =3x^2+2xy-9xy-6y^2=3x^2-7xy-6y^2$

(4)　$(a-1)(a^2+a+1)$
$\qquad =a\times a^2+a\times a+a\times1-1\times a^2-1\times a-1\times1$
$\qquad =a^3+a^2+a-a^2-a-1=a^3-1$

3

(1) x^2+x-20　(2) $4x^2-4x-35$
(3) $9x^2+6x+1$　(4) x^2-4
(5) x^2-4y^2-4y-1　(6) $-81a^4+16b^4$

解説

(1)　$(x+5)(x-4)=x^2+\{5+(-4)\}x+5\times(-4)$
$\qquad =x^2+x-20$

(2)　$(2x-7)(2x+5)$
$\qquad =(2x)^2+\{(-7)+5\}\times2x+(-7)\times5$
$\qquad =4x^2-4x-35$

(3) $(3x+1)^2=(3x)^2+2\times1\times3x+1^2=9x^2+6x+1$

(4) $(x-2)(x+2)=x^2-2^2=x^2-4$

(5)　$(x+2y+1)(x-2y-1)$
$\qquad =\{x+(2y+1)\}\{x-(2y+1)\}$

$2y+1=M$ とおくと，
$\qquad \{x+(2y+1)\}\{x-(2y+1)\}=(x+M)(x-M)$
$\qquad =x^2-M^2=x^2-(2y+1)^2=x^2-(4y^2+4y+1)$
$\qquad =x^2-4y^2-4y-1$

(6)　$(-3a+2b)(-3a-2b)(-9a^2-4b^2)$
$\qquad =\{(-3a)^2-(2b)^2\}(-9a^2-4b^2)$
$\qquad =(9a^2-4b^2)(-9a^2-4b^2)$
$\qquad =-(9a^2-4b^2)(9a^2+4b^2)$
$\qquad =-\{(9a^2)^2-(4b^2)^2\}=-81a^4+16b^4$

4

(1) $6x$　(2) $-7x+8$　(3) $4ab-2a+2b-1$
(4) $3x^2-3y^2$　(5) $2x^2+13x+6$　(6) $\dfrac{-5xy+y^2}{6}$

解説

(1)　$(x+4)(x-4)-(x+2)(x-8)$
$\qquad =(x^2-16)-(x^2-6x-16)$
$\qquad =x^2-16-x^2+6x+16=6x$

(2)　$(x-2)^2-(x-1)(x+4)$
$\qquad =(x^2-4x+4)-(x^2+3x-4)$
$\qquad =x^2-4x+4-x^2-3x+4=-7x+8$

(3)　$3(ab+1)+(a+2)(b-2)$
$\qquad =3ab+3+ab-2a+2b-4=4ab-2a+2b-1$

(4)　$(2x+y)^2-(x+2y)^2$
$\qquad =(4x^2+4xy+y^2)-(x^2+4xy+4y^2)$
$\qquad =4x^2+4xy+y^2-x^2-4xy-4y^2=3x^2-3y^2$

(5)　$(2x+1)^2-(x-5)(2x+1)$
$\qquad =(4x^2+4x+1)-(2x^2+x-10x-5)$
$\qquad =(4x^2+4x+1)-(2x^2-9x-5)$
$\qquad =4x^2+4x+1-2x^2+9x+5=2x^2+13x+6$

(6)　$\dfrac{(x+2y)(x-y)}{2}+\dfrac{(x+y)(x+2y)}{3}$

$\qquad\qquad -\dfrac{(x+3y)(5x-y)}{6}$

$\qquad =\dfrac{x^2-xy+2xy-2y^2}{2}+\dfrac{x^2+2xy+xy+2y^2}{3}$

$\qquad\qquad -\dfrac{5x^2-xy+15xy-3y^2}{6}$

$\qquad =\dfrac{x^2+xy-2y^2}{2}+\dfrac{x^2+3xy+2y^2}{3}$

$\qquad\qquad -\dfrac{5x^2+14xy-3y^2}{6}$

$\qquad =\dfrac{3(x^2+xy-2y^2)}{6}+\dfrac{2(x^2+3xy+2y^2)}{6}$

$\qquad\qquad -\dfrac{5x^2+14xy-3y^2}{6}$

$\qquad =\dfrac{3x^2+3xy-6y^2}{6}+\dfrac{2x^2+6xy+4y^2}{6}$

$\qquad\qquad -\dfrac{5x^2+14xy-3y^2}{6}$

$$= \frac{-5xy + y^2}{6}$$

5

(1) $xy(x-1)$　(2) $(x+4)^2$　(3) $(x+2)(x-10)$
(4) $(x+5)(x+7)$　(5) $(x-3)(x+4)$
(6) $(x+2y)(x-2y)$

解説

(1)共通因数 xy をくくり出す。
(2) $x^2+8x+16=x^2+2\times4\times x+4^2=(x+4)^2$
(3)和が -8，積が -20 となる 2 つの数は 2 と -10
(4)和が 12，積が 35 となる 2 つの数は 5 と 7
(5)和が 1，積が -12 となる 2 つの数は 4 と -3
(6) $x^2-4y^2=x^2-(2y)^2=(x+2y)(x-2y)$

6

(1) $2(x-5)^2$　(2) $a(x-3)(x-9)$
(3) $x(2x+3y)(2x-3y)$　(4) $(a-17b)(a-20b)$
(5) $(a-6)(a+2)$　(6) $(x+3)(x-3)$
(7) $(3x-y)(x-3y)$
(8) $(a+b)(a-b+c)(a-b-c)$

解説

(1) $2x^2-20x+50=2(x^2-10x+25)=2(x-5)^2$
(2) $ax^2-12ax+27a=a(x^2-12x+27)$
　　$=a(x-3)(x-9)$
(3) $4x^3-9xy^2=x(4x^2-9y^2)$
　　$=x\{(2x)^2-(3y)^2\}=x(2x+3y)(2x-3y)$
(4) $a^2-37ab+340b^2$
　　$=a^2+\{(-17b)+(-20b)\}a+(-17b)\times(-20b)$
　　$=(a-17b)(a-20b)$
(5) $a-4=M$ とおくと，
　　$(a-4)^2+4(a-4)-12=M^2+4M-12$
　　$=(M-2)(M+6)=(a-4-2)(a-4+6)$
　　$=(a-6)(a+2)$
(6) $(x+3)(x-5)+2(x+3)=(x+3)\{(x-5)+2\}$
　　$=(x+3)(x-3)$
(7) $4(x-y)^2-x^2-2xy-y^2$
　　$=4(x-y)^2-(x^2+2xy+y^2)=4(x-y)^2-(x+y)^2$
　　$=\{2(x-y)+(x+y)\}\{2(x-y)-(x+y)\}$
　　$=(2x-2y+x+y)(2x-2y-x-y)$
　　$=(3x-y)(x-3y)$
(8) $a^3+b^3-a^2b-ab^2-bc^2-c^2a$
　　$=a^3-a^2b+b^3-ab^2-bc^2-c^2a$
　　$=a^2(a-b)-b^2(a-b)-c^2(a+b)$
　　$=(a^2-b^2)(a-b)-c^2(a+b)$

$$= (a+b)(a-b)^2-c^2(a+b)$$
$$= (a+b)\{(a-b)^2-c^2\}$$
$$= (a+b)\{(a-b)+c\}\{(a-b)-c\}$$
$$= (a+b)(a-b+c)(a-b-c)$$

7

(1) 152000　(2) 30

解説

(1)　2019^2-1981^2
　　$=(2019+1981)(2019-1981)$
　　$=4000\times38=152000$
(2)　$2025=M$ とおくと，
　　$2025^2+2019\times2020-4039\times2025$
　　$=M^2+2019\times2020-4039M$
　　$=M^2-(2019+2020)M+2019\times2020$
　　$=(M-2019)(M-2020)$
　　$=(2025-2019)(2025-2020)=6\times5=30$

8

b，c，d を a を用いて表すと，$b=a+1$，
$c=a+5$，$d=a+6$　このとき，
$bc-ad=(a+1)(a+5)-a(a+6)$
　　　　$=a^2+6a+5-a^2-6a=5$
したがって，$bc-ad$ の値はつねに 5 になる。

9

長さが ℓ cm のおうぎ形の半径は，

$a-\dfrac{a-b}{2}=\dfrac{a+b}{2}$（cm）だから，

$\ell=2\pi\times\dfrac{a+b}{2}\times\dfrac{1}{4}=\dfrac{1}{4}\pi(a+b)$

よって，$(a-b)\ell=\dfrac{1}{4}\pi(a+b)(a-b)$　……①

また，斜線部分の図形の面積 S は，

$S=\pi a^2\times\dfrac{1}{4}-\pi b^2\times\dfrac{1}{4}=\dfrac{1}{4}\pi(a^2-b^2)$

　　$=\dfrac{1}{4}\pi(a+b)(a-b)$……②

①，②より，$S=(a-b)\ell$

第6章 平方根　本冊p.104～122

練習 67

(1) -4　(2) 0.3　(3) $-\dfrac{9}{13}$

解説

(1) $-\sqrt{16}$ は 16 の平方根のうち負のほうを表す。16 の平方根は 4 と -4 だから，$-\sqrt{16}=-4$

(2) $\sqrt{0.09}$ は 0.09 の平方根のうち正のほうを表す。0.09 の平方根は 0.3 と -0.3 だから，$\sqrt{0.09}=0.3$

(3) $-\sqrt{\dfrac{81}{169}}$ は，$\dfrac{81}{169}$ の平方根のうち負のほうを表す。$\dfrac{81}{169}$ の平方根は $\dfrac{9}{13}$ と $-\dfrac{9}{13}$ だから，$-\sqrt{\dfrac{81}{169}}=-\dfrac{9}{13}$

練習 68

(1) $\sqrt{21}<\sqrt{29}$ (2) $-6<-\sqrt{30}$
(3) $\sqrt{48}<7<\sqrt{50}$ (4) $-\sqrt{9.5}<-3<-\sqrt{8}$

解説

(1) $21<29$ だから，$\sqrt{21}<\sqrt{29}$

(2) 6 を根号を使って表すと，$6=\sqrt{36}$
$36>30$ だから，$\sqrt{36}>\sqrt{30}$
すなわち，$6>\sqrt{30}$
したがって，$-6<-\sqrt{30}$

(3) 7 を根号を使って表すと，$7=\sqrt{49}$
ここで，$48<49<50$ だから，$\sqrt{48}<\sqrt{49}<\sqrt{50}$
すなわち，$\sqrt{48}<7<\sqrt{50}$

(4) 3 を根号を使って表すと，$3=\sqrt{9}$
$8<9<9.5$ だから，$\sqrt{8}<\sqrt{9}<\sqrt{9.5}$
すなわち，$\sqrt{8}<3<\sqrt{9.5}$
したがって，$-\sqrt{9.5}<-3<-\sqrt{8}$

練習 69

(1) $x=26,\ 27,\ 28,\ 29,\ 30,\ 31,\ 32,\ 33,\ 34,\ 35$
(2) $x=52,\ 53$ (3) $a=12$

解説

(1) $5<\sqrt{x}<6$ の各辺を 2 乗すると，
$5^2<(\sqrt{x})^2<6^2$，$25<x<36$
これをみたす自然数 x は，26, 27, 28, 29, 30, 31, 32, 33, 34, 35

(2) $7.2<\sqrt{x}<7.3$ の各辺を 2 乗すると，
$7.2^2<(\sqrt{x})^2<7.3^2$，$51.84<x<53.29$
これをみたす自然数 x は，52, 53

(3) $a<\sqrt{157}<a+1$ の各辺を 2 乗すると，
$a^2<157<(a+1)^2$
ここで，$12^2=144$，$13^2=169$ であるから，
$144<157<169$ すなわち，$12<\sqrt{157}<13$

したがって，$a<\sqrt{157}<a+1$ をみたす整数 a は 12

練習 70

(1) $x=3$, $y=\sqrt{10}-3$ (2) $29-6\sqrt{10}$

解説

(1) $3<\sqrt{10}<4$ より，$\sqrt{10}=3.\cdots$ だから，$\sqrt{10}$ の整数部分 x は，$x=3$
また，$y=\sqrt{10}-x=\sqrt{10}-3$

(2) $x^2+2xy+2y^2=(x^2+2xy+y^2)+y^2$
$\qquad =(x+y)^2+y^2$
$\qquad =\{3+(\sqrt{10}-3)\}^2+(\sqrt{10}-3)^2$
$\qquad =(\sqrt{10})^2+(\sqrt{10}-3)^2$
$\qquad =10+(10-6\sqrt{10}+9)=29-6\sqrt{10}$

練習 71

(1) $n=21$ (2) $n=15,\ 40,\ 55,\ 60$

解説

(1) $84=2^2\times3\times7$ だから，$\sqrt{84n}=\sqrt{2^2\times3\times7\times n}$
で，$n=3\times7=21$ のとき，
$\sqrt{84n}=\sqrt{2^2\times3\times7\times3\times7}=\sqrt{2^2\times3^2\times7^2}$
$\qquad =\sqrt{(2\times3\times7)^2}=\sqrt{42^2}=42$
より，整数となる。
したがって，$n=21$

(2) $\sqrt{300-5n}=\sqrt{5(60-n)}$
$\sqrt{5(60-n)}$ が整数となるのは，
$60-n=0$ または，$60-n=5\times$（自然数）^{2}
のときである。
$60-n=0$ のとき，$n=60$
$60-n=5\times1^2$ のとき，$n=55$
$60-n=5\times2^2$ のとき，$n=40$
$60-n=5\times3^2$ のとき，$n=15$

練習 72

有理数…$\sqrt{(-6)^2}$，$-\sqrt{25}$，$\sqrt{\dfrac{16}{9}}$，$-\sqrt{1}$，$\sqrt{0.49}$

無理数…$\dfrac{\pi}{2}$，$-\sqrt{7}$

解説

$\sqrt{(-6)^2}=\sqrt{36}=6$ より，有理数である。
$-\sqrt{25}=-5$ より，有理数である。
$\sqrt{\dfrac{16}{9}}=\dfrac{4}{3}$ より，有理数である。
$\dfrac{\pi}{2}$ は無理数である。

$-\sqrt{1}=-1$ より，有理数である。

$-\sqrt{7}$ は無理数である。

$\sqrt{0.49}=0.7$ より，有理数である。

練習 73

$\dfrac{9}{22}=0.40\overset{..}{9}$，$\quad0.\overset{..}{4}\overset{..}{3}=\dfrac{43}{99}$

解説

$\dfrac{9}{22}=0.0909\cdots=0.40\overset{..}{9}$

$x=0.\overset{..}{4}\overset{..}{3}$ とおくと，

$100x=43.4343\quad\cdots\cdots(\text{i})$

$\quad\ x=\ 0.4343\quad\cdots\cdots(\text{ii})$

$(\text{i})-(\text{ii})$ より，$99x=43$ よって，$x=\dfrac{43}{99}$

練習 74

有効数字…1，4，1，4

a の範囲…$1.4135\leqq a<1.4145$

解説

有効数字は 1，4，1，4 である。

真の値を a とすると，a がもっとも小さいときは，$a=1.4135$。$a=1.4145$ のとき，小数第 4 位を四捨五入すると 1.415 となるから，a は 1.4145 より小さい。

したがって，$1.4135\leqq a<1.4145$

練習 75

(1) $-\sqrt{65}$ (2) $\sqrt{6}$ (3) $\sqrt{30}$ (4) 3

解説

(1) $-\sqrt{5}\times\sqrt{13}=-\sqrt{5\times13}=-\sqrt{65}$

(2) $\sqrt{2}\times\sqrt{\dfrac{1}{7}}\times\sqrt{21}=\sqrt{2\times\dfrac{1}{7}\times21}=\sqrt{6}$

(3) $\sqrt{18}\div\sqrt{\dfrac{3}{5}}=\sqrt{18\div\dfrac{3}{5}}=\sqrt{18\times\dfrac{5}{3}}=\sqrt{30}$

(4) $\sqrt{\dfrac{39}{10}}\div\sqrt{\dfrac{13}{30}}=\sqrt{\dfrac{39}{10}\div\dfrac{13}{30}}=\sqrt{\dfrac{39}{10}\times\dfrac{30}{13}}$

$\quad=\sqrt{9}=3$

練習 76

(1)① $\sqrt{80}$ ② $\sqrt{7}$ ③ $\sqrt{\dfrac{18}{5}}$

(2)① $2\sqrt{6}$ ② $5\sqrt{11}$ ③ $8\sqrt{7}$

解説

(1)① $4\sqrt{5}=\sqrt{4^2\times5}=\sqrt{80}$

② $\dfrac{\sqrt{63}}{3}=\dfrac{\sqrt{63}}{\sqrt{3^2}}=\dfrac{\sqrt{63}}{\sqrt{9}}=\sqrt{\dfrac{63}{9}}=\sqrt{7}$

③ $\dfrac{3\sqrt{10}}{5}=\dfrac{\sqrt{3^2\times10}}{\sqrt{5^2}}=\dfrac{\sqrt{90}}{\sqrt{25}}=\sqrt{\dfrac{90}{25}}=\sqrt{\dfrac{18}{5}}$

(2)① $\sqrt{24}=\sqrt{2^2\times6}=\sqrt{2^2}\times\sqrt{6}=2\sqrt{6}$

② $\sqrt{275}=\sqrt{5^2\times11}=\sqrt{5^2}\times\sqrt{11}=5\sqrt{11}$

③ $\sqrt{448}=\sqrt{2^2\times2^2\times2^2\times7}$

$\quad=\sqrt{2^2}\times\sqrt{2^2}\times\sqrt{2^2}\times\sqrt{7}=2\times2\times2\times\sqrt{7}$

$\quad=8\sqrt{7}$

練習 77

(1) $5\sqrt{2}$ (2) $3\sqrt{22}$ (3) $7\sqrt{6}$ (4) $36\sqrt{5}$

解説

(1) $\sqrt{5}\times\sqrt{10}=\sqrt{5}\times\sqrt{2}\times\sqrt{5}=5\sqrt{2}$

(2) $\sqrt{6}\times\sqrt{33}=\sqrt{2}\times\sqrt{3}\times\sqrt{3}\times\sqrt{11}$

$\quad=3\times\sqrt{2}\times\sqrt{11}=3\sqrt{22}$

(3) $\sqrt{14}\times\sqrt{21}=\sqrt{2}\times\sqrt{7}\times\sqrt{3}\times\sqrt{7}$

$\quad=7\times\sqrt{2}\times\sqrt{3}=7\sqrt{6}$

(4) $\sqrt{15}\times\sqrt{18}\times\sqrt{24}$

$\quad=\sqrt{3}\times\sqrt{5}\times\sqrt{3}\times\sqrt{6}\times\sqrt{4}\times\sqrt{6}$

$\quad=3\times6\times2\times\sqrt{5}=36\sqrt{5}$

練習 78

(1) $\sqrt{6}$ (2) $-3\sqrt{3}$ (3) 4 (4) $16\sqrt{15}$

解説

(1) $\sqrt{10}\times\sqrt{3}\div\sqrt{5}=\dfrac{\sqrt{10}\times\sqrt{3}}{\sqrt{5}}$

$\quad=\dfrac{\sqrt{2}\times\sqrt{5}\times\sqrt{3}}{\sqrt{5}}=\sqrt{2}\times\sqrt{3}=\sqrt{6}$

(2) $\sqrt{18}\div(-\sqrt{2})\times\sqrt{3}=-\dfrac{\sqrt{18}\times\sqrt{3}}{\sqrt{2}}$

$\quad=-\dfrac{3\sqrt{2}\times\sqrt{3}}{\sqrt{2}}=-3\times\sqrt{3}=-3\sqrt{3}$

(3) $2\sqrt{6}\times3\sqrt{2}\div3\sqrt{3}=\dfrac{2\sqrt{6}\times3\sqrt{2}}{3\sqrt{3}}$

$\quad=\dfrac{2\times\sqrt{2}\times\sqrt{3}\times\sqrt{2}}{\sqrt{3}}=2\times\sqrt{2}\times\sqrt{2}$

$\quad=2\times2=4$

(4) $6\sqrt{5}\div3\sqrt{2}\times8\sqrt{6}=\dfrac{6\sqrt{5}\times8\sqrt{6}}{3\sqrt{2}}$

$\quad=\dfrac{2\times\sqrt{5}\times8\times\sqrt{2}\times\sqrt{3}}{\sqrt{2}}$

$\quad=2\times\sqrt{5}\times8\times\sqrt{3}=16\sqrt{15}$

練習 79

(1) $3\sqrt{3}$　(2) $\dfrac{\sqrt{15}}{3}$　(3) $\dfrac{2\sqrt{7}}{3}$　(4) $\sqrt{5}-2$

解説

(1) $\dfrac{9}{\sqrt{3}}=\dfrac{9\times\sqrt{3}}{\sqrt{3}\times\sqrt{3}}=\dfrac{9\sqrt{3}}{3}=3\sqrt{3}$

(2) $\dfrac{\sqrt{10}}{\sqrt{6}}=\dfrac{\sqrt{10}\times\sqrt{6}}{\sqrt{6}\times\sqrt{6}}=\dfrac{\sqrt{60}}{6}=\dfrac{\sqrt{2^2\times15}}{6}=\dfrac{2\sqrt{15}}{6}$

$=\dfrac{\sqrt{15}}{3}$

(3) $\dfrac{14}{3\sqrt{7}}=\dfrac{14\times\sqrt{7}}{3\sqrt{7}\times\sqrt{7}}=\dfrac{14\sqrt{7}}{3\times7}=\dfrac{2\sqrt{7}}{3}$

(4) $\dfrac{1}{\sqrt{5}+2}=\dfrac{\sqrt{5}-2}{(\sqrt{5}+2)(\sqrt{5}-2)}=\dfrac{\sqrt{5}-2}{(\sqrt{5})^2-2^2}$

$=\dfrac{\sqrt{5}-2}{5-4}=\sqrt{5}-2$

練習 80

(1) 14.14　(2) 89.44　(3) 0.04472　(4) 2.121

解説

(1) $\sqrt{200}=\sqrt{2\times100}=\sqrt{2}\times10=1.414\times10=14.14$

(2) $\sqrt{8000}=\sqrt{80\times100}=\sqrt{80}\times10=2\sqrt{20}\times10$

$=2\times4.472\times10=89.44$

(3) $\sqrt{0.002}=\sqrt{\dfrac{2}{1000}}=\sqrt{\dfrac{20}{10000}}=\dfrac{\sqrt{20}}{100}=\dfrac{4.472}{100}$

$=0.04472$

(4) $\dfrac{3}{\sqrt{2}}=\dfrac{3\times\sqrt{2}}{\sqrt{2}\times\sqrt{2}}=\dfrac{3\sqrt{2}}{2}=\dfrac{3\times1.414}{2}=2.121$

練習 81

(1) $3\sqrt{2}$　(2) $8\sqrt{3}$　(3) $5\sqrt{5}-\sqrt{2}$　(4) $\dfrac{\sqrt{10}}{2}$

解説

(1) $7\sqrt{2}-4\sqrt{2}=(7-4)\sqrt{2}=3\sqrt{2}$

(2) $\sqrt{108}+2\sqrt{3}=\sqrt{6^2\times3}+2\sqrt{3}=6\sqrt{3}+2\sqrt{3}$

$=8\sqrt{3}$

(3) $\sqrt{20}+\sqrt{18}-\sqrt{32}+\sqrt{45}$

$=\sqrt{2^2\times5}+\sqrt{3^2\times2}-\sqrt{4^2\times2}+\sqrt{3^2\times5}$

$=2\sqrt{5}+3\sqrt{2}-4\sqrt{2}+3\sqrt{5}=5\sqrt{5}-\sqrt{2}$

(4) $-\dfrac{15}{\sqrt{10}}+\sqrt{40}=-\dfrac{15\times\sqrt{10}}{\sqrt{10}\times\sqrt{10}}+\sqrt{40}$

$=-\dfrac{15\sqrt{10}}{10}+\sqrt{2^2\times10}=-\dfrac{3\sqrt{10}}{2}+2\sqrt{10}=\dfrac{\sqrt{10}}{2}$

練習 82

(1) $-18+4\sqrt{3}$　(2) $8+4\sqrt{3}$

(3) $15-10\sqrt{2}$　(4) 31

解説

(1) $(\sqrt{3}-3)(\sqrt{3}+7)$

$=(\sqrt{3})^2+(-3+7)\sqrt{3}-3\times7=3+4\sqrt{3}-21$

$=-18+4\sqrt{3}$

(2) $(\sqrt{2}+\sqrt{6})^2=(\sqrt{2})^2+2\times\sqrt{6}\times\sqrt{2}+(\sqrt{6})^2$

$=2+2\times\sqrt{2}\times\sqrt{3}\times\sqrt{2}+6=8+4\sqrt{3}$

(3) $(\sqrt{10}-\sqrt{5})^2=(\sqrt{10})^2-2\times\sqrt{5}\times\sqrt{10}+(\sqrt{5})^2$

$=10-2\times\sqrt{5}\times\sqrt{2}\times\sqrt{5}+5=15-10\sqrt{2}$

(4) $(4\sqrt{7}+9)(4\sqrt{7}-9)=(4\sqrt{7})^2-9^2$

$=112-81=31$

練習 83

(1) $\sqrt{7}-2$　(2) $\sqrt{3}-\sqrt{6}$　(3) $-5\sqrt{2}$

(4) $-5+2\sqrt{6}$

解説

(1) $(\sqrt{35}-\sqrt{20})\div\sqrt{5}=(\sqrt{35}-\sqrt{20})\times\dfrac{1}{\sqrt{5}}$

$=\sqrt{35}\times\dfrac{1}{\sqrt{5}}-\sqrt{20}\times\dfrac{1}{\sqrt{5}}=\sqrt{7}-2$

(2) $\sqrt{48}-\sqrt{3}(3+\sqrt{2})=4\sqrt{3}-3\sqrt{3}-\sqrt{6}$

$=\sqrt{3}-\sqrt{6}$

(3) $\dfrac{8}{\sqrt{2}}+\sqrt{6}\times(-3\sqrt{3})$

$=\dfrac{8\times\sqrt{2}}{\sqrt{2}\times\sqrt{2}}-3\times\sqrt{2}\times\sqrt{3}\times\sqrt{3}$

$=\dfrac{8\sqrt{2}}{2}-9\sqrt{2}=4\sqrt{2}-9\sqrt{2}=-5\sqrt{2}$

(4) $(\sqrt{3}+\sqrt{2})^2-(4-\sqrt{6})(\sqrt{6}+4)$

$=(\sqrt{3})^2+2\times\sqrt{2}\times\sqrt{3}+(\sqrt{2})^2$

$\qquad\qquad-(4-\sqrt{6})(4+\sqrt{6})$

$=3+2\sqrt{6}+2-\{4^2-(\sqrt{6})^2\}$

$=5+2\sqrt{6}-(16-6)$

$=5+2\sqrt{6}-10=-5+2\sqrt{6}$

練習 84

(1) 1　(2)① 27　② $12\sqrt{6}$　③ 18

解説

(1) $x^2-4x+2=(x^2-4x+4)-2=(x-2)^2-2$

これに $x=2+\sqrt{3}$ を代入すると,

$\{(2+\sqrt{3})-2\}^2-2=(\sqrt{3})^2-2=3-2=1$

(2) $x+y=(3+\sqrt{6})+(3-\sqrt{6})=6$
$x-y=(3+\sqrt{6})-(3-\sqrt{6})=2\sqrt{6}$
$xy=(3+\sqrt{6})(3-\sqrt{6})=3^2-(\sqrt{6})^2=9-6=3$
① $(x-y)^2+xy=(2\sqrt{6})^2+3=24+3=27$
② $x^2-y^2=(x+y)(x-y)=6\times2\sqrt{6}=12\sqrt{6}$
③ $x^2y+xy^2=xy(x+y)=3\times6=18$

章末問題 本冊 p.123～125

1

ア，ウ

解説

アは正しい。イは $\sqrt{25}-\sqrt{16}=5-4=1$ となり，正しくない。ウは $\sqrt{(-7)^2}=\sqrt{49}=7$ だから，正しい。エは $\sqrt{3}$ を 2 倍したものは $2\sqrt{3}$ となり，正しくない。

2

(1) $\dfrac{10}{3}$ (2) $3\sqrt{2}$, $2\sqrt{5}$, $\dfrac{14}{3}$ (3) $\dfrac{2}{\sqrt{3}}$, $\sqrt{\dfrac{2}{3}}$, $\dfrac{2}{3}$, $\dfrac{\sqrt{2}}{3}$

解説

(1) $3.3^2=10.89$, $\left(\dfrac{10}{3}\right)^2=\dfrac{100}{9}=11.11\cdots$, $(\sqrt{11})^2=11$

$10.89<11<11.11\cdots$ だから，

$3.3<\sqrt{11}<\dfrac{10}{3}$

したがって，もっとも大きい数は，$\dfrac{10}{3}$

(2) $(2\sqrt{5})^2=20$, $(3\sqrt{2})^2=18$, $\left(\dfrac{14}{3}\right)^2=\dfrac{196}{9}=21.7\cdots$

$18<20<21.7\cdots$ だから，

$(3\sqrt{2})^2<(2\sqrt{5})^2<\left(\dfrac{14}{3}\right)^2$

したがって，$3\sqrt{2}<2\sqrt{5}<\dfrac{14}{3}$

(3) $\left(\dfrac{2}{3}\right)^2=\dfrac{4}{9}$, $\left(\sqrt{\dfrac{2}{3}}\right)^2=\dfrac{2}{3}=\dfrac{6}{9}$,

$\left(\dfrac{2}{\sqrt{3}}\right)^2=\dfrac{4}{3}=\dfrac{12}{9}$, $\left(\dfrac{\sqrt{2}}{3}\right)^2=\dfrac{2}{9}$

$\dfrac{2}{9}<\dfrac{4}{9}<\dfrac{6}{9}<\dfrac{12}{9}$ だから，

$\left(\dfrac{\sqrt{2}}{3}\right)^2<\left(\dfrac{2}{3}\right)^2<\left(\sqrt{\dfrac{2}{3}}\right)^2<\left(\dfrac{2}{\sqrt{3}}\right)^2$

したがって，$\dfrac{\sqrt{2}}{3}<\dfrac{2}{3}<\sqrt{\dfrac{2}{3}}<\dfrac{2}{\sqrt{3}}$

3

(1) 5 (2) 6

解説

(1) $20.25<21<21.16$ より，$4.5^2<21<4.6^2$
よって，$4.5<\sqrt{21}<4.6$ したがって，$\sqrt{21}$ の小数第 1 位の数は 5 である。
(2) $9.6^2=92.16$, $9.7^2=94.09$ より，
$92.16<93<94.09$ だから，$9.6^2<93<9.7^2$
$9.6<\sqrt{93}<9.7$
よって，$\sqrt{93}$ の小数第 1 位の数は 6 である。

4

(1) 2 (2) 0

解説

(1) $1<3<4$ より，$1<\sqrt{3}<2$
したがって，$\sqrt{3}$ の整数部分は 1 だから，
$a=1+2=3$ で，$b=(\sqrt{3}+2)-a=\sqrt{3}-1$
$b^2+\dfrac{2}{3}ab=(\sqrt{3}-1)^2+\dfrac{2}{3}\times3\times(\sqrt{3}-1)=2$
(2) $100<119<121$ より，$10<\sqrt{119}<11$
したがって，$\sqrt{119}$ の整数部分は 10 だから，
$x=\sqrt{119}-10$, $x+10=\sqrt{119}$
両辺を 2 乗すると，$(x+10)^2=(\sqrt{119})^2$
$x^2+20x+100=119$, $x^2=-20x+19\cdots$①
①より，$x^3=x(-20x+19)=-20x^2+19x\cdots$②
①，②を用いて，求める式を変形すると，
x^3+21x^2+x-19
$=(-20x^2+19x)+21x^2+x-19$
$=x^2+20x-19=(-20x+19)+20x-19=0$

5

(1) 14 個 (2) $n=7$ (3) 23 個 (4) 4 個

解説

(1) $\sqrt{20}\leqq\sqrt{x^2}\leqq11$ より，$20\leqq x^2\leqq11^2$
よって，x^2 は 5^2, 6^2, 7^2, 8^2, 9^2, 10^2, 11^2
x は整数だから，x は ±5, ±6, ±7, ±8, ±9, ±10, ±11 の全部で 14 個ある。
(2) $\sqrt{252n}=\sqrt{2^2\times3^2\times7\times n}$ だから，$n=7$ のとき，
$\sqrt{252n}=\sqrt{2^2\times3^2\times7\times7}=\sqrt{(2\times3\times7)^2}$
$=\sqrt{42^2}=42$ より，整数となる。
したがって，$n=7$
(3) $\sqrt{2018-2n}=\sqrt{2(1009-n)}$ が整数となるのは，
$1009-n=0$ または，$1009-n=2\times$(自然数)^2 のときである。

$1009-n=0$ のとき，$n=1009$
$1009-n=2\times1^2$ のとき，$n=1007$
$1009-n=2\times2^2$ のとき，$n=1001$
$\vdots$
$1009-n=2\times22^2$ のとき，$n=41$
より，自然数 n は全部で 23 個ある。

(4) $\sqrt{\dfrac{504}{n}}=\sqrt{\dfrac{2^3\times3^2\times7}{n}}$ が整数となるのは，
$n=2\times7$，$2^3\times7$，$2\times3^2\times7$，$2^3\times3^2\times7$，すなわち，n が 14，56，126，504 のときで，全部で 4 個ある。

6

(1) 2　(2) $4\sqrt{3}$　(3) 7　(4) $-2\sqrt{2}$

解説

(1) $\sqrt{28}\div\sqrt{7}=\sqrt{\dfrac{28}{7}}=\sqrt{4}=2$

(2) $\sqrt{2}\times2\sqrt{6}=\sqrt{2}\times2\times\sqrt{2}\times\sqrt{3}=2\times2\times\sqrt{3}$
$=4\sqrt{3}$

(3) $\sqrt{7}\times\sqrt{21}\div\sqrt{3}=\sqrt{7}\times\sqrt{21}\times\dfrac{1}{\sqrt{3}}$
$=\sqrt{7}\times\sqrt{7}=7$

(4) $\sqrt{48}\div\sqrt{2}\div(-\sqrt{3})=\sqrt{48}\times\dfrac{1}{\sqrt{2}}\times\left(-\dfrac{1}{\sqrt{3}}\right)$
$=-\dfrac{\sqrt{48}}{\sqrt{2}\times\sqrt{3}}=-\sqrt{\dfrac{48}{2\times3}}=-\sqrt{8}=-2\sqrt{2}$

7

(1) $129.5\leqq a<130.5$　(2) 8.439×10^6t

解説

(1)小数第 1 位を四捨五入した値だから，ある数 a がもっとも小さいときは，$a=129.5$。$a=130.5$ のとき，四捨五入すると 131 となるから，a は 130.5 より小さく，$129.5\leqq a<130.5$

(2)有効数字は 8，4，3，9 の 4 けただから，
$8439000=8.439\times1000000=8.439\times10^6$

8

(1) $\sqrt{3}$　(2) $5\sqrt{2}$　(3) $5\sqrt{6}$　(4) $-\sqrt{3}$
(5) $\dfrac{9\sqrt{7}}{7}$　(6) $-\sqrt{6}$

解説

(1) $\sqrt{75}-4\sqrt{3}=\sqrt{5^2\times3}-4\sqrt{3}=5\sqrt{3}-4\sqrt{3}=\sqrt{3}$

(2) $\sqrt{18}-\sqrt{32}+3\sqrt{8}$
$=\sqrt{3^2\times2}-\sqrt{4^2\times2}+3\times\sqrt{2^2\times2}$

$=3\sqrt{2}-4\sqrt{2}+3\times2\sqrt{2}=3\sqrt{2}-4\sqrt{2}+6\sqrt{2}$
$=5\sqrt{2}$

(3) $\dfrac{18}{\sqrt{6}}+\sqrt{24}=\dfrac{18\times\sqrt{6}}{\sqrt{6}\times\sqrt{6}}+\sqrt{2^2\times6}$
$=\dfrac{18\sqrt{6}}{6}+2\sqrt{6}=3\sqrt{6}+2\sqrt{6}=5\sqrt{6}$

(4) $\dfrac{6}{\sqrt{3}}-\sqrt{27}=\dfrac{6\times\sqrt{3}}{\sqrt{3}\times\sqrt{3}}-\sqrt{3^2\times3}$
$=\dfrac{6\sqrt{3}}{3}-3\sqrt{3}=2\sqrt{3}-3\sqrt{3}=-\sqrt{3}$

(5) $\sqrt{63}+\dfrac{2}{\sqrt{7}}-\sqrt{28}=\sqrt{3^2\times7}+\dfrac{2\times\sqrt{7}}{\sqrt{7}\times\sqrt{7}}-\sqrt{2^2\times7}$
$=3\sqrt{7}+\dfrac{2\sqrt{7}}{7}-2\sqrt{7}=\dfrac{9\sqrt{7}}{7}$

(6) $\sqrt{\dfrac{50}{3}}-\dfrac{12}{\sqrt{6}}-\sqrt{\dfrac{8}{3}}$
$=\dfrac{\sqrt{5^2\times2}}{\sqrt{3}}-\dfrac{12\times\sqrt{6}}{\sqrt{6}\times\sqrt{6}}-\dfrac{\sqrt{2^2\times2}}{\sqrt{3}}$
$=\dfrac{5\sqrt{2}}{\sqrt{3}}-\dfrac{12\sqrt{6}}{6}-\dfrac{2\sqrt{2}}{\sqrt{3}}$
$=\dfrac{5\sqrt{2}\times\sqrt{3}}{\sqrt{3}\times\sqrt{3}}-2\sqrt{6}-\dfrac{2\sqrt{2}\times\sqrt{3}}{\sqrt{3}\times\sqrt{3}}$
$=\dfrac{5\sqrt{6}}{3}-2\sqrt{6}-\dfrac{2\sqrt{6}}{3}=-\sqrt{6}$

9

(1) $11\sqrt{3}$　(2) $5\sqrt{7}$　(3) $6\sqrt{2}$　(4) $\dfrac{\sqrt{6}}{18}$　(5) $3\sqrt{3}$

解説

(1) $\sqrt{27}+\sqrt{24}\times\sqrt{8}$
$=3\sqrt{3}+2\sqrt{6}\times2\sqrt{2}$
$=3\sqrt{3}+4\times\sqrt{2}\times\sqrt{3}\times\sqrt{2}$
$=3\sqrt{3}+8\sqrt{3}=11\sqrt{3}$

(2) $\dfrac{14}{\sqrt{7}}+\sqrt{3}\times\sqrt{21}=\dfrac{14\times\sqrt{7}}{\sqrt{7}\times\sqrt{7}}+\sqrt{3}\times\sqrt{3}\times\sqrt{7}$
$=\dfrac{14\sqrt{7}}{7}+3\sqrt{7}=2\sqrt{7}+3\sqrt{7}=5\sqrt{7}$

(3) $5\sqrt{2}+\sqrt{6}\div\sqrt{3}=5\sqrt{2}+\sqrt{\dfrac{6}{3}}=5\sqrt{2}+\sqrt{2}=6\sqrt{2}$

(4) $\dfrac{2}{\sqrt{54}}-\dfrac{3}{\sqrt{27}}\div\sqrt{18}=\dfrac{2}{3\sqrt{6}}-\dfrac{3}{3\sqrt{3}}\div3\sqrt{2}$
$=\dfrac{2}{3\sqrt{6}}-\dfrac{1}{\sqrt{3}}\times\dfrac{1}{3\sqrt{2}}=\dfrac{2}{3\sqrt{6}}-\dfrac{1}{3\sqrt{6}}=\dfrac{1}{3\sqrt{6}}$
$=\dfrac{\sqrt{6}}{3\sqrt{6}\times\sqrt{6}}=\dfrac{\sqrt{6}}{3\times6}=\dfrac{\sqrt{6}}{18}$

(5) $5\sqrt{3}-2\sqrt{18}-(\sqrt{2}-2\sqrt{3})\times\sqrt{6}$
$=5\sqrt{3}-2\times3\sqrt{2}-\sqrt{2}\times\sqrt{6}+2\sqrt{3}\times\sqrt{6}$
$=5\sqrt{3}-6\sqrt{2}-2\sqrt{3}+2\times3\sqrt{2}$
$=5\sqrt{3}-6\sqrt{2}-2\sqrt{3}+6\sqrt{2}=3\sqrt{3}$

(1) $-1+3\sqrt{3}$ (2) $1-5\sqrt{2}$ (3) $9+6\sqrt{2}$

(4) $23-4\sqrt{15}$ (5) 9 (6) $7-5\sqrt{3}$ (7) $11-\sqrt{2}$

(8) $4\sqrt{2}$ (9) $-2\sqrt{30}$ (10) $\dfrac{\sqrt{15}}{3}-\dfrac{2}{3}$ (11) $\dfrac{7\sqrt{10}}{30}$

解説

(1) $(\sqrt{3}+4)(\sqrt{3}-1)$
$=(\sqrt{3})^2+(4-1)\sqrt{3}+4\times(-1)$
$=3+3\sqrt{3}-4=-1+3\sqrt{3}$

(2) $(\sqrt{8}+1)(\sqrt{2}-3)=(2\sqrt{2}+1)(\sqrt{2}-3)$
$=2\times(\sqrt{2})^2-6\sqrt{2}+\sqrt{2}-3$
$=4-5\sqrt{2}-3=1-5\sqrt{2}$

(3) $(\sqrt{6}+\sqrt{3})^2=(\sqrt{6})^2+2\times\sqrt{3}\times\sqrt{6}+(\sqrt{3})^2$
$=6+2\sqrt{18}+3=6+2\times3\sqrt{2}+3=9+6\sqrt{2}$

(4) $(\sqrt{3}-2\sqrt{5})^2$
$=(\sqrt{3})^2-2\times2\sqrt{5}\times\sqrt{3}+(2\sqrt{5})^2$
$=3-4\sqrt{15}+20=23-4\sqrt{15}$

(5) $(\sqrt{13}+2)(\sqrt{13}-2)=(\sqrt{13})^2-2^2=13-4=9$

(6) $(\sqrt{3}-2)^2-\dfrac{6}{\sqrt{12}}=3-4\sqrt{3}+4-\dfrac{6\sqrt{12}}{12}$
$=7-4\sqrt{3}-\dfrac{12\sqrt{3}}{12}=7-4\sqrt{3}-\sqrt{3}$
$=7-5\sqrt{3}$

(7) $(3\sqrt{2}-1)(2\sqrt{2}+1)-\dfrac{4}{\sqrt{2}}$
$=3\times2\times(\sqrt{2})^2+3\sqrt{2}-2\sqrt{2}-1-\dfrac{4\sqrt{2}}{2}$
$=12+\sqrt{2}-1-2\sqrt{2}=11-\sqrt{2}$

(8) $\dfrac{(\sqrt{6}-\sqrt{2})^2}{\sqrt{2}}+2\sqrt{6}$
$=\dfrac{6-4\sqrt{3}+2}{\sqrt{2}}+2\sqrt{6}$
$=\dfrac{8-4\sqrt{3}}{\sqrt{2}}+2\sqrt{6}$
$=\dfrac{(8-4\sqrt{3})\times\sqrt{2}}{2}+2\sqrt{6}$
$=4\sqrt{2}-2\sqrt{6}+2\sqrt{6}=4\sqrt{2}$

(9) $(\sqrt{11}+\sqrt{6}+\sqrt{5})(\sqrt{11}-\sqrt{6}-\sqrt{5})$
$=\{\sqrt{11}+(\sqrt{6}+\sqrt{5})\}\{\sqrt{11}-(\sqrt{6}+\sqrt{5})\}$
$=(\sqrt{11})^2-(\sqrt{6}+\sqrt{5})^2=11-(6+2\sqrt{30}+5)$
$=11-6-2\sqrt{30}-5=-2\sqrt{30}$

(10) $\dfrac{1}{\sqrt{15}}(5+\sqrt{5})-\dfrac{1}{2}\left(1+\dfrac{1}{\sqrt{3}}\right)^2$
$=\dfrac{1}{\sqrt{3}\times\sqrt{5}}(5+\sqrt{5})-\dfrac{1}{2}\left(1+\dfrac{2}{\sqrt{3}}+\dfrac{1}{3}\right)$
$=\dfrac{\sqrt{5}}{\sqrt{3}}+\dfrac{1}{\sqrt{3}}-\dfrac{2}{3}-\dfrac{1}{\sqrt{3}}$

$=\dfrac{\sqrt{5}\times\sqrt{3}}{\sqrt{3}\times\sqrt{3}}-\dfrac{2}{3}=\dfrac{\sqrt{15}}{3}-\dfrac{2}{3}$

(11) $\dfrac{\sqrt{5}}{5\sqrt{2}-2\sqrt{5}}-\dfrac{\sqrt{2}}{5\sqrt{2}+2\sqrt{5}}$
$=\dfrac{\sqrt{5}(5\sqrt{2}+2\sqrt{5})-\sqrt{2}(5\sqrt{2}-2\sqrt{5})}{(5\sqrt{2}-2\sqrt{5})(5\sqrt{2}+2\sqrt{5})}$
$=\dfrac{5\sqrt{10}+10-10+2\sqrt{10}}{(5\sqrt{2})^2-(2\sqrt{5})^2}=\dfrac{7\sqrt{10}}{50-20}=\dfrac{7\sqrt{10}}{30}$

11

(1) 2 (2) -11 (3) $4\sqrt{10}$ (4) $\sqrt{21}$ (5) 18

解説

(1) $x^2-6x+9=(x-3)^2=\{(\sqrt{2}+3)-3\}^2=2$

(2) $x^2-10x+2=(x^2-10x+25)-23$
$=(x-5)^2-23=\{(5-2\sqrt{3})-5\}^2-23$
$=(-2\sqrt{3})^2-23=12-23=-11$

(3) $x^2-y^2=(x+y)(x-y)$
$=\{(\sqrt{5}+\sqrt{2})+(\sqrt{5}-\sqrt{2})\}$
$\qquad\times\{(\sqrt{5}+\sqrt{2})-(\sqrt{5}-\sqrt{2})\}$
$=2\sqrt{5}\times2\sqrt{2}=4\sqrt{10}$

(4) $\dfrac{x}{y}-\dfrac{y}{x}=\dfrac{x^2-y^2}{xy}=\dfrac{(x+y)(x-y)}{xy}$
$=\dfrac{\{(\sqrt{7}+\sqrt{3})+(\sqrt{7}-\sqrt{3})\}\{(\sqrt{7}+\sqrt{3})-(\sqrt{7}-\sqrt{3})\}}{(\sqrt{7}+\sqrt{3})(\sqrt{7}-\sqrt{3})}$
$=\dfrac{2\sqrt{7}\times2\sqrt{3}}{7-3}=\sqrt{21}$

(5) $x+y=\dfrac{1}{\sqrt{5}+2}+\dfrac{1}{\sqrt{5}-2}$
$=\dfrac{\sqrt{5}-2}{(\sqrt{5}+2)(\sqrt{5}-2)}+\dfrac{\sqrt{5}+2}{(\sqrt{5}-2)(\sqrt{5}+2)}$
$=\dfrac{\sqrt{5}-2+\sqrt{5}+2}{(\sqrt{5}+2)(\sqrt{5}-2)}=\dfrac{2\sqrt{5}}{5-4}=2\sqrt{5}$

$xy=\dfrac{1}{\sqrt{5}+2}\times\dfrac{1}{\sqrt{5}-2}=\dfrac{1}{(\sqrt{5}+2)(\sqrt{5}-2)}=1$

よって，

$x^2+y^2=(x+y)^2-2xy=(2\sqrt{5})^2-2\times1=18$

方程式編

練習 1

(1) $x=-5$ (2) $x=-15$ (3) $x=-5$

解説

(1) $x+3=-2$　　両辺から 3 をひくと，
$x+3-3=-2-3$, $x=-5$

(2) $-\dfrac{x}{5}=3$　　両辺に -5 をかけると，
$-\dfrac{x}{5}\times(-5)=3\times(-5)$, $x=-15$

(3) $-2x=10$　　両辺を -2 でわると，
$-2x\div(-2)=10\div(-2)$, $x=-5$

練習 2

(1) $x=3$ (2) $t=1$ (3) $x=9$ (4) $x=4$

解説

(1) $x+4=7$
4 を右辺に移項すると， $x=7-4$, $x=3$
(2) $t-3=-2$
-3 を右辺に移項すると， $t=-2+3$, $t=1$
(3) $2x+7=25$
7 を右辺に移項すると，
$2x=25-7$, $2x=18$, $x=9$
(4) $-7=6x-31$
-7 を右辺に，$6x$ を左辺に移項すると，
$-6x=-31+7$, $-6x=-24$, $x=4$

練習 3

(1) $x=3$ (2) $x=4$ (3) $x=-1$ (4) $x=-4$

解説

(1) $x=12-3x$
$-3x$ を左辺に移項すると，
$x+3x=12$, $4x=12$, $x=3$
(2) $8x-3=3x+17$
-3 を右辺に，$3x$ を左辺に移項すると，
$8x-3x=17+3$, $5x=20$, $x=4$

(3) $3x+2=-4x-5$
2 を右辺に，$-4x$ を左辺に移項すると，
$3x+4x=-5-2$, $7x=-7$, $x=-1$
(4) $9x+2=3x-22$
2 を右辺に，$3x$ を左辺に移項すると，
$9x-3x=-22-2$, $6x=-24$, $x=-4$

練習 4

(1) $x=1$ (2) $x=3$ (3) $x=-3$ (4) $x=-2$

解説

(1) $-(x-2)=4-3x$
かっこをはずすと， $-x+2=4-3x$,
$-x+3x=4-2$, $2x=2$, $x=1$
(2) $2(4x-3)=3x+9$
かっこをはずすと， $8x-6=3x+9$,
$8x-3x=9+6$, $5x=15$, $x=3$
(3) $7=x-5-3(x-2)$
かっこをはずすと， $7=x-5-3x+6$,
$-x+3x=-5+6-7$, $2x=-6$, $x=-3$
(4) $-3(2+3x)=2(4-x)$
かっこをはずすと， $-6-9x=8-2x$,
$-9x+2x=8+6$, $-7x=14$, $x=-2$

練習 5

(1) $x=-\dfrac{5}{4}$ (2) $x=10$ (3) $x=-3$ (4) $x=12$

解説

(1) $-1.3x=0.3x+2$
両辺に 10 をかけると， $-13x=3x+20$,
$-13x-3x=20$, $-16x=20$, $x=-\dfrac{5}{4}$
(2) $1.1x-1=0.8x+2$
両辺に 10 をかけると， $11x-10=8x+20$,
$11x-8x=20+10$, $3x=30$, $x=10$
(3) $0.3x+0.75=0.05x$
両辺に 100 をかけると， $30x+75=5x$,
$30x-5x=-75$, $25x=-75$, $x=-3$
(4) $x+1.8=0.6(2x-1)$
両辺に 10 をかけると， $10x+18=6(2x-1)$
かっこをはずすと， $10x+18=12x-6$,
$10x-12x=-6-18$, $-2x=-24$, $x=12$

練習 6

(1) $x=-4$ (2) $x=8$ (3) $x=-2$ (4) $x=2$

(1) $\dfrac{1}{3}x-2=\dfrac{5}{6}x$

両辺に 3 と 6 の最小公倍数 6 をかけると，
$2x-12=5x$, $2x-5x=12$, $-3x=12$,
$x=-4$

(2) $\dfrac{2x-1}{5}-1=\dfrac{x}{4}$

両辺に 5 と 4 の最小公倍数 20 をかけると，
$4(2x-1)-20=5x$, $8x-4-20=5x$,
$8x-5x=4+20$, $3x=24$, $x=8$

(3) $\dfrac{3}{8}x-2=\dfrac{1}{4}+\dfrac{3}{2}x$

両辺に 8 と 4 と 2 の最小公倍数 8 をかけると，
$3x-16=2+12x$, $3x-12x=2+16$,
$-9x=18$, $x=-2$

(4) $\dfrac{x-4}{4}-\dfrac{x-5}{3}=\dfrac{x-1}{2}$

両辺に 4 と 3 と 2 の最小公倍数 12 をかけると，
$3(x-4)-4(x-5)=6(x-1)$,
$3x-12-4x+20=6x-6$,
$3x-4x-6x=-6+12-20$,
$-7x=-14$, $x=2$

練習 7

(1) $x=32$　(2) $x=\dfrac{13}{7}$　(3) $x=10$　(4) $x=-10$

(1) $12:x=3:8$, $12\times 8=x\times 3$, $96=3x$,
　$3x=96$, $x=32$

(2) $(x-1):2=3:7$, $(x-1)\times 7=2\times 3$,
　$7x-7=6$, $7x=13$, $x=\dfrac{13}{7}$

(3) $(x+2):4=(x-1):3$,
　$(x+2)\times 3=4\times(x-1)$, $3x+6=4x-4$,
　$3x-4x=-4-6$, $-x=-10$, $x=10$

(4) $\dfrac{x}{4}:5=\dfrac{x+1}{2}:9$, $\dfrac{x}{4}\times 9=5\times\dfrac{x+1}{2}$

　両辺に 4 と 2 の最小公倍数 4 をかけると，
　$9x=10(x+1)$, $9x=10x+10$, $9x-10x=10$,
　$-x=10$, $x=-10$

練習 8

(1) $a=-\dfrac{2}{5}$　(2) $k=4$

(1) $2ax+5=x+a$
　$x=3$ を代入すると，$2a\times 3+5=3+a$,
　$6a+5=3+a$, $6a-a=3-5$, $5a=-2$, $a=-\dfrac{2}{5}$

(2) $\dfrac{x-k}{4}-\dfrac{x-2k}{3}=2$
　$x=-4$ を代入すると，$\dfrac{-4-k}{4}-\dfrac{-4-2k}{3}=2$
　両辺に 4 と 3 の最小公倍数 12 をかけると，
　$3(-4-k)-4(-4-2k)=24$
　$-12-3k+16+8k=24$,
　$-3k+8k=24+12-16$, $5k=20$, $k=4$

練習 9

(1) $a=\dfrac{1}{2}$　(2) $a=-\dfrac{7}{2}b+\dfrac{3}{4}$

(1) $2.4x-1.7=4.4x+2.3$ を解く。
　両辺に 10 をかけると，$24x-17=44x+23$,
　$-20x=40$, $x=-2$
　$\dfrac{x}{3}-\dfrac{1}{6}=\dfrac{2}{3}x+a$ に $x=-2$ を代入すると，
　$-\dfrac{2}{3}-\dfrac{1}{6}=\dfrac{2}{3}\times(-2)+a$, $-\dfrac{2}{3}-\dfrac{1}{6}=-\dfrac{4}{3}+a$,
　$a=-\dfrac{2}{3}-\dfrac{1}{6}+\dfrac{4}{3}=\dfrac{1}{2}$

(2) $3x=x-4b$ を x について解く。
　$2x=-4b$, $x=-2b$
　$2x-\dfrac{x-3}{4}=a$ に $x=-2b$ を代入すると，
　$2\times(-2b)-\dfrac{-2b-3}{4}=a$, $-4b+\dfrac{2b+3}{4}=a$
　$a=-4b+\dfrac{2b+3}{4}=-4b+\dfrac{b}{2}+\dfrac{3}{4}=-\dfrac{7}{2}b+\dfrac{3}{4}$

練習 10

おにぎり 5 個，いなりずし 7 個

おにぎりの個数を x 個とすると，いなりずし
の個数は，$(12-x)$ 個と表される。したがって，
方程式は，$120x+90(12-x)=1230$
これを解くと，
$120x+1080-90x=1230$, $30x=150$, $x=5$
おにぎりの個数は 5 個。いなりずしの個数は，
$12-5=7$(個)　これらは問題に合っている。

部屋の数 10 部屋, 生徒の人数 68 人

解説

部屋の数を x 部屋とすると, 生徒の人数の関係から, 方程式は, $6x+8=7(x-2)+6×2$
これを解くと, $6x+8=7x-14+12$, $x=10$
部屋の数は 10 部屋。
生徒の人数は, $6×10+8=68$(人)
これらは問題に合っている。

1680 m

解説

A さんが家を出る時刻から始業の時刻までの時間を x 分間とすると, 道のりの関係から, 方程式は, $60(x+5)=80(x-2)$,
$6(x+5)=8(x-2)$, $6x+30=8x-16$,
$-2x=-46$, $x=23$
家から学校までの道のりは,
$60×(23+5)=1680$(m)
これは問題に合っている。

10

解説

ある数を x とすると, 数の大小の関係から, 方程式は, $4x+7=6x-13$
これを解くと, $-2x=-20$, $x=10$
ある数は 10 で, これは問題に合っている。

1000 円

解説

ある商品の原価を x 円とすると, 定価は,
$x×(1+0.3)=1.3x$(円), 売上金額は,
$(1.3x-150)$ 円と表される。
(利益)＝(売上金額)－(原価)の式にあてはめて方程式をつくると,
$(1.3x-150)-x=0.15x$
これを解くと, $0.3x-150=0.15x$,
$30x-15000=15x$, $15x=15000$, $x=1000$
原価 1000 円は問題に合っている。

(1) 250g　(2) 350g

解説

(1) 12％の食塩水を x g 加えるとする。9％の食塩水 500g にふくまれる食塩の重さは,
$500×0.09=45$(g)
12％の食塩水 x g にふくまれる食塩の重さは,
$x×0.12=0.12x$(g)
できた 10％の食塩水$(500+x)$g にふくまれる食塩の重さは,
$(500+x)×0.1=50+0.1x$(g)
食塩の重さの関係から, 方程式は,
$45+0.12x=50+0.1x$
これを解くと, $x=250$
これは問題に合っている。
(2) 20％の食塩水を x g 加えるとする。8％の食塩水 400g にふくまれる食塩の重さは,
$400×0.08=32$(g)
20％の食塩水 x g にふくまれる食塩の重さは,
$x×0.2=0.2x$(g)
できた 12％の食塩水$(400+100+x)$g にふくまれる食塩の重さは,
$(400+100+x)×0.12=60+0.12x$(g)
したがって, 食塩の重さの関係から, 方程式は, $32+0.2x=60+0.12x$
これを解くと, $x=350$
これは問題に合っている。

(1) 25°　(2) $x=18$

解説

(1) $∠POQ=x°$ とすると, △OAB は OA＝AB の二等辺三角形だから, $∠ABO=x°$,
$∠BAC=∠POQ+∠ABO=2x°$
同様に, $∠ABC=2x°$
方程式は, $2x°+2x°=100°$
これを解くと, $x°=25°$
$∠POQ=25°$ は問題に合っている。
(2) 正方形の紙 x 枚分の面積から, のりしろ全体の面積をひくと, $220cm^2$ になるから, 方程式は, $4^2×x-2^2×(x-1)=220$
これを解くと, $x=18$
これは問題に合っている。

$3(2x-1)=-9$

$\underline{\text{かっこをはずす}}_{\text{ア}}$と，$6x-3=-9$

$\underline{-3\text{を移項する}}_{\text{イ}}$と，$6x=-9+3$

$\underline{\text{右辺を整理する}}_{\text{ウ}}$と，$6x=-6$

$\underline{\text{両辺を6でわる}}_{\text{エ}}$と，$x=-1$

「-3を移項する$_{\text{イ}}$」は，「等式の両辺に同じ数を
たしても，等式は成り立つ」という性質を利用
している。

2

(1) $x=5$　(2) $x=7$　(3) $x=6$　(4) $x=-2$

(5) $x=5$　(6) $x=8$　(7) $x=\dfrac{4}{5}$　(8) $x=-17$

(1) $x=3x-10$, $x-3x=-10$, $-2x=-10$,
$x=5$

(2) $2x+8=5x-13$, $2x-5x=-13-8$,
$-3x=-21$, $x=7$

(3) $5x=3(x+4)$, $5x=3x+12$, $5x-3x=12$,
$2x=12$, $x=6$

(4) $2(3x+2)=-8$, $6x+4=-8$, $6x=-8-4$,
$6x=-12$, $x=-2$

(5) $1.3x-2=0.7x+1$
両辺に 10 をかけると，$13x-20=7x+10$,
$13x-7x=10+20$, $6x=30$, $x=5$

(6) $x+3.5=0.5(3x-1)$
両辺に 10 をかけると，$10x+35=5(3x-1)$,
$10x+35=15x-5$, $10x-15x=-5-35$,
$-5x=-40$, $x=8$

(7) $\dfrac{3x+4}{2}=4x$

両辺に 2 をかけると，$3x+4=8x$,

$3x-8x=-4$, $-5x=-4$, $x=\dfrac{4}{5}$

(8) $\dfrac{x-4}{3}+\dfrac{7-x}{2}=5$

両辺に 3 と 2 の最小公倍数 6 をかけると，
$2(x-4)+3(7-x)=30$,
$2x-8+21-3x=30$,
$2x-3x=30+8-21$, $-x=17$, $x=-17$

3

(1) $x=10$　(2) $x=15$　(3) $x=\dfrac{7}{2}$　(4) $x=\dfrac{3}{2}$

(5) $x=-16$　(6) $x=10$

解なし

和が 50 である 2 つの自然数のうち大きいほう
の数を x とすると，小さいほうの数は
$50-x$ と表される。2 つの自然数の差が 35 で
あるから，方程式は，$x-(50-x)=35$
これを解くと，$x-50+x-35$, $2x=85$,
$x=42.5$
x は自然数だから，42.5 は問題の答えとしては
適当ではなく，問題に合わない。

(1) $x<2$　(2) $x\leqq2$　(3) $x\geqq-4$　(4) $x<5$

(1) $2(x-3)<-x$
かっこをはずすと，$2x-6<-x$,
$2x+x<6$, $3x<6$, $x<2$

(2) $0.4x\leqq1-0.1x$
両辺に 10 をかけると，$4x\leqq10-x$,
$4x+x\leqq10$, $5x\leqq10$, $x\leqq2$

(3) $x+3\geqq\dfrac{1}{4}x$

両辺に 4 をかけると，$4x+12\geqq x$,
$4x-x\geqq-12$, $3x\geqq-12$, $x\geqq-4$

(4) $\dfrac{x+1}{3}>\dfrac{x-1}{2}$

両辺に 3 と 2 の最小公倍数 6 をかけると，
$2(x+1)>3(x-1)$, $2x+2>3x-3$,
$2x-3x>-3-2$, $-x>-5$
両辺に -1 をかけると不等号の向きが変わる
から，$x<5$

章末問題　本冊 p.152～153

1

イ

(1) $x:6=5:3$, $x\times3=6\times5$, $3x=30$, $x=10$
(2) $6:8=x:20$, $6\times20=8\times x$, $120=8x$,
$8x=120$, $x=15$
(3) $2:5=3:(x+4)$, $2\times(x+4)=5\times3$,
$2x+8=15$, $2x=7$, $x=\dfrac{7}{2}$
(4) $5:(9-x)=2:3$, $5\times3=(9-x)\times2$,
$15=18-2x$, $2x=18-15$, $2x=3$, $x=\dfrac{3}{2}$
(5) $(x-4):x=5:4$, $(x-4)\times4=x\times5$,
$4x-16=5x$, $4x-5x=16$, $-x=16$, $x=-16$
(6) $(x-4):3=x:5$, $(x-4)\times5=3\times x$,
$5x-20=3x$, $5x-3x=20$, $2x=20$, $x=10$

4

(1) $a=-3$ (2) $a=17$

(1) $3x-4=x-2a$
$x=5$ を代入すると, $3\times5-4=5-2a$,
$11=5-2a$, $2a=5-11$, $2a=-6$, $a=-3$
(2) $\dfrac{4-ax}{5}=\dfrac{5-a}{2}$

$x=2$ を代入すると, $\dfrac{4-2a}{5}=\dfrac{5-a}{2}$

両辺に 5 と 2 の最小公倍数 10 をかけると,
$2(4-2a)=5(5-a)$, $8-4a=25-5a$,
$-4a+5a=25-8$, $a=17$

5

9 歳

妹が今日で x 歳になったとすると, 昨年の妹の
誕生日のとき, 妹の年齢を 2 倍した年齢が蘭子
さんの年齢になることから, 今日の蘭子さんの
年齢は, $(x-1)\times2+1=2x-1$(歳)
妹が生まれたときの父の年齢は, 当時の蘭子さ
んの年齢の 5 倍になることから, 今日の父の年
齢は, $\{(2x-1)-x\}\times5+x=6x-5$(歳)
今日の母の年齢は, 今日の父の年齢より 2 歳年
上であることから, 今日の母の年齢は,
$(6x-5)+2=6x-3$(歳) 　方程式は,
$x+(2x-1)+(6x-5)+(6x-3)=126$
これを解くと, $15x=135$, $x=9$
今日の妹の年齢は 9 歳で, 問題に合っている。

6

63 人

長いすの数を x 脚とすると, 生徒の人数の関
係から, 方程式は, $6x+3=7(x-1)$
これを解くと, $6x+3=7x-7$, $-x=-10$,
$x=10$
生徒の人数は, $6\times10+3=63$(人)
これは問題に合っている。

7

$\dfrac{3}{5}$ km

家から B バス停留所までの道のりを x km とす
ると, B バス停留所から A 高校前バス停留所
までの道のりは, $(12-x)$ km と表される。姉
が家から A 高校前バス停留所まで行くのにか
かった時間は, $\dfrac{x}{4}+\dfrac{12-x}{36}$(時間)
弟が家から A 高校前バス停留所まで行くのに
かかった時間は, $\dfrac{12}{15}$(時間)
時間の関係について,
方程式は, $\dfrac{x}{4}+\dfrac{12-x}{36}+\dfrac{20}{60}=\dfrac{12}{15}$
これを解くと, $x=\dfrac{3}{5}$
家から B バス停留所までの道のりは $\dfrac{3}{5}$ km
これは問題に合っている。

8

$a=20$

解説

原価600円の品物を50個仕入れたときの総額は，$600 \times 50 = 30000$（円）

品物1個について，

定価は，$600 \times \left(1 + \dfrac{a}{100}\right) = 600 + 6a$（円）

定価から150円を引いた価格は，

$(600 + 6a) - 150 = 450 + 6a$（円）

（利益）＝（売上金額）－（原価）の式にあてはめて方程式をつくると，

$30(600 + 6a) + 20(450 + 6a) - 30000$

$\qquad = \{50(600 + 6a) - 30000\} \times \dfrac{50}{100}$

これを解くと，

$3(600 + 6a) + 2(450 + 6a) - 3000$

$\qquad = \{5(600 + 6a) - 3000\} \times \dfrac{1}{2}$

$30a - 300 = 15a, \quad 15a = 300, \quad a = 20$

これは問題に合っている。

9

12個

解説

Bの箱から取り出した白玉の個数を x 個とすると，Aの箱から取り出した赤玉の個数は $2x$ 個と表される。

方程式は，$(45 - 2x) : (27 - x) = 7 : 5$

これを解くと，$(45 - 2x) \times 5 = (27 - x) \times 7$，

$225 - 10x = 189 - 7x, \quad -3x = -36, \quad x = 12$

Bの箱から取り出した白玉の個数は12個。

これは問題に合っている。

第2章　連立方程式　本冊 p.156～173

練習 19

(1) $x = -1, \ y = -2$　(2) $x = -3, \ y = 6$

解説

(1) $\begin{cases} 3x - 5y = 7 & \cdots\text{①} \\ x + 4y = -9 & \cdots\text{②} \end{cases}$

①－②×3 より，$-17y = 34, \ y = -2$

これを②に代入して，$x - 8 = -9, \ x = -1$

---

(2) $\begin{cases} 2x + 3y = 12 & \cdots\text{①} \\ 3x - 2y = -21 & \cdots\text{②} \end{cases}$

①×3－②×2 より，$13y = 78, \ y = 6$

これを②に代入して，$3x - 12 = -21$，

$3x = -9, \ x = -3$

練習 20

(1) $x = 3, \ y = -6$　(2) $x = -16, \ y = 5$

解説

(1) $\begin{cases} 2y = -x - 9 & \cdots\text{①} \\ 7x + 2y = 9 & \cdots\text{②} \end{cases}$

①を②に代入して，$7x + (-x - 9) = 9$，

$7x - x - 9 = 9, \ 6x = 18, \ x = 3$

これを①に代入して，$2y = -12, \ y = -6$

(2) $\begin{cases} x = -2y - 6 & \cdots\text{①} \\ x = -5y + 9 & \cdots\text{②} \end{cases}$

①を②に代入して，$-2y - 6 = -5y + 9$，

$3y = 15, \ y = 5$

これを①に代入して，$x = -10 - 6 = -16$

練習 21

(1) $x = -2, \ y = 3$　(2) $x = \dfrac{5}{2}, \ y = -\dfrac{1}{2}$

解説

(1) $\begin{cases} 2(x - 6y) + 9y = -13 & \cdots\text{①} \\ 3x + 4y = 6 & \cdots\text{②} \end{cases}$

①より，$2x - 12y + 9y = -13$，

$2x - 3y = -13 \quad \cdots\text{①}'$

①'×3－②×2 より，$-17y = -51, \ y = 3$

これを②に代入して，$3x + 12 = 6, \ 3x = -6$，

$x = -2$

(2) $\begin{cases} 2x - (y - 5x) = 18 & \cdots\text{①} \\ 5(x - y) - 2y = 16 & \cdots\text{②} \end{cases}$

①より，$2x - y + 5x = 18, \ 7x - y = 18 \quad \cdots\text{①}'$

②より，$5x - 5y - 2y = 16, \ 5x - 7y = 16 \cdots\text{②}'$

①'×7－②'より，$44x = 110, \ x = \dfrac{5}{2}$

これを②'に代入して，$\dfrac{25}{2} - 7y = 16$，

$-7y = \dfrac{7}{2}, \ y = -\dfrac{1}{2}$

(1) $x=1$, $y=-5$ (2) $x=16$, $y=18$

解説

(1) $\begin{cases} x-0.3y=2.5 & \cdots\text{①} \\ 6x+y=1 & \cdots\text{②} \end{cases}$

①×10 より, $10x-3y=25$ …①′
①′+②×3 より, $28x=28$, $x=1$
これを②に代入して, $6+y=1$, $y=-5$

(2) $\begin{cases} 0.4x-0.3y=1 & \cdots\text{①} \\ 0.16x-0.27y=-2.3 & \cdots\text{②} \end{cases}$

①×10 より, $4x-3y=10$ …①′
②×100 より, $16x-27y=-230$ …②′
①′×4−②′より, $15y=270$, $y=18$
これを①′に代入して,
$4x-54=10$, $4x=64$, $x=16$

(1) $x=3$, $y=3$ (2) $x=-2$, $y=-\dfrac{1}{2}$

(3) $x=-13$, $y=\dfrac{5}{2}$ (4) $x=-2$, $y=-6$

解説

(1) $\begin{cases} 4x-5y=-3 & \cdots\text{①} \\ \dfrac{1}{3}x+\dfrac{1}{2}y=\dfrac{5}{2} & \cdots\text{②} \end{cases}$

②×6 より, $2x+3y=15$ …②′
①−②′×2 より, $-11y=-33$, $y=3$
これを②′に代入して, $2x+9=15$, $2x=6$,
$x=3$

(2) $\begin{cases} 13x+12y=-32 & \cdots\text{①} \\ y=\dfrac{2x+3}{2} & \cdots\text{②} \end{cases}$

②を①に代入して, $13x+6(2x+3)=-32$,
$13x+12x+18=-32$, $25x=-50$, $x=-2$
これを②に代入して,
$y=\dfrac{2\times(-2)+3}{2}=-\dfrac{1}{2}$

(3) $\begin{cases} \dfrac{x-4}{8}=\dfrac{2x+7y}{4} & \cdots\text{①} \\ x+6y=2 & \cdots\text{②} \end{cases}$

①×8 より, $x-4=2(2x+7y)$,
$x-4=4x+14y$, $-3x-14y=4$ …①′

①′+②×3 より, $4y=10$, $y=\dfrac{5}{2}$

これを②に代入して, $x+15=2$, $x=-13$

(4) $\begin{cases} 3(x-1)-2y=3 & \cdots\text{①} \\ 2x-\dfrac{y-3}{3}=-1 & \cdots\text{②} \end{cases}$

①より, $3x-3-2y=3$, $3x-2y=6$ …①′
②より, $6x-(y-3)=-3$, $6x-y=-6$…②′
①′−②′×2 より, $-9x=18$, $x=-2$
これを②′に代入して, $-12-y=-6$,
$-y=6$, $y=-6$

(1) $x=2$, $y=-1$ (2) $x=-3$, $y=2$

解説

(1) $4x+3y=3x+y=5$

$\begin{cases} 4x+3y=5 & \cdots\text{①} \\ 3x+y=5 & \cdots\text{②} \end{cases}$ とすると,

①−②×3 より, $-5x=-10$, $x=2$
これを②に代入して, $6+y=5$, $y=-1$

(2) $\dfrac{3x+2y}{5}=\dfrac{2x+y}{4}=x+2$

$\begin{cases} \dfrac{3x+2y}{5}=x+2 & \cdots\text{①} \\ \dfrac{2x+y}{4}=x+2 & \cdots\text{②} \end{cases}$ とすると,

①×5 より, $3x+2y=5(x+2)$,
$3x+2y=5x+10$, $-2x+2y=10$,
$-x+y=5$ …①′
②×4 より, $2x+y=4(x+2)$, $2x+y=4x+8$,
$-2x+y=8$ …②′
①′−②′より, $x=-3$
これを①′に代入して, $3+y=5$, $y=2$

(1)解なし (2)解は無数 (3) $x=0$, $y=0$

解説

(1) $\begin{cases} 3x-2y=-1 & \cdots\text{①} \\ 9x-6y=-2 & \cdots\text{②} \end{cases}$

①×3 より, $9x-6y=-3$
この式の左辺は, ②の左辺と同じだから,
$-3=-2$ となり, このことは矛盾である。
したがって, ①, ②のどちらも成り立たせ
る解はない。

(2) $\begin{cases} 4x+6y=2 & \cdots\text{①} \\ 2x+3y=1 & \cdots\text{②} \end{cases}$

②×2 より，$4x+6y=2$
これは①と同じだから，解は無数にある。

(3) $\begin{cases} 4x=3y & \cdots\text{①} \\ x=y & \cdots\text{②} \end{cases}$

②を①に代入して，$4y=3y$，$y=0$
これを②に代入して，$x=0$

練習 26

(1) $x=-2$，$y=3$，$z=-1$
(2) $x=2$，$y=0$，$z=-1$

解説

(1) $\begin{cases} x+y=1 & \cdots\text{①} \\ y+z=2 & \cdots\text{②} \\ z+x=-3 & \cdots\text{③} \end{cases}$

①－②より，$x-z=-1$ …④
③＋④より，$2x=-4$，$x=-2$
$x=-2$ を①に代入して，$-2+y=1$，$y=3$
$x=-2$ を③に代入して，$z-2=-3$，$z=-1$

(2) $\begin{cases} 2x-y+z=3 & \cdots\text{①} \\ 3x+2y-4z=10 & \cdots\text{②} \\ x+3y-2z=4 & \cdots\text{③} \end{cases}$

①×2＋②より，$7x-2z=16$ …④
①×3＋③より，$7x+z=13$ …⑤
④－⑤より，$-3z=3$，$z=-1$
$z=-1$ を④に代入して，
$7x+2=16$，$7x=14$，$x=2$
$x=2$，$z=-1$ を③に代入して，
$2+3y+2=4$，$3y=0$，$y=0$

練習 27

(1) $x=-2$，$y=-3$　(2) $x=1$，$y=-5$

解説

(1) $\begin{cases} \dfrac{1}{x}-\dfrac{1}{y}=-\dfrac{1}{6} & \cdots\text{①} \\ \dfrac{1}{x}+\dfrac{1}{y}=-\dfrac{5}{6} & \cdots\text{②} \end{cases}$

$\dfrac{1}{x}=X$，$\dfrac{1}{y}=Y$ とおくと，

①より，$X-Y=-\dfrac{1}{6}$ …①′

②より，$X+Y=-\dfrac{5}{6}$ …②′

①′＋②′ より，$2X=-1$

$X=-\dfrac{1}{2}$ より，$\dfrac{1}{x}=-\dfrac{1}{2}$，$x=-2$

$X=-\dfrac{1}{2}$ を②′に代入して，$-\dfrac{1}{2}+Y=-\dfrac{5}{6}$

$Y=-\dfrac{5}{6}+\dfrac{1}{2}=-\dfrac{1}{3}$ より，$\dfrac{1}{y}=-\dfrac{1}{3}$，$y=-3$

(2) $\begin{cases} \dfrac{10}{y}=\dfrac{6}{x}-8 & \cdots\text{①} \\ \dfrac{1}{x}+\dfrac{3}{y}=\dfrac{2}{5} & \cdots\text{②} \end{cases}$

$\dfrac{1}{x}=X$，$\dfrac{1}{y}=Y$ とおくと，

①より，$10Y=6X-8$，$-6X+10Y=-8$，
$3X-5Y=4$ …①′

②より，$X+3Y=\dfrac{2}{5}$ …②′

①′－②′×3 より，$-14Y=\dfrac{14}{5}$

$Y=-\dfrac{1}{5}$ より，$\dfrac{1}{y}=-\dfrac{1}{5}$，$y=-5$

$Y=-\dfrac{1}{5}$ を①′に代入して，$3X+1=4$，$3X=3$

$X=1$ より，$\dfrac{1}{x}=1$，$x=1$

練習 28

(1) $a=-1$，$b=6$　(2) $a=5$

(1) $\begin{cases} ax+by=-15 & \cdots ① \\ bx+ay=20 & \cdots ② \end{cases}$

$x=3$, $y=-2$ を①, ②に代入して,

$\begin{cases} 3a-2b=-15 & \cdots ①' \\ -2a+3b=20 & \cdots ②' \end{cases}$

①′×3+②′×2 より, $5a=-5$, $a=-1$
これを②′に代入して,
$2+3b=20$, $3b=18$, $b=6$

(2) $\begin{cases} 2x+3y=-1 & \cdots ① \\ 5x-4y=32 & \cdots ② \end{cases}$

①×5−②×2 より, $23y=-69$, $y=-3$
これを①に代入して,
$2x-9=-1$, $2x=8$, $x=4$
$x=4$, $y=-3$ を $ax+6y=a-3$ に代入して,
$4a-18=a-3$, $3a=15$, $a=5$

$a=-3$, $b=2$

A $\begin{cases} x+y-1=0 & \cdots ① \\ ax-by-2=0 & \cdots ② \end{cases}$

B $\begin{cases} 2ax-by-14=0 & \cdots ③ \\ 4x-y+21=0 & \cdots ④ \end{cases}$

①+④より, $5x+20=0$, $5x=-20$,
$x=-4$
これを①に代入して, $-4+y-1=0$, $y=5$
$x=-4$, $y=5$ を②, ③に代入して,

$\begin{cases} -4a-5b-2=0 & \cdots ②' \\ -8a-5b-14=0 & \cdots ③' \end{cases}$

②′−③′より, $4a+12=0$, $4a=-12$,
$a=-3$
$a=-3$ を②′に代入して, $12-5b-2=0$,
$-5b=-10$, $b=2$

$x=83$, $y=19$

連立方程式は,

$\begin{cases} x=4y+7 & \cdots ① \\ 3x=13y+2 & \cdots ② \end{cases}$

①を②に代入して, $3(4y+7)=13y+2$,
$12y+21=13y+2$, $-y=-19$, $y=19$
これを①に代入して, $x=76+7=83$
$x=83$, $y=19$ は問題に合っている。

855

もとの整数の百の位の数を x, 十の位の数を y
とすると, 一の位の数も y だから, 連立方程式

は, $\begin{cases} x+2y=18 \\ 100y+10y+x=100x+10y+y-297 \end{cases}$

これを解くと, $x=8$, $y=5$
もとの整数 855 は問題に合っている。

大人 32 人, 子ども 64 人

優待料金で入館した大人と子どもの人数をそれ
ぞれ x 人, y 人とすると, 連立方程式は,

$\begin{cases} x+y+24+30=150 \\ 400x+200y+600\times24+400\times30=52000 \end{cases}$

これを解くと, $x=32$, $y=64$
大人 32 人, 子ども 64 人は問題に合っている。

バスで進んだ道のり 24km, 歩いた道のり 2km

バスで進んだ道のりを $x$km, 歩いた道のりを
$y$km とすると, 連立方程式は, $\begin{cases} x+y=26 \\ \dfrac{x}{36}+\dfrac{y}{4}=\dfrac{7}{6} \end{cases}$

これを解くと, $x=24$, $y=2$
バスで進んだ道のり 24km, 歩いた道のり 2km
は問題に合っている。

左段

練習 34

列車の長さ 220m, 秒速 18m

解説

列車の長さを x m, 列車の速さを秒速 y m とすると, 連立方程式は, $\begin{cases} 35y = 850 - x \\ 25y = x + 230 \end{cases}$

これを解くと, $x = 220$, $y = 18$

列車の長さ 220m, 秒速 18m は問題に合っている。

練習 35

2 年生 250 人, 3 年生 300 人

解説

2 年生の生徒数を x 人, 3 年生の生徒数を y 人とすると, 連立方程式は,

$\begin{cases} y = x + 50 \\ 200 \times \dfrac{30}{100} + x \times \dfrac{18}{100} + y \times \dfrac{25}{100} = (200 + x + y) \times \dfrac{24}{100} \end{cases}$

これを解くと, $x = 250$, $y = 300$

2 年生 250 人, 3 年生 300 人は問題に合っている。

練習 36

$a = 10$, $b = 14$

解説

連立方程式は,

$\begin{cases} 100 \times \dfrac{a}{100} + 100 \times \dfrac{b}{100} = 200 \times \dfrac{12}{100} \\ 200 \times \dfrac{6}{100} + 150 \times \dfrac{a}{100} + 200 \times \dfrac{b}{100} = 550 \times \dfrac{10}{100} \end{cases}$

これを解くと, $a = 10$, $b = 14$

この解は問題に合っている。

章末問題　本冊 p.174〜175

1

(1) $x = 1$, $y = 6$　(2) $x = 4$, $y = 6$
(3) $x = -5$, $y = 3$　(4) $x = 2$, $y = -1$
(5) $x = 2$, $y = -1$　(6) $x = 8$, $y = 2$
(7) $x = 2$, $y = 5$　(8) $x = \sqrt{3} + 2\sqrt{2}$, $y = \sqrt{2} - 2\sqrt{3}$

右段

解説

(1) $\begin{cases} x + y = 7 & \cdots ① \\ 3x - y = -3 & \cdots ② \end{cases}$

①+② より, $4x = 4$, $x = 1$
これを①に代入して, $1 + y = 7$, $y = 6$

(2) $\begin{cases} -x + 2y = 8 & \cdots ① \\ 3x - y = 6 & \cdots ② \end{cases}$

①+②×2 より, $5x = 20$, $x = 4$
これを①に代入して, $-4 + 2y = 8$, $y = 6$

(3) $\begin{cases} 3x + 8y = 9 & \cdots ① \\ x + 4y = 7 & \cdots ② \end{cases}$

①−②×2 より, $x = -5$
これを②に代入して, $-5 + 4y = 7$, $4y = 12$, $y = 3$

(4) $\begin{cases} 3x - 5y = 11 & \cdots ① \\ 7x + 2y = 12 & \cdots ② \end{cases}$

①×2+②×5 より, $41x = 82$, $x = 2$
これを②に代入して, $14 + 2y = 12$, $y = -1$

(5) $\begin{cases} y = 5 - 3x & \cdots ① \\ x - 2y = 4 & \cdots ② \end{cases}$

①を②に代入して, $x - 2(5 - 3x) = 4$,
$x - 10 + 6x = 4$, $7x = 14$, $x = 2$
これを①に代入して, $y = 5 - 6 = -1$

(6) $\begin{cases} 2x - 5y = 6 & \cdots ① \\ x = 3y + 2 & \cdots ② \end{cases}$

②を①に代入して, $2(3y + 2) - 5y = 6$,
$6y + 4 - 5y = 6$, $y = 2$
これを②に代入して, $x = 6 + 2 = 8$

(7) $\begin{cases} 4x + 5 = 3y - 2 & \cdots ① \\ 3x + 2y = 16 & \cdots ② \end{cases}$

①より, $4x - 3y = -7$ $\cdots ①'$
①'×2+②×3 より, $17x = 34$, $x = 2$
これを②に代入して, $6 + 2y = 16$, $y = 5$

(8) $\begin{cases} \sqrt{3}\,x + \sqrt{2}\,y = 5 & \cdots ① \\ \sqrt{2}\,x - \sqrt{3}\,y = 10 & \cdots ② \end{cases}$

①×$\sqrt{3}$+②×$\sqrt{2}$ より,
$3x + 2x = 5\sqrt{3} + 10\sqrt{2}$, $5x = 5\sqrt{3} + 10\sqrt{2}$,
$x = \sqrt{3} + 2\sqrt{2}$
①×$\sqrt{2}$−②×$\sqrt{3}$ より,
$2y + 3y = 5\sqrt{2} - 10\sqrt{3}$, $5y = 5\sqrt{2} - 10\sqrt{3}$,
$y = \sqrt{2} - 2\sqrt{3}$

(1) $x=6$, $y=2$ (2) $x=\dfrac{4}{3}$, $y=-\dfrac{5}{3}$

(3) $x=-1$, $y=-2$ (4) $x=-3$, $y=4$

(5) $x=\dfrac{1}{8}$, $y=\dfrac{1}{2}$ (6) $x=9$, $y=-6$

解説

(1) $\begin{cases} x+2y=10 & \cdots① \\ x:(y+2)=3:2 & \cdots② \end{cases}$

②より，$x\times 2=(y+2)\times 3$，$2x=3y+6$，

$2x-3y=6$ $\cdots②'$

①×2−②'より，$7y=14$，$y=2$

これを①に代入して，$x+4=10$，$x=6$

(2) $\begin{cases} x-4y=8 & \cdots① \\ \dfrac{x}{2}-\dfrac{y}{5}=1 & \cdots② \end{cases}$

②×10より，$5x-2y=10$ $\cdots②'$

①×5−②'より，$-18y=30$，$y=-\dfrac{5}{3}$

これを①に代入して，$x+\dfrac{20}{3}=8$，

$x=8-\dfrac{20}{3}=\dfrac{4}{3}$

(3) $\begin{cases} x+2y=-5 & \cdots① \\ 0.2x-0.15y=0.1 & \cdots② \end{cases}$

②×100より，$20x-15y=10$，

$4x-3y=2$ $\cdots②'$

①×4−②'より，$11y=-22$，$y=-2$

これを①に代入して，$x-4=-5$，$x=-1$

(4) $\begin{cases} 0.34x+0.51y=1.02 & \cdots① \\ \dfrac{x}{5}+\dfrac{y}{7}=-\dfrac{1}{35} & \cdots② \end{cases}$

①×100より，$34x+51y=102$，

$2x+3y=6$ $\cdots①'$

②×35より，$7x+5y=-1$ $\cdots②'$

①'×5−②'×3より，$-11x=33$，$x=-3$

これを①'に代入して，$-6+3y=6$，$3y=12$，

$y=4$

(5) $\begin{cases} \dfrac{x+y}{xy}=10 & \cdots① \\ \dfrac{1}{x}-\dfrac{1}{y}=6 & \cdots② \end{cases}$

①より，$\dfrac{1}{x}+\dfrac{1}{y}=10$ $\cdots①'$

$\dfrac{1}{x}=X$，$\dfrac{1}{y}=Y$とおくと，

①'より，$X+Y=10$ $\cdots①''$

②より，$X-Y=6$ $\cdots②'$

①''+②'より，$2X=16$，$X=8$

$X=8$より，$\dfrac{1}{x}=8$，$x=\dfrac{1}{8}$

$X=8$を①''に代入して，$8+Y=10$，$Y=2$

$Y=2$より，$\dfrac{1}{y}=2$，$y=\dfrac{1}{2}$

(6) $5x+7y=\dfrac{2}{3}x+\dfrac{1}{2}y=3$

$\begin{cases} 5x+7y=3 & \cdots① \\ \dfrac{2}{3}x+\dfrac{1}{2}y=3 & \cdots② \end{cases}$とすると，

②×6より，$4x+3y=18$ $\cdots②'$

①×4−②'×5より，$13y=-78$，$y=-6$

これを①に代入して，$5x-42=3$，$5x=45$，

$x=9$

$a=3$，$b=2$

解説

$\begin{cases} x+2y=3 & \cdots① \\ ax-by=-7 & \cdots② \\ x+3y=5 & \cdots③ \\ ax+by=1 & \cdots④ \end{cases}$

①−③より，$-y=-2$，$y=2$

これを①に代入して，$x+4=3$，$x=-1$

$x=-1$，$y=2$を②，④に代入して，

$\begin{cases} -a-2b=-7 & \cdots②' \\ -a+2b=1 & \cdots④' \end{cases}$

②'+④'より，$-2a=-6$，$a=3$

これを④'に代入して，$-3+2b=1$，$2b=4$，

$b=2$

4

(求める過程)単品ノートの売れた冊数と単品消しゴムの売れた個数をそれぞれ x 冊, y 個とすると, セットAとして売れたノートの冊数は $(3x-1)$ 冊で, これはセットAの売れた数に等しい。また, セットBとして売れた消しゴムの個数は $2y$ 個で, これはセットBとして売れた数に等しい。この日売れたノートの冊数は41 冊だから,

$x+(3x-1)+3\times2y=41$, $4x+6y=42$,
$2x+3y=21$ …①

売り上げの合計は 5640 円だから,

$120x+60y+160(3x-1)+370\times2y=5640$,
$600x+800y=5800$,
$3x+4y=29$ …②

①, ②を解くと, $x=3$, $y=5$
これらは問題に合っている。

(答え)単品ノート 3 冊, 単品消しゴム 5 個

5

(計算の過程)6月に本を 3 冊以上借りた生徒の人数を x 人, 全校生徒の人数を y 人とすると, 6月に本を借りた生徒の人数の関係から,

$33+50+x=\dfrac{60}{100}y$, $10x-6y=-830$ …①

10月に本を借りた生徒の人数の関係から,

$33\times2+50\times\left(1-\dfrac{8}{100}\right)+x\times\left(1+\dfrac{25}{100}\right)$
$=\dfrac{60}{100}y+36$

$125x-60y=-7600$ …②
①×10−②より, $-25x=-700$, $x=28$
これを①に代入して, $280-6y=-830$,
$-6y=-1110$, $y=185$
10月に本を 3 冊以上借りた生徒の人数は,

$28\times\left(1+\dfrac{25}{100}\right)=35$(人)

これは問題に合っている。
(答え)35 人

6

(計算の過程)学校から休憩所までの道のりを x km, 休憩所から目的地までの道のりを y km とすると, 道のりの関係から,

$x+y=98$ …① 　かかった時間の関係から,

$\dfrac{x}{60}+\dfrac{20}{60}+\dfrac{y}{40}=\dfrac{135}{60}$, $2x+3y=230$ …②

①×2−②より, $-y=-34$, $y=34$
これを①に代入して, $x+34=98$, $x=64$
これらは問題に合っている。
(答え)学校から休憩所まで 64km, 休憩所から目的地まで 34km

7

$x=7$, $y=12$

解説

連立方程式は,

$$\begin{cases} 300\times\dfrac{x}{100}+200\times\dfrac{y}{100}=500\times\dfrac{9}{100} \\ 300\times\dfrac{2x}{100}+200\times\dfrac{9}{100}=500\times\dfrac{y}{100} \end{cases}$$

$\begin{cases} 3x+2y=45 \\ 6x-5y=-18 \end{cases}$ これを解くと, $x=7$, $y=12$

この解は問題に合っている。

第3章 2次方程式 本冊 p.178〜195

練習 37

(1) $x=2$, $x=3$ 　(2) $x=-3$, $x=4$
(3) $x=0$, $x=-12$ 　(4) $x=-2$, $x=21$

解説

(1) $x^2-5x+6=0$, $(x-2)(x-3)=0$,
　 $x=2$, $x=3$
(2) $x^2-x-12=0$, $(x+3)(x-4)=0$,
　 $x=-3$, $x=4$
(3) $x^2+12x=0$, $x(x+12)=0$, $x=0$, $x=-12$
(4) $x^2-19x-42=0$, $(x+2)(x-21)=0$,
　 $x=-2$, $x=21$

練習 38

(1) $x=3,\ x=-9$　(2) $x=6,\ x=-9$
(3) $x=3,\ x=-12$　(4) $x=1,\ x=-4$

解説

(1) $x(x+6)=27,\ x^2+6x=27,\ x^2+6x-27=0,$
　$(x-3)(x+9)=0,\ x=3,\ x=-9$
(2) $x(x+2)=54-x,\ x^2+2x=54-x,$
　$x^2+3x-54=0,\ (x-6)(x+9)=0,$
　$x=6,\ x=-9$
(3) $x(x+5)=4(9-x),\ x^2+5x=36-4x,$
　$x^2+9x-36=0,\ (x-3)(x+12)=0,$
　$x=3,\ x=-12$
(4) $x(x-6)=3(x^2-4)+4,$
　$x^2-6x=3x^2-12+4,\ -2x^2-6x+8=0,$
　$x^2+3x-4=0,\ (x-1)(x+4)=0,$
　$x=1,\ x=-4$

練習 39

(1) $x=1,\ x=-3$　(2) $x=0,\ x=4$
(3) $x=2,\ x=-4$　(4) $x=5,\ x=-6$

解説

(1) $(x+3)^2=4x+12,\ x^2+6x+9=4x+12,$
　$x^2+2x-3=0,\ (x-1)(x+3)=0,$
　$x=1,\ x=-3$
(2) $2(x-1)^2=x^2+2,\ 2(x^2-2x+1)=x^2+2,$
　$2x^2-4x+2=x^2+2,\ x^2-4x=0,$
　$x(x-4)=0,\ x=0,\ x=4$
(3) $(2x+3)(2x-3)=(3x+1)(x-1),$
　$4x^2-9=3x^2-3x+x-1,\ x^2+2x-8=0,$
　$(x-2)(x+4)=0,\ x=2,\ x=-4$
(4) $3(3-x)^2=(4x-1)(x-4)-7,$
　$3(9-6x+x^2)=4x^2-16x-x+4-7,$
　$27-18x+3x^2=4x^2-17x-3,$
　$-x^2-x+30=0,\ x^2+x-30=0$
　$(x-5)(x+6)=0,\ x=5,\ x=-6$

練習 40

(1) $x=\pm13$　(2) $x=\pm\sqrt{3}$　(3) $x=\pm\dfrac{\sqrt{10}}{5}$
(4) $x=\pm\dfrac{7}{2}$

解説

(1) $x^2=169,\ x=\pm\sqrt{169}=\pm13$
(2) $x^2-3=0,\ x^2=3,\ x=\pm\sqrt{3}$
(3) $5x^2=2,\ x^2=\dfrac{2}{5},\ x=\pm\sqrt{\dfrac{2}{5}}=\pm\dfrac{\sqrt{10}}{5}$
(4) $4x^2=49,\ x^2=\dfrac{49}{4},\ x=\pm\sqrt{\dfrac{49}{4}}=\pm\dfrac{7}{2}$

練習 41

(1) $x=3\pm\sqrt{6}$　(2) $x=3\pm3\sqrt{2}$
(3) $x=8,\ x=-2$　(4) $x=\dfrac{9}{2},\ x=\dfrac{3}{2}$

解説

(1) $(x-3)^2=6,\ x-3=\pm\sqrt{6},\ x=3\pm\sqrt{6}$
(2) $(x-3)^2-18=0,\ (x-3)^2=18,\ x-3=\pm3\sqrt{2},$
　$x=3\pm3\sqrt{2}$
(3) $(x-3)^2=25,\ x-3=\pm5,\ x=3\pm5,$
　$x=8,\ x=-2$
(4) $4(x-3)^2=9,\ (x-3)^2=\dfrac{9}{4},\ x-3=\pm\dfrac{3}{2},$
　$x=3\pm\dfrac{3}{2},\ x=\dfrac{9}{2},\ x=\dfrac{3}{2}$

練習 42

(1) $x=11,\ x=1$　(2) $x=-5\pm\sqrt{30}$

解説

(1) $x^2-12x=-11,\ x^2-12x+36=-11+36,$
　$x^2-12x+36=25,\ (x-6)^2=25,$
　$x-6=\pm5,\ x=6\pm5,\ x=11,\ x=1$
(2) $x^2+10x-5=0,\ x^2+10x=5,$
　$x^2+10x+25=5+25,\ (x+5)^2=30,$
　$x+5=\pm\sqrt{30},\ x=-5\pm\sqrt{30}$

練習 43

(1) $x=\dfrac{-5\pm\sqrt{5}}{2}$　(2) $x=8,\ x=-1$

(1) $x^2+5x=-5,$ $x^2+5x+\dfrac{25}{4}=-5+\dfrac{25}{4},$

$\left(x+\dfrac{5}{2}\right)^2=\dfrac{5}{4},$ $x+\dfrac{5}{2}=\pm\sqrt{\dfrac{5}{4}},$

$x+\dfrac{5}{2}=\pm\dfrac{\sqrt{5}}{2},$

$x=-\dfrac{5}{2}\pm\dfrac{\sqrt{5}}{2}=\dfrac{-5\pm\sqrt{5}}{2}$

(2) $x^2-7x=8,$ $x^2-7x+\dfrac{49}{4}=8+\dfrac{49}{4},$

$\left(x-\dfrac{7}{2}\right)^2=\dfrac{81}{4},$ $x-\dfrac{7}{2}=\pm\sqrt{\dfrac{81}{4}},$ $x-\dfrac{7}{2}=\pm\dfrac{9}{2},$

$x=\dfrac{7}{2}\pm\dfrac{9}{2},$ $x=8,$ $x=-1$

練習 44

(1) $x=\dfrac{-5\pm\sqrt{33}}{2}$ (2) $x=2,$ $x=\dfrac{1}{3}$

(3) $x=\dfrac{-3\pm\sqrt{41}}{4}$ (4) $x=4,$ $x=2$

解説

(1) $x^2+5x-2=0$

$x=\dfrac{-5\pm\sqrt{5^2-4\times1\times(-2)}}{2\times1}$

$=\dfrac{-5\pm\sqrt{33}}{2}$

(2) $3x^2-7x+2=0$

$x=\dfrac{-(-7)\pm\sqrt{(-7)^2-4\times3\times2}}{2\times3}=\dfrac{7\pm\sqrt{25}}{6}$

$=\dfrac{7\pm5}{6},$ $x=2,$ $x=\dfrac{1}{3}$

(3) $2x^2+3x-4=0$

$x=\dfrac{-3\pm\sqrt{3^2-4\times2\times(-4)}}{2\times2}=\dfrac{-3\pm\sqrt{41}}{4}$

(4) $x^2-6x+8=0$

$x=\dfrac{-(-6)\pm\sqrt{(-6)^2-4\times1\times8}}{2\times1}=\dfrac{6\pm\sqrt{4}}{2}$

$=\dfrac{6\pm2}{2},$ $x=4,$ $x=2$

練習 45

(1) $x=-2\pm\sqrt{6}$ (2) $x=\dfrac{1\pm\sqrt{3}}{2}$

(3) $x=\dfrac{-3\pm\sqrt{3}}{3}$ (4) $x=\dfrac{2\pm\sqrt{7}}{2}$

解説

(1) $x^2+4x-2=0$

$x=\dfrac{-2\pm\sqrt{2^2-1\times(-2)}}{1}=-2\pm\sqrt{6}$

(2) $2x^2-2x-1=0$

$x=\dfrac{-(-1)\pm\sqrt{(-1)^2-2\times(-1)}}{2}=\dfrac{1\pm\sqrt{3}}{2}$

(3) $3x^2+6x+2=0$

$x=\dfrac{-3\pm\sqrt{3^2-3\times2}}{3}=\dfrac{-3\pm\sqrt{3}}{3}$

(4) $4x^2-8x-3=0$

$x=\dfrac{-(-4)\pm\sqrt{(-4)^2-4\times(-3)}}{4}=\dfrac{4\pm\sqrt{28}}{4}$

$=\dfrac{4\pm2\sqrt{7}}{4}=\dfrac{2\pm\sqrt{7}}{2}$

練習 46

(1) $x=2,$ $x=-6$ (2) $x=2,$ $x=-8$

解説

(1) $\dfrac{1}{4}x^2+x-3=0,$ $x^2+4x-12=0,$

$(x-2)(x+6)=0,$ $x=2,$ $x=-6$

(2) $\dfrac{1}{12}x^2+0.5x-\dfrac{4}{3}=0,$ $x^2+6x-16=0,$

$(x-2)(x+8)=0,$ $x=2,$ $x=-8$

練習 47

(1) $x=-2,$ $x=7$ (2) $x=6,$ $x=-4$

(3) $x=-11,$ $x=-3$ (4) $x=-1,$ $x=-\dfrac{3}{2}$

解説

(1) $x(x+2)=7(x+2),$ $x(x+2)-7(x+2)=0,$
$(x+2)(x-7)=0,$ $x=-2,$ $x=7$

(2) $(x-2)^2+2(x-2)-24=0$
$x-2=X$ とおくと，$X^2+2X-24=0,$
$(X-4)(X+6)=0,$ $X=4$ または $X=-6$
$x-2=4$ または $x-2=-6$
したがって，$x=6,$ $x=-4$

(3) $(x+8)^2-2(x+8)-15=0$
$x+8=X$ とおくと，$X^2-2X-15=0,$
$(X+3)(X-5)=0,$ $X=-3$ または $X=5$
$x+8=-3$ または $x+8=5$
したがって，$x=-11,$ $x=-3$

(4) $-3(2x+1)=(2x+1)^2+2$
 $2x+1=X$ とおくと, $-3X=X^2+2$
 $X^2+3X+2=0$, $(X+1)(X+2)=0$,
 $X=-1$ または $X=-2$
 $2x+1=-1$ または $2x+1=-2$
 したがって, $x=-1$, $x=-\dfrac{3}{2}$

▶ 練習 **48**

(1) $a=9$, $x=12$
(2) $a=-3$ のとき $x=-3$,
 $a=9$ のとき $x=-15$

解説

(1) $x^2-ax-4a=0$ …①
 ①に $x=-3$ を代入して,
 $(-3)^2-a\times(-3)-4a=0$, $9+3a-4a=0$,
 $9-a=0$, $a=9$
 ①に $a=9$ を代入して, $x^2-9x-36=0$,
 $(x+3)(x-12)=0$, $x=-3$, $x=12$
 したがって, もう1つの解は, $x=12$
(2) $x^2+ax-a^2-9=0$ …①
 ①に $x=6$ を代入して,
 $6^2+a\times6-a^2-9=0$, $36+6a-a^2-9=0$,
 $-a^2+6a+27=0$, $a^2-6a-27=0$,
 $(a+3)(a-9)=0$, $a=-3$, $a=9$
 ①に $a=-3$ を代入して, $x^2-3x-9-9=0$,
 $x^2-3x-18=0$, $(x+3)(x-6)=0$,
 $x=-3$, $x=6$
 したがって, もう1つの解は, $x=-3$
 ①に $a=9$ を代入して, $x^2+9x-81-9=0$,
 $x^2+9x-90=0$, $(x-6)(x+15)=0$,
 $x=6$, $x=-15$
 したがって, もう1つの解は, $x=-15$

▶ 練習 **49**

7, 8, 9

解説

連続する3つの自然数のまん中の数を x とすると, 3つの自然数は, $x-1$, x, $x+1$ と表される。方程式は, $(x-1)(x+1)=7x+7$,
$x^2-1=7x+7$, $x^2-7x-8=0$,
$(x+1)(x-8)=0$, $x=-1$, $x=8$
x は自然数だから, $x=8$ のみ問題に合っている。したがって, 求める3つの自然数は 7, 8, 9

▶ 練習 **50**

(1) 7cm   (2) 4m

解説

(1) もとの正方形の1辺の長さを $x$cm とすると, 長方形の横の長さは $(x+6)$cm と表される。方程式は, $x(x+6)=91$,
$x^2+6x-91=0$, $(x-7)(x+13)=0$,
$x=7$, $x=-13$
$x>0$ だから, $x=7$ のみ問題に合っている。したがって, もとの正方形の1辺の長さは 7cm
(2) 道の幅を xm とすると, 下の図のように, 道の部分を端によせても土地の面積は変わらない。

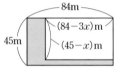

$(45-x)(84-3x)=369\times8$,
$3780-219x+3x^2=2952$,
$3x^2-219x+828=0$, $x^2-73x+276=0$,
$(x-4)(x-69)=0$, $x=4$, $x=69$
$0<x<28$ だから, $x=4$ のみ問題に合っている。したがって, 道の幅は 4m

▶ 練習 **51**

$x=10$

解説

箱の深さが $x$cm のとき, 箱の底面の長方形の縦の長さは $(30-2x)$cm, 横の長さは $(30-x)$cm だから, 方程式は,
$(30-2x)(30-x)=200$, $900-90x+2x^2=200$,
$2x^2-90x+700=0$, $x^2-45x+350=0$,
$(x-10)(x-35)=0$, $x=10$, $x=35$
$0<x<15$ だから, $x=10$ のみ問題に合っている。

▶ 練習 **52**

$x=25$

1回目の操作で $x\text{g}$ 取り出した後の，残った食塩水の食塩の重さは，$(100-x) \times \dfrac{16}{100}\text{(g)}$

水を入れた後，2回目の操作で $2x\text{g}$ 取り出した後の，残った食塩水の食塩の重さは，

$(100-x) \times \dfrac{16}{100} \times \dfrac{100-2x}{100}\text{(g)}$

これが濃度6%の食塩水100gの食塩の重さに等しく，$(100-x) \times \dfrac{16}{100} \times \dfrac{100-2x}{100} = 100 \times \dfrac{6}{100}$

$4(100-x)(50-x) = 7500$

$5000 - 150x + x^2 = 1875$，$x^2 - 150x + 3125 = 0$，

$(x-25)(x-125) = 0$，$x = 25$，$x = 125$

$0 < x < 50$ だから，$x = 25$ のみ問題に合っている。

練習 53

$5 \pm \sqrt{3}$ (cm)

$\text{AP} = x\text{cm}$ とすると，$\text{AQ} = x\text{cm}$，
$\text{PB} = \text{QC} = (10-x)\text{cm}$ と表される。

　平行四辺形 PRCQ
　$= \triangle\text{ABC} - \triangle\text{APQ} - \triangle\text{PBR}$

で，$\triangle\text{ABC} = \dfrac{1}{2} \times 10^2(\text{cm}^2)$，$\triangle\text{APQ} = \dfrac{1}{2} \times x^2(\text{cm}^2)$，

$\triangle\text{PBR} = \dfrac{1}{2} \times (10-x)^2(\text{cm}^2)$，

平行四辺形 $\text{PRCQ} = 22\text{cm}^2$ だから，方程式は，

$\dfrac{1}{2} \times 10^2 - \dfrac{1}{2} \times x^2 - \dfrac{1}{2} \times (10-x)^2 = 22$，

$100 - x^2 - (100 - 20x + x^2) = 44$，

$-2x^2 + 20x - 44 = 0$，$x^2 - 10x + 22 = 0$，

$x = \dfrac{-(-5) \pm \sqrt{(-5)^2 - 1 \times 22}}{1} = 5 \pm \sqrt{3}$

$0 < x < 10$ だから，これらは問題に合っている。

別解

$\text{AP} = x\text{cm}$ とすると，$\text{AQ} = x\text{cm}$，
$\text{QC} = (10-x)\text{cm}$ と表される。

平行四辺形 PRCQ において，底辺を QC とみると，高さは AP になるから，

平行四辺形 $\text{PRCQ} = (10-x) \times x = 10x - x^2(\text{cm})$

平行四辺形 $\text{PRCQ} = 22\text{cm}^2$ だから，方程式は，

$10x - x^2 = 22$，$x^2 - 10x + 22 = 0$

これを解くと，$x = 5 \pm \sqrt{3}$

$0 < x < 10$ だから，これらは問題に合っている。

1

(1) $x=0$，$x=6$　(2) $x=-2$，$x=9$

(3) $x=2$，$x=-8$　(4) $x=-4$

(5) $x=-1$，$x=2$　(6) $x=3$，$x=-7$

(1) $x^2=6x$，$x^2-6x=0$，$x(x-6)=0$，
　　$x=0$，$x=6$

(2) $x^2-7x-18=0$，$(x+2)(x-9)=0$，
　　$x=-2$，$x=9$

(3) $x^2+6x-16=0$，$(x-2)(x+8)=0$，
　　$x=2$，$x=-8$

(4) $x^2+8x+16=0$，$(x+4)^2=0$，$x=-4$

(5) $x^2=x+2$，$x^2-x-2=0$，$(x+1)(x-2)=0$，
　　$x=-1$，$x=2$

(6) $8x^2+32x=168$，$8x^2+32x-168=0$，
　　$x^2+4x-21=0$，$(x-3)(x+7)=0$，
　　$x=3$，$x=-7$

2

(1) $x=1 \pm \sqrt{3}$　(2) $x=\dfrac{-1 \pm \sqrt{37}}{2}$

(3) $x=4 \pm \sqrt{23}$　(4) $x=\dfrac{-3 \pm \sqrt{3}}{2}$

(5) $x=\dfrac{7 \pm \sqrt{13}}{6}$　(6) $x=\dfrac{21 \pm \sqrt{35}}{7}$

(1) $(x-1)^2-3=0$，$(x-1)^2=3$，$x-1=\pm\sqrt{3}$，
　　$x=1 \pm \sqrt{3}$

(2) $x^2+x-9=0$
　　$x=\dfrac{-1 \pm \sqrt{1^2 - 4 \times 1 \times (-9)}}{2 \times 1} = \dfrac{-1 \pm \sqrt{37}}{2}$

(3) $x^2-8x-7=0$
　　$x=\dfrac{-(-4) \pm \sqrt{(-4)^2 - 1 \times (-7)}}{1} = 4 \pm \sqrt{23}$

(4) $2x^2+6x+3=0$
　　$x=\dfrac{-3 \pm \sqrt{3^2 - 2 \times 3}}{2} = \dfrac{-3 \pm \sqrt{3}}{2}$

(5) $3x^2-7x+3=0$
　　$x=\dfrac{-(-7) \pm \sqrt{(-7)^2 - 4 \times 3 \times 3}}{2 \times 3} = \dfrac{7 \pm \sqrt{13}}{6}$

(6) $7x^2-42x+58=0$, $7x^2-42x=-58$,

$x^2-6x=-\dfrac{58}{7}$, $x^2-6x+9=-\dfrac{58}{7}+9$,

$x^2-6x+9=\dfrac{5}{7}$, $(x-3)^2=\dfrac{5}{7}$, $x-3=\pm\sqrt{\dfrac{5}{7}}$,

$x-3=\pm\dfrac{\sqrt{35}}{7}$, $x=3\pm\dfrac{\sqrt{35}}{7}=\dfrac{21\pm\sqrt{35}}{7}$

3

(1) $x=\dfrac{-3\pm\sqrt{17}}{4}$ (2) $x=\dfrac{3\pm\sqrt{57}}{6}$ (3) $x=23$

(4) $x=3$, $x=-1$ (5) $x=\dfrac{7\pm\sqrt{13}}{6}$

(6) $x=\dfrac{9\pm\sqrt{17}}{4}$

解説

(1) $2x^2-2x=1-5x$, $2x^2+3x-1=0$,

$x=\dfrac{-3\pm\sqrt{3^2-4\times2\times(-1)}}{2\times2}=\dfrac{-3\pm\sqrt{17}}{4}$

(2) $(x-3)^2=(4x-5)(x-1)$,

$x^2-6x+9=4x^2-9x+5$,

$-3x^2+3x+4=0$, $3x^2-3x-4=0$,

$x=\dfrac{-(-3)\pm\sqrt{(-3)^2-4\times3\times(-4)}}{2\times3}$

$=\dfrac{3\pm\sqrt{57}}{6}$

(3) $(x-17)^2-(x-23)^2=36$,

$(x-17)^2-(x-17-6)^2=36$

$x-17=X$ とおくと，$X^2-(X-6)^2=36$,

$X^2-(X^2-12X+36)=36$,

$X^2-X^2+12X-36=36$, $12X-36=36$,

$12X=72$, $X=6$, $x-17=6$

したがって，$x=23$

(4) $(2x-3)^2+2(2x-3)-15=0$

$2x-3=X$ とおくと，$X^2+2X-15=0$,

$(X-3)(X+5)=0$

$X=3$ または $X=-5$

$2x-3=3$ または $2x-3=-5$

したがって，$x=3$, $x=-1$

(5) $3(x-1)^2-(x-1)-1=0$

$x-1=X$ とおくと，$3X^2-X-1=0$

$X=\dfrac{-(-1)\pm\sqrt{(-1)^2-4\times3\times(-1)}}{2\times3}$

$=\dfrac{1\pm\sqrt{13}}{6}$

$x-1=\dfrac{1\pm\sqrt{13}}{6}$, $x=\dfrac{7\pm\sqrt{13}}{6}$

(6) $\dfrac{1}{6}x^2-\dfrac{3}{4}x+\dfrac{2}{3}=0$

両辺に 12 をかけて，$2x^2-9x+8=0$

$x=\dfrac{-(-9)\pm\sqrt{(-9)^2-4\times2\times8}}{2\times2}=\dfrac{9\pm\sqrt{17}}{4}$

4

(1) $a=\dfrac{5}{2}$ (2) $a=\pm6$

解説

(1) $x^2-4ax-a^2+1=0$ …①

①に $x=-\dfrac{1}{2}$ を代入して，

$\left(-\dfrac{1}{2}\right)^2-4a\times\left(-\dfrac{1}{2}\right)-a^2+1=0$,

$\dfrac{1}{4}+2a-a^2+1=0$, $\dfrac{5}{4}+2a-a^2=0$,

$5+8a-4a^2=0$, $4a^2-8a-5=0$

$a=\dfrac{-(-4)\pm\sqrt{(-4)^2-4\times(-5)}}{4}=\dfrac{4\pm\sqrt{36}}{4}$

$=\dfrac{4\pm6}{4}$, $a=\dfrac{5}{2}$, $a=-\dfrac{1}{2}$

a は正の数だから，$a=\dfrac{5}{2}$

(2) $x^2+ax+3=0$

$x=\dfrac{-a\pm\sqrt{a^2-4\times1\times3}}{2\times1}=\dfrac{-a\pm\sqrt{a^2-12}}{2}$

この 2 次方程式の 2 つの解の差が $2\sqrt{6}$ だから，

$\dfrac{-a+\sqrt{a^2-12}}{2}-\dfrac{-a-\sqrt{a^2-12}}{2}=2\sqrt{6}$,

$\sqrt{a^2-12}=2\sqrt{6}$, $a^2-12=24$, $a^2=36$

したがって，$a=\pm6$

5

ア…29, イ…31

解説

1 段目の数は 3 から始まる奇数だから，アを $2n+1$，イを $2n+3$ とする。（n は正の整数）

2 段目の数は 1 段目の数の積だから，方程式は

$(2n+1)(2n+3)=899$, $4n^2+8n+3=899$,

$4n^2+8n-896=0$, $n^2+2n-224=0$,

$(n-14)(n+16)=0$, $n=14$, $n=-16$

n は正の整数だから，$n=-16$ は問題に合わない。$n=14$ は問題に合っている。

したがって，アにあてはまる数は，

$2\times14+1=29$，イにあてはまる数は，

$2\times14+3=31$

(1) 31250 円　(2) 220，280

解説

(1) ワッフル 1 個の値段を 10 円ずつ値上げする
ごとに，1 日に売れる個数は 5 個ずつ減るか
ら，1 個の値段を 50 円値上げしたときの，1
日に売れる個数は，$5 \times 5 = 25$（個）減るから，
1 日の売り上げ額は，
　$(200 + 50) \times (150 - 25)$
　$= 250 \times 125 = 31250$（円）

(2) ワッフル 1 個の値段を $10x$ 円値上げすると，
1 日に売れる個数は，$5x$ 個減るから，1 日の
売り上げ額についての方程式は，
　$(200 + 10x)(150 - 5x) = 30800$，
　$(20 + x)(150 - 5x) = 3080$，
　$(20 + x)(30 - x) = 616$，$600 + 10x - x^2 = 616$，
　$-x^2 + 10x - 16 = 0$，$x^2 - 10x + 16 = 0$，
　$(x - 2)(x - 8) = 0$，$x = 2$，$x = 8$
　$x = 2$ のとき 1 個の値段は，
　$200 + 10 \times 2 = 220$（円），$x = 8$ のとき 1 個の値
　段は，$200 + 10 \times 8 = 280$（円）となり，これら
　は問題に合っている。

$x = 80$

解説

1 回目の操作で xg くみ出した後の，残った食
塩水の食塩の重さは，$(200 - x) \times \dfrac{10}{100}$（g）

水を xg 入れた後，2 回目の操作で xg くみ出
した後の，残った食塩水の食塩の重さは，

$(200 - x) \times \dfrac{10}{100} \times \dfrac{200 - x}{200}$（g）

これが濃度 3.6% の食塩水 200g の食塩の重さに
等しいから，

$(200 - x) \times \dfrac{10}{100} \times \dfrac{200 - x}{200} = 200 \times \dfrac{3.6}{100}$

$10(200 - x)^2 = 200^2 \times 3.6$，$(200 - x)^2 = 14400$，
$(200 - x)^2 = 120^2$，$200 - x = \pm 120$，
$x = 80$，$x = 320$
$0 < x < 200$ だから，$x = 80$ のみ問題に合ってい
る。

（計算過程）道路の幅を xm とすると，道路の
部分を端によせても土地の面積は変わらない。
畑の面積についての方程式は，
$(30 - 3x)(40 - 2x) = 864$
$1200 - 180x + 6x^2 = 864$
$6x^2 - 180x + 336 = 0$，$x^2 - 30x + 56 = 0$，
$(x - 2)(x - 28) = 0$
$0 < x < 10$ だから，$x = 2$ のみ問題に合っている。
（答え）$x = 2$

解説

道路の幅を xm としたときの畑の縦，横の長
さは下の図のようになる。

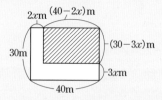

（方程式と途中の計算）直方体 Q の体積は，
$(4 + x) \times (7 + x) \times 2 (\text{cm}^3)$，直方体 R の体積は，
$4 \times 7 \times (2 + x) (\text{cm}^3)$ と表される。直方体 Q と
直方体 R の体積が等しいから，方程式は，
$(4 + x) \times (7 + x) \times 2 = 4 \times 7 \times (2 + x)$，
$2(4 + x)(7 + x) = 28(2 + x)$，
$(4 + x)(7 + x) = 14(2 + x)$，
$28 + 11x + x^2 = 28 + 14x$，$x^2 - 3x = 0$，
$x(x - 3) = 0$，$x = 0$，$x = 3$
$x > 0$ だから，$x = 3$ のみ問題に合っている。
（答え）$x = 3$

解説

直方体 P の縦と横をそれぞれ $x$cm 長くした直
方体 Q の縦，横の長さはそれぞれ $(4 + x)$cm，
$(7 + x)$cm となり，直方体 P の高さを $x$cm 長
くした直方体 R の高さは $(2 + x)$cm となる。
直方体 Q と直方体 R の体積についての方程式
をつくって解く。

関数編

練習 1

(1) y は x の関数であるといえる。
　　x は y の関数であるといえない。
(2) y は x の関数であるといえる。
　　x は y の関数であるといえない。

解説

(1)例えば，ある数 x を 5 とすると，その絶対値は 5，x を -5 とすると，その絶対値は 5。このようにある数 x を決めると，その絶対値 y は 1 つに決まる。
　　よって，y は x の関数である。
　　例えば，絶対値 y を 5 とすると，絶対値が 5 である数は 5 と -5 の 2 つあり，x の値は 1 つに決まらない。
　　よって，x は y の関数でない。
(2)例えば，ある小数 x を 1.6 とすると，y は 2，また，x を 3.25 とすると，y は 3。このようにある小数 x を決めると，その数を四捨五入してできる自然数 y は 1 つに決まる。
　　よって，y は x の関数である。
　　例えば，四捨五入して自然数にしたとき，3 になるような小数は，2.8，3.1，3.45，… と無数にある。このように，y の値を決めても x の値は 1 つに決まらない。
　　よって，x は y の関数でない。

練習 2

(1) 600km　(2) $y=8x$

解説

(1) $75\div5=15$ より，ガソリンの量が 15 倍になると，走る道のりも 15 倍になるから，
　　$40\times15=600\,(km)$
(2) 1L のガソリンで走る道のりは，
　　$40\div5=8\,(km)$
　　（1L のガソリンで走る道のり）×（ガソリンの量）=（走る道のり）から，$y=8\times x$

練習 3

y が x に比例するもの…ウ，式…$y=3x$

解説

ア （立方体の表面積）
　　=（1辺の長さ）×（1辺の長さ）×6 より，
　　$y=x\times x\times6=6x^2$
イ （時間）=（道のり）÷（速さ）より，
　　$y=700\div x=\dfrac{700}{x}$
ウ （たまった水の量）=（1 分間に入れる水の量）
　　×（時間）より，$y=3\times x=3x$
エ （全体の重さ）
　　=（ソースの重さ）+（ケチャップの重さ）
　　より，$y=50+x$

練習 4

(1) $y=9x$　(2) $0\leqq x\leqq20$　(3) $0\leqq y\leqq180$

解説

(1)（線香の燃えた長さ）=（1 分間に燃える長さ）
　　×（時間）より，$y=9\times x=9x$
(2) x の変域は，線香に火をつけてから線香が燃えつきるまでの時間である。
　　線香が燃えつきるのにかかる時間は，
　　$180=9x$，$x=20$ より，20 分間。
(3) y の変域は，線香の長さの範囲である。

練習 5

(1) $y=30$
(2) ア 3　イ 1　ウ -4　エ -5

解説

(1) y は x に比例するから，$y=ax$ とおける。
　　$x=-3$ のとき $y=-18$ だから，
　　$-18=-3a$，$a=6$
　　したがって，式は，$y=6x$
　　この式に $x=5$ を代入して，
　　$y=6\times5=30$
(2) y は x に比例するから，$y=ax$ とおける。
　　表から，$x=4$ のとき $y=-2$ だから，
　　$-2=4a$，$a=-\dfrac{1}{2}$
　　これより，$y=-\dfrac{1}{2}x$ に x の値を代入して，それぞれの y の値を求める。

練習 6

$P(-4,\ 3)$，$Q(-3,\ 0)$，$R(5,\ -2)$，$S(0,\ 4)$

点 P の x 座標は -4，y 座標は 3
点 Q は x 軸上の点だから，y 座標は 0
点 R の x 座標は 5，y 座標は -2
点 S は y 軸上の点だから，x 座標は 0

練習 7

点 A，B，C は右の図。
三角形 ABC の面積は
28

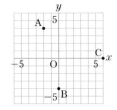

三角形 ABC の面積は，

8×8 ←正方形 APQR の面積

$-\dfrac{1}{2} \times 2 \times 8$ ←三角形 APB の面積

$-\dfrac{1}{2} \times 6 \times 4$ ←三角形 BQC の面積

$-\dfrac{1}{2} \times 8 \times 4$ ←三角形 ACR の面積

$=64-8-12-16$
$=28$

練習 8

D$(4,\ 2)$

平行四辺形 ABCD は
右の図のようになる。
点 D は，点 C から右
へ 2，上へ 3 だけ進ん
だところにある点であ
る。

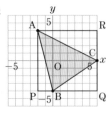

練習 9

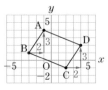

---

(1) $x=3$ のとき，$y=-\dfrac{4}{3} \times 3 = -4$

　よって，グラフは原点と点$(3,\ -4)$を通る直
　線をかく。
　また，原点以外のもう 1 点は，点$(-3,\ 4)$を
　とってもよい。

(2) $y=\dfrac{1}{2}x$ のグラフをかき，x の変域 $-2 \leqq x \leqq 4$

　に対応する部分のグラフを実線で，変域外の
　部分を破線で表す。x の変域に $x=-2$，$x=4$
　を含むことから，この x の値に対応する点
　$(-2,\ -1)$，点$(4,\ 2)$はグラフに含まれる。
　この場合，グラフの両端の部分は ● で示す。
　仮に，x の変域が $-2<x<4$ である場合は，
　グラフの両端の点は含まれないので ○ で示す。

練習 10

(1) $y=-\dfrac{3}{2}x$　(2) $y=\dfrac{1}{4}x$

(1)グラフは点$(2,\ -3)$を通るから，$y=ax$ に

　$x=2$，$y=-3$ を代入して，$-3=2a$，$a=-\dfrac{3}{2}$

(2)グラフは点$(4,\ 1)$を通るから，$y=ax$ に

　$x=4$，$y=1$ を代入して，$1=4a$，$a=\dfrac{1}{4}$

別解

(1)点$(-4,\ 6)$，$(-2,\ 3)$，$(4,\ -6)$の座標を代
　入してもよい。

(2)点$(-4,\ -1)$の座標を代入してもよい。

練習 11

式…$y=\dfrac{48}{x}$，かかる時間…8 分

(1 分間に入れる水の量)×(満水にするのにかか

る時間)$=48$ から，$x \times y = 48$，$y=\dfrac{48}{x}$

毎分 6L ずつ水を入れたときにかかる時間は，

$y=\dfrac{48}{x}$ に $x=6$ を代入して，$y=\dfrac{48}{6}=8$

練習 12

ア

解説

ア （三角形の面積）＝（底辺）×（高さ）÷2
より，$10=x\times y\div 2$，$y=\dfrac{20}{x}$

イ （全体のページ数）
＝（読んだページ数）＋（残りのページ数）
より，$150=x+y$，$y=150-x$

ウ （代金）＝（1本の値段）×（本数）より，
$y=120\times x$，$y=120x$

エ （代金）＝（品物の値段）×{1−（割引きの割合）}
より，$y=x\times(1-0.3)$，$y=0.7x$

練習 13

(1) $y=\dfrac{8}{x}$ $(xy=8)$　(2) $x=4$　(3) ア 9　イ −2

解説

y は x に反比例するから，$y=\dfrac{a}{x}$ とおける。

(1) $x=2$ のとき $y=4$ だから，$4=\dfrac{a}{2}$，$a=8$

(2) $x=3$ のとき $y=8$ だから，$8=\dfrac{a}{3}$，$a=24$

したがって，式は，$y=\dfrac{24}{x}$

この式に $y=6$ を代入して，$6=\dfrac{24}{x}$，$x=4$

(3) 表から，$x=3$ のとき $y=-6$ だから，

$-6=\dfrac{a}{3}$，$a=-18$

したがって，式は，$y=-\dfrac{18}{x}$

この式に $x=-2$ を代入して，

$y=-\dfrac{18}{-2}=9\cdots$ ア

この式に $x=9$ を代入して，

$y=-\dfrac{18}{9}=-2\cdots$ イ

練習 14

(1)

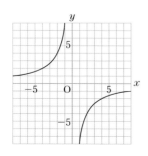

---

(2) $-4\leqq y\leqq-2$

解説

(1) 対応する x，y の値は下の表のようになる。

x	$\cdots$	-8	-4	-2	-1	0
y	$\cdots$	1	2	4	8	✕

1	2	4	8	$\cdots$
-8	-4	-2	-1	$\cdots$

(2) 右の図のように，$x=2$
のとき $y=-4$ で y は最
小値をとり，$x=4$ のと
き $y=-2$ で，y は最大
値をとる。

練習 15

(1) -2　(2) $-\dfrac{3}{2}$　(3) $y=-\dfrac{12}{x}$

解説

(1) グラフは点 A(3，4) を通るから，$y=\dfrac{a}{x}$ に

$x=3$，$y=4$ を代入して，$4=\dfrac{a}{3}$，$a=12$

したがって，式は，$y=\dfrac{12}{x}$

この式に $x=-6$ を代入して，$y=\dfrac{12}{-6}=-2$

(2) $y=\dfrac{12}{x}$ に $y=-8$ を代入して，

$-8=\dfrac{12}{x}$，$x=-\dfrac{3}{2}$

(3) $y=\dfrac{a}{x}$ のグラフと y 軸について線対称なグラ
フは，比例定数の符号を変えた $y=-\dfrac{a}{x}$ のグ
ラフである。

練習 16

(1) 18m　(2) 56cm²

解説

(1) xm の高さのものの影の長さを ym とすると，
y は x に比例するから，$y=ax$ とおける。
2m の棒の影の長さが 1.5m だから，
$y=ax$ に $x=2$，$y=1.5$ を代入して，
$1.5=a\times2$，$a=\dfrac{3}{4}$

したがって，式は，$y=\dfrac{3}{4}x$

この式に $y=13.5$ を代入して，

$13.5=\dfrac{3}{4}x$，$x=13.5\times\dfrac{4}{3}=18$

(2)面積が $x\,\mathrm{cm}^2$ の銅板の重さを $y\,\mathrm{g}$ とすると，y は x に比例するから，$y=ax$ とおける。

①の銅板の面積は，$8\times8=64\,(\mathrm{cm}^2)$，重さは $208\,\mathrm{g}$ だから，上の式に $x=64$，$y=208$ を代入して，$208=64a$，$a=\dfrac{13}{4}$

したがって，式は，$y=\dfrac{13}{4}x$

この式に $y=182$ を代入して，

$182=\dfrac{13}{4}x$，$x=182\times\dfrac{4}{13}=56$

別解

(1)木の影の長さが棒の影の長さの何倍かを求めると，$13.5\div1.5=9\,(倍)$

		┌─9倍─┐
高さ(m)	2	?
影の長さ(m)	1.5	13.5

よって，木の高さは棒の長さの9倍になると考えられるから，$2\times9=18\,(\mathrm{m})$

(2)②の銅板の重さが①の銅板の重さの何倍かをを求めると，$182\div208=\dfrac{7}{8}\,(倍)$

		┌─$\frac{7}{8}$倍─┐
面積(cm^2)	64	?
重さ(g)	208	182

よって，②の面積は①の面積の $\dfrac{7}{8}$ 倍になると考えられるから，$64\times\dfrac{7}{8}=56\,(\mathrm{cm}^2)$

練習 17

(1) 9 人　(2) 25 % 増し

解説

(1) 1 日あたり 6 人ですると 12 日間かかる仕事を，x 人ですると y 日間かかると考えると，

$x\times y=6\times12$，$xy=72$

この式に $y=8$ を代入して，$8x=72$，$x=9$

(2)この商品を定価 x 円で y 個販売したときの売上額は，$x\times y=xy\,(円)$

この商品を定価の 20 % 引きで z 個販売したときの売上額は，

$(1-0.2)\times x\times z=0.8xz\,(円)$

売上額が等しくなることから，$xy=0.8xz$

よって，$y=0.8z$，$z=y\times\dfrac{5}{4}=1.25y$

したがって，z は y の 25 % 増しになる。

練習 18

(1) 560m　(2) $\dfrac{50}{7}$ 分後 $\left(7\dfrac{1}{7}\text{分後}\right)$

解説

(1)グラフから，弟が家から公園まで行くのにかかる時間は，8 分。

兄が家を出発してから 8 分間に進む道のりは，$80\times8=640\,(\mathrm{m})$

これより，弟が公園に着いたとき，兄は家から 640m のところにいるから，この地点から公園までの道のりは，$1200-640=560\,(\mathrm{m})$

(2) 2 人が家を出発してから x 分間に進む道のりは，兄は $80x\,\mathrm{m}$，弟は $150x\,\mathrm{m}$

よって，x 分後の 2 人の道のりの差は，

$150x-80x=70x\,(\mathrm{m})$

この差が 500m になることから，

$70x=500$，$x=\dfrac{50}{7}$

練習 19

$a=7$

解説

点 A は $y=\dfrac{a}{x}$ のグラフ上の点で，x 座標が 2 だから，y 座標は，$y=\dfrac{a}{2}$

点 B は $y=-\dfrac{5}{4}x$ のグラフ上の点で，x 座標が 2 だから，y 座標は，$y=-\dfrac{5}{4}\times2=-\dfrac{5}{2}$

よって，$\mathrm{AB}=\dfrac{a}{2}-\left(-\dfrac{5}{2}\right)=\dfrac{a+5}{2}$

$\mathrm{AB}=6$ だから，$\dfrac{a+5}{2}=6$，$a=7$

練習 20

(1) 9　(2) 8

解説

点 P の x 座標を p とする。

(1)線分 PR は y 軸に平行だから，$\mathrm{OR}=p$

点 P は $y=\dfrac{18}{x}$ のグラフ上の点だから，y 座標は，$y=\dfrac{18}{p}$

これより，$\mathrm{PR}=\dfrac{18}{p}$

よって，三角形 OPR の面積は，

$\dfrac{1}{2}\times\mathrm{OR}\times\mathrm{PR}=\dfrac{1}{2}\times p\times\dfrac{18}{p}=9$

(2)点 Q の x 座標は $3p$, y 座標は $y=\dfrac{18}{3p}=\dfrac{6}{p}$

2 点 O, Q を通る比例のグラフの式を $y=ax$

とすると, $\dfrac{6}{p}=a\times3p$, $a=\dfrac{2}{p^2}$

この比例のグラフの式は, $y=\dfrac{2}{p^2}x$

点 S は $y=\dfrac{2}{p^2}x$ のグラフ上の点だから, y 座

標は, $y=\dfrac{2}{p^2}\times p=\dfrac{2}{p}$

これより, $\mathrm{PS}=\mathrm{PR}-\mathrm{SR}=\dfrac{18}{p}-\dfrac{2}{p}=\dfrac{16}{p}$

よって, 三角形 OPS の面積は,

$\dfrac{1}{2}\times\mathrm{PS}\times\mathrm{OR}=\dfrac{1}{2}\times\dfrac{16}{p}\times p=8$

▶ 練習 21

(1) A(-1, 8)　(2) 15

解説

(1) $y=-\dfrac{8}{x}$ $(x<0)$ で, x, y の値がともに整数

になるような値の組を求めると,

$x=-1$ のとき $y=8\cdots(-1,\ 8)$

$x=-2$ のとき $y=4\cdots(-2,\ 4)$

$x=-4$ のとき $y=2\cdots(-4,\ 2)$

$x=-8$ のとき $y=1\cdots(-8,\ 1)$

(2) B(-2, 4), D(-8, 1)

より, 三角形 BOD は右

の図のようになる。

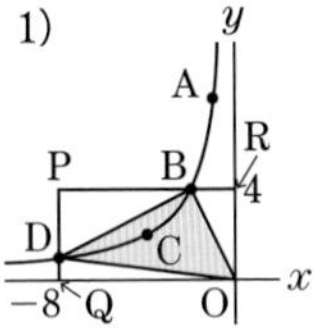

三角形 BOD の面積は,

　長方形 PQOR

$-$三角形 PDB$-$三角形 DQO$-$三角形 BOR

$=4\times8-\dfrac{1}{2}\times6\times3-\dfrac{1}{2}\times8\times1-\dfrac{1}{2}\times2\times4$

$=32-9-4-4=15$

▶ 練習 22

(1) $y=8x$

(2) x の変域$\cdots0\leqq x\leqq12$, y の変域$\cdots0\leqq y\leqq96$

解説

(1) $y=\dfrac{1}{2}\times\mathrm{AB}\times\mathrm{PH}$ だから, $y=\dfrac{1}{2}\times16\times x=8x$

(2) x の変域は, 点 P が点 A 上にあるとき最小

で 0, 点 C 上にあるとき最大で 12 だから,

$0\leqq x\leqq12$

$x=0$ のとき $y=8\times0=0$, $x=12$ のとき

$y=8\times12=96$ だから, y の変域は $0\leqq y\leqq96$

章末問題　本冊 p.228〜229

▶ 1

① ×　②反比例　③ ×　④比例

解説

①{(縦の長さ)＋(横の長さ)}×2＝(長方形の周

　の長さ)より, $(x+y)\times2=20$, $y=10-x$

②(かかった時間)＝(往復の道のり)÷(速さ)

　より, $y=200\div x=\dfrac{200}{x}$

③(円の面積)＝(半径)×(半径)×(円周率)より,

　$y=x\times x\times\pi=\pi x^2$

④(代金)＝(1 個の値段)×(個数)より,

　$y=50\times x=50x$

▶ 2

(1) $y=-3x$　(2) $y=-3$　(3) $y=-1$

(4) $a=6$, $b=2$

解説

(1)グラフは点(2, -6)を通るから, $y=ax$ に

　$x=2$, $y=-6$ を代入して, $-6=2a$, $a=-3$

(2)y は x に比例するから, $y=ax$ とおける。

　$x=4$ のとき $y=6$ だから, $6=a\times4$, $a=\dfrac{3}{2}$

　したがって, 式は, $y=\dfrac{3}{2}x$

　この式に $x=-2$ を代入して,

　$y=\dfrac{3}{2}\times(-2)=-3$

(3)y は x に反比例するから, $y=\dfrac{a}{x}$ とおける。

　$x=6$ のとき $y=\dfrac{1}{2}$ だから, $\dfrac{1}{2}=\dfrac{a}{6}$, $a=3$

　したがって, 式は, $y=\dfrac{3}{x}$

　この式に $x=-3$ を代入して, $y=\dfrac{3}{-3}=-1$

(4)$y=\dfrac{a}{x}$ のグラフは,

　$x>0$ の範囲では, 右の

　図のようになる。

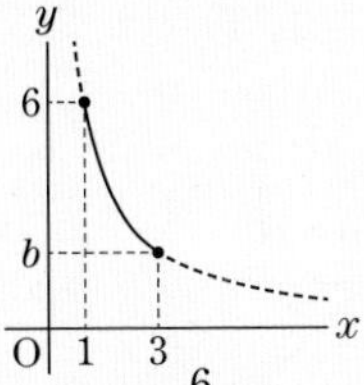

　グラフは点(1, 6)を通

　るから, $6=\dfrac{a}{1}$, $a=6$

　グラフは点(3, b)を通るから, $b=\dfrac{6}{3}=2$

▶ 3

D(8, 1),　D(-2, 7),　D(-6, -5)

解説

下の図のように，4点 A，B，C，D を頂点とする平行四辺形は3つある。

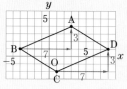

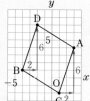

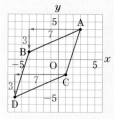

4

(1) $a=18$ (2) A$(2, 9)$，B$(6, 3)$ (3) 6個

解説

(1) 点 A，B は $y=\dfrac{a}{x}$ のグラフ上の点で，点 A，B の x 座標はそれぞれ 2，6 だから，点 A の y 座標は $y=\dfrac{a}{2}$，点 B の y 座標は $y=\dfrac{a}{6}$

点 A，B の y 座標の差は 6 だから，

$\dfrac{a}{2}-\dfrac{a}{6}=6$，$\dfrac{a}{3}=6$，$a=18$

(2) 点 A の y 座標は，$y=\dfrac{18}{2}=9$

点 B の y 座標は，$y=\dfrac{18}{6}=3$

(3) x 座標が 18 の約数になるから，x 座標は，1，2，3，6，9，18

これより，x 座標，y 座標がともに正の整数であるような点は，$(1, 18)$，$(2, 9)$，$(3, 6)$，$(6, 3)$，$(9, 2)$，$(18, 1)$ の 6 個ある。

5

$a=24$

解説

点 A の x 座標を t とすると，点 A は $y=\dfrac{2}{3}x$ のグラフ上の点だから，A$\left(t, \dfrac{2}{3}t\right)$

点 C，D の座標は，C$\left(-t, \dfrac{2}{3}t\right)$，D$\left(t, -\dfrac{2}{3}t\right)$

これより，AC$=t-(-t)=2t$

AD$=\dfrac{2}{3}t-\left(-\dfrac{2}{3}t\right)=\dfrac{4}{3}t$

長方形 ACBD の周の長さは 40 だから，

$\left(2t+\dfrac{4}{3}t\right)\times2=40$，$\dfrac{20}{3}t=40$，$t=40\times\dfrac{3}{20}=6$

よって，A$(6, 4)$

$y=\dfrac{a}{x}$ に $x=6$，$y=4$ を代入して，$4=\dfrac{a}{6}$，$a=24$

6

(1) 式…$y=60x$，x の変域…$0\leqq x\leqq25$

(2) $y=125x$，グラフは下の図

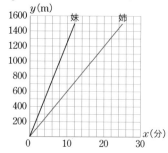

(3) 780m (4) $\dfrac{100}{13}$分後$\left(7\dfrac{9}{13}$分後$\right)$

解説

(1) y は x に比例するから，$y=ax$ とおける。

グラフは点$(10, 600)$を通るから，

$600=a\times10$，$a=60$

姉が家から図書館まで行くのにかかる時間は，$1500=60x$，$x=25$ より，25分。

(2)（道のり）＝（速さ）×（時間）より，

$y=125\times x$

(3) 妹が家から図書館まで行くのにかかる時間は，$1500=125x$，$x=12$ より，12分。

姉が家を出発してから 12 分間に進む道のりは，$60\times12=720$（m）

これより，妹が図書館に着いたとき，姉は家から 720m のところにいるから，この地点から図書館までの道のりは，$1500-720=780$（m）

(4) 2人が家を同時に出発してから進む道のりは，姉は $60x$m，妹は $125x$m

よって，x 分後の 2 人の道のりの差は，$125x-60x=65x$（m）

この差が 500m になることから，

$65x=500$，$x=\dfrac{100}{13}$

練習 23

式…$y=-0.5x+12$ $\left(y=-\dfrac{1}{2}x+12\right)$, 18分後

解説

(残りのろうそくの長さ)
＝(はじめのろうそくの長さ)－(燃えた長さ)
1分間に燃えるろうそくの長さは, $12\div24=0.5$
(cm)だから, x 分間に燃える長さは $0.5x$(cm)
$y=-0.5x+12$ に $y=3$ を代入して,
$3=-0.5x+12$, $0.5x=9$, $x=18$

練習 24

(1) 10 (2) $a=-\dfrac{1}{2}$

解説

(1)この1次関数の変化の割合は $\dfrac{5}{3}$ だから,

y の増加量は, $\dfrac{5}{3}\times6=10$

(2)$x=-5$ のとき, $y=a\times(-5)+3=-5a+3$
$x=7$ のとき, $y=a\times7+3=7a+3$
y の増加量は, $(7a+3)-(-5a+3)=12a$

これが -6 だから, $12a=-6$, $a=-\dfrac{1}{2}$

練習 25

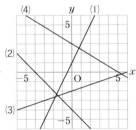

解説

(1)切片は1だから, 点$(0, 1)$を通る。傾きは2
だから, 点$(0, 1)$から右へ1, 上へ2進んだ
ところにある点$(1, 3)$を通る。
(2)切片は -4 だから, 点$(0, -4)$を通る。傾き
は -1 だから, 点$(0, -4)$から右へ1, 下へ
1進んだところにある点$(1, -5)$を通る。
(3)切片は -2 だから, 点$(0, -2)$を通る。傾き

は $\dfrac{1}{3}$ だから, 点$(0, -2)$から右へ3, 上へ1
進んだところにある点$(3, -1)$を通る。
(4)切片は3だから, 点$(0, 3)$を通る。傾きは
$-\dfrac{3}{5}$ だから, 点$(0, 3)$から右へ5, 下へ3進
だところにある点$(5, 0)$を通る。

練習 26

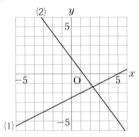

解説

(1)$y=\dfrac{1}{2}x-\dfrac{5}{2}$ において, $x=1$ のとき $y=-2$,
$x=5$ のとき $y=0$ だから, 2点$(1, -2)$,
$(5, 0)$を通る直線をかく。

(2)$y=-\dfrac{4}{3}x+\dfrac{5}{3}$ において, $x=-1$ のとき $y=3$,
$x=2$ のとき $y=-1$ だから, 2点$(-1, 3)$,
$(2, -1)$を通る直線をかく。

練習 27

y の変域
…$-1<y<3$
グラフは右の図

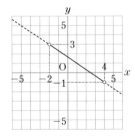

解説

$y=-\dfrac{2}{3}x+\dfrac{5}{3}$ のグラフをかく。

右の図で, x の変域は
x 軸上の太線の部分で
ある。
$x=-2$ のとき $y=3$,
$x=4$ のとき $y=-1$
だから, y の変域は
y 軸上の太線の部分に
なる。

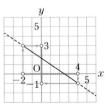

▎練習 **28**

(1)④と⑥　(2)⑦と④

解説

(1) y 軸について線対称な直線。

傾きは絶対値が等しく，符号が反対

$$y = ax + b \qquad\qquad y = -ax + b$$

切片は等しい

(2) x 軸について線対称な直線。

傾きは絶対値が等しく，符号が反対

$$y = ax + b \qquad\qquad y = -ax - b$$

切片は絶対値が等しく，符号が反対

▎練習 **29**

(1) $y = -2x + 10$　(2) $y = -\dfrac{1}{2}x + 1$

解説

(1)変化の割合が -2 だから，求める1次関数の式は $y = -2x + b$ とおける。
グラフが点 $(3,\ 4)$ を通るから，
$4 = -2 \times 3 + b$, $b = 10$

(2)(変化の割合)$= \dfrac{(y \text{ の増加量})}{(x \text{ の増加量})} = \dfrac{-1}{2} = -\dfrac{1}{2}$
$x = 0$ のとき $y = 1$ だから，切片は 1

▎練習 **30**

2

解説

1次関数の式を $y = ax + b$ とおく。
表から，$x = -3$ のとき $y = 11$ だから，
$11 = -3a + b$　……①
$x = 2$ のとき $y = -4$ だから，
$-4 = 2a + b$　……②
①，②を連立方程式として解くと，$a = -3$, $b = 2$
よって，1次関数の式は，$y = -3x + 2$
アの値は，$y = -3 \times 0 + 2 = 2$

▎練習 **31**

(1) $y = -\dfrac{3}{2}x - 1$　(2) $y = \dfrac{1}{4}x + \dfrac{11}{4}$

解説

(1)グラフは点 $(0,\ -1)$ を通るから切片は -1

また，点 $(0,\ -1)$ から右へ 2，下へ 3 だけ進んだところにある点 $(2,\ -4)$ を通るから，傾きは $-\dfrac{3}{2}$
したがって，$y = -\dfrac{3}{2}x - 1$

(2)グラフは2点 $(1,\ 3)$，$(5,\ 4)$ を通る。
求める1次関数の式を $y = ax + b$ とおくと，
$3 = a + b$……①，$4 = 5a + b$……②
①，②を連立方程式として解くと，
$a = \dfrac{1}{4}$, $b = \dfrac{11}{4}$
したがって，$y = \dfrac{1}{4}x + \dfrac{11}{4}$

▎練習 **32**

$a = -1$, $b = 3$

解説

1次関数 $y = ax + 5$ のグラフは，$a < 0$ より，右下がりの直線である。よって，
$x = -1$ のとき y は最大値 $-a + 5$
$x = 3$ のとき y は最小値 $3a + 5$
をとる。
1次関数 $y = x + b$ のグラフは，右上がりの直線である。よって，
$x = -1$ のとき y は最小値 $-1 + b$
$x = 3$ のとき y は最大値 $3 + b$
をとる。
この2つの関数の最大値，最小値はそれぞれ一致することから，
$-a + 5 = 3 + b$ より，$a + b = 2$　　　……①
$3a + 5 = -1 + b$ より，$3a - b = -6$　……②
①，②を連立方程式として解くと，
$a = -1$, $b = 3$

▎練習 **33**

$a = 6$

解説

2点 A$(-4,\ 6)$，B$(a,\ 1)$ を通る直線の傾きは，
$$\dfrac{1 - 6}{a - (-4)} = -\dfrac{5}{a + 4}$$

2点 B$(a,\ 1)$，C$(a - 4,\ 3)$ を通る直線の傾きは，
$$\dfrac{3 - 1}{(a - 4) - a} = -\dfrac{1}{2}$$

3点 A，B，C が一直線上にあるとき，直線 AB と BC の傾きが等しくなるから，
$$-\dfrac{5}{a + 4} = -\dfrac{1}{2}, \quad a + 4 = 10, \quad a = 6$$

練習 34

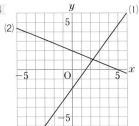

解説

(1) y について解くと，$y=\dfrac{4}{3}x-2$ より，グラフは傾きが $\dfrac{4}{3}$，切片が -2 の直線になる。

(2) y について解くと，$y=-\dfrac{2}{5}x+2$ より，グラフは傾きが $y=-\dfrac{2}{5}$，切片が 2 の直線になる。

別解 方程式 $2x+5y-10=0$ は，$x=0$ のとき $y=2$，$y=0$ のとき $x=5$ だから，グラフは 2 点 $(0,2)$，$(5,0)$ を通る直線になる。

練習 35

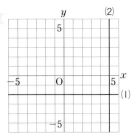

解説

(1) $0x+4y=-8$，$y=-2$ より，グラフは点 $(0,-2)$ を通り，x 軸に平行な直線である。

(2) $7x+0y=35$，$x=5$ より，グラフは点 $(5,0)$ を通り，y 軸に平行な直線である。

練習 36

(1) 方程式①のグラフは，右の図の直線①，方程式②のグラフは，右の図の直線②になる。
①と②のグラフの交点の座標は $(4,-2)$ だから，連立方程式の解は，$x=4$，$y=-2$

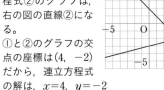

(2) 方程式③，④のグラフは，右の図の直線で，この 2 つの直線は重なっている。
つまり，③と④のグラフの交点は無数にあるから，連立方程式の解は，無数にある。

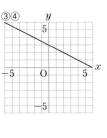

練習 37

(1) $y=-\dfrac{1}{2}x+4$ (2) $a=-2$

解説

(1) 連立方程式 $\begin{cases} y=2x+9 \\ y=-3x-1 \end{cases}$ を解くと，
$x=-2$，$y=5$
よって，2 直線の交点は $(-2,5)$

求める直線の式は，$y=-\dfrac{1}{2}x+b$ とおける。

この式に点 $(-2,5)$ の座標を代入して，
$5=-\dfrac{1}{2}\times(-2)+b$，$b=4$

したがって，$y=-\dfrac{1}{2}x+4$

(2) 連立方程式 $\begin{cases} 3x+2y=6 \\ x+4y=-8 \end{cases}$ を解くと，
$x=4$，$y=-3$
よって，この 2 直線の交点は $(4,-3)$
直線 $x+ay=10$ は点 $(4,-3)$ を通るから，
$4+a\times(-3)=10$，$-3a=6$，$a=-2$

練習 38

2 秒後と 7 秒後

解説

点 P が辺 AB 上にあるときと，辺 BC 上にあるときの 2 通りの場合について考える。
● 点 P が辺 AB 上にあるとき
$y=3x+12$ に $y=18$ を代入して，
$18=3x+12$，$3x=6$，$x=2$
$0\leqq x\leqq4$ だから，$x=2$ は適する。
● 点 P が辺 BC 上にあるとき
$y=-2x+32$ に $y=18$ を代入して，
$18=-2x+32$，$2x=14$，$x=7$
$4\leqq x\leqq10$ だから，$x=7$ は適する。

関数　53

グラフから $y=18$
に対応する x の値
を読み取る。
右の図のように,
$y=18$ に対応する
x の値は,
$x=2$, $x=7$

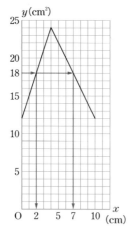

よって, $7 \leqq x \leqq 9$ のとき, $y \leqq 200$
$9 \leqq x \leqq 15$ のとき, $y=100x-900$ に $y=200$
を代入して, $200=100x-900$, $x=11$
よって, $9 \leqq x \leqq 11$ のとき, $y \leqq 200$

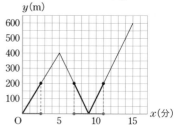

練習 **40**

(1) $\dfrac{65}{4}$ 分後 $\left(16\dfrac{1}{4}\text{分後}\right)$　(2) 10 分間

解説

(1) $10 \leqq x \leqq 20$ のとき, 1 分間に排水する水の量
　は 8L だから, x と y の関係を表す式は,
　$y=-8x+b$ とおける。
　グラフは点 $(20,\ 0)$ を通るから,
　$0=-8 \times 20+b$, $b=160$
　よって, 式は, $y=-8x+160$
　この式に $y=30$ を代入して,
　$30=-8x+160$, $8x=130$, $x=\dfrac{65}{4}$

(2) A だけで給水した時間を t 分間とすると, B
　だけで給水した時間は $(15-t)$ 分間になる。
　A, B が 1 分間に給水する水の量は, それぞ
　れ 6L, 4L だから,
　$6t+4(15-t)=80$, $2t=20$, $t=10$

練習 **39**

(1)

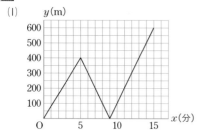

(2) $0 \leqq x \leqq \dfrac{5}{2}$, $7 \leqq x \leqq 11$

解説

(1) $0 \leqq x \leqq 5$ のとき, $y=80x$
　$x=0$ のとき $y=0$, $x=5$ のとき $y=400$ より,
　2 点 $(0,\ 0)$, $(5,\ 400)$ を通る直線をかく。
　$5 \leqq x \leqq 9$ のとき, $y=-100x+900$
　$x=5$ のとき $y=400$, $x=9$ のとき $y=0$ より,
　2 点 $(5,\ 400)$, $(9,\ 0)$ を通る直線をかく。
　$9 \leqq x \leqq 15$ のとき, $y=100x-900$
　$x=9$ のとき $y=0$, $x=15$ のとき $y=600$ より,
　2 点 $(9,\ 0)$, $(15,\ 600)$ を通る直線をかく。

(2) $y \leqq 200$ になるのは, 下の図のグラフの太線
　の部分に対応する x の値の範囲である。
　$0 \leqq x \leqq 5$ のとき, $y=80x$ に $y=200$ を代入し
　て, $200=80x$, $x=\dfrac{5}{2}$
　よって, $0 \leqq x \leqq \dfrac{5}{2}$ のとき, $y \leqq 200$
　$5 \leqq x \leqq 9$ のとき, $y=-100x+900$ に $y=200$
　を代入して, $200=-100x+900$, $x=7$

練習 **41**

B 駅から来る列車と 5 回すれちがう。
A 駅から来る列車に 4 回追い越される。

解説

P さんが A 駅から B 駅まで行くのにかかる時間
は, $30 \div 10=3$(時間)
よって, P さんは A 駅を 8 時 20 分に出発して
B 駅に 11 時 20 分に到着するから, P さんのよ
うすを表すグラフは下の図のようになる。

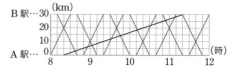

PさんがB駅から来る列車とすれちがう回数は，PさんのグラフとB駅から来る列車のグラフとの交点の個数である。このような交点は，下の図の○で囲んだ点で5個ある。

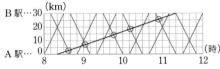

PさんがA駅から来る列車に追い越される回数は，PさんのグラフとA駅から来る列車のグラフとの交点の個数である。このような交点は，下の図の□で囲んだ点で4個ある。

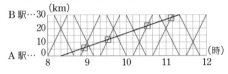

練習 42

$$y=-\frac{4}{11}x+\frac{70}{11}$$

解説

直線BCは傾き -2，
切片8の直線だから，
その式は，
$$y=-2x+8$$
これより，点Q
$(1, 6)$は直線BC上
の点である。
線分BCの中点をM
とすると，
$$\triangle ABM=\triangle ACM \quad \cdots\cdots①$$
Mを通りQAに平行な直線をひき，ACとの交点をRとする。
$\triangle QAM$ と $\triangle QAR$ は，底辺QAが共通で，
QA//MRより，高さが等しいから，
$$\triangle QAM=\triangle QAR$$
よって，
$$\triangle ABM=\triangle ABQ+\triangle QAM=\triangle ABQ+\triangle QAR$$
$$=四角形BQRA \quad \cdots\cdots②$$
①，②より，四角形 $BQRA=\frac{1}{2}\triangle ABC$
以上から，点Qを通り $\triangle ABC$ の面積を2等分する直線は，直線QRである。
直線ACの式は，$y=7x-28 \quad \cdots\cdots③$
直線MRの式は，$y=\frac{1}{4}x+\frac{7}{2} \quad \cdots\cdots④$

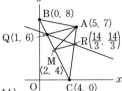

点Rは2直線ACとMRの交点だから，③，④を連立方程式として解くと，
$$x=\frac{14}{3}, \quad y=\frac{14}{3}$$
すなわち，$R\left(\frac{14}{3}, \frac{14}{3}\right)$
直線QRの式を $y=ax+b$ とすると，
$$\begin{cases} 6=a+b & \cdots\cdots⑤ \\ \frac{14}{3}=\frac{14}{3}a+b & \cdots\cdots⑥ \end{cases}$$
⑤，⑥を連立方程式として解くと，
$$a=-\frac{4}{11}, \quad b=\frac{70}{11}$$

章末問題 本冊 p.252～253

1

(1) $y=-5x+11$
(2) 30
(3) 右の図
(4) $(-2, 3)$
(5) $a=2, b=3$

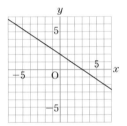

解説

(1) 求める直線の式は $y=-5x+b$ とおける。
この直線は点$(2, 1)$を通るから，
$1=-5\times2+b$，$b=11$
(2) この1次関数の変化の割合は6だから，
$(y$ の増加量$)=($変化の割合$)\times(x$ の増加量$)$
$=6\times5=30$
(3) $2x+3y=6$ を y について解くと，
$$y=-\frac{2}{3}x+2$$
これより，傾き $-\frac{2}{3}$，切片2の直線をかく。

別解

方程式 $2x+3y=6$ は，$x=0$ のとき $y=2$，
$y=0$ のとき $x=3$ だから，2点$(0, 2)$，$(3, 0)$を通る直線をかく。

(4) 連立方程式 $\begin{cases} y=-\frac{1}{2}x+2 \\ y=3x+9 \end{cases}$ を解くと，
$x=-2$，$y=3$
よって，交点の座標は$(-2, 3)$

(5) 1次関数 $y=ax-1$ で，
$x=0$ のとき $y=-1$，$x=b$ のとき $y=ab-1$
1次関数 $y=-2x+5$ で，
$x=0$ のとき $y=5$，$x=b$ のとき $y=-2b+5$
この2つの1次関数の変域は一致するから，
$-1=-2b+5$ ……①
$ab-1=5$ ……②
①より，$b=3$
②に $b=3$ を代入して，$3a-1=5$，$a=2$

2

(1) 12　(2) $y=-\dfrac{1}{2}x+8$　(3) P(8，4)

解説
(1) 右の図のような長方
形 DEFA をつくり，
長方形の面積
から3つの三
角形の面積を
ひく。

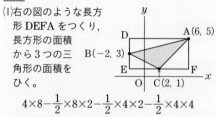

$4\times8-\dfrac{1}{2}\times8\times2-\dfrac{1}{2}\times4\times2-\dfrac{1}{2}\times4\times4$
$=32-8-4-8=12$
(2) 直線 BC の傾きは，$\dfrac{1-3}{2-(-2)}=-\dfrac{1}{2}$
これより，求める直線の式は，$y=-\dfrac{1}{2}x+b$
とおける。
この直線は点 A(6，5) を通るから，
$5=-\dfrac{1}{2}\times6+b$，$b=8$
(3) △OPB
$=$△PBC$+$△BOC
四角形 OCAB
$=$△ABC$+$△BOC
よって，△OPB と
四角形 OCAB の
面積が等しくなる
のは，△PBC$=$△ABC のときである。
△PBC と △ABC で，底辺 BC は共通だから，
BC∥AP
よって，点 P は直線 OC：$y=\dfrac{1}{2}x$ と(2)で求め
た直線 $y=-\dfrac{1}{2}x+8$ の交点である。
この2直線の式を連立方程式として解くと，
$x=8$，$y=4$
よって，点 P の座標は(8，4)

3

15分後

解説
y は x の1次関数になると考えられるから，
$y=ax+b$ とおける。
表から，$x=4$ のとき $y=33$ だから，
$33=4a+b$ ……①
$x=6$ のとき $y=27$ だから，
$27=6a+b$ ……②
①，②を連立方程式として解くと，
$a=-3$，$b=45$
よって，$y=-3x+45$ に $y=0$ を代入して，
$0=-3x+45$，$x=15$

4

(1) ① ア 350　イ 1200
②

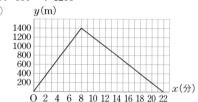

③ $y=-100x+2200$
(2) ① 分速 160m　② 16分40秒後

解説
(1) ① $0\le x\le8$ のとき，A さんの速さは，
$1400\div8=175$(m/分)
よって，2分後の学校からの距離は，
$y=175\times2=350$(m)…ア
$8\le x\le22$ のとき，A さんの速さは，
$1400\div(22-8)=100$(m/分)
よって，8分後から10分後までの2分間に
進む距離は，$100\times2=200$(m)
このときの学校からの距離は，
$y=1400-200=1200$(m)…イ
② y は x の1次関数になるからグラフは直
線である。
$0\le x\le8$ のとき，グラフは2点(0，0)，
(8，1400)，$8\le x\le22$ のとき，グラフは2点
(8，1400)，(22，0)を通る直線になる。
③ $8\le x\le22$ のとき，A さんの速さは毎分
100m だから，式は，$y=-100x+b$ とおける。
この式に $x=22$，$y=0$ を代入して，
$0=-100\times22+b$，$b=2200$
よって，式は，$y=-100x+2200$ ……⑦

(2)① 2人がすれ違ったのは，Aさんが出発して
から，$2+8=10$（分後）
このとき，学校からAさんまでの距離は，
$-100 \times 10 + 2200 = 1200$（m）
つまり，Bさんは8分間に1200m走ったこと
になるから，このときの速さは，
$1200 \div 8 = 150$（m/分）
よって，すれ違った後のBさんの速さは，
$150 + 10 = 160$（m/分）
② BさんがAさんとすれ違ってから公園に
到着するまでにかかる時間は，
$200 \div 160 = \dfrac{5}{4}$（分）
これより，BさんはAさんが出発してから，
$10 + \dfrac{5}{4} = \dfrac{45}{4}$（分後）に公園に到着するから，
$x = \dfrac{45}{4}$，$y = 1400$
また，Bさんが公園から学校にもどるとき，
式は，$y = -160x + c$ とおける。
この式に $x = \dfrac{45}{4}$，$y = 1400$ を代入して，
$1400 = -160 \times \dfrac{45}{4} + c$，$c = 3200$
よって，式は，$y = -160x + 3200$ ……⑦
2人がすれ違ったのは，2直線⑦，⑦が交わっ
たところである。
⑦，⑦より，$-100x + 2200 = -160x + 3200$，
$60x = 1000$，$x = \dfrac{50}{3} = 16\dfrac{2}{3}$

第3章 関数 $y = ax^2$ 本冊 p.256～277

練習 43

⑦，⑦，⑦

解説

式の形が $y = ax^2$ のものを選ぶ。
⑦の右辺を展開すると，$y = x^2 + 2x + 1$
⑦のように，分母に x^2 がある式は，y が x の
2乗に比例するとはいえない。
⑦は，$y = \dfrac{1}{3}x^2$ と表せるから，y は x の2乗
に比例し，比例定数は $\dfrac{1}{3}$

練習 44

(1) $y = 18$　(2) ア -18　イ -8　ウ -32

解説

(1)関数 $y = ax^2$ において，$x = 2$ のとき $y = 8$ だから，
$8 = a \times 2^2$，$8 = 4a$，$a = 2$
したがって，式は，$y = 2x^2$
この式に $x = 3$ を代入して，$y = 2 \times 3^2 = 18$
(2)y は x の2乗に比例するから，比例定数を a
とすると，$y = ax^2$ とおける。
$x = 2$ のとき $y = -2$ だから，
$-2 = a \times 2^2$，$-2 = 4a$，$a = -\dfrac{1}{2}$
したがって，式は，$y = -\dfrac{1}{2}x^2$
この式に $x = -6$，4，8 を代入して，ア，イ，
ウの値を求める。

練習 45

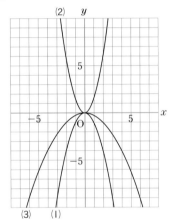

解説

x の値に対応する y の値を求め，表にまとめる。
この表の x，y の値の組を座標とする点をとり，
とった点を通るなめらかな曲線をかく。

(1)

x	-3	-2	-1	0	1	2	3
y	-9	-4	-1	0	-1	-4	-9

(2)

x	-2	-1	0	1	2
y	6	$\dfrac{3}{2}$	0	$\dfrac{3}{2}$	6

(3)

x	-6	-4	-2	-1	0	1	2	4	6
y	-9	-4	-1	$-\dfrac{1}{4}$	0	$-\dfrac{1}{4}$	-1	-4	-9

練習 46

(1)①…⑦，②…⑦，③…⑦，④…⑦

(2)① $x=t$ とすると，$y=t^2$ で，つねに $t^2≧0$ だから，$y≧0$ である。

　　したがって，関数 $y=x^2$ のグラフは，原点を通り，x 軸の上側にある。

② 関数 $y=x^2$ と $y=-x^2$ で，$x=m$ に対応する y の値はそれぞれ $y=m^2$，$y=-m^2$ となる。

　　点 $(m,\ m^2)$ と点 $(m,\ -m^2)$ は，x 軸について対称な点であることから，関数 $y=x^2$ と $y=-x^2$ のグラフ上の点で，同じ x の値に対応する点は x 軸について対称になる。

　　したがって，$y=x^2$ のグラフと $y=-x^2$ のグラフは x 軸について対称である。

解説

(1)①，② のグラフは上に開いているので，比例定数は正だから，④，⑨ のいずれか。

③，④ のグラフは下に開いているので，比例定数は負だから，⑦，④ のいずれか。

比例定数の絶対値が大きくなるほど，グラフの開き方は小さくなることから，① は⑨，② は④，③ は⑦，④ は④

練習 47

点 A は $y=x^2$ のグラフ上の点で，x 座標が 2 だから，y 座標は，$y=2^2=4$

直線 ℓ は x 軸に平行だから，B$(0,\ 4)$

点 C の x 座標を c とすると，C$(c,\ 4)$

点 A は線分 BC の中点だから，$\dfrac{0+c}{2}=2$，$c=4$

よって，C$(4,\ 4)$

点 C は $y=ax^2$ のグラフ上の点だから，

$4=a\times4^2$，$4=16a$，$a=\dfrac{1}{4}$

練習 48

(1) $a=-18$，$b=0$　(2) $a=-2$，0

解説

(1)関数 $y=-\dfrac{1}{2}x^2$ のグラフについて，$-6≦x≦4$ に対応する部分は，右の図の実線部分になる。

$x=-6$ のとき y は最小値 -18，$x=0$ のとき y は最大値 0 をとる。

よって，y の変域は，$-18≦y≦0$

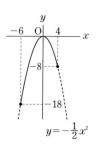

$y=-\dfrac{1}{2}x^2$

(2)関数 $y=x^2$ について，x の変域 $a≦x≦a+2$ の端の値に対応する y の値は 4 になる。

$x=a$ のとき $y=4$ をとるとすると，グラフは右の図の実線部分になる。

このとき，$a=-2$ で，x の変域は $-2≦x≦0$

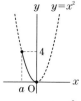

$x=a+2$ のとき $y=4$ をとるとすると，グラフは右の図の実線部分になる。

このとき，$a=0$ で x の変域は $0≦x≦2$

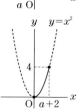

練習 49

(1) $a=-\dfrac{1}{2}$　(2) $a=\dfrac{1}{4}$，$b=\dfrac{27}{4}$

解説

(1)関数 $y=ax^2$ は，y の変域が $-8≦y≦0$ より，グラフは x 軸の下側にあるから，$a<0$

これより，関数 $y=ax^2$ のグラフで，$-2≦x≦4$ に対応する部分は，右の図の実線部分になる。

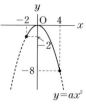

$y=ax^2$

よって，$x=4$ のとき $y=-8$ をとるから，

$-8=a\times4^2$，$-8=16a$，$a=-\dfrac{1}{2}$

(2)関数 $y=ax^2$ は，$a>0$ だから，$-6≦x≦2$ の範囲において，

$x=0$ のとき y は最小値 $y=a\times0^2=0$

$x=-6$ のとき y は最大値 $y=a\times(-6)^2=36a$

関数 $y=\dfrac{9}{8}x+b$ は $-6≦x≦2$ の範囲において，

$x=-6$ のとき y は最小値

$y=\dfrac{9}{8}\times(-6)+b=-\dfrac{27}{4}+b$

$x=2$ のとき y は最大値

$y=\dfrac{9}{8}\times2+b=\dfrac{9}{4}+b$

この 2 つの関数の最小値が一致するから，

$-\dfrac{27}{4}+b=0$，$b=\dfrac{27}{4}$

また，最大値が一致するから，

$\dfrac{9}{4}+b=36a$，$36a=9$，$a=\dfrac{1}{4}$

▶ 練習 50

(1) -16 (2) $a=\dfrac{1}{2}$

解説

(1) x の増加量は，$6-2=4$
 y の増加量は，
 $-2\times6^{2}-(-2)\times2^{2}=-72+8=-64$
 したがって，変化の割合は，$\dfrac{-64}{4}=-16$

(2) x の増加量は，$3-1=2$
 y の増加量は，$a\times3^{2}-a\times1^{2}=9a-a=8a$
 したがって，変化の割合は，$\dfrac{8a}{2}=4a$
 これが 2 だから，$4a=2$，$a=\dfrac{1}{2}$

▶ 練習 51

$a=5$

解説

関数 $y=\dfrac{1}{4}x^{2}$ で，x の値が a から $a+2$ まで増加するとき，

x の増加量は，$(a+2)-a=2$

y の増加量は，$\dfrac{1}{4}(a+2)^{2}-\dfrac{1}{4}a^{2}=a+1$

したがって，変化の割合は，$\dfrac{a+1}{2}$

また，関数 $y=3x-5$ の変化の割合は一定で 3

だから，$\dfrac{a+1}{2}=3$，$a=5$

▶ 練習 52

$t=\dfrac{15}{2}$

解説

自動車が出発して t 秒後から $(t+1)$ 秒後までに

進んだ道のりは，$\dfrac{3}{4}(t+1)^{2}-\dfrac{3}{4}t^{2}=\dfrac{3}{2}t+\dfrac{3}{4}$(m)

よって，平均の速さは，

$\left(\dfrac{3}{2}t+\dfrac{3}{4}\right)\div\{(t+1)-t\}=\dfrac{3}{2}t+\dfrac{3}{4}$(m/秒)

これが秒速 12m だから，$\dfrac{3}{2}t+\dfrac{3}{4}=12$，$t=\dfrac{15}{2}$

▶ 練習 53

$2\sqrt{3}$ 秒後，5 秒後

解説

$0\leqq x\leqq4$ のとき，$y=x^{2}$ に $y=12$ を代入して，
$12=x^{2}$，$x=\pm\sqrt{12}=\pm2\sqrt{3}$
$0\leqq x\leqq4$ より，$x=2\sqrt{3}$
$4\leqq x\leqq8$ のとき，$y=-4x+32$ に $y=12$ を代入して，$12=-4x+32$，$4x=20$，$x=5$
$4\leqq x\leqq8$ より，$x=5$

▶ 練習 54

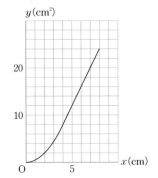

▶ 練習 55

$a=-\dfrac{1}{6}$

解説

点 A は $y=\dfrac{1}{3}x^{2}$ のグラフ上の点で，x 座標が 4

だから，y 座標は，$y=\dfrac{1}{3}\times4^{2}=\dfrac{16}{3}$

これより，A$\left(4,\ \dfrac{16}{3}\right)$

点 B は y 軸について点 A と対称な点だから，

B$\left(-4,\ \dfrac{16}{3}\right)$

よって，AB$=4-(-4)=8$

また，点 C は $y=ax^{2}$ のグラフ上の点で，x 座標が 4 だから，y 座標は，$y=a\times4^{2}=16a$

よって，AC$=\dfrac{16}{3}-16a$

AB$=$AC だから，

$8=\dfrac{16}{3}-16a$，$16a=-\dfrac{8}{3}$，$a=-\dfrac{1}{6}$

▶ 練習 56

$y=-\dfrac{1}{3}x-4$

点 A は $y=\dfrac{1}{2}x^2$ のグラフ上の点だから，y 座標

は，$y=\dfrac{1}{2}\times(-3)^2=\dfrac{9}{2}$

点 C は $y=ax^2$ のグラフ上の点だから，y 座標は，

$y=a\times(-3)^2=9a$

$AE=\dfrac{9}{2}$，$EC=0-9a=-9a$ だから，

$\dfrac{9}{2}:(-9a)=3:2$，$9=-27a$，$a=-\dfrac{1}{3}$

これにより，②のグラフの式は，$y=-\dfrac{1}{3}x^2$

よって，C$(-3,\ -3)$，D$\left(4,\ -\dfrac{16}{3}\right)$

直線 CD の式を $y=px+q$ とおくと，2 点 C，

D を通るから，$\begin{cases} -3=-3p+q & \cdots\cdots① \\ -\dfrac{16}{3}=4p+q & \cdots\cdots② \end{cases}$

①，②を連立方程式として解くと，

$p=-\dfrac{1}{3}$，$q=-4$

(1) $a=\dfrac{1}{4}$　(2) B$(6,\ 9)$，C$(4,\ 4)$

(1)連立方程式 $\begin{cases} y=x+3 & \cdots\cdots② \\ y=\dfrac{1}{2}x+2 & \cdots\cdots③ \end{cases}$ を解くと，

$x=-2$，$y=1$　よって，A$(-2,\ 1)$

放物線 $y=ax^2$ は，点 A を通るから，

$1=a\times(-2)^2$，$1=4a$，$a=\dfrac{1}{4}$

(2)放物線①の式と直線②の式を連立方程式とし

て解くと，$\dfrac{1}{4}x^2=x+3$，$x^2-4x-12=0$，

$(x+2)(x-6)=0$，$x=-2$，$x=6$

点 B の x 座標は 6，y 座標は $6+3=9$

放物線①の式と直線③の式を連立方程式とし

て解くと，$\dfrac{1}{4}x^2=\dfrac{1}{2}x+2$，$x^2-2x-8=0$，

$(x+2)(x-4)=0$，$x=-2$，$x=4$

点 C の x 座標は 4，y 座標は $\dfrac{1}{4}\times4^2=4$

$y=2x+6$

線分 AB の中点を M，点 M を通り y 軸に平行

な直線をひき，線分 OA との交点を D とする。

MD∥CO より，

△MDO＝△MDC

だから，

$\dfrac{1}{2}$△AOB

＝△AOM

＝△ADM＋△MDO

＝△ADM＋△MDC

＝△ADC

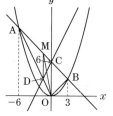

以上から，点 C を通り △AOB の面積を 2 等分

する直線は，直線 CD となる。

点 M の x 座標は，$\dfrac{-6+3}{2}=-\dfrac{3}{2}$だから，点 D

の x 座標は $-\dfrac{3}{2}$

点 D は直線 OA，すなわち，$y=-2x$ 上の点だ

から，その y 座標は，$y=-2\times\left(-\dfrac{3}{2}\right)=3$

よって，D$\left(-\dfrac{3}{2},\ 3\right)$

直線 CD の切片は 6 だから，式は，$y=ax+6$

とおける。この式に点 D の座標を代入して，

$3=-\dfrac{3}{2}a+6$，$\dfrac{3}{2}a=3$，$a=2$

(1) $y=\dfrac{3}{2}x+9$　(2) D$\left(-\dfrac{3}{2},\ \dfrac{27}{4}\right)$

(1)線分 AB と y 軸の交点を

E とする。

点 A の座標は，

A$\left(-3,\ \dfrac{9}{2}\right)$

線分 AB は x 軸に平行だ

から，E$\left(0,\ \dfrac{9}{2}\right)$

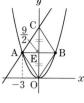

四角形 OBCA はひし形だから，2 本の対角

線はそれぞれの中点で交わるので，

OE＝CE

これより，OC$=\dfrac{9}{2}\times2=9$ よって，C$(0,\ 9)$

直線 AC は，傾きが $\dfrac{9-\dfrac{9}{2}}{0-(-3)}=\dfrac{3}{2}$，切片が 9

の直線だから，$y=\dfrac{3}{2}x+9$

(2) △OCA：(四角形 OBCA の面積)＝1：2
だから，△ODA：△OCA＝1：2 となれば，
△ODA：(四角形 OBCA の面積)＝1：4
となる。
このような点 D は，線分
AC の中点だから，点 D
の x 座標は，
$$\frac{-3+0}{2}=-\frac{3}{2}$$
y 座標は，$\dfrac{9+\dfrac{9}{2}}{2}=\dfrac{27}{4}$

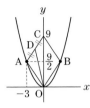

練習 60

$P\left(4\sqrt{2},\ \dfrac{32}{3}\right),\ P\left(-4\sqrt{2},\ \dfrac{32}{3}\right)$

解説

点 A(6, 12) は $y=ax^2$ のグラフ上の点だから，
$12=a\times6^2,\ 12=36a,\ a=\dfrac{1}{3}$
点 B は $y=\dfrac{1}{3}x^2$ のグラフ上の点だから，
$B\left(-2,\ \dfrac{4}{3}\right)$
2 点 A，B の y 座標の差は，$12-\dfrac{4}{3}=\dfrac{32}{3}$
四角形 ABQP は平行四辺形になるから，2 点 P，
Q の y 座標の差は，2 点 A，B の y 座標の差と
等しく $\dfrac{32}{3}$ になる。
点 Q の y 座標は 0 だから，点 P の y 座標は $\dfrac{32}{3}$
よって，$y=\dfrac{1}{3}x^2$ に $y=\dfrac{32}{3}$ を代入して，
$\dfrac{32}{3}=\dfrac{1}{3}x^2,\ x^2=32,\ x=\pm4\sqrt{2}$

練習 61

$\dfrac{1}{8}\leqq a\leqq1$

解説

AB＝2 で点 B の x 座標は 4 より，B(4, 2)
AD＝2 で点 D の y 座標は 4 より，D(2, 4)
右の図のように，
$y=ax^2$ のグラフの
開き方は，点 B を
通るとき最も大き
くなり，点 D を通
るとき最も小さく
なる。

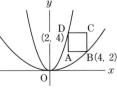

これより，a の値は，点 B を通るとき最小値，
点 D を通るとき最大値をとる。
よって，グラフが
点 B を通るとき，$2=a\times4^2,\ a=\dfrac{1}{8}$
点 D を通るとき，$4=a\times2^2,\ a=1$
したがって，a の値の範囲は，$\dfrac{1}{8}\leqq a\leqq1$

練習 62

27

解説

点 A は $y=-x^2$ のグラフ上の点だから，y 座標
は，$y=-(-3)^2=-9$　よって，A(-3, -9)
①の反比例のグラフの式を $y=\dfrac{a}{x}$ とおく。
点 A は $y=\dfrac{a}{x}$ のグラフ上の点だから，
$-9=\dfrac{a}{-3},\ a=27$
点 B の x 座標を t とすると，点 B は $y=\dfrac{27}{x}$ の
グラフ上の点だから，$B\left(t,\ \dfrac{27}{t}\right)$
よって，DB＝t，BC＝$\dfrac{27}{t}$ だから，四角形 OCBD
の面積は，$t\times\dfrac{27}{t}=27$

練習 63

解説

$0\leqq x<1$ のとき，$y=0$
$1\leqq x<2$ のとき，$y=1$
$2\leqq x<3$ のとき，$y=2$
$3\leqq x<4$ のとき，$y=3$
$4\leqq x<5$ のとき，$y=4$
$x=5$ のとき，$y=5$

練習 64

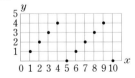

解説

$1\div5=0$ 余り 1，$2\div5=0$ 余り 2，
$3\div5=0$ 余り 3，$4\div5=0$ 余り 4，
$5\div5=1$ 余り 0，$6\div5=1$ 余り 1，
$7\div5=1$ 余り 2，$8\div5=1$ 余り 3，
$9\div5=1$ 余り 4，$10\div5=2$ 余り 0

1

y が x の2乗に比例するもの…エ，式…$y=2x^2$

解説

ア （円の周の長さ）＝（半径）×2×（円周率）より，
$y=x\times2\times\pi$，$y=2\pi x$

イ （長方形の周の長さ）
＝{（縦の長さ）＋（横の長さ）}×2
より，$8=(x+y)\times2$，$y=-x+4$

ウ （三角形の面積）＝$\dfrac{1}{2}$×（底辺）×（高さ）より，
$12=\dfrac{1}{2}\times x\times y$，$y=\dfrac{24}{x}$

エ （正四角錐の体積）＝$\dfrac{1}{3}$×（底面積）×（高さ）
より，$y=\dfrac{1}{3}\times x\times x\times6=2x^2$

2

(1) $y=-4x^2$　(2) $0\leqq y\leqq12$　(3) $0\leqq a\leqq2$
(4) $a=-\dfrac{4}{7}$

解説

(1) y は x の2乗に比例するから，比例定数を a
とすると，$y=ax^2$ とおける。
$x=3$ のとき $y=-36$ だから，
$-36=a\times3^2$，$-36=9a$，$a=-4$
したがって，式は，$y=-4x^2$

(2) 関数 $y=\dfrac{1}{3}x^2$ のグラフに
ついて，$-3\leqq x\leqq6$ に対
応する部分は，右の図の
実線部分になる。
$x=0$ のとき y は最小値 0，
$x=6$ のとき y は最大値
12 をとる。
よって，y の変域は，$0\leqq y\leqq12$

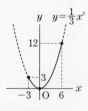

(3) 関数 $y=-2x^2$ のグラフは
右の図のようになる。
$-2\leqq a<0$ のとき，y の最
大値は 0 より小さくなり，
$2<a$ のとき，y の最小値
は -8 より小さくなる。
よって，y の変域が
$-8\leqq y\leqq0$ となるのは，
$0\leqq a\leqq2$ ときである。

(4) x の増加量は，$5-2=3$

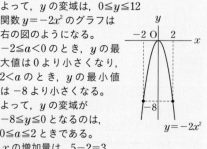

y の増加量は，$a\times5^2-a\times2^2=25a-4a=21a$
したがって，変化の割合は，$\dfrac{21a}{3}=7a$
これが -4 だから，$7a=-4$，$a=-\dfrac{4}{7}$

3

(1) Q$(-p,\ 2p^2)$　(2) $p=\dfrac{7}{2}$

解説

(1) 点 P は $y=2x^2$ のグラフ上の点だから，y 座
標は，$y=2\times p^2=2p^2$　これより，P$(p,\ 2p^2)$
点 Q は y 軸について点 P と対称な点だから，
Q$(-p,\ 2p^2)$

(2) 点 R は $y=2x^2$ のグラフ上の点だから，y 座
標は，$y=2\times(2p)^2=8p^2$
これより，R$(2p,\ 8p^2)$
よって，直線 QR の傾きは，
$\dfrac{8p^2-2p^2}{2p-(-p)}=\dfrac{6p^2}{3p}=2p$
これが 7 だから，$2p=7$，$p=\dfrac{7}{2}$

4

P$\left(3,\ \dfrac{9}{4}\right)$，P$\left(-3,\ \dfrac{9}{4}\right)$

解説

△OPB と △OAB は，底辺 OB が共通だから，
△OPB の面積が △OAB の面積の $\dfrac{1}{4}$ 倍になると
き，△OPB の高さは △OAB の高さの $\dfrac{1}{4}$ 倍になる。
よって，（点 P の y 座標）＝（点 A の y 座標）×$\dfrac{1}{4}$
点 A の y 座標は，$y=\dfrac{1}{4}\times(-6)^2=9$ より，
点 P の y 座標は，
$y=9\times\dfrac{1}{4}=\dfrac{9}{4}$
よって，点 P の x 座
標を p とすると，
$\dfrac{9}{4}=\dfrac{1}{4}p^2$，$p^2=9$，
$p=\pm3$

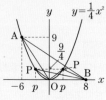

5

(1) $a=-\dfrac{1}{2}$　(2)① Q$\left(\dfrac{1}{2},\ -2\right)$　② $t=\dfrac{5}{3}$

(1)点 A は $y=-x-\dfrac{3}{2}$ のグラフ上の点だから、

y 座標は、 $y=-(-1)-\dfrac{3}{2}=-\dfrac{1}{2}$

よって、 $A\left(-1,\ -\dfrac{1}{2}\right)$

点 A は $y=ax^2$ のグラフ上の点だから、

$-\dfrac{1}{2}=a\times(-1)^2$, $a=-\dfrac{1}{2}$

(2)① 点 P は $y=-\dfrac{1}{2}x^2$ のグラフ上の点だから、

y 座標は、 $y=-\dfrac{1}{2}\times2^2=-2$

点 Q は $y=-x-\dfrac{3}{2}$ のグラフ上の点で、y 座

標は、点 P の y 座標に等しく -2 だから、x

座標は、 $-2=-x-\dfrac{3}{2}$, $x=\dfrac{1}{2}$

② $P\left(t,\ -\dfrac{1}{2}t^2\right)$ と表せる。

点 Q の x 座標を s と

する と、

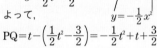

$-\dfrac{1}{2}t^2=-s-\dfrac{3}{2}$

$s=\dfrac{1}{2}t^2-\dfrac{3}{2}$

よって、

$PQ=t-\left(\dfrac{1}{2}t^2-\dfrac{3}{2}\right)=-\dfrac{1}{2}t^2+t+\dfrac{3}{2}$

直線 m 上で、$x=-1$ の点を H とすると、

$QH=\left(\dfrac{1}{2}t^2-\dfrac{3}{2}\right)-(-1)=\dfrac{1}{2}t^2-\dfrac{1}{2}$

AR=AQ より、 RH=QH だから、

$QR=\left(\dfrac{1}{2}t^2-\dfrac{1}{2}\right)\times2=t^2-1$

PQ=QR だから、 $-\dfrac{1}{2}t^2+t+\dfrac{3}{2}=t^2-1$

これを解いて、 $3t^2-2t-5=0$,

$t=\dfrac{-(-1)\pm\sqrt{(-1)^2-3\times(-5)}}{3}$

$=\dfrac{1\pm\sqrt{16}}{3}=\dfrac{1\pm4}{3}$　$t=-1$, $t=\dfrac{5}{3}$

$1<t<3$ だから、 $t=\dfrac{5}{3}$

6

(1) D(0, 6)　(2) 12　(3) $y=-\dfrac{1}{2}x+\dfrac{9}{2}$

(4) P(2, 4)

(1)点 C は点 B から右へ 3、下へ 3 だけ進んだと
ころにあるから、点 D は点 A から右へ 3、
下へ 3 だけ進んだところにある点である。

(2)線分 BC と y 軸の交点を E とし、点 B と D を
結ぶ。

直線 BC の式は、 $y=-x+2$ だから、

E(0, 2)

これより、 DE=6-2=4 だから、

$\triangle BCD=\triangle BED+\triangle DEC$

$\qquad=\dfrac{1}{2}\times4\times2+\dfrac{1}{2}\times4\times1=6$

よって、平行四辺形 ABCD の面積は、

$\triangle BCD\times2=6\times2=12$

(3)求める直線は、対角
線 AC と BD の交点
F を通る。
点 F は 2 点
B(-2, 4), D(0, 6)
の中点だから、

$F\left(\dfrac{-2+0}{2},\ \dfrac{4+6}{2}\right)$

$=(-1,\ 5)$

求める直線の式を $y=ax+b$ とすると、

$\begin{cases}3=3a+b & \cdots\cdots① \\ 5=-a+b & \cdots\cdots②\end{cases}$

①、②を連立方程式として解くと、

$a=-\dfrac{1}{2}$, $b=\dfrac{9}{2}$

(4) P($p,\ p^2$) とする。

$\triangle OBC=\dfrac{1}{2}\times2\times2+\dfrac{1}{2}\times2\times1=3$

また、下の図より、

$\triangle OAP=$ 台形 AGHP の面積 $-\triangle AGO-\triangle POH$

$=\dfrac{1}{2}(9+p^2)\{p-(-3)\}-\dfrac{1}{2}\times3\times9-\dfrac{1}{2}\times p\times p^2$

$=\dfrac{3}{2}p^2+\dfrac{9}{2}p$

$\triangle OAP$

$=\triangle OBC\times5$

$=3\times5=15$

だから、

$\dfrac{3}{2}p^2+\dfrac{9}{2}p=15$

これを解いて、

$p^2+3p-10=0$

$(p+5)(p-2)=0$

$p=-5$, $p=2$

$p>0$ より、 $p=2$　よって、 P(2, 4)

7

(1) $a=\dfrac{3}{4}$, $b=48$　(2) $y=\dfrac{1}{2}x+2$

(3)① $\dfrac{3}{2}t^2-t-4$　② $P\left(\dfrac{8}{3},\ \dfrac{16}{3}\right)$

(1) $\dfrac{a \times 4^2 - a \times 2^2}{4-2} = \dfrac{12a}{2} = 6a$

変化の割合が $\dfrac{9}{2}$ だから，$6a = \dfrac{9}{2}$，$a = \dfrac{3}{4}$

点 A は $y = \dfrac{3}{4}x^2$ のグラフ上の点だから，y 座標は，$y = \dfrac{3}{4} \times 4^2 = 12$　よって，A(4, 12)

また，点 A(4, 12) は $y = \dfrac{b}{x}$ のグラフ上の点だから，$12 = \dfrac{b}{4}$，$b = 48$

(2) 点 B は $y = \dfrac{3}{4}x^2$ のグラフ上の点だから，y 座標は，$y = \dfrac{3}{4} \times 2^2 = 3$　よって，B(2, 3)

点 C は $y = \dfrac{48}{x}$ のグラフ上の点，y 座標は $y = \dfrac{48}{8} = 6$　よって，C(8, 6)

直線 BC の式を $y = mx + n$ とすると，
$$\begin{cases} 3 = 2m + n & \cdots\cdots① \\ 6 = 8m + n & \cdots\cdots② \end{cases}$$
①，②を連立方程式として解くと，
$m = \dfrac{1}{2}$，$n = 2$

(3) ① 点 P は $y = \dfrac{3}{4}x^2$ のグラフ上の点だから，
$P\left(t, \dfrac{3}{4}t^2\right)$

点 Q は $y = \dfrac{1}{2}x + 2$ のグラフ上の点で，y 座標は $\dfrac{3}{4}t^2$ だから，$\dfrac{3}{4}t^2 = \dfrac{1}{2}x + 2$，$x = \dfrac{3}{2}t^2 - 4$

よって，$PQ = \left(\dfrac{3}{2}t^2 - 4\right) - t = \dfrac{3}{2}t^2 - t - 4$

② $PR = t$ だから，$\left(\dfrac{3}{2}t^2 - t - 4\right) : t = 3 : 2$

$2\left(\dfrac{3}{2}t^2 - t - 4\right) = 3t$，$3t^2 - 5t - 8 = 0$

$t = \dfrac{-(-5) \pm \sqrt{(-5)^2 - 4 \times 3 \times (-8)}}{2 \times 3}$

$= \dfrac{5 \pm \sqrt{121}}{6} = \dfrac{5 \pm 11}{6}$

$t = -1$，$t = \dfrac{8}{3}$　$2 \leq t \leq 4$ だから，$t = \dfrac{8}{3}$

点 P の y 座標は，$y = \dfrac{3}{4} \times \left(\dfrac{8}{3}\right)^2 = \dfrac{16}{3}$

8

(1) ア $\dfrac{1}{2}$，イ -4

(2) 点 C は $y = \dfrac{1}{2}x^2$ のグラフ上の点だから，
$C\left(t, \dfrac{1}{2}t^2\right)$

点 D は y 軸について点 C と対称な点だから，
$D\left(-t, \dfrac{1}{2}t^2\right)$

これより，$CD = t - (-t) = 2t$

点 F は $y = -x^2$ のグラフ上の点だから，
$F(t, -t^2)$

これより，$CF = \dfrac{1}{2}t^2 - (-t^2) = \dfrac{3}{2}t^2$

よって，長方形 CDEF の周の長さは，
$\left(2t + \dfrac{3}{2}t^2\right) \times 2 = 3t^2 + 4t$

(3) $\dfrac{140}{3}$

(1) 点 A(4, 8) は $y = ax^2$ のグラフ上の点だから，
$8 = a \times 4^2$，$16a = 8$，$a = \dfrac{1}{2}$

点 B(−2, b) は $y = -x^2$ のグラフ上の点だから，$b = -(-2)^2 = -4$

(3) 直線 AB と線分 CD，DE との交点を G，H とする。

△DHG の周の長さは，
DH + HG + GD

五角形 GHEFC の周の長さは，
GH + HE + EF + FC + CG

よって，△DHG と五角形 GHEFC の周の長さの差は，

　GH + HE + EF + FC + CG − (DH + HG + GD)
$=$ (EF − GD) + (CF − DH) + HE + CG
$=$ CG + HE + HE + CG $= 2$(HE + CG)

また，直線 AB の式は，$y = 2x$

点 H の x 座標は $-t$ だから，y 座標は，
$y = 2 \times (-t) = -2t$

よって，$HE = -2t - (-t^2) = t^2 - 2t$

点 G の y 座標は $\dfrac{1}{2}t^2$ だから，x 座標は，
$\dfrac{1}{2}t^2 = 2x$，$x = \dfrac{1}{4}t^2$　よって，$CG = t - \dfrac{1}{4}t^2$

$2(HE + CG) = 2\left(t^2 - 2t + t - \dfrac{1}{4}t^2\right) = \dfrac{3}{2}t^2 - 2t$

これが 10 だから，$\dfrac{3}{2}t^2 - 2t = 10$

これを解いて，$3t^2 - 4t - 20 = 0$，

$t = \dfrac{-(-2) \pm \sqrt{(-2)^2 - 3 \times (-20)}}{3}$

$= \dfrac{2 \pm \sqrt{64}}{3} = \dfrac{2 \pm 8}{3}$　$t = -2$，$t = \dfrac{10}{3}$

$t > 0$ より，$t = \dfrac{10}{3}$

したがって，四角形 CDEF の周の長さは，
$3 \times \left(\dfrac{10}{3}\right)^2 + 4 \times \dfrac{10}{3} = \dfrac{100}{3} + \dfrac{40}{3} = \dfrac{140}{3}$

図形編

第1章　平面図形　本冊 p.290〜313

練習 1

(1)右の図
(2)右の図
(3)右の図

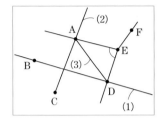

練習 2

(1)右の図
(2)右の図
(3)右の図

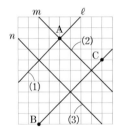

練習 3

(1) 5cm
(2) 5cm
(3) 6cm

練習 4

(1) ∠QAB　(2) AB⊥PQ

解説

交わる2つの円は、両方の円の中心を通る直線について線対称である。
(1)対応する角の大きさは等しいから、
　　　∠PAB＝∠QAB
(2)対応する点を結ぶ線分は、対称の軸と垂直に交わるから、AB⊥PQ

練習 5

右の図の点 M

解説

辺 AC の垂直二等分線をひき、辺 AC との交点を M とする。

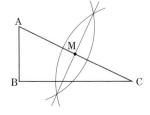

練習 6

(1)右の図の
　半直線 ON
(2) 90°

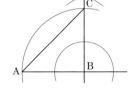

解説

(2)　∠MON
　＝∠MOB＋∠BON＝∠AOB÷2＋∠BOC÷2
　＝(∠AOB＋∠BOC)÷2＝∠AOC÷2
　＝180°÷2＝90°

練習 7

右の図の △ABC

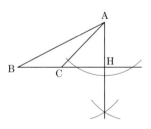

解説

❶B を通る線分 AB の垂線をひく。
❷B を中心として半径 BA の円をかき、❶の垂線との交点を C とし、線分 AC をひく。

練習 8

右の図

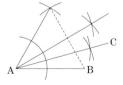

解説

BC の延長線に A から垂線をひき、その交点を H とする。

練習 9

(1)右の上図の
　∠CAB
(2)右の下図の
　∠PQR

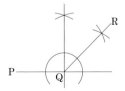

解説

(1) 15°＝60°÷2÷2
　まず、正三角形の作図から 60°の角をつくり、その角を2等分し、さらに2等分する。

(2) 135°＝90°＋45°＝90°＋90°÷2

直線上の点を通る垂線の作図から直角をつく
り，どちらかの直角を2等分する。

右の図の点 P

解説

求める点は，
線分 AB の垂直
二等分線と線分 CD の垂直二等分線との交点で
ある。

練習 11

右の図の点 P

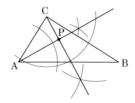

解説

❶∠A の二等分線
をひく。
❷C から❶の直線
に垂線をひき，その交点を P とする。

練習 12

下の図

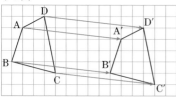

練習 13

右の図

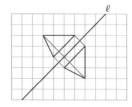

練習 14

下の図

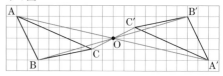

練習 15

右の図の点 O

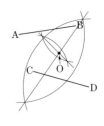

解説

線分 AD の垂直二等分
線と線分 BC の垂直二
等分線の交点を O とす
る。

練習 16

右の図の
点 Q と点 R

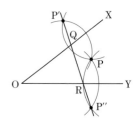

解説

まず，直線上
に適当な2点
をとる垂線の
作図を利用し
て，P と OX
について対称な点 P′ と，P と OY について対
称な点 P″ をとる。
次に直線 P′P″ をひき，OX，OY との交点をそ
れぞれ Q，R とすると，
　PQ＋QR＋RP＝P′Q＋QR＋RP″＝P′P″
より，PQ＋QR＋RP は最短となる。

練習 17

右の図の点 P

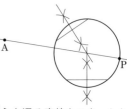

解説

まず，円の中心
の作図から円の
中心を求める。
次に，A と円の中心を通る直線をひき，A か
ら遠い方の点を P とする。

練習 18

右の図の点 O

解説

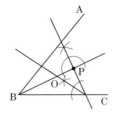

P を通る BP の垂線
と BA，BC でできる
三角形を考えると，
円 O はこの三角形に
内接する。
したがって，この三角形の 2 つの角の二等分線
の交点が点 O となるから，∠ABC 以外の角の
二等分線をひき，∠ABC の二等分線との交点
を O とすればよい。

練習 19

(1) $3 : 4$　(2) $4 : 5$

解説

(1)　$\overset{\frown}{AB} : \overset{\frown}{BC} = ∠AOB : ∠BOC$
　　　$= 90° : 120° = 3 : 4$

(2)　$∠COA = 360° - (90° + 120°) = 150°$
　　　おうぎ形 BOC とおうぎ形 COA の面積の比は，
　　　$∠BOC : ∠COA = 120° : 150° = 4 : 5$

練習 20

(1) 周の長さ…30πcm，面積…225πcm²
(2) 12πcm

解説

(1) この円の周の長さは，$\pi \times 30 = 30\pi$(cm)
　　この円の半径は，$30 \div 2 = 15$(cm)
　　この円の面積は，$\pi \times 15^2 = 225\pi$(cm²)
(2) この円の半径を $r$cm とすると，
　　　$\pi \times r^2 = 36\pi$，$r^2 = 36$
　　　$6 \times 6 = 36$ より，$r = 6$
　　　この円の周の長さは，$2\pi \times 6 = 12\pi$(cm)

練習 21

弧の長さ…10πcm，面積…40πcm²

解説

このおうぎ形の弧の長さは，
　$2\pi \times 8 \times \dfrac{225}{360} = 10\pi$(cm)
このおうぎ形の面積は，
　$\pi \times 8^2 \times \dfrac{225}{360} = 40\pi$(cm²)

練習 22

(1) $280°$　(2) $112°$

解説

(1) このおうぎ形の中心角を $a°$ とすると，
　　$2\pi \times 6 \times \dfrac{a}{360} = \dfrac{28}{3}\pi$，$a = 280$
(2) このおうぎ形の中心角を $a°$ とすると，
　　$\pi \times 5^2 \times \dfrac{a}{360} = \dfrac{70}{9}\pi$，$a = 112$

練習 23

$\left(\dfrac{20}{3}\pi + 10\right)$cm

解説

△EBC は正三角形だから，
　　∠EBC = ∠ECB = 60°
色をつけた部分の周の長さは，
　$2\pi \times 10 \times \dfrac{60}{360} \times 2 + 10 = \dfrac{20}{3}\pi + 10$(cm)

練習 24

24cm²

解説

それぞれの半円の半径は，
　$10 \div 2 = 5$(cm)，$8 \div 2 = 4$(cm)，$6 \div 2 = 3$(cm)
　色をつけた部分の面積
　= 半径 4cm，半径 3cm の半円の面積の和
　　+ 直角三角形 ABC の面積
　　- 半径 5cm の半円の面積
　= $\pi \times 4^2 \times \dfrac{1}{2} + \pi \times 3^2 \times \dfrac{1}{2} + \dfrac{1}{2} \times 8 \times 6$
　　$- \pi \times 5^2 \times \dfrac{1}{2}$
　= $8\pi + \dfrac{9}{2}\pi + 24 - \dfrac{25}{2}\pi = 24$(cm²)
※これは，直角三角形 ABC の面積に等しい。

章末問題　本冊 p.314〜315

1

(1) ウ　(2) △COQ　(3) ウ

解説

(1) 点 B と点 D は折り目の線について線対称で，
　　対応する点を結ぶ線分 BD は，折り目の線に

よって垂直に2等分される。

(2) △OAP を OC の方向に OC の長さだけ平行移動すると，△COQ と重なる。

(3)正三角形の1つの角の大きさは60°だから，120°÷60°＝2 より，△OAB を点 O を中心として反時計回りに 120° 回転移動させると，60° の角を2つ分移動したウに重なる。

(1)右の図の点 P
(2)右の図の線分 QR

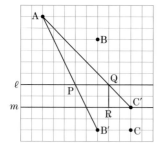

解説

(1)直線 ℓ について，点 B と対称な点を B′ とし，線分 AB′ と直線 ℓ との交点を P とする。PB＝PB′ より，AP＋PB＝AP＋PB′＝AB′ で，AP＋PB が最短となる。

(2)点 C を川幅(2直線 ℓ，m の距離)の分だけ上にずらした点を C′ とし，線分 AC′ と直線 ℓ との交点を Q，Q から直線 m にひいた垂線と直線 m との交点を R とする。RC＝QC′ より，AQ＋RC＝AQ＋QC′＝AC′ で，AQ＋QR＋RC が最短となる。

3

(1)右の上図の半直線 AC
(2)右の下図の△ABP

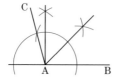

解説

(1) 105°＝45°＋60°
点 A を通る垂線の作図と角の二等分線の作図と正三角形の作図を利用する。

(2)線分 AB と平行で，線分 AB との距離が線分 AB と等しい直線を作図し，この直

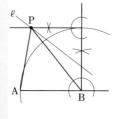

線と直線 ℓ との交点を P とする。

線分 AB と平行な直線は垂線の作図を2回利用すれば作図できる。

また，線分 AB と等しい距離は，半径 BA の円をかくことによってとることができる。

4

(1) 8πcm² 　(2) 14πcm²

解説

(1) $\pi \times 6^2 \times \dfrac{80}{360} = 8\pi$ (cm²)

(2)このおうぎ形の中心角を $a°$ とすると，
$2\pi \times 4 \times \dfrac{a}{360} = 7\pi$，$a = 315$
このおうぎ形の面積は，
$\pi \times 4^2 \times \dfrac{315}{360} = 14\pi$ (cm²)

5

(1) 13π 　(2) πcm

解説

(1) $\pi \times 4^2 - \pi \times 2^2 + \pi \times 1^2 = 13\pi$

(2) $2\pi \times 1 \times \dfrac{60}{360} \times 3 = \pi$ (cm)

第2章 空間図形 本冊 p.318〜341

練習 25

	正十二面体	正二十面体
面の形	**正五角形**	**正三角形**
面の数	12	20
辺の数	30	30
頂点の数	20	12

解説

どの正多面体でも，次の関係が成り立つ。
(面の数)＋(頂点の数)－(辺の数)＝2

練習 26

	五角柱	六角柱	五角錐	六角錐
底面の形	**五角形**	**六角形**	**五角形**	**六角形**
側面の形	**長方形**	**長方形**	**三角形**	**三角形**
面の数	7	8	6	7
辺の数	15	18	10	12

解説

n 角柱の面の数は $n+2$，辺の数は $3n$，頂点の数は $2n$ である。

n 角錐の面の数は $n+1$，辺の数は $2n$ である。

※ n 角錐の頂点の数は，1 とする考え方と，$1+n$ とする考え方がある。

練習 27

(1)五面体　(2)三角柱　(3)正三角柱

練習 28

(1)等脚台形　(2)正六角形

解説

(1)切り口は，右の上図のように四角形になる。
PQ∥EG，
PE＝QG より，この四角形は等脚台形である。

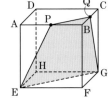

(2)切り口は，右の下図のように六角形になる。
3 点 P，Q，R 以外の 3 つの頂点も各辺の中点で，6 つの辺の長さは等しい。
また，6 つの角の大きさも等しいから，この六角形は正六角形である。

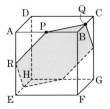

練習 29

(1) 　(2)

練習 30

(1)球　(2)円
(3)球の中心を通る平面で切ったとき

解説

(2)球はどの平面で切っても，切り口は円になる。

練習 31

イ

練習 32

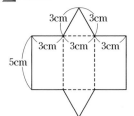

練習 33

(1)縦…12cm，横…8πcm　(2)(10π−20)cm

解説

(1)縦の長さは，円柱の高さと等しく 12cm
横の長さは，底面の円周の長さと等しいから，
π×8＝8π(cm)

(2)正方形の 1 辺の長さは，側面の長方形の横の長さ，すなわち，底面の円周の長さに等しいから，
2π×5＝10π(cm)
この円柱の高さは，
10π−(5×2)×2＝10π−20(cm)

練習 34

弧の長さ…12πcm，中心角…216°

解説

側面となるおうぎ形の弧の長さは，底面の円周の長さに等しいから，
2π×6＝12π(cm)
中心角を $a°$ とすると，
$\dfrac{a}{360}=\dfrac{6}{10}$，$a=360\times\dfrac{6}{10}=216$

練習 35

(1)点 M，点 K　(2)辺 CB

解説

(1)点 A と点 M が重なり，点 M と点 K が重なるから，点 A と重なるのは，点 M と点 K。
(2)点 I と点 C が重なり，点 J と点 B が重なるから，辺 IJ と重なるのは，辺 CB。

練習 36

6cm

解説

側面のおうぎ形の中心角を $a°$ とすると，
$$\frac{a}{360} = \frac{1}{6}, \quad a = 360 \times \frac{1}{6} = 60$$
これより，側面の展開図は，右のようになる。求める長さは弦 AA′ の長さで，△OAA′ は正三角形だから，
AA′＝OA＝6cm

練習 37

㋐，㋒

解説

㋐の直方体や㋒の円柱などの柱体は，このような投影図で表せる場合がある。

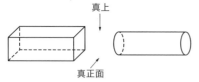

真上

真正面

㋑の四角錐や㋓の円錐などの錐体は，このような投影図では表せない。

練習 38

右の図

解説

正四面体の辺の長さはすべて等しい。右の投影図で，平面図の辺 AB，BC，CA の長さと，立面図の辺 O′C′ の長さは等しい。したがって，C′ を中心として半径 AB の円を

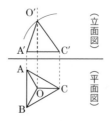

（立面図）

（平面図）

かき，この円と O から延ばした破線との交点を O′ とし，線分 O′C′，O′A′ をひけばよい。
※頂点の記号を書く必要はない。

練習 39

(1)辺 CF，辺 DF，辺 EF　(2)辺 BC，辺 EF

練習 40

(1)面 BEFC　(2)面 ABC，面 DEF
(3)辺 DE，辺 EF，辺 FD
(4)辺 AD，辺 BE，辺 CF

練習 41

(1)面 ABC，面 DEF　(2) 60°

解説

(2)AD⊥AB，AD⊥AC より，2 つの平面がつくる角は∠BAC で，△ABC は正三角形だから，
∠BAC＝180°÷3＝60°

練習 42

(1) 300cm²　(2) 120πcm²

解説

(1)　$8 \times (13 + 5 + 12) + (5 \times 12 \div 2) \times 2$
　　$= 240 + 60 = 300 \,(\text{cm}^2)$
(2)この円柱の底面の円の半径は，
　　$10 \div 2 = 5 \,(\text{cm})$
この円柱の表面積は，
　　$7 \times \pi \times 10 + \pi \times 5^2 \times 2$
　　$= 70\pi + 50\pi = 120\pi \,(\text{cm}^2)$

練習 43

20πcm²

解説

この円錐の母線の長さを r cm とすると，円錐が 4 回転してもとの位置にもどったから，
　　$2\pi r = 2\pi \times 2 \times 4, \quad r = 8$
この円錐の表面積は，
　　$\pi \times 2 \times 8 + \pi \times 2^2 = 16\pi + 4\pi = 20\pi \,(\text{cm}^2)$

▶練習 **44**

(1) 270cm³ (2) 36πcm³

解説

(1) $(3+7) \times 6 \div 2 \times 9 = 30 \times 9 = 270 (cm^3)$
(2)この円柱の底面の円の半径は，
  $6 \div 2 = 3 (cm)$
  この円柱の体積は，
  $\pi \times 3^2 \times 4 = 36\pi (cm^3)$

▶練習 **45**

(1) 8cm³ (2) 48πcm³

解説

(1) $\frac{1}{3} \times 4 \times 4 \div 2 \times 3 = 8 (cm^3)$
(2)この円錐の底面の円の半径は，
  $8 \div 2 = 4 (cm)$
  この円錐の高さを h cm とすると，
  $\frac{1}{2} \times 8 \times h = 36, \quad h = 9$
  この円錐の体積は，
  $\frac{1}{3} \pi \times 4^2 \times 9 = 48\pi (cm^3)$

▶練習 **46**

200πcm³

解説

右の図のように，上の3個の
正方形を下に移して回転させ
ても体積は変わらないから，
この回転体の体積は，
  $\pi \times (2 \times 3)^2 \times 2$
  $+ \pi \times (2 \times 4)^2 \times 2$
  $= 72\pi + 128\pi = 200\pi (cm^3)$

▶練習 **47**

体積…36πcm³，表面積…45πcm²

解説

この立体の体積は，
  $\frac{1}{8} \times \frac{4}{3} \pi \times 6^3 = 36\pi (cm^3)$
この立体の表面積は，
  $\frac{1}{8} \times 4\pi \times 6^2 + \frac{1}{4} \times \pi \times 6^2 \times 3$
  $= 18\pi + 27\pi = 45\pi (cm^2)$

▶練習 **48**

(1) $x = 7$ (2) $\frac{225}{2}$ cm³

解説

(1)この立体と同じ立体を組み合わせて直方体を
  つくると，
  $x + 8 = 6 + 9, \quad x = 7$
(2)この立体の体積は，(1)でつくった直方体の体
  積の半分で，
  $\frac{1}{2} \times 5 \times (6 + 9) \times 3 = \frac{225}{2} (cm^3)$

章末問題 本冊 p.342〜343

1

(1)直線 CD (2) 3本

解説

(2)辺 AB とねじれの位置にある辺は，辺 CF，
辺 DF，辺 EF の3本ある。

2

ウ

解説

ア，イ，ウの展開図を組み立てると，それぞれ
次のようになる。

ア   イ   ウ

エの展開図を組み立てると，「な」「ら」の面は
となり合わない。

3

(1)エ (2) 32πcm³

解説

(2) $\frac{1}{3} \pi \times 4^2 \times 6 = 32\pi (cm^3)$

4

3cm

解説

側面のおうぎ形の半径を Rcm とすると,

$$\pi \times R^2 \times \frac{135}{360} = 24\pi, \quad R^2 = 64$$

$8 \times 8 = 64$ より, $R = 8$

底面の円の半径を $r$cm とすると,

$$2\pi r = 2\pi \times 8 \times \frac{135}{360}, \quad r = 3$$

5

(1) 6cm　(2) 12πcm³　(3)　36cm³　(4) 12倍

(5) $\dfrac{17}{2}$cm

解説

(1)この円柱の高さを $h$cm とすると,

　　$\pi \times 2^2 \times h = 24\pi, \quad h = 6$

(2)底面の半径が 3cm, 高さが 4cm の円錐ができるから, その体積は,

　　$\dfrac{1}{3}\pi \times 3^2 \times 4 = 12\pi (\text{cm}^3)$

(3)正八面体を, 2つの正四角錐を合わせた立体と考えると, その体積は,

　　$\dfrac{1}{3} \times 6 \times 6 \div 2 \times (6 \div 2) \times 2 = 36 (\text{cm}^3)$

(4)円錐 B の底面の半径を r, 高さを h とすると,

　　円錐 B の体積は, $\dfrac{1}{3}\pi r^2 h$

　　円柱 A の体積は, $\pi (2r)^2 h = 4\pi r^2 h$

　　円柱 A の体積は, 円錐 B の体積の,

　　$4\pi r^2 h \div \left(\dfrac{1}{3}\pi r^2 h\right) = 12 (\text{倍})$

(5)半径が 5cm の球の表面積は,

　　$4\pi \times 5^2 = 100\pi (\text{cm}^2)$

　　この円柱の高さを $h$cm とすると,

　　$2\pi \times 4 \times h + \pi \times 4^2 \times 2 = 100\pi,$

　　$8\pi h = 68\pi, \quad h = \dfrac{17}{2}$

6

$\dfrac{5}{6}a^3$

解説

この展開図を組み立てると, 右の図のような立体ができるから, その体積は,

$a^3 - \dfrac{1}{3} \times \dfrac{1}{2}a^2 \times a$

$= \dfrac{5}{6}a^3$

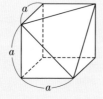

練習 49

138°

解説

対頂角は等しいから,

　　$\angle b + \angle c + \angle a + 42° = 180°,$

　　$\angle a + \angle b + \angle c = 180° - 42° = 138°$

練習 50

$\angle x = 48°$, $\angle y = 115°$

解説

平行線の同位角は等しいから,

　　$132° + \angle x = 180°, \quad \angle x = 180° - 132° = 48°$

対頂角は等しいことと, 平行線の錯角は等しいことから,

　　$\angle x + 67° = \angle y, \quad \angle y = 48° + 67° = 115°$

練習 51

(1) 115°　(2) 19°

解説

角の頂点を通り, 直線 ℓ に平行な直線をひいて, 平行線の錯角は等しいことを利用する。

(1) $\angle x = (180° - 135°) + 70° = 45° + 70° = 115°$

(2) $\angle x = 57° - (70° - 32°) = 57° - 38° = 19°$

練習 52

47°

解説

△ABC は正三角形だから,

　　$\angle A = 180° \div 3 = 60°$

△ABD の内角の和より,

　　$\angle ABD = 180° - (60° + 73°)$

　　　　　　$= 180° - 133° = 47°$

FE∥BD より, 平行線の錯角は等しいから,

　　$\angle FGB = \angle ABD = 47°$

練習 53

65°

解説

$115°$ の角の頂点を通り，直線 ℓ に平行な直線を
ひくと，三角形の内角と外角の関係と，平行線
の同位角・錯角は等しいことから，
$$\angle x = 115° - (20° + 30°) = 115° - 50° = 65°$$

練習 54

$15°$

解説

△ABC の内角と外角の関係より，
$$○×2 - ●×2 = 30°,\quad (○ - ●)×2 = 30°,$$
$$○ - ● = 30° ÷ 2 = 15°$$
△DBC の内角と外角の関係より，
$$\angle BDC = ○ - ● = 15°$$

練習 55

$40°$

解説

△EAD の内角と外角の関係より，
$$\angle FDB = 20° + 37° = 57°$$
△FDB の内角と外角の関係より，
$$\angle x = 97° - 57° = 40°$$

練習 56

$540°$

解説

右の図のように，
2 つの頂点を結ん
で，角の大きさの
和を移すと，印を
つけた角の大きさ
の和は，三角形と
四角形の内角の和
に等しいから，
$$180° + 360° = 540°$$

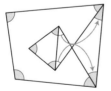

練習 57

$117°$

解説

$\angle A = x$，$\angle ACD = y$ とする。

折り返した角の大
きさは等しいこと
と，平行線の錯角
は等しいことから，
それぞれ角の大き
さは，右の図のよ
うになる。

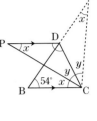

△ABC の内角の和
より，
$$54° + 2x + 2y = 180°,$$
$$2x + 2y = 180° - 54° = 126°,$$
$$x + y = 126° ÷ 2 = 63°$$
△PDC の内角の和より，
$$\angle PDC = 180° - (x + y) = 180° - 63° = 117°$$

練習 58

(1)十三角形　(2)$112.5°$

解説

(1)この多角形を n 角形とすると，
$$180° × (n-2) = 1980°,$$
$$n - 2 = 1980 ÷ 180 = 11,\quad n = 11 + 2 = 13$$
(2)正八角形の 1 つの内角の大きさは，
$$180° × (8-2) ÷ 8 = 1080° ÷ 8 = 135°$$
三角形の内角と外角の関係より，
$$\angle x = (135° ÷ 2) + (135° - 90°)$$
$$= 67.5° + 45° = 112.5°$$

練習 59

$138°$

解説

右の図のように，FE の
延長と直線 m との交点
を K とする。
正六角形の 1 つの外角より，
$$\angle JEK = 360° ÷ 6 = 60°$$
$\ell /\!/ m$ より，平行線の同
位角は等しいから，
$$\angle EKJ = 78°$$
△EJK の内角と外角の関係より，
$$\angle IJE = 60° + 78° = 138°$$

練習 60

(1)5cm　(2)7cm　(3)$70°$　(4)$80°$

解説

(4) ∠E＝∠A＝100°, ∠H＝∠D＝110°
四角形 EFGH の内角の和より,
∠G＝360°－(70°+100°+110°)＝80°

練習 61

右の図

（例）

解説

右の図は, AB＝DE,
AC＝DF, ∠B＝∠E の場
合である。

練習 62

△ABC≡△ADE
1 組の辺とその両端の角がそれぞれ等しい。
△BEF≡△DCF
1 組の辺とその両端の角がそれぞれ等しい。

解説

△ABC と △ADE において,
AB＝AD, ∠A は共通
△ABC の内角と外角の関係より,
∠B＝75°－35°＝40°
△ADE の内角と外角の関係より,
∠D＝75°－35°＝40°
よって,
∠B＝∠D
1 組の辺とその両端の角がそれぞれ等しいから,
△ABC≡△ADE
また, △BEF と △DCF において,
AB＝AD, AE＝AC より,
BE＝AB－AE＝AD－AC＝DC
∠B＝∠D, ∠BEF＝∠DCF
1 組の辺とその両端の角がそれぞれ等しいから,
△BEF≡△DCF

練習 63

(1)(逆)長方形の周の長さが 20cm ならば,
縦の長さは 3cm, 横の長さは 7cm である。
これは正しくない。
(反例)長方形の縦の長さが 4cm, 横の長さが
6cm でも, 周の長さは 20cm である。
(2)(逆)三角形の 3 つの辺の長さが等しいならば,
正三角形である。
これは正しい。

練習 64

A と P, B と P をそれぞれ結ぶ。
△OAP と △OBP において,
仮定より, OA＝OB……①
AP＝BP……②
また, OP＝OP……③
①, ②, ③より, 3 組の辺がそれぞれ等しいか
ら, △OAP≡△OBP
合同な図形の対応する角の大きさは等しいから,
∠AOP＝∠BOP

解説

作図のしかたより, 仮定は,
OA＝OB, AP＝BP

練習 65

△ACE と △DCB において,
△ACD, △CBE はそれぞれ正三角形だから,
AC＝DC ……①
CE＝CB ……②
正三角形の 1 つの内角の大きさは 60°だから,
∠ACE＝180°－60°＝120° ……③
∠DCB＝180°－60°＝120° ……④
③, ④より, ∠ACE＝∠DCB……⑤
①, ②, ⑤より, 2 組の辺とその間の角がそれ
ぞれ等しいから, △ACE≡△DCB

練習 66

△ADM と △BEM において,
仮定から, AM＝BM ……①
対頂角は等しいから,
∠AMD＝∠BME……②
AD∥EC より, 平行線の錯角は等しいから,
∠MAD＝∠MBE……③
①, ②, ③より, 1 組の辺とその両端の角がそ
れぞれ等しいから, △ADM≡△BEM
合同な図形の対応する辺の長さは等しいから,
AD＝BE

問題 本冊 p.364～365

1

(1) 100° (2) 106° (3) 146° (4) 75°

解説

(1)平行線の錯角は等しいことと，三角形の内角と外角の関係より，

$$\angle x = 70° + (180° - 150°) = 70° + 30° = 100°$$

(2)右の図のように補助線をひくと，平行線の錯角は等しいことと，四角形の外角の和より，

$\angle x$ の外角は，

$$360° - (95° + 55° + 136°)$$
$$= 360° - 286° = 74°$$

したがって，

$$\angle x = 180° - 74° = 106°$$

(3) 72° の角の頂点を通り，直線 ℓ に平行な直線をひくと，平行線の錯角は等しいから，

$$\angle x = 180° - (72° - 38°) = 180° - 34° = 146°$$

(4) 87° の角と $\angle x$ の頂点を通り，直線 ℓ に平行な直線をひくと，平行線の錯角は等しいから，

$$\angle x = (87° - 25°) + 13° = 62° + 13° = 75°$$

2

(1) 75°　(2) 103°

解説

(1)平行線の錯角は等しいから，

$$\angle AEG = \angle EGF = \angle GFC = 30°$$

折り返した角は等しいから，

$$30° + 2\angle x = 180°,$$
$$2\angle x = 180° - 30° = 150°,$$
$$\angle x = 150° \div 2 = 75°$$

(2)右の図で，

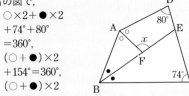

○×2＋●×2
＋74°＋80°
＝360°，
$(○＋●)×2$
＋154°＝360°，
$(○＋●)×2$
＝206°，
○＋●＝103°

△ABFの内角と外角の関係より，

$$\angle x = ○ + ● = 103°$$

3

(1) 108°　(2)正十二角形

解説

(1)　$180° - 360° \div 5 = 180° - 72° = 108°$

(2)この正多角形を正 n 角形とすると，

$$180° - 360° \div n = 150°,$$
$$360° \div n = 30°, \quad n = 360 \div 30 = 12$$

4

540°

解説

右の図のように，2つの頂点を結んで，角の大きさの和を移すと，∠a～∠gの大きさの和は，三角形と四角形の内角の和に等しいから，

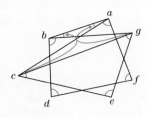

$$180° + 360° = 540°$$

5

イ，ウ

解説

それぞれの逆は，次のようになる。

ア(逆)整数 a，b で，ab が偶数ならば，a も b も偶数である。

これは正しくない。

(反例)$a = 2$，$b = 3$ のとき，$ab = 6$ で，a は偶数，b は奇数でも，ab は偶数である。

イ(逆)△ABC で，∠C＝90° ならば，∠A＋∠B＝90° である。

これは正しい。

ウ(逆)2つの直線 ℓ，m に別の直線が交わるとき，同位角が等しいならば，ℓ と m は平行である。

これは正しい。

エ(逆)四角形 ABCD で，対角線 AC と BD が垂直に交わるならば，四角形 ABCD はひし形である。

これは正しくない。

(反例)対角線が垂直に交わる四角形は，右の図のようなたこ形もある。

6

△ACD と △BCE において，
△ABC，△CDE はそれぞれ正三角形だから，
$$AC=BC \quad \cdots\cdots ①$$
$$CD=CE \quad \cdots\cdots ②$$
正三角形の1つの内角の大きさは $60°$ だから，
$$\angle ACD=\angle ACE+60° \cdots\cdots ③$$
$$\angle BCE=60°+\angle ACE \cdots\cdots ④$$
③，④より， $\angle ACD=\angle BCE \quad \cdots\cdots ⑤$
①，②，⑤より，2組の辺とその間の角がそれ
ぞれ等しいから，△ACD≡△BCE

7

△ABC と △GFE において，
仮定から， $AC=GE \quad \cdots\cdots ①$
AD∥FG より，平行線の錯角は等しいから，
$$\angle BAC=\angle FGE \cdots\cdots ②$$
BC∥DF より，平行線の同位角は等しいから，
$$\angle ACB=\angle AED \cdots\cdots ③$$
対頂角は等しいから，
$$\angle AED=\angle GEF \cdots\cdots ④$$
③，④より， $\angle ACB=\angle GEF \cdots\cdots ⑤$
①，②，⑤より，1組の辺とその両端の角がそ
れぞれ等しいから，△ABC≡△GFE

8

△ABD と △ECB において，
仮定から， $\angle ABD=\angle ECB \cdots\cdots ①$
また，∠BCD=∠BDC より，△BCD は二等
辺三角形だから， $BD=CB \quad \cdots\cdots ②$
AD∥BC より，平行線の錯角は等しいから，
$$\angle ADB=\angle EBC \cdots\cdots ③$$
①，②，③より，1組の辺とその両端の角がそ
れぞれ等しいから，△ABD≡△ECB
合同な図形の対応する辺の長さは等しいから，
$$AB=EC$$

解説

結論が <u>AB＝EC</u> だから，<u>AB</u> を1辺とする
△ABD と，<u>EC</u> を1辺とする △ECB に着目し，
この2つの三角形の合同から，結論を導く。

練習 67

AB＝AC の
△ABC で，辺
BC の中点を M
とし，線分 AM
をひく。

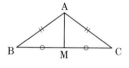

△ABM と △ACM において，
仮定から， $AB=AC\cdots\cdots ①$
$$BM=CM\cdots\cdots ②$$
共通な辺だから， $AM=AM\cdots\cdots ③$
①，②，③より，3組の辺がそれぞれ等しいか
ら， △ABM≡△ACM
合同な図形の対応する角の大きさは等しいから，
$$\angle B=\angle C$$

練習 68

$25°$

解説

二等辺三角形の底角は等しいことと，三角形の
内角と外角の関係より，それぞれの角の大きさ
は，次の図のようになる。

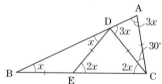

△ACD の内角の和より，
$$3\angle x+3\angle x+30°=180°, \quad 6\angle x=150°,$$
$$\angle x=150°÷6=25°$$

練習 69

△ABC と △ADC において，
仮定から， $AB=AD \quad \cdots\cdots ①$
$$BC=DC \quad \cdots\cdots ②$$
共通な辺だから， $AC=AC \quad \cdots\cdots ③$
①，②，③より，3組の辺がそれぞれ等しいか
ら， △ABC≡△ADC
合同な図形の対応する角の大きさは等しいから，
$$\angle BAC=\angle DAC\cdots\cdots ④$$
△ABD は AB＝AD の二等辺三角形で，④より，
AC は頂角 ∠A の二等分線である。
二等辺三角形の頂角の二等分線は，底辺を垂直

に 2 等分するから，AC は線分 BD の垂直二等
分線である。

別解 △ABC≡△ADC までは同じ。
△ABC≡△ADC より，四角形 ABCD は線分
AC を対称の軸とする線対称な図形である。
線対称な図形では，対応する点を結ぶ線分は，
対称の軸によって垂直に 2 等分されるから，
AC は線分 BD の垂直二等分線である。

練習 70
∠ABD＝∠CBD＝a とすると，
　　∠ABE＝$2a$　　　　　　　　　……①
BD＝CD より，△DBC は二等辺三角形だから，
　　∠C＝∠CBD＝a
AE＝CE より，△EAC は二等辺三角形だから，
　　∠EAC＝∠C＝a
△EAC の内角と外角の関係より，
　　∠AEB＝∠C＋∠EAC＝$a+a＝2a$……②
①，②より，△ABE は 2 つの角が等しいから，
二等辺三角形である。

練習 71
正三角形 ABC の 1 辺の長さを a とする。
△ARP と △BPQ において，
仮定から，　　　　　　AR＝BP＝a　……①
　　　　　　　　　　　AP＝BQ＝$2a$……②
正三角形の 1 つの内角の大きさは 60°だから，
　　　　　　　∠RAP＝180°－60°＝120°
　　　　　　　∠PBQ＝180°－60°＝120°
よって，　　　　　∠RAP＝∠PBQ　……③
①，②，③より，2 組の辺とその間の角がそれ
ぞれ等しいから，△ARP≡△BPQ　……④
同様に，△BPQ と △CQR において，
　　　　　　　　　△BPQ≡△CQR　……⑤
④，⑤より，合同な図形の対応する辺の長さは
等しいから，　　　　　RP＝PQ＝QR
したがって，3 つの辺の長さが等しいから，
△PQR は正三角形である。

練習 72
△ABC と △DEF において，
仮定から，　　　　　AB＝DE　　　……①
　　　　　　　　　　∠B＝∠E　　　……②
　　　　　　　　　　∠C＝∠F＝90°　……③
②，③より，残りの角も等しいから，

　　　　　　∠A＝∠D　　　　……④
①，②，④より，1 組の辺とその両端の角がそ
れぞれ等しいから，△ABC≡△DEF

練習 73
△ABD≡△ACE
斜辺と 1 つの鋭角がそれぞれ等しい
△EBC≡△DCB
斜辺と 1 つの鋭角がそれぞれ等しい
△EBF≡△DCF
1 組の辺とその両端の角がそれぞれ等しい

△ABD と △ACE において，
　　∠ADB＝∠AEC＝90°，AB＝AC(斜辺)，
　　∠BAD＝∠CAE
△EBC と △DCB において，
　　∠BEC＝∠CDB＝90°，BC＝CB(斜辺)
　　∠EBC＝∠DCB
△EBF と △DCF において，
　　△EBC≡△DCB より，EB＝DC
　　△ABD≡△ACE より，∠EBF＝∠DCF
　　∠BEF＝∠CDF＝90°

練習 74
△ABH と △AGH において，
正方形の角だから，
　　　　　　∠ABH＝∠AGH＝90°……①
共通だから，AH＝AH……②
大きさの同じ正方形の辺だから，
　　　　　　　AB＝AG……③
①，②，③より，直角三角形の斜辺と他の 1 辺
がそれぞれ等しいから，
　　　　　　△ABH≡△AGH

練習 75
△CDG と △ECH において，
長方形の角だから，∠CGD＝90°
仮定から，　　　　∠EHC＝90°
よって，　　　　　∠CGD＝∠EHC＝90°…①
合同な長方形の対応する辺だから，
　　　　　　　　　DC＝CE　　　　　…②
GF∥CE より，平行線の錯角は等しいから，
　　　　　　　　　∠CDG＝∠ECH　　…③
①，②，③より，直角三角形の斜辺と 1 つの鋭
角がそれぞれ等しいから，
　　　　　　△CDG≡△ECH

△IAP と △IAR において，
仮定から，　　∠IPA＝∠IRA＝90° ……①
共通な辺だから，IA＝IA　　　　……②
上の問題(例題 76)の結論より，
　　　　　　　　IP＝IR　　　　　……③
①，②，③より，直角三角形の斜辺と他の 1 辺
がそれぞれ等しいから，
　　　　　　△IAP≡△IAR
合同な図形の対応する角の大きさは等しいから，
　　　　　∠IAP＝∠IAR
したがって，点 I は ∠A の二等分線上にある。

△OAB と △OCD において，
平行四辺形の対辺は等しいから，
　　　　　　　　AB＝CD　　　　……①
平行四辺形の対辺は平行で，平行線の錯角は等
しいから，　　　∠OAB＝∠OCD ……②
　　　　　　　　∠OBA＝∠ODC ……③
①，②，③より，1 組の辺とその両端の角がそ
れぞれ等しいから，△OAB≡△OCD
合同な図形の対応する辺の長さは等しいから，
　　　　　　OA＝OC，OB＝OD
したがって，平行四辺形の対角線はそれぞれの
中点で交わる。

⑴ 30°　⑵ 35°

解説

⑴ CD＝CE より，二等辺三角形の底角だから，
　　∠CED＝∠D＝50°
　AD∥BC より，平行線の錯角は等しいから，
　　∠ECB＝∠CED＝50°
　　∠x＝50°－20°＝30°
⑵ BA＝BE より，二等辺三角形の底角だから，
　　∠BEA＝(180°－70°)÷2＝55°
　△AEC の内角と外角の関係より，
　　∠ACE＝55°－20°＝35°
　AD∥BC より，平行線の錯角は等しいから，
　　∠x＝∠ACE＝35°

△ABC と △EAD において，
仮定から，　　　　　　AB＝EA　　……①
平行四辺形の対辺は等しいから，
　　　　　　　　BC＝AD　　……②
AB＝AE より，二等辺三角形の底角だから，
　　　　　　　∠ABC＝∠AEB ……③
AD∥BC より，平行線の錯角は等しいから，
　　　　　　　∠AEB＝∠EAD ……④
③，④より，　∠ABC＝∠EAD ……⑤
①，②，⑤より，2 組の辺とその間の角がそれ
ぞれ等しいから，△ABC≡△EAD

△OBE と △ODF において，
仮定から，∠OEB＝∠OFD＝90° ……①
平行四辺形の対角線はそれぞれの中点で交わる
から，　　　OB＝OD　　　　　……②
対頂角は等しいから，
　　　　　∠BOE＝∠DOF　　　……③
①，②，③より，直角三角形の斜辺と 1 つの鋭
角がそれぞれ等しいから，
　　　　　　△OBE≡△ODF
合同な図形の対応する辺の長さは等しいから，
　　　　　　OE＝OF

△OAB と △OCD において，
仮定から，　　　　　　OA＝OC　　……①
　　　　　　　　　　　OB＝OD　　……②
対頂角は等しいから，∠AOB＝∠COD ……③
①，②，③より，2 組の辺とその間の角がそれ
ぞれ等しいから，　　△OAB≡△OCD
合同な図形の対応する角の大きさは等しいから，
　　　　　　　∠OAB＝∠OCD
錯角が等しいから，　　AB∥DC　　……④
合同な図形の対応する辺の長さは等しいから，
　　　　　　　　AB＝DC　　……⑤
④，⑤より，四角形 ABCD は，1 組の対辺が
平行でその長さが等しいから，平行四辺形であ
る。

解説

△OAD と △OCB の合同から，
　AD∥BC，AD＝BC
を証明してもよい。

四角形 AECG において,
点 E, G はそれぞれ辺 AB, DC の中点だから,
$$AE=\frac{1}{2}AB, \quad GC=\frac{1}{2}DC$$
▱ABCD の対辺より, AB＝DC だから,
$$AE=GC$$
また, ▱ABCD の対辺より, AB∥DC だから,
$$AE\ /\!/ GC$$
これより, 1組の対辺が平行でその長さが等しいから, 四角形 AECG は平行四辺形である。
したがって, AG∥EC
すなわち, PS∥QR……①
同様に, 四角形 HBFD において,
$$HB\ /\!/ DF$$
すなわち, PQ∥SR……②
①, ②より, 2組の対辺がそれぞれ平行だから, 四角形 PQRS は平行四辺形である。

△ABO と △ADO において,
ひし形の定義より, 4つの辺は等しいから,
$$AB=AD\cdots\cdots①$$
共通な辺だから, AO＝AO……②
ひし形は平行四辺形で, 平行四辺形の対角線はそれぞれの中点で交わるから,
$$BO=DO\cdots\cdots③$$
①, ②, ③より, 3組の辺がそれぞれ等しいから, △ABO≡△ADO
合同な図形の対応する角の大きさは等しいから,
$$∠AOB=∠AOD$$
すなわち, ∠AOB＝180°÷2＝90°
したがって, AC⊥BD

解説

となり合う2つの三角形の合同から, 対角線が交わってできる角が90°であることを導く。

(1)(逆)対角線の長さが等しい
四角形は, 長方形である。
これは正しくない。
(反例)右の図

(2)(逆)対角線が垂直に交わる
四角形は, ひし形である。
これは正しくない。
(反例)右の図

AB∥DC, AD∥BC より, 四角形 ABCD は平行四辺形である。
右の図のように,
点 A から辺 BC,
CD に垂線をひ
き, BC, CD と
の交点をそれぞ
れ P, Q とする。

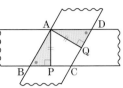

△ABP と △ADQ において,
テープの幅は等しいから,
$$AP=AQ \qquad\cdots①$$
仮定から, ∠APB＝∠AQD＝90°…②
平行四辺形の対角は等しいから,
$$∠B=∠D \qquad\cdots③$$
②, ③より, 残りの角の大きさは等しいから,
$$∠BAP=∠DAQ \qquad\cdots④$$
①, ②, ④より, 1組の辺とその両端の角がそれぞれ等しいから, △ABP≡△ADQ
合同な図形の対応する辺の長さは等しいから,
$$AB=AD$$
したがって, 四角形 ABCD は, となり合う辺の長さが等しい平行四辺形だから, ひし形である。

解説

次のように, 平行四辺形 ABCD の面積に着目して証明することもできる。
(証明)上の図で, テープの幅は等しいから,
AP＝AQ＝h とすると, 辺 BC, CD をそれぞれ底辺としたときの平行四辺形 ABCD の面積の関係から, BC×h＝CD×h
よって, BC＝CD
したがって, 四角形 ABCD は, となり合う辺の長さが等しい平行四辺形だから, ひし形である。

△ABC＝△DBC
△ABM＝△DBM＝△AMC＝△DMC
△ABD＝△AMD＝△ACD

(1)△ECD, △EBC, △FBC (2)△AEC, △ABF

解説

(1) AB∥DC より, △ACD＝△ECD
四角形 EBCD は平行四辺形で, 平行四辺形は1つの対角線で面積の等しい2つの三角形

に分けられるから，△ECD＝△EBC
また，ED∥BC より，△EBC＝△FBC
(2) AB∥DC より，△AED＝△AEC
△AEC と △ABF は △AEF を共有し，
ED∥BC より，△ECF＝△EBF だから，
△AEC＝△ABF

練習 88

点 B を通り，直線 AC に平行な直線をひき，
直線 CD との交点を P とする。
また，点 E を通り，直線 AD に平行な直線を
ひき，直線 CD との交点を Q とする。

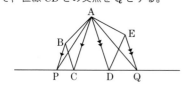

章末問題 本冊 p.390〜391

1

(1) 48° (2) 37° (3) 80° (4) 72°

解説

(1) ∠ACB＝180°−114°＝66°
BA＝BC より，∠CAB＝∠ACB だから，
∠x＝180°−66°×2＝48°
(2) OB＝OC より，
∠BOC＝180°−25°×2＝130°
点 O のまわりの角の和は 360° だから，
∠AOB＝360°−(124°＋130°)＝106°
OA＝OB より，
∠OAB＝(180°−106°)÷2＝37°
(3) AD∥BC より，平行線の錯角は等しいから，
∠BCE＝∠CED＝50°
CE は ∠BCD の二等分線だから，
∠ECD＝∠BCE＝50°
△DEC の内角の和より，
∠EDC＝180°−50°×2＝80°
平行四辺形の対角は等しいから，
∠ABC＝∠EDC＝80°
(4) △ABE の内角の和より，
∠EAB＋∠EBA＝180°−110°＝70°
△ABC の内角の和より，
∠ACB＝180°−(70°＋34°＋22°)＝54°
四角形 ABCD はひし形で，BA＝BC だから，
∠ABC＝180°−54°×2＝72°

ひし形(平行四辺形)の対角は等しいから，
∠ADC＝∠ABC＝72°

2

①垂直(に交わる) ②(長さが)等しい

解説

長方形とひし形の対角線の性質をそれぞれ考え
ればよい。

3

△ABP と △CAQ において，
仮定から， ∠APB＝∠CQA＝90° ……①
△ABC は ∠BAC＝90° の直角二等辺三角形だ
から， AB＝CA ……②
△ABP の内角の和より，
∠ABP＝180°−90°−∠BAP
＝90°−∠BAP ……③
∠PAQ＝180°，∠BAC＝90° だから，
∠CAQ＝180°−90°−∠BAP
＝90°−∠BAP ……④
③，④より， ∠ABP＝∠CAQ ……⑤
①，②，⑤より，直角三角形の斜辺と 1 つの鋭
角がそれぞれ等しいから，
△ABP≡△CAQ

4

平行四辺形 ABCD の対角線はそれぞれの中点
で交わるから， OB＝OD……①
OA＝OC……②
仮定から， AE＝CF ……③
②，③より， OE＝OA−AE
＝OC−CF
＝OF ……④
①，④より，四角形 EBFD は，対角線がそれ
ぞれの中点で交わるから，平行四辺形である。

5

△AFB と △CDA において，
仮定から， AB＝CA ……①
四角形 AFBE は平行四辺形で，平行四辺形の
対辺は等しいから， FA＝BE ……②
仮定から， BE＝DC ……③
②，③より， FA＝DC ……④
FA∥BE より，平行線の錯角は等しいから，
∠FAB＝∠ABE ……⑤

AB＝AC より，二等辺三角形の底角は等しい
から，　　　　　∠ABE＝∠DCA……⑥
⑤，⑥より，　　∠FAB＝∠DCA……⑦
①，④，⑦より，2 組の辺とその間の角がそれ
ぞれ等しいから，△AFB≡△CDA

6

(1)△EBH と
△EBI に
おいて，
仮定から，
　　∠EHB
＝∠EIB
＝90°……①
共通な辺だから，
　　　　　　　EB＝EB　　……②
BE は ∠CBD の二等
分線だから，
　　　　　　　∠EBH＝∠EBI……③
①，②，③より，直角三角形の斜辺と 1 つの
鋭角がそれぞれ等しいから，
　　　　　　　△EBH≡△EBI
合同な図形の対応する辺の長さは等しいから，
　　　　　　　EH＝EI　　……④
また，△EAH と △EAJ において，
同様に，　　　△EAH≡△EAJ
よって，　　　EH＝EJ　　……⑤
④，⑤より，　　EI＝EJ
(2) 70°

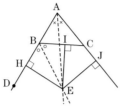

解説

(2) △ABC の内角と外角の関係より，
　　∠BCJ＝∠CAB＋∠ABC＝70°＋70°＝140°
△ECI と △ECJ において，
仮定から，∠EIC＝∠EJC＝90°，EC＝EC
(1)の証明より，EI＝EJ
直角三角形の斜辺と他の 1 辺がそれぞれ等し
いから，△ECI≡△ECJ
よって，∠ECI＝∠ECJ
したがって，
　　∠ECJ＝∠BCJ÷2＝140°÷2＝70°

練習 89

㋐ △OAP において，
OP＝OA だから，
　　∠OPA＝∠OAP…①
△OAP の内角と外角の
関係より，
　　∠AOB
＝∠OPA＋∠OAP…②
①，②より，∠AOB＝2∠OPA
したがって，∠APB＝∠OPA＝$\frac{1}{2}$∠AOB

㋑直径 PC をひくと，
㋐の証明より，
　　∠APC＝$\frac{1}{2}$∠AOC
　　∠BPC＝$\frac{1}{2}$∠BOC
したがって，
　　∠APB＝∠APC−∠BPC
＝$\frac{1}{2}$（∠AOC−∠BOC)＝$\frac{1}{2}$∠AOB

練習 90

(1) 50°　(2) 59°

解説

(1) △CDE の内角と外角の関係より，
　　∠CDE＝110°−60°＝50°
$\overarc{BC}$ に対する円周角は等しいから，
　　∠x＝∠CDE＝50°
(2) △PCD の内角と
外角の関係より，
　　∠BDC
＝103°−72°＝31°
A と B を結ぶと，
$\overarc{BC}$ に対する円周
角は等しいから，
　　∠BAC
＝∠BDC＝31°
半円の弧に対する円周角より，∠BAE＝90°
だから，
　　31°＋∠x＝90°，∠x＝90°−31°＝59°

練習 91

(1) 75°　(2) 106°

(1) OB＝OC より，

$$\angle BOC=180°-15°\times2=150°$$

$\overset{\frown}{BC}$ に対する円周角と中心角の関係より，

$$\angle x=\frac{1}{2}\angle BOC=\frac{1}{2}\times150°=75°$$

(2) O と A を結ぶと，

OA＝OB より， $\angle OAB=\angle OBA=38°$

OA＝OC より， $\angle OAC=\angle OCA=15°$

よって， $\angle BAC=38°+15°=53°$

$\overset{\frown}{BC}$ に対する中心角と円周角の関係より，

$$\angle x=2\angle BAC=2\times53°=106°$$

△ABC と △AED において，

仮定から， AB＝AE ……①

$\angle BAC=\angle EAD$ ……②

$\overset{\frown}{AB}$ に対する円周角は等しいから，

$\angle ACB=\angle ADE$ ……③

②，③より，残りの角は等しいから，

$\angle ABC=\angle AED$ ……④

①，②，④より，1 組の辺とその両端の角がそれぞれ等しいから， △ABC≡△AED

△ABC と △AEC において，

共通な辺だから， AC＝AC ……①

AB は半円の直径だから，

$\angle ACB=\angle ACE=90°$ ……②

$\overset{\frown}{BC}=\overset{\frown}{CD}$ より，等しい弧に対する円周角は等しいから， $\angle BAC=\angle EAC$ ……③

①，②，③より，1 組の辺とその両端の角がそれぞれ等しいから， △ABC≡△AEC

$\angle x=60°$， $\angle y=111°$

$\overset{\frown}{AD}:\overset{\frown}{DE}:\overset{\frown}{EB}=1:4:1$ より，

$$\angle DOE=180°\times\frac{4}{1+4+1}=120°$$

$$\angle x=\frac{1}{2}\angle DOE=\frac{1}{2}\times120°=60°$$

$\overset{\frown}{AC}:\overset{\frown}{CB}=3:2$ より，

$$\angle AOC=180°\times\frac{3}{3+2}=108°$$

$$\angle ABC=\frac{1}{2}\angle AOC=54°$$

$\overset{\frown}{AD}:\overset{\frown}{DE}:\overset{\frown}{EB}=1:4:1$ より，

$$\angle EOB=180°\times\frac{1}{1+4+1}=30°$$

$$\angle ECB=\frac{1}{2}\angle EOB=\frac{1}{2}\times30°=15°$$

三角形の内角の和と対頂角は等しいことから，

$$\angle y=180°-(54°+15°)=111°$$

$$\frac{2}{3}$$

△ABE の内角と外角の関係より，

$$\angle BAC=75°-30°=45°$$

C と D を結ぶと，

$\overset{\frown}{BC}$ に対する円周角は等しいから，

$$\angle BDC=\angle BAC=45°$$

BD は円 O の直径で， $\angle BCD=90°$

△BCD の内角の和より，

$$\angle CBD=180°-(45°+90°)=45°$$

弧の長さは円周角の大きさに比例するから，

$$\overset{\frown}{AD}:\overset{\frown}{CD}=\angle ABD:\angle CBD$$

$$=30°:45°=2:3$$

したがって， $\overset{\frown}{AD}=\frac{2}{3}\overset{\frown}{CD}$

$\overset{\frown}{BC}$ に対する円周角は等しいから，

$\angle BAP=\angle BDC$ ……①

PQ∥CD より，平行線の同位角は等しいから，

$\angle BDC=\angle BQP$ ……②

①，②より， $\angle BAP=\angle BQP$ ……③

2 点 A，Q は直線 BP について同じ側にあり，③が成り立つから，4 点 A，B，P，Q は同一円周上にある。

O と A，O と B をそれぞれ結ぶ。

△PAO と △PBO において，

円の接線は接点を通る半径に垂直だから，

$\angle PAO=\angle PBO=90°$ ……①

共通な辺だから， PO＝PO ……②

円 O の半径より， OA＝OB ……③

①，②，③より，直角三角形の斜辺と他の 1 辺がそれぞれ等しいから，

△PAO≡△PBO

合同な図形の対応する辺の長さは等しいから，

PA＝PB

したがって，円外の1点からひいた2つの接線
の長さは等しい。

 練習 98

8cm

解説

AB＋CD＝BC＋AD より，
　10＋13＝15＋AD，AD＝10＋13－15＝8（cm）

練習 99

2cm

解説

右の図のように，
円Ⅰと△ABCの
各辺との接点をそ
れぞれP，Q，R
とする。
円Ⅰの半径を r cm
とすると，四角形
IQCR は1辺が r cm の正方形だから，
　AP＝AR＝6－r（cm），BP＝BQ＝8－r（cm）
AP＋BP＝AB＝10 より，
　6－r＋8－r＝10，2r＝4，r＝2（cm）

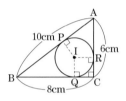

練習 100

63°

解説

円の中心を O とする。
円の接線は接点を通る半径に垂直だから，四角
形 PAOB の内角の和より，
　∠AOB＝360°－（54°＋90°＋90°）＝126°
$\overparen{AB}$ に対する円周角と中心角の関係より，
　∠ACB＝$\frac{1}{2}$∠AOB＝$\frac{1}{2}$×126°＝63°

練習 101

上の問題（例題101）の証明より，
　PA＝PB＝PC
したがって，3点 A，B，C は，点 P を中心とし，
半径 PA の円の周上にある。
線分 AB はこの円の直径で，∠ACB は半円の
弧に対する円周角だから，∠ACB＝90°

練習 102

56°

解説

右の図で，円に内接す
る四角形の対角の和は
180°だから，
　∠ABC
＝180°－108°＝72°
　∠OBC
＝72°－38°＝34°
OB＝OC より，
　∠BOC＝180°－34°×2＝112°
$\overparen{BC}$ に対する円周角と中心角の関係より，
　∠x＝$\frac{1}{2}$∠BOC＝$\frac{1}{2}$×112°＝56°

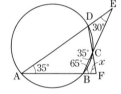

練習 103

80°

解説

右の図で，円に
内接する四角形
の外角は，それ
ととなり合う内
角の対角に等し
から，
　∠BCF
＝∠DAB＝35°
△ABE の内角と外角の関係より，
　∠CBF＝35°＋30°＝65°
△BCF の内角の和より，
　∠x＝180°－（35°＋65°）＝80°

練習 104

△OAQ と △OBP において，
正方形の対角線はそれぞれの中点で交わるから，
　　　　　OA＝OB……①
　　　　　∠OAQ＝∠OBP＝90°÷2＝45°……②
円に内接する四角形の外角は，それととなり合
う内角の対角に等しいから，
　　　　　∠OQA＝∠OPB……③
②，③より，残りの角は等しいから，
　　　　　∠AOQ＝∠BOP……④
①，②，④より，1組の辺とその両端の角がそ
れぞれ等しいから，
　　　　　△OAQ≡△OBP

△PBC と △QDC において，

仮定から，　　　　　　　BC＝DC　　……①

四角形 ABCD は円に内接していて，外角は，

それととなり合う内角の対角に等しいから，

　　　　　　　∠PBC＝∠QDC……②

四角形 APCQ は円に内接していて，外角は，

それととなり合う内角の対角に等しいから，

　　　　　　　∠BPC＝∠DQC……③

②，③より，残りの角は等しいから，

　　　　　　　∠PCB＝∠QCD……④

①，②，④より，1 組の辺とその両端の角がそ

れぞれ等しいから，△PBC≡△QDC

合同な図形の対応する辺の長さは等しいから，

　　　　　　　PC＝QC

練習 106

㋑，㋒

解説

㋐ ∠B＋∠D＝70°＋100°＝170°

　　対角の和が 180° ではないから，

　　この四角形 ABCD は円に内接しない。

㋑ AB＝BC より，∠ABC＝180°－50°×2＝80°

　　1 つの外角が，それととなり合う内角の対角

　　に等しいから，この四角形 ABCD は円に内接

　　する。

㋒ ∠BAD＝180°－85°＝95°

　　1 つの外角が，それととなり合う内角の対角

　　に等しいから，この四角形 ABCD は円に内

　　接する。

練習 107

四角形 AQPR において，

仮定から，∠AQP＝90°，∠ARP＝90°

これより，対角の和が 180° だから，四角形

AQPR は，円に内接する。

この円の $\overset{\frown}{\mathrm{AQ}}$ に対する円周角は等しいから，

　　　　　　　∠APQ＝∠ARQ……①

次に，四角形 BHPQ において，

仮定から，∠BQP＝90°，∠BHP＝90°

これより，対角の和が 180° だから，四角形

BHPQ は円に内接する。

円に内接する四角形の外角は，それととなり合

う内角の対角に等しいから，

　　　　　　　∠APQ＝∠QBH……②

①，②より，∠ARQ＝∠QBH

したがって，1 つの外角がそれととなり合う内

角の対角に等しいから，四角形 QBCR は円に

内接する。

すなわち，4 点 Q，B，C，R は 1 つの円周上

にある。

練習 108

㋐ 仮定から，　　　　∠BAT＝90°

　　AB は円 O の直径で，半円の弧に対する円周

　　角は 90° だから，　∠ACB＝90°

　　したがって，　　　∠BAT＝∠ACB

㋑ 右の図のように，

　　直径 AD をひき，

　　C と D を結ぶ。

　　㋐の証明から，

　　　　∠DAT

　　＝∠DCA＝90°

　　だから，

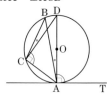

　　　　　　　∠BAT＝∠BAD＋90°…①

　　　　　　　∠ACB＝∠BCD＋90°…②

$\overset{\frown}{\mathrm{BD}}$ に対する円周角は等しいから，

　　　　　　　∠BAD＝∠BCD　　　…③

①，②，③より，∠BAT＝∠ACB

練習 109

(1) 65°　(2) 79°

解説

(1) 接弦定理より，

　　　　∠ACB＝∠BAT＝50°

　　AC＝BC より，二等辺三角形の底角は等しい

　　から，

　　　　∠x＝(180°－50°)÷2＝65°

(2) 一直線の角は 180° だから，

　　　　∠BAD＝180°－(30°＋52°)＝98°

ここで，A と C

を結ぶと，

$\overset{\frown}{\mathrm{BC}}＝\overset{\frown}{\mathrm{CD}}$ より，

等しい弧に対す

る円周角は等し

いから，

　　　　∠BAC

＝98°÷2＝49°

接弦定理より，

　　∠x＝∠CAT＝49°＋30°＝79°

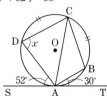

練習 110

右の図のように，
D と E を結ぶ。
接弦定理より，
$$\angle BDE$$
$$=\angle DAE\cdots\cdots①$$
仮定から，
$$\angle DAE$$
$$=\angle DAF\cdots\cdots②$$
$\widehat{DF}$ に対する円周角は等しいから，
$$\angle DAF=\angle DEF\cdots\cdots③$$
①，②，③より，$\angle BDE=\angle DEF$
したがって，錯角が等しいから，$EF /\!/ BC$

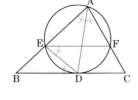

練習 111

右の図のように，A と D を結ぶ。また，P を通る 2 円の共通接線と直線 AB との交点を Q とする。
円 O において，接弦定理より，
$$\angle PAQ=\angle ADP=\angle APQ=\bigcirc$$
円 O′ において，接弦定理より，
$$\angle BPQ=\angle PCB=\bullet$$
△PAC の内角と外角の関係より，
$$\angle APD=\angle PAQ+\angle PCB=\bigcirc+\bullet$$
また，$\angle APB=\angle APQ+\angle BPQ=\bigcirc+\bullet$
よって，$\angle APD=\angle APB$
したがって，PA は $\angle BPD$ の二等分線である。

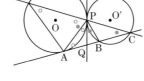

練習 112

問題文を図に表すと，右のようになる。
△PAB と △BCA において，
接弦定理より，
$$\angle PAB=\angle ACB$$
AC $/\!/$ PB より，平行線の錯角は等しいから，
$$\angle PBA=\angle BAC$$
残りの角は等しいから，$\angle APB=\angle ABC$
したがって，接弦定理の逆より，直線 BC は，△PAB の外接円の接線である。

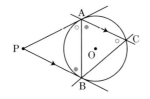

章末問題　本冊 p.418～419

1

(1) 56°　(2) 52°　(3) 25°　(4) 22°　(5) 56°　(6) 55°

解説

(1) $\widehat{BC}$ に対する円周角と中心角の関係より，
$$\angle x=\frac{1}{2}\times(360°-248°)=56°$$
(2) $\widehat{BC}$ に対する中心角と円周角の関係より，
$$\angle BOC=2\times38°=76°$$
OB＝OC より，
$$\angle x=(180°-76°)\div2=52°$$
(3) $\widehat{BC}$ に対する円周角と中心角の関係より，
$$\angle BAC=\frac{1}{2}\times126°=63°$$
O と A を結ぶと，OA＝OC より，
$$\angle OAC=\angle OCA=38°$$
$$\angle OAB=63°-38°=25°$$
OA＝OB より，
$$\angle x=\angle OAB=25°$$
(4) $\widehat{AD}$ に対する円周角の大きさは等しいから，
$$\angle ACD=\angle ABD=68°$$
半円の弧に対する円周角より，$\angle ADC=90°$
△ACD の内角の和より，
$$\angle x=180°-(68°+90°)=22°$$
(5) 半円の弧に対する円周角より，$\angle ADC=90°$
$$\angle BDC=90°-58°=32°$$
$\widehat{BC}$ に対する中心角と円周角の関係より，
$$\angle BOC=2\times32°=64°$$
2 つの三角形の内角と外角の関係より，
$$\angle x+32°=64°+24°，\ \angle x=56°$$
(6) 四角形 ABCD は円に内接し，外角はそれととなり合う内角の対角に等しいから，
$$\angle CDE=\angle x$$
△FBC の内角と外角の関係より，
$$\angle DCE=\angle x+42°$$
△DCE の内角の和より，
$$\angle x+(\angle x+42°)+28°=180°，$$
$$2\angle x=110°，\ \angle x=55°$$

2

$\angle x=45°$，$\angle y=67.5°$

解説

$\angle x$ の中心角は，
$$360°\times\frac{2}{8}=90°$$
$$\angle x=\frac{1}{2}\times90°=45°$$

同様に、右の図で、
$$\angle z = \frac{1}{2} \times 360° \times \frac{1}{8}$$
$$= 22.5°$$
三角形の内角と外角の
関係より、
$$\angle y = 45° + 22.5°$$
$$= 67.5°$$

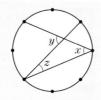

3

ア，エ

イで、$\angle BDC = 180° - (45° + 100°) = 35°$
ウで、$\angle BAC = 100° - 20° = 80°$
エで、$\angle BAC = 180° - (20° + 60° + 45°) = 55°$
円周角の定理の逆が成り立つのは、
アの $\angle DAC = \angle DBC$
エの $\angle BAC = \angle BDC$

4

△ABE と △ACD において、
△ABC は正三角形だから、
$\quad\quad\quad\quad\quad$ AB = AC $\quad$……①
仮定から、$\quad\quad\quad$ BE = CD $\quad$……②
$\overgroup{AD}$ に対する円周角は等しいから、
$\quad\quad\quad\quad\quad$ ∠ABE = ∠ACD ……③
①，②，③より、2組の辺とその間の角がそれ
ぞれ等しいから、△ABE ≡ △ACD

5

△ABE と △ADC において、
△ABD，△ACE はそれぞれ正三角形だから、
$\quad\quad\quad\quad\quad$ AB = AD $\quad$……①
$\quad\quad\quad\quad\quad$ AE = AC $\quad$……②
正三角形の1つの角の大きさは60°だから、
$\quad\quad$ ∠BAE = ∠BAC + ∠CAE = ∠BAC + 60°
$\quad\quad$ ∠DAC = ∠DAB + ∠BAC = 60° + ∠BAC
よって、$\quad\quad\quad$ ∠BAE = ∠DAC ……③
①，②，③より、2組の辺とその間の角がそれ
ぞれ等しいから、△ABE ≡ △ADC
合同な図形の対応する角の大きさは等しいから、
$\quad\quad\quad\quad\quad$ ∠ABE = ∠ADC ……④
2点 B，D は直線 AF について同じ側にあって、
④が成り立つから、円周角の定理の逆より、
4点 A，D，B，F は1つの円周上にある。
この円の $\overgroup{BD}$ に対する円周角は等しいから、

$\quad\quad\quad\quad\quad$ ∠DFB = ∠DAB = 60°
したがって、$\quad\quad$ ∠BFC = 180° - 60° = 120°

6

(1) 仮定から、
AD∥BE，
AC∥DE
2組の対辺
がそれぞれ
平行だから、
四角形
ACED は平
行四辺形である。

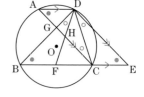

△DBF と △DEC において、
仮定から、$\quad\quad$ ∠BDF = ∠ACD……①
AC∥DE より、平行線の錯角は等しいから、
$\quad\quad\quad\quad\quad$ ∠ACD = ∠EDC……②
①，②より、$\quad$ ∠BDF = ∠EDC……③
$\overgroup{CD}$ に対する円周角は等しいから、
$\quad\quad\quad\quad\quad$ ∠DAC = ∠DBF……④
平行四辺形 ACED の対角は等しいから、
$\quad\quad\quad\quad\quad$ ∠DAC = ∠DEC……⑤
④，⑤より、$\quad$ ∠DBF = ∠DEC……⑥
⑥より、△DBE は二等辺三角形だから、
$\quad\quad\quad\quad\quad$ DB = DE $\quad$……⑦
③，⑥，⑦より、1組の辺とその両端の角が
それぞれ等しいから、
$\quad\quad\quad\quad\quad$ △DBF ≡ △DEC
合同な図形の対応する辺の長さは等しいから、
$\quad\quad\quad\quad\quad$ BF = EC

(2) 42°

(2) ∠ACD = x
とおくと、
$\overgroup{AD} : \overgroup{DC} =$
$1:2$ より、
仮定や、円
周角と弧の
定理、平行
線の錯角や
対頂角の性
質などから、それぞれの角の大きさは、図の
ようになる。

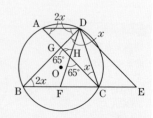

△ADH の内角の和より、
$\quad 2x + 2x + x + 65° = 180°$，$5x = 115°$，$x = 23°$
△DHC の内角と外角の関係より、
$\quad\quad\quad\quad\quad$ ∠FDC = 65° - 23° = 42°

7

(1) 60°　(2) 24°

解説

(1) $\overset{\frown}{AD}$ に対する中心角は,
$$2 \times 54° = 108°$$
$\overset{\frown}{AB}$ と $\overset{\frown}{BC}$ と $\overset{\frown}{CD}$ に対する中心角の和は,
$$360° - 108° = 252°$$
$\overset{\frown}{BC}$ に対する中心角は,
$$252° \times \frac{10}{3+10+8} = 120°$$
$$\angle BDC = \frac{1}{2} \times 120° = 60°$$

(2) 右の図の
ように,
A と D,
B と C を
それぞれ
結ぶ。
$\overset{\frown}{CD}$ に対
する中心角は,

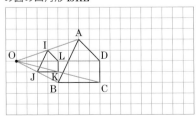

$$252° \times \frac{8}{3+10+8} = 96°$$
$$\angle CBD = \frac{1}{2} \times 96° = 48°$$
$$\angle ABC = 54° + 48° = 102°$$
四角形 ABCD は円に内接し, 外角はそれと
となり合う内角の対角に等しいから,
$$\angle ADE = \angle ABC = 102°$$
また, 接弦定理より,
$$\angle DAE = \angle ABD = 54°$$
△ADE の内角の和より,
$$\angle AED = 180° - (102° + 54°) = 24°$$

第6章　相似な図形　本冊 p.422〜447

練習 113

下の図の四角形 IJKL

練習 114

(1) 3 : 2　(2) 78°　(3) 6cm

解説

(1) BC : FG = 6 : 4 = 3 : 2
(2) ∠D = ∠H = 57°
$$\angle A = 360° - (135° + 90° + 57°) = 78°$$
(3) CD : GH = 3 : 2,　9 : GH = 3 : 2,
$$GH = 9 \times 2 \div 3 = 6 (cm)$$

練習 115

△ABC∽△AED(2 組の角がそれぞれ等しい)

解説

△ABC と △AED において,
∠BAC = ∠EAD(共通),　∠ABC = ∠AED = 45°

練習 116

△ABC と △DAE において,
AB : DA = 18 : 12 = 3 : 2 ……①
BC : AE = 15 : 10 = 3 : 2 ……②
CA : ED = 12 : 8 = 3 : 2　……③
①, ②, ③より, 3 組の辺の比がすべて等しい
から,　　　　△ABC∽△DAE
相似な図形の対応する角の大きさは等しいから,
∠ABC = ∠DAE
錯角が等しいから, EA∥BC

練習 117

(1) 3cm
(2) △ADB と △CDF において,
AB : CF = 6 : 3 = 2 : 1　……①
AD : CD = 12 : 6 = 2 : 1 ……②
平行四辺形 ABCD の対角は等しいから,
∠BAD = ∠FCD　　　　……③
①, ②, ③より, 2 組の辺の比とその間の角
がそれぞれ等しいから,
△ADB∽△CDF

解説

(1) △ABF∽△ECF より,
BF : CF = AB : EC = 6 : 2 = 3 : 1
BC = AD = 12cm より,
$$CF = 12 \times \frac{1}{3+1} = 3 (cm)$$

(1) △DBF と △FCE において，
　正三角形 ABC の角だから，
　　　　∠B＝∠C＝180°÷3＝60°　……①
　一直線の角は 180° だから，
　　　　∠BFD＝180°－(60°＋∠EFC)
　　　　　　　＝120°－∠EFC　　……②
　△FCE の内角の和より，
　　　　∠CEF＝180°－(∠EFC＋60°)
　　　　　　　＝120°－∠EFC　　……③
　②，③より，　∠BFD＝∠CEF……④
　①，④より，2組の角がそれぞれ等しいから，
　　　　　　　　△DBF∽△FCE

(2) $\dfrac{28}{5}$ cm

解説

(2) FD＝AD＝12－5＝7(cm)
　　FC＝12－8＝4(cm)
　　△DBF∽△FCE より，
　　DB：FC＝FD：EF，5：4＝7：EF，
　　EF＝4×7÷5＝$\dfrac{28}{5}$(cm)

△ADC と △ACE において，
共通な角だから，∠DAC＝∠CAE……①
$\overparen{AC}$ に対する円周角は等しいから，
　　　　　　　∠ABC＝∠ADC……②
AB＝AC より，　∠ABC＝∠ACE……③
②，③より，　　∠ADC＝∠ACE……④
①，④より，2組の角がそれぞれ等しいから，
　　　　　　　△ADC∽△ACE

(1) $x＝12$　(2) $x＝\dfrac{77}{4}$

解説

(1) $6x＝9×8$，$x＝12$
(2) $8x＝7×(7＋15)$，$8x＝154$，$x＝\dfrac{77}{4}$

(1) $x＝\sqrt{21}$　(2) $x＝6$

解説

(1) $3×(3＋4)＝x^2$，$x^2＝21$，$x＝\pm\sqrt{21}$

$x＞0$ より，$x＝\sqrt{21}$
(2) $4(4＋2x)＝8^2$，$16＋8x＝64$，$8x＝48$，$x＝6$

右の図のように，点 D を
通り，辺 AC に平行な
直線をひき，辺 BC と
の交点を F とする。
△ADE と △DBF にお
いて，

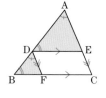

DE∥BC より，平行線
の同位角は等しいから，
　　　　　　　∠ADE＝∠DBF　……①
DF∥AC より，平行線の同位角は等しいから，
　　　　　　　∠DAE＝∠BDF　……②
①，②より，2組の角がそれぞれ等しいから，
　　　　　　　△ADE∽△DBF
相似な図形の対応する線分の長さの比は等しい
から，　　　　AD：DB＝AE：DF……③
ここで，四角形 DFCE は2組の対辺が平行だ
から平行四辺形である。
よって，　　　　　DF＝EC　　　……④
③，④より，　AD：DB＝AE：EC

(1) $x＝9$　(2) $\dfrac{15}{4}$ cm

解説

(1) AD∥BC より，
　　4：6＝6：x，$x＝6×6÷4＝9$
(2) AB∥EF より，
　　BD：FD＝AB：EF，
　　BD：FD＝15：3＝5：1
　　BF：BD＝(5－1)：5＝4：5
　　EF∥CD より，
　　EF：CD＝BF：BD，EF：CD＝4：5，
　　3：CD＝4：5，CD＝3×5÷4＝$\dfrac{15}{4}$(cm)

(1) $x＝\dfrac{24}{5}$　(2) $\dfrac{24}{5}$ cm

解説

(1) $\ell\,\!/\!/\,m\,/\!/\,n$ より，
　　6：4＝(12－x)：x，$6x＝4(12－x)$，
　　$6x＝48－4x$，$10x＝48$，$x＝\dfrac{24}{5}$

別解 $(6+4):4=12:x$, $10x=48$, $x=\dfrac{24}{5}$

(2) BC∥DE∥FG より,

$\qquad$ FD : DB = GE : EC

$\qquad$ FD = x cm とすると,

$\qquad$ $x:(12-x)=4:6$, $6x=4(12-x)$,

$\qquad$ $6x=48-4x$, $10x=48$, $x=\dfrac{24}{5}$

練習 125

9 : 5

解説

BG の延長と AD の延長の交点を I とする。

BF : FC = 3 : 1 より, BC = 3 + 1 = 4 とすると,

$\qquad$ AE = ED = 4 ÷ 2 = 2

DI∥BC より,

$\qquad$ BC : DI = CG : GD = 2 : 1

$\qquad$ 4 : DI = 2 : 1, DI = 4 × 1 ÷ 2 = 2

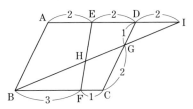

DI∥BC より,

$\qquad$ BG : GI = BC : DI = 4 : 2 = 2 : 1

EI∥BF より,

$\qquad$ BH : HI = BF : EI = 3 : (2+2) = 3 : 4

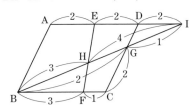

ここで, BI の長さを $(2+1=)3$ と $(3+4=)7$ の最小公倍数 21 にそろえると,

$\qquad$ BG : GI = 2 : 1 = 14 : 7

$\qquad$ BH : HI = 3 : 4 = 9 : 12

これより,

$\qquad$ BH : HG = 9 : (14-9) = 9 : 5

練習 126

$\dfrac{27}{7}$ cm

解説

AD は ∠BAC の二等分線だから,

$\qquad$ BD : DC = AB : AC = 6 : 8 = 3 : 4

$\qquad$ BD = $9 \times \dfrac{3}{3+4} = \dfrac{27}{7}$ (cm)

練習 127

10cm

解説

線分 AC をひき, MN との交点を P とする。
△ABC で, 中点連結定理とその関連定理より,

$\qquad$ $MP=\dfrac{1}{2}BC$

$\qquad\quad$ $=\dfrac{1}{2}\times 12=6$ (cm)

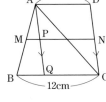

△CAD で, 中点連結定理より,

$\qquad$ $PN=\dfrac{1}{2}AD=\dfrac{1}{2}\times 8=4$ (cm)

$\qquad$ MN = MP + PN = 6 + 4 = 10 (cm)

別解点 A を通り, 辺 DC に平行な直線をひき, MN, BC との交点を P, Q とする。
四角形 APND, PQCN はそれぞれ平行四辺形だから,

$\qquad$ PN = QC = AD = 8cm, BQ = 12 - 8 = 4 (cm)

△ABQ で, 中点連結定理より,

$\qquad$ $MP=\dfrac{1}{2}BQ=\dfrac{1}{2}\times 4=2$ (cm)

$\qquad$ MN = MP + PN = 2 + 8 = 10 (cm)

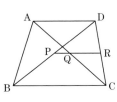

練習 128

右の図のように, 辺 DC の中点を R とする。
△DBC で, 中点連結定理より,

$\qquad$ PR∥BC,

$\qquad$ $PR=\dfrac{1}{2}BC$

△CAD で, 中点連結定理より,

$\qquad$ QR∥AD, $QR=\dfrac{1}{2}AD$

AD∥BC より，点 Q は線分 PR 上にあるから，
　PQ∥BC

$$PQ=PR-QR=\frac{1}{2}BC-\frac{1}{2}AD=\frac{1}{2}(BC-AD)$$

練習 **129**

AL と MN の交点を
P，BM と NL の交
点を Q とする。
中点連結定理より，
　ML∥AB，
　NL∥AC
これより，四角形
ANLM は，2 組の

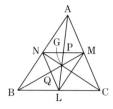

対辺がそれぞれ平行だから平行四辺形で，点 P
は対角線 AL，NM の交点だから，点 P は線分
NM の中点である。
同様に，点 Q は線分 NL の中点である。
したがって，△LMN で，点 G は 2 つの中線
LP，MQ の交点だから，△LMN の重心である。

練習 **130**

(1) 1：3　　(2) 3：5：4

解説

(1) 右の図のよ
うに，対角
線 AC をひ
き，BD と
の交点を R
とする。

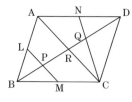

中点連結定
理より，LM∥AC で，BL：LA＝1：1 だから，
　BP：PR＝BL：LA＝1：1
また，点 Q は △DAC の重心だから，
　RQ：QD＝1：2
BR＝RD だから，BR と RD の長さを(1＋1＝2)
と(1＋2＝)3 の最小公倍数 6 にそろえると，
　BP：PR＝1：1＝3：3
　BP：PD＝3：(3＋6)＝3：9＝1：3
(2)　RQ：QD＝1：2＝2：4
　BP：PQ：QD＝3：(3＋2)：4＝3：5：4

練習 **131**

約 24m

解説

縮尺 $\frac{1}{1000}$ で直角三角形の縮図をかくと，次の
ようになる。

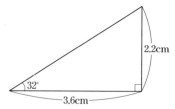

がけの頂上 A から目の高さまでは，
　2.2×1000＝2200(cm)　➡　22m
がけ AB の高さは，
　22＋1.5＝23.5(m)　➡　約 24m

練習 **132**

(1) 3m　　(2) 18m

解説

(1) この人の影の長さを x m とすると，
　　6.4：1.6＝(9＋x)：x，64：16＝(9＋x)：x，
　　64x＝16(9＋x)，48x＝144，x＝3
(2) GE＝xm とすると，△DGB において，
　　GE：GB＝FE：DB＝1.5：6＝1：4 より，
　　GB＝4xm，EB＝4x－x＝3x(m)
　　HE＝ym とすると，△CHA において，
　　HE：HA＝FE：CA＝1.5：4.5＝1：3 より，
　　HA＝3ym，EA＝3y－y＝2y(m)
　　ここで，GE：EH＝4：9 より，x：y＝4：9
　　　9x＝4y　　……①
　　また，AE＋EB＝30m より，
　　　2y＋3x＝30……②
　　①，②を連立方程式として解くと，
　　　x＝4，y＝9
　　したがって，求める歩いた距離は，
　　　AE＝2y＝2×9＝18(m)

練習 **133**

(1) 3：1　　(2) 9：2

解説

　　∠AOE：∠EOB＝108°：(180°－108°)
＝108°：72°＝3：2
また，おうぎ形 OAE とおうぎ形 OCF は相似で，
相似比は，OA：OC＝1：2

(1) 1つの円で, 弧の長さは中心角に比例するか
ら, $\overparen{\mathrm{AE}}=3$ とすると, $\overparen{\mathrm{EB}}=2$
相似な図形の周の長さの比は相似比に等しい
から,
　$\overparen{\mathrm{AE}}:\overparen{\mathrm{CF}}=1:2$, $\overparen{\mathrm{CF}}=2\overparen{\mathrm{AE}}=2\times3=6$
したがって,
　$\overparen{\mathrm{CF}}:\overparen{\mathrm{EB}}=6:2=3:1$

(2) 1つの円で, おうぎ形の面積は中心角に比例
するから, おうぎ形 OAE の面積を 3 とする
と, おうぎ形 OEB の面積は 2
相似な図形の面積の比は, 相似比の 2 乗に等
しいから, 面積について,
　（おうぎ形 OAE）:（おうぎ形 OCF）
　$=1^2:2^2=1:4$
これより, おうぎ形 OCF の面積は,
　$3\times4=12$
したがって, 図形 ACFE とおうぎ形 OEB
の面積の比は,
　$(12-3):2=9:2$

8 : 9

解説

点 E を通り, AD
に平行な直線をひ
き, FG との交点
を J とすると, J
は FG の中点であ
る。

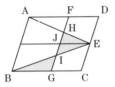

△BGI∽△EJI で, 相似比は,
　BG : EJ=AF : DF=4 : 3
だから, 面積の比は,
　$4^2:3^2=16:9$
したがって, △BGI と △EHI の面積の比は,
　$16:(9\times2)=16:18=8:9$

(1) 4 : 9　(2) 8 : 27

解説

球 A と球 B は相似で, 相似比は,
　8 : 12=2 : 3
(1) 表面積の比は, 相似比の 2 乗に等しいから,
　$2^2:3^2=4:9$
(2) 体積の比は, 相似比の 3 乗に等しいから,
　$2^3:3^3=8:27$

17 : 7

解説

切り口の面は,
辺 BC の中点 N
も通る。
右の図のように,
切り口の面と辺
FB の延長との
交点を O とする
と, 三角錐
OMBN と三角錐
OEFG は相似で,
相似比は,

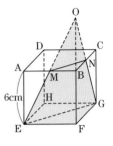

　MB : EF=(6÷2) : 6=3 : 6=1 : 2
OB : OF=1 : 2 より,
　OB : BF=1 : (2-1)=1 : 1
よって,
　OB=BF=6cm, OF=6+6=12(cm)
三角錐 OMBN と三角錐 OEFG の体積の比は,
　$1^3:2^3=1:8$
だから, 立体 Q の体積は,
　$\dfrac{1}{3}\times\dfrac{1}{2}\times6\times6\times12\times\left(1-\dfrac{1}{8}\right)=63$(cm³)
したがって, 立体 P と立体 Q の体積の比は,
　$(6^3-63):63=153:63=17:7$

$\dfrac{1}{7}S$

解説

かげをつけた三角形とまわりの 3 つの三角形で,
底辺の比は, それぞれ, 1 : 1
高さの比は, それぞれ, 1 : 2 だから,
面積の比は, それぞれ, $(1\times1):(1\times2)=1:2$
したがって, 面積について,
　（かげをつけた三角形）: △ABC
　$=1:(1+2\times3)=1:7$
これより, かげをつけた部分の面積は, $\dfrac{1}{7}S$

(1) 15 : 64　(2) 15 : 128

解説

(1) △APQ と △ABC の面積の比は,

$(AP \times AQ) : (AB \times AC)$
$= (3 \times 5) : (8 \times 8) = 15 : 64$
(2)四面体 APQR と四面体 ABCD の体積の比は，
$(\triangle APQ \times AR) : (\triangle ABC \times AD)$
$= (15 \times 4) : (64 \times 8) = 15 : 128$

章末問題 本冊 p.450～451

1

(1) $\dfrac{16}{3}$ cm　(2) $\dfrac{12}{5}$ cm

解説

(1)点 A を通り，
DC に平行な
直線をひき，
EF, BC との
交点をそれぞ
れ P, Q とす

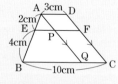

ると，四角形 APFD，PQCF はそれぞれ平行
四辺形だから，
PF = QC = AD = 3cm, BQ = 10 - 3 = 7(cm)
△ABQ で，EP∥BQ より，
AE : AB = EP : BQ, 2 : (2+4) = EP : 7,
EP = 2 × 7 ÷ 6 = $\dfrac{7}{3}$ (cm)
EF = EP + PF = $\dfrac{7}{3}$ + 3 = $\dfrac{16}{3}$ (cm)

(2)AB∥DC より，
BE : ED = AB : DC = 6 : 4 = 3 : 2
△BCD で，EF∥DC より，
EF : DC = BE : BD, EF : 4 = 3 : (3+2),
EF = 4 × 3 ÷ 5 = $\dfrac{12}{5}$ (cm)

2

(1) $\dfrac{4}{3}$　(2) $\dfrac{16}{9}$　(3) 18

解説

図に表すと，右の
ようになる。

(1)AD∥BC より，
BE : ED
= BC : AD
= 4 : 3
だから，
△ABE : △AED = BE : ED = 4 : 3
したがって，△ABE = $\dfrac{4}{3}$ △AED

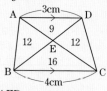

(2)△BCE と △DEA は相似で，
相似比は，BC : AD = 4 : 3 だから，
△BCE : △DAE = $4^2 : 3^2 = 16 : 9$
したがって，△BCE = $\dfrac{16}{9}$ △AED

(3)△AED の面積を
9 とすると，そ
れぞれの三角形
の面積は右の図
のようになるか
ら，

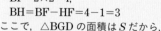

四角形 ABCD : △AED
= (9 + 12 + 12 + 16) : 9 = 49 : 9
四角形 ABCD の面積は98cm² だから，
98 : △AED = 49 : 9,
△AED = 98 × 9 ÷ 49 = 18 (cm²)

3

6 : 11

解説

D と E，E と H をそれぞれ結ぶ。
D, E はそれぞれ AB, AF の中点だから，
△ABF で，中点連結定理より，
DE∥BF
点 F は CE の中点で，DE∥HF だから，
△CDE で，中点連結定理の関連定理より，
DE = 2HF
HF = 1 とすると，
DE = 2 × 1 = 2
△ABF で，中点
連結定理より，
BF = 2DE
DE = 2 より
BF = 2 × 2 = 4,
BH = BF - HF = 4 - 1 = 3
ここで，△BGD の面積は S だから，
DE∥BH より，
△HGE = △BGD = S
DG : GH = DE : BH = 2 : 3 より，
DH : GH = (2+3) : 3 = 5 : 3
△HDE = $\dfrac{5}{3}$ △HGE = $\dfrac{5}{3}$ S
DE : HF = 2 : 1 より，
△HEF = $\dfrac{1}{2}$ △HDE = $\dfrac{1}{2} \times \dfrac{5}{3}$ S = $\dfrac{5}{6}$ S
したがって，
$S : T = S : \left(S + \dfrac{5}{6}S\right) = S : \dfrac{11}{6}S = 1 : \dfrac{11}{6}$
$= 6 : 11$

4

(1) △DAC と △GEC において，
$\overset{\frown}{\text{CD}}$ に対する円周角は等しいから，
$$\angle\text{DAC}=\angle\text{GEC}\cdots\cdots①$$
半円の弧に対する円周角より，
$$\angle\text{BAC}=90°\quad\cdots\cdots②$$
仮定から，$\quad\angle\text{GFC}=90°\quad\cdots\cdots③$
②，③より，同位角が等しいから，
$$\text{AB}/\!/\text{DE}$$
平行線の錯角は等しいから，
$$\angle\text{ABD}=\angle\text{BDE}\cdots\cdots④$$
$\overset{\frown}{\text{AD}}$ に対する円周角は等しいから，
$$\angle\text{ABD}=\angle\text{ACD}\cdots\cdots⑤$$
$\overset{\frown}{\text{BE}}$ に対する円周角は等しいから，
$$\angle\text{BDE}=\angle\text{ECG}\cdots\cdots⑥$$
④，⑤，⑥より，$\quad\angle\text{ACD}=\angle\text{ECG}\cdots\cdots⑦$
①，⑦より，2組の角がそれぞれ等しいから，
$$\triangle\text{DAC}\backsim\triangle\text{GEC}$$

(2) 48°

解説

(2) $\overset{\frown}{\text{AD}}:\overset{\frown}{\text{DC}}=3:2$
より，
$\angle\text{ABD}=3x,$
$\angle\text{DEC}=2x$
とすると，(1)の
証明より，それ
ぞれの角の大き
さは，右の図の
ようになる。

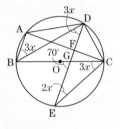

△GEC の内角と外角の関係より，
$2x+3x=70°,\ 5x=70°,\ x=14°$
$\angle\text{BDE}=3x=3\times14°=42°$
半円の弧に対する円周角より，
$\angle\text{BDC}=90°$ だから，
$\angle\text{EDC}=90°-42°=48°$

5

(1) △BEH と △BAD において，
共通な角だから，$\quad\angle\text{EBH}=\angle\text{ABD}\cdots\cdots①$
仮定から，$\angle\text{BGE}=\angle\text{BCA}=90°$ で，
同位角が等しいから，$\text{EG}/\!/\text{AC}$
$\text{EG}/\!/\text{AC}$ より，平行線の同位角は等しいから，
$$\angle\text{BEH}=\angle\text{BAD}\cdots\cdots②$$
①，②より，2組の角がそれぞれ等しいから，
$$\triangle\text{BEH}\backsim\triangle\text{BAD}$$

(2) △BEF と △BGH
において，
仮定から，
$\angle\text{EBF}=\angle\text{HBG}$
$\cdots\cdots①$
$\angle\text{BEF}=\angle\text{BGH}$
$=90°$
$\cdots\cdots②$
①，②より，2組
の角がそれぞれ等しいから，
$$\triangle\text{BEF}\backsim\triangle\text{BGH}$$
相似な図形の対応する角の大きさは等しいか
ら，$\quad\angle\text{EFH}=\angle\text{GHB}\quad\cdots\cdots③$
対頂角は等しいから，$\quad\angle\text{GHB}=\angle\text{EHF}\quad\cdots\cdots④$
③，④より，$\quad\angle\text{EFH}=\angle\text{EHF}\quad\cdots\cdots⑤$
⑤より，$\quad\quad\quad\quad\text{EH}=\text{EF}\quad\cdots\cdots⑥$
次に，△BEI と △BJI において，
共通な辺だから，$\quad\text{BI}=\text{BI}\quad\cdots\cdots⑦$
仮定から，$\quad\angle\text{BIE}=\angle\text{BIJ}=90°\cdots⑧$
①，⑦，⑧から，1組の辺とその両端の角が
それぞれ等しいから，
$$\triangle\text{BEI}\equiv\triangle\text{BJI}$$
合同な図形の対応する辺の長さは等しいから，
$$\text{BE}=\text{BJ}\quad\cdots\cdots⑨$$
さらに，△BEF と △BJF において，
共通な辺だから，$\quad\text{BF}=\text{BF}\quad\cdots\cdots⑩$
①，⑨，⑩より，2組の辺とその間の角がそ
れぞれ等しいから，
$$\triangle\text{BEF}\equiv\triangle\text{BJF}$$
合同な図形の対応する辺の長さは等しいから，
$$\text{EF}=\text{JF}\quad\cdots\cdots⑪$$
⑥，⑪より，$\quad\quad\quad\text{EH}=\text{FJ}$

6

(1) $1:2$　(2) $1:5$

解説

(1) PQ+QC が最短
の長さとなるの
は，右の図のよ
うに部分的な展
開図に表したと
き，PQ と QC が
一直線になるときである。
OA$/\!/$CB より，
$\text{PQ}:\text{QC}=\text{OP}:\text{BC}=1:2$

(2) 三角錐 OPQC と正四面体 OABC の体積の比
は，

$$(OP \times OQ \times OC) : (OA \times OB \times OC)$$
$$= (OP \times OQ) : (OA \times OB)$$
$$= (1 \times 1) : \{(1+1) \times (1+2)\} = 1 : 6$$
これより，3 点 P，Q，C を通る平面で切った
とき，小さな立体と大きな立体の体積の比は，
$$1 : (6-1) = 1 : 5$$

第7章 三平方の定理 本冊 p.454〜467

練習 139

内側の正方形 EFGH の 1 辺の長さは，
$$a - b$$
外側の 1 辺が c の正方形 ABCD の面積
＝内側の正方形 EFGH の面積
　　　＋△ABF の面積×4
より，
$$c^2 = (a-b)^2 + \frac{1}{2}ab \times 4 = a^2 - 2ab + b^2 + 2ab$$
$$= a^2 + b^2$$
したがって，$a^2 + b^2 = c^2$

練習 140

(1) $x = 3\sqrt{3}$　(2) $x = 13$　(3) $x = 5$

解説

(1) $3^2 + x^2 = 6^2$，$9 + x^2 = 36$，$x^2 = 27$
　　$x > 0$ より，$x = \sqrt{27} = 3\sqrt{3}$
(2) $5^2 + 12^2 = x^2$，$25 + 144 = x^2$，$x^2 = 169$
　　$x > 0$ より，$x = \sqrt{169} = 13$
(3) △ACD において，
　　$7^2 + 4^2 = AC^2$，$49 + 16 = AC^2$，$AC^2 = 65$
　　△ABC において，
　　$x^2 + AC^2 = (3\sqrt{10})^2$，$x^2 + 65 = 90$，$x^2 = 25$
　　$x > 0$ より，$x = \sqrt{25} = 5$

練習 141

△ABH は，AB を斜辺とする直角三角形だから，
$$AB^2 = AH^2 + BH^2 \qquad \cdots\cdots ①$$
同様に，△CDH で，
$$CD^2 = CH^2 + DH^2 \qquad \cdots\cdots ②$$
①＋②より，
$$AB^2 + CD^2 = AH^2 + BH^2 + CH^2 + DH^2 \cdots\cdots ③$$
また，△ADH で，
$$AD^2 = AH^2 + DH^2 \qquad \cdots\cdots ④$$
△BCH で，

$$BC^2 = BH^2 + CH^2 \qquad \cdots\cdots ⑤$$
④＋⑤より，
$$AD^2 + BC^2 = AH^2 + DH^2 + BH^2 + CH^2$$
$$= AH^2 + BH^2 + CH^2 + DH^2 \cdots\cdots ⑥$$
③，⑥より，
$$AB^2 + CD^2 = AD^2 + BC^2$$

練習 142

(1)鋭角三角形　(2)鈍角三角形　(3)直角三角形

解説

(1)最長の辺は 7cm の辺で，
　　$7^2 = 49$，$5^2 + 6^2 = 25 + 36 = 61$
　　$49 < 61$ より，これは鋭角三角形である。
(2) $(2\sqrt{5})^2 = 20$，$3^2 = 9$，$(4\sqrt{2})^2 = 32$
　　$32 > 20 + 9$ より，これは鈍角三角形である。
(3) $(6\sqrt{2})^2 = 72$，$(3\sqrt{13})^2 = 117$，$(3\sqrt{5})^2 = 45$
　　$117 = 72 + 45$ より，これは直角三角形である。

練習 143

(1) 192cm^2　(2) $2\sqrt{6} \text{ cm}^2$　(3) 36cm^2

解説

(1)この長方形の横の長さを x cm とすると，
　　$12^2 + x^2 = 20^2$，$144 + x^2 = 400$，$x^2 = 256$
　　$x > 0$ より，$x = \sqrt{256} = 16$
　　したがって，この長方形の面積は，
　　$12 \times 16 = 192 \text{(cm}^2)$
(2)この二等辺三角形の底辺を 2cm としたとき
　　の高さを h cm とすると，$2 \div 2 = 1 \text{(cm)}$ より，
　　$h^2 + 1^2 = 5^2$，$h^2 + 1 = 25$，$h^2 = 24$
　　$h > 0$ より，$h = \sqrt{24} = 2\sqrt{6}$
　　したがって，この三角形の面積は，
　　$\frac{1}{2} \times 2 \times 2\sqrt{6} = 2\sqrt{6} \text{ (cm}^2)$
(3)頂点 D から辺 BC に垂線をひき，辺 BC との
　　交点を H とすると，
　　$BH = AD = 2 \text{cm}$ より，
　　$CH = 10 - 2 = 8 \text{(cm)}$ だから，
　　$CH^2 + DH^2 = CD^2$，$8^2 + DH^2 = 10^2$，
　　$64 + DH^2 = 100$，$DH^2 = 36$
　　$DH > 0$ より，$DH = \sqrt{36} = 6 \text{(cm)}$
　　したがって，台形 ABCD の面積は，
　　$\frac{1}{2} \times (2 + 10) \times 6 = 36 \text{(cm}^2)$

練習 144

(1) $9\sqrt{3} \text{ cm}^2$　(2) $(6\sqrt{3} - 6) \text{cm}^2$

(1) $\dfrac{\sqrt{3}}{4}\times 6^2=9\sqrt{3}$ (cm^2)

(2) 図に表すと，右のようになる。

頂点 A から辺 BC の延長に垂線をひき，辺 BC の延長との交点を H とすると，

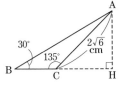

$\angle ACH=180°-135°=45°$

より，△ACH は直角二等辺三角形だから，

AC：AH$=\sqrt{2}$：1，$2\sqrt{6}$：AH$=\sqrt{2}$：1，

AH$=2\sqrt{6}\times 1\div\sqrt{2}=2\sqrt{3}$ (cm)

CH$=$AH$=2\sqrt{3}$ cm

△ABH は 30° の角を持つ直角三角形だから，

AH：BH$=1$：$\sqrt{3}$，$2\sqrt{3}$：BH$=1$：$\sqrt{3}$，

BH$=2\sqrt{3}\times\sqrt{3}\div 1=6$ (cm)

BC$=$BH$-$CH$=6-2\sqrt{3}$ (cm)

したがって，△ABC の面積は，

$\dfrac{1}{2}\times(6-2\sqrt{3})\times 2\sqrt{3}=6\sqrt{3}-6$ (cm^2)

練習 145

$\dfrac{15}{4}$ cm

AE$=x$cm とすると，△ABE≡△C′DE より，

C′E$=x$cm

C′B$=$CB$=10$cm より，

BE$=$C′B$-$C′E$=10-x$ (cm)

△ABE で，三平方の定理より，

AB$^2+$AE$^2=$BE^2，$5^2+x^2=(10-x)^2$，

$25+x^2=100-20x+x^2$，$20x=75$，$x=\dfrac{15}{4}$

練習 146

210cm^2

頂点 A から辺 BC に垂線をひき，辺 BC との交点を H とする。

BH$=x$cm とすると，

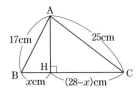

CH$=(28-x)$cm

△ABH で，三平方の定理より，

AH$^2=17^2-x^2$　　……①

△ACH で，三平方の定理より，

AH$^2=25^2-(28-x)^2$……②

①，②より，

$17^2-x^2=25^2-(28-x)^2$，

$289-x^2=625-(784-56x+x^2)$，

$289-x^2=625-784+56x-x^2$，

$56x=448$，$x=8$

①より，AH$^2=17^2-8^2=289-64=225$

AH>0 より，AH$=\sqrt{225}=15$ (cm)

したがって，△ABC の面積は，

$\dfrac{1}{2}\times 28\times 15=210$ (cm^2)

練習 147

$6\sqrt{5}$ cm

円の接線は接点を通る半径に垂直であり，円外の 1 点から円にひいた 2 つの接線の長さは等しいことから，四角形 OQBR と四角形 ORCS は正方形である。

BC$=12$cm より，

BQ$=$BR$=$CR$=$CS$=$BC$\div 2=12\div 2=6$ (cm)

また，DS$=3$cm より，

DP$=$DS$=3$cm，DC$=3+6=9$ (cm)

ここで，頂点 D から辺 AB に垂線をひき，辺 AB との交点を H とする。

AP$=$AQ$=x$cm とすると，

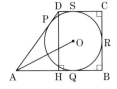

DH$=$CB$=12$cm，

DA$=$DP$+$AP$=3+x$ (cm)

AH$=$AQ$-$HQ$=$AQ$-$DS$=x-3$ (cm)

△DAH で，三平方の定理より，

$12^2+(x-3)^2=(3+x)^2$，

$144+x^2-6x+9=9+6x+x^2$，

$12x=144$，$x=12$

△OAQ で，OQ$=$RB$=6$cm，AQ$=12$cm だから，三平方の定理より，

$6^2+12^2=$AO^2，AO$^2=36+144=180$

AO>0 より，AO$=\sqrt{180}=6\sqrt{5}$ (cm)

練習 148

(1) $7\sqrt{2}$　(2) $p=-4$，$p=8$

(1)交点の x 座標は,

$x^2=x+12$, $x^2-x-12=0$,

$(x+3)(x-4)=0$, $x=-3$, $x=4$

これより, 2つの交点の座標は,

$(-3)^2=9$ より, $(-3, 9)$

$4^2=16$ より, $(4, 16)$

したがって, 線分 AB の長さは,

$\sqrt{\{4-(-3)\}^2+(16-9)^2}$

$=\sqrt{7^2+7^2}=\sqrt{7^2\times2}=7\sqrt{2}$

(2) $AB^2=(4-2)^2+(-3-3)^2=4+36=40$

$AP^2=(p-2)^2+(1-3)^2=(p-2)^2+4$

AB=AP より, $AB^2=AP^2$ だから,

$40=(p-2)^2+4$, $40=p^2-4p+4+4$,

$p^2-4p-32=0$, $(p+4)(p-8)=0$,

$p=-4$, $p=8$

練習 149

(1) $\sqrt{38}$ cm　(2) $6\sqrt{3}$ cm

(1) $\sqrt{3^2+5^2+2^2}=\sqrt{9+25+4}=\sqrt{38}$ (cm)

(2) $\sqrt{6^2+6^2+6^2}=\sqrt{6^2\times3}=6\sqrt{3}$ (cm)

練習 150

(1) 128π cm³　(2) $288\sqrt{2}$ cm³

(1)この円錐の底面の円の半径は,

$\sqrt{10^2-6^2}=\sqrt{100-36}=\sqrt{64}=8$ (cm)

この円錐の体積は,

$\dfrac{1}{3}\pi\times8^2\times6=128\pi$ (cm³)

(2)この正四角錐の底面の正方形の対角線の長さは,

$12\times\sqrt{2}=12\sqrt{2}$ (cm)

$12\sqrt{2}\div2=6\sqrt{2}$ (cm) より, この正四角錐の

高さを h cm とすると,

$h^2+(6\sqrt{2})^2=12^2$, $h^2+72=144$, $h^2=72$

$h>0$ より, $h=\sqrt{72}=6\sqrt{2}$

この正四角錐の体積は,

$\dfrac{1}{3}\times12^2\times6\sqrt{2}=288\sqrt{2}$ (cm³)

練習 151

$9\sqrt{3}$ cm

展開図の側面のおうぎ形の中心角は,

$360°\times\dfrac{3}{9}=120°$

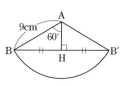

糸の長さが最も短くなるときのようすは, 右の図の線分 BB′ である。

頂点 A から線分 BB′ に垂線をひき, 線分 BB′ との交点を H とすると,

$\angle BAH=120°\div2=60°$, AB=9cm より,

$BH=\dfrac{\sqrt{3}}{2}\times9=\dfrac{9\sqrt{3}}{2}$ (cm)

最も短くなるときの糸の長さは,

$BB'=2BH=2\times\dfrac{9\sqrt{3}}{2}=9\sqrt{3}$ (cm)

練習 152

(1) $\dfrac{32}{3}\pi$　(2) 8　(3) $\dfrac{64}{3}\pi$

(1) $\dfrac{4}{3}\pi\times2^3=\dfrac{32}{3}\pi$

(2)右の図のように, 円錐の頂点を A, 底面の円の半径を BC, 2つの球の中心をそれぞれ O, O′, 母線 AB と 2つの球の接点をそれぞれ P, Q とする。

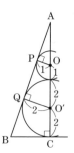

△AOP と △AO′Q は相似で, 相似比は,

OP : O′Q=1 : 2 だから,

AO : AO′=1 : 2

AO : OO′=1 : (2−1)=1 : 1

OO′=1+2=3 より, AO=3

したがって, この円錐の高さは,

AC=AO+OO′+O′C=3+3+2=8

(3) △AOP で,

$AP=\sqrt{3^2-1^2}=\sqrt{9-1}=\sqrt{8}=2\sqrt{2}$

△AOP と △ABC は相似で,

AP : AC=OP : BC, $2\sqrt{2}$: 8=1 : BC,

$BC=8\times1\div2\sqrt{2}=2\sqrt{2}$

したがって, この円錐の体積は,

$\dfrac{1}{3}\pi\times(2\sqrt{2})^2\times8=\dfrac{64}{3}\pi$

章末問題　本冊 p.468〜469

1

イ，オ

解説

ア $2^2=4$，$7^2=49$，$8^2=64$
　　$4+49\neq64$ より，これは直角三角形ではない。
イ $3^2=9$，$4^2=16$，$5^2=25$
　　$9+16=25$ より，これは直角三角形である。
ウ $3^2=9$，$5^2=25$，$(\sqrt{30})^2=30$
　　$9+25\neq30$ より，これは直角三角形ではない。
エ $(\sqrt{2})^2=2$，$(\sqrt{3})^2=3$，$3^2=9$
　　$2+3\neq9$ より，これは直角三角形ではない。
オ $(\sqrt{3})^2=3$，$(\sqrt{7})^2=7$，$(\sqrt{10})^2=10$，
　　$3+7=10$ より，これは直角三角形である。

2

6cm

解説

円 O′ の半径を $r$cm とする。
AO は円 O′ の直径で，$\angle ABO=90°$ だから，
$\triangle ABO$ で，三平方の定理より，
　　$AB^2+2^2=(2r)^2$，$AB^2=4r^2-4=4(r^2-1)$
これより，AB を半径とする円の面積は，
　　$\pi\times AB^2=4\pi(r^2-1)$
これが円 O の面積の 8 倍だから，
　　$4\pi(r^2-1)=8\times\pi\times2^2$，$r^2-1=8$，$r^2=9$
$r>0$ より，$r=\sqrt{9}=3$(cm)
したがって，円 O′ の直径 AO の長さは，
　　$3\times2=6$(cm)

別解 AB を半径とする円と円 O は相似で，
面積の比が $8:1$ だから，半径の比は，
　　$AB:OB=\sqrt{8}:\sqrt{1}=2\sqrt{2}:1$，
　　$AB:2=2\sqrt{2}:1$，
　　$AB=2\times2\sqrt{2}\div1=4\sqrt{2}$ (cm)
AO は円 O′ の直径で，$\angle ABO=90°$ だから，
$\triangle ABO$ で，三平方の定理より，
　　$AB^2+OB^2=AO^2$，$(4\sqrt{2})^2+2^2=AO^2$，
　　$32+4=AO^2$，$AO^2=36$
$AO>0$ より，$AO=\sqrt{36}=6$(cm)

3

$\dfrac{9}{4}$ cm

解説

$BD=x$cm とすると，
　　$DM=DA=6-x$(cm)
点 M は辺 BC の中点だから，
　　$BM=6\div2=3$(cm)
$\triangle DBM$ で三平方の定理より，
　　$x^2+3^2=(6-x)^2$，$x^2+9=36-12x+x^2$，
　　$12x=27$，$x=\dfrac{9}{4}$

4

$\dfrac{9\sqrt{2}}{4}$

解説

右の図のように，AO
の延長と辺 BC との
交点を M とすると，
M は辺 BC の中点で， 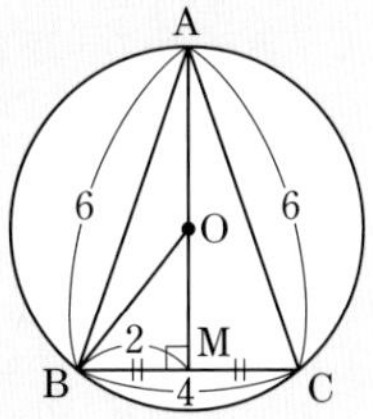
　　$BM=4\div2=2$
また，$AM\perp BC$ だか
ら，$\triangle ABM$ で，三平
方の定理より，
　　$AM^2+BM^2=AB^2$，
　　$AM^2+2^2=6^2$，$AM^2=36-4=32$
$AM>0$ より，$AM=\sqrt{32}=4\sqrt{2}$
ここで，この円の半径を r とすると，
　　$OM=AM-OA=4\sqrt{2}-r$
$\triangle OBM$ で，三平方の定理より，
　　$OM^2+BM^2=OB^2$，$(4\sqrt{2}-r)^2+2^2=r^2$，
　　$32-8\sqrt{2}r+r^2+4=r^2$，$8\sqrt{2}r=36$，
　　$r=\dfrac{36}{8\sqrt{2}}=\dfrac{36\sqrt{2}}{16}=\dfrac{9\sqrt{2}}{4}$

5

円 P の半径…3，円 Q の半径…$\dfrac{27-3\sqrt{17}}{8}$

解説

次の図のように，$\triangle ABC$ と円 P，Q との接点
をそれぞれ D〜H とする。
また，点 Q から半径 PG にひいた垂線を QI と
する。

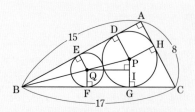

円 P の半径を x とすると，四角形 ADPH は正方形だから，

$$AD=AH=x$$

円外の 1 点から円にひいた 2 つの接線の長さは等しいから，

$$BG=BD=BA-AD=15-x$$
$$CG=CH=CA-AH=8-x$$

BG＋CG＝BC＝17 より，

$$(15-x)+(8-x)=17,\quad 2x=6,\quad x=3$$

別解 円 P の半径を x とすると，△PAB と △PBC と △PCA の面積の和と，△ABC の面積は等しいから，

$$\frac{1}{2}x(15+17+8)=\frac{1}{2}\times15\times8,\quad 40x=120,$$
$$x=3$$

次に，円 Q の半径を y とすると，

$$IG=QF=y,\quad PI=3-y,\quad PQ=3+y$$

また，AH＝3 より，

$$GC=HC=AC-AH=8-3=5$$
$$BG=BC-GC=17-5=12$$

△PBG で，三平方の定理より，

$$PG^2+BG^2=PB^2,\quad 3^2+12^2=PB^2,$$
$$PB^2=9+144=153$$

PB＞0 より，$PB=\sqrt{153}=3\sqrt{17}$

ここで，△PQI と △PBG は相似だから，

$$PQ:PB=PI:PG,$$
$$(3+y):3\sqrt{17}=(3-y):3,$$
$$3(3+y)=3\sqrt{17}(3-y),\quad 3+y=\sqrt{17}(3-y),$$
$$3+y=3\sqrt{17}-\sqrt{17}y,\quad y+\sqrt{17}y=3\sqrt{17}-3,$$
$$(1+\sqrt{17})y=3(\sqrt{17}-1),$$
$$y=\frac{3(\sqrt{17}-1)}{1+\sqrt{17}}=\frac{3(\sqrt{17}-1)^2}{(\sqrt{17}+1)(\sqrt{17}-1)}$$
$$=\frac{54-6\sqrt{17}}{16}=\frac{27-3\sqrt{17}}{8}$$

6

(1) $3\sqrt{91}\pi\text{cm}^3$　　(2) $\sqrt{43}\text{cm}$

解説

(1) この円錐の底面の半径は，

$$6\div2=3(\text{cm})$$

この円錐の高さは，

$$\sqrt{10^2-3^2}=\sqrt{100-9}=\sqrt{91}(\text{cm})$$

したがって，この円錐の体積は，

$$\frac{1}{3}\pi\times3^2\times\sqrt{91}=3\sqrt{91}\pi(\text{cm}^3)$$

(2) 点 D から直径 AB に垂線をひき，AB との交点を H とすると，

CO∥DH

△COB で，中点連結定理の関連定理より，

$$BH=HO=\frac{1}{2}OB$$
$$=\frac{1}{2}\times\frac{1}{2}AB$$
$$=\frac{1}{4}AB=\frac{1}{4}\times6$$
$$=\frac{3}{2}(\text{cm})$$

また，

$$DB=\frac{1}{2}BC=\frac{1}{2}AC=\frac{1}{2}\times10=5(\text{cm})$$

△DBH で，三平方の定理より，

$$DH^2+BH^2=DB^2,\quad DH^2+\left(\frac{3}{2}\right)^2=5^2$$
$$DH^2=25-\frac{9}{4}=\frac{91}{4}$$

△DAH で，

$$AH=AB-BH=6-\frac{3}{2}=\frac{9}{2}(\text{cm})$$

だから，三平方の定理より，

$$DH^2+AH^2=AD^2,\quad \frac{91}{4}+\left(\frac{9}{2}\right)^2=AD^2,$$
$$AD^2=\frac{91}{4}+\frac{81}{4}=\frac{172}{4}=43$$

AD＞0 より，$AD=\sqrt{43}(\text{cm})$

7

(1) $4\sqrt{3}\text{cm}$　(2) $4\sqrt{11}\text{cm}^2$　(3) $\frac{2\sqrt{33}}{3}\text{cm}$　(4) $\frac{1}{6}$倍

解説

(1) AQ は 1 辺が 8cm の正三角形の高さだから，

$$\frac{\sqrt{3}}{2}\times8=4\sqrt{3}(\text{cm})$$

(2) △CBD で，中点連結定理より，

$$PQ=\frac{1}{2}BD=\frac{1}{2}\times8=4(\text{cm})$$

PQ の中点を M とすると，AM⊥PQ で，

$$QM=4\div2=2(\text{cm})$$

△AQM で，三平方の定理より，

$$AM^2+QM^2=AQ^2,\quad AM^2+2^2=(4\sqrt{3})^2,$$
$$AM^2=48-4=44$$

AM＞0 より，$AM=\sqrt{44}=2\sqrt{11}(\text{cm})$

したがって，△APQ の面積は，

$\dfrac{1}{2} \times 4 \times 2\sqrt{11} = 4\sqrt{11} \ (\text{cm}^2)$

(3) $\text{AP} = \text{AQ} = 4\sqrt{3}$ cm だから，(2)より，

$\dfrac{1}{2} \times 4\sqrt{3} \times \text{QR} = 4\sqrt{11}$，

$\text{QR} = \dfrac{4\sqrt{11}}{2\sqrt{3}} = \dfrac{2\sqrt{33}}{3} \ (\text{cm})$

(4) △PQR で，三平方の定理より，

$\text{QR}^2 + \text{RP}^2 = \text{PQ}^2$，$\left(\dfrac{2\sqrt{33}}{3}\right)^2 + \text{RP}^2 = 4^2$，

$\text{RP}^2 = 16 - \dfrac{44}{3} = \dfrac{4}{3}$

$\text{RP} > 0$ より，$\text{RP} = \sqrt{\dfrac{4}{3}} = \dfrac{2\sqrt{3}}{3} \ (\text{cm})$

体積について，

（三角錐 RBCD）：（正四面体 ABCD）

$= \text{RP} : \text{AP} = \dfrac{2\sqrt{3}}{3} : 4\sqrt{3} = 1 : 6$

だから，三角錐 RBCD の体積は，正四面体
ABCD の体積の $\dfrac{1}{6}$ 倍である。

8

(1) $18\sqrt{7}$　(2) $\dfrac{3\sqrt{7}}{4}$　(3) $\dfrac{\sqrt{43}}{3}$　(4) $\dfrac{11}{12}$

解説

(1) △ABF で，三平方の定理より，

$\text{AB}^2 = 5^2 - \text{BF}^2 \cdots\cdots①$

△CBF で，三平方の定理より，

$\text{BC}^2 = 5^2 - \text{BF}^2 \cdots\cdots②$

①，②より，$\text{AB}^2 = \text{BC}^2$ だから，$\text{AB} = \text{BC}$
これより，四角形 ABCD は正方形だから，

$\text{AB} : \text{AC} = 1 : \sqrt{2}$，$\text{AB} : 6 = 1 : \sqrt{2}$，

$\text{AB} = 6 \times 1 \div \sqrt{2} = \dfrac{6}{\sqrt{2}} = \dfrac{6\sqrt{2}}{2} = 3\sqrt{2}$

$\text{BC} = \text{AB} = 3\sqrt{2}$

①より，

$(3\sqrt{2})^2 = 5^2 - \text{BF}^2$，$\text{BF}^2 = 25 - 18 = 7$

$\text{BF} > 0$ より，$\text{BF} = \sqrt{7}$

したがって，この直方体の体積は，

$3\sqrt{2} \times 3\sqrt{2} \times \sqrt{7} = 18\sqrt{7}$

(2) 頂点 F から対角線 AC に垂線をひき，AC と
の交点を M とすると，点 M は対角線 AC と
BD の交点で，AC の中点だから，

$\text{AM} = 6 \div 2 = 3 \ (\text{cm})$

△AFM で，三平方の定理より，

$\text{AM}^2 + \text{FM}^2 = \text{AF}^2$，$3^2 + \text{FM}^2 = 5^2$，

$\text{FM}^2 = 25 - 9 = 16$

$\text{FM} > 0$ より，$\text{FM} = \sqrt{16} = 4$

これより，△AFC の面積は，

$\dfrac{1}{2} \times 6 \times 4 = 12$

三角錐 BAFC の体積より，

$\dfrac{1}{3} \times 12 \times \text{BP} = \dfrac{1}{3} \times \dfrac{1}{2} \times (3\sqrt{2})^2 \times \sqrt{7}$，

$4\text{BP} = 3\sqrt{7}$，$\text{BP} = \dfrac{3\sqrt{7}}{4}$

(3) 面 DHFB を考える。

$\text{HF} = \text{DB} = \text{AC} = 6$，$\text{BM} = 6 \div 2 = 3$

だから，
面 DHFB
を図に表
すと，右
のように
なる。

△BHF で，
三平方の定理より，

$\text{BF}^2 + \text{HF}^2 = \text{BH}^2$，$(\sqrt{7})^2 + 6^2 = \text{BH}^2$，

$\text{BH}^2 = 7 + 36 = 43$

$\text{BH} > 0$ より，$\text{BH} = \sqrt{43}$

DB∥HF より，

$\text{BQ} : \text{QH} = \text{BM} : \text{HF} = 3 : 6 = 1 : 2$

$\text{BQ} = \text{BH} \times \dfrac{1}{1+2} = \sqrt{43} \times \dfrac{1}{3} = \dfrac{\sqrt{43}}{3}$

(4) △BPQ で，三平方の定理より，

$\text{BP}^2 + \text{PQ}^2 = \text{BQ}^2$，

$\left(\dfrac{3\sqrt{7}}{4}\right)^2 + \text{PQ}^2 = \left(\dfrac{\sqrt{43}}{3}\right)^2$，

$\text{PQ}^2 = \dfrac{43}{9} - \dfrac{63}{16} = \dfrac{121}{144}$

$\text{PQ} > 0$ より，$\text{PQ} = \sqrt{\dfrac{121}{144}} = \dfrac{11}{12}$

データの活用編

▶ 練習 1

(1)18 人，45％　(2)30 番目から 36 番目

解説

(1)15 分未満の生徒は，3＋5＋10＝18(人)
　　全体に対する割合は，18÷40×100＝45(％)
(2)通学時間が 20 分の生徒は，20 分以上 25 分
　　未満の階級に入る。

▶ 練習 2

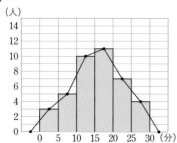

解説

ヒストグラム…階級の幅を底辺，度数を高さと
する長方形を順にかく。
度数折れ線…ヒストグラムで，それぞれ長方形
の上の辺の中点を順に線分で結んだグラフ。た
だし，両端の階級の左右には度数が 0 の階級が
あるものと考えて，線分を横軸までのばす。

▶ 練習 3

(1)(順に)0.18，0.34，0.30，0.14，0.04，1
(2)

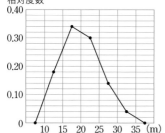

B チームの記録のほうが A チームの記録よ
りも低い。

解説

(1)相対度数＝$\dfrac{その階級の度数}{50}$

(2)B チームのグラフは A チームのグラフと比
　　べて左によっているので，B チームの記録の
　　ほうが A チームの記録よりも低いといえる。

▶ 練習 4

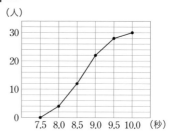

解説

50m 走の記録の
累積度数をヒス
トグラムに表す
と，右の図のよ
うになる。
累積度数折れ線
は，このヒスト
グラムの各長方
形の右上の頂点を順に結んだものである。度数
折れ線のように，各長方形の上の辺の中点を結
ばないように注意する。

▶ 練習 5

ウ

解説

アは最頻値が 20m であることを示している。
イは中央値が 20m 以上であることを示している。

ウから，平均値＝$\dfrac{600}{30}$＝20(m)　よって，平均

値は 20m になるから，常に正しいといえる。
エは中央値が 20m であることを示している。

▶ 練習 6

23m

解説

距離(m) 以上 未満	階級値(m)	度数(人)	階級値×度数
$0 \sim 10$	5	2	10
$10 \sim 20$	15	6	90
$20 \sim 30$	25	7	175
$30 \sim 40$	35	4	140
$40 \sim 50$	45	1	45
合　計		20	460

よって，平均値は，$\dfrac{460}{20}=23$(m)

練習 7

(1) 5　(2) 4 点　(3) 3.5 点

解説

(1) 20 人の生徒の得点を度数分布表に整理すると，右のようになる。

得点(点)	人数(人)
0	1
1	1
2	5
3	3
4	6
5	4
計	20

(2) 最も人数が多いのは 6 人だから，最頻値は 4 点。

(3) 中央値は 10 番目の記録と 11 番目の記録の平均値である。10 番目の記録は 3 点，11 番目の記録は 4 点だから，中央値は 3.5 点である。

練習 8

(1) A 組　(2) A 組…0.20，B 組…0.24

解説

(1) A 組…$4+8+5=17$(人)
　　B 組…$3+6+7=16$(人)
(2) 2 番目に度数が多い階級の度数は，A 組が 5 人，B 組が 6 人だから，相対度数は，
　　A 組…$\dfrac{5}{25}=0.20$，B 組…$\dfrac{6}{25}=0.24$

練習 9

ウ

解説

平均値は，

$$\dfrac{0\times2+1\times3+2\times6+3\times4+4\times7+5\times3}{25}$$

$$=\dfrac{0+3+12+12+28+15}{25}=\dfrac{70}{25}=2.8\,(冊)$$

最頻値は，度数が最も多い 7 人の冊数で 4 冊。
中央値は，13 番目の冊数で 3 冊。
範囲は，$5-0=5$(冊)

練習 10

(1) 第 1 四分位数…49.5 点，
　　第 2 四分位数…63 点，
　　第 3 四分位数…78 点
(2) 28.5 点

解説

(1) データを小さい順に並べると，

小さいほうの半分		大きいほうの半分
38 42 47｜52 56 60	63	68 71 76｜80 84 89

第 1 四分位数　第 2 四分位数　第 3 四分位数

第 1 四分位数は，$\dfrac{47+52}{2}=49.5$(点)

第 3 四分位数は，$\dfrac{76+80}{2}=78$(点)

(2) 四分位範囲＝第 3 四分位数－第 1 四分位数
　　だから，$78-49.5=28.5$(点)

練習 11

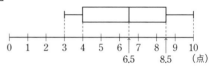

解説

データを小さい順に並べると，

小さいほうの半分	大きいほうの半分
3　4　4｜4　5　6	7　7　8｜9　9　10

第 1 四分位数　第 2 四分位数　第 3 四分位数

最小値は 3 点，最大値は 10 点，中央値は 6.5 点，
第 1 四分位数は 4 点，第 3 四分位数は 8.5 点。

練習 12

(1) ⑦　(2) ⑦

解説

ヒストグラムが山の形になる分布では，(1)のように，山が低い分布ほど箱ひげ図の箱は長くなり，(2)のように，山が高い分布ほど箱ひげ図の箱は短くなる。

1

平均値…×，中央値…○，最頻値…○

解説

資料 A について，
平均値は，

$$\frac{23+23+24+25+25+25+25+26+26+27}{10}$$

$$=\frac{249}{10}=24.9(\text{cm})$$

中央値は 25cm，最頻値は 25cm
資料 B について，データを小さい順に並べると，
23 23 24 25 25 25 25 26 26 26 27 27 27
平均値は，

$$\frac{249+26+27+27}{13}=\frac{329}{13}=25.3\cdots(\text{cm})$$

中央値は 25cm，最頻値は 25cm

2

(1) 4 冊　(2) 0.2
(3) 人数の合計は 30 人だから，
$1+5+x+y+7+3=30$，$x+y=14\cdots\cdots$①
平均値は 2.8 冊だから，

$$\frac{0\times1+1\times5+2\times x+3\times y+4\times7+5\times3}{30}=2.8$$

$2x+3y=36\cdots\cdots$②
①，②より，$x=6$，$y=8$

解説

(1) 1 年生で，最も度数が多いのは 8 人の 4 冊。
(2) 1 年生で，5 冊借りた生徒は 7 人だから，相対度数は，$\frac{7}{35}=0.2$

3

(1) ア 9　イ 21　ウ 30　エ 36　オ 40
(2)

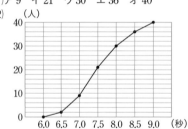

解説

(1) 各階級の累積度数は，最初の階級から求める階級までの度数を合計する。

4

(1) ア，エ　(2) 6 分 50 秒

解説

(1) ア　1 組の記録は 7 分以上 12 分未満の範囲にあり，2 組の記録は 6 分以上 14 分未満の範囲にある。
イ　11 分以上 12 分未満の階級の相対度数は，
1 組は $\frac{2}{16}=0.125$，2 組は $\frac{2}{15}=0.133\cdots$
ウ　1 組のヒストグラムの形は左右対称な山型になっているので，平均値，中央値，最頻値の 3 つの値がほぼ同じ値になる。
エ　中央値が含まれる階級は，1 組も 2 組も 9 分以上 10 分未満の階級である。
オ　最頻値は，1 組が 9.5 分，2 組は 10.5 分である。
(2) ヒストグラムから，記録が 8 分未満の選手は 1 組が 2 人，2 組が 4 人だから，上位 6 人の選手は，1 組が 2 人，2 組が 4 人になる。
1 組 2 人の記録の平均値は 7 分 10 秒 =430 秒，
2 組 4 人の記録の平均値は 6 分 40 秒 =400 秒だから，6 人の記録の平均値は，

$$\frac{430\times2+400\times4}{6}=\frac{2460}{6}=410(\text{秒})$$

よって，410 秒 =6 分 50 秒

5

(1)

	最小値	第 1 四分位数	第 2 四分位数	第 3 四分位数	最大値
	10	14	16.5	20	25

(2)

解説

(1) データを小さい順に並べると，

小さいほうの半分

10	12	13	14	14	15	16	16
17	18	18	19	21	22	24	25

大きいほうの半分

最小値は 10m，最大値は 25m

第2四分位数は，$\dfrac{16+17}{2}=16.5$(m)

第1四分位数は，14m

第3四分位数は，$\dfrac{19+21}{2}=20$(m)

第2章　確　率　本冊 p.494〜503

▶練習 13

(1)ア 0.144　イ 0.158　ウ 0.163　エ 0.166
(2) 0.166

解説

(1)ア…$\dfrac{72}{500}=0.144$，　イ…$\dfrac{158}{1000}=0.158$

　ウ…$\dfrac{245}{1500}=0.1633\cdots\to0.163$

　エ…$\dfrac{331}{2000}=0.1655\to0.166$

(2)実験回数が増えていくと，相対度数は 0.166
　に近づいていくと考えられる。

▶練習 14

(1)$\dfrac{1}{16}$　(2)$\dfrac{3}{8}$　(3)$\dfrac{15}{16}$

解説

4枚の硬貨を A，B，C，D とすると，下の樹
形図より，4枚の硬貨の表裏の出方は，全部で
16 通り。

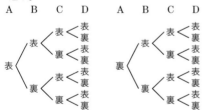

(1)4枚とも表が出る場合は1通りだから，求め
　る確率は，$\dfrac{1}{16}$

(2)2枚は表，2枚は裏が出る場合は6通りだか
　ら，求める確率は，$\dfrac{6}{16}=\dfrac{3}{8}$

(3)$\left(\begin{array}{l}\text{少なくとも1枚}\\ \text{は裏が出る確率}\end{array}\right)=1-\left(\begin{array}{l}\text{4枚とも表が}\\ \text{出る確率}\end{array}\right)$

よって，求める確率は，$1-\dfrac{1}{16}=\dfrac{15}{16}$

▶練習 15

(1)$\dfrac{1}{9}$　(2)$\dfrac{13}{36}$

解説

2つのさいころの目の出
方と2つの数の積は，右
の表のようになる。
また，目の出方は全部で
36 通り。
(1)積が9になるのは
　(3, 3)，18になるのは
　(3, 6)，(6, 3)，36に
　なるのは(6, 6)で4通り。

大＼小	1	2	3	4	5	6
1	1	2	3	4	5	6
2	2	4	6	8	10	12
3	3	6	9	12	15	18
4	4	8	12	16	20	24
5	5	10	15	20	25	30
6	6	12	18	24	30	36

　よって，求める確率は，$\dfrac{4}{36}=\dfrac{1}{9}$

(2)積が 15 以上になるのは 13 通り。
　よって，求める確率は，$\dfrac{13}{36}$

▶練習 16

(1)$\dfrac{2}{9}$　(2)$\dfrac{13}{36}$

解説

(1)$\sqrt{ab}$ が自然数になるのは，
　$ab=1，4，9，16，25，36$ のときである。
　このような目の出方は，(1, 1)，(1, 4)，
　(2, 2)，(4, 1)，(3, 3)，(4, 4)，(5, 5)，
　(6, 6)の 8 通り。

　よって，求める確率は，$\dfrac{8}{36}=\dfrac{2}{9}$

(2)$2a-b$ の値が 2，1，0，−1，−2 のときであ
　る。このような目の出方は，
　$2a-b=2\cdots$(2, 2)，(3, 4)，(4, 6)，
　$2a-b=1\cdots$(1, 1)，(2, 3)，(3, 5)，
　$2a-b=0\cdots$(1, 2)，(2, 4)，(3, 6)，
　$2a-b=-1\cdots$(1, 3)，(2, 5)，
　$2a-b=-2\cdots$(1, 4)，(2, 6)の 13 通り。

　よって，求める確率は，$\dfrac{13}{36}$

▶練習 17

$\dfrac{4}{5}$

解説

赤玉を①，青玉を①，②，白玉を①，②，③とし，2個の玉の取り出し方を樹形図に表すと，次のようになる。

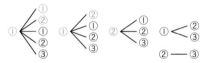

2個の玉の取り出し方は，全部で15通り。
白玉を1個取り出す取り出し方は9通り，白玉を2個取り出す取り出し方は3通りで，合わせて12通り。

よって，求める確率は，$\dfrac{12}{15}=\dfrac{4}{5}$

別解

赤玉または青玉だけを取り出す取り出し方は3通りだから，この確率は，$\dfrac{3}{15}=\dfrac{1}{5}$

よって，求める確率は，$1-\dfrac{1}{5}=\dfrac{4}{5}$

練習 18

$\dfrac{3}{4}$

解説

赤玉を①，②，③，青玉を①，②，緑玉を①とし，2個の玉の取り出し方を樹形図に表すと，次のようになる。

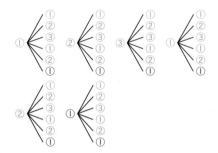

2個の玉の取り出し方は，全部で36通り。
青玉または緑玉だけを取り出す取り出し方は9通りだから，この確率は，$\dfrac{9}{36}=\dfrac{1}{4}$

よって，求める確率は，$1-\dfrac{1}{4}=\dfrac{3}{4}$

練習 19

(1) $\dfrac{1}{3}$ (2) $\dfrac{3}{5}$

解説

(1) 2枚のカードの取り出し方を樹形図に表すと，次のようになる。

$$\boxed{1}\!\!<\!\!\begin{array}{l}\boxed{2}\\\boxed{3}\\\boxed{4}\end{array}\qquad \boxed{2}\!\!<\!\!\begin{array}{l}\boxed{3}\\\boxed{4}\end{array}\qquad \boxed{3}\!\!-\!\!\boxed{4}$$

2枚のカードの取り出し方は，全部で6通り。残っているカードの数の和が取り出したカードの数の和より大きくなるのは，取り出したカードの数の和が4以下のときで，このようなカードの取り出し方は，$\boxed{1}\boxed{2}$，$\boxed{1}\boxed{3}$の2通り。よって，求める確率は，$\dfrac{2}{6}=\dfrac{1}{3}$

(2) 2枚のカードの取り出し方を樹形図に表すと，次のようになる。

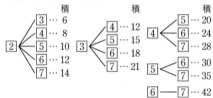

2枚のカードの取り出し方は，全部で15通り。
2枚のカードの数の積が4の倍数にならない取り出し方は，$\boxed{2}\boxed{3}$，$\boxed{2}\boxed{5}$，$\boxed{2}\boxed{7}$，$\boxed{3}\boxed{5}$，$\boxed{3}\boxed{6}$，$\boxed{3}\boxed{7}$，$\boxed{5}\boxed{6}$，$\boxed{5}\boxed{7}$，$\boxed{6}\boxed{7}$の9通り。

よって，求める確率は，$\dfrac{9}{15}=\dfrac{3}{5}$

練習 20

$\dfrac{3}{5}$

解説

AもBもはずれるひき方は12通りだから，AもBもはずれる確率は，$\dfrac{12}{30}=\dfrac{2}{5}$

（少なくともA，Bのどちらかが当たる確率）
＝1－（AもBもはずれる確率）

だから，求める確率は，$1-\dfrac{2}{5}=\dfrac{3}{5}$

練習 21

$\dfrac{1}{3}$

解説

1人だけが勝つというのは，Aだけが勝つ，Bだけが勝つ，Cだけが勝つの3つの場合がある。それぞれの場合が3通りずつあるから，1人だけが勝つ場合は，3×3＝9(通り)

よって，求める確率は，$\dfrac{9}{27}=\dfrac{1}{3}$

練習 22

(1) $\dfrac{1}{6}$　(2) $\dfrac{11}{36}$

解説

(1) 点Pが −1の位置にあるのは，奇数の目と偶数の目がそれぞれ1回ずつ出て，奇数の目の数が偶数の目の数より1小さい場合である。
このような目の出方は，(1, 2)，(2, 1)，(3, 4)，(4, 3)，(5, 6)，(6, 5)の6通り。
よって，求める確率は，$\dfrac{6}{36}=\dfrac{1}{6}$

(2) 点Pと原点0の距離が2以下になるのは，Pが2, 1, 0,−1, −2の位置にあるときである。
Pが2の位置にある目の出方は1通り。
Pが1の位置にある目の出方は4通り。
Pが0の位置にある目の出方は0通り。
Pが −1の位置にある目の出方は6通り。
Pが −2の位置にある目の出方は0通り。
以上から，このような目の出方は11通り。
よって，求める確率は，$\dfrac{11}{36}$

章末問題 本冊 p.504〜505

1

$\dfrac{5}{8}$

解説

3枚の硬貨の表裏の出方を樹形図に表すと，右のようになる。
3枚の硬貨の表裏の出方は，全部で8通り。合計金額が50円以上150円以下になるのは5通り。

100円	50円	10円	合計
表	表	表	160
		裏	150
	裏	表	110
		裏	100
裏	表	表	60
		裏	50
	裏	表	10
		裏	0

よって，求める確率は，$\dfrac{5}{8}$

2

$\dfrac{3}{7}$

解説

赤玉を①，②，③，白玉を①，②，③，④とし，2個の玉の取り出し方を樹形図に表すと，次のようになる。

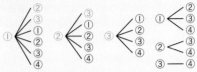

2個の玉の取り出し方は，全部で21通り。
赤玉を2個取り出す取り出し方は3通り，白玉を2個取り出す取り出し方は6通りで，合わせて9通り。

よって，求める確率は，$\dfrac{9}{21}=\dfrac{3}{7}$

3

$\dfrac{5}{12}$

解説

2回のカードの取り出し方を樹形図に表すと，次のようになる。

2枚のカードの取り出し方は，全部で12通り。
2けたの整数が素数になる取り出し方は，⬜1⬜3，⬜2⬜3，⬜3⬜1，⬜4⬜1，⬜4⬜3の5通り。
よって，求める確率は，$\dfrac{5}{12}$

4

(1) $\dfrac{7}{10}$　(2) $\dfrac{3}{10}$

解説

(1) 5枚のカードから2枚のカードのひき方は，全部で10通り。このうち，2つの数の積が偶数になるようなひき方は，⬜1⬜2，⬜1⬜4，⬜2⬜3，⬜2⬜4，⬜2⬜5，⬜3⬜4，⬜4⬜5の7通り。
よって，求める確率は，$\dfrac{7}{10}$

(2) 3枚のカードのひき方を樹形図に表すと，次のようになる。

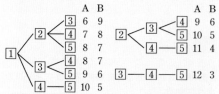

3枚のカードの取り出し方は，全部で 10 通り。
A と B の差が 3 となる 3 枚のカードのひき方は，①②③，①③⑤，②③④ の 3 通り。
よって，求める確率は，$\dfrac{3}{10}$

5

(1) $\dfrac{5}{18}$　(2) $\dfrac{11}{36}$　(3) $\dfrac{1}{9}$

解説

2つのさいころの目の出方は 36 通り。

(1) a と b の和が 5 以下になるのは，右の表の■の 10 通り。
よって，求める確率は，
$\dfrac{10}{36}=\dfrac{5}{18}$

(2) a と b のうち，少なくとも一方が 5 になるのは，右の表の■の 11 通り。
よって，求める確率は，$\dfrac{11}{36}$

(3) $\sqrt{10a+b}$ が整数になるのは，$10a+b$ が平方数 16，25，36，64 になるときである。このような目の出方は，$(a, b)=(1, 6)$，$(2, 5)$，$(3, 6)$，$(6, 4)$ の 4 通り。
よって，求める確率は，$\dfrac{4}{36}=\dfrac{1}{9}$

6

(1) 16 通り　(2) $\dfrac{5}{16}$

解説

(1) 2 回の玉の取り出し方を樹形図に表すと，次のようになる。
2 回の玉の取り出し方は，全部で 16 通り。

(2) △OAP が二等辺三角形になる点 P の座標は，右の図の 5 つの場合がある。
このような玉の取り出し方は，(②，①)，(②，②)，(②，③)，(②，④)，(④，②) の 5 通り。
よって，求める確率は，$\dfrac{5}{16}$

7

$\dfrac{1}{4}$

解説

大きいさいころの目の数を a，小さいさいころの目の数を b とする。
箱 A の中の赤玉は $(10-a)$ 個，白玉は b 個となるから，$10-a>b$，$a+b<10$
箱 B の中の赤玉は a 個，白玉は $(7-b)$ 個となるから，$a>7-b$，$7<a+b$
よって，$7<a+b<10$
このような目の出方は，右の表の■の 9 通りだから，求める確率は，$\dfrac{9}{36}=\dfrac{1}{4}$

8

(1) 8 点　(2) $\dfrac{1}{4}$

解説

(1) 目の積で最も大きい値は，$6×6=36$
目の積が 36 のとき，点 P は A を 7 回通りすぎ，8 回目でちょうど A に到達する。

(2) 2 つのさいころの目の出方は 36 通り。
目の積が 6 のとき，点 P は A に 2 回目の到達をし，11 のときに 3 回目の到達をする。
よって，得点が 2 点になるのは，目の積が 6 以上 10 以下のときである。
このような目の出方は，右の表の■の 9 通り。
よって，求める確率は，
$\dfrac{9}{36}=\dfrac{1}{4}$

練習 23

(1)標本調査　(2)標本調査　(3)標本調査
(4)全数調査

解説

(1)全数調査を行うと，多くの手間や時間，費用がかかる。
(2)(3)すべての製品を調べると，売る製品がなくなってしまう。
(4)国勢調査はすべての世帯について行う調査である。

練習 24

およそ 350 人

解説

標本におけるボランティア活動に参加したことがある生徒の割合は，$\dfrac{25}{40}=\dfrac{5}{8}$
よって，全校生徒のうち，ボランティア活動に参加したことがある生徒は，$560\times\dfrac{5}{8}=350$（人）

練習 25

およそ 23.8m

解説

標本における記録の平均値は，
$(20+18+25+28+21+27+34+20+32+16$
$+28+14+24+18+25+23+35+17+20+30)$
$\div20=475\div20=23.75$（m）
よって，全員の記録の平均値は，およそ 23.8m

練習 26

およそ 170 匹

解説

数日後に捕まえた 45 匹のコイについて，印のついたコイの割合は，$15:45=1:3$
池にいるコイの数を x 匹とする。
池全体における印のついたコイの割合は，数日後に捕まえた 45 匹のコイにおける印のついたコイの割合に等しいと考えられるから，
$56:x=1:3$，$x=168$

章末問題　本冊 p.511

1

(1)ウ　(2)およそ 420 人

解説

(2)標本における家の手伝いをした生徒の割合は，
$\dfrac{32}{40}=\dfrac{4}{5}$　よって，全校生徒 525 人で家の手伝いをした生徒の人数は，$525\times\dfrac{4}{5}=420$（人）

2

およそ 450 個

解説

標本における赤玉の割合は，$\dfrac{18}{30}=\dfrac{3}{5}$　よって，
袋の中の赤玉の個数は，$750\times\dfrac{3}{5}=450$（個）

3

およそ 60000 個

解説

無作為に選んだ 10 ページを標本とする。
標本について，1 ページにのっている見出し語の数の平均値は，
$\dfrac{50+59+41+45+55+49+51+53+47+50}{10}$
$=\dfrac{500}{10}=50$（個）
よって，1 ページに 50 個の見出し語がのっていると考えられるから，1200 ページにのっている見出し語の総数は，$50\times1200=60000$（個）

4

およそ 1600 個

解説

標本として取り出した 80 個のクリップにおいて，印のついたクリップの割合は，$6:80=3:40$
箱の中のクリップの数を x 個とする。
箱の中のクリップにおける印のついたクリップの割合は，標本における印のついたクリップの割合に等しいと考えられるから，
$120:x=3:40$，$120\times40=x\times3$，$x=1600$

総合問題・
入試問題編

数と式編 本冊 p.524〜525

1

(1) $-\dfrac{8}{9}$ (2) $-\dfrac{9}{2}$ (3) -3 (4) 2

解説

(1) $-\dfrac{1}{3}\div\left(-\dfrac{3}{2}\right)^3\times(-3^2)=-\dfrac{1}{3}\div\left(-\dfrac{27}{8}\right)\times(-9)$

$=-\left(\dfrac{1}{3}\times\dfrac{8}{27}\times9\right)=-\dfrac{8}{9}$

(2) $-2^2+\dfrac{3}{4}\div\left(-\dfrac{1}{2}\right)\times\dfrac{1}{3}=-4+\dfrac{3}{4}\times(-2)\times\dfrac{1}{3}$

$=-4+\left(-\dfrac{1}{2}\right)=-\dfrac{8}{2}-\dfrac{1}{2}=-\dfrac{9}{2}$

(3) $\dfrac{\sqrt{32}-4\sqrt{5}}{\sqrt{2}}-(\sqrt{2}-\sqrt{5})^2$

$=\dfrac{(4\sqrt{2}-4\sqrt{5})\times\sqrt{2}}{\sqrt{2}\times\sqrt{2}}-(2-2\sqrt{10}+5)$

$=\dfrac{8-4\sqrt{10}}{2}-(7-2\sqrt{10})$

$=4-2\sqrt{10}-7+2\sqrt{10}=-3$

(4) $(\sqrt{5}-\sqrt{2}+1)(\sqrt{5}+\sqrt{2}+1)(\sqrt{5}-2)$

$=\{(\sqrt{5}+1)-\sqrt{2}\}\{(\sqrt{5}+1)+\sqrt{2}\}(\sqrt{5}-2)$

$=\{(\sqrt{5}+1)^2-(\sqrt{2})^2\}(\sqrt{5}-2)$

$=\{(5+2\sqrt{5}+1)-2\}(\sqrt{5}-2)$

$=2(\sqrt{5}+2)(\sqrt{5}-2)=2(5-4)=2$

2

(1) $7a-12b+4$ (2) $5a-6$ (3) $x+3y+1$

(4) $\dfrac{3}{4y}$

解説

(1) $(5a+3)-(6b-1)+2(a-3b)$

$=5a+3-6b+1+2a-6b=7a-12b+4$

(2) $(a+2)(a-1)-(a-2)^2$

$=a^2+a-2-(a^2-4a+4)$

$=a^2+a-2-a^2+4a-4=5a-6$

(3) $\dfrac{5x-3}{3}-\dfrac{4x-9y}{6}+\dfrac{3y+4}{2}$

$=\dfrac{2(5x-3)-(4x-9y)+3(3y+4)}{6}$

$=\dfrac{10x-6-4x+9y+9y+12}{6}=\dfrac{6x+18y+6}{6}$

$=x+3y+1$

(4) $-\dfrac{x^3}{18}\times(-2y)^2\div\left(-\dfrac{2}{3}xy\right)^3$

$=-\dfrac{x^3}{18}\times4y^2\div\left(-\dfrac{8}{27}x^3y^3\right)$

$=+\left(\dfrac{x^3}{18}\times4y^2\times\dfrac{27}{8x^3y^3}\right)=\dfrac{3}{4y}$

3

(1) $(a+b+c)(a-b-c)$

(2) $(x-1)^2(x+3)(x-5)$

解説

(1) $a^2-b^2-c^2-2bc=a^2-(b^2+2bc+c^2)$

$=a^2-(b+c)^2=\{a+(b+c)\}\{a-(b+c)\}$

$=(a+b+c)(a-b-c)$

(2) $(x^2-2x)(x^2-2x-14)-15$

$=(x^2-2x)^2-14(x^2-2x)-15$

$=\{(x^2-2x)+1\}\{(x^2-2x)-15\}$

$=(x^2-2x+1)(x^2-2x-15)$

$=(x-1)^2(x+3)(x-5)$

4

(1) 7 (2) 54

解説

(1) $3<\sqrt{11}<4$ だから，$a=\sqrt{11}-3$

$a^2+6a+5=(a^2+6a+9)-9+5=(a+3)^2-4$

この式に $a=\sqrt{11}-3$ を代入して，

$(\sqrt{11}-3+3)^2-4=(\sqrt{11})^2-4=11-4=7$

(2) $x+y=(3\sqrt{2}-2\sqrt{3})+(3\sqrt{2}+2\sqrt{3})=6\sqrt{2}$

$xy=(3\sqrt{2}-2\sqrt{3})(3\sqrt{2}+2\sqrt{3})$

$=(3\sqrt{2})^2-(2\sqrt{3})^2=18-12=6$

$x^2-xy+y^2=(x^2+2xy+y^2)-2xy-xy$

$=(x+y)^2-3xy$

この式に $x+y=6\sqrt{2}$，$xy=6$ を代入して，

$(6\sqrt{2})^2-3\times6=72-18=54$

5

N＝15

解説

不等式の各辺を2乗すると，

$N^2 \leq (\sqrt{n})^2 < (N+1)^2$, $N^2 \leq n < N^2+2N+1$
N^2, N^2+2N+1 は自然数だから, N^2 以上
N^2+2N+1 未満の自然数が 31 個ある。
よって, $N^2+2N+1-N^2=31$, $2N+1=31$,
$2N=30$, $N=15$

6

9

解説

(わられる数)＝(わる数)×(商)＋(余り)より,
整数 x を 12 でわったときの商を a とすると,
$x=12a+3$ と表せる。
x を 2019 倍した整数は $2019x$ だから,
$2019x=2019(12a+3)=2019a\times12+504\times12+9$
$=12(2019a+504)+9$
よって, $12(2019a+504)$ は 12 でわり切れるから, $12(2019a+504)+9$ は 12 でわると 9 余る。

7

(1)灰色のタイル…13 個, 白色のタイル…12 個
(2)①灰色のタイル…$(2k^2-2k+1)$ 個,
　　白色のタイル…$(2k^2-2k)$ 個
　②灰色のタイル…$2k^2$ 個,
　　白色のタイル…$2k^2$ 個
(3) 21 番目

解説

(1)5 番目の正方形は, 右の図のようになる。
(2)①$(2k-1)$ 番目の正方形は, 縦に $(2k-1)$ 個, 横に $(2k-1)$ 個のタイルが並ぶから, タイルの数は全部で $(2k-1)^2$ 個。
また, 灰色のタイルは白色のタイルより 1 個多いから, 灰色のタイルは,
$\{(2k-1)^2+1\}\div2=(4k^2-4k+2)\div2$
$=2k^2-2k+1$(個)
白色のタイルは, $(2k-1)^2-(2k^2-2k+1)$
$=4k^2-4k+1-2k^2+2k-1=2k^2-2k$(個)
②$2k$ 番目の正方形は, 縦に $2k$ 個, 横に $2k$ 個のタイルが並ぶから, タイルの数は全部で $(2k)^2$ 個。
また, 灰色のタイルの数と白色のタイルの数は同じだから, 灰色と白色のタイルの数は,
$(2k)^2\div2=4k^2\div2=2k^2$(個)
(3)灰色のタイルの数は奇数個だから, 白色のタイルの数は, (灰色のタイルの数)－1(個)

使われている。
灰色のタイルは 221 個だから, 白色のタイルは, $221-1=220$(個)
よって, この正方形のタイルの数は,
$221+220=441=21^2$(個)
したがって, 21 番目の正方形。

8

(1)白い点の個数…35 個, 黒い点の個数…30 個
(2)$m=51$, 黒い点の個数…7550 個

解説

(1)$m=4$ のとき, 白い点と黒い点は右の図のようになる。
長方形 OABC の周上の白い点の個数は, 長方形 OABC の周の長さと等しいから,
$(4+4\times3)\times2=16\times2=32$(個)
対角線 AC 上(点 A, C 上は含まない)の白い点の個数は 3 個。
よって, 白い点の個数は,
$32+3=35$(個)

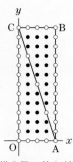

黒い点の個数は, 縦 13 個, 横 5 個に並んだ全部の点の個数から白い点の個数をひくと考えて, $13\times5-35=30$(個)
(2)長方形 OABC の周上の白い点の個数を m を用いて表すと,
$(m+3m)\times2=4m\times2=8m$(個)
対角線 AC 上(点 A, C 上は含まない)の白い点の個数を m を用いて表すと, $m-1$(個)
これより, 白い点の個数は,
$8m+(m-1)=9m-1$(個)
これが 458 個になるから,
$9m-1=458$, $9m=459$, $m=51$
$m=51$ のとき, 点は,
縦 $51\times3+1=154$(個), 横 $51+1=52$(個)
並んでいるから点の個数は, 全部で,
$154\times52=8008$(個)
よって, 黒い点の個数は,
$8008-458=7550$(個)

方程式編 本冊 p.526〜527

1

(1)$x=-4$　(2)$x=\dfrac{-1\pm\sqrt{3}}{2}$

(3)$x=2\sqrt{2}$, $y=-\sqrt{2}$　(4)$x=\dfrac{5}{2}$, $y=-\dfrac{5}{8}$

(1) $\dfrac{x-6}{8}-0.75=\dfrac{1}{2}x$, $\dfrac{x-6}{8}-\dfrac{3}{4}=\dfrac{1}{2}x$,

$\left(\dfrac{x-6}{8}-\dfrac{3}{4}\right)\times 8=\dfrac{1}{2}x\times 8$, $x-6-6=4x$,

$-3x=12$, $x=-4$

(2) $x(x-1)+(x+1)(x+2)=3$,

$x^2-x+x^2+3x+2=3$, $2x^2+2x-1=0$

解の公式より,

$x=\dfrac{-1\pm\sqrt{1^2-2\times(-1)}}{2}=\dfrac{-1\pm\sqrt{3}}{2}$

(3) $\begin{cases} x+y=\sqrt{2} & \cdots\cdots① \\ 3x-2y=8\sqrt{2} & \cdots\cdots② \end{cases}$

①×2　　　$2x+2y=2\sqrt{2}$

②　　　$+)\ 3x-2y=8\sqrt{2}$

　　　　　　$5x\qquad =10\sqrt{2}$

　　　　　　　　$x=2\sqrt{2}$

①に $x=2\sqrt{2}$ を代入して,

$2\sqrt{2}+y=\sqrt{2}$, $y=\sqrt{2}-2\sqrt{2}=-\sqrt{2}$

(4) $\begin{cases} 0.3(x-1)+0.4y=\dfrac{1}{5} & \cdots\cdots① \\ \dfrac{x}{4}-\dfrac{y}{3}=\dfrac{5}{6} & \cdots\cdots② \end{cases}$

①×10 より, $3(x-1)+4y=2$,

$3x+4y=5$　　　　　　　$\cdots\cdots③$

②×12 より, $3x-4y=10$　$\cdots\cdots④$

③　　　$3x+4y=5$

④　$+)\ 3x-4y=10$

　　　　$6x\quad =15$

　　　　　$x=\dfrac{5}{2}$

③に $x=\dfrac{5}{2}$ を代入して,

$3\times\dfrac{5}{2}+4y=5$, $4y=-\dfrac{5}{2}$, $y=-\dfrac{5}{8}$

2

(1) $a=8$, $b=2$　(2) 56

(1) $x=-3$ は $x^2+ax+15=0$ の解の1つだから,

$(-3)^2+a\times(-3)+15=0$, $9-3a+15=0$,

$-3a=-24$, $a=8$

よって, 2次方程式は, $x^2+8x+15=0$

この2次方程式を解くと,

$(x+3)(x+5)=0$, $x=-3$, $x=-5$

よって, 2次方程式のもう1つの解は $x=-5$

したがって, $x=-5$ は $2x+8+b=0$ の解だ

から, $2\times(-5)+8+b=0$, $-10+8+b=0$,

$b=2$

(2) A, B は $x^2-6x-5=0$ の解だから,

$A^2-6A-5=0$ より, $A^2=6A+5$

$B^2-6B-5=0$ より, $B^2=6B+5$

これより,

$2(A^2+B^2)-6(A+B)$

$=2(6A+5+6B+5)-6(A+B)$

$=12(A+B)+20-6(A+B)$

$=6(A+B)+20$

ここで, $x^2-6x-5=0$ を解く。

解の公式より,

$x=-(-3)\pm\sqrt{(-3)^2-1\times(-5)}$

　$=3\pm\sqrt{9+5}=3\pm\sqrt{14}$

よって, $A+B=3+\sqrt{14}+3-\sqrt{14}=6$

したがって, $6(A+B)+20=6\times 6+20=56$

3

18L

水そう A から水そう B に移す水の量を xL とす

ると, 水を移したあとの A の水の量は $(42-x)$L,

B の水の量は $(42+x)$L と表せるから,

$(42-x):(42+x)=2:5$

これを解くと,

$5(42-x)=2(42+x)$,　$\leftarrow a:b=c:d$ ならば $ad=bc$

$210-5x=84+2x$, $-7x=-126$, $x=18$

4

(1) 1340　(2) $x=27$, $y=12$

(1) $(2019-9)\times\dfrac{2}{3}=2010\times\dfrac{2}{3}=1340$

(2) ある数 x をアにあてはめたときウの数 y は,

$y=(x-9)\times\dfrac{2}{3}=\dfrac{2}{3}(x-9)$　　$\cdots\cdots①$

$\dfrac{2}{3}(x-9)$ をアにあてはめると 2 になるから,

$\left\{\dfrac{2}{3}(x-9)-9\right\}\times\dfrac{2}{3}=2$

これを解くと,

$\left(\dfrac{2}{3}x-6-9\right)\times\dfrac{2}{3}=2$, $\left(\dfrac{2}{3}x-15\right)\times\dfrac{2}{3}=2$,

$\dfrac{4}{9}x-10=2$, $\dfrac{4}{9}x=12$, $x=27$

①に $x=27$ を代入して,

$y=\dfrac{2}{3}(27-9)=\dfrac{2}{3}\times 18=12$

5

(1)ア $3a$　イ $4a$　ウ $3b$

(2)方程式 $\begin{cases} x+y=-2 \\ x-y=-10 \end{cases}$　$x=-6$, $y=4$

解説

(1) 9つのますに入っている数の和は、3列の数の和だから、ア$=a\times3=3a$

イは4列の数の和だから、イ$=a\times4=4a$

4列の数の和では、中央のますに入っている数を4つたしているから、

（9つのますの数の和）
$=$（4列の数の和）$-$（中央のますの数）$\times3$

より、ア$=4a-3b$ と表される。

(2)右のように、中央の数を b、左上の数を c とする。

c	x	y
6	b	
-8	2	

$x+b+2=y+b-8$ より、

$x-y=-10$　……①

$c+x+y=c+6-8$ より、

$x+y=-2$　……②

①＋②より、$2x=-12$, $x=-6$

②に $x=-6$ を代入して、

$-6+y=-2$, $y=-2+6=4$

6

(1) 12　(2)① 13　② 30　(3) 5

解説

(1)縦の長さは $(x+2)$cm、横の長さは $(y+2)$cm と表せるから、$(x+2)(y+2)-xy=28$

これを整理すると、

$xy+2x+2y+4-xy=28$, $2x+2y=24$,

$x+y=12$

すなわち、$y=12-x$

(2)横の長さは、

$y+3=(12-x)+3=-x+15$(cm)

よって、できる長方形の面積は、

$(x+2)(-x+15)=-x^2+15x-2x+30$

$=-x^2+13x+30$

(3)(2)で求めた長方形の面積はもとの長方形の面積の2倍だから、$-x^2+13x+30=2x(12-x)$

これを整理して解くと、

$-x^2+13x+30=24x-2x^2$, $x^2-11x+30=0$,

$(x-5)(x-6)=0$, $x=5$, $x=6$

$x=5$ のとき $y=12-5=7$

これは $x<y$ を満たすから問題に適する。

$x=6$ のとき $y=12-6=6$

これは $x<y$ を満たさないから問題に適さない。

関数編 本冊 p.528〜530

1

(1) $\dfrac{1}{2} \leqq y \leqq 3$　(2) $a=-4$　(3) $a=-\dfrac{1}{2}$, $b=\dfrac{3}{2}$

(4) $a=3$, $b=0$　(5) $a=3$, $b=24$

(6) $k=\dfrac{-1\pm\sqrt{13}}{2}$

解説

(1)関数 $y=\dfrac{a^2}{x}$ は $a^2>0$ より、$x>0$ の範囲で、x の値が増加すると、y の値は減少する。

よって、$x=1$ のとき y は最大値9をとるから、

$9=\dfrac{a^2}{1}$, $a^2=9$, $a=\pm3$　$a>0$ より、$a=3$

関数 $y=\dfrac{3}{x}$ のグラフは、右の図のようになるから、x の変域が $1\leqq x\leqq6$ のとき y の変域は $\dfrac{1}{2}\leqq y\leqq3$

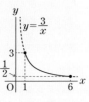

(2) 2直線 ℓ, m の式より、$3x+10=-\dfrac{1}{2}x+3$,

$\dfrac{7}{2}x=-7$, $x=-2$

直線 ℓ の式に $x=-2$ を代入して、

$y=3\times(-2)+10=4$

よって、2直線 ℓ, m の交点は点$(-2, 4)$

直線 $n:y-ax-4$ は点$(-2, 4)$を通るから、

$4=a\times(-2)-4$, $2a=-8$, $a=-4$

(3) 1次関数 $y=ax+b$ は $a<0$ より、x の値が増加すると、y の値は減少する。

これより、

$x=1$ のとき y は最大値1をとるから、

$a+b=1$　……①

$x=3$ のとき y は最小値0をとるから、

$3a+b=0$　……②

①、②を連立方程式として解くと、

$a=-\dfrac{1}{2}$, $b=\dfrac{3}{2}$

(4)関数 $y=2x^2$ $(-2\leqq x\leqq a)$ のグラフは、右の図の実線部分になる。

$x=a$ のとき y は最大値18をとるから、

$18=2a^2$, $a^2=9$, $a=\pm3$

$a>-2$ より、$a=3$

このとき、y の変域は $0\leqq y\leqq18$ だから、$b=0$

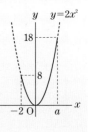

(5) $a>0$ だから，$x>0$，$y>0$

よって，関数 $y=\dfrac{b}{x}$ は $x>0$ の範囲で $y>0$

だから，比例定数は正。すなわち，$b>0$

これより，関数 $y=\dfrac{b}{x}$

のグラフは，右の図の
ようになる。

$x=a$ のとき y は最大

値 $a+5$ をとるから，

$a+5=\dfrac{b}{a}$，$a^2+5a=b$ ……①

$x=a+3$ のとき y は最小値 $a+1$ をとるから，

$a+1=\dfrac{b}{a+3}$，$a^2+4a+3=b$ ……②

①，②より，b を消去すると，

$a^2+5a=a^2+4a+3$，$a=3$

よって，関数 $y=\dfrac{b}{x}$ は，$x=3$ のとき

$y=3+5=8$ をとるから，$8=\dfrac{b}{3}$，$b=24$

(6) 関数 $y=\dfrac{1}{2}x^2$ で，x の値が k から $k+2$ まで
増加するとき，

x の増加量は，$(k+2)-k=2$

y の増加量は，$\dfrac{1}{2}(k+2)^2-\dfrac{1}{2}k^2=2k+2$

よって，変化の割合は，$\dfrac{2k+2}{2}=k+1$

したがって，$k+1=k^2+2k-2$，$k^2+k-3=0$

解の公式より，

$k=\dfrac{-1\pm\sqrt{1^2-4\times1\times(-3)}}{2\times1}=\dfrac{-1\pm\sqrt{1+12}}{2}$

$=\dfrac{-1\pm\sqrt{13}}{2}$

2

(1) 13　(2) $y=\dfrac{7}{4}x$

解説

(1) 点 A は①のグラフ上の点だから，その y 座標

は，$y=\dfrac{12}{5}\times5=12$

直角三角形 OAB で，三平方の定理より，

$OA=\sqrt{5^2+12^2}=\sqrt{169}=13$

(2) △ADC と △ABO において，2 組の角がそれ
ぞれ等しいから，△ADC∽△ABO

よって，$AC:AO=AD:AB$，

$AC:13=3:12$，← AB は点 A の y 座標だから，

$12AC=13\times3$，　AB=12　(1)より，AO=13

$AC=\dfrac{13\times3}{12}=\dfrac{13}{4}$

よって，$CB=12-\dfrac{13}{4}=\dfrac{35}{4}$

だから，$C\left(5,\ \dfrac{35}{4}\right)$

2 点 O，C を通る直線の
式を $y=ax$ とおくと，

$\dfrac{35}{4}=a\times5$，$a=\dfrac{7}{4}$

したがって，直線 OC の式は，$y=\dfrac{7}{4}x$

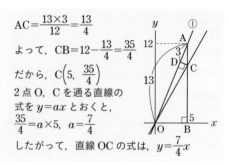

3

(1) $y=\dfrac{3}{5}x^2$　(2) 40m/s　(3) $25\sqrt{2}$ m/s

解説

(1) Ⅰ より，$y=ax^2$ とおける。

Ⅱ より，x の値が 10 から 15 まで増加すると
き，y の値は 75 増加するから，

$a\times15^2-a\times10^2=75$，$125a=75$，$a=\dfrac{3}{5}$

よって，式は，$y=\dfrac{3}{5}x^2$

(2) $y=\dfrac{3}{5}x^2$ に $y=960$ を代入すると，

$960=\dfrac{3}{5}x^2$，$x^2=1600$，$x=\pm40$

$x>0$ だから，$x=40$(m/s)

(3) y は x に比例すると考えると，$y=bx$ とおけ
る。Ⅱ より，$b\times15-b\times10=75$，$b=15$

よって，このときの式は，$y=15x$

$y=15x$ に $x=50$ を代入すると，

$y=15\times50=750$

風圧力 750N/m² に耐えられる実際の風速は，

$750=\dfrac{3}{5}x^2$，$x^2=1250$，$x=\pm\sqrt{1250}=\pm25\sqrt{2}$

$x>0$ だから，$x=25\sqrt{2}$ (m/s)

4

(1) OA=40m，OB=30m
(2) ① 32m　② 270m²

解説

(1) O から C までの距離の合計は 180m だから，

$3OA+2OB=180$　……㋐

C から D までの距離の合計は 130m だから，

$OA+3OB=130$　……㋑

㋐，㋑を連立方程式として解くと，

OA=40，OB=30

(2) O を原点，OA を x 軸，OB を y 軸の座標平面と考える。

(1)より，x 軸の1目もりは 40m，y 軸の1目もりは 30m になる。

①点 D(160, 150) だから，直線 OD の傾きは，

$$\frac{150-0}{160-0}=\frac{15}{16}$$

よって，直線 OD の式は，$y=\frac{15}{16}x$

点 E の x 座標は，

$y=\frac{15}{16}x$ に $y=30$ を代入して，

$30=\frac{15}{16}x,\ x=30\times\frac{16}{15}=32$

よって，BE=32m

②右の図のように，直線 OD と $y=90$，$x=120$ の交点を F，G，$y=90$，$x=120$ の交点を H とする。

点 F の x 座標は，

$90=\frac{15}{16}x,\ x=90\times\frac{16}{15}=96$

よって，FH=120−96=24

点 G の y 座標は，$y=\frac{15}{16}\times120=\frac{225}{2}$

よって，GH=$\frac{225}{2}-90=\frac{45}{2}$

したがって，$\triangle$FGH=$\frac{1}{2}\times24\times\frac{45}{2}=270\,(\text{m}^2)$

5

(1) A$\left(\frac{\sqrt{3}}{2},\ \frac{1}{2}\right)$　(2) $a=\frac{2}{3}$　(3) $y=\sqrt{3}\,x-1$

(4) 3π

解説

(1)点 A から y 軸へ垂線をひき，y 軸との交点を H とする。

$\triangle$COA は AC=OC=1，$\angle$OCA=60° だから，正三角形である。

3つの角が 30°，60°，90° の直角三角形の3辺の比より，OH=$\frac{1}{2}$，AH=$\frac{\sqrt{3}}{2}$

よって，A$\left(\frac{\sqrt{3}}{2},\ \frac{1}{2}\right)$

(2)関数 $y=ax^2$ のグラフは点 A を通るから，

$$\frac{1}{2}=a\times\left(\frac{\sqrt{3}}{2}\right)^2,\ \frac{1}{2}=\frac{3}{4}a,\ a=\frac{2}{3}$$

(3)直線 ℓ と y 軸との交点を B とする。

$\angle$CAB=90° だから，直角三角形 CBA で，

AC：BC=1：2，

1：BC=1：2，

BC=2

これより，OB=2−1=1

だから，B(0，−1)

よって，直線 ℓ の式は，$y=bx-1$ とおける。

直線 ℓ は点 A を通るから，

$\frac{1}{2}=b\times\frac{\sqrt{3}}{2}-1,\ \frac{\sqrt{3}}{2}b=\frac{3}{2},\ b=\sqrt{3}$

よって，直線 ℓ の式は，$y=\sqrt{3}\,x-1$

(4)点 A は点 C を中心として半径1の円をえがく。

また，点 B は点 C を中心として半径2の円をえがく。

よって，線分 AB が通過する部分は，右の図の色のついた部分になる。

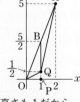

この部分の面積は，

$\pi\times2^2-\pi\times1^2=4\pi-\pi=3\pi$

6

(1) Q$\left(1,\ \frac{1}{2}\right)$　(2) $\triangle$QOA=2　(3) $t=5+\sqrt{5}$

解説

(1)2秒後の点 Q の x 座標は，$\frac{1}{2}\times2=1$

y 座標は，$\frac{1}{2}\times1^2=\frac{1}{2}$ だから，Q$\left(1,\ \frac{1}{2}\right)$

(2)直線 OA の式は，$y=\frac{5}{2}x$

点 Q から y 軸に平行な直線をひき，OA との交点を B とすると，B$\left(1,\ \frac{5}{2}\right)$

よって，BQ=$\frac{5}{2}-\frac{1}{2}=2$

$\triangle$OBQ と $\triangle$ABQ で，底辺を BQ とみると，どちらの高さも1だから，

$\triangle$QOA=$\triangle$OBQ+$\triangle$ABQ

$=\frac{1}{2}\times2\times1+\frac{1}{2}\times2\times1=2$

(3) t 秒後の点 Q の x 座標は，$\dfrac{1}{2} \times t = \dfrac{1}{2}t$

y 座標は，$\dfrac{1}{2} \times \left(\dfrac{1}{2}t\right)^2 = \dfrac{1}{8}t^2$ だから，

Q$\left(\dfrac{1}{2}t,\ \dfrac{1}{8}t^2\right)$ と表せる。

ここで，直線 OQ の傾きは，$\dfrac{1}{8}t^2 \div \dfrac{1}{2}t = \dfrac{1}{4}t$

だから，直線 OQ の
式は，$y = \dfrac{1}{4}tx$

点 A から y 軸に平行
な直線をひき，OQ と
の交点を C とすると，

C$\left(2,\ \dfrac{1}{2}t\right)$

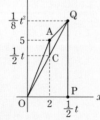

よって，AC $= 5 - \dfrac{1}{2}t$

$\triangle$QOA $= \triangle$OAC $+ \triangle$QAC

$= \dfrac{1}{2} \times \left(5 - \dfrac{1}{2}t\right) \times 2 + \dfrac{1}{2} \times \left(5 - \dfrac{1}{2}t\right) \times \left(\dfrac{1}{2}t - 2\right)$

$= \dfrac{1}{2}\left(5 - \dfrac{1}{2}t\right) \times \dfrac{1}{2}t = -\dfrac{1}{8}t^2 + \dfrac{5}{4}t$

よって，$-\dfrac{1}{8}t^2 + \dfrac{5}{4}t = \dfrac{5}{2}$

これを整理すると，$t^2 - 10t + 20 = 0$

解の公式より，
$t = -(-5) \pm \sqrt{(-5)^2 - 1 \times 20} = 5 \pm \sqrt{5}$

$6 \leqq t \leqq 8$ より，$t = 5 + \sqrt{5}$

 7

(1) P$(-1,\ 1)$，Q$\left(-\dfrac{1}{2},\ \dfrac{1}{4}\right)$　(2) $-2 < t < 1$

(3) $t = \dfrac{-2 \pm \sqrt{2}}{4}$

解説

下の図のように，
①$-2 < t \leqq -1$ のとき，点 P は辺 AD 上，点 Q
は辺 DC 上にある。
②$-1 \leqq t \leqq 0$ のとき，点 P は辺 AB 上，点 Q は
辺 DC 上にある。
③$0 \leqq t < 1$ のとき，点 P は辺 AB 上，点 Q は
辺 AD 上にある。

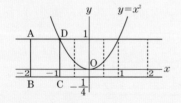

---

(1) $t = -\dfrac{3}{2}$ のとき，①より，点 P は辺 AD 上に
あるから，
y 座標は 1
x 座標は，
$1 = x^2$，$x = \pm 1$
①のとき点 P の
x 座標は負の値で
$x = -1$
よって，P$(-1,\ 1)$

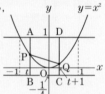

点 Q は辺 DC 上にあるから，
x 座標は，$x = -\dfrac{3}{2} + 1 = -\dfrac{1}{2}$

y 座標は，$y = \left(-\dfrac{1}{2}\right)^2 = \dfrac{1}{4}$

よって，Q$\left(-\dfrac{1}{2},\ \dfrac{1}{4}\right)$

(2)①，②，③より，$-2 < t < 1$

(3)線分 PQ が長方形 ABCD の面積を 2 等分す
るのは，点 P が辺 AB 上，点 Q が辺 DC 上
にあるときである。すなわち，$-1 \leqq t \leqq 0$
このとき，台形 PBCQ の面積は長方形 ABCD
の面積の $\dfrac{1}{2}$ になるから，

$\dfrac{1}{2}(\text{PB} + \text{QC}) \times \text{AD}$

$= \dfrac{1}{2}\text{AB} \times \text{AD}$

これより，
PB $+$ QC $=$ AB
よって，

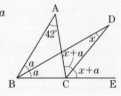

$\left\{t^2 - \left(-\dfrac{1}{4}\right)\right\} + \left\{(t+1)^2 - \left(-\dfrac{1}{4}\right)\right\} = 1 - \left(-\dfrac{1}{4}\right)$

これを整理して，
$\left(t^2 + \dfrac{1}{4}\right) + \left(t^2 + 2t + \dfrac{5}{4}\right) = \dfrac{5}{4}$，$8t^2 + 8t + 1 = 0$

解の公式より，
$t = \dfrac{-4 \pm \sqrt{4^2 - 8 \times 1}}{8} = \dfrac{-4 \pm 2\sqrt{2}}{8} = \dfrac{-2 \pm \sqrt{2}}{4}$

図形編 本冊 p.531〜533

1

$21°$

解説

$\angle$ABD $= \angle$DBC $= \angle a$
とおく。
$\triangle$DBC で，
$\angle$DCE
$= \angle x + \angle$DBC
$= \angle x + \angle a$

∠ACE=2∠DCE=2(∠x+∠a)=2∠x+2∠a
△ABC で，∠ACE=∠A+∠ABC=42°+2∠a
よって，2∠x+2∠a=42°+2∠a，2∠x=42°，
∠x=21°

2

108°

解説

∠BCP=∠a とおく。

$\overset{\frown}{BP}$ に対する円周角と中心角

の関係から，∠BDP=$\frac{1}{2}$∠a

$\overset{\frown}{BQ}=2\overset{\frown}{BP}$ だから，

∠BDQ=2×$\frac{1}{2}$∠a=∠a

CD=CB だから，∠CDB=∠CBD=∠a
$\overset{\frown}{BP}=\overset{\frown}{PQ}=\overset{\frown}{QD}$ より，
∠BCP=∠PCQ=∠QCD=∠a だから，
∠BCD=3∠a
よって，△BCD で，5∠a=180°，∠a=36°
∠BCD=3×36°=108°

3

(1) 72°　(2)線分 BD，線分 AD

(3)方程式…$x^2+x-1=0$，$x=\dfrac{-1+\sqrt{5}}{2}$

解説

(1) △ABC は AB=AC の二等辺三角形だから，
　　∠ABC=(180°−36°)÷2=72°
　　BD は ∠ABC の二等分線だから，
　　∠ABD=72°÷2=36°
　　∠BDC=∠A+∠ABD=36°+36°=72°
(2) ∠C=∠BDC(=72°)だから，BC=BD
　　∠ABD=∠A(=36°)だから，BD=AD
(3) △ABC ∽ △BCD だから，
　　AB：BC=BC：CD，1：x=x：(1−x)，
　　1×(1−x)=x×x，$x^2+x-1=0$
　　解の公式より，
　　$x=\dfrac{-1\pm\sqrt{1^2-4\times1\times(-1)}}{2\times1}=\dfrac{-1\pm\sqrt{5}}{2}$
　　$x>0$ だから，$x=\dfrac{-1+\sqrt{5}}{2}$

4

12π cm²

解説

右の図のように，AD，
AB，BC と円の接点を
E，F，G とする。
円外の1点から，その円
にひいた2つの接線の長
さは等しいから，
AF=AE=3cm，
BF=BG=4cm
これより，AB=3+4=7(cm)
また，BH=BG−AE=4−3=1(cm)
△ABH で，三平方の定理より，
AH=$\sqrt{7^2-1^2}=\sqrt{48}=4\sqrt{3}$
よって，円の半径は，4$\sqrt{3}$÷2=2$\sqrt{3}$(cm)
したがって，円の面積は，
π×(2$\sqrt{3}$)²=12π(cm²)

5

$2\sqrt{3}$

解説

CF は ∠C の二等分線だから，
∠DCF=∠BCF
AD∥BC で，錯角は等しいから，
∠DFC=∠BCF
よって，∠DCF=∠DFC より，DC=DF
AB=DC だから，DF=3
△ABE と △FDG にお
いて，直角三角形の斜
辺と1つの鋭角が等し
いから，
△ABE≡△FDG
よって，BE=DG=1
△FDG で，三平方の定理より，
FG=$\sqrt{3^2-1^2}=\sqrt{8}=2\sqrt{2}$
また，CG=3−1=2
△FCG で，三平方の定理より，
CF=$\sqrt{(2\sqrt{2})^2+2^2}=\sqrt{12}=2\sqrt{3}$

6

(1) 5cm　(2) $\dfrac{55\sqrt{3}}{4}$ cm²

解説

(1)六角形 ABCDEF の1つの内角の大きさは，

$\dfrac{180°\times(6-2)}{6}=120°$

右の図のように，
辺 AB を 1 辺とす
る正三角形 GBA
と辺 ED を 1 辺と
する正三角形 EDH
をつくると，GA＝4cm，DH＝3cm

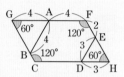

また，四角形 GCHF は，向かい合う 2 組の
角がそれぞれ等しいから，平行四辺形になる。
平行四辺形の向かい合う辺は等しいから，
CH＝GF＝GA＋AF＝4＋4＝8(cm)
よって，CD＝CH－DH＝8－3＝5(cm)

(2)右の図で，
GC＝FH＝5cm
だから，
$GI = \dfrac{5\sqrt{3}}{2}$

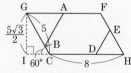

よって，平行四辺形 GCHF の面積は，
$8 \times \dfrac{5\sqrt{3}}{2} = 20\sqrt{3}$ (cm²)

正三角形 GBA の面積は，
$\dfrac{1}{2} \times 4 \times 2\sqrt{3} = 4\sqrt{3}$ (cm²)

正三角形 EDH の面積は，
$\dfrac{1}{2} \times 3 \times \dfrac{3\sqrt{3}}{2} = \dfrac{9\sqrt{3}}{4}$ (cm²)

よって，六角形 ABCDEF の面積は，
$20\sqrt{3} - 4\sqrt{3} - \dfrac{9\sqrt{3}}{4} = \dfrac{55\sqrt{3}}{4}$ (cm²)

(1)$S = -t + 3$　(2)$\dfrac{9}{5}$ cm²　(3) 7 秒後

解説

(1)$0 \leqq t \leqq 2$ のとき，出発してから
t 秒後の点 P，Q，R の位置は，
右の図のようになる。
QR は一定で AC の長さと等
しいから，QR＝2cm
PA＝OA－OP＝3－t(cm)
よって，

$S = \dfrac{1}{2} \times 2 \times (3 - t) = -t + 3$

(2)出発してから 4 秒後の点 P，
Q，R の位置は，右の図の
ようになる。
PQ＝4－1＝3(cm)
点 R から AB に垂線をひき，
AB との交点を H とする。

RH∥OA で，三角形と比の定理より，
RH：OA＝QR：QO，RH：3＝2：5，
5RH＝6，RH＝$\dfrac{6}{5}$

よって，$\triangle PQR = \dfrac{1}{2} \times 3 \times \dfrac{6}{5} = \dfrac{9}{5}$ (cm²)

(3)3 点 P，Q，R が一直線上に並ぶとき，
PR＝3＋2＝5(cm)
よって，3 点 P，Q，R が
一直線上に並ぶのは，右の
図のように，点 P が B 上，
点 Q が辺 OB 上，点 R が
O 上にくるときである。
3 点の位置がはじめて
このようになるのは，出発してから 7 秒後。

8

(1)(証明)
△EIC と △EJD において，
正方形の対角線の長さは等しく，それぞれの
中点で交わるから，EC＝ED ……①
△ABC，△BCD は直角二等辺三角形だから，
∠ECI＝∠EDJ（＝45°） ……②
∠CEI＝∠FEH－∠CEJ＝90°－∠CEJ …③
∠DEJ＝∠DEC－∠CEJ＝90°－∠CEJ …④
③，④より，∠CEI＝∠DEJ ……⑤
①，②，⑤より，1 辺とその両端の角がそれ
ぞれ等しいから，△EIC≡△EJD

(2)$6\sqrt{2}$ cm　(3)$\dfrac{115}{6}$ cm²

解説

(2)正方形 ABCD と正方形 EFGH の相似比は
3：4 だから，正方形 ABCD の 1 辺の長さを
$3x$cm とすると，正方形 EFGH の 1 辺の長さ
は $4x$cm と表せる。
また，(1)より，△EIC≡△EJD より，
△EIC＝△EJD
これより，
(四角形 EICJ の面積)＝△EIC＋△ECJ
＝△EJD＋△ECJ＝△ECD
＝(正方形 ABCD の面積)×$\dfrac{1}{4}$

よって，色をつけた部分の面積は，
(正方形 ABCD の面積)＋(正方形 EFGH の面積)

－(正方形 ABCD の面積)×$\dfrac{1}{4}$

＝$(3x)^2 + (4x)^2 - \dfrac{1}{4} \times (3x)^2$

$=9x^2+16x^2-\dfrac{9}{4}x^2=\dfrac{91}{4}x^2$

この面積が 182cm^2 だから，$\dfrac{91}{4}x^2=182$

$x^2=182\times\dfrac{4}{91}=8,\ \ x=\pm\sqrt{8}=\pm2\sqrt{2}$

$x>0$ だから，$x=2\sqrt{2}$

したがって，正方形 ABCD の 1 辺の長さは，
$3\times2\sqrt{2}=6\sqrt{2}\,(\text{cm})$

(3)右の図の $\triangle$EIC で，
IC$=6-1=5(\text{cm})$，
高さは $6\div2=3(\text{cm})$
だから，

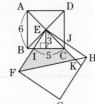

$\triangle$EIC$=\dfrac{1}{2}\times5\times3$

$=\dfrac{15}{2}(\text{cm}^2)$

$\triangle$EIC と $\triangle$EKF において，
2 組の角がそれぞれ等しいから，
$\triangle$EIC$\infty$$\triangle$EKF
AC$=6\sqrt{2}\,\text{cm}$ だから，EC$=3\sqrt{2}\,\text{cm}$
EF$=\dfrac{4}{3}\times6=8(\text{cm})$

よって，$\triangle$EIC の面積と $\triangle$EKF の面積の比は，
$(3\sqrt{2})^2:8^2=18:64=9:32$

よって，$\dfrac{15}{2}:\triangle$EKF$=9:32,\ 9\triangle$EKF$=240,$

$\triangle$EKF$=\dfrac{240}{9}=\dfrac{80}{3}$

したがって，
(四角形 IFKC の面積)$=\triangle$EKF$-\triangle$EIC
$=\dfrac{80}{3}-\dfrac{15}{2}=\dfrac{160}{6}-\dfrac{45}{6}=\dfrac{115}{6}(\text{cm}^2)$

9

(1)$768\pi\text{cm}^3$　(2)$a=288$　(3)$\dfrac{60}{7}\text{cm}$

解説

(1)半径 20cm，中心角 $216°$ のおうぎ形の弧の長
さは，$2\pi\times20\times\dfrac{216}{360}=24\pi(\text{cm})$

おうぎ形の弧の長さは，円錐 V の底面の円の
周の長さに等しいから，円の半径を $r\text{cm}$ と
すると，$2\pi r=24\pi,\ r=12(\text{cm})$
よって，円錐 V は右の図の
ようになる。
円錐 V の高さは，
$\sqrt{20^2-12^2}=16$
よって，円錐 V の体積は，

$\dfrac{1}{3}\times\pi\times12^2\times16=768\pi(\text{cm}^3)$

(2)円錐 W の側面の展開図のおうぎ形の弧の長さは，
$2\pi\times15\times\dfrac{a}{360}=\dfrac{a}{12}\pi(\text{cm})$

これが $24\pi\text{cm}$ になるから，$\dfrac{a}{12}\pi=24\pi$

$a=24\times12=288(°)$

(3)円錐 W の高さは，
$\sqrt{15^2-12^2}=9$
よって，この立体に
内接する球の断面図
は，右の図のように
なる。

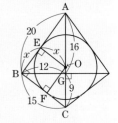

$\triangle$ABC と $\triangle$AGB は，
2 組の辺の比とその
間の角が等しいから，
$\triangle$ABC$\infty$$\triangle$AGB
よって，$\angle$ABC$=\angle$AGB$=90°$
これより，四角形 EBFO は 4 つの角が直角
で，OE$=$OF だから，正方形になる。
ここで，球の半径を $x\text{cm}$ とすると，
EO$\parallel$BC で，三角形の比の定理より，
AE$:$AB$=$EO$:$BC，$(20-x):20=x:15$
$15(20-x)=20x,\ 35x=300,\ x=\dfrac{60}{7}(\text{cm})$

10

(1)$12x\text{cm}^2$　(2)$x=4,\ 12$　(3)$\sqrt{73}\text{cm}$

解説

(1)$0\leqq x\leqq6$ のとき，PB$=x\text{cm}$，QC$=2x\text{cm}$
四角形 PBCQ は台形だから，その面積は，
$\dfrac{1}{2}(x+2x)\times8=12x(\text{cm}^2)$

(2)長方形 BCFE の面積は，$8\times12=96(\text{cm}^2)$
$0\leqq x\leqq6$ のとき，(1)より，$12x=48,\ x=4$
$6\leqq x\leqq12$ のとき，QC$=24-2x(\text{cm})$
四角形 PBCQ は台形だから，その面積は，
$\dfrac{1}{2}\{x+(24-2x)\}\times8=-4x+96(\text{cm}^2)$

よって，$-4x+96=48,\ x=12$

(3)DP$=$DQ より，DP$^2=$DQ^2
$\triangle$DEP，$\triangle$DFQ で，三平方の定理より，
DE$^2+$EP$^2=$DF$^2+$FQ$^2,\ 6^2+$EP$^2=3^2+$FQ^2
これより，FQ$^2-$EP$^2=27$
$0\leqq x\leqq6$ のとき，$(12-2x)^2-(12-x)^2=27$，
$x^2-8x-9=0,\ (x+1)(x-9)=0$，
$x=-1,\ x=9$
$0\leqq x\leqq6$ より，$x=-1,\ x=9$ は適さない。

$6 \leqq x \leqq 12$ のとき，$(2x-12)^2-(12-x)^2=27$

$0 \leqq x \leqq 6$ のときと同様に，

$x=-1$，$x=9$

$6 \leqq x \leqq 12$ より，$x=9$

$x=9$ のとき，PQ は右の図
のようになる。

よって，

PQ$=\sqrt{8^2+3^2}=\sqrt{73}$(cm)

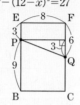

11

(1) 36cm^2 (2) $\sqrt{22}$cm^2 (3) $2\sqrt{10}$cm

解説

(1) $\triangle$ABC で，AC$=\sqrt{3^2+4^2}=5$(cm)

よって，三角柱の表面積は，

$2 \times (3+4+5)+\dfrac{1}{2} \times 3 \times 4 \times 2=36$(cm^2)

(2) DB$=\sqrt{2^2+3^2}=\sqrt{13}$,

DG$=\sqrt{2^2+3^2}=\sqrt{13}$,

BG$=\sqrt{2^2+2^2}=2\sqrt{2}$

よって，$\triangle$DBG は右の図
のような二等辺三角形に
なる。

DH$=\sqrt{(\sqrt{13})^2-(\sqrt{2})^2}$
$=\sqrt{11}$(cm)

$\triangle$DBG$=\dfrac{1}{2} \times 2\sqrt{2} \times \sqrt{11}=\sqrt{22}$(cm^2)

(3) 展開図の一部をかき，
右の図のように点 I，
J をとる。

最も短くなるように
ひいた線は，この展
開図上で，線分 BC
のようになる。

$\triangle$DEF と $\triangle$FIC に
おいて，

∠DEF＝∠FIC（＝90°）

∠DFE＝90°－∠CFI＝∠FCI

2 組の角がそれぞれ等しいから，

$\triangle$DEF∽$\triangle$FIC

相似比は，DF : FC＝5 : 2

よって，CI$=\dfrac{2}{5}$EF$=\dfrac{2}{5} \times 4=\dfrac{8}{5}$(cm)

FI$=\dfrac{2}{5}$DE$=\dfrac{2}{5} \times 3=\dfrac{6}{5}$(cm)

よって，$\triangle$CBJ で，

BC$=\sqrt{\left(4+\dfrac{6}{5}\right)^2+\left(2+\dfrac{8}{5}\right)^2}=\sqrt{\dfrac{26^2+18^2}{5^2}}$
$=\sqrt{40}=2\sqrt{10}$(cm)

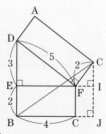

データの活用編 本冊 p.534〜535

1

(1) 回数…50 回，ア…19 (2)① 8.96 ② 2987

解説

(1) 実験の回数を x 回とすると，

$0.16=\dfrac{8}{x}$，$x=\dfrac{8}{0.16}=8 \times \dfrac{100}{16}=50$(回)

ア$=50-(7+10+8+4+2)=19$(回)

(2)①$\dfrac{7 \times 7+8 \times 10+9 \times 19+10 \times 8+11 \times 4+12 \times 2}{50}$

$=\dfrac{448}{50}=8.96$(個)

②①より，標本における黒玉の割合は$\dfrac{8.96}{30}$

母集団における黒玉の割合は，標本における
黒玉の割合にほぼ等しいと考えられるから，
10000 個の玉に含まれる黒玉の個数は，

およそ $10000 \times \dfrac{8.96}{30}=2986.6\cdots$(個)

2

27 回

解説

回数が多いほうから 5 番目の回数を x 回とす
ると，6 番目の回数は $(x-4)$ 回と表せる。

10 人の回数の中央値 25 回は，5 番目の回数と
6 番目の回数の平均値だから，

$\dfrac{x+(x-4)}{2}=25$，$x-2=25$，$x=27$(回)

A の回数は中央値より多いから，A さんを含め
た 11 人の回数の中央値は 6 番目の回数になる。
これは A さんを除いた 10 人の 5 番目の回数に
なるから 27 回。

3

A＝62

解説

表から，6 日間の来客数の合計を求めると，

$61+82+56+A+71+63=A+333$(人)

平均値から 6 日間の正しい来客数を求めると，

$65.5 \times 6=393$(人)

正しい来客数が表の来客数より 2 人多いと考え
ると，$(A+333)+2=393$，A＝58

このとき，来客数を少ないほうから順に並べる
と，56，58，61，63，71，82

中央値は，$\dfrac{61+63}{2}=62$（人）

61 または 63 が誤りの数値であったとしても

$\dfrac{63+63}{2}=63$（人）　または　$\dfrac{61+65}{2}=63$（人）

いずれの場合も中央値は 62.5 人にならない。
よって，A＝58 は適さない。
正しい来客数が表の来客数より 2 人少ないと考
えると，$(A+333)-2=393$，A＝62

このとき，来客数を少ないほうから順に並べる
と，56，61，62，63，71，82
誤りの数値が 56，61，71，82 のいずれかであ
るとすると，

中央値は，$\dfrac{62+63}{2}=62.5$（人）

よって，A＝62 は適する。

4

(1)① $\dfrac{5}{36}$　② $\dfrac{1}{9}$　(2) $\dfrac{1}{3}$

【解説】
大小 2 つのさいころの目の出方は 36 通り。
2 つのさいころの目の出方を（大，小）と表す。
(1)①大きいさいころの目が 1，小さいさいころ
　の目が 1 以外の場合である。
　このような目の出方は，
　（1，2），（1，3），（1，4），（1，5），（1，6）

　の 5 通りだから，求める確率は，$\dfrac{5}{36}$

　②⦂の箱から玉を 1 個取り出し⦁の箱に入
　れると，⦁，⦂，⦂の箱の玉の数がどれも 2
　個になる。このときの目の出方は（3，1）
　⦂⦂の箱から玉を 1 個取り出し⦂の箱に入れ
　ると，⦂，⦂，⦂の箱の玉の数がどれも 3
　個になる。このときの目の出方は（4，2）
　⦂⦂⦂の箱から玉を 1 個取り出し⦂の箱に入れ
　ると，⦁，⦂⦂，⦂⦂⦂の箱の玉の数がどれも 4
　個になる。このときの目の出方は（5，3）
　⦂⦂⦂の箱から玉を 1 個取り出し⦂⦂の箱に入れ
　ると，⦂⦂，⦂⦂⦂，⦂⦂⦂の箱の玉の数がどれも 5
　個になる。このときの目の出方は（6，4）

　よって，求める確率は，$\dfrac{4}{36}=\dfrac{1}{9}$

(2)大きいさいころの目が 1 の
とき，小さいさいころの目
は 2，3，4，5 の 4 通り。
同様に，大きいさいころの
目が 2，3，4，5 の場合に
ついて考えると，このよう
な目の出方は，右の表の の 12 通り。

よって，求める確率は，$\dfrac{12}{36}=\dfrac{1}{3}$

5

(1) $\dfrac{5}{18}$　(2) $9\leqq b<10$

【解説】
大小 2 つのさいころの目の出方は 36 通り。
(1)⦆が関数 $y=-x+6$ の
グラフのとき，条件を
満たす点$(m,\ n)$は，
右の図のように 10 個
ある。
よって，求める確率は，

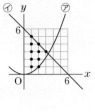

$\dfrac{10}{36}=\dfrac{5}{18}$

(2)確率が $\dfrac{1}{2}$ になるのは，$\dfrac{1}{2}=\dfrac{18}{36}$ より点$(m,\ n)$

が y 軸と⦆，⦆の $x\geqq0$ の部分に囲まれた図
形の内部に 18 個ある場合である。
右の図から，点$(m,\ n)$
の増え方を考えると，
$b=7$ のとき 13 個，
$b=8$ のとき 16 個，
$b=9$ のとき 18 個，
$b=10$ のとき 19 個。
よって，b の値の範囲は，
$9\leqq b<10$

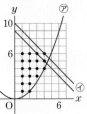